Theoretische Physik 4 | Thermodynamik und Statistische Physik

Matthias Bartelmann · Björn Feuerbacher · Timm Krüger ·
Dieter Lüst · Anton Rebhan · Andreas Wipf

Theoretische Physik 4 | Thermodynamik und Statistische Physik

Matthias Bartelmann
Universität Heidelberg
Heidelberg, Deutschland

Björn Feuerbacher
Heidenheim, Deutschland

Timm Krüger
University of Edinburgh
Edinburgh, Großbritannien

Dieter Lüst
Ludwig-Maximilians-Universität München
München, Deutschland

Anton Rebhan
Technische Universität Wien
Wien, Österreich

Andreas Wipf
Friedrich-Schiller-Universität Jena
Jena, Deutschland

ISBN 978-3-662-56112-6   ISBN 978-3-662-56113-3 (eBook)
https://doi.org/10.1007/978-3-662-56113-3

Die Deutsche Nationalbibliothek verzeichnet diese Publikation in der Deutschen Nationalbibliografie; detaillierte bibliografische Daten sind im Internet über http://dnb.d-nb.de abrufbar.

Springer Spektrum
Ursprünglich erschienen in einem Band unter dem Titel „Theoretische Physik"
© Springer-Verlag GmbH Deutschland, ein Teil von Springer Nature 2018
Das Werk einschließlich aller seiner Teile ist urheberrechtlich geschützt. Jede Verwertung, die nicht ausdrücklich vom Urheberrechtsgesetz zugelassen ist, bedarf der vorherigen Zustimmung des Verlags. Das gilt insbesondere für Vervielfältigungen, Bearbeitungen, Übersetzungen, Mikroverfilmungen und die Einspeicherung und Verarbeitung in elektronischen Systemen.
Die Wiedergabe von Gebrauchsnamen, Handelsnamen, Warenbezeichnungen usw. in diesem Werk berechtigt auch ohne besondere Kennzeichnung nicht zu der Annahme, dass solche Namen im Sinne der Warenzeichen- und Markenschutz-Gesetzgebung als frei zu betrachten wären und daher von jedermann benutzt werden dürften.
Der Verlag, die Autoren und die Herausgeber gehen davon aus, dass die Angaben und Informationen in diesem Werk zum Zeitpunkt der Veröffentlichung vollständig und korrekt sind. Weder der Verlag noch die Autoren oder die Herausgeber übernehmen, ausdrücklich oder implizit, Gewähr für den Inhalt des Werkes, etwaige Fehler oder Äußerungen. Der Verlag bleibt im Hinblick auf geografische Zuordnungen und Gebietsbezeichnungen in veröffentlichten Karten und Institutionsadressen neutral.

Einbandabbildung: Collage unter Verwendung einer Einstein-Fotografie (Courtesy of the Caltech Archives, California Institute of Technology)
Einbandentwurf: deblik Berlin, nach einem Entwurf von Kristin Riebe
Grafiken: Kristin Riebe
Verantwortlich im Verlag: Lisa Edelhäuser

Gedruckt auf säurefreiem und chlorfrei gebleichtem Papier

Springer Spektrum ist ein Imprint der eingetragenen Gesellschaft Springer-Verlag GmbH, DE und ist ein Teil von Springer Nature.
Die Anschrift der Gesellschaft ist: Heidelberger Platz 3, 14197 Berlin, Germany

Vorwort und einleitende Bemerkungen

Dieses Werk stellt die Grundlagen der theoretischen Physik in vier eng aufeinander abgestimmten Bänden dar, wie sie in den Bachelor- und Masterstudiengängen an Universitäten in Deutschland, Österreich und der Schweiz gelehrt werden. In vier großen Teilen, die jeweils in einem Band behandelt werden, führt es ein in die klassische Mechanik, die Elektrodynamik, die Quantenmechanik sowie in die Thermodynamik und die statistische Physik. Dabei stehen diese Bände nicht nebeneinander, sondern sind durch zahlreiche Querverweise aufeinander bezogen, sodass die inneren Verstrebungen zwischen den Säulen der theoretischen Physik sichtbar werden. Erheblich erleichtert durch die weitestgehend einheitliche Notation wird so ein zusammenhängender Überblick über die Grundlagen der theoretischen Physik vermittelt.

Die vier Bände dieses Werks enthalten zahlreiche Beispiele, insgesamt fast 700 Verständnisfragen, Vertiefungen, mathematische Ergänzungen und weiterführende Überlegungen reichern den Text an und sind grafisch ansprechend abgesetzt. Mehr als 500 genau auf den Text abgestimmte Abbildungen verdeutlichen die Darstellung. Mehr als 300 Übungsaufgaben mit kommentierten Lösungen bieten sich für ein intensives Selbststudium an.

Über die theoretische Physik im Allgemeinen und dieses Lehrbuch

Physik ist eine Erfahrungswissenschaft, die Vorgänge in der (meist unbelebten) Natur zu quantifizieren und auf Gesetzmäßigkeiten zurückzuführen sucht. Theoretische Physik strebt nach der Einheit hinter der Vielfalt, nach möglichst fundamentalen Gesetzen, die den zahlreichen Erfahrungstatsachen zugrunde liegen.

Die moderne Physik hat sich dennoch zu einer fast unüberschaubaren Wissenschaft entwickelt. Wie in praktisch jedem Wissenschaftszweig überblickt ein einzelner Physiker nur noch einen beschränkten Teil des Wissensgebietes in einem Maße, wie es der Stand der Forschung gebieten würde, und dies trifft auch auf die theoretische Physik zu.

Mit diesem Werk möchten wir eine breite Grundlage für das Studium der theoretischen Physik schaffen, die für die meisten einführenden und weiterführenden Vorlesungen ausreichend ist. Mit seinen vier Bänden umfasst es mehr, als in einer viersemestrigen Vorlesungsreihe zur theoretischen Physik behandelt werden kann. Durch eine Gliederung in Haupttext, farbige Merkkästen, vertiefende Kästen und Kästen zum mathematischen Hintergrund, eingestreute Selbsttests in kurzen Abständen, abgesetzte Beispiele und viele Aufgaben mit ausführlichen Lösungen soll jeder der vier Bände aber ebenso ein Lehrbuch wie ein Arbeitsbuch darstellen. Darüber hinaus werden Ausblicke in einige Bereiche der theoretischen Physik gegeben, die nicht Teil des traditionellen Kanons von Einführungsvorlesungen in die theoretische Physik sind.

Die Struktur dieses gesamten Werks orientiert sich an diesem traditionellen Kanon, wie er an vielen Universitäten geboten wird. Der erste Band enthält die klassische Mechanik und ihre relativistische Erweiterung, der zweite setzt mit der Elektrodynamik einschließlich ihrer speziell-relativistischen Formulierung fort. Der dritte Band verlässt die klassische Physik mit einer umfassenden Einführung in die nichtrelativistische Quantenphysik. Der vierte und letzte Band schließlich behandelt zunächst die von der mikroskopischen Physik weitgehend unabhängige Thermodynamik, bevor deren Grundlage in der statistischen Mechanik inklusive statistischer Quantenmechanik erarbeitet wird.

Die Gesetze der theoretischen Physik, die dabei formuliert werden, nehmen die Gestalt mathematischer Gleichungen an, in denen die mathematischen Symbole semantisch an die Stelle physikalischer Größen treten. Die dafür benötigte Mathematik wird dabei parallel zur Physik entwickelt, so wie es sich auch in der Geschichte der Mathematik und Physik weitgehend zugetragen hat. Dies ersetzt nicht die separate Ausbildung in Mathematikvorlesungen, soll aber mit einem Fokus auf das Wesentliche eine schnelle Orientierung erleichtern.

Dieser Band enthält die überarbeitete, korrigierte und erweiterte Neufassung des vierten Teils des Buches „Theoretische Physik". Auf vielfachen Wunsch haben wir uns zusammen mit dem Verlag dazu entschieden, das Buch nicht nur als Gesamtwerk, sondern auch in Form handlicher Einzelbände anzubieten.

Bd. 4 geht in fünf Schritten durch die Thermodynamik und die statistische Physik. Zunächst wird die Thermodynamik phänomenologisch als diejenige Theorie der Physik eingeführt, die den Energieaustausch und den Verlauf von Ausgleichsprozessen zwischen physikalischen Systemen mit sehr vielen Freiheitsgraden beschreibt. Drei Hauptsätze bilden das Fundament dieser Theorie: Sie postulieren die Existenz der Temperatur als einer Zustandsgröße, die Energieerhaltung und die Zunahme der Entropie bei spontanen Ausgleichsprozessen. Die wesentlichen Aussagen der Thermodynamik werden zwar häufig am Beispiel des idealen Gases verdeutlicht, gelten aber wegen ihrer Allgemeinheit weit darüber hinaus und umfassen das Verhalten beliebiger physikalischer Systeme, sofern diese sehr viele Freiheitsgrade haben.

Im zweiten Schritt wird die Thermodynamik erneut begründet, diesmal aber ausgehend von statistischen Überlegungen statt von der makroskopischen Phänomenologie der Wärme. Dieser Zugang führt die gesamte Thermodynamik auf Wahrscheinlichkeitsaussagen im Zustandsraum zurück, wobei sich der Phasenraum der klassischen Mechanik ebenso wie der Hilbert-Raum der Quantenmechanik für die Konstruktion des Zustandsraums eignen. Viele ganz verschiedenartige Erscheinungen lassen sich damit bereits verstehen und begründen. Das dritte Kapitel von Bd. 4 widmet sich im Wesentlichen verschiedenen Anwendungen der Aussagen, die in den beiden ersten Kapiteln gewonnen wurden.

Im vierten Schritt werden Zustandssummen eingeführt, um die unterschiedlichen Beschreibungsweisen thermodynamischer Systeme durch verschiedene Ensembles formal zu vereinheitlichen. Wesentliche, aber ganz diverse Aussagen wie der Gleichverteilungssatz, das Massenwirkungsgesetz bei chemischen Reaktionen und Phasenübergänge in einfachen magnetischen Systemen werden so auf eine einheitliche formale Behandlung zurückgeführt.

Der fünfte Schritt führt schließlich in die statische Physik von Quantensystemen, ersetzt den Zustandsraum der klassischen Physik durch denjenigen der Quantenmechanik, führt die nötigen quantentheoretischen Operationen ein und kehrt dann zu dem im Wesentlichen unveränderten Apparat der statistischen Physik zurück. Die Anwendungen des bereits bekannten, aber nun auf eine quantenmechanische Basis gestellten Formalismus auf Fermi- und Bose-Gase führen zur Bose-Einstein-Kondensation, zum Planck'schen Strahlungsgesetz und zur Wärmekapazität von Festkörpern und münden schließlich in eine weiterführende Betrachtung zum Aufbau weißer Zwergsterne.

In der überarbeiteten Fassung wurde Bd. 4 insbesondere durch einen Vertiefungskasten und einen So-geht's-weiter-Beitrag ergänzt. Der zusätzliche Vertiefungskasten in Kap. 4 behandelt die Shannon-Entropie als Maß für den Informationsgehalt von Wahrscheinlichkeitsverteilungen, stellt den Zusammenhang zur thermodynamischen Entropie her und führt schließlich das Grundpostulat der statistischen Physik auf das Jaynes'sche Prinzip des minimalen Vorurteils zurück. Der So-geht's-weiter-Kasten in Kap. 5 enthält nun auch einen Ausblick auf die Behandlung von Systemen außerhalb des Gleichgewichts. Dazu wird zunächst das Konzept der Responsefunktionen eingeführt und mithilfe der Kramers-Kronig-Relationen aus Bd. 2 diskutiert. Die Fluktuations-Dissipations-Relationen stellen schließlich den wichtigen Zusammenhang zwischen den Responsefunktionen und den Korrelationsfunktionen her, die ebenfalls im So-geht's-weiter-Kasten besprochen werden.

Darüber hinaus wurden einige Fehler korrigiert und zahlreiche kleinere Änderungen vorgenommen. Insbesondere wurden Querverweise zu anderen Teilen und zu Stellen innerhalb von Bd. 4 ergänzt, zusätzliche Erläuterungen eingefügt und Erklärungen verdeutlicht, Zwischenschritte vervollständigt und einige Aufgaben präzisiert. Die Notation wurde ebenfalls weiter vereinheitlicht. Einige zusätzliche Selbstfragen wurden eingefügt, um Sie, die Leserinnen und Leser, bei der Lektüre noch intensiver einzubeziehen.

Thermodynamik und statistische Physik

- Huang, K.: Introduction to Statistical Physics. CRC Press (2010) – interessante Darstellung, die phänomenologische und statistische Thermodynamik weitgehend parallel entwickelt.
- Kittel, C., Krömer, H.: Thermodynamik. Oldenbourg (2013) – anregend insbesondere wegen seiner stellenweise unkonventionellen Perspektive.
- Reif, F.: Statistische Physik und Theorie der Wärme. De Gruyter (1987) – eine von grundlegenden statistischen Überlegungen ausgehende Einführung in die Thermodynamik und die statistische Physik.
- Stierstadt, K.: Thermodynamik. Von der Mikrophysik zur Makrophysik. Springer (2010) – interessant vor allem wegen der besonders sorgfältigen Einführung grundlegender Begriffe der Thermodynamik.
- Straumann, N.: Thermodynamik. Springer (1986) – eine knappe, dennoch umfassende, mathematisch fundierte Darstellung der phänomenologischen Thermodynamik.

Buchreihen zur theoretischen Physik

Neben den genannten Lehrbüchern existieren mehrere Lehrbuchreihen, die den gesamten Stoff der theoretischen Physikvorlesungen abdecken. Davon sind folgende deutschsprachigen Reihen zum Einstieg in die theoretische Physik oder zu einer Vertiefung der Kenntnisse geeignet:

- Fließbach, T.: Lehrbücher zur Theoretischen Physik (Springer Spektrum)
- Greiner, W.: Theoretische Physik (Harri Deutsch)
- Landau, L.D., Lifschitz, E.M.: Lehrbuch der Theoretischen Physik (Harri Deutsch)
- Nolting, W.: Grundkurs Theoretische Physik (Springer)
- Rebhan, E.: Theoretische Physik (Spektrum)
- Reineker, P., Schulz, M., Schulz, B.M.: Theoretische Physik (Wiley-VCH)
- Schwabl, F.: Lehrbücher zur Theoretischen Physik (Springer)

Mathematische Methoden der theoretischen Physik

Die speziellen mathematischen Methoden der theoretischen Physik werden im vorliegenden Buch parallel zum physikalischen Stoff entwickelt, zum Teil im Haupttext und zum Teil in ergänzenden Kästen zum mathematischen Hintergrund. Diese fassen das Wesentliche zusammen, ersetzen aber nicht vollwertige mathematische Vorlesungen und entsprechende Lehrbücher. Ein mathematisches Lehrbuch, das in seinen didaktischen Elementen ganz ähnlich strukturiert ist wie dieses und sich speziell an die Bedürfnisse von Ingenieuren und Naturwissenschaftlern richtet, ist:

- Arens T. et al.: Mathematik. Springer Spektrum (2012)

Darüber hinaus sehr empfehlenswert:

- Großmann S.: Mathematischer Einführungskurs für die Physik. Vieweg-Teubner (2012) – eine bewährte, übersichtliche, gut verständliche Einführung in eine Vielzahl mathematischer Methoden, die in der Physik angewandt werden.

- Jänich K.: Analysis für Physiker und Ingenieure. Funktionentheorie, Differentialgleichungen, Spezielle Funktionen. Springer (1995) – eine wirklich lebendige Darstellung der speziellen mathematischen Methoden der theoretischen Physik mit einer gründlichen Einführung in die komplexe Funktionentheorie und zahlreichen gelungenen Illustrationen des Autors.

Dank

Dieses Buch ist das Ergebnis der gemeinsamen, intensiven Anstrengung vieler Menschen, denen die Autoren zu großem Dank verpflichtet sind. Ganz besonders möchte Anton Rebhan seinen Kollegen Dr. Dietrich Grau und Dr. Helmut Nowotny sowie seiner Frau und Mitphysikerin Dr. Ulrike Kraemmer für umfangreiches kritisches Korrekturlesen und wertvolle Hinweise zu den Kapiteln über spezielle Relativitätstheorie und Elektrodynamik danken. Andreas Wipf dankt Frau Johanna Mader und seiner Frau Ingrid Wipf für eine kritische Durchsicht der Kapitel über Quantenmechanik sowie Studenten seiner Vorlesungen in Jena, die Vorschläge zur besseren Darstellung des Stoffes in Bd. 3 machten und viele nützliche Hinweise gaben. Matthias Bartelmann bedankt sich herzlich bei seinen Mitarbeitern und vielen engagierten Studenten seiner Vorlesungen, die durch kritische Fragen und klärende Diskussionen wesentlich dazu beigetragen haben, Bd. 4 zu verbessern.

Bedanken möchten wir uns auch bei Herrn Prof. Stephan Wagner von der Landessternwarte Heidelberg für die freundliche Überlassung von Materialien zum Astronomie-Praktikum der Sternwarte, Herrn Prof. Bernd Thaller von der Universität Graz für die Erstellung des dem Bd. 3 vorangestellten Bildes, sowie die Darstellung der komplexen H-Eigenfunktion mit farbkodierter Phase zu Beginn von Bd. 3, Kap. 8, Herrn Prof. Rudolf Grimm vom Institut für Experimentalphysik der Universität Innsbruck für die Überlassung des Bildes zu Beginn von Bd. 3, Kap. 2 „Wellenmechanik", Prof. Alexander Szameit von der Friedrich-Schiller-Universität Jena für die Bereitstellung des Bildes zu Beginn des Bd. 3, Kap. 5 „Zeitentwicklung" und Ruth Bartelmann für das Porträt des Maxwell'schen Dämons bei der Arbeit, das im Kap. 2 „Statistische Begründung der Thermodynamik" erscheint.

Zu ganz großem Dank sind wir Frau Dr. Kristin Riebe verpflichtet, die mit großem Engagement, Kompetenz und Ideenreichtum die Grafiken dieses Buches gestaltete. Drs. Martin Kreh, Florian Modler und Michael Kuss halfen bei der Erstellung der mathematischen Einschübe und Christoph Kommer beim wissenschaftlichen Lektorat. Frau Bianca Alton vom Verlag Springer Spektrum stellte ihre große Erfahrung zur Verfügung. Nicht zuletzt danken wir besonders herzlich Frau Dr. Vera Spillner, die uns zu diesem Projekt zusammengeführt und mit unermüdlichem Enthusiasmus, großer Kreativität, hilfreichen Ideen und inspirierenden Diskussionen angetrieben und motiviert hat. Ohne sie wäre dieses Buch nicht zustande gekommen.

Heidelberg 2018   Matthias Bartelmann, Björn Feuerbacher, Timm Krüger,
Dieter Lüst, Anton Rebhan & Andreas Wipf

Wie dieses Buch zu lesen ist

Frage 16

Überzeugen Sie sich davon, dass $\hat{a}\psi_0 = 0$ ist.

Achtung Der Punkt über einer Größe, die neben der Zeit noch von anderen Größen abhängt, bezeichnet in der Regel die *vollständige* und nicht die *partielle* Zeitableitung, sofern es nicht anders definiert wird. ◀

Schrödinger-Gleichung im Impulsraum

Im Impulsraum ist $\hat{\boldsymbol{p}}$ ein Multiplikationsoperator, und die freie Schrödinger-Gleichung lautet

$$\mathrm{i}\hbar\frac{\partial \tilde{\psi}(t,\boldsymbol{p})}{\partial t} = H_0(\hat{\boldsymbol{p}})\tilde{\psi}(t,\boldsymbol{p}) = \frac{\boldsymbol{p}^2}{2m}\tilde{\psi}(t,\boldsymbol{p}). \qquad (2.76)$$

Selbstfragen Mit den Selbstfragen wird der Lesefluss dort unterbrochen, wo Sie in der Lage sein sollten, vom bereits Besprochenen ausgehend einfache weiterführende Fragen zu beantworten, die unmittelbar danach im Text wieder aufgegriffen werden. Selbstfragen erleichtern es Ihnen zu überprüfen, inwieweit Sie den bis dahin verfolgten Gedankengang bereits verinnerlicht haben und weiterdenken können. Die Selbstfragen bieten Ihnen eine Gelegenheit, innezuhalten und sich eigene Antworten zu überlegen.

Achtung In der Achtung-Umgebung finden Sie kurze Einschübe und ergänzende Erläuterungen, die vor allem Missverständnisse oder zu weit gehende Schlussfolgerungen vermeiden, scheinbare Widersprüche aufklären oder auf verschiedene Konventionen hinweisen sollen. Die Achtung-Umgebung macht Sie damit auf Stellen aufmerksam, an denen Sie nicht auf Irrwege geraten oder sich in ungelösten oder verwirrenden Fragen verlieren sollten.

Merke Die Merke-Umgebung fasst die wichtigsten Aussagen der jeweils vorangehenden Erläuterungen und Diskussionen in solchen Abständen so zusammen, dass Ihnen die Abfolge von Merke-Umgebungen zur knappen Bündelung und Sammlung Ihres Wissens dienen kann und Ihnen bei der Wiederholung einen schnellen Überblick ermöglicht. In den Merke-Umgebungen werden die wichtigsten Aussagen knapp wiederholt und zusammengestellt.

Mischungstemperatur

Damit können wir sofort angeben, welche Temperatur sich einstellen wird, wenn zwei gemeinsam isolierte Systeme in thermischen Kontakt gebracht werden. Wenn keinerlei mechanische Arbeit ausgeübt wird, muss $\Delta Q_1 = -\Delta Q_2$ gelten, woraus

$$\Delta Q_1 + \Delta Q_2 = 0 = m_1 \int_{T_1}^{T} c_{V_1}(T') \mathrm{d}T' \\ + m_2 \int_{T_2}^{T} c_{V_2}(T') \mathrm{d}T' \quad (1.19)$$

folgt, wenn c_V die spezifische Wärme pro Masse bei konstantem Volumen ist. Wenn zudem noch c_V von der Temperatur zumindest in genügender Näherung unabhängig ist, erhalten wir daraus

$$m_1 c_{V_1}(T - T_1) + m_2 c_{V_2}(T - T_2) = 0. \quad (1.20)$$

Dies liefert die Mischungstemperatur

$$T = \frac{m_1 c_{V_1} T_1 + m_2 c_{V_2} T_2}{m_1 c_{V_1} + m_2 c_{V_2}}, \quad (1.21)$$

die bei gleichen Wärmekapazitäten allein durch das Massenverhältnis und die Ausgangstemperaturen bestimmt wird:

$$T = \frac{m_1 T_1 + m_2 T_2}{m_1 + m_2}. \quad (1.22)$$

◀

Beispiel Beispiele in ganz verschiedener Länge und Ausführlichkeit erläutern die Darstellung durch Anwendungen, erklären Gleichungen oder Herleitungen anhand einfacher Systeme oder gehen auf Spezialfälle ein, die für den fortlaufenden Text nicht entscheidend, aber dennoch zum Verständnis nützlich oder wichtig sind. Beispiele geben Ihnen auch eine Gelegenheit, Ihr Verständnis abstrakter Aussagen dadurch zu überprüfen, dass Sie sie auf konkrete Fälle übertragen.

Vertiefung: Zur Bestimmung der absoluten Entropie

Bei der Temperatur T gilt aufgrund der Definition der Entropie

$$\Delta S = \int_0^T \frac{\delta Q_{\mathrm{rev}}}{T'} = S_T - S_0.$$

Nun gibt es in der Thermodynamik noch einen dritten Hauptsatz, auch als Nernst'sches Theorem bezeichnet, auf den wir in Abschn. 2.3 zurückkommen werden. Nach diesem Satz verschwindet die Entropie am absoluten Nullpunkt, $S_0 = 0$. Aufgrund dessen können wir den Entropieunterschied ΔS relativ zum absoluten Nullpunkt mit der Entropie S und ebenso mit S_T identifizieren und

$$S = \int_0^T \frac{\delta Q_{\mathrm{rev}}}{T'}$$

schreiben. Findet die Erwärmung von $T=0$ nach T bei konstantem Druck statt, dann ist

$$S = n \int_0^T c_p^{\mathrm{mol}}(T') \frac{\mathrm{d}T'}{T'}.$$

Auf dem Weg vom absoluten Nullpunkt bis zur Temperatur T geschieht jedoch einiges mit einem Stoff, und dabei ändert sich seine Wärmekapazität. Sehen wir uns das für Tetrachlorkohlenstoff CCl$_4$ näher an. Er liegt bei einer angenommenen Zimmertemperatur von 298,1 K als eine Flüssigkeit vor, die gerade zu verdampfen beginnt.

Bei tiefen Temperaturen sind die Wärmekapazitäten reiner kristalliner Stoffe proportional zur dritten Potenz der Temperatur,

$$c_p^{\mathrm{mol}} = bT^3 \quad \text{für} \quad T \leq T_0 = 10\,\text{K},$$

wie in Abschn. 5.7 gezeigt wird. Die Proportionalitätskonstante hat für CCl$_4$ den Wert $3{,}14 \cdot 10^{-3}\,\text{J}\,\text{mol}^{-1}\,\text{K}^{-4}$. Bei $T_t = 225{,}4\,\text{K}$ ändert sich der Aufbau des Kristallgitters des bei diesen Temperaturen gefrorenen Stoffes; es erfolgt ein Übergang von einer Phase in eine andere. Dafür wird eine Wärmemenge von $\Delta Q_t = 4524\,\text{J}\,\text{mol}^{-1}$ verbraucht. Bei $T_s = 250{,}2\,\text{K}$ schmilzt der Kristall. Die Schmelzwärme, die für die Umwandlung des Kristalls in die Flüssigkeit benötigt wird, beträgt $\Delta Q_s = 2416\,\text{J}\,\text{mol}^{-1}$. Für die Verdampfung bei $T_d = 298{,}1\,\text{K}$ werden $\Delta Q_d = 32.407\,\text{J}\,\text{mol}^{-1}$ aufgebracht. Daraus ergibt sich für die Entropie (in $\text{J}\,\text{mol}^{-1}\,\text{K}^{-1}$)

$$S_{T_d} = b\int_0^{T_0} T^2\,\mathrm{d}T + \int_{T_0}^{T_t} c_p^{\mathrm{mol}} \frac{\mathrm{d}T}{T} + \frac{\Delta Q_t}{T_t} \\ + \int_{T_t}^{T_s} c_p^{\mathrm{mol}} \frac{\mathrm{d}T}{T} + \frac{\Delta Q_s}{T_s} + \int_{T_s}^{T_d} c_p^{\mathrm{mol}} \frac{\mathrm{d}T}{T} + \frac{\Delta Q_d}{T_d}.$$

Bei $T_d = 298{,}1\,\text{K}$ hat CCl$_4$ einen Dampfdruck von 14.819 Pa. Um den Dampf auf den Normaldruck von 101.325 Pa zu bringen, muss man ihn komprimieren. Dabei verringert sich die Entropie um

$$\Delta S = R \ln \frac{V_{101.325}}{V_{14.819}}.$$

Die Integranden c_p^{mol}/T sind entsprechend den experimentellen Werten von c_p^{mol} als Funktionen der Temperatur. Die Integrationen werden numerisch ausgeführt. Die einzelnen Entropieanteile pro Mol und ihre Summe sind in der folgenden Tabelle zusammengestellt.

Insgesamt treten drei Phasenübergänge auf, nämlich bei der Umordnung des Kristallgitters, beim Schmelzen und beim Verdampfen. In allen drei Fällen musste Wärme zugeführt werden. Solche Wärmebeträge, die während Phasenübergängen auftreten können (nicht müssen!), heißen latente Wärmen. Beachten Sie, dass die latenten Wärmen bei den Phasenübergängen wesentlich zur Gesamtbilanz beitragen.

Entropiebeitrag	J mol^{-1} K^{-1}
$S_{T_0} = b\int_0^{T_0} T^2\,\mathrm{d}T$	1,05
$S_{T_t} - S_{T_0}$ (numerisch)	151,89
ΔS_t (Phasenübergang)	20,05
$S_{T_s} - S_{T_t}$ (numerisch)	12,89
ΔS_s (Schmelzen)	9,67
$S_{T_d} - S_{T_s}$ (numerisch)	22,81
ΔS_d (Verdampfung)	108,57
ΔS (Kompression)	−15,4
Entropie insgesamt	311,22

Ähnlich verfährt man mit anderen Stoffen. Die *Entropien* einiger Feststoffe, Flüssigkeiten und Gase bei 298 K sind in der nächsten Tabelle zusammengestellt.

Aggregatzustand	Stoff	Entropie J mol^{-1} K^{-1}
Feststoffe	Graphit, C	5,7
	Diamant, C	2,4
	Iod, I$_2$	116,1
Flüssigkeiten	Benzol, C$_6$H$_6$	173,3
	Wasser, H$_2$O	69,9
	Quecksilber, Hg	76,0
Gase	Methan, CH$_4$	186,1
	Kohlendioxid, CO$_2$	213,6
	Wasserstoff, H$_2$	130,6
	Helium, He	126,0

Wie wir sehen werden, lässt sich die Entropie eines Körpers auch theoretisch berechnen. In der Luft unseres Zimmers, in einem Stück Kreide – in jedem Körper steckt eine bestimmte Entropie.

Vertiefung In der Vertiefungs-Umgebung finden Sie längere Abschnitte, die einzelne Themen aus dem fortlaufenden Text herausgreifen, um sie genauer zu besprechen. Sie hat vor allem den Sinn, solche Inhalte nicht zu übergehen, die beim ersten Lesen oder in Vorlesungen oft nicht behandelt werden können oder zu weit führen, die aber zum Verständnis, zur weiteren Anwendung des Stoffes und dazu nützlich sind, Querverbindungen herzustellen.

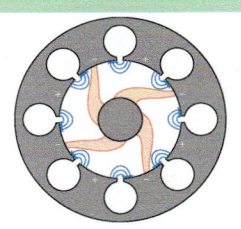

Anwendung Anwendungen stehen zwischen Vertiefungen und Beispielen. Sie können einerseits insofern als erweiterte Beispiele angesehen werden, als der Stoff dort auf konkrete Systeme übertragen wird und andererseits insofern als Vertiefungen, als die dort besprochenen Themen bei einem ersten Durchgang übergangen werden können. Die Anwendungen sollen es Ihnen ermöglichen, Ihr Verständnis anhand weiterführender Beispiele zu vertiefen und Ihr bereits bestehendes Wissen zu übertragen.

Mathematischer Hintergrund Unter dieser Bezeichnung wird losgelöst vom fortlaufenden Text prägnant umrissen, welche mathematischen Themen und weitergehenden Fragestellungen an das behandelte Gebiet anschließen oder auf welchen mathematischen Grundlagen eine physikalische Betrachtung aufbaut. Sie finden hier auch Beweisideen und Literaturvorschläge. In den Mathematischen Hintergründen können Sie Formeln nachschlagen oder sich mathematische Zusammenhänge wieder ins Gedächtnis rufen.

So geht's weiter In diesen meist ausführlichen Umgebungen werden Themen beschrieben, die jenseits des eigentlichen Stoffumfangs stehen, aber interessante Ausblicke in daran anschließende, weiterführende Fragestellungen und Probleme bieten. Diese So-geht's-weiter-Umgebungen sollen Ihnen einen Anstoß geben, Ihr bis dahin erworbenes Wissen zu erproben und in angrenzende Bereiche hinein zu erweitern. Diese Teile sollen Ihren Appetit anregen, mehr zu erfahren und über den üblichen Stoff hinauszudenken.

Inhaltsverzeichnis

1 Phänomenologische Begründung der Thermodynamik 1
   1.1 Entwicklung der Thermodynamik 2
   1.2 Was ist Thermodynamik? 8
   1.3 Temperatur, Zustandsgrößen und Zustandsänderungen 11
   1.4 Arbeit und Wärme 18
   1.5 Die idealen Gasgesetze 20
   1.6 Der erste Hauptsatz 22
   1.7 Der zweite Hauptsatz (1. Teil) 28
   1.8 Der zweite Hauptsatz (2. Teil) 38
   Aufgaben 43
   Lösungen zu den Aufgaben 46
   Ausführliche Lösungen zu den Aufgaben 47
   Literatur 53

2 Statistische Begründung der Thermodynamik 55
   2.1 Das Grundpostulat der statistischen Physik 56
   2.2 Statistische Definition der absoluten Temperatur 73
   2.3 Statistische Definition der Entropie 77
   2.4 Grundlagen der Wahrscheinlichkeitsrechnung 81
   Aufgaben 91
   Lösungen zu den Aufgaben 94
   Ausführliche Lösungen zu den Aufgaben 95
   Literatur 101

3 Einfache thermodynamische Anwendungen 103
   3.1 Thermodynamische Funktionen 104
   3.2 Extremaleigenschaften, Gleichgewicht und Stabilität 113
   3.3 Das ideale Gas 116
   3.4 Das Van-der-Waals-Gas 123
   3.5 Der Joule-Thomson-Effekt 125
   3.6 Allgemeine Kreisprozesse und der Carnot'sche Wirkungsgrad ... 127

	3.7	Chemisches Potenzial und Phasenübergänge	130
		Aufgaben	136
		Lösungen zu den Aufgaben	138
		Ausführliche Lösungen zu den Aufgaben	139
		Literatur	143
4	**Ensembles und Zustandssummen**		**145**
	4.1	Ensembles	146
	4.2	Die kanonische Zustandssumme	149
	4.3	Großkanonische Zustandssumme und großkanonisches Potenzial	158
	4.4	Ideales Gas im Schwerefeld	161
	4.5	Chemische Reaktionen idealer Gasgemische	163
	4.6	Einfache Modelle für magnetische Systeme	168
		So geht's weiter	172
		Aufgaben	175
		Lösungen zu den Aufgaben	177
		Ausführliche Lösungen zu den Aufgaben	178
		Literatur	182
5	**Quantenstatistik**		**183**
	5.1	Grundlagen der Quantenstatistik	184
	5.2	Besetzungszahldarstellung	186
	5.3	Ideale Quantengase	188
	5.4	Ideale Fermi-Gase	191
	5.5	Ideale Bose-Gase	193
	5.6	Relativistische ideale Quantengase	199
	5.7	Wärmekapazität fester Körper	204
		So geht's weiter	209
		Aufgaben	215
		Lösungen zu den Aufgaben	217
		Ausführliche Lösungen zu den Aufgaben	218
		Literatur	223
Abbildungsnachweis			**225**
Sachverzeichnis			**227**

Übersicht der Kapitelinhalte aller Bände

Band 1 Mechanik

1. Die Newton'schen Axiome
2. Koordinatentransformationen und beschleunigte Bezugssysteme
3. Systeme von Punktmassen
4. Starre Körper
5. Lagrange-Formalismus und Variationsrechnung
6. Schwingungen
7. Hamilton-Formalismus
8. Kontinuumsmechanik
9. Spezielle Relativitätstheorie
10. Relativistische Mechanik

    Abbildungsnachweis

    Sachverzeichnis

Band 2 Elektrodynamik

1. Die Maxwell-Gleichungen
2. Elektrostatik
3. Vollständige Funktionensysteme: Fourier-Transformation und Multipolentwicklung
4. Elektrische Felder in Materie
5. Magnetismus und elektrische Ströme
6. Ausbreitung elektromagnetischer Wellen
7. Optik
8. Relativistische Formulierung der Elektrodynamik
9. Abstrahlung elektromagnetischer Wellen
10. Lagrange- und Hamilton-Formalismus in der Elektrodynamik

    Abbildungsnachweis

    Sachverzeichnis

Band 3 Quantenmechanik

1 Die Entstehung der Quantenphysik
2 Wellenmechanik
3 Formalismus der Quantenmechanik
4 Observablen, Zustände und Unbestimmtheit
5 Zeitentwicklung und Bilder
6 Eindimensionale Quantensysteme
7 Symmetrien und Erhaltungssätze
8 Zentralkräfte – das Wasserstoffatom
9 Elektromagnetische Felder und der Spin
10 Störungstheorie und Virialsatz
11 Mehrteilchensysteme und weitere Näherungsmethoden
12 Streutheorie
   Abbildungsnachweis
   Sachverzeichnis

Band 4 Thermodynamik und statistische Physik

1 Phänomenologische Begründung der Thermodynamik
2 Statistische Begründung der Thermodynamik
3 Einfache thermodynamische Anwendungen
4 Ensembles und Zustandssummen
5 Quantenstatistik
   Abbildungsnachweis
   Sachverzeichnis

Verzeichnis der mathematischen Hintergründe

1.1	Homogene Funktionen	15
2.1	Symplektische Struktur	58
2.2	Differenzialformen – Ein Ausblick in die Differenzialgeometrie	59
2.3	Volumen und Oberfläche der n-Sphäre	66
2.4	Kolmogorows Axiome und der Bayes'sche Satz	84
4.1	Gauß'sche Integrale	155
5.1	Riemann'sche Zetafunktion – Einige Eigenschaften	196

Verzeichnis weiterer mathematischer Hintergründe

Band 1 Mechanik

1.1 Vektorräume
1.2 Metrische und normierte Räume
1.3 Skalarprodukt, euklidische Räume
1.4 Differenzialgleichungen
1.5 Differenzialgleichungen – Lösungsverfahren
1.6 Vektorprodukt und Levi-Civita-Symbol
1.7 Differenzialoperatoren
1.8 Taylor'scher Satz
1.9 Der Satz von Stokes
2.1 Matrizen I – Definition und grundlegende Rechenregeln
2.2 Matrizen II – Determinanten
2.3 Matrizen III – Matrixinversion und Rechenregeln für Determinanten
2.4 Gruppen – Einführung in die Gruppentheorie
4.1 Tensoren
4.2 Diagonalisierbarkeit
5.1 Mannigfaltigkeiten – Eine Verallgemeinerung euklidischer Räume
5.2 Funktionale
6.1 Lineare Differenzialgleichungen – Homogene und inhomogene Differenzialgleichungen, Fundamentalsystem
6.2 Komplexe Zahlen – Definition und Rechenregeln
6.3 Lineare Differenzialgleichungen – Lösungsstrategien
7.1 Legendre-Transformationen – Grundlagen und anschauliche Bedeutung
8.1 Funktionenfolgen und Funktionenreihen – Punktweise und gleichförmige Konvergenz
9.1 Dualraum

Band 2 Elektrodynamik

1.1 Distributionen
1.2 Rechenregeln für Distributionen
1.3 Integralsätze der Vektoranalysis – Satz von Gauß und Satz von Stokes

3.1 Komplexe Funktionen I – Definition von holomorphen Funktionen und die Cauchy-Riemann'schen Differenzialgleichungen

3.2 Komplexe Funktionen II – Potenzreihen und Beispiele

3.3 Komplexe Funktionen III – Singularitäten und meromorphe Funktionen

3.4 Separationsansatz zum Lösen partieller Differenzialgleichungen

6.1 Bessel-Funktionen

Band 3 Quantenmechanik

3.1 Operatoren – Hermitesche und selbstadjungierte Operatoren

3.2 Spektralprojektoren

6.1 Verzweigungspunkte komplexer Funktionen

7.1 Lie-Gruppen und Lie-Algebren

7.2 Darstellungen einer Lie-Gruppe und Lie-Algebra

8.1 Frobenius-Sommerfeld-Methode – Verallgemeinerte Potenzreihenansätze

8.2 Laguerre-Polynome

10.1 Asymptotische Reihen

12.1 Gammafunktion

Die Autoren

Matthias Bartelmann ist seit 2003 Professor für theoretische Astrophysik an der Universität Heidelberg. Sein besonderes Interesse gilt der Kosmologie und der Entstehung kosmischer Strukturen. Für seine Vorlesungen zu verschiedenen Gebieten der theoretischen Physik und Astrophysik erhielt er 2008 und 2016 den Lehrpreis seiner Fakultät.

Björn Feuerbacher hat in Heidelberg Physik studiert und dort am Institut für Theoretische Physik über ein Thema der Quantenfeldtheorie promoviert. Nach einer PostDoc-Stelle in der theoretischen Chemie arbeitet er seit 2007 als Lehrer für Mathematik und Physik an der Friedrich-Fischer-Schule in Schweinfurt, einer beruflichen Oberschule.

Timm Krüger hat in Bielefeld und Heidelberg Physik studiert und seine Doktorarbeit am Max-Planck-Institut für Eisenforschung in Düsseldorf geschrieben. Seit 2013 forscht er als Chancellor's Fellow an der Universität von Edinburgh. Er ist vor allem an der Rheologie komplexer Flüssigkeiten und der Modellierung und Simulation von Blutströmungen interessiert.

Die Autoren

Dieter Lüst ist seit 2004 Professor für mathematische Physik an der Ludwig-Maximilians-Universität in München und dort Direktor am Max-Planck-Institut für Physik. Davor war er von 1993 bis 2004 Professor für Theoretische Physik an der Humboldt-Universität zu Berlin. Sein besonderes Interesse gilt der Stringtheorie.

Anton Rebhan war als Wissenschaftler mehrere Jahre an den Forschungszentren CERN (Genf) und DESY (Hamburg) tätig und ist seit 2008 Professor für theoretische Physik an der Technischen Universität Wien und Leiter der Arbeitsgruppe fundamentale Wechselwirkungen. Seine Forschungsschwerpunkte sind Quantenfeldtheorie und Theorie des Quark-Gluon-Plasmas. Seit 2014 leitet er zudem eine Graduiertenschule zur theoretischen und experimentellen Teilchenphysik.

Andreas Wipf forschte am Dublin Institute for Advanced Studies, Los Alamos National Laboratory, Max-Planck-Institut für Physik und an der ETH-Zürich und ist seit 1995 Professor für Quantentheorie an der Friedrich-Schiller-Universität in Jena. Er ist Sprecher eines Graduiertenkollegs zur Gravitation, Quantenfeldtheorie und Mathematischen Physik. Diesen Forschungsgebieten gilt auch sein besonderes Interesse.

Phänomenologische Begründung der Thermodynamik

Wie verhalten sich physikalische Systeme aus sehr vielen Teilchen?

Wie können Temperatur und Wärme physikalisch beschrieben werden?

Wie arbeiten Wärmekraftmaschinen?

Welche physikalischen Vorgänge können spontan ablaufen, welche nicht?

1.1	Entwicklung der Thermodynamik	2
1.2	Was ist Thermodynamik?	8
1.3	Temperatur, Zustandsgrößen und Zustandsänderungen	11
1.4	Arbeit und Wärme	18
1.5	Die idealen Gasgesetze	20
1.6	Der erste Hauptsatz	22
1.7	Der zweite Hauptsatz (1. Teil)	28
1.8	Der zweite Hauptsatz (2. Teil)	38
	Aufgaben	43
	Lösungen zu den Aufgaben	46
	Ausführliche Lösungen zu den Aufgaben	47
	Literatur	53

1 Phänomenologische Begründung der Thermodynamik

Dieses Kapitel führt die wesentlichen Konzepte der Thermodynamik und ihre Axiome auf eine Weise ein, die keinen Bezug zur mikroskopischen Natur der Materie nimmt. Es folgt damit in Abschn. 1.1 zum einen der historischen Entwicklung, welche die Thermodynamik ausgehend von den Begriffen „warm" und „kalt" über das Bedürfnis, Wärmekraftmaschinen zu verstehen, bis hin zur Formulierung ihrer sogenannten Hauptsätze genommen hat. Zum anderen zeigt es in Abschn. 1.2, wie und warum die Thermodynamik axiomatisch aufgebaut werden kann, ohne eine präzise Vorstellung vom Aufbau der Materie zu haben.

Zentral in diesem Kapitel sind die drei Hauptsätze, die aus historisch-konventionellen Gründen mit null beginnend nummeriert werden und die als Axiome der Thermodynamik gelten können. Der nullte Hauptsatz (Abschn. 1.3) definiert den physikalischen Temperaturbegriff, der erste Hauptsatz (Abschn. 1.6) legt fest, wie verschiedene Formen von Energie ineinander umgewandelt werden können, und der zweite Hauptsatz klärt anhand des Begriffs der Entropie, welche dieser Umwandlungen überhaupt physikalisch möglich sind (Abschn. 1.7 und 1.8).

Zur Formulierung der Hauptsätze werden weitere Begriffe benötigt, die im Lauf des Kapitels insbesondere in den Abschn. 1.3 und 1.4 eingeführt werden. Besonders wichtig sind die Begriffe der Zustands- und Prozessgrößen. Neben der Formulierung der Hauptsätze ist es das wesentliche Anliegen dieses Kapitels zu begründen, warum die Thermodynamik als allgemeine Theorie von den Energieumwandlungen makroskopischer Systeme so fundamental ist, dass sie die Revolutionen der Relativitätstheorien und der Quantentheorie weitgehend unverändert überstehen konnte, gerade weil sie von jeder detaillierten mikroskopischen Information absieht.

Oft wird in diesem und in den folgenden Kapiteln allgemein und abstrakt von „physikalischen Systemen" die Rede sein. Unter einem „System" verstehen wir hier einen wohldefinierten Ausschnitt der Welt, der durch einen geschlossenen Rand von seiner Umgebung abgegrenzt werden kann, aber nicht notwendigerweise davon isoliert ist. Wir unterscheiden mikroskopische und makroskopische Systeme nach der Anzahl ihrer Freiheitsgrade. Bei welcher Anzahl von Freiheitsgraden ein System als makroskopisch gelten kann, wird später durch den Begriff der Stoffmenge und durch die Avogadro-Zahl einen präzisen Sinn bekommen.

Die Hauptsätze der Thermodynamik werden in diesem Kapitel vor allem anhand der idealen Gasgesetze (Abschn. 1.5) und verschiedener Kreisprozesse (Abschn. 1.7) erläutert und vertieft. Das Kapitel schließt in Abschn. 1.8 mit einer Diskussion der Entropiezunahme bei irreversiblen Prozessen, insbesondere bei Wärmeleitung und Mischungsvorgängen, anhand derer das Konzept des reversiblen Ersatzprozesses eingeführt wird.

Die fünf Kapitel von Bd. 4 über Thermodynamik und statistische Physik bilden fünf Durchgänge durch ähnliche Themen. Jeder Durchgang vertieft die vorige Diskussion und fügt neue Konzepte hinzu. Auf Kap. 1, in dem die Thermodynamik phänomenologisch eingeführt wird, folgt ihre statistische Begründung (Kap. 2). Insbesondere die Entropie wird dann auf eine Abzählung möglicher Zustände zurückgeführt. In Kap. 3 werden die bis dahin entwickelten Konzepte erweitert und auf eine Reihe verschiedener Systeme angewandt, die von idealen zu realen Gasen und Phasenübergängen reichen. In Kap. 4 wird der Begriff der Ensembles geschärft und mit dem Konzept der Zustandssummen versehen, von denen gezeigt wird, dass in ihnen alle Information thermodynamischer Systeme im Gleichgewicht enthalten ist. Das abschließende Kap. 5 stellt schließlich dar, wie die bis dahin eingeführten Konzepte auf quantenphysikalische Systeme erweitert werden können.

1.1 Entwicklung der Thermodynamik

Warm und kalt

Die physikalische Wärmelehre hat sich mit der Industrialisierung wesentlich aus dem Bedürfnis heraus entwickelt, die Funktion und das Verhalten von Wärmekraftmaschinen zu verstehen. Wärmekraftmaschinen sind periodisch arbeitende Maschinen, die in jedem Zyklus eine gewisse Wärmemenge aufnehmen, eine geringere Wärmemenge abgeben und dabei Arbeit verrichten. Abb. 1.1 zeigt als Beispiel eine Niederdruckdampfmaschine. Gerade zu Beginn des Maschinenzeitalters haben Ingenieure erheblich dazu beigetragen, die wesentlichen Konzepte der Wärmelehre zu klären und ihre Begriffe zu schärfen. Das Verständnis der grundlegenden thermodynamischen Größen *Temperatur* und *Wärme* ging mit dem technischen Fortschritt Hand in Hand.

Entscheidende Schritte auf dem Weg zu einer Physik der Wärme waren die Entwicklung von Methoden zur Messung der Temperatur, die Entdeckung der Gasgesetze, die Vorstellung von Wärme als einer Größe mit Substanzcharakter und die Erforschung des Zusammenhangs zwischen Wärme und Arbeit.

Abb. 1.1 Stehende Einzylinderdampfmaschine der Silbermine „Alte Elisabeth" in Freiberg (Sachsen). Die Maschine wurde 1848 nach dem Watt'schen Patent gebaut und hatte eine Leistung von 12 PS

Die Schärfung der Begriffe „warm" und „kalt" zu einer Temperaturskala wurde von der Entwicklung erster sogenannter *Thermoskope* und *Thermometer* begleitet, die zunächst dem bloßen Nachweis einer Erwärmung dienten, aber zunehmend genaue Messungen erlaubten.

Bereits im ägyptischen Alexandria hatte man die Tatsache gekannt und genutzt, dass sich Luft bei Wärmezufuhr ausdehnt. Der wesentliche Fortschritt bei der Messung von Temperaturen wurde durch den Übergang zum geschlossenen Flüssigkeitsthermometer möglich. Er wurde wohl zunächst bei den Untersuchungen in der florentinischen Akademie vollzogen und wird *Ferdinand II.*, Herzog von Toskana, zugeschrieben. Abgeschlossen hat ihn später um 1700 der Danziger Physiker *Daniel Fahrenheit* (1686–1736).

Fahrenheits Temperaturskala

Um negative Temperaturen möglichst zu vermeiden, legte Fahrenheit den Nullpunkt seiner Temperaturskala auf die niedrigste Temperatur fest, die er im strengen Winter 1708/09 in Danzig feststellen konnte: Sie lag bei $-17{,}8\,°C$. Den Gefrierpunkt des Wassers legte er bei $32\,°F$ fest. Für die Umrechung von Celsius- in Fahrenheit-Grade ergibt sich daraus die Formel

$$(\text{Fahrenheit}) = \frac{32}{17{,}8}(\text{Celsius}) + 32 \approx \frac{9}{5}(\text{Celsius}) + 32.$$

◀

Ausdehnungsgesetze von Gasen

Für das Studium der Ausdehnungsgesetze von Gasen wurde es wichtig, mit Luftpumpen den Gasdruck innerhalb weiter Grenzen ändern zu können. Den Zusammenhang zwischen dem Druck P eines Gases und seinem Volumen V untersuchte der irische Naturforscher *Robert Boyle* (1627–1692) um die Jahre 1660/1661. *Richard Townley* (1629–1707) wiederholte Boyles Versuche und erkannte das Gesetz, das wir heute in der Form $PV = \text{const}$ schreiben. Boyle veröffentlichte es im Jahre 1669 als *Townley'sches Gesetz*, und der französische Physiker *Edme Mariotte* (vermutlich 1620–1684) gab es 1676 ebenfalls an.

Die einfachen Volumenverhältnisse, in denen Gase zu Verbindungen zusammentreten, wurden im Jahre 1805 von dem eminenten deutschen Naturforscher *Alexander von Humboldt* (1769–1859) und dem französischen Physiker und Chemiker *Joseph Gay-Lussac* (1778–1850) anhand der Elektrolyse von Wasser in Sauerstoff und Wasserstoff ermittelt. In allgemeiner Form wurden sie 1808 von Gay-Lussac und dem englischen Naturforscher und Lehrer *John Dalton* (1766–1844) ausgesprochen.

Das Gesetz über die Abhängigkeit von Volumen und Druck eines Gases von seiner Temperatur wurde 1833 ebenfalls von Gay-Lussac entdeckt. Er fand, dass Druck und Volumen genügend verdünnter Gase bei sonst gleichbleibenden Bedingungen linear mit der Temperatur zunehmen, unabhängig davon, welche Gase er betrachtete. Ein wesentlicher Aspekt des gleichartigen Verhaltens vieler verschiedener Gase war aber schon in dem Gesetz der einfachen ganzzahligen Volumenverhältnisse bei Verbindungen von Gasen erkannt worden, also ebenfalls schon 1808. Der italienische Naturwissenschaftler *Amedeo Avogadro* (1776–1856) deutete es 1811, indem er postulierte, dass bei gegebenem Druck und gegebener Temperatur in einem bestimmten Volumen eines Gases jeweils dieselbe Anzahl von Molekülen enthalten ist.

Wärmestoff und Wärmekapazität

Lange herrschte die Meinung vor, *Wärme* sei eine Substanz (*Caloricum* genannt), die von einem Körper auf einen anderen übergehen könne und dabei der Menge nach unverändert bleibe. Von einer Substanz ähnlich elementaren Charakters, dem sogenannten *Phlogiston*, wurde angenommen, dass es Körpern durch Erwärmung zugeführt werde und bei Verbrennung entweiche. Diese Meinung hat ihren Ursprung in der Erfahrung, dass Stoffe verschiedene *Wärmekapazitäten* haben: Ihre Temperatur erhöht sich bei der Zufuhr gleicher Wärmemengen um verschiedene Beträge.

Kalorimeter wurden schon ab der Mitte des 18. Jahrhunderts benutzt. Bereits 1760 wurden die Schmelzwärme des Eises und die Verdampfungswärme des Wassers von dem schottischen Chemiker *Joseph Black* (1728–1799) recht genau kalorimetrisch gemessen. Black war der Lehrer von *James Watt* (1736–1819). Ihm verdanken wir viele quantitative Begriffe der physikalischen Wärmelehre, wie z. B. Wärmemenge, spezifische Wärme, latente Wärme sowie Schmelz- und Siedetemperatur. Insbesondere erkannte Black, dass sich beim Erwärmen von Eis die Temperatur so lange nicht ändert, bis das Eis vollständig geschmolzen ist. Er schloss daraus, dass Temperatur und Wärme im Sinn einer Intensität und einer Quantität unterschieden werden müssen.

Kalorimeter

Kalorimeter vergleichen die aufgenommene Wärme mit bekannten Wärmemengen. Beispielsweise dient im Eiskalorimeter die Schmelzwärme von Wassereis als Vergleichsgröße. Anhand der Wärmemenge, die notwendig ist, um die Temperatur einer bestimmten Menge Wassers um einen bestimmten Betrag zu erhöhen, wurde die Kalorie (cal) als Einheit der Wärmemengen festgelegt. Sie wurde schließlich 1948 offiziell abgeschafft, lange nachdem man erkannt hatte, dass Wärme eine Form der Energie ist und daher in Joule gemessen werden kann. Dennoch wird sie heute noch an vielen Stellen verwendet.

◀

Mit seinen Untersuchungen widerlegte Black die zu seiner Zeit verbreitete Meinung, dass die spezifische Wärme für Körper mit gleichem Volumen proportional zu ihrer Masse und somit Dichte sein sollte. Black meinte allerdings, dass seine Messungen im Widerspruch zu einer Theorie der Wärme stünden, die Wärme durch Bewegung zu erklären suchte. Tatsächlich lieferte die kinetische Theorie erst 100 Jahre später mithilfe des Gleichverteilungssatzes (Abschn. 4.2) eine Antwort auf diese zunächst offengebliebene Frage, wie die Wärmekapazität von Gasen mit der kinetischen Theorie der Wärme in Einklang zu bringen wäre.

> **Wärme als Substanz**
>
> Die Vorstellung, Wärme sei eine unzerstörbare Substanz, die zwischen Körpern fließen könne, herrschte bis ins 19. Jahrhundert vor.

Wärme und Arbeit

Der uns heute wohlbekannte Zusammenhang zwischen Wärme und Arbeit wurde nur langsam aufgedeckt. Ausgehend von der Dampfkugel des griechischen Mathematikers und Ingenieurs *Heron*, der vermutlich im 1. Jahrhundert in Alexandria lebte, führte der Weg über die atmosphärische Maschine des deutschen Juristen, Physikers und Erfinders *Otto von Guericke* (1602–1686) und die Pulvermaschine des niederländischen Astronomen, Mathematikers und Physikers *Christiaan Huygens* (1629–1695) zur Dampfmaschine.

Der als Offizier, Politiker, Physiker und Erfinder tätige Amerikaner *Benjamin Thompson* (Graf von *Rumford*, 1753–1814) stellte um 1800 fest, dass ein Pferd in einer Stunde ungefähr 450 Kilokalorien (kcal) Wärme erzeugen kann. Offenbar hat Thompson seinem Pferd weniger zugemutet als der schottische Erfinder *James Watt* (1736–1819), der seinem Pferd eine größere Stärke zumaß: Mit einer Pferdestärke (1 PS = 735,5 W) kommt man in der Stunde auf 630 kcal. Thompson hatte sich zunächst die schwierige Aufgabe gestellt, das Gewicht der Wärmesubstanz zu bestimmen. In seiner Darlegung findet sich bereits der vorsichtige Hinweis, dass sich sein negatives Resultat leicht verstehen ließe, wenn die Wärme nicht als Substanz, sondern als Folge innerer Bewegungen angesehen würde.

Der wundeste Punkt der Substanztheorie der Wärme war jedoch ihr Unvermögen, auf einfache Weise die Wärmeerzeugung durch Reibung zu erklären. Eine Erklärung ging davon aus, dass ein Körper bei Reibung seine Wärmekapazität verringert. Mit einer Untersuchung der beim Ausbohren von Kanonenrohren auftretenden Wärmeerscheinungen versuchte Thompson, der Wärmestofftheorie den Todesstoß zu versetzen. Aber obwohl Thompsons experimentelle Ergebnisse durchaus auf Anerkennung stießen, wurden sie noch zu Anfang des 19. Jahrhunderts auf der Grundlage der Vorstellung von einer Wärmesubstanz zu deuten versucht.

Die theoretischen Grundlagen der Thermodynamik wurden schließlich in nur drei Jahrzehnten zwischen 1822 und 1851 gelegt. Diese Entwicklung begann mit dem französischen Mathematiker und Physiker *Jean Baptiste Joseph Fourier* (1768–1830), der 1822 in seinem Buch *Analytische Theorie der Wärme* die Wärmeleitung mathematisch behandelte (Fourier 1955). Ziel seiner Untersuchungen war es, die an verschiedenen Punkten eines Körpers von Thermometern angezeigten Temperaturen und deren zeitliche Änderung zu berechnen. Um die dabei auftretenden Gleichungen zu lösen, schuf er die Fourier-Transformation (Bd. 2, Abschn. 3.1).

Fouriers Untersuchungen kommt für den Fortschritt sowohl der Mathematik als auch der Physik eine grundlegende Bedeutung zu. In Einklang mit der vorherrschenden Meinung vertrat jedoch auch er die Ansicht, dass Wärme ein unveränderlicher Stoff sei. Dieser *Wärmestoff* sollte eine gewichtslose oder zumindest sehr leichte, unsichtbare und unzerstörbare Substanz sein – ein wahrhaftig sehr eigenartiger Stoff, der an den Äther erinnert, der als Trägersubstanz elektromagnetischer Wellen angenommen wurde. Würde der Wärmestoff einem Körper zugefügt, dann erhöhte sich seine Temperatur und sein Zustand änderte sich. Neben diese Ansicht trat allmählich eine andere Vorstellung, der zufolge die Temperatur eines Körpers ein Ausdruck der Bewegung seiner kleinsten Bestandteile ist.

Wärme und Arbeit in Kreisprozessen

Der entscheidende Fortschritt gelang dem französischen Ingenieur und Physiker *Nicolas Léonard Sadi Carnot* (1796–1832; Abb. 1.2) mit seiner nur 45-seitigen Abhandlung *Betrachtungen über die bewegende Kraft des Feuers und die zur Entwickelung dieser Kraft geeigneten Maschinen* von 1824 (Carnot 1995). Außer dieser Arbeit hat Carnot nichts veröffentlicht. Acht Jahre nach der Veröffentlichung seines Büchleins erkrankte er an Scharlach und starb während einer Cholera-Epidemie in Paris im Alter von nur 36 Jahren.

Carnot zufolge wird Arbeit verrichtet, wenn der hypothetische Wärmestoff von höherer zu tieferer Temperatur herabsinkt. Im Idealfall ist die dergestalt vom Wärmestoff gelieferte Arbeit proportional zur Temperaturdifferenz geteilt durch die Endtemperatur. Carnots These von der Unzerstörbarkeit der Wärme, in welcher Gestalt auch immer diese auftreten möge, ist zwar nicht korrekt, doch seine weiteren Aussagen sind richtig und weisen bereits den Weg zum zweiten Hauptsatz der Thermodynamik. In Carnots Nachlass findet sich auch die These bekräftigt, dass die Temperatur eines Körpers ein Ausdruck innerer Bewegungsenergie sei. Ohne Begründung gibt er dort auch an, dass die Wärmemenge einer Kilokalorie gleichwertig zu einer Arbeit von 3628,5 J sei, und schlägt vor, wie diese Gleichwertigkeit zu messen wäre.

Abb. 1.2 Nicolas Léonard Sadi Carnot (1796–1832), © Leemage/picture alliance

Carnots Arbeit wurde 1834 von dem französischen Physiker und Ingenieur *Benoît Paul Émile Clapeyron* (1799–1864) aufgenommen. Clapeyron brachte Carnots Aussagen in eine mathematische Form, und zwar schon in diejenige, in der heute noch der *Carnot'sche Kreisprozess* in der Physik beschrieben wird. Der Carnot'sche Kreisprozess ist befreit vom Wärmestoff und dessen Unzerstörbarkeit. An die Stelle des Wärmestoffs trat die Energie. Jedem Körper, beispielsweise einem Dampf oder einem Gas, wird unter definierten Bedingungen eine ganz bestimmte *innere Energie* zugeschrieben. Diese wird somit als eine eindeutige Eigenschaft des Zustands eines Körpers angesehen. Sie kann sich infolge einer Erwärmung oder Abkühlung des Körpers ändern oder indem an dem Körper Arbeit verrichtet wird.

Energieumwandlungen und der erste Hauptsatz

Diese Überlegungen nahmen vorweg, was heute im ersten Hauptsatz der Thermodynamik formuliert wird. Dieser Hauptsatz kann als eine Definition der Wärme angesehen werden. Er setzt die *Änderung* der inneren Energie eines Körpers und die vom oder am Körper verrichtete *Arbeit* einer *Wärmeänderung* gleich. Damit wurde das entscheidende Problem der Wärmestofftheorie aufgegeben, das in der Annahme bestanden hatte, man könne die Menge an Wärmestoff angeben, die in einem Körper enthalten sei. Indem der erste Hauptsatz ausdrücklich nur *übertragene* Wärmemengen angibt und sie durch verrichtete Arbeit und *Änderungen* der inneren Energie quantifiziert, verzichtet er auf absolute Angaben einer Wärmemenge, die dem Körper innewohnen könnte. Insbesondere erlaubt er damit auch, dass die insgesamt aufgenommene oder abgegebene Wärmemenge beim Übergang von einem Zustand eines Körpers in einen anderen davon abhängen kann, *wie* der eine in den anderen Zustand übergeht.

Die Unterscheidung von Wärme und Arbeit werden wir in den Abschn. 2.1 und 4.2 genauer betrachten, wenn wir die thermodynamischen Größen physikalischer Systeme mit der Physik ihrer mikroskopischen Freiheitsgrade in Beziehung setzen.

Innere Energie

An die Stelle des Wärmestoffs trat um die Mitte des 19. Jahrhunderts die innere Energie. Sie wird als eine Größe aufgefasst, die den thermischen Zustand eines Körpers kennzeichnet. Die innere Energie kann durch zu- oder abgeführte Wärme verändert werden oder dadurch, dass Arbeit am oder vom Körper verrichtet wird.

Dieser entscheidende konzeptionelle Schritt führte zu einem der drei Axiome, die der heutigen Thermodynamik zugrunde liegen. Als kennzeichnend für den thermischen Zustand eines Körpers wurde nun nicht mehr sein Gehalt an einem schwer fasslichen Wärmestoff angesehen, sondern seine innere Energie, die später als Ausdruck des Bewegungszustands seiner mikroskopischen Bestandteile gedeutet wurde. Die innere Energie wird als eine Größe angesehen, die durch den makroskopisch charakterisierbaren Zustand eines Körpers eindeutig vorgegeben ist. Wenn ein Körper von einem Zustand in einen anderen übergeht, kann seine innere Energie zu Beginn und am Ende dieses Vorgangs lediglich von diesen Zuständen abhängen, nicht aber davon, auf welche Weise der Körper aus dem einen in den anderen Zustand überführt wurde.

Im Gegensatz dazu erweist sich die Wärmemenge als *abhängig vom Weg*, auf dem der Übergang in einen betrachteten Zustand erfolgt. Damit wird es ebenso unmöglich, sinnvoll davon zu sprechen, der Körper enthalte eine bestimmte Menge Wärme, wie es unsinnig wäre zu sagen, im Körper stecke eine bestimmte Arbeit. Wärme und Arbeit sind demnach keine Eigenschaften eines thermischen Zustands mehr. Stattdessen charakterisieren sie eine Form des *Energieaustauschs* zwischen zwei Körpern. Damit werden Kreisprozesse gedanklich erst möglich, in denen sich ein Körper auf einem Weg von seinem Ausgangszustand entfernt und auf einem anderen dorthin zurückkehrt. Die vom Körper aufgenommene oder abgegebene Wärme und die von oder an ihm verrichtete Arbeit werden sich in der Regel auf beiden Wegen unterscheiden. Damit wird einsehbar, wie in periodisch ablaufenden Prozessen Wärme in mechanische Arbeit umgewandelt werden kann, wie also Wärmekraftmaschinen physikalisch gedeutet und verstanden werden können.

Abb. 1.3 Rudolf Clausius (1822–1888), © akg-images/bildwissedition

In den folgenden Jahrzehnten setzte sich die Erkenntnis durch, dass übertragene Wärmemengen und verrichtete Arbeit Formen von Energie seien. Die Äquivalenz von chemischer Energie, Wärme und Arbeit waren dem Koblenzer Naturwissenschaftler *Friedrich Mohr* (1806–1879) schon seit 1837 und dem Chemiker *Justus von Liebig* (1803–1873) seit 1842 bekannt. Die Folgerungen des deutschen Physikers *Rudolf Clausius* (1822–1888; Abb. 1.3) über die spezifischen Wärmen oder den Temperaturverlauf des Druckes gesättigten Dampfes stellten wichtige Schritte bei der Entwicklung der Thermodynamik dar.

Entropie und der zweite Hauptsatz

Clausius musste bei seinen Untersuchungen feststellen, dass der erste Hauptsatz zur Erklärung der thermodynamischen Erscheinungen nicht ausreicht und dass noch ein weiteres Axiom formuliert werden muss. Zwar erklärt der erste Hauptsatz, wie die Änderung der Wärme mit der Änderung der inneren Energie sowie mit der Arbeit in Beziehung steht, wenn ein Körper von einem Zustand in einen anderen übergeht. Er erklärt aber nicht, welche von allen denkbaren Zustandsänderungen überhaupt möglich sind.

Dementsprechend diente Clausius die Tatsache als Ausgangspunkt seiner Überlegungen, dass Wärme nicht von sich aus von einem kälteren zu einem wärmeren Körper übergeht. Zunächst stellte er fest, dass sich in einem auf umkehrbare, aber sonst beliebige Weise durchlaufenen Kreisprozess alle Wärmeänderungen *geteilt durch die Temperatur*, bei der sie stattfinden, zu null summieren. Diese Größe, deren Änderung als eine auf die Temperatur bezogene Wärmeänderung darstellbar ist, muss daher eine Zustandsgröße des Körpers sein, denn sie kann nicht davon abhängen, wie der Körper in seinen jeweiligen Zustand gelangt ist. Für diese neue Zustandsgröße führte Clausius ab 1865 den neu geschaffenen Begriff der *Entropie* ein. Sie ist von großem praktischem Nutzen, weil sie bestimmt, welche Zustandsänderungen überhaupt möglich sind. Daher begegnet man ihr heute auch im Alltag der Ingenieure.

> **Entropie**
>
> Die Entropie bestimmt, welche von allen denkbaren Zustandsänderungen makroskopischer Systeme überhaupt möglich sind.

Wir werden in Abschn. 2.3 sehen, dass die Entropie auf die Anzahl der Möglichkeiten zurückgeführt werden kann, durch die ein makroskopisches System mikroskopisch realisiert werden kann.

Kinetische Theorie: Innere Energie als Bewegung

Nach der Entdeckung des Erhaltungssatzes der Energie, den wir heute als ersten Hauptsatz der Thermodynamik bezeichnen, rückte die kinetische Theorie der Materie in den Vordergrund. Ihr Durchbruch begann mit den Arbeiten des britischen Physikers *James Joule* (1818–1889), des deutschen Physikers und Chemikers *August Karl Krönig* (1822–1879) und insbesondere des bereits genannten Rudolf Clausius. Neben seinen bahnbrechenden Arbeiten zur makroskopischen Thermodynamik, der er den Entropiebegriff schenkte, legte Clausius auch den Grundstein für die mikroskopische Theorie der Wärme. In seiner 1857 in den *Annalen der Physik* erschienenen Arbeit *Über die Art der Bewegung, welche wir Wärme nennen* (Clausius 1857) leitete er ab, wie der Gasdruck von der mittleren kinetischen Energie

$$\langle E_\text{kin} \rangle = \frac{m}{2} \langle v^2 \rangle \quad (1.1)$$

der Translationsbewegung der Moleküle abhängt. Die Energie, die in möglichen Schwingungen und Rotationen der Moleküle enthalten sein kann, erschien in diesem Zusammenhang noch nicht.

Clausius führte auch den Begriff der mittleren freien Weglänge für Moleküle in Gasen ein.

Statistische Begründung der Thermodynamik

Der schottische Physiker *James Clerk Maxwell* (1831–1879; Abb. 1.4) untersuchte, wie sich eine große Zahl von Teilchen verhält, die nach den Gesetzen der klassischen Mechanik wie Kugeln aneinanderstoßen. In seiner Arbeit *On the dynamical*

Abb. 1.4 James Clerk Maxwell (1831–1879), © nickolae – Fotolia.com

theory of gases. – Part I. On the motions and collisions of perfectly elastic spheres (Maxwell 1860) gab er die Ableitung der nach ihm benannten Verteilungsfunktion der Teilchengeschwindigkeiten an. Auch das bekannte Äquipartitions- oder Gleichverteilungsgesetz, nach dem auf jeden Freiheitsgrad der Gaspartikel im Mittel die gleiche Energie entfällt, wurde von Maxwell aufgestellt.

Der nächste wesentliche Schritt auf dem Weg zur mikroskopischen Begründung der Thermodynamik war die statistische Auffassung der Entropie durch den österreichischen Physiker und Philosophen *Ludwig Boltzmann* (1844–1906; Abb. 1.5), dargelegt in seiner Arbeit *Über die mechanische Bedeutung des zweiten Hauptsatzes der Wärmetheorie* (Boltzmann 1866). Diese entstand aus dem Bedürfnis, auch den zweiten Hauptsatz der Thermodynamik mithilfe der kinetischen Theorie deuten zu können. Es zeigte sich bald, dass ausschließlich mechanische Prinzipien zur Deutung des zweiten Hauptsatzes nicht ausreichen, insbesonders bei irreversiblen Prozessen. In seiner Arbeit *Über die Beziehung zwischen dem zweiten Hauptsatze der mechanischen Wärmetheorie und der Wahrscheinlichkeitsrechnung etc.* (Boltzmann 1877) gelang Boltzmann eine statistische Deutung der Entropie. Seiner fundamentalen Erkenntnis zufolge ist die Entropie eines Gases von Partikeln in einem bestimmten makroskopischen Zustand proportional zum Logarithmus der Anzahl der Mikrozustände, in denen die Teilchen den gegebenen Makrozustand verwirklichen können. Die universelle Boltzmann-Konstante

$$k_\mathrm{B} \approx 1{,}3806 \cdot 10^{-23}\,\mathrm{J\,K^{-1}} \tag{1.2}$$

tritt dabei als Proportionalitätskonstante auf.

Die statistische Behandlung von thermodynamischen Vorgängen im Rahmen der klassischen Physik erreichte zu Beginn des

Abb. 1.5 Ludwig Boltzmann (1844–1906), © akg/Science Photo Library

20. Jahrhunderts ihren Höhepunkt mit den Untersuchungen des amerikanischen Physikers *Josiah Willard Gibbs* (1839–1903; Abb. 1.6). Im Zentrum seiner Überlegungen stand die Verteilungsfunktion im Phasenraum eines mechanischen Systems mit einer sehr großen Anzahl von Freiheitsgraden. Verschiedenen Verteilungsfunktionen entsprechen dabei verschiedene physikalische Situationen. Die wichtigste Rolle spielte dabei das sogenannte *Gibbs'sche kanonische Ensemble*, für das sich die Verteilungsfunktion im Phasenraum als proportional zum sogenannten Boltzmann-Faktor

$$\mathrm{e}^{-H/k_\mathrm{B}T} \tag{1.3}$$

erweist, in dem die Hamilton-Funktion H mit der thermischen Energie $k_\mathrm{B}T$ verglichen wird, die der absoluten Temperatur T entspricht. Eine solche Verteilung beschreibt das Verhalten eines physikalischen Systems im thermischen Gleichgewicht mit seiner Umgebung.

> **Mikroskopische Begründung der Thermodynamik**
>
> Die kinetische Theorie der Wärme ermöglichte eine mikroskopische Begründung der thermodynamischen Gesetze.

1 Phänomenologische Begründung der Thermodynamik

Abb. 1.6 Josiah Willard Gibbs (1839–1903), © akg/Science Photo Library

Wie sich später herausstellte, genügen die Erscheinungen der Mikrophysik nicht den Gleichungen der klassischen Mechanik, sondern den Gesetzen der Quantenmechanik. Die Herleitung streng gültiger Gesetze der makroskopischen Physik aus Wahrscheinlichkeitsaussagen über Elementarereignisse der Mikrophysik gelang nicht nur aus der klassischen Mechanik heraus, sondern auch ausgehend von der Quantenmechanik.

Gleichartige Teilchen sind in der Quantenmechanik nicht unterscheidbar (Bd. 3, Abschn. 11.1). Dies hat insbesondere für Fermionen, z. B. Elektronen oder Protonen, weitreichende Folgen: Aufgrund des Pauli-Prinzips können zwei identische Fermionen nicht im gleichen Mikrozustand sein. Auch für identische Bosonen, z. B. Photonen, sind nicht alle denkbaren Mikrozustände erlaubt. Diese Einschränkungen beeinflussen die Abzählung von Elementarereignissen und damit die Gesetze der makroskopischen Physik. Identische Fermionen folgen der *Fermi-Dirac-Verteilung*, während identische Bosonen der *Bose-Einstein-Verteilung* folgen. Obwohl aufgrund dieser Erkenntnisse die Abzählverfahren angepasst werden mussten, die auf Fermionen bzw. Bosonen angewendet werden müssen, blieben die Grundlagen der Thermodynamik auch für Quantensysteme gültig.

Wie wir im abschließenden Kap. 5 von Bd. 4 sehen werden, kann der Übergang von der klassischen zur quantalen Beschreibung mikroskopischer Vorgänge in der Thermodynamik dadurch bewerkstelligt werden, dass der Phasenraum der klassischen Mechanik durch einen geeigneten quantenmechanischen Zustandsraum und Wahrscheinlichkeitsverteilungen durch Dichteoperatoren ersetzt werden. Davon abgesehen, bleiben die fundamentalen Konzepte der Thermodynamik und sogar ihre formalen Gleichungen unverändert.

1.2 Was ist Thermodynamik?

Verzicht auf mikroskopische Information

Wir werden in diesem Buch nacheinander zwei Wege zur Thermodynamik beschreiten. Zunächst werden wir die Thermodynamik makroskopisch und phänomenologisch einführen, d. h., wir lernen in diesem Kapitel die Thermodynamik als denjenigen Teil der Physik kennen, der sich mit den Umwandlungen der Energie in solchen physikalischen Systemen befasst, die aus sehr vielen Einzelteilen zusammengesetzt sind.

Dieser erste Teil dient zum einen dazu, die Grundlagen der Thermodynamik aus fundamentalen Beobachtungen heraus zu entwickeln und ihre Begriffe zu klären. Zum Zweiten hat er die Aufgabe anzudeuten, wie weit thermodynamische Begriffe bei der Beschreibung physikalischer Phänomene tragen können, ohne dass darauf zurückgegriffen werden müsste, wie ihre Konzepte in der Statistik des Verhaltens von vielen Teilchen begründet liegen. Zum Dritten schließlich soll dieser erste Teil bereits eine Vorstellung davon erwecken, dass und warum die Thermodynamik als der vielleicht universellste durch Erfahrung gesicherte Teil der Physik angesehen werden kann. Die Hauptsätze der Thermodynamik überspannen die gesamte Physik, gerade weil sie auf eine Begründung durch spezielle Modellvorstellungen verzichten.

Die Thermodynamik handelt von den Möglichkeiten, Energie umzuwandeln. Dabei geht es nicht um den Energieaustausch zwischen Systemen, die aus nur wenigen Komponenten zusammengesetzt sind, denn der kann durch die Quantenmechanik, die klassische Mechanik oder andere Theorien der Physik präzise beschrieben werden. Vielmehr geht es in der Thermodynamik darum, solche Gesetze zu finden, nach denen Energieumwandlungen in physikalischen Systemen verlaufen, die aus sehr vielen Komponenten bestehen, möglichst weitgehend unabhängig davon, wie diese physikalischen Systeme aufgebaut und zusammengesetzt sein mögen.

Wie ist so etwas überhaupt möglich? Wie könnten wir hoffen, die Umwandlung verschiedener Energieformen davon zu abstrahieren, wie und zwischen welchen Arten physikalischer Systeme sie umgewandelt werden? Wie könnten wir hoffen, allgemeine Gesetze zur Beschreibung von Energieumwandlungen aufzustellen, ohne Bezug darauf nehmen zu müssen, wie die Energie im Einzelnen aufgenommen, abgegeben und transportiert werden mag?

Es ist die bestaunenswerte, fundamentale Erkenntnis der phänomenologischen Thermodynamik, dass dies durchaus möglich ist. Energieumwandlungen physikalischer Systeme lassen sich tatsächlich durch eine kleine Menge grundlegender Aussagen so weitgehend beschreiben, dass präzise Vorhersagen über das zu erwartende Verhalten einer Vielzahl konkreter Systeme getroffen werden können.

Darauf beruhen zugleich die Stärke und die Schwierigkeit der Thermodynamik: In ihrer phänomenologischen Form wurde sie aus dem Bemühen heraus entwickelt, die Funktionsweise der Dampfmaschinen zu verstehen und in physikalische Begriffe zu fassen. In dieser Form stammt sie aus dem 18. und 19. Jahrhundert, wie wir einleitend beschrieben haben. Dennoch hat sie die Revolutionen der Physik unbeschadet und in ihren Grundlagen unverändert überstanden, die im 20. Jahrhundert überall sonst in der Physik kaum einen Stein auf dem anderen gelassen haben. Die spezielle Relativitätstheorie ebenso wie die Quantenmechanik haben die Konzepte der Thermodynamik nicht in ihrem Kern berührt. Stattdessen haben sich Konzepte, die letztlich aus der Thermodynamik stammen, sehr fruchtbar auf weit entfernte Gebiete der Physik ausgewirkt. Ein bezwingendes Beispiel dafür ist die Hawking-Strahlung Schwarzer Löcher. In diesem Sinne darf die Thermodynamik als die universellste, robusteste Theorie der Physik gelten.

Diese weitreichende Wirkung kann die Thermodynamik gerade deswegen entfalten, *weil* sie sich nicht um die konkreten physikalischen Vorgänge kümmert, die zum Energieaustausch zwischen elementaren Bestandteilen physikalischer Systeme führen und gehören. Thermodynamik beschreibt physikalische Systeme nicht auf der mikroskopischen Ebene einzelner oder weniger Freiheitsgrade.

Gültigkeitsbereich der Thermodynamik

Die Thermodynamik beschreibt den Energieaustausch zwischen physikalischen Systemen mit vielen Freiheitsgraden und ihrer Umgebung. Sie sieht dabei bewusst von den mikroskopischen Vorgängen der Energieübertragung ab.

Zum Beispiel wird durch die Hamilton'schen Gleichungen der klassischen Mechanik beschrieben, wie die als harte, strukturlose Kugeln aufgefassten Teilchen eines idealen Gases aneinanderstoßen und dabei Impuls aufeinander übertragen (Bd. 1, Abschn. 7.1). Die Thermodynamik interessiert sich nicht für die Details dieser mechanischen Abläufe. Wie Atome oder andere Quantensysteme aufgrund ihrer Wechselwirkung mit elektromagnetischen Feldern Energie aufnehmen und abgeben, wie dadurch quantenmechanische Zustände an- oder abgeregt werden, geht die Thermodynamik nichts an (siehe hierzu Bd. 3, Kap. 9). Die Thermodynamik nimmt lediglich an, dass es solche Gesetze gibt, die den Zuständen der kleinsten Bestandteile physikalischer Systeme eine Energie zuzuordnen erlauben.

Makroskopische Systeme, Stoffmenge

Die Thermodynamik kann deswegen von der mikroskopischen Physik absehen, die sich zwischen den elementaren Bestandteilen physikalischer Systeme abspielt, weil sie sich mit den Eigenschaften solcher Systeme befasst, die aus sehr vielen elementaren Bestandteilen zusammengesetzt sind. Wie wir sehen werden, bedingt diese sehr große Zahl mikroskopischer Bestandteile, dass Fluktuationen um Mittelwerte vernachlässigbar klein werden. Die Thermodynamik ist in diesem Sinne eine Theorie makroskopischer Systeme. Die Begriffe mikro- und makroskopisch sind in diesem Zusammenhang absichtlich lose bestimmt. Sie bedeuten in unserem Sprachgebrauch, dass mikroskopische Systeme aus höchstens wenigen Teilchen bestehen und wenige Freiheitsgrade haben, während makroskopische Systeme sehr viele Teilchen enthalten und sehr viele Freiheitsgrade haben. Was „wenig" oder „viel" in diesem Zusammenhang bedeuten, wird anhand der Avogadro-Zahl ersichtlich. Sie quantifiziert den Begriff der Stoffmenge n.

Mit der Stoffmenge ist die Anzahl der Teilchen oder „Moleküle" eines Stoffs gemeint, die in einem betrachteten physikalischen System enthalten sind. Die Stoffmenge wurde 1971 als physikalische Grundgröße eingeführt und bekam die Einheit „Mol" (mol) zugeordnet.

Avogadro-Zahl und Stoffmenge

Die Stoffmenge bezeichnet die Anzahl der Moleküle oder Teilchen eines physikalischen Systems. Sie wird in Mol angegeben. Ein Mol eines Stoffes enthält ebenso viele Teilchen, wie Atome in 12 g des Kohlenstoffisotops ^{12}C enthalten sind.

Dies entspricht gerade der Avogadro-Zahl mit dem ungeheuer großen Wert

$$N_A = 6{,}02214129\,(27) \cdot 10^{23}\,\frac{\text{Teilchen}}{\text{mol}}. \quad (1.4)$$

Entsprechend beträgt die Stoffmenge eines Systems aus N Teilchen

$$n = \frac{N}{N_A}. \quad (1.5)$$

Die Avogadro-Zahl wird besonders in der älteren Literatur gelegentlich auch als Loschmidt-Zahl bezeichnet.

Teilchenzahlen von der Größenordnung der Avogadro-Zahl kennzeichnen demnach die Stoffmengen makroskopischer Systeme. Solche Systeme, die etwa 1 mol Teilchen umfassen, kommen auf Massen von einigen bis zu einigen Hundert Gramm.

Makroskopische Stoffmengen

Wie viele Teilchen enthält 1 m³ Luft, und welcher Stoffmenge entspricht das?

Unter Normalbedingungen hat Luft eine Dichte von $1{,}293 \text{ kg m}^{-3}$. In ausreichender Näherung besteht ihr Volumen zu 78 % aus Stickstoff, zu 21 % aus Sauerstoff und zu 1 % aus Argon. Die Massen eines Stickstoffmoleküls N_2, eines Sauerstoffmoleküls O_2 und eines Argonatoms Ar betragen $m_{N_2} = 28\,\text{u}$, $m_{O_2} = 32\,\text{u}$ und $m_{Ar} = 40\,\text{u}$ in der atomaren Masseneinheit $1\,\text{u} = 1{,}6605 \cdot 10^{-24}\,\text{g}$. Die mittlere Masse eines „Luftteilchens" ist daher $\bar{m} = (0{,}78 \cdot 28 + 0{,}21 \cdot 32 + 0{,}01 \cdot 40)\,\text{u} = 28{,}96\,\text{u} = 4{,}81 \cdot 10^{-23}\,\text{g}$. 1 m³ Luft muss sich daher aus $1{,}293 \cdot 10^3/4{,}81 \cdot 10^{-23} = 2{,}69 \cdot 10^{25}$ Teilchen zusammensetzen, das sind $n = 44{,}7$ mol. ◀

Wie diese Teilchen im Einzelnen, also auf mikroskopischer Ebene, miteinander wechselwirken, kümmert die Thermodynamik nicht. Sie abstrahiert gerade davon, *wie* Energie zwischen den mikroskopischen Freiheitsgraden ausgetauscht wird. Sie nimmt lediglich an, *dass* zwischen ihnen Energie ausgetauscht werden kann. Durch die extrem große Zahl von Freiheitsgraden in makroskopischen Systemen spielen Fluktuationen im Energieaustausch kaum mehr eine Rolle. Zwar tragen sehr viele Teilchen dazu bei, aber alle aufgrund derselben mikroskopischen physikalischen Gesetze. Dadurch kommt ein makroskopischer Energieaustausch zustande, der von seiner mikrophysikalischen Realisierung nichts mehr weiß.

Über das Verhalten einzelner mikroskopischer Freiheitsgrade macht die phänomenologische Thermodynamik daher ganz bewusst keine Aussagen. Zu keinem Zeitpunkt können wir den Ort, die Größe oder die Geschwindigkeit eines individuellen Gasteilchens angeben, das Teil eines makroskopischen Systems ist. An die Stelle einer physikalischen Beschreibung aller Freiheitsgrade anhand mikroskopischer Zustandsgrößen tritt in der Thermodynamik die Beschreibung großer Gesamtheiten von Molekülen durch makroskopische Zustandsgrößen.

Während die mikroskopischen Zustandsgrößen klassischer oder quantaler Vielteilchensysteme durch die Menge der Orte und Impulse oder durch den (reinen oder gemischten) Zustandsvektor aller Teilchen gegeben wären, kennzeichnen makroskopische Zustandsgrößen messbare Eigenschaften des *Gesamtsystems*.

Makroskopische Zustandsgrößen

Die Thermodynamik verzichtet bewusst darauf, alle mikroskopischen Bestandteile eines makroskopischen Systems durch die Angabe ihrer Zustandsgrößen exakt zu beschreiben. Stattdessen beschränkt sie sich darauf, makroskopische Systeme durch Zustandsgrößen zu beschreiben, die makroskopisch als Eigenschaften großer Gesamtheiten vieler Teilchen mit vielen Freiheitsgraden messbar sind.

Beispiele für makroskopische Zustandsgrößen sind der Druck, die Temperatur, das Volumen oder die Teilchenzahl eines makroskopischen Systems. Da es sich dabei um makroskopisch definierte Größen handelt, lassen sich Druck oder Temperatur für ein einzelnes Molekül gar nicht angeben, ebenso wenig wie mögliche andere makroskopische Zustandsgrößen.

Axiome der Thermodynamik

Die Thermodynamik kann demzufolge als die physikalische Theorie von den Gesetzmäßigkeiten der makroskopischen Energieumwandlungen aufgefasst werden. Sie kommt mit drei Axiomen aus, die als die Hauptsätze der Thermodynamik bezeichnet werden. Das erste Axiom definiert den Begriff der Temperatur. Es wird oft als nullter Hauptsatz bezeichnet. Das zweite Axiom, erster Hauptsatz genannt, bestimmt den Zusammenhang zwischen den Änderungen verschiedener Formen der Energie eines physikalischen Systems. Das dritte Axiom, der zweite Hauptsatz, legt fest, welche Arten der Energieumwandlung physikalischer Systeme zulässig sind.

Axiome oder Hauptsätze der Thermodynamik

Die Thermodynamik baut auf drei Axiomen auf, Hauptsätze genannt. Sie definieren den Begriff der Temperatur, die Umwandlung verschiedener Energieformen ineinander und die physikalisch erlaubten Energieumwandlungen.

Am Ende dieses Abschnitts sei noch eine etwas weiter gehende Bemerkung erlaubt. In der Thermodynamik erweist sich wie fast überall in der theoretischen Physik, dass es entscheidend für ihren Erfolg ist, dass physikalische Systeme hierarchisch gegliedert werden können. Skalen können so eingeführt werden, dass verschiedene Eigenschaften physikalischer Systeme klar voneinander getrennt werden können.

Mikro- und Makrophysik sind nicht nur durch Faktoren zwei oder drei in den relevanten Größen voneinander verschieden, sondern durch Faktoren, deren Größenordnung im Bereich der Thermodynamik durch die Avogadro-Zahl gekennzeichnet werden. Im Bereich der Quantenmechanik legt das Planck'sche Wirkungsquantum h eine Skala fest, die in makroskopischen Systemen ebenfalls um viele Größenordnungen überschritten wird.

Die Existenz absoluter Skalen, die damit zusammenhängende Isolierbarkeit physikalischer Systeme und die wiederum dadurch begründete Möglichkeit, auf einer Ebene einer Skalenhierarchie von den jeweils anderen Ebenen zu abstrahieren, sind

Vertiefung: Messung und Einheiten des Druckes

Da der Druck als diejenige Kraft messbar ist, die ein Körper einer Volumenänderung pro Fläche entgegensetzt, ist die SI-Einheit des Druckes ein Newton pro Quadratmeter, abgekürzt Pascal mit dem Einheitenzeichen Pa:

$$1\,\text{Pa} = 1\,\frac{\text{N}}{\text{m}^2} = 1\,\frac{\text{kg}}{\text{m}\,\text{s}^2}.$$

Die Einheit Pascal ist nach dem eminenten französischen Mathematiker, Physiker und Philosophen *Blaise Pascal* (1623–1662) benannt. Ein Druck von 1 Pa ist gegenüber alltäglichen Drücken recht klein. Deshalb wird oft das Bar (bar, vom griechischen *barýs* = schwer) als Einheit verwendet,

$$1\,\text{bar} = 10^5\,\text{Pa} = 10^5\,\frac{\text{N}}{\text{m}^2} = 10\,\frac{\text{N}}{\text{cm}^2},$$

das mit einem Vorfaktor 10^6 aus dem cgs-System abgeleitet ist (1 bar = 1 Mdyn cm^{-2}). In technischen Anwendungen wird zudem häufig die Einheit Atmosphäre (at) verwendet, die durch die Gewichtskraft einer Masse von 1 kg definiert ist, die auf einer Fläche von 1 cm^2 lastet. Aus dieser Definition ergibt sich die Umrechnung zwischen den Einheiten Atmosphäre, Bar und Pascal:

$$1\,\text{at} = 9{,}81\,\frac{\text{N}}{\text{kg}} \cdot 1\,\frac{\text{kg}}{\text{cm}^2} = 9{,}81\,\frac{\text{N}}{\text{cm}^2}$$
$$= 0{,}981\,\text{bar} = 9{,}81 \cdot 10^4\,\text{Pa}.$$

Die Physikalische Atmosphäre (atm) dagegen ist als derjenige Druck definiert, den eine Quecksilbersäule von 760 mm Höhe bei einer Temperatur von 0 °C auf dem Erdboden ausübt. Mithilfe der Dichte des Quecksilbers von $\rho_{\text{Hg}} = 13{,}59\,\text{g cm}^{-3}$ bei dieser Temperatur ergibt sich

$$1\,\text{atm} = 760\,\text{mm} \cdot 9{,}81\,\frac{\text{N}}{\text{kg}} \cdot 13{,}59\,\frac{\text{g}}{\text{cm}^3}$$
$$= 10{,}13\,\frac{\text{N}}{\text{cm}^2} = 1{,}013\,\text{bar}.$$

Dieser Wert definiert den Normaldruck der Erdatmosphäre am Erdboden. Der Druck einer 1 mm hohen Quecksilbersäule wird nach dem italienischen Physiker und Mathematiker *Evangelista Torricelli* (1608–1647) auch als Torricelli (Torr) bezeichnet.

entscheidende Vorbedingungen dafür, dass wir überhaupt theoretische Physik betreiben können.

Skalenhierarchie

Beispiele für solche Skalenhierarchien lassen sich überall in der Physik in großer Zahl finden. Kontinuierliche Medien wie etwa Flüssigkeiten sind ein Beispiel für eine räumliche Skalenhierarchie. Als Flüssigkeiten oder Fluide werden solche physikalischen Systeme bezeichnet, in denen die mittlere freie Weglänge der mikroskopischen Teilchen sehr klein gegenüber der Skala ist, auf der räumliche Veränderungen des Fluids betrachtet werden, die wiederum sehr klein gegenüber den Abmessungen des Gesamtsystems ist. (Vgl. dazu Bd. 1, Abschn. 8.6 und Abb. 8.18.) ◂

1.3 Temperatur, Zustandsgrößen und Zustandsänderungen

Temperatur

Was bedeutet es, wenn wir sagen, „draußen ist es kalt"? Was bedeutet es, wenn wir sagen, „der Tee ist warm"? Wir bezeichnen damit Situationen, in denen uns unser körperliches Empfinden anzeigt, dass physikalische Systeme in unserer Umgebung, seien es unsere Umwelt oder ein Tee, einen fühlbaren Unterschied zu unserem Körper aufweisen. Diesen Unterschied bezeichnen wir mit „wärmer" oder „kälter". Die damit benannte Qualität physikalischer Systeme nennen wir „ihre Temperatur". Unser Empfinden erlaubt nur eine grobe Bestimmung der Temperatur: „wärmer", „kälter" und „ungefähr gleich warm", vielleicht noch ergänzt durch Steigerungen wie „heiß" oder „eiskalt".

Alltägliche Erfahrung zeigt weiterhin, dass sich die Temperaturen wärmerer Körper und kälterer Körper aneinander angleichen, wenn sie in Kontakt miteinander gebracht werden. Der heiße Tee kühlt sich ab, bis er ungefähr gleich warm wie seine Umgebung ist. Die Milch aus dem Kühlschrank erwärmt sich, wenn sie dem Kühlschrank entnommen wird. Nach einer gewissen Zeit, die vom jeweils betrachteten physikalischen System abhängt, kann unser Empfinden keinen Temperaturunterschied zwischen dem Tee und der Umgebung bzw. zwischen der Milch und ihrer Umgebung mehr feststellen.

Erfahrungen dieser Art werden im physikalischen Begriff der Temperatur genauer gefasst. Wenn zwei physikalische Systeme verschiedener Temperatur miteinander in Kontakt gebracht werden, gleichen sich ihre Temperaturen einander an. Thermisches Gleichgewicht und damit ein Ende der Angleichung tritt dann ein, wenn die Temperaturen gleich sind. Diese Aussage wird als nullter Hauptsatz zum ersten Axiom der Thermodynamik.

Nullter Hauptsatz der Thermodynamik

Makroskopischen physikalischen Systemen wird eine Temperatur zugeordnet. Als thermisches Gleichgewicht zwischen zwei Systemen wird der Zustand der beiden Systeme bezeichnet, in dem sich ihre Temperaturen aneinander angeglichen haben.

Mathematisch betrachtet, errichtet der Begriff der Temperatur eine Äquivalenzrelation auf der Menge aller makroskopischen physikalischen Systeme. Es gibt Systeme mit niedrigeren und höheren Temperaturen. Solche Systeme, deren Temperaturen gleich sind, befinden sich zueinander im thermischen Gleichgewicht.

Physikalischen Begriffen müssen Messvorschriften zugeordnet werden, um sie präzise zu definieren und quantifizierbar werden zu lassen. Die Definition der Temperatur, die der nullte Hauptsatz gibt, nimmt eine solche Messvorschrift für die Temperatur bereits vorweg.

Temperaturen werden durch Thermometer gemessen. Als Thermometer eignet sich jedes physikalische System, das seine Temperatur in eine andere, leicht messbare physikalische Größe übersetzt. Das kann die Volumenausdehnung dieses Systems sein, die einfach an einem Längenmaßstab abgelesen werden kann. Es kann der elektrische Widerstand sein, der bei Metallen mit der Temperatur zu-, bei Halbleitern mit der Temperatur abnimmt. Sobald sich thermisches Gleichgewicht zwischen dem Thermometer und dem System eingestellt hat, mit dem es in Kontakt gebracht wurde, muss das Thermometer die Temperatur dieses Systems angenommen haben. Aufgrund seiner Konstruktion bildet es diese Temperatur auf eine andere, z. B. geometrische oder elektrische Eigenschaft ab, die geeigneten Messmethoden zugänglich ist.

Wir werden in Abschn. 1.5 sehen, dass es in der Physik eine absolute Temperaturskala gibt, deren Grade in Kelvin (K) angegeben werden.

Temperaturmessung

Vielleicht erscheint dieses Beispiel trivial, aber es ist doch nützlich, sich die empirische Bedeutung des Temperaturbegriffs zu verdeutlichen. Definitionsgemäß tritt thermisches Gleichgewicht zwischen zwei Systemen dann ein, wenn die Temperaturen der beiden Systeme gleich sind. Exakt diese Definition legen wir jeder Temperaturmessung zugrunde: Wenn wir wissen wollen, wie warm oder kalt es heute draußen ist, bringen wir ein System, eben ein Thermometer, in thermischen Kontakt mit einem anderen System, nämlich in diesem Fall mit der Luft vor dem Haus. Sobald sich der Thermometerstand nicht mehr ändert, hat sich thermisches Gleichgewicht eingestellt. Die Temperatur des Thermometers ist dann definitionsgemäß gleich der Temperatur der Außenluft. Die thermische Ausdehnung der Thermometerflüssigkeit, die etwa durch ein Röhrchen auf eine Dimension reduziert wird, übersetzt die Temperatur in eine Länge, die nun leicht geometrisch ablesbar ist. ◀

Zustandsgrößen und Prozessgrößen

Anhand der Temperatur können wir nun den Begriff der Zustandsgröße präzisieren. Dazu betrachten wir eine sehr kleine, als differenziell gedachte Änderung dT der Temperatur, die sich aus differenziellen Änderungen zweier unabhängiger Variabler x und y ergeben möge. Diese beiden Variablen sollen makroskopisch messbare Eigenschaften des Systems sein, wie z. B. Druck und Volumen.

Die Änderung der Temperatur aufgrund der Änderungen dx und dy in den beiden Variablen x und y beträgt

$$dT = X dx + Y dy, \qquad (1.6)$$

wobei X und Y die partiellen Ableitungen

$$X = \frac{\partial T}{\partial x} \quad \text{und} \quad Y = \frac{\partial T}{\partial y} \qquad (1.7)$$

sind. Die zweiten Ableitungen sind (unter genügend allgemeinen Bedingungen, um die wir uns hier nicht kümmern wollen) vertauschbar:

$$\frac{\partial X}{\partial y} = \frac{\partial^2 T}{\partial x \partial y} = \frac{\partial^2 T}{\partial y \partial x} = \frac{\partial Y}{\partial x}. \qquad (1.8)$$

Dieser Zusammenhang zwischen den partiellen Ableitungen von X und Y ist notwendig und hinreichend dafür, dass $dT = X dx + Y dy$ ein *vollständiges Differenzial* ist. Dies ist äquivalent zur Wegunabhängigkeit von Linienintegralen in der x-y-Ebene,

$$\int_{Z_0}^{Z} (X dx + Y dy) = \int_{Z_0}^{Z} dT = T(Z) - T(Z_0), \qquad (1.9)$$

die von einem Anfangspunkt oder -zustand Z_0 zu einem Endzustand Z in der x-y-Ebene führen. Daraus folgt sofort, dass für jeden geschlossenen Weg in der x-y-Ebene, d. h. für jeden beliebigen Kreisprozess, das geschlossene Wegintegral verschwindet:

$$\oint (X dx + Y dy) = 0. \qquad (1.10)$$

--- **Frage 1** ---
Vergegenwärtigen Sie sich nochmals, vielleicht anhand der Diskussion in Bd. 1, Abschn. 1.6, welcher Zusammenhang zwischen der Wegunabhängigkeit des Integrals über eine Funktion und der Rotation dieser Funktion besteht.

Aufgrund von Beziehungen wie (1.10) definiert ein vollständiges Differenzial eine Zustandsgröße des Systems: Solche Größen hängen nur noch von dem (makroskopischen) Zustand des Systems ab, aber nicht davon, wie das System in diesen Zustand gelangt ist. Bei festgehaltenem Ausgangszustand Z_0 und (willkürlicher) Festlegung seiner Temperatur $T(Z_0)$ hat jeder thermodynamische Zustand Z eine wohlbestimmte Temperatur $T(Z)$. Mehr über vollständige und unvollständige Differenziale wird im Kasten „Vertiefung: Vollständige und unvollständige Differenziale" besprochen.

Man unterscheidet zwischen *extensiven* und *intensiven* Zustandsgrößen. Eine Zustandsgröße heißt *extensiv*, wenn sie der Stoffmenge des betrachteten Systems proportional ist, und *intensiv*, wenn sie von ihr unabhängig ist. Es ist eine wichtige empirische Tatsache, dass die thermodynamischen Größen in guter Näherung entweder extensiv oder intensiv sind. So sind Volumen, innere Energie und Entropie extensiv, während Druck und Temperatur intensiv sind.

Zustandsgrößen

Zustandsgrößen kennzeichnen den Zustand makroskopischer physikalischer Systeme auf eine Weise, die unabhängig davon ist, wie das System in seinen Zustand gelangt ist. Mathematisch entsprechen Zustandsgrößen Funktionen der makroskopischen Freiheitsgrade, von denen vollständige Differenziale gebildet werden können, weil sie nicht von dem Weg abhängen dürfen, über den ein System in seinen Zustand gelangt ist.

Intensive Zustandsgrößen hängen nicht von der Stoffmenge des Systems ab, während extensive Zustandsgrößen proportional zur Stoffmenge sind.

Vielleicht ist hier ein Vergleich mit konservativen Kräften in der klassischen Mechanik angebracht. Für konservative Kräfte existiert ein Potenzial, dessen (positiver oder negativer) Gradient die Kraft ist. Die Arbeit, die verrichtet werden muss, wenn ein Körper in einem konservativen Kraftfeld bewegt wird, ist unabhängig vom konkreten Weg, den der Körper nimmt.

Bei der Wahl derjenigen Zustandsgrößen, mit denen wir ein physikalisches System beschreiben wollen, besteht eine gewisse Freiheit. Wir nennen einen kleinstmöglichen Satz von Zustandsgrößen, der zur kompletten Beschreibung der thermodynamischen Zustände eines Systems notwendig ist, *vollständig*. Die Zustandsgrößen eines vollständigen Satzes sind unabhängig, während alle weiteren Zustandsgrößen abhängig sind.

Die abhängigen Größen sind dann Funktionen der unabhängigen Größen. Die Anzahl der unabhängigen Zustandsgrößen ist gleich der Anzahl *makroskopischer Freiheitsgrade* des thermodynamischen Systems. Die unabhängigen Zustandsgrößen sind Koordinaten des *Zustandsraumes*.

Zustandsgrößen eines idealen Gases

Ideale Gase sind beispielsweise vollständig durch ihre Temperatur T, ihren Druck P, ihr Volumen V und ihre Teilchenzahl N gekennzeichnet. Diese Größen sind aber nicht alle unabhängig, weil der Druck eines idealen Gases durch die Kombination von Teilchenzahl, Volumen und Temperatur bestimmt ist. Deswegen können beispielsweise die Temperatur, das Volumen und die Teilchenzahl als ein vollständiger Satz unabhängiger Zustandsgrößen gewählt werden. ◀

Im Unterschied zu einer infinitesimalen Temperaturänderung definieren eine infinitesimale Wärmezufuhr oder eine infinitesimale abgegebene Arbeit keine vollständigen Differenziale, da die Wärmezufuhr oder die abgegebene Arbeit nicht zu verschwinden brauchen, wenn das System in einem Kreisprozess auf einem geschlossenen Weg durch den Zustandsraum geführt wird. Die am Körper verrichtete Arbeit verändert die potenzielle Energie des Körpers, die ihrerseits nicht vom Weg abhängt und daher einer Zustandsgröße vergleichbar ist. Die verrichtete Arbeit wird in der Regel davon abhängen, auf welchem Weg sie eine Zustandsänderung herbeiführt. Im Unterschied zu den Zustandsgrößen nennt man Wärme und Arbeit *Prozessgrößen* und bezeichnet sie in der Literatur oft mit δQ und δW. Alternativ werden auch die Schreibweisen $đQ$ oder $d'Q$ statt δQ verwendet.

Prozessgrößen

Im Unterschied zu den Zustandsgrößen kennzeichnen Prozessgrößen nicht den Zustand eines makroskopischen physikalischen Systems, sondern den Weg, auf dem das System in seinen Zustand gelangt ist. Aus mathematischer Sicht haben Prozessgrößen keine vollständigen Differenziale.

Homogene Flüssigkeiten, Gase oder Dämpfe sind die einfachsten thermodynamischen Systeme. Deren thermodynamische Zustände sind durch die mechanischen Zustandsgrößen Druck P und Volumen V sowie durch die thermische Zustandsgröße T und die Teilchenzahl N charakterisiert. Der Druck ist im Allgemeinen eine Funktion von T, V und N, womit die Zahl der unabhängigen Variablen des Systems von vier auf drei reduziert wird. Die funktionale Abhängigkeit

$$f(P, T, V, N) = 0, \qquad (1.11)$$

Vertiefung: Vollständige und unvollständige Differenziale

Eine Funktion $F(x, y)$, die hier der Einfachheit halber nur von zwei Veränderlichen abhängen soll, hat das vollständige Differenzial

$$dF = \frac{\partial F(x,y)}{\partial x}dx + \frac{\partial F(x,y)}{\partial y}dy =: A(x,y)dx + B(x,y)dy,$$

wobei wir die beiden Funktionen $A(x, y)$ und $B(x, y)$ zur Abkürzung der partiellen Ableitungen eingeführt haben.

Nehmen wir umgekehrt zwei beliebige Funktionen $C(x, y)$ und $D(x, y)$, dann ist die Größe

$$\delta G(x, y) := C(x,y)dx + D(x,y)dy$$

im Allgemeinen *nicht* das vollständige Differenzial einer Funktion $G(x, y)$. Die beiden Koeffizientenfunktionen C und D können dann nicht als partielle Ableitungen *einer* Funktion $G(x, y)$ nach den beiden Variablen x und y dargestellt werden.

Eine notwendige und hinreichende Bedingung dafür, dass es eine Funktion G gibt, deren Ableitungen die Koeffizientenfunktionen C und D sind, lässt sich leicht finden. Nehmen wir zunächst an, es gäbe eine solche Funktion, dann wären die Funktionen C und D die Komponentenfunktionen des Gradienten von G:

$$\begin{pmatrix} C(x,y) \\ D(x,y) \end{pmatrix} = \nabla G(x,y).$$

Da die Rotation eines Gradienten identisch verschwindet, folgt daraus die notwendige Bedingung

$$\frac{\partial C(x,y)}{\partial y} = \frac{\partial D(x,y)}{\partial x}$$

dafür, dass $\delta G = dG$ ein vollständiges Differenzial ist. Wenn die Funktionen auf einem einfach zusammenhängenden Gebiet definiert sind, zeigt der Stokes'sche Satz, dass diese Bedingung auch hinreichend ist. Ein Differenzial ist demnach genau dann vollständig, wenn die Rotation des Vektorfeldes verschwindet, dessen Komponenten die Koeffizientenfunktionen des Differenzials sind. Angelehnt an die Bezeichnungsweise von Differenzialformen werden vollständige Differenziale auch *exakt* genannt.

Als Beispiel setzen wir

$$C(x,y) = a, \quad D(x,y) = b\frac{x}{y}$$

mit beliebigen Konstanten a und b. Da

$$0 = \frac{\partial C(x,y)}{\partial y} \neq \frac{\partial D(x,y)}{\partial x} = \frac{b}{y}$$

ist, kann $\delta G = Cdx + Ddy$ kein vollständiges Differenzial sein. Für infinitesimale dx und dy ist die Größe δG zwar infinitesimal klein, kann aber nicht als infinitesimale Differenz zwischen infinitesimal benachbarten Werten einer Funktion G aufgefasst werden. Daher heißt sie *unvollständiges Differenzial*.

Eine Funktion $\alpha(x, y)$ heißt *integrierender Faktor*, wenn $\alpha(x, y)[C(x, y)dx + D(x, y)dy]$ ein vollständiges Differenzial ist. Nach dem oben Gesagten ist dies genau dann der Fall, wenn die Rotation des Vektors mit den Komponenten αC und αD verschwindet, woraus die Bedingung

$$\frac{C}{\alpha}\frac{\partial \alpha}{\partial y} - \frac{D}{\alpha}\frac{\partial \alpha}{\partial x} = \frac{\partial D(x,y)}{\partial x} - \frac{\partial C(x,y)}{\partial y}$$

an α folgt.

----- **Frage 2** -----

Leiten Sie diese Bedingung selbst her. Finden Sie einen integrierenden Faktor so, dass $\delta G(x, y)$ aus dem vorigen Beispiel ein vollständiges Differenzial wird.

In zwei Dimensionen besitzt jedes Differenzial $\omega = Xdx + Ydy$ mit beliebigen Koeffizientenfunktionen $X(x, y)$ und $Y(x, y)$ einen integrierenden Faktor α. Dies ist leicht einzusehen, weil die dafür notwendige und hinreichende Bedingung $\nabla \times (\alpha\omega) = 0$ in zwei Dimensionen genau eine Gleichung, in mehr als zwei Dimensionen aber mehr Gleichungen für den integrierenden Faktor liefert. In drei oder mehr Dimensionen ist der integrierende Faktor daher überbestimmt und existiert nicht mehr notwendigerweise. Ein Beispiel dafür finden Sie in Aufgabe 1.9.

Selbst wenn δG unvollständig ist, kann das Integral

$$\int_1^2 \delta G$$

von einem Anfangszustand (x_1, y_1) zu einem Endzustand (x_2, y_2) dennoch als Summe über infinitesimale Größen verstanden und berechnet werden, nur wird es in der Regel davon abhängen, wie wir vom Anfangs- zum Endzustand gelangen. Im Gegensatz dazu wird ein Integral über ein vollständiges Differenzial dF nicht vom Weg abhängen, weil

$$\int_1^2 dF = F(x_2, y_2) - F(x_1, y_1)$$

nur vom Anfangs- und Endpunkt abhängen kann. Dadurch wird der Zusammenhang zwischen vollständigen Differenzialen und Funktionen hergestellt, die als Gradient eines Potenzials dargestellt werden können, wie wir sie im Zusammenhang mit konservativen Kraftfeldern in Bd. 1, Abschn. 1.6 besprochen hatten.

1.1 Mathematischer Hintergrund: Homogene Funktionen

Funktionen $f: \mathbb{R}^n \supseteq U \to \mathbb{R}$, für die

$$f(\lambda \boldsymbol{x}) = \lambda^k f(\boldsymbol{x})$$

mit $\lambda \in \mathbb{R}$ gilt, heißen *homogen vom Grad k* in $\boldsymbol{x}$. Die vorangegangene Definition extensiver und intensiver Zustandsgrößen lässt sich mathematisch dadurch ausdrücken, dass extensive Zustandsgrößen homogene Funktionen vom Grad 1 in der Stoffmenge sind, während intensive Zustandsgrößen homogene Funktionen vom Grad 0 sind. Auf die Bedeutung homogener Funktionen insbesondere in der klassischen Mechanik und der Quantenmechanik wurde schon in Bd. 1, Abschn. 3.7 und Bd. 3, Abschn. 10.2 hingewiesen.

Für homogene Funktionen vom Grad k gilt der Euler'sche Satz für homogene Funktionen,

$$\boldsymbol{x} \cdot \nabla f(\boldsymbol{x}) = k f(\boldsymbol{x}) ,$$

wobei $\nabla f(\boldsymbol{x})$ der Gradient von $f(\boldsymbol{x})$ nach dem Argument $\boldsymbol{x}$ ist. Dieser Satz ist leicht einzusehen, indem man die einleitende Gleichung nach λ ableitet,

$$\boldsymbol{x} \cdot \nabla f(\lambda \boldsymbol{x}) = k \lambda^{k-1} f(\lambda \boldsymbol{x}) ,$$

und dann $\lambda = 1$ setzt. Eingeschränkt auf Funktionen einer Variablen bedeutet der Euler'sche Satz insbesondere, dass für die Ableitung jeder Potenzfunktion $f(x) = x^p$ gilt:

$$f'(x) = p \frac{f(x)}{x} .$$

Wir werden später sehen, dass die Entropie S eine extensive Zustandsgröße ist, die als Funktion der inneren Energie U, des Volumens V und der Teilchenzahl N geschrieben werden kann. Also gilt für die Entropie

$$S(\lambda U, \lambda V, \lambda N) = \lambda S(U, V, N) ,$$

und ihre Ableitungen nach U, V und N müssen aufgrund des Euler'schen Satzes durch

$$U \frac{\partial S}{\partial U} + V \frac{\partial S}{\partial V} + N \frac{\partial S}{\partial N} = S$$

mit der Entropie selbst verbunden sein.

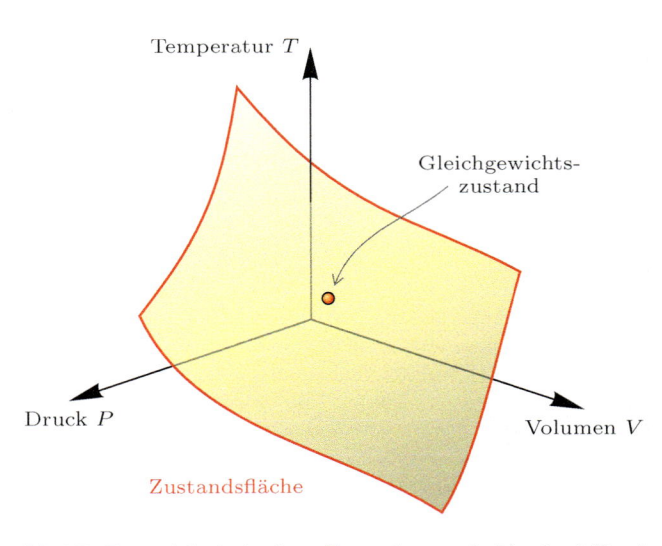

Abb. 1.7 Zustandsfläche in einem Zustandsraum, der hier durch Druck, Volumen und Temperatur aufgespannt wird. Die Zustandsfläche wird durch die Zustandsgleichung $f(P, V, T) = 0$ festgelegt

die den Zusammenhang zwischen Druck, Volumen, Temperatur und Teilchenzahl bestimmt, wird als *(thermische) Zustandsgleichung* bezeichnet.

Die Funktion f in (1.11) spezifiziert das betrachtete System. Stellt man den Zustand eines solchen Systems bei festgehaltener Teilchenzahl N durch einen Punkt in dem dreidimensionalen Zustandsraum dar, der durch die Größen P, V und T aufgespannt wird, dann definiert die Zustandsgleichung eine Fläche in diesem Raum. Eine solche *Zustandsfläche* ist in Abb. 1.7 schematisch dargestellt. Jeder Punkt dieser Fläche stellt einen Gleichgewichtszustand des Systems dar. Gleichgewichtszustände sind solche, die sich zeitlich nicht oder nur so langsam ändern, dass ihre Änderung in der betrachteten Situation unerheblich ist. In der Thermodynamik versteht man unter einem Zustand, wenn es nicht ausdrücklich anders angegeben ist, immer einen Gleichgewichtszustand.

Zustandsänderungen

Einen Übergang von einem thermodynamischen Zustand in einen anderen bezeichnet man als *thermodynamische Zustandsänderung*. Wenn der Ausgangszustand Z_1 ein Gleichgewichtszustand ist, kann eine Zustandsänderung nur durch eine Änderung der äußeren Bedingungen hervorgerufen werden, denen das System unterworfen ist.

Die Änderung jedes Gleichgewichtszustands eines thermodynamischen Systems kommt durch Wechselwirkungen mit der *Umgebung* des Systems zustande. Beispielsweise kann die Umgebung an einem thermodynamischen System Arbeit verrichten, oder das System selbst kann umgekehrt an der Umgebung Arbeit verrichten. Zwischen einem System und seiner Umgebung kann ein Wärme- oder sogar ein Stoffaustausch stattfinden.

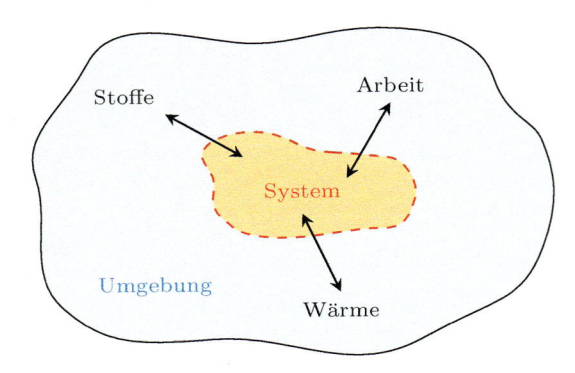

1 Phänomenologische Begründung der Thermodynamik

Abb. 1.8 Ein makroskopisches physikalisches System kann auf verschiedene Weisen mit seiner Umgebung in Kontakt treten

Eine sehr große Umgebung im thermischen Gleichgewicht, deren Temperatur sich bei Entnahme einer endlichen Wärmemenge praktisch nicht ändert, nennt man *Wärmebad*, *Wärmereservoir* oder einfach *Reservoir*. Die erwähnten Austauschprozesse zwischen System und Umgebung werden in Abb. 1.8 schematisch gezeigt.

Wärmereservoire

Das Konzept eines Wärmereservoirs verweist auf den Begriff der Skalenhierarchie, von dem in Abschn. 1.2 die Rede war. Natürlich existiert kein unendlich großes Wärmereservoir, aus dem sich ein kleineres thermodynamisches System unbegrenzt bedienen kann. Entscheidend für die Argumentation ist aber nur, dass das Wärmereservoir sehr viel mehr innere Energie enthält als das betrachtete thermodynamische System. Für eine Flasche Bier, die gekühlt werden soll, kann ein Teich in bester Näherung als Wärmereservoir gelten. ◀

Offene, geschlossene und abgeschlossene Systeme

Ein System heißt

- *offen*, wenn alle gezeigten Austauschprozesse erlaubt sind;
- *geschlossen*, wenn es keinen Stoffaustausch gibt;
- *anergisch*, wenn es keinen Arbeitsaustausch gibt;
- *(adiabatisch) isoliert*, wenn kein Wärmeaustausch möglich ist;
- *thermisch isoliert*, wenn weder Arbeits- noch Wärmeaustausch möglich sind;
- *abgeschlossen*, wenn weder Energie- noch Stoffaustausch möglich sind.

Das Adjektiv „adiabatisch" leitet sich von den griechischen Worten *a* für „nicht" und *diabaínein* für „hindurchgehen" ab.

Abgeschlossene Systeme gibt es in der Realität nicht, da sie eine unendlich gute Isolierung hinsichtlich aller möglichen Austauschvorgänge mit der Umgebung voraussetzen. Hierzu gehört auch eine perfekte Wärmeisolierung des Systems. Ein näherungsweise abgeschlossenes System stellt z. B. eine Thermoskanne dar. *Geschlossene Systeme* können Energie, z. B. in Form von Wärme und Arbeit, über die Systemgrenze austauschen. Die Systemgrenze ist allerdings für Stoffaustausch undurchlässig. Bei *offenen Systemen* können sowohl Teilchen als auch Energie über die Systemgrenze treten. Ein Beispiel eines offenen Systems ist eine Gasflasche mit geöffnetem Ventil oder eine Tasse Kaffee.

Sprudelflasche

Eine Sprudelflasche befinde sich mit geschlossenem Verschluss im Kühlschrank. Die Flasche und ihr Verschluss definieren ein gegenüber dem Kühlschrank geschlossenes System, weil sie den Austausch von Sprudel mit der Umgebung verhindern. Wärmeaustausch ist aber möglich; dazu wurde die Flasche ja in den Kühlschrank gestellt. Wird die Sprudelflasche aus dem Kühlschrank genommen und auf den Küchentisch gestellt, beginnt Wärme aus der Küche in die Flasche zu fließen. Wird zusätzlich der Verschluss geöffnet, verrichtet das freigesetzte Kohlendioxid Arbeit an der Umgebungsluft. Sprudelwasser kann jetzt in die Umgebung gelangen; das System ist nun offen. ◀

Eine Zustandsänderung $Z_1 \to Z_2$ heißt *quasistatisch*, wenn die äußeren Bedingungen sich so langsam ändern, dass das System in jedem Augenblick näherungsweise im Gleichgewicht ist. Während einer quasistatischen Zustandsänderung verlässt das System seine Zustandsfläche nicht und wandert entlang einer Kurve über die Zustandsfläche, die durch die Prozessführung bestimmt ist.

Eine Zustandsänderung ist *reversibel*, wenn einer zeitlichen Umkehr der Änderung der äußeren Parameter eine zeitliche Umkehr der Folge von Zuständen entspricht. In einem solchen Fall kann der Ausgangszustand des Systems ohne bleibende Veränderungen in der Umgebung wiederhergestellt werden. Ein Beispiel für eine reversible Zustandsänderung ist die Kompression eines Gases durch einen Kolben in einem abgeschlossenen Zylinder.

Quasistatische Zustandsänderungen

Quasistatische Zustandsänderungen sind ein weiteres Beispiel für eine Skalenhierarchie, wie sie in Abschn. 1.2 erwähnt wurde. Gelegentlich werden quasistatische Zustandsänderungen als „unendlich langsam" beschrieben, was dann leicht den Eindruck erweckt, solche Zustandsänderungen seien von vornherein völlig unrealistisch. Gemeint ist damit aber, dass die Zustandsgrößen des

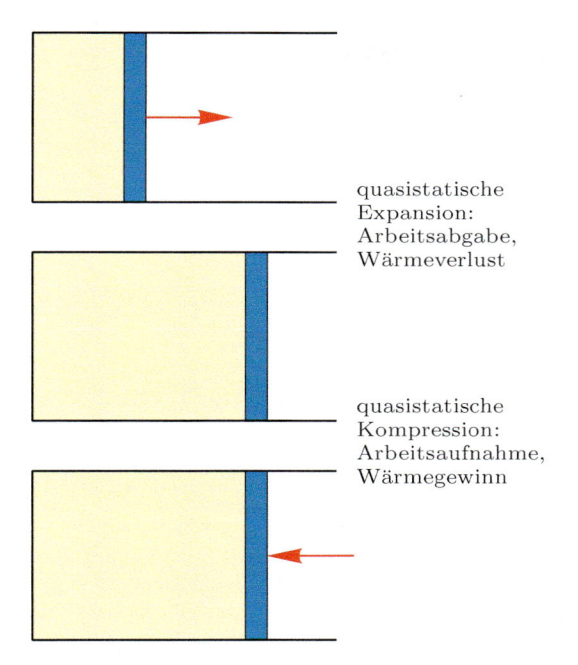

Abb. 1.9 Beispiele für reversible Zustandsänderungen eines Gases, entweder durch quasistatische Expansion (*oben*) oder quasistatische Kompression (*unten*)

> Systems während des Prozesses wesentlich langsamer geändert werden, als diejenigen Prozesse ablaufen, durch welche die Freiheitsgrade des Systems wechselwirken und ein neues Gleichgewicht herstellen können. Ob eine Zustandsänderung als langsam oder schnell angesehen werden kann, ist daher immer eine Frage nach dem Verhältnis zwischen den Zeitskalen der daran beteiligten Prozesse. ◂

Als Beispiel für einen quasistatischen Prozess kann wiederum ein Gasvolumen dienen, das durch einen Kolben in einem Zylinder komprimiert wird, der nun aber Wärme mit der Umgebung austauschen kann. Quasistatisch ist dieser Prozess, wenn der Kolben so langsam bewegt wird, dass sich die Temperatur des Gases im Zylinder nur unwesentlich ändert.

Jeder reversible Prozess ist quasistatisch, aber nicht jeder quasistatische Prozess ist reversibel. Ein Prozess $Z_1 \rightarrow Z_2$ heißt dagegen *irreversibel*, wenn bei der umgekehrten Prozessführung $Z_2 \rightarrow Z_1$ in der Umgebung Veränderungen zurückbleiben. Bei einem solchen Kreisprozess ändert sich dann die Umgebung des thermodynamischen Systems. Alle wirklichen, in der Natur realisierten Prozesse laufen mehr oder weniger irreversibel ab. Bei der reversiblen Gasexpansion in Abb. 1.9 expandiert das Gas sehr langsam und verrichtet dabei Arbeit. Beim Umkehrprozess wird diese Arbeit eingesetzt, um das Gas quasistatisch in seinen Ausgangszustand zu verdichten. Abb. 1.10 zeigt dagegen eine irreversible Gasexpansion. Nach dem Herausziehen der Trenn-

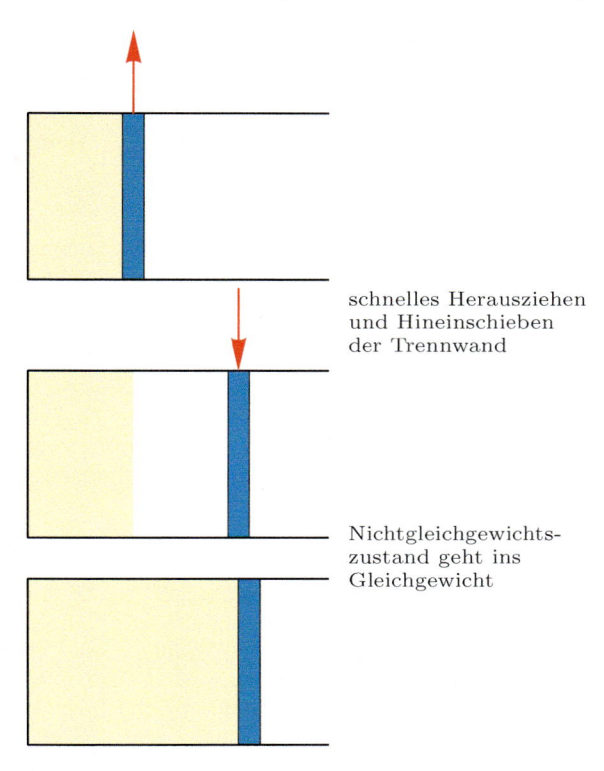

Abb. 1.10 Beispiel für eine irreversible Zustandsänderung. In einem Kolben wird schnell eine Trennwand verschoben. Das Gas dehnt sich plötzlich aus und geht dann in einen neuen Gleichgewichtszustand über

wand strömt ein Teil des Gases von der linken in die rechte Hälfte des Behälters. Dabei wird keine Arbeit an der Umgebung verrichtet. Um das Gas danach wieder in die linke Seite zu verdichten, muss die Umgebung Arbeit am Gas verrichten.

Zustandsänderungen

Eine Zustandsänderung eines Systems heißt quasistatisch, wenn sie so langsam verläuft, dass das System während der gesamten Zustandsänderung näherungsweise im Gleichgewicht bleibt. Reversibel sind solche Prozesse, die das System auch in umgekehrter Richtung durchlaufen kann, wenn die äußeren Parameter so verändert werden, dass sie am Ende des umgekehrten Verlaufs auch wieder ihre ursprünglichen Werte annehmen. Reversible Prozesse sind quasistatisch, quasistatische Prozesse aber nicht unbedingt reversibel.

Zustandsänderungen eines Luftballons

Ein Beispiel für eine Zustandsänderung, die zwar quasistatisch, aber irreversibel verläuft, ist das sehr langsame Entweichen der Luft aus einem Ballon mit einer leicht porösen Hülle. Während die Luft langsam ausströmt, manchmal über Tage, bleibt dem Ballon stets ausreichend Zeit, sich kontinuierlich auf ein verändertes thermisches und mechanisches Gleichgewicht einzustellen. ◀

Eine reversible Zustandsänderung eines einfachen Systems, das durch Druck, Volumen und Temperatur vollständig gekennzeichnet ist, definiert eine Kurve auf der Zustandsfläche, weil das System während reversibler Zustandsänderungen die Zustandsfläche nicht verlassen darf. Die Projektionen solcher Kurven aus der Zustandsfläche auf die P-V-Ebene tragen je nach der Art der Zustandsänderung besondere Namen, z. B. *Isothermen* bei festgehalter Temperatur, *Adiabaten* bei adiabatisch abgeschlossenen Systemen, *Isochoren* bei konstantem Volumen und *Isobaren* bei konstantem Druck.

Frage 3

Betrachten Sie möglichst viele physikalische Vorgänge in Ihrem Alltag: die Mischung von Milch mit Tee oder Kaffee, das Aufpumpen eines Fahrradreifens, die Abkühlung, die Sie im Schwimmbad erleben und viele andere mehr. Überlegen Sie sich bei jedem dieser Vorgänge: Verläuft er irreversibel oder in ausreichender Näherung reversibel? Könnte man denselben Vorgang so gestalten, dass er reversibel ablaufen könnte, und wie könnte das gegebenenfalls geschehen?

1.4 Arbeit und Wärme

Arbeit

Betrachten wir nun eine Substanz, die wir im allgemeinen Sinn als Fluid bezeichnen, womit sowohl eine Flüssigkeit als auch ein Gas gemeint sein kann. Sie befinde sich in einem zylindrischen Gefäß mit einem beweglichen Kolben der Querschnittsfläche A. Aufgrund ihres Druckes P übt die Flüssigkeit die Kraft PA auf den Kolben aus. Wird der Kolben um den infinitesimalen Weg $\mathrm{d}h$ verschoben, verrichtet die Flüssigkeit die infinitesimale Arbeit

$$\delta W = PA\mathrm{d}h = P\mathrm{d}V. \tag{1.12}$$

Diese Gleichung gilt nicht nur für die hier gewählte zylindrische Begrenzung des Volumens. Für beliebig geformte Volumina und für beliebige Formänderungen der Begrenzungsfläche muss man nur alle gegebenenfalls infinitesimal kleinen Volumenänderungen längs der Oberfläche aufsummieren. Für negatives $\mathrm{d}V$, also bei einer Kompression, wird gegen den Druck Arbeit an der Flüssigkeit verrichtet, sodass δW negativ wird. Die infinitesimale Arbeit δW kann wie die Wärme kein vollständiges Differenzial sein, weil sie im Allgemeinen davon abhängt, entlang welchen Weges im Zustandsraum die Arbeit am System verrichtet wird.

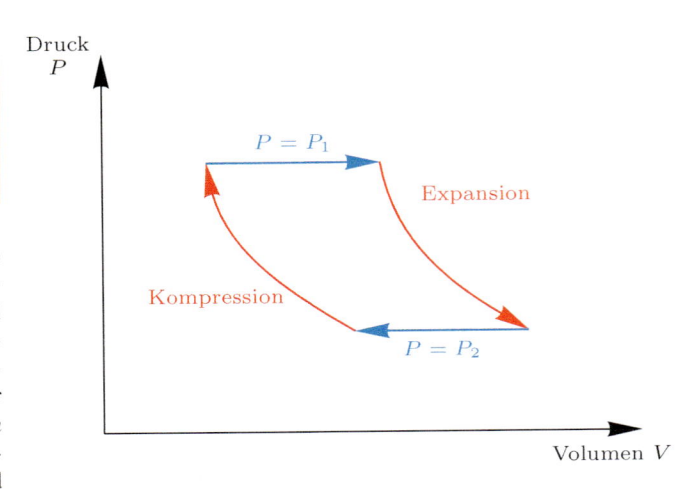

Abb. 1.11 Indikatordiagramm der Dampfmaschine

Beispielsweise werden in der Regel verschiedene Arbeitsbeträge notwendig sein, um ein Gas im einen Fall zunächst ohne Wärmeaustausch zu komprimieren und danach wieder auf die Ausgangstemperatur abzukühlen oder im anderen Fall bei konstanter Temperatur um denselben Faktor zu komprimieren.

Das bereits von James Watt für Dampfmaschinen eingeführte, sogenannte *Indikatordiagramm* in Abb. 1.11 zeigt einen Kreisprozess im P-V-Diagramm. Längs der oberen Isobaren mit dem Druck P_1 ist der Dampfzylinder an einen Hochdruckkessel angeschlossen, längs der unteren mit dem niedrigeren Druck $P_2 < P_1$ an einen Niederdruckkessel. Der absteigende bzw. aufsteigende Kurvenast bedeutet Expansion bzw. Kompression. Der Flächeninhalt misst den Betrag des geschlossenen Integrals

$$\oint P\,\mathrm{d}V = \oint \delta W, \tag{1.13}$$

der ja gerade deswegen nicht verschwinden muss, weil δW kein vollständiges Differenzial ist.

Wärme und Wärmekapazitäten

Da die Dampfmaschine nach einem Umlauf wieder im Ausgangspunkt des Indikatordiagramms ankommen und daher unverändert aus dem Umlauf hervorgehen muss, kann sie diesen Arbeitsbetrag nur auf Kosten der zugeführten Wärme verrichten, sodass bei einem geschlossenen Umlauf

$$\oint \delta Q = \oint \delta W \tag{1.14}$$

gelten muss. Um Wärme zu quantifizieren, wurde eine eigene Einheit eingeführt, die Kalorie.

Kalorie

Die Wärmemenge, die 1 g Wasser bei Atmosphärendruck von 14,5 auf 15,5 °C erwärmt, heißt eine *Kalorie*.

Die Wärme, die ein Körper pro Kilogramm seiner Masse bei einer Temperaturänderung ΔT aufnehmen oder abgeben kann, heißt *spezifische Wärme* oder *spezifische Wärmekapazität* und wird mit c bezeichnet.

Wenn die Wärme bei *konstantem Volumen* zugeführt wird, bewirkt sie eine Temperatur- und Druckerhöhung des Körpers, ohne dass durch den Körper eine Druck-Volumen-Arbeit PdV verrichtet werden könnte. Wird die Wärme dagegen bei *konstantem Druck* zugeführt, wird sie zum Teil dafür eingesetzt, den Körper gegen die Umgebung expandieren zu lassen. Deshalb wird sich die Temperatur bei gegebener Wärmezufuhr bei konstantem Druck weniger verändern als bei konstantem Volumen.

Daher müssen die spezifischen Wärmekapazitäten c_V bei konstantem Volumen und $c_P > c_V$ bei konstantem Druck unterschieden werden. Für Gase ist der Unterschied zwischen den beiden spezifischen Wärmekapazitäten wesentlich.

Für eine Flüssigkeit oder ein Gas der Masse m gelten demnach die Gleichungen

$$\Delta Q_V = m\, c_V\, \Delta T \quad \text{oder} \quad \Delta Q_P = m\, c_P\, \Delta T \quad (1.15)$$

für die bei konstantem Volumen bzw. konstantem Druck infolge der Temperaturänderung ΔT aufgenommenen oder abgegebenen Wärmemengen. Daraus und aus der oben gegebenen Definition der Kalorie folgt beispielsweise für Wasser bei 15 °C mit $\Delta T = 1\,\text{K}$ die spezifische Wärme bei konstantem (Atmosphären-)Druck (siehe hierzu (1.24)):

$$c_P = 1\,\frac{\text{kcal}}{\text{K kg}} = 426{,}9\,\frac{\text{kpm}}{\text{K kg}} = 4185\,\frac{\text{J}}{\text{K kg}}. \quad (1.16)$$

Die Wahl einer geeigneten Temperaturskala wird in Abschn. 1.5 nachgeholt.

Anstelle der spezifischen Wärmekapazitäten pro Masse benutzt man häufig auch die Wärmekapazitäten pro Stoffmenge, die sogenannten *Molwärmen* oder *molaren Wärmen*, c_V^{mol} und c_P^{mol}. Eine Stoffmenge n einer Flüssigkeit oder eines Gases nimmt bei einer Temperaturänderung ΔT die Wärmemengen

$$\Delta Q_V = n\, c_V^{\text{mol}}\, \Delta T \quad \text{oder} \quad \Delta Q_P = n\, c_P^{\text{mol}}\, \Delta T \quad (1.17)$$

auf oder gibt diese ab, je nachdem, ob dabei das Volumen oder der Druck konstant gehalten wird.

Wärmekapazität

Die Wärmemenge, die ein Körper pro Masse oder pro Stoffmenge bei einer Temperaturänderung ΔT aufnehmen oder abgeben kann, ist seine spezifische Wärmekapazität c oder seine molare Wärmekapazität c^{mol}. Wärmekapazitäten bei konstantem Druck sind größer als bei konstantem Volumen,

$$c_P > c_V, \quad (1.18)$$

weil bei konstantem Druck ein Teil der aufgenommenen Wärme als Druck-Volumen-Arbeit gegen die Umgebung verrichtet werden muss.

Die Wärmekapazität ist ein einfaches Beispiel für eine sogenannte Antwort- oder *Responsefunktion* eines thermodynamischen Systems, die anzeigt, wie das System auf eine Änderung äußerer Zustandsparameter reagiert. Weitere Beispiele für Responsefunktionen werden in Abschn. 3.1 besprochen, darunter der Ausdehnungskoeffizient und die Kompressibilität.

Mischungstemperatur

Damit können wir sofort angeben, welche Temperatur sich einstellen wird, wenn zwei gemeinsam isolierte Systeme in thermischen Kontakt gebracht werden. Wenn keinerlei mechanische Arbeit ausgeübt wird, muss $\Delta Q_1 = -\Delta Q_2$ gelten, woraus

$$\begin{aligned}\Delta Q_1 + \Delta Q_2 = 0 = {} & m_1 \int_{T_1}^{T} c_{V_1}(T')\,\text{d}T' \\ & + m_2 \int_{T_2}^{T} c_{V_2}(T')\,\text{d}T'\end{aligned} \quad (1.19)$$

folgt, wenn c_V die spezifische Wärme pro Masse bei konstantem Volumen ist. Wenn zudem noch c_V von der Temperatur zumindest in genügender Näherung unabhängig ist, erhalten wir daraus

$$m_1 c_{V_1}(T - T_1) + m_2 c_{V_2}(T - T_2) = 0. \quad (1.20)$$

Dies liefert die Mischungstemperatur

$$T = \frac{m_1 c_{V_1} T_1 + m_2 c_{V_2} T_2}{m_1 c_{V_1} + m_2 c_{V_2}}, \quad (1.21)$$

die bei gleichen Wärmekapazitäten allein durch das Massenverhältnis und die Ausgangstemperaturen bestimmt wird:

$$T = \frac{m_1 T_1 + m_2 T_2}{m_1 + m_2}. \quad (1.22)$$

◀

Molare Wärmekapazitäten für einige Gase bei 20 °C sind in Tab. 1.1 angegeben. Beachten Sie, dass diese Wärmekapazitäten für ein-, zwei- und mehratomige Moleküle jeweils etwa gleich groß sind.

Tab. 1.1 Molare Wärmekapazitäten einiger Gase bei 20 °C

Stoff	molare Masse [g mol^{-1}]	c_P^{mol} [J mol^{-1} K^{-1}]	c_V^{mol} [J mol^{-1} K^{-1}]
He	4,003	20,94	12,85
Ar	39,94	20,89	12,69
H$_2$	2,02	28,83	20,45
Luft	29	29,14	20,78
CH$_4$	16,04	35,59	27,21
CO$_2$	44,01	36,84	28,48

Bei allen Reibungsvorgängen wird Arbeit in Wärme oder innere Energie umgewandelt. Dies wurde schon früh von *James Prescott Joule* (1818–1889) und *Julius Robert Mayer* (1814–1878) erkannt. Dabei erweist sich die aufgewendete Arbeit als proportional zur erzeugten Wärme,

$$\delta W = \zeta \delta Q, \tag{1.23}$$

mit einem von den Versuchsbedingungen unabhängigen Proportionalitätsfaktor

$$\zeta = 426{,}9 \,\frac{\text{kpm}}{\text{kcal}} = 4{,}185 \,\frac{\text{J}}{\text{cal}}. \tag{1.24}$$

Wärme wird dadurch auch anhand ihrer Einheit als Energieform identifiziert, die in Joule angegeben wird.

1.5 Die idealen Gasgesetze

Experimentell wurde schon früh in der Geschichte der Thermodynamik gefunden, dass sich alle untersuchten Gase sehr ähnlich verhalten, sofern sie nur hinreichend verdünnt sind. Diese interessante und wichtige Feststellung wird im Konzept des *idealen Gases* zum Prinzip erhoben: Als ideal wird hier zunächst ein Gas angesehen, dessen thermodynamische Eigenschaften nicht oder nur vernachlässigbar wenig von seiner Zusammensetzung abhängen. Wir werden in Abschn. 3.3 eine genaue mikroskopische Begründung für diese Idealisierung angeben. Ein reales Gas kommt dem Verhalten des idealen Gases umso näher, je schwerer es bei Normaldruck zu verflüssigen ist, je tiefer also sein Siedepunkt ist.

Sieht man im Sinne dieser Idealisierung von der Zusammensetzung des Gases ab, bleiben als makroskopische Zustandsgrößen eines idealen Gases nur der Druck P, das Volumen V, die Temperatur T und die Zahl N der Moleküle verfügbar. Gesetzmäßige Zusammenhänge zwischen diesen Zustandsgrößen wurden schon früh entdeckt und untersucht.

Die Gesetze von Boyle-Mariotte und Gay-Lussac

Die Zustandsgleichung des idealen Gases ist bei konstanter Temperatur T und Teilchenzahl N durch das *Boyle-Mariotte'sche Gesetz* gegeben:

$$PV = \text{const}. \tag{1.25}$$

Führen wir statt des Volumens V die Dichte ρ ein, gilt ebenso gut

$$\frac{P}{\rho} = \text{const}, \tag{1.26}$$

wiederum bei konstanter Temperatur.

Während das Gesetz von Boyle-Mariotte feststellt, dass der Druck eines Gases bei konstanter Temperatur indirekt proportional zu seinem Volumen ist, fasst das *Gesetz von Gay-Lussac* die beiden experimentellen Befunde zusammen, dass sowohl der Druck bei konstantem Volumen als auch das Volumen bei konstantem Druck jeweils linear von der Temperatur abhängen:

$$\frac{P}{T} = \text{const}, \quad \frac{V}{T} = \text{const}. \tag{1.27}$$

Zudem stellt sich heraus, dass Druck oder Volumen bei sonst gleichen Bedingungen proportional zur Stoffmenge n sind.

Gesetze von Boyle-Mariotte und von Gay-Lussac

Das Gesetz von Boyle-Mariotte besagt, dass das Produkt aus Druck und Volumen eines idealen Gases bei konstanter Temperatur konstant ist:

$$PV = \text{const} \quad \text{bei } T = \text{const}. \tag{1.28}$$

Das Gesetz von Gay-Lussac stellt fest, dass Druck bzw. Volumen eines idealen Gases proportional zur Temperatur sind, wenn das Volumen bzw. der Druck konstant gehalten werden:

$$P \propto T \quad \text{bei } V = \text{const},$$
$$V \propto T \quad \text{bei } P = \text{const}. \tag{1.29}$$

Achtung Bei der Formulierung des Gesetzes von Gay-Lussac mag man sich die Frage stellen, wie es experimentell überhaupt aufgestellt werden kann, ohne in Zirkelschlüsse zu geraten. Gasthermometer scheiden offensichtlich zur Temperaturmessung aus, weil das Verhalten von Gasen unter Temperaturänderungen ja gerade der Gegenstand der Untersuchung ist. Bei anderen Thermometern muss man zumindest sicher sein, dass sie linear auf Temperaturänderungen reagieren. Veröffentlichungen von Joseph Gay-Lussac legen die Vermutung nahe, dass er bereits Quecksilberthermometer verwendet und deren Linearität im verwendeten Temperaturbereich sorgfältig abgewogen hat. ◂

Fasst man diese experimentellen Befunde in einer Gleichung zusammen, lautet sie

$$PV = nR(T - T_0), \tag{1.30}$$

worin die *allgemeine Gaskonstante* R als Proportionalitätsfaktor auftritt und der Nullpunkt T_0 der Temperaturskala noch möglichst geschickt gewählt werden muss.

Achtung Beachten Sie, dass die Gaskonstante R letztlich die Steigung der Temperaturskala bestimmt und deswegen von der Wahl der Temperaturskala abhängen muss. ◂

Die ursprüngliche Temperaturskala des schwedischen Mathematikers und Geodäten *Anders Celsius* (1701–1744) verwendete als Fixpunkte die Temperaturen des Gefrier- und des Siedepunktes von Wasser bei Normaldruck, d. h. bei einem Luftdruck von 1 atm = 1,013 bar. Der Bereich zwischen diesen Fixpunkten, gemessen mit einem Quecksilberthermometer, wird in 100 „Grad" genannte gleich lange Abschnitte eingeteilt, was auch zu der historischen Bezeichnung des „hundertteiligen Thermometers" geführt hat. Bei Normaldruck liegt der Gefrierpunkt des Wassers bei 0 °C, sein Siedepunkt bei 100 °C. (Kurioserweise hatte Celsius zunächst den Gefrierpunkt des Wassers bei 100 °C und den Siedepunkt bei 0 °C festgelegt, was später sinnvollerweise vertauscht wurde.)

Die absolute Temperaturskala

Experimente mit vielen verschiedenen hinreichend verdünnten Gasen zeigen, dass im Grenzfall eines idealen Gases das Verhältnis

$$\frac{(PV)_{100\,°C}}{(PV)_{0\,°C}} = 1{,}3661 \qquad (1.31)$$

beträgt. Mithilfe dieses Messwertes folgt aus dem experimentellen Befund (1.30)

$$1{,}3661 = \frac{100\,°C - T_0}{0\,°C - T_0}, \qquad (1.32)$$

woraus

$$T_0 = -\left(\frac{100}{0{,}3661}\right)°C = -273{,}15\,°C \qquad (1.33)$$

folgt. Verschieben wir die Temperaturskala so, dass ihr Nullpunkt bei der Temperatur $T_0 = -273{,}15\,°C$ liegt, behalten aber die Celsius'sche Teilung in 100 °C zwischen dem Gefrier- und dem Siedepunkt des Wassers bei, erhalten wir die Temperatur in Kelvin:

$$T[\text{K}] = T[°C] + 273{,}15\,. \qquad (1.34)$$

Verwenden wir diese absolute Temperaturskala in (1.30), vereinfacht sich das experimentell gefundene Gesetz (1.30) zur Zustandsgleichung eines idealen Gases.

Zustandsgleichung eines idealen Gases

Die Zustandsgleichung eines idealen Gases lautet

$$PV = nRT\,, \qquad (1.35)$$

wenn die Temperatur in Kelvin angegeben wird. Darin tritt die allgemeine Gaskonstante R als Proportionalitätsfaktor auf. Bei $T = 0\,\text{K}$ verschwindet formal das Produkt PV aus Druck und Volumen. Das ist eine unrealistische Folge der Annahme, dass das Gas ideal sei. Jedes reale Gas verflüssigt sich bei einer geringen, aber endlichen Temperatur.

Die Zustandsgleichung für ideale Gase (1.35) enthält die Stoffmenge n der im Volumen V enthaltenen Mole.

International wurde 1967 die Größe

$$T = 273{,}16\,\text{K} \qquad (1.36)$$

als *Tripelpunkt des Wassers* fixiert. Das ist derjenige Punkt im Zustandsraum, bei dem Wasser zugleich in festem, flüssigem und gasförmigem Aggregatzustand vorliegt.

Absolute Temperatur

Es gibt eine absolute Temperaturskala. Ihr Nullpunkt bei $-273{,}15\,°C$ kann dadurch definiert werden, dass dort der Druck eines idealen Gases verschwindet. Absolute Temperaturen werden in Kelvin (K) angegeben. Die Temperaturskala wird dadurch festgelegt, dass dem Tripelpunkt des Wassers die Temperatur $273{,}16\,\text{K} = 0{,}01\,°C$ zugewiesen wird.

Um Temperaturen zu kennzeichnen, die auf verschiedenen Skalen gemessen werden, unterscheiden wir von jetzt an, wo es nötig wird, die absolute Temperatur T von der Temperatur ϑ, die in Grad Celsius gemessen wird.

Gaskonstante und Boltzmann-Konstante

Bei einer Temperatur von $\vartheta = 0\,°C$ und Normaldruck von 1 atm = 1,013 bar nimmt ein Mol eines idealen Gases – d. h. einer Gasmenge, deren Masse der Molekülmasse in Gramm entspricht – ein Volumen von 22,4141 ein. Aus diesen empirischen Zahlenwerten erhalten wir die universelle Gaskonstante

$$\begin{aligned}R &= \frac{1{,}013\,\text{bar} \cdot 22{,}4141\,\text{dm}^3\,\text{mol}^{-1}}{273{,}15\,\text{K}} \\ &= 8{,}3145\,\frac{\text{J}}{\text{mol}\,\text{K}}\end{aligned} \qquad (1.37)$$

oder, ausgedrückt in Kalorien:

$$R = 1{,}986\,\frac{\text{cal}}{\text{mol}\,\text{K}}\,. \qquad (1.38)$$

Ideale Gasgleichung mit Teilchenzahl

Setzen wir anstelle der Stoffmenge n das Verhältnis $n = N/N_A$ ein und definieren die Konstante $k_B = R/N_A$, so erhalten wir für die Zustandsgleichung idealer Gase die weitere Fassung

$$PV = Nk_B T\,. \qquad (1.39)$$

Die hier neu eingeführte Konstante

$$k_\text{B} = \frac{R}{N_\text{A}} = 1{,}3806488\,(13) \cdot 10^{-23}\,\text{J K}^{-1} \quad (1.40)$$

ist die universelle *Boltzmann-Konstante*, die schon in der Einführung unter (1.2) erwähnt wurde. Sie stellt den Zusammenhang zwischen der Temperatur- und der Energieskala her.

Achtung Die Boltzmann-Konstante ist insofern eine unnötige Naturkonstante, als sie lediglich zwischen den willkürlich gewählten Einheiten der absoluten Temperatur und der Energie umzurechnen ermöglicht. Umgekehrt könnte man den Wert der Boltzmann-Konstante exakt festlegen und damit das Kelvin neu definieren. So schlägt das Consultative Committee for Units (CCU) des Bureau International des Poids et Mesures im Entwurf einer Broschüre zur Neudefinition der SI-Einheiten vor, die Boltzmann-Konstante auf exakt $1{,}38065 \cdot 10^{-23}\,\text{J K}^{-1}$ festzusetzen und damit zugleich das Kelvin neu zu bestimmen. ◄

Häufig ist es nützlich, die Boltzmann-Konstante nicht in J K^{-1}, sondern in eV K^{-1} anzugeben. Dann beträgt sie

$$k_\text{B} = 8{,}6173 \cdot 10^{-5}\,\text{eV K}^{-1}\,. \quad (1.41)$$

Frage 4

Welcher Temperatur entspricht die Ionisationsenergie eines Wasserstoffatoms von 13,6 eV?

1.6 Der erste Hauptsatz

Nachdem die Stofftheorie der Wärme als unhaltbar erkannt worden war, trat an die Stelle des Wärmestoffs oder Caloricums die *innere Energie*, die sich infolge von Wärme- und Arbeitsaustausch mit der Umgebung ändern kann.

Arbeit, Wärme und innere Energie

Bei einer beliebigen thermodynamischen Zustandsänderung seien δQ die vom System aufgenommene Wärme und δW die vom System verrichtete Arbeit. Der erste Hauptsatz der Thermodynamik stellt nun axiomatisch eine Beziehung zwischen diesen Größen und der inneren Energie her.

> **Erster Hauptsatz der Thermodynamik**
>
> Jedem thermodynamischen System wird die innere Energie U als eine Zustandsgröße zugeordnet. Die innere Energie wächst mit der zugeführten Wärme und nimmt um die vom System an seiner Umwelt verrichtete Arbeit
>
> ab. Für ein geschlossenes System beträgt die infinitesimale Änderung der inneren Energie
>
> $$\mathrm{d}U = \delta Q - \delta W\,, \quad (1.42)$$
>
> wenn es die infinitesimale Wärme δQ aufnimmt und die infinitesimale Arbeit δW an der Umgebung verrichtet. Die innere Energie ist nur bis auf eine additive Konstante bestimmt.

Im Gegensatz zu den Prozessgrößen Wärme und Arbeit ist die innere Energie eine Zustandsgröße und hat daher ein vollständiges Differenzial $\mathrm{d}U$. Für jeden Kreisprozess gilt daher

$$\oint \mathrm{d}U = 0\,. \quad (1.43)$$

Für ein *abgeschlossenes System*, das an seiner Umwelt keine Arbeit verrichten kann und das auch mit ihr keine Wärme austauscht, gilt wegen $\delta W = 0$ und $\delta Q = 0$ sogar $\mathrm{d}U = 0$. Unter dieser Voraussetzung ist also die innere Energie U konstant; sie ist dann eine Erhaltungsgröße. Das gilt natürlich auch, wenn innerhalb eines abgeschlossenen Systems irreversible Prozesse stattfinden sollten, die das System aus einem Nichtgleichgewichts- in einen Gleichgewichtszustand überführen.

Bei der Zustandsänderung eines *adiabatischen Systems*, das zwar Arbeit an der Umgebung verrichten kann, aber keine Wärme mit ihr austauscht, hat auch die Arbeit ein vollständiges Differenzial, weil dann wegen $\delta Q = 0$ aufgrund des ersten Hauptsatzes $\mathrm{d}U = -\delta W$ gelten muss. In guter Näherung verläuft ein Prozess dann adiabatisch, wenn er sehr viel schneller abläuft, als ein Wärmeaustausch mit der Umwelt erfolgen kann. Ein Beispiel für adiabatisch verlaufende Schwingungen sind die Schallwellen, die im Kasten „Vertiefung: Schallwellen und Schallgeschwindigkeit" in Abschn. 3.3 näher besprochen werden.

Eine andere, aber vergleichbare Vereinfachung ergibt sich für *anergische Systeme*, die keine Arbeit an ihrer Umgebung verrichten, aber mit ihr Wärme austauschen können. Dann ist $\delta W = 0$, daher $\mathrm{d}U = \delta Q$, sodass in einem solchen Fall auch das Differenzial der Wärme vollständig ist.

Für den allgemeinen Fall eines *geschlossenen Systems* betrachten wir noch einen beliebig verlaufenden Kreisprozess. Da sich die innere Energie als Zustandsgröße nach jedem vollständigen Umlauf eines Kreisprozesses nicht geändert haben darf, ausgedrückt durch (1.43), muss in einem Kreisprozess die dem System insgesamt zugeführte Wärme gleich der dabei vom System verrichteten Arbeit sein:

$$\oint \delta Q = \oint \delta W\,. \quad (1.44)$$

Dies präzisiert die Aussage, die wir noch ohne die Kenntnis der inneren Energie unter (1.14) getroffen hatten: Aus einem

Kreisprozess geht ein System unverändert hervor, d. h., seine innere Energie muss am Ende des Kreisprozesses auf ihren Anfangswert zurückkehren. Über die Einzelbeträge von Wärme und Arbeit während des Kreisprozesses sagt diese Gleichheit jedoch nichts aus.

Eine andere häufig benutzte Formulierung des ersten Hauptsatzes ist: *Es lässt sich kein Perpetuum mobile erster Art konstruieren.* Ein Perpetuum mobile erster Art ist eine gedachte, periodisch arbeitende Maschine, die während eines Umlaufs Energie abgibt und an seinem Ende wieder in ihren Ausgangszustand zurückkehrt. Diese Version des ersten Hauptsatzes folgt einfach aus (1.43), denn ein Umlauf entspricht einem Kreisprozess, und Energie kann dabei weder entstehen noch vernichtet werden.

Innere Energie und Wärmekapazitäten eines idealen Gases

Wir untersuchen nun die innere Energie am Beispiel eines idealen Gases. Als unabhängige Zustandgrößen wählen wir bei festgehaltener Teilchenzahl N das Volumen V und die Temperatur T, sodass das vollständige Differenzial dU in der Form

$$dU = \left(\frac{\partial U}{\partial V}\right)_T dV + \left(\frac{\partial U}{\partial T}\right)_V dT \tag{1.45}$$

geschrieben werden kann. Die eingeklammerten partiellen Ableitungen mit Subskript bedeuten, dass während der Ableitungen diejenige Größe konstant gehalten werden soll, die im Subskript steht. Diese zunächst vielleicht etwas eigenartig wirkende Notation wird in Abschn. 3.1 genauer erläutert.

Mit dem idealen Gas im Volumen V werde nun der Gay-Lussac-Versuch durchgeführt: Wie in Abb. 1.12 gezeigt, wird das Gas in einem *adiabatisch isolierten* System nach dem schnellen Herausziehen einer Trennwand von V auf $V + \Delta V$ expandiert. Vom System wird weder Arbeit verrichtet, noch wird ihm Wärme zugeführt, sodass

$$\Delta U = 0 \tag{1.46}$$

gelten muss. Nach dieser irreversiblen Expansion wird $\Delta T = 0$ *gemessen*, d. h. sie verläuft zumindest im Rahmen der Messgenauigkeit isotherm! Dies gilt für beliebige Volumenänderungen ΔV. Aufgrund dieses empirischen Befunds impliziert (1.45), dass für ein ideales Gas die partielle Ableitung der inneren Energie nach dem Volumen bei konstanter Temperatur verschwinden muss, sodass die innere Energie eines idealen Gases nur von seiner Temperatur abhängen kann:

$$U = U(T) + U_0. \tag{1.47}$$

Wir berufen uns hier allein auf die gegebene empirische Begründung, bleiben die theoretische Begründung von (1.47) schuldig und reichen sie später in Abschn. 3.3 nach.

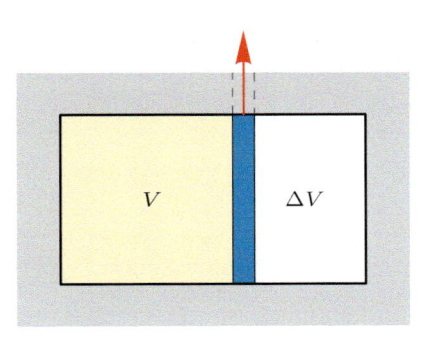

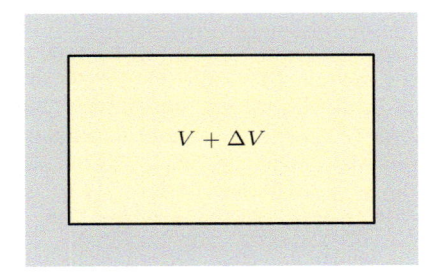

Abb. 1.12 Der Versuch von Gay-Lussac

Innere Energie eines idealen Gases

Bei fester Teilchenzahl hängt die innere Energie eines idealen Gases allein von seiner Temperatur, aber nicht von seinem Volumen ab.

Mithilfe des Resultats (1.47) wenden wir uns der Beziehung zwischen den Molwärmen c_P^{mol} bei konstantem Druck und c_V^{mol} bei konstantem Volumen zu. Dazu betrachten wir zwei Zustandsänderungen: Die eine soll bei *konstantem* V stattfinden, also das System aus dem Zustand (V, T) in den infinitesimal benachbarten Zustand $(V, T + dT)$ überführen. Dabei ändert sich wegen des konstant gehaltenen Volumens die innere Energie um den Betrag

$$dU = \delta Q|_{V=\text{const}} = n c_V^{\text{mol}} dT. \tag{1.48}$$

Die andere Änderung soll bei *konstantem* Druck P stattfinden und den Zustand (V, T) in den Zustand $(V + dV, T + dT)$ überführen. Dabei muss sich die innere Energie um den Betrag

$$dU = \delta Q|_{P=\text{const}} - P dV = n c_P^{\text{mol}} dT - P dV \tag{1.49}$$

ändern. Nun verwenden wir das ideale Gasgesetz (1.39), um die Volumenänderung dV bei konstantem Druck mit der Temperaturänderung dT in Beziehung zu setzen:

$$P dV = n R dT. \tag{1.50}$$

Damit ergibt sich aus (1.49)

$$dU = n\left(c_P^{\text{mol}} - R\right) dT \tag{1.51}$$

Vertiefung: Einige Eigenschaften idealer Gase

Aus dem empirisch gefundenen Gesetz (1.39) können wir bereits einige wichtige Ergebnisse für ideale Gase ableiten. Wir setzen hier voraus, dass die Teilchenzahl N festgehalten bleibt.

Zunächst hängt die Arbeit, die ein ideales Gas durch eine Volumenänderung verrichtet, durch

$$\Delta W = \int P(V) dV = N k_B \int \frac{T(V) dV}{V}$$

davon ab, wie sich die Temperatur während einer Volumenänderung verhält. Bleibt die Temperatur etwa dadurch konstant, dass das Gas während der Ausdehnung mit einem Wärmebad der Temperatur T verbunden bleibt, verrichtet das Gas bei einem solchen isothermen Übergang vom Volumen V_1 zum Volumen $V_2 > V_1$ die Arbeit

$$\Delta W = N k_B T \int_{V_1}^{V_2} \frac{dV}{V} = N k_B T \ln \frac{V_2}{V_1}.$$

Dehnt sich das Gas aber isobar gegen einen konstanten äußeren Druck aus, muss es die Arbeit

$$\Delta W = P \int_{V_1}^{V_2} dV = P(V_2 - V_1)$$

verrichten.

Betrachten wir eine kleine Volumenänderung dV, für die ein ideales Gas die Arbeit $\delta W = PdV$ aufbringen muss. Bei konstantem äußeren Druck muss aufgrund der Zustandsgleichung (1.39)

$$0 = dP = N k_B \left(\frac{dT}{V} - \frac{T dV}{V^2} \right) = \frac{N k_B T}{V} \left(\frac{dT}{T} - \frac{dV}{V} \right)$$

gelten, also muss die relative Temperatur- gerade gleich der relativen Volumenänderung sein:

$$\frac{dT}{T} = \frac{dV}{V}.$$

Da die innere Energie eines idealen Gases nur von der Temperatur abhängt, muss sie bei einer *isothermen Expansion* konstant bleiben. Nach dem ersten Hauptsatz muss dann die vom System aufgenommene Wärme restlos als Arbeit abgegeben werden:

$$\delta Q = \delta W.$$

Die Arbeit ΔW aufgrund einer isothermen Volumenänderung lässt sich aber leicht berechnen, wie wir bereits zu Beginn dieses Kastens gesehen hatten. Damit es isotherm vom Volumen V_1 auf das Volumen V_2 expandieren kann, muss einem idealen Gas also die Wärmemenge

$$\delta Q = N k_B T \ln \frac{V_2}{V_1}$$

zugeführt werden.

---

bei konstantem Druck. Bei beiden Prozessen seien T und dT gleich. Da die innere Energie eines idealen Gases nur von der Temperatur abhängt, muss dann auch die Änderung dU der inneren Energie in beiden Fällen gleich sein. Daher folgt aus (1.48) und (1.49)

$$c_P^{\text{mol}} - c_V^{\text{mol}} = R \qquad (1.52)$$

für die Differenz der molaren Wärmekapazitäten idealen Gases. Die experimentellen Werte in Tab. 1.2 liegen in der Tat nicht weit weg vom Wert $R = 8{,}3145\,\text{J}\,\text{mol}^{-1}\,\text{K}^{-1}$ der universellen Gaskonstante.

Tab. 1.2 Differenz zwischen den molaren Wärmekapazitäten c_P^{mol} und c_V^{mol} einiger realer Gase. Im Grenzfall eines idealen Gases beträgt die Differenz $R = 8{,}3145\,\text{J}\,\text{mol}^{-1}\,\text{K}^{-1}$

Stoff	$c_P^{\text{mol}} - c_V^{\text{mol}}$ in J mol^{-1} K^{-1}
He	8,09
Ar	8,25
H$_2$	8,38
Luft	8,36
CH$_4$	8,38
CO$_2$	8,35

Wärmekapazitäten des idealen Gases

Die Differenz der molaren Wärmekapazitäten c_P^{mol} und c_V^{mol} eines idealen Gases ist gleich der idealen Gaskonstanten R.

Eine detaillierte Behandlung der Wärmekapazitäten, anderer Responsefunktionen und der Zusammenhänge zwischen ihnen folgt in Abschn. 3.1. Die dort abgeleiteten, allgemeinen Ergebnisse werden in Abschn. 3.3 auf das ideale Gas angewandt. Dadurch wird die hier bestimmte Differenz der Wärmekapazitäten eines idealen Gases in einen größeren Zusammenhang gestellt.

Adiabatische Prozesse

Wir betrachten zunächst reversible Prozesse, also solche, die durch eine umkehrbare Folge von Gleichgewichtszuständen verlaufen. Bei ihnen wird die Arbeitsfähigkeit des Systems voll ausgenutzt und keine Energie verschwendet. Bei einem adiabatischen Prozess wird Wärme weder zu- noch abgeführt, $\delta Q = 0$, sodass $dU = -\delta W$ gilt. Für ein ideales Gas mit $dU = nc_V^{\mathrm{mol}} dT$ gilt dann

$$nc_V^{\mathrm{mol}} dT = -PdV. \quad (1.53)$$

Da zudem für ein ideales Gas aufgrund seiner Zustandsgleichung $nRdT = PdV + VdP$ gilt, können wir die Temperaturänderung dT in (1.53) eliminieren und zu der Beziehung

$$(c_V^{\mathrm{mol}} + R)PdV + c_V^{\mathrm{mol}} VdP = 0 \quad (1.54)$$

gelangen. Mittels der bekannten Differenz (1.52) der beiden Wärmekapazitäten folgt

$$\frac{dP}{P} + \gamma \frac{dV}{V} = 0 \quad \text{mit} \quad \gamma = \frac{c_P^{\mathrm{mol}}}{c_V^{\mathrm{mol}}}. \quad (1.55)$$

Da die innere Energie eines idealen Gases nur von der Temperatur abhängt, können auch die beiden molaren Wärmekapazitäten $c_V^{\mathrm{mol}} = n^{-1} dU/dT$ und $c_P^{\mathrm{mol}} = c_V^{\mathrm{mol}} + R$ nur von der Temperatur abhängen. Der *Adiabatenindex* γ könnte demnach auch für ein ideales Gas noch von der Temperatur abhängen. Wir gehen hier etwas über die Näherung des idealen Gases hinaus, indem wir das auch Isentropenexponent genannte γ als numerische Konstante ansehen.

Als Beispiel zeigt Abb. 1.13 den Adiabatenindex trockener Luft als Funktion der Temperatur. Der Adiabatenindex hängt im betrachteten Temperaturintervall nur schwach von der Temperatur ab und liegt nahe bei 1,4. In Abschn. 3.3 werden wir γ mit der Anzahl der Freiheitsgrade der Gasmoleküle in Verbindung bringen.

Für einen konstanten Adiabatenindex ist (1.55) integrabel und liefert die *Poisson'sche Gleichung der adiabatischen Zustandsänderung*

$$PV^\gamma = \text{const}. \quad (1.56)$$

Ersetzen wir den Druck bzw. das Volumen mithilfe der Zustandsgleichung des idealen Gases, so ergeben sich sofort die Beziehungen

$$TV^{\gamma-1} = \text{const} \quad \text{und} \quad TP^{(1-\gamma)/\gamma} = \text{const}. \quad (1.57)$$

Während die Isothermen in der P-V-Ebene nach dem Boyle-Mariotte'schen Gesetz $PV = \text{const}$ als gleichseitige Hyperbeln verlaufen, sind die Adiabaten nach der Poisson'schen Gleichung $pV^\gamma = \text{const}$ steiler nach unten geneigt, wie in Abb. 1.14 schematisch dargestellt wird.

Wegen

$$\left.\frac{dP}{dV}\right|_{\mathrm{isotherm}} = -\frac{P}{V} \quad \text{und} \quad \left.\frac{dP}{dV}\right|_{\mathrm{adiatatisch}} = -\gamma \frac{P}{V} \quad (1.58)$$

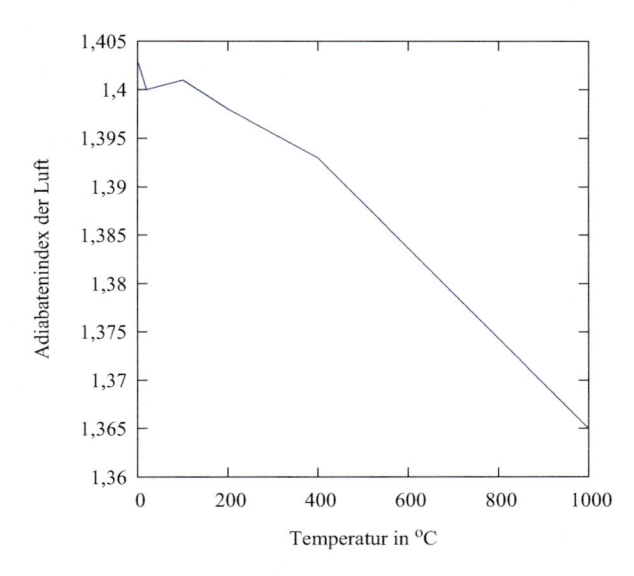

Abb. 1.13 Abhängigkeit des Adiabatenindex trockener Luft von der Temperatur

ist auf einer Adiabaten die differenzielle Druckänderung γ-mal so groß wie auf einer Isothermen. Sehr rasch verlaufende Ausdehnungs- und Verdichtungsvorgänge sind in guter Näherung adiabatisch, da für einen Wärmeaustausch nicht genügend Zeit bleibt. Beachten Sie hierzu auch den Kasten „Vertiefung: Schallwellen und Schallgeschwindigkeit" in Abschn. 3.4.

Reicht die Wärmeisolation nicht aus, um den Wärmeaustausch während einer Zustandsänderung vollständig zu verhindern, dann wird die Zustandsänderung nicht adiabatisch, sondern nur *polytrop* verlaufen. Bei einer polytropen Ausdehnung sinkt der Druck bei einer Volumenzunahme und der damit einhergehenden Abkühlung. Wegen der unvollständigen thermischen Isolation ist die Abkühlung aber geringer als bei adiabatischer

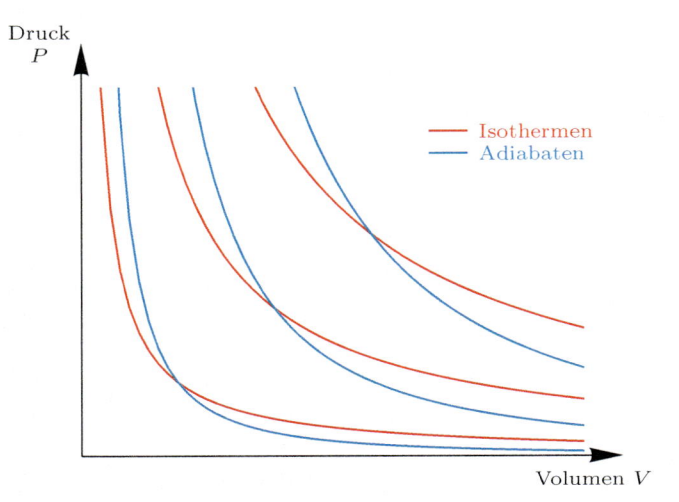

Abb. 1.14 Isothermen und Adiabaten für ein ideales Gas

Ausdehnung. Infolgedessen fällt eine solche *Polytrope* genannte Kurve im *P-V*-Diagramm weniger steil ab als eine Adiabate. Ihre Gleichung ist

$$PV^\alpha = \text{const} \tag{1.59}$$

mit dem Polytropenindex $\alpha \leq \gamma$. Bis hierher gilt die Betrachtung polytroper Zustandsänderungen für allgemeine thermodynamische Systeme.

Wenden wir nun das Ergebnis (1.59) auf ein ideales Gas an, folgen daraus mithilfe der Zustandsgleichung unmittelbar die Beziehungen

$$TV^{\alpha-1} = \text{const} \quad \text{und} \quad TP^{(1-\alpha)/\alpha} = \text{const}, \tag{1.60}$$

aus denen wir die Zusammenhänge

$$\frac{dT}{T} = (1-\alpha)\frac{dV}{V} \quad \text{und} \quad \frac{dT}{T} = \frac{\alpha-1}{\alpha}\frac{dP}{P} \tag{1.61}$$

zwischen den relativen Änderungen der Temperatur, des Volumens und des Druckes bei polytropen Zustandsänderungen schließen können.

Frage 5

Vergewissern Sie sich, dass für ein ideales Gas (1.60) aus (1.59) folgt und dass sich daraus (1.61) ergibt.

Bei einer *adiabatischen* oder einer allgemeineren *polytropen* Expansion wird das Reservoir der inneren Energie des idealen Gases in Anspruch genommen. Zur Berechnung der dabei verrichteten Arbeit schreiben wir

$$\Delta W = \int_{V_1}^{V_2} P\,dV = nR \int_{V_1}^{V_2} \frac{T}{V}\,dV = -\frac{nR}{\alpha-1}\int_{T_1}^{T_2} dT$$
$$= -\frac{nR}{\alpha-1}(T_2 - T_1), \tag{1.62}$$

wobei zunächst die Zustandsgleichung des idealen Gases und dann (1.61) verwendet wurde. Bei einer Expansion (Entspannung) des Gases ist $T_2 < T_1$. Wie erwartet, verrichtet das Gas dann Arbeit an seiner Umgebung.

Abkühlung einer Gaspatrone

Ein vielleicht aus dem alltäglichen Leben bekanntes Beispiel dafür ist die Abkühlung einer Gaspatrone, wie sie beispielsweise zur Herstellung von Sprudelwasser verwendet werden. Wird die Gaspatrone geöffnet, strömt das enthaltene Gas aus, verdrängt einen Teil der Umgebungsluft, muss dafür Arbeit aufwenden und kühlt sich deswegen so weit ab, dass das Kondenswasser auf ihrer Oberfläche zu Reif gefrieren kann. ◂

Die Enthalpie als Zustandsgröße

Oft ist es in der Thermodynamik nützlich, Zustandsgrößen so zu wählen, dass sie der Situation bestmöglich angepasst sind, die gerade beschrieben werden soll. In Abschn. 3.1 werden wir ausführlich die sogenannten thermodynamischen Potenziale besprechen und dabei zeigen, wie solche Zustandsgrößen systematisch konstruiert werden können. Im Rahmen der phänomenologischen Thermodynamik, die wir in diesem Kapitel behandeln, stellen wir neben der inneren Energie nur die für die Technik wichtige Zustandsgröße *Enthalpie H* vor, die durch die Summe

$$H = U + PV \tag{1.63}$$

definiert ist. Der Begriff leitet sich ab von den altgriechischen Wörtern *en* für „in" und *thalpéin* für „erwärmen", „erhitzen"; das Formelzeichen H spielt auf die englische Bezeichnung *heat content* an.

Mithilfe des vollständigen Differenzials $dU = \delta Q - PdV$ der inneren Energie, das uns der erste Hauptsatz vorgibt, folgt für die infinitesimale Änderung der Enthalpie

$$dH = \delta Q + VdP. \tag{1.64}$$

Bei konstantem Druck, $dP = 0$, ist demnach dH die dem System von außen zugeführte Wärme, $dH = \delta Q$. Daraus folgt für die molare Wärmekapazität c_P^{mol} bei konstantem Druck

$$c_P^{\text{mol}} = \frac{1}{n}\left(\frac{\partial H}{\partial T}\right)_P, \tag{1.65}$$

während für die molare Wärmekapazität c_V^{mol} bei konstantem Volumen

$$c_V^{\text{mol}} = \frac{1}{n}\left(\frac{\partial U}{\partial T}\right)_V \tag{1.66}$$

gilt.

Um die Bedeutung der Enthalpie in der Technik aufzuklären, stellen wir zunächst fest, dass alle Wärmekraftmaschinen nur in periodischer Folge mithilfe eines strömenden Arbeitsmediums Arbeit verrichten können. Ein Schwungrad sorgt bei solchen Maschinen durch seine Trägheit für einen gleichmäßigen, periodischen Arbeitsablauf. Zur Beschreibung solcher Situationen hat man den Begriff der *technischen Arbeit* geschaffen, der anhand von Abb. 1.15 erläutert werden soll.

Im ersten Zeitabschnitt einer Arbeitsperiode strömt ein Arbeitsmedium mit konstantem Druck P_1 in den Zylinder ein. Es muss sich dadurch Platz schaffen, dass es den Kolben bis zur Stellung 1 verschiebt, wodurch das Volumen V_1 entsteht. Dabei verrichtet das Medium über den Kolben die Verdrängungsarbeit P_1V_1. Im zweiten Zeitabschnitt der Arbeitsperiode wird das Zuflussventil geschlossen. Das Arbeitsmedium dehnt sich weiter aus und verschiebt den Kolben bis zur Stellung 2 mit Volumen V_2. Dabei sinkt der Druck des Arbeitsmediums von P_1 auf P_2. Die über den Kolben verrichtete Verdrängungsarbeit

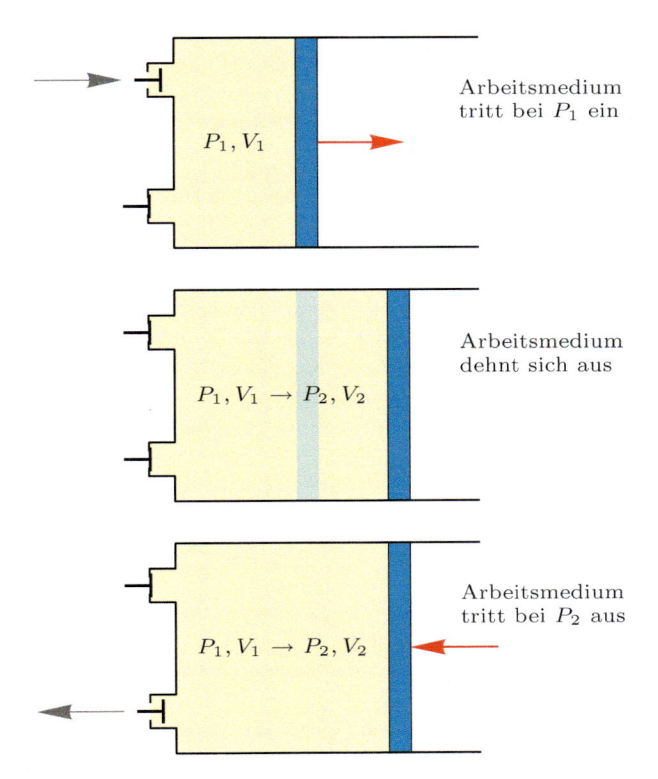

Abb. 1.15 Ein strömendes Arbeitsmedium verrichtet Arbeit. Die Bilder zeigen den Zylinder einer Maschine mit einem Zu- und Abflussventil und einem Kolben

ist $\int_1^2 PdV$. Im dritten Zeitabschnitt wird das Ausflussventil geöffnet. Das Arbeitsmedium wird vom Kolben bei konstantem Druck P_2 hinausgeschoben. Dabei wird ihm vom Kolben die Verdrängungsarbeit P_2V_2 zurückgegeben.

Insgesamt ist die vom Arbeitsmedium am Kolben verrichtete technisch nutzbare Arbeit, oder kurz *technische Arbeit*, durch

$$\Delta W_{\text{tech}} = P_1V_1 + \int_1^2 PdV - P_2V_2 \qquad (1.67)$$

gegeben. Sie unterscheidet sich von der Arbeit ΔW durch diejenigen Arbeitsbeträge, die an oder von der Maschine verrichtet werden müssen, um sie in einen definierten Ausgangs- und Endzustand zu versetzen.

Die Beiträge in (1.67) lassen sich auf folgende Weise umformen:

$$\begin{aligned}\Delta W_{\text{tech}} &= P_1V_1 - P_2V_2 + \int_1^2 d(PV) - \int_1^2 VdP \\ &= \int_2^1 VdP > 0,\end{aligned} \qquad (1.68)$$

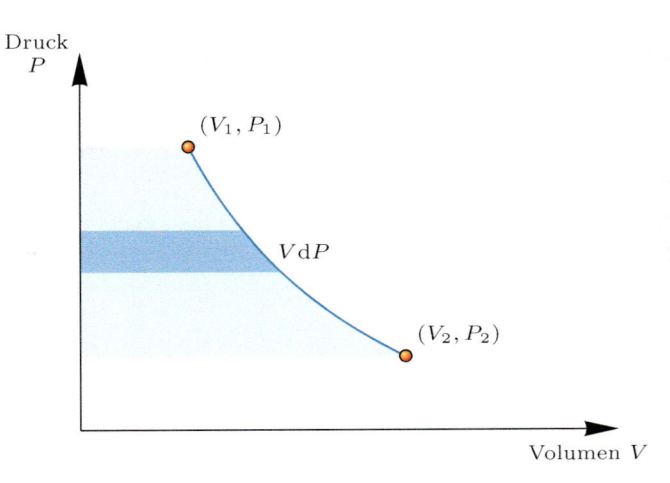

Abb. 1.16 Das P-V-Diagramm zur Definition der technischen Arbeit

da der dritte Term auf der rechten Seite der oberen Gleichung die ersten beiden weghebt. Die technische Arbeit entspricht also der gesamten blau markierten Fläche im P-V-Diagramm in Abb. 1.16. Im Allgemeinen kann man demnach zwei Situationen unterscheiden:

(a) Ein eingesperrtes Arbeitsmedium dehnt sich von V_1 auf V_2 aus und verrichtet dabei die Druck-Volumen-Arbeit

$$\Delta W = \int_1^2 PdV. \qquad (1.69)$$

(b) Ein Arbeitsmedium durchströmt eine beliebige Maschine, vergrößert dabei sein Volumen von V_1 auf V_2 und vermindert dabei den Druck von P_1 auf P_2. Dabei führt es nach außen die technische Arbeit

$$\Delta W_{\text{tech}} = -\int_1^2 VdP \qquad (1.70)$$

ab.

Zwischen den Beträgen der technischen Arbeit und der Druck-Volumen-Arbeit besteht also der Zusammenhang

$$\Delta W_{\text{tech}} = \int_1^2 [PdV - d(PV)] = \Delta W + P_1V_1 - P_2V_2. \qquad (1.71)$$

Führen wir die differenzielle technische Arbeit δW_{tech} ein, können wir die infinitesimale Änderung der Enthalpie (1.64) auch als

$$dH = \delta Q - \delta W_{\text{tech}} \qquad (1.72)$$

schreiben. Ebenso wie δW ist auch $\delta W_{\text{tech}} = -VdP$ kein vollständiges Differenzial. Dennoch ist $dH = \delta Q - \delta W_{\text{tech}}$ wie die innere Energie ein vollständiges Differenzial und definiert (bis auf eine additive Konstante) die Zustandsgröße Enthalpie.

> **Innere Energie und Enthalpie**
>
> Während Änderungen der inneren Energie durch die Differenz aus der zugeführten Wärme und der Druck-Volumen-Arbeit zustande kommen, gibt eine Enthalpieänderung die Differenz aus zugeführter Wärme und technisch nutzbarer Arbeit an.

Aufgrund der Beziehung (1.72) hängen infinitesimale Beträge der Druck-Volumen-Arbeit und der technischen Arbeit durch

$$\delta W_{\text{tech}} = \delta W - \mathrm{d}(PV) \tag{1.73}$$

zusammen. Wir werden in Abschn. 3.1 sehen, dass dies typisch für Größen ist, die sich durch sogenannte Legendre-Transformationen auseinander ergeben.

1.7 Der zweite Hauptsatz (1. Teil)

Der erste Hauptsatz formuliert, *wie* verschiedene Formen der Energie ineinander umgewandelt werden können. Er beschreibt, wie die innere Energie eines physikalischen Systems entweder durch Wärmezu- oder -abfuhr verändert werden kann oder durch Arbeit, die durch das System an der Umwelt oder am System durch die Umwelt verrichtet wird. Aber er beschreibt nicht, *welche* Zustandsänderungen thermodynamischer Systeme überhaupt möglich sind.

Wir haben oben zwischen reversiblen und irreversiblen Vorgängen unterschieden und dabei reversible Vorgänge als solche gekennzeichnet, die langsam genug ablaufen, dass sie als eine Folge von Gleichgewichtszuständen beschrieben werden können. Natürliche Vorgänge sind nie völlig reversibel, können einem reversiblen Ablauf aber unter Umständen beliebig nahekommen.

> **Natürliche, fast reversible Vorgänge**
>
> Ein Beispiel für einen natürlichen, fast reversiblen Vorgang ist ein Luftballon, der sich in der Sonne ausdehnt und im Schatten wieder zusammenzieht. Während der Erwärmung passt sich sein Volumen so an, dass der Druck in seinem Inneren dem Außendruck gleich wird. Diese Zustandsänderung verläuft in sehr guter Näherung umgekehrt ab, während sich der Ballon wieder abkühlt. ◄

Reversible Vorgänge stellen idealisierte Grenzfälle von realistischen Prozessen dar. Schon früh während der Entwicklung der Thermodynamik wurde daher die Notwendigkeit erkannt, das Ausmaß der Irreversibilität bei physikalischen Vorgängen zu messen. Dies wurde durch die Einführung einer neuen Zustandsgröße möglich, die Rudolf Clausius mit dem aus dem Griechischen entlehnten Kunstwort *Entropie* bezeichnete.

Im Jahre 1834 brachte der französische Physiker und Ingenieur Benoît Paul Clapeyron die bahnbrechende Arbeit von Sadi Carnot in eine mathematische Form, nämlich bereits in diejenige Form, in welcher der Carnot'sche Kreisprozess heute noch in der Physik beschrieben wird. Dieser Kreisprozess führt aufgrund makroskopischer Konzepte an den Begriff der Entropie heran und erklärt dabei die Wirkungsweise einer Wärmekraftmaschine. Wir werden in Abschn. 2.3 sehen, wie die Entropie durch die statistische Physik mikroskopisch begründet wird.

Carnot'scher Kreisprozess: Wirkungsgrad mit idealem Gas

Stellen wir uns ein warmes Reservoir mit der Temperatur T_1 und ein kaltes Reservoir mit der Temperatur $T_2 < T_1$ vor. Zwischen beiden Reservoiren wollen wir eine Wärmekraftmaschine betreiben. Das Arbeitsmedium sei ein ideales Gas, das wir uns durch ein hinreichend verdünntes reales Gas verwirklicht denken können.

In Abschn. 3.6 werden wir Kreisprozesse noch einmal auf eine abstraktere Weise behandeln und dabei sehen, dass wir uns von der Beschränkung auf ein konkretes Arbeitsmedium vollkommen lösen können. In einem Carnot-Prozess wechseln sich nun die folgenden vier Teilprozesse periodisch ab, die im P-V-Diagramm in Abb. 1.17 dargestellt sind:

(a) Das Gas steht in Kontakt mit dem warmen Reservoir und *expandiert isotherm* bei der Temperatur T_1 von einem Volumen V_1 zu einem Volumen $V_2 > V_1$. Die Zustandsänderung des Gases wird durch die Zustandsgleichung

$$PV = nRT = \text{const} \tag{1.74}$$

des idealen Gases beschrieben und im P-V-Diagramm durch ein Hyperbelstück dargestellt. Bei dieser isothermen Expansion verrichtet das Gas die Arbeit ΔW_{12}, die noch bestimmt werden muss.

(b) Im zweiten Teilprozess isolieren wir das Gas von dem warmen Reservoir und von seiner Umgebung. Bei abnehmendem Druck dehnt es sich adiabatisch weiter aus. Wie wir in Abschn. 1.6 gesehen hatten, verläuft eine Adiabate im P-V-Diagramm steiler als eine Isotherme. Sie wird durch (1.56) beschrieben,

$$PV^\gamma = \text{const}, \tag{1.75}$$

worin der Adiabatenindex $\gamma > 1$ auftritt. Bei dieser *adiabatischen Expansion* verringert sich die Temperatur wegen der an der Umgebung verrichteten Arbeit. Wir führen die

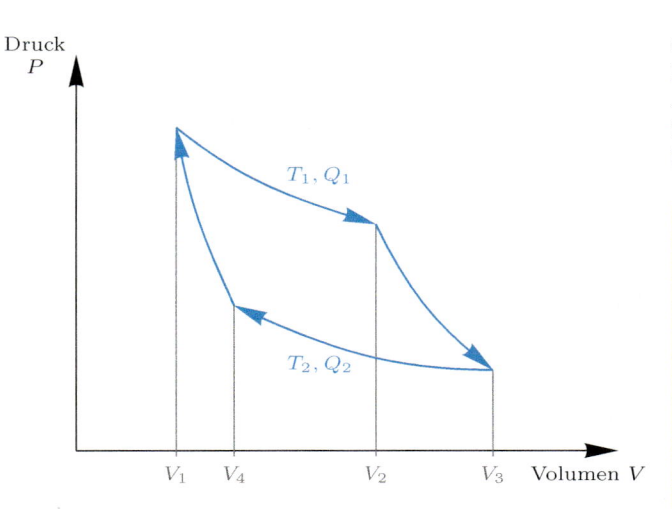

Abb. 1.17 Der Carnot'sche Kreisprozess beginnt gewöhnlich in diesem Druck-Volumen-Diagramm an der linken oberen Ecke

Expansion bis zu demjenigen Volumen V_3 durch, bei dem die Temperatur des Arbeitsstoffs auf die Temperatur T_2 des kalten Wärmereservoirs abgesunken ist. Das Gas verrichtet dabei die Arbeit ΔW_{23}.

(c) Im nächsten Teilprozess führen wir eine *isotherme Kompression* des Gases bei der Temperatur T_2 durch, indem wir das Gas in Kontakt mit dem kalten Reservoir halten. Wir komprimieren das Gas bis zu dem Volumen V_4, das auf der Adiabate des Ausgangszustands liegen soll. Dafür muss von außen die Arbeit ΔW_{34} aufgewendet werden.

(d) Im letzten Schritt isolieren wir das Gas erneut *adiabatisch* und *komprimieren* es unter Einsatz der Arbeit ΔW_{41} längs der Adiabate bis zum Anfangszustand mit dem Volumen V_1 und der Temperatur T_1.

---- **Frage 6** ----

Im Verlauf dieses Carnot'schen Kreisprozesses wird insgesamt Arbeit an die Umgebung abgegeben. Überzeugen Sie sich, dass diese Arbeit der von der Prozesskurve eingeschlossenen Fläche im P-V-Diagramm in Abb. 1.17 entspricht.

Die abgegebene Arbeit ist die Differenz aus derjenigen Arbeit, die bei den Expansionen bei hohen Drücken in den Teilschritten 1 und 2 gewonnen wird, und derjenigen Arbeit, die bei seiner Kompression bei niedrigen Drücken in den Teilschritten 3 und 4 aufgewendet werden muss. Bei einem Umlauf des Kreisprozesses erhält das Gas aus dem warmen Reservoir eine bestimmte Wärmemenge ΔQ_1 bei der Temperatur T_1 und gibt an das kalte Reservoir die geringere Wärmemenge ΔQ_2 bei der Temperatur T_2 ab.

Nach dem ersten Hauptsatz gilt für jeden vollständigen Umlauf des Kreisprozesses

$$\Delta W = \Delta Q_1 - \Delta Q_2 \quad \text{bzw.} \quad \Delta Q_1 = \Delta Q_2 + \Delta W > \Delta W, \tag{1.76}$$

da sich bei einer ganzen Zahl vollständiger Umläufe die innere Energie nicht ändern kann. Die Arbeit ΔW ist die Summe aller Arbeitsbeträge, die während eines Umlaufs der Maschine auftreten. Nur die *Differenz* $\Delta Q_1 - \Delta Q_2$ der Wärmemengen kann in Arbeit umgewandelt werden.

> **Wirkungsgrad des Carnot'schen Kreisprozesses**
>
> Der *Wirkungsgrad* η_c des (reversibel durchgeführten) Carnot'schen Kreisprozesses, d. h. das Verhältnis aus der insgesamt gewonnenen Arbeit und der dafür insgesamt aufgewendeten Wärme, muss daher durch
>
> $$\eta_c = \frac{\Delta W}{\Delta Q_1} = 1 - \frac{\Delta Q_2}{\Delta Q_1} \tag{1.77}$$
>
> gegeben sein.

Carnot'scher Kreisprozess: Allgemeingültigkeit des Wirkungsgrades

Carnot betrachtete eine Maschine $\mathcal{M}$, welche die vier genannten Teilprozesse reversibel und damit beliebig langsam und ohne Reibungsverluste durchläuft, sodass sich das Arbeitsmedium zu jeder Zeit im thermischen Gleichgewicht befindet. Diese Maschine kann die Folge von Gleichgewichtszuständen auch in umgekehrter Richtung durchlaufen, wobei sie dann nicht als *Wärmekraftmaschine*, sondern als *Kältemaschine* arbeitet: Die Arbeit ΔW muss dann zugeführt werden, um das Arbeitsmedium vom tieferen Temperaturniveau des kühlen Reservoirs auf ein höheres Temperaturniveau zu bringen.

Wir folgen Carnots Argumentation weiter, um zu zeigen, dass der Wirkungsgrad einer solchen Maschine vom Arbeitsmedium *unabhängig* sein muss. Dazu betrachten wir zwei reversible Maschinen $\mathcal{M}$ und $\mathcal{M}'$, die mit verschiedenen Arbeitsmedien, aber zwischen denselben Wärmereservoiren mit den Temperaturen T_1 und T_2 und mit der gleichen Ausbeute an Arbeit ΔW funktionieren. Die bei $\mathcal{M}'$ zu- bzw. abgeführten Wärmemengen seien $\Delta Q'_2$ und $\Delta Q'_1$. Nehmen wir zunächst an, die beiden Wirkungsgrade seien verschieden, was wir ohne Beschränkung der Allgemeinheit durch

$$\eta'_c < \eta_c \tag{1.78}$$

ausdrücken können.

Dann koppeln wir die beiden Maschinen so, dass $\mathcal{M}'$ als Kältemaschine von $\mathcal{M}$ als Kraftmaschine angetrieben wird, wie in Abb. 1.18 skizziert. Aus der Voraussetzung (1.78) und der Definition des Wirkungsgrades (1.77) müssen wir

$$\frac{W}{\Delta Q'_1} < \frac{W}{\Delta Q_1} \quad \text{und somit} \quad \Delta Q'_1 > \Delta Q_1 \tag{1.79}$$

schließen.

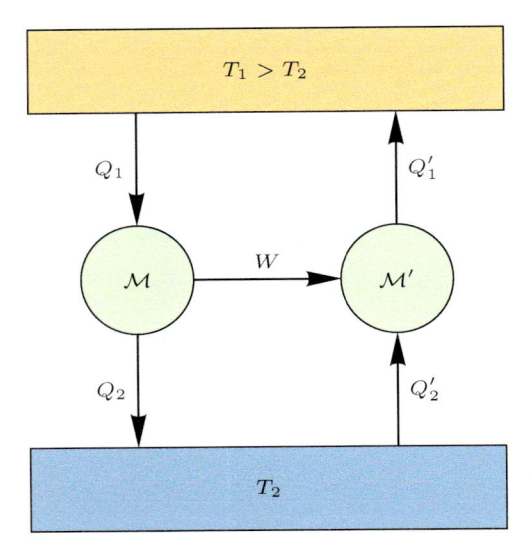

Abb. 1.18 Eine Wärmekraftmaschine $\mathcal{M}$ wird mit einer Kältemaschine $\mathcal{M}'$ gekoppelt

Dem heißeren Reservoir muss also in diesem Fall durch die Kältemaschine $\mathcal{M}'$ mehr Wärme zugeführt werden, als ihm die Kraftmaschine $\mathcal{M}$ zuvor entzogen hat. Durch die Kopplung der Maschinen muss demnach insgesamt die Wärme $\Delta Q_1' - \Delta Q_1$ aus dem kälteren Reservoir entnommen und dem wärmeren Reservoir zugeführt werden. Der Gesamteffekt der beiden gekoppelten Maschinen wäre also, dass die Wärmemenge $\Delta Q_1' - \Delta Q_1$ vom tieferen Temperaturniveau T_2 zum höheren Temperaturniveau T_1 übergeben würde, ohne dass im Ganzen Arbeit verrichtet wurde und ohne dass eine andere Änderung in $\mathcal{M}$ oder $\mathcal{M}'$ zurückgeblieben ist.

Dieses Ergebnis widerspricht der Erfahrung, die durch das *Clausius'sche Postulat* ausgedrückt wird.

> **Clausius'sches Postulat**
>
> Wärme kann nicht von selbst von einem niederen zu einem höheren Temperaturniveau übergehen.

Der Widerspruch zwischen dem aus der Erfahrung abgeleiteten Clausius'schen Postulat und dem Ergebnis unserer Überlegungen zu den gekoppelten Maschinen wird behoben, indem wir die Voraussetzung verschiedener Wirkungsgrade aufgeben: Beide Wirkungsgrade müssen demnach gleich groß sein,

$$\eta_c' = \eta_c, \qquad (1.80)$$

damit die Kopplung zwischen einer idealen Wärmekraft- und einer idealen Kältemaschine nicht in Konflikt mit der Erfahrung gerät.

Demzufolge müssen *alle* reversiblen Maschinen, die nur bei zwei Temperaturen T_1 und T_2 Wärme mit der Umgebung austauschen, denselben Wirkungsgrad haben. Dann kann der Wirkungsgrad aber nur von diesen beiden Temperaturen abhängen. Wegen (1.77) muss entsprechend

$$\frac{\Delta Q_1}{\Delta Q_2} = f(T_1, T_2) \qquad (1.81)$$

gelten, wobei f eine universelle, vom Arbeitsmedium und von der Konstruktion der Wärmemaschine unabhängige, dimensionslose Funktion sein muss.

Carnot'scher Kreisprozess: Wärme und absolute Temperatur

Diese Funktion $f(T_1, T_2)$ lässt sich nun weiter spezifizieren. Dazu führen wir neben den beiden Temperaturniveaus T_1 und $T_2 < T_1$ ein weiteres Wärmereservoir mit einer beliebig gedachten Referenztemperatur T_0 ein, die nicht notwendig zwischen den beiden Temperaturen T_1 und T_2 liegen muss. Diese Temperatur T_0 kann z. B. als Bezugspunkt einer Temperaturskala angesehen werden. Ohne vorerst genauer festlegen zu müssen, was 1° genau sei, können wir z. B. sagen, dass $T_0 = 1°$ sein möge.

Die beiden Temperaturniveaus T_1 und T_2 werden nun durch die beiden reversiblen Carnot-Maschinen $\mathcal{M}_1$ und $\mathcal{M}_2$ mit dem Referenzniveau T_0 verbunden. Die Maschine $\mathcal{M}_1$ werde als Wärmekraftmaschine betrieben, die Maschine $\mathcal{M}_2$ als Kältemaschine. Dabei sei die Maschine $\mathcal{M}_2$ so konstruiert, dass sie aus dem Referenzreservoir bei T_0 gerade dieselbe Wärmemenge ΔQ_0 aufnimmt, welche die Maschine $\mathcal{M}_1$ dorthin abgibt.

Da beide Maschinen als ideale Carnot-Maschinen reversibel arbeiten, entsprechen sie gekoppelt einer einfachen Carnot-Maschine $\mathcal{M}$, die direkt zwischen den beiden Niveaus T_1 und T_2 als Wärmekraftmaschine betrieben wird. Daher tritt das Referenzreservoir bei der Wärmebilanz nicht in Erscheinung: Die einfache Maschine $\mathcal{M}$ zwischen den Niveaus T_1 und T_2 arbeitet mit denselben Wärmemengen wie die zusammengesetzte Maschine, die aus den beiden Maschinen $\mathcal{M}_1$ und $\mathcal{M}_2$ besteht, die zwischen den Niveaus T_1 und T_0 bzw. T_0 und T_2 arbeiten. Neben (1.81) gelten dann die Gleichungen

$$\frac{\Delta Q_1}{\Delta Q_0} = f(T_1, T_0) \quad \text{und} \quad \frac{\Delta Q_0}{\Delta Q_2} = f(T_0, T_2). \qquad (1.82)$$

Durch Multiplikation dieser beiden Gleichungen und Vergleich mit (1.81) entsteht

$$f(T_1, T_2) = f(T_1, T_0) f(T_0, T_2). \qquad (1.83)$$

Setzt man hier $T_1 = T_2$ und berücksichtigt, dass dann $\Delta Q_1 = \Delta Q_2$ sein muss, weil auf derselben Isotherme expandiert und komprimiert wird, muss die linke Seite $f(T_1, T_1) = 1$ sein. Die

Vertauschung der Argumente in f muss also gemäß (1.83) zum Kehrwert führen:

$$f(T_0, T_1) = \frac{1}{f(T_1, T_0)}. \quad (1.84)$$

Wenden wir diese Einsicht auf (1.83) an, folgt

$$f(T_1, T_2) = \frac{f(T_1, T_0)}{f(T_2, T_0)}. \quad (1.85)$$

Da die Zwischentemperatur T_0 beliebig gewählt wurde und als Bezugspunkt einer Temperaturskala dienen kann, kürzen wir $f(T, T_0) = \bar{f}(T)$ ab. Zusammen mit (1.84) können wir dann das Verhältnis der Wärmemengen (1.82) in der Form

$$\frac{\Delta Q_1}{\Delta Q_2} = \frac{\bar{f}(T_1)}{\bar{f}(T_2)} \quad (1.86)$$

schreiben. Die Funktion $\bar{f}(T)$ muss zudem streng monoton wachsen, damit die aufgenommenen oder abgegebenen Wärmen mit der Temperatur anwachsen.

Es liegt nun nahe, diese streng monotone Funktion der Temperatur, $\bar{f}(T)$, der Einfachheit halber als den Zahlenwert einer neuen Temperaturskala zu verwenden und sie, versehen mit einer geeigneten Einheit, mit der Temperatur selbst zu identifizieren. Als Einheit liegt die Referenztemperatur T_0 nahe. Wir definieren dementsprechend $T = \bar{f}(T)T_0$ als die neue, absolute Temperaturskala, die uns die Diskussion von Kreisprozessen nahelegt. Aufgrund von (1.86) würde dann die Wärmemenge, die ein physikalisches System aus einem Reservoir der Temperatur T entnehmen oder daran abgeben kann, proportional zur Temperatur selbst werden:

$$\frac{\Delta Q_1}{\Delta Q_2} = \frac{T_1}{T_2}. \quad (1.87)$$

Für ein ideales Gas stellt es sich als durchaus sinnvoll heraus, die Funktion $\bar{f}(T)T_0$ mit der Temperatur T zu identifizieren. Wir haben in Abschn. 1.6 gesehen, dass die Arbeit, die unter isothermen, adiabatischen oder polytropen Bedingungen von oder an einem idealen Gas verrichtet wird, proportional zur absoluten Temperatur ist. Unter isothermen Bedingungen, unter denen sich die innere Energie des idealen Gases nicht verändert, muss dann aufgrund des ersten Hauptsatzes auch die Wärme proportional zur Temperatur sein.

Unter allgemeinen Zustandsänderungen müsste dann auch die innere Energie proportional zur Temperatur sein. Für das ideale Gas würde dies wegen (1.48) und (1.51) bedeuten, dass seine Wärmekapazitäten bei konstantem Volumen ebenso wie bei konstantem Druck unabhängig von der Temperatur sein müssten. Wir werden später eine überzeugende theoretische Begründung dafür finden.

Aufgrund dieser Überlegungen identifizieren wir abschließend die Funktion $\bar{f}(T)T_0$ mit einer neuen Temperaturskala T und erwarten aufgrund der Verhältnisse beim idealen Gas, dass diese Temperatur mit der absoluten Temperatur gleichgesetzt werden kann, die bereits in Abschn. 1.5 eingeführt wurde.

Wirkungsgrad des Carnot'schen Kreisprozesses

Aus (1.77) schließen wir auf die Gleichung

$$\eta_c = 1 - \frac{T_2}{T_1} \quad (1.88)$$

für den Wirkungsgrad der Carnot-Maschine.

Er kann nur dann gleich eins werden, wenn das kalte Reservoir die Temperatur $T_2 = 0\,\text{K}$ oder $\vartheta_2 = -273{,}15\,°\text{C}$ hat. Bringen wir (1.87) in die Form $\Delta Q_1/T_1 = \Delta Q_2/T_2$, sehen wir, dass bei einem Carnot'schen Kreisprozess gleich große Beträge der Größe $\Delta Q/T$ aufgenommen und freigesetzt werden. Darauf kommen wir später in diesem Abschnitt zurück.

Wirkungsgrad einer Dampfmaschine

Der Wirkungsgrad η_c ist der maximale mögliche theoretische Wirkungsgrad. Er kann nur dann erreicht werden, wenn alle möglichen Teilprozesse reversibel ablaufen. In der Praxis ist der Wirkungsgrad η stets (viel) kleiner als η_c. Als Beispiel betrachten wir eine Dampfmaschine, deren heißes Reservoir $100\,°\text{C}$ und deren kaltes Reservoir $20\,°\text{C}$ hat. Ihr Wirkungsgrad kann maximal $\eta_c = 1 - 293/373 = 0{,}214$ sein. Eine Verbesserung ist durch eine Druckerhöhung im heißen Behälter möglich, weil dann die Siedetemperatur des Wassers höher liegt. Bei einem Druck von 10 bar beträgt sie etwa $T_{\text{Siede}} = 180\,°\text{C}$. Bei dieser Temperatur des heißen Reservoirs steigt der Wirkungsgrad auf $\eta_c = 0{,}35$. Moderne Verbrennungsmotoren erreichen Wirkungsgrade zwischen 0,35 und 0,5. ◂

Kreisprozesse mit idealem Gas: Absolute Temperaturskala und Entropie

Wir betrachten nun den Carnot'schen Kreisprozess im Detail am konkreten Beispiel eines idealen Gases.

Carnot'scher Kreisprozess mit idealem Gas

Da die innere Energie eines idealen Gases nur von der Temperatur abhängt, ist sie während eines isothermen Prozesses konstant. Wie wir zum Abschluss des Kastens „Vertiefung: Einige Eigenschaften idealer Gase" in Abschn. 1.6 gezeigt haben, wird dann die Wärmemenge

$$\Delta Q = \Delta W = \int_{V_1}^{V_2} P\,dV = nRT \ln \frac{V_2}{V_1} \quad (1.89)$$

aufgenommen.

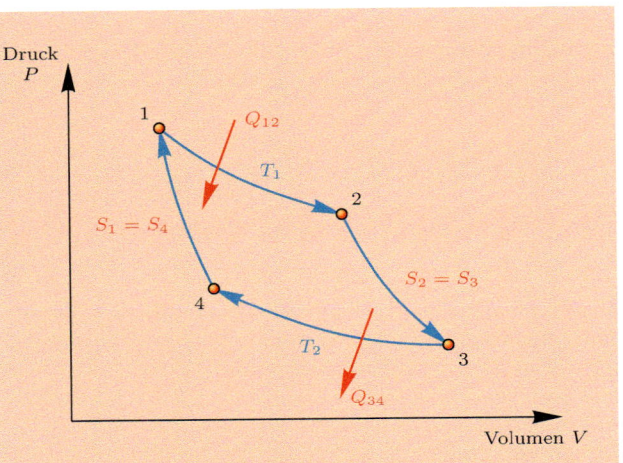

Abb. 1.19 Der Carnot'sche Kreisprozess im Detail. Die *beiden roten Pfeile* sollen andeuten, dass im oberen Teil Wärme in die Maschine fließt, im unteren wieder heraus. Die von den Kurvenstücken umschlossene Fläche ist ein Maß für die verrichtete Arbeit

Für den in Abb. 1.19 gezeigten Kreisprozess betragen demnach die zu- und abgeführten Wärmen

$$\Delta Q_{12} = nRT_1 \ln \frac{V_2}{V_1} \quad \text{und}$$
$$\Delta Q_{34} = nRT_2 \ln \frac{V_3}{V_4}. \quad (1.90)$$

Da die Zustandspaare 2 und 3 mit den Volumina V_2 und V_3 bzw. 4 und 1 mit den Volumina V_4 und V_1 jeweils auf Adiabaten liegen, gilt zudem aufgrund von (1.57)

$$T_1 V_1^{\gamma-1} = T_2 V_4^{\gamma-1} \quad \text{und} \quad T_1 V_2^{\gamma-1} = T_2 V_3^{\gamma-1}. \quad (1.91)$$

Daraus ergeben sich die Verhältnisse

$$\frac{V_2}{V_1} = \frac{V_3}{V_4} \quad (1.92)$$

der Volumina. Setzen wir diese Volumenverhältnisse in die beiden Gln. (1.90) ein und dividieren die erste durch die zweite Gleichung, kürzen sich die Logarithmen heraus, sodass wir

$$\frac{\Delta Q_{12}}{\Delta Q_{34}} = \frac{T_1}{T_2} \quad (1.93)$$

erhalten. Dies entspricht gerade der Beziehung (1.87) zwischen den aufgenommenen und abgegebenen Wärmen und den Temperaturen, bei denen sie aufgenommen oder abgegeben werden. Dieses Ergebnis bekräftigt nochmals, dass die Definition der absoluten Temperatur, die wir aus dem Carnot'schen Kreisprozess abgeleitet haben, mit derjenigen übereinstimmt, die wir aus den gemessenen Eigenschaften des idealen Gases abgeleitet hatten.

◂

Nun gehen wir zu einer allgemeineren reversiblen Zustandsänderung des idealen Gases über. Der erste Hauptsatz und die Zustandsgleichung führen auf

$$\delta Q_{\text{rev}} = dU + PdV = nc_V^{\text{mol}} dT + nRT \frac{dV}{V}. \quad (1.94)$$

Da wir bereits festgestellt haben, dass die innere Energie des idealen Gases nicht vom Volumen abhängt, aber proportional zur Temperatur ist, können wir die Wärmekapazität c_V^{mol} bei konstantem Volumen als unabhängig sowohl von der Temperatur als auch vom Volumen ansehen. Indem wir (1.94) durch die Temperatur T dividieren, erhalten wir

$$\frac{\delta Q_{\text{rev}}}{T} = X(T)dT + Y(V)dV. \quad (1.95)$$

Im Gegensatz zu δQ_{rev} ist dies ein vollständiges Differenzial, da X unabhängig von V und Y unabhängig von T sind. Wie jedes vollständige Differenzial definiert $\delta Q_{\text{rev}}/T$ eine Zustandsgröße, die wir durch Integration des Differenzials von einem Ausgangszustand Z_0 zu einem Endzustand Z gewinnen:

$$S(Z) - S(Z_0) = \int_{Z_0}^{Z} \frac{\delta Q_{\text{rev}}}{T} \equiv \int_{Z_0}^{Z} dS. \quad (1.96)$$

Wenn der Prozess reversibel geführt wird, ist das Wegintegral davon unabhängig, auf welchem Weg wir vom Anfangs- zum Endzustand gelangen. Bis auf eine Integrationskonstante kann S demnach nur von den unabhängigen Zustandsgrößen abhängen, die den Zustand Z definieren. Die neue Zustandsgröße S, die hier anhand der Eigenschaften eines idealen Gases definiert wurde, bezeichnen wir mit Rudolf Clausius als *Entropie*. Dieses ans Griechische angelehnte Kunstwort bedeutet „Verwandelbarkeit", „Umlauf" oder „Wendung".

Entropie eines idealen Gases

Insbesondere für ein ideales Gas mit festgehaltener Teilchenzahl N besteht aufgrund von (1.94) der Zusammenhang

$$S(T, V) = nc_V^{\text{mol}} \ln \frac{T}{T_0} + nR \ln \frac{V}{V_0} + S_0 \quad (1.97)$$

zwischen den unabhängigen Zustandsgrößen (T, V) und der Entropie S, wobei $S_0 = S(T_0, V_0)$ abgekürzt wurde.

Im Allgemeinen, namentlich wenn das Arbeitsmedium kein ideales Gas ist, muss bei der Integration von (1.96) in Betracht gezogen werden, dass die Wärmekapazität c_V^{mol} von der Temperatur abhängen kann.

Bei adiabatischen und reversiblen Zustandsänderungen bleibt die Entropie konstant, denn dafür gilt gerade $\delta Q_{\text{rev}} = 0$. In solchen Fällen muss eine mögliche Temperaturänderung gerade durch eine entsprechende Volumenänderung kompensiert werden. Für ein ideales Gas ergibt (1.97) dann

$$c_V^{\mathrm{mol}} \ln \frac{T}{T_0} = -R \ln \frac{V}{V_0}. \qquad (1.98)$$

Wenn sich ein ideales Gas adiabatisch ausdehnen soll, muss es sich daher entsprechend abkühlen. Bei konstantem Volumen oder bei konstanter Temperatur steigt die Entropie logarithmisch mit der Temperatur oder dem Volumen an.

Frage 7

Rechnen Sie explizit nach, dass bei einer adiabatischen Expansion eines idealen Gases, für die wir $TV^{\gamma-1} = \text{const}$ gezeigt haben, die Entropie unverändert bleibt.

Achtung Wir betonen nochmals, dass wir bei der Herleitung von (1.97) vorausgesetzt haben, dass die Wärmekapazität bei konstantem Volumen temperaturunabhängig sei. In den meisten nichtidealen Systemen verringert sich die Wärmekapazität eines Körpers bei Erniedrigung der Temperatur, was sich besonders bei tiefen Temperaturen bemerkbar macht. Eine genauere Theorie der Wärmekapazitäten bei tiefen Temperaturen muss Quanteneffekte berücksichtigen, die in Abschn. 5.7 besprochen werden. ◂

Spezielle reversible Kreisprozesse

Bei Kreisprozessen kann das Arbeitsmedium entweder in einem geschlossenem System zirkulieren (geschlossener Kreisprozess) oder ein offenes System durchströmen. Bei einem offenen Prozess wird das Arbeitsmedium nach einem oder mehreren Teilprozessen ausgestoßen. Dieses „Ausstoßen" können wir als Wärmeabgabe an die Umgebung betrachten, die dann die Rolle eines Wärmereservoirs übernimmt. Für den kontinuierlichen Betrieb muss im Kreisprozess genauso viel Stoff aufgenommen werden wie abgegeben wurde.

Im P-V-Diagramm rechts- oder im Uhrzeigersinn laufende Prozesse beschreiben *Wärmekraftmaschinen*, während links- oder gegen den Uhrzeigersinn laufende Prozesse *Kältemaschinen* oder *Wärmepumpen* beschreiben. Bei einer Wärmepumpe wird unter Arbeitszufuhr Wärme von einem niedrigeren zu einem höheren Temperaturniveau gepumpt. Die auf dem hohen Temperaturniveau anfallende Wärme kann z. B. zum Heizen genutzt werden (Wärmepumpenheizung). Bei der Kältemaschine wird die Abkühlung des Kältemittels benutzt, um ein anderes Fluid abzukühlen. Für den Wärmekraftprozess ist die abgegebene Arbeit der Nutzen und die zugeführte Wärme der Aufwand. Für eine Kältemaschine ist die zugeführte Arbeit der Aufwand und die dem kalten Reservoir entzogene Wärme der Nutzen. Bei der Wärmepumpe ist die dem wärmeren Reservoir zugeführte Wärme der Nutzen.

Bei der nun folgenden Diskussion verschiedener spezieller Realisierungen von Kreisprozessen nehmen wir ein ideales Gas als Arbeitsmedium an.

Den **Carnot'schen Kreisprozess** haben wir wegen seiner historischen und konzeptionellen Bedeutung bereits im Detail besprochen, sodass wir hier nur noch einmal seine wichtigsten Eigenschaften zusammenfassen. Der Carnot'sche Kreisprozess ist als theoretischer Vergleichsprozess von großer Bedeutung und gibt Aufschluss über die Güte anderer Prozesse, die bei denselben Temperaturen der jeweiligen heißen und kalten Wärmereservoire ablaufen. In seinen vier Teilschritten, die im P-V-Diagramm in Abb. 1.19 dargestellt wurden, treten die folgenden Arbeitsbeträge auf:

- $1 \to 2$: isotherme Expansion,
  $\Delta W_{12} = \Delta Q_{12} = nRT_1 \ln V_2/V_1$,
- $2 \to 3$: adiabatische Expansion,
  $\Delta W_{23} = -nc_V^{\mathrm{mol}}(T_2 - T_1)$,
- $3 \to 4$: isotherme Kompression,
  $\Delta W_{34} = \Delta Q_{34} = nRT_2 \ln V_4/V_3$,
- $4 \to 1$: adiabatische Kompression,
  $\Delta W_{41} = -nc_V^{\mathrm{mol}}(T_1 - T_2)$.

Wir hatten unter (1.91) und (1.92) gesehen, dass aus dem Adiabatengesetz $PV^\gamma = \text{const}$ die Beziehung $V_4/V_3 = V_1/V_2$ zwischen den Volumina folgt, sodass die vom Medium verrichtete Arbeit gleich

$$\begin{aligned}\Delta W &= \Delta W_{12} + \Delta W_{23} + \Delta W_{34} + \Delta W_{41} \\ &= nR(T_1 - T_2) \ln \frac{V_2}{V_1}\end{aligned} \qquad (1.99)$$

ist. Daraus ergibt sich direkt der schon aus (1.88) bekannte Wirkungsgrad:

$$\eta_{\mathrm{c}} = \frac{\Delta W}{\Delta Q_{12}} = 1 - \frac{T_2}{T_1}. \qquad (1.100)$$

Der hier beschriebene rechtslaufende Prozess beschreibt eine ideale Wärmekraftmaschine, während der linkslaufende Prozess eine ideale Wärmepumpe bzw. eine ideale Kältemaschine darstellt. Für die Kältemaschine ist die Leistungszahl durch

$$\varepsilon_{\mathrm{K}} = \frac{\Delta Q_{43}}{\Delta W} = \frac{T_2}{T_1 - T_2} \qquad (1.101)$$

definiert, wobei für den linkslaufenden Prozess $\Delta Q_{43} = -\Delta Q_{34}$ ist und ΔW das Vorzeichen umkehrt. Für die Wärmepumpe ist

$$\varepsilon_{\mathrm{W}} = \frac{\Delta Q_{21}}{\Delta W} = \frac{T_1}{T_1 - T_2}. \qquad (1.102)$$

Joule'scher oder Brayton'scher Kreisprozess Der Joule'sche oder Brayton'sche Kreisprozess (benannt nach dem amerikanischen Maschinenbauingenieur *George Brayton*, 1830–1892; Abb. 1.20) ist ein rechtslaufender Prozess und dient als Vergleichsprozess für die in Gasturbinen und Strahltriebwerken

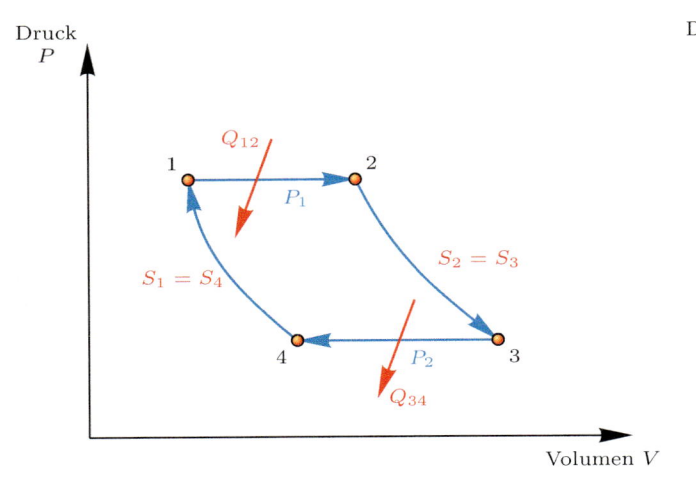

Abb. 1.20 Joule'scher Kreisprozess, zusammengesetzt aus zwei adiabatischen und zwei isobaren Vorgängen

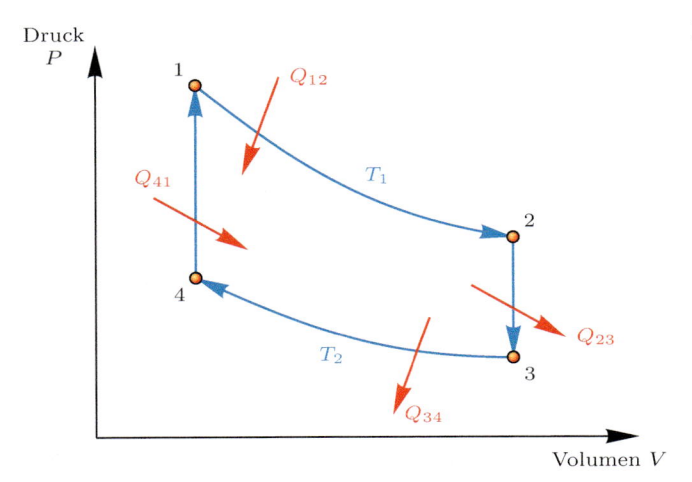

Abb. 1.21 Stirling'scher Kreisprozess. Zwei isochore und zwei isotherme Vorgänge wechseln sich ab

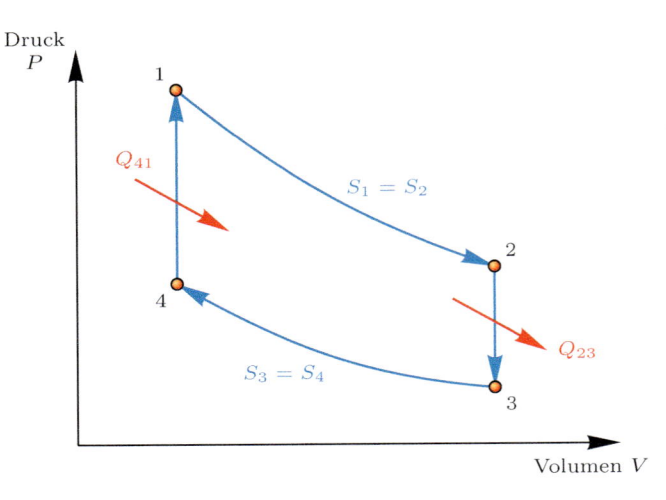

Abb. 1.22 Otto-Kreisprozess. Hier werden die beiden isothermen Vorgänge des Stirling-Prozesses durch zwei isentrope Vorgänge ersetzt

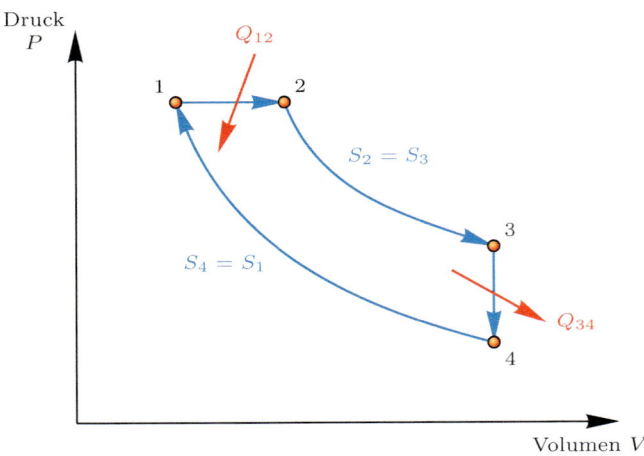

Abb. 1.23 Diesel-Kreisprozess. Zwei isentrope Vorgänge werden durch einen isobaren und einen isochoren Vorgang miteinander verbunden

ablaufenden Vorgänge. Er besteht aus zwei isentropen und zwei isobaren Teilprozessen.

Der Begriff der Isentrope, den wir hier anstelle der Adiabate verwenden, muss noch präzisiert werden. Im Fall reversibel verlaufender Prozesse sind adiabatisch und isentrop tatsächlich synonym zu gebrauchen. Bei irreversiblen Prozessen gilt dies jedoch nicht mehr, sodass dann zwischen adiabatisch im Sinn von „ohne Wärmeaustausch" und isentrop im Sinn von „bei unveränderter Entropie" unterschieden werden muss.

Stirling'scher Kreisprozess Der Stirling'sche Kreisprozess (P-V-Diagramm in Abb. 1.21) beschreibt einen Heißgasmotor, bei dem ein Gas innerhalb eines Zylinders einen Kreisprozess durchläuft. Der schottische Pastor und Ingenieur *Robert Stirling* (1790–1878) meldete 1816 ein Patent für einen Heißluftmotor an, lange vor der Erfindung des Otto- oder des Dieselmotors.

Der Prozess besteht aus zwei Isothermen und zwei Isochoren. Das Eröffnungsbild dieses Kapitels zeigt einen solchen Stirling-Motor.

Otto'scher Kreisprozess Beim Otto'schen Kreisprozess (benannt nach dem Kaufmann und autodidaktischen Erfinder *Nicolaus August Otto*, 1832–1891) läuft der in Abb. 1.22 dargestellte Verbrennungsvorgang so schnell ab, dass die gesamte Wärmezufuhr als isochor beschrieben wird. Er ist daher der Vergleichsprozess für Verbrennungsmotoren. Das Ausstoßen der Abgase wird als isochore Wärmeabgabe idealisiert. Der Prozess besteht aus zwei Isentropen und zwei Isochoren.

Diesel'scher Kreisprozess Beim Diesel'schen Kreisprozess (Gleichraumverbrennung; benannt nach dem Ingenieur *Rudolf Diesel*, 1858–1913; Abb. 1.23) wird der Brennstoff nach der adiabatisch-reversiblen Verdichtung eingespritzt und dabei eine

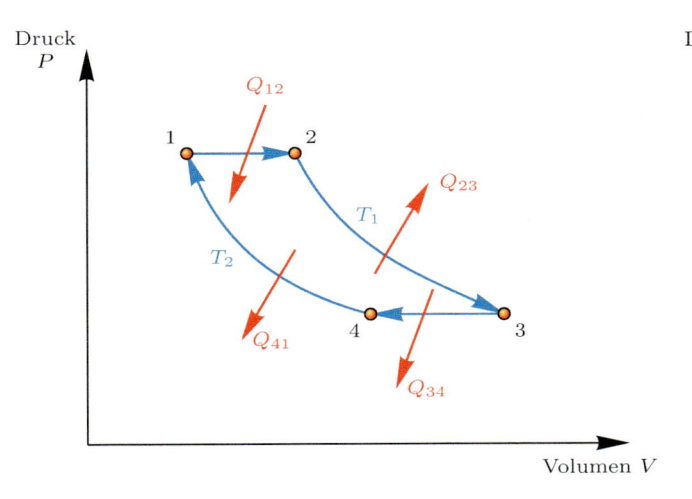

Abb. 1.24 Ericsson-Kreisprozess. Zwei isobare verbinden zwei isothermen Vorgänge

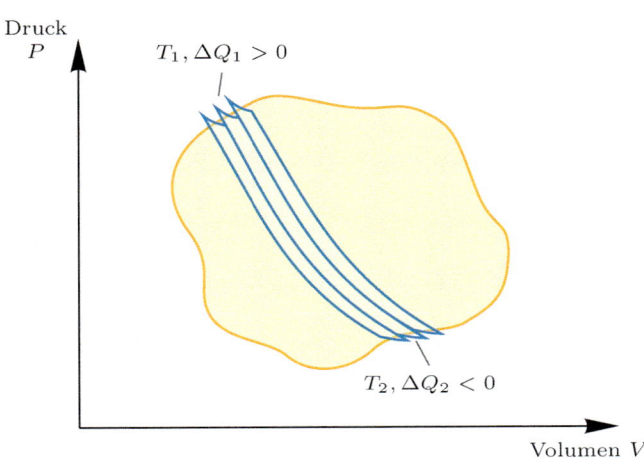

Abb. 1.25 Ein P-V-Diagramm eines beliebigen, reversiblen Kreisprozesses, der in unendlich viele infinitesimale Carnot-Prozesse von der Art des hier gezeigten zerlegt wird

Gleichdruckverbrennung erreicht. Die Wärmezufuhr erfolgt also isobar. Nach der adiabatisch-reversiblen und daher isentropen Entspannung wird der Ausstoß der Gase als isochore Wärmeabgabe behandelt.

Ericsson'scher Kreisprozess Der Ericsson'sche Kreisprozess (entworfen von dem schwedischen Ingenieur und Erfinder *Johan Ericsson*, 1803–1889; Abb. 1.24) wurde ursprünglich für Heißluftmotoren vorgeschlagen und dient auch als Vergleichsprozess für Gasturbinenanlagen mit regenerativem Wärmeaustausch. Beim Ericsson'schen Kreisprozess führen die Abgase der Turbine mittels eines Wärmeüberträgers dem einströmenden, verdichteten Arbeitsmedium isobar Wärme zu.

Weitere Kreisprozesse Neben den soeben vorgestellten Prozessen gibt es z. B. den *Seilinger-Kreisprozess*. Er ist der Vergleichsprozess für Verbrennungsmotoren, da er die realen Vorgänge sehr gut annähert. Er beschreibt dabei den Otto- und Diesel-Prozess als Grenzfälle. Des Weiteren ist es unter Umständen angebracht (z. B. wenn das Arbeitsmedium die Phasen wechselt), das Arbeitsmedium als realen Stoff, also mit einer nichtidealen Zustandsgleichung, zu beschreiben. Näheres dazu findet man in einschlägigen Werken über technische Thermodynamik (z. B. Baehr & Kabelac 2006; Cerbe & Wilhelms 2005; Herwig & Kautz 2007).

Beliebige reversible Kreisprozesse

Wir betrachten nun einen beliebigen, aber nach wie vor reversiblen Kreisprozess und stellen diesen in der P-V-Ebene durch eine beliebige geschlossene Kurve dar, wie sie in Abb. 1.25 gezeigt wird. Wir zerlegen dergestalt den Kreisprozess in beliebig viele, beliebig schmale Carnot'sche Kreisprozesse, dass die stetige Kurve des vollständigen, reversiblen Kreisprozesses in eine Folge von beliebig kleinen Zacken mit abwechselnd isothermen und adiabatischen Seiten übergeht.

Wir lösen uns zudem vom idealen Gas als Arbeitsstoff und betrachten ein sehr kleines Carnot-Diagramm mit endlicher Temperaturdifferenz $\Delta T = T_1 - T_2$, aber mit infinitesimal kleinen zu- und abgeführten Wärmen δQ_1 und δQ_2, für die aufgrund unseres vorherigen Befunds (1.87)

$$\frac{\delta Q_1}{T_1} = \frac{\delta Q_2}{T_2} \tag{1.103}$$

gelten möge.

Wir nähern die Integration von $\Delta Q_{\text{rev}}/T$ entlang der geschlossenen Kurve durch die Summe der Beiträge der sehr vielen schmalen Carnot-Prozesse an. Dies führt auf

$$\oint \frac{\delta Q_{\text{rev}}}{T} = 0 \tag{1.104}$$

für jeden Kreisprozess oder für jeden geschlossenen Weg im P-V-Diagramm. (1.104) ist notwendig und hinreichend dafür, dass

$$dS = \frac{\delta Q_{\text{rev}}}{T} \tag{1.105}$$

ein vollständiges Differenzial ist, sofern die Wärmemenge wie durch δQ_{rev} angegeben in reversibler Weise zugeführt oder entnommen wird.

Entropiebilanz bei reversiblen Kreisprozessen

Für einen reversibel geführten Kreisprozess ist also die Summe aus aufgenommener und abgegebener Entropie

Übersicht: Prozessgrößen und Wirkungsgrade einiger Kreisprozesse

Joule'scher Kreisprozess Wechsel von isobaren und adiabatischen Teilprozessen (siehe Abb. 1.20):

- $1 \to 2$: isobare Wärmezufuhr,
  $\Delta Q_{12} = nc_P^{\text{mol}}(T_2 - T_1)$, $\quad \Delta W_{12} = nR(T_2 - T_1)$,
- $2 \to 3$: adiabatische Expansion,
  $\Delta W_{23} = -nc_V^{\text{mol}}(T_3 - T_2)$,
- $3 \to 4$: isobare Wärmeabfuhr,
  $\Delta Q_{34} = nc_P^{\text{mol}}(T_4 - T_3)$, $\quad \Delta W_{34} = nR(T_4 - T_3)$,
- $4 \to 1$: adiabatische Kompression,
  $\Delta W_{41} = -nc_V^{\text{mol}}(T_1 - T_4)$,
- Volumenarbeit:
  $\Delta W = nc_P^{\text{mol}}(T_1 - T_2 + T_3 - T_4)$,
- Wirkungsgrad:
  $\eta = \Delta W/\Delta Q_{12} = 1 - (T_3 - T_4)/(T_2 - T_1)$.

Stirling'scher Kreisprozess Wechsel von isothermen und isochoren Teilprozessen (siehe Abb. 1.21):

- $1 \to 2$: isotherme Expansion,
  $\Delta W_{12} = \Delta Q_{12} = nRT_1 \ln V_2/V_1$,
- $2 \to 3$: isochore Abkühlung,
  $\Delta Q_{23} = nc_V^{\text{mol}}(T_2 - T_1)$,
- $3 \to 4$: isotherme Kompression,
  $\Delta W_{34} = \Delta Q_{34} = nRT_2 \ln V_4/V_3 = nRT_2 \ln V_1/V_2$,
- $4 \to 1$: isochore Erwärmung,
  $\Delta Q_{41} = nc_V^{\text{mol}}(T_1 - T_2)$,
- Volumenarbeit:
  $\Delta W = nR(T_1 - T_2)\ln(V_2/V_1)$,
- Wirkungsgrad:
  $\eta = \Delta W/\Delta Q_{12} = 1 - T_2/T_1$.

Otto-Kreisprozess Wechsel von adiabatischen und isochoren Teilprozessen (siehe Abb. 1.22):

- $1 \to 2$: adiabatische Expansion,
  $\Delta W_{12} = -nc_V^{\text{mol}}(T_2 - T_1)$,
- $2 \to 3$: isochore Druckminderung,
  $\Delta Q_{23} = nc_V^{\text{mol}}(T_3 - T_2)$,
- $3 \to 4$: adiabatische Kompression,
  $\Delta W_{34} = -nc_V^{\text{mol}}(T_4 - T_3)$,
- $4 \to 1$: isochore Druckerhöhung,
  $\Delta Q_{41} = nc_V^{\text{mol}}(T_1 - T_4)$,
- Volumenarbeit:
  $\Delta W = nc_V^{\text{mol}}(T_1 - T_2 + T_3 - T_4)$,
- Wirkungsgrad:
  $\eta = \Delta W/\Delta Q_{41} = 1 - (T_2 - T_3)/(T_1 - T_4)$.

Diesel-Kreisprozess Zwei adiabatische Teilprozesse im Wechsel mit einem isobaren und einem isochoren Prozess (siehe Abb. 1.23):

- $1 \to 2$: isobare Expansion,
  $\Delta Q_{12} = nc_P^{\text{mol}}(T_2 - T_1)$, $\quad \Delta W_{12} = nR(T_2 - T_1)$,
- $2 \to 3$: adiabatische Expansion,
  $\Delta W_{23} = -nc_V^{\text{mol}}(T_3 - T_2)$,
- $3 \to 4$: isochore Druckminderung,
  $\Delta Q_{34} = nc_V^{\text{mol}}(T_4 - T_3)$,
- $4 \to 1$: adiabatische Kompression,
  $\Delta W_{41} = -nc_V^{\text{mol}}(T_1 - T_4)$,
- Volumenarbeit:
  $\Delta W = nc_P^{\text{mol}}(T_2 - T_1) + nc_V^{\text{mol}}(T_4 - T_3)$,
- Wirkungsgrad:
  $\eta = \Delta W/\Delta Q_{12} = 1 - (T_3 - T_4)/[\gamma(T_2 - T_1)]$.

Ericsson-Kreisprozess Wechsel von isothermen und isobaren Teilprozessen (siehe Abb. 1.24):

- $1 \to 2$: isobare Expansion,
  $\Delta Q_{12} = nc_P^{\text{mol}}(T_1 - T_2)$, $\quad \Delta W_{12} = nR(T_1 - T_2)$,
- $2 \to 3$: isotherme Expansion,
  $\Delta W_{23} = \Delta Q_{23} = nRT_1 \ln V_3/V_2 = nRT_1 \ln P_1/P_2$,
- $3 \to 4$: isobare Kompression,
  $\Delta Q_{34} = nc_P^{\text{mol}}(T_2 - T_1)$, $\quad \Delta W_{34} = nR(T_2 - T_1)$,
- $4 \to 1$: isotherme Kompression,
  $\Delta W_{41} = \Delta Q_{41} = nRT_2 \ln V_1/V_4 = nRT_2 \ln P_2/P_1$,
- Volumenarbeit:
  $\Delta W = nR(T_1 - T_2)\ln(P_1/P_2)$,
- Wirkungsgrad:
  $\eta = \Delta W/\Delta Q_{23} = 1 - T_2/T_1$.

Frage 8

Verwenden Sie die für isotherme bzw. adiabatische Zustandsänderungen gültigen Beziehungen $PV = \text{const}$ und $TV^{\gamma-1} = \text{const}$, um die Beziehung $T_3/T_2 = T_4/T_1$ herzuleiten. Vereinfachen Sie damit die Wirkungsgrade des Joule'schen, des Otto- und des Diesel-Kreisprozesses.

---

immer gleich null:

$$\oint dS = 0. \qquad (1.106)$$

Der Faktor $1/T$ in $dS = \delta Q_{\text{rev}}/T$ erweist sich damit für beliebige Arbeitsmedien als ein sogenannter *integrierender Faktor*. Im Kasten „Vertiefung: Vollständige und unvollständige Differenziale" in Abschn. 1.3 wird die Existenz eines integrierenden Faktors etwas näher beleuchtet und eine Bestimmungsgleichung für ihn angegeben. Für $\omega = \delta Q_{\text{rev}}$ ist der integrierende Faktor gerade die inverse ideale Gastemperatur.

Die Zustandsgröße S, die Entropie, gibt Auskunft über die maximal aus einem System gewinnbare mechanische Arbeit: Gemäß $\delta Q_2 = T_2 \mathrm{d}S$ ist die wieder an das kältere Reservoir abzugebende Wärme umso kleiner, je kleiner $\mathrm{d}S$ ist.

> **Arbeit und Entropie**
>
> Bei festgehaltener aufgenommener Wärmemenge ΔQ_1 ist daher der Anteil von ΔQ_1, der in Arbeit umgewandelt werden kann, umso größer, je kleiner der Betrag $|\Delta S|$ der Entropie ist, der während eines Umlaufs zunächst von der Wärmekraftmaschine aufgenommen und dann wieder abgegeben wird.

Da die Entropie als Zustandsgröße unabhängig von dem Weg sein muss, über den ein System in einen Zustand gelangt ist, muss es erlaubt sein, Entropieunterschiede entlang beliebiger reversibler Zustandsänderungen zu berechnen.

> **Entropieunterschied**
>
> Man berechnet den Unterschied der Entropien zweier beliebiger Zustände Z_1 und Z_2 durch
>
> $$S(Z_2) - S(Z_1) = \int_{Z_1}^{Z_2} \frac{\delta Q_{\text{rev}}}{T}. \qquad (1.107)$$

Die auszuführende Integration hat im Allgemeinen nichts damit zu tun, wie das System in Wirklichkeit von Z_1 nach Z_2 gelangt. Die wirklichen Prozesse sind immer mehr oder weniger irreversibel. Unsere Vorschrift (1.107) setzt dagegen einen hinzugedachten und beliebigen Ersatzprozess voraus, der auf reversible Weise von Z_1 nach Z_2 gelangt. Wie dieser Ersatzprozess ausgeführt wird, muss gleichgültig sein, da $\mathrm{d}S$ ein vollständiges Differenzial ist. Die Entropiedifferenz kann nicht von dem Weg abhängen, der von Z_1 nach Z_2 führt! Entropieänderungen können daher unabhängig vom wahren Prozessverlauf anhand geschickt gewählter reversibler Ersatzprozesse bestimmt werden.

Achtung Für ein abgeschlossenes System ist die innere Energie konstant, sodass $\delta W = \delta Q$ gilt. Falls keine Wärme zu- oder abgeführt wird, braucht die Entropie aber trotz $\delta Q = 0$ nicht konstant zu sein, da irreversible Wechselwirkungen zwischen Teilen des Systems möglich sind. ◂

So nimmt beim Versuch von Gay-Lussac, der in Abb. 1.12 dargestellt ist, die Entropie eines idealen Gases zu, obwohl das System weder Arbeit noch Wärme mit der Umgebung austauscht. Da die Überströmung von V_1 nach $V_2 > V_1$ adiabatisch geschieht, ist $\delta Q = 0$, sodass für den wirklichen Verlauf

$$\int_{Z_1}^{Z_2} \frac{\delta Q}{T} = 0 \qquad (1.108)$$

gelten muss – unabhängig davon, wie der Integrand während des schnellen, turbulenten Übergangs variiert! Führen wir dagegen einen *reversiblen Ersatzprozess* längs einer Isotherme, denn Anfangs- und Endzustände haben beim Überströmen dieselbe Temperatur, dann nimmt gemäß (1.97) die Entropie proportional zum Logarithmus der relativen Volumenvergrößerung beim Überströmen zu:

$$\Delta S = nR \ln \frac{V_2}{V_1}. \qquad (1.109)$$

> **Entropie in abgeschlossenen Systemen**
>
> Die Entropie eines abgeschlossenen Systems ist nur für *reversibel geführte Prozesse* konstant.

Besteht ein *inhomogenes System* aus mehreren homogenen Teilsystemen, dann ist für jedes Teilsystem

$$\mathrm{d}S_i = \frac{\delta Q_{\text{rev},i}}{T_i} \qquad (1.110)$$

ein vollständiges Differenzial, wenn T_i die absolute Temperatur des i-ten Teilsystems und $\delta Q_{\text{rev},i}$ die Wärme ist, die das i-te Teilsystem mit der Umgebung oder den anderen Teilsystemen auf reversible Weise austauscht. Die Summe der Differenziale

$$\mathrm{d}S = \sum_i \mathrm{d}S_i = \sum_i \frac{\delta Q_{\text{rev},i}}{T_i} \qquad (1.111)$$

ist ebenfalls wieder ein vollständiges Differenzial.

Frage 9

Warum brauchen die Wärmeübergänge zwischen den homogenen Teilsystemen des Systems nicht berücksichtigt zu werden? Argumentieren Sie zunächst selbst und lesen Sie dann den folgenden Absatz.

Hier ist es wichtig einzusehen, dass die Wärmeübergänge *zwischen* den homogenen Teilsystemen des Systems nicht berücksichtigt werden müssen. Da diese Übergänge reversibel sein sollen, müssen sie zwischen Teilsystemen gleicher Temperatur stattfinden, denn jede Wärmeleitung wäre irreversibel. Dies wird in Abschn. 1.8 näher besprochen. Findet aber ein reversibler Wärmeaustausch zwischen den Teilsystemen i und j statt, dann trägt dieser bis auf ein Vorzeichen auf gleiche Weise zu $\Delta Q_{\text{rev},i}$ und $\Delta Q_{\text{rev},j}$ in (1.111) bei. Da $T_i = T_j$ gelten muss, kompensieren sich die Terme in der Summe (1.111). Somit brauchen wir in $\delta Q_{\text{rev},i}$ nur die dem i-ten Teilsystem von der Umgebung zugeführte Wärme zu berücksichtigen.

Haben alle Teilsysteme die gleiche Temperatur, dann vereinfacht sich (1.111) wieder zu

$$dS = \frac{1}{T}\sum_i \delta Q_{\text{rev},i} = \frac{\delta Q_{\text{rev}}}{T}.\quad (1.112)$$

Eine wichtige Eigenschaft der Entropie ist offensichtlich: Die Entropie eines homogenen, im thermischen Gleichgewicht befindlichen Systems wächst mit seiner Stoffmenge, denn die Wärmemenge ΔQ, die beim Übergang des Systems von einem beliebigen Ausgangszustand in den betrachteten Zustand in jedem Teilprozess verbraucht wird, ist proportional zu seiner Stoffmenge. Deshalb ist die Entropie eines Systems gleich der Summe der Entropien der Teilsysteme.

> **Extensivität der Entropie**
>
> Die Entropie ist eine extensive Zustandsgröße. Wie im „Mathematischen Hintergrund 1.1: Homogene Funktionen" erläutert wird, ist sie deswegen eine homogene Funktion vom Grad 1 in der Stoffmenge.

Bevor wir zur Diskussion irreversibler Prozesse übergehen, fassen wir hier das wichtigste Ergebnis dieses Abschnitts zusammen.

> **Der zweite Hauptsatz für reversible Prozesse**
>
> Für reversibel geführte Prozesse ist das Differenzial
>
> $$dS = \frac{\delta Q_{\text{rev}}}{T}\quad (1.113)$$
>
> vollständig. Es definiert eine Zustandsgröße S, die Entropie. Bei einem vollständigen Umlauf eines reversibel geführten Kreisprozesses ändert sich die Entropie nicht:
>
> $$\oint dS = \oint \frac{\delta Q_{\text{rev}}}{T} = 0.\quad (1.114)$$

1.8 Der zweite Hauptsatz (2. Teil)

Wir kommen nun zu einer weiteren zentralen und entscheidend wichtigen Funktion der Entropie. Zwar lässt sich die Entropie wie die Energie nicht vernichten. Im Gegensatz zur Energie können wir aber Entropie durch irreversible Prozesse *erzeugen*. Die Zunahme der Entropie für abgeschlossene Systeme ist der Gegenstand des zweiten Teiles des zweiten Hauptsatzes, den wir nun diskutieren. Die bei irreversiblen Prozessen erzeugte Entropie ist ein Maß für die Dissipation der Energie, d.h. für deren Umwandlung in innere, thermische Energie.

Irreversible Prozesse

Wir nehmen jetzt an, dass die *Kraftmaschine* $\mathcal{M}$ in Abb. 1.18 nicht umkehrbar, also *irreversibel* arbeitet. Dann können wir wieder wie vorher beweisen, dass $\eta > \eta'$ unmöglich ist, weil dann wieder Wärme vom kälteren ins wärmere Reservoir transportiert werden könnte. Da der Prozess nun jedoch nicht mehr umkehrbar ist, sind die Wirkungsgrade aber auch nicht mehr gleich. Stattdessen gilt

$$\eta < \eta'.\quad (1.115)$$

Der reversible Carnot'sche Kreisprozess hat einen größeren Wirkungsgrad als irgendein zwischen gleichen Temperaturen bei gleicher Leistung arbeitender irreversibler Carnot-Prozess. Letzterer verlangt mehr Wärme bei gleicher Arbeitsleistung, $\Delta Q_1 > \Delta Q_1'$. Wir folgern aus

$$\frac{T_2}{T_1} = \frac{\Delta Q_2'}{\Delta Q_1'} = 1 - \eta' < 1 - \eta = \frac{\Delta Q_2}{\Delta Q_1}\quad (1.116)$$

die Ungleichung $\Delta Q_1/T_1 < \Delta Q_2/T_2$, wobei ΔQ_1 die vom heißen Reservoir der Temperatur T_1 aufgenommene Wärme und ΔQ_2 die an das kalte Reservoir der Temperatur T_2 abgeführte Wärme ist, wie sie in Abb. 1.18 skizziert sind. Für ein sehr schmales Diagramm eines Carnot-Prozesses erhalten wir deshalb

$$\frac{\delta Q_1}{T_1} < \frac{\delta Q_2}{T_2}.\quad (1.117)$$

Auf dieselbe Weise wie bei der Diskussion der reversibel arbeitenden Kraftmaschine ergibt sich für einen teilweise irreversiblen Kreisprozess, wenn wir die abgegebene Wärmen δQ_2 negativ rechnen:

$$\oint \frac{\delta Q}{T} < 0.\quad (1.118)$$

Wir zerlegen den Kreisprozess in zwei Abschnitte $Z_0 \to Z$ und $Z \to Z_0$ und nehmen an, dass der zweite Abschnitt reversibel geführt wird. Dann ergibt sich

$$0 > \int_{Z_0}^{Z} \frac{\delta Q}{T} + \int_{Z}^{Z_0} \frac{\delta Q_{\text{rev}}}{T} = \int_{Z_0}^{Z} \frac{\delta Q}{T} + S(Z_0) - S(Z)\quad (1.119)$$

oder

$$S(Z) - S(Z_0) > \int_{Z_0}^{Z} \frac{\delta Q}{T}.\quad (1.120)$$

Diese Ungleichung gilt nun auch für ein beliebig zusammengesetztes System. Bei irreversiblen Prozessen $Z_1 \to Z_2$ in adiabatisch abgeschlossenen Systemen verschwindet das Integral, und entsprechend wächst die Entropie an:

$$S(Z) > S(Z_0).\quad (1.121)$$

> **Entropie bei irreversiblen Prozessen**
>
> Läuft in einem abgeschlossenen System ein Prozess adiabatisch ab, d. h. ohne Wärmeaustausch mit der Umgebung, so erhöht sich im irreversiblen Fall die Entropie und bleibt im reversiblen Fall erhalten.

Immer dann, wenn Energie dissipiert wird, wird zugleich Entropie erzeugt. Die Begründung dafür haben wir in Abschn. 1.7 gefunden: Je mehr Entropie bei einem Kreisprozess transportiert wird, umso geringer wird der Betrag der Arbeit, die durch die entsprechende Maschine verrichtet werden kann. Da alle Prozesse, die in der Natur von selbst ablaufen, mit Energiedissipation einhergehen, folgt daraus, dass die *Entropie die Richtung angibt*, in der Prozesse ablaufen, wenn wir ein System sich selbst überlassen.

Angelehnt daran hat der Mathematiker und theoretische Physiker *Arnold Sommerfeld* (1868–1951) die Natur mit einer Firma verglichen: Dem ersten Hauptsatz kommt dabei die Bedeutung der Buchhaltungsabteilung zu, während der zweite Hauptsatz den Vorstand bildet.

Entropiezunahme bei Wärmeleitung

Betrachten wir nun ein *abgeschlossenes System*, das aus zwei zunächst getrennten Behältern mit den Volumina V_1 und V_2 besteht. Beide Behälter mögen homogene Stoffe im thermischen Gleichgewicht bei den Temperaturen T_1 und $T_2 > T_1$ enthalten. Wir bringen nun die Behälter in thermischen Kontakt miteinander. Aufgrund der Wärmeleitung vom heißen zum kalten Behälter gehen die beiden Stoffmengen ohne Änderung ihres Volumens in einen neuen Gleichgewichtszustand über.

Zur Berechnung der Entropieänderung wird der tatsächliche, irreversibel verlaufende Vorgang in dem abgeschlossenen System, bei dem ja weder Wärme noch Arbeit mit der Umgebung ausgetauscht werden, durch einen reversiblen Prozess im geschlossenen System ersetzt.

Dies ist ein Beispiel dafür, wie die Entropieänderung als Änderung einer Zustandsgröße anhand eines reversiblen Ersatzprozesses berechnet werden kann. Nur der Anfangs- und der Endzustand eines Systems sind für die Entropieänderung maßgeblich, aber nicht, wie das System vom Anfangs- in den Endzustand gelangt.

Wir bezeichnen den Wert der Entropie des Gesamtsystems zu Beginn des Wärmeübergangs mit S_i und den Wert am Ende des Prozesses mit S_f. Nach dem Clausius'schen Postulat, das die Alltagserfahrung zum Prinzip erhebt, wird die Wärme vom wärmeren Reservoir auf das kältere übergehen, also von T_2 auf T_1.

Frage 10

Wie wäre ein reversibler Übergang der Wärme realisierbar? Überlegen Sie zunächst selbst und lesen Sie dann den folgenden Absatz.

Reversibel ist dies nur möglich, wenn der heiße Behälter durch thermischen Kontakt mit einer Folge von Wärmereservoiren mit abnehmender Temperatur und der kalte Behälter umgekehrt durch eine Folge von Wärmereservoiren mit steigender Temperatur thermisch aneinander angeglichen werden, bis sie beide die Mischungstemperatur erreichen.

Betrachten wir den ersten Schritt dieser Folge. Der heiße Behälter mit der Ausgangstemperatur T_2 wird mit einem Wärmereservoir der Temperatur $T_2 - dT$, der kalte Behälter mit der Ausgangstemperatur T_1 dagegen mit einem Wärmereservoir der Temperatur $T_1 + dT$ in Kontakt gebracht. Der Temperaturunterschied dT muss so klein gewählt werden, dass der Vorgang als reversibel betrachtet werden kann.

Dabei soll der heißere Stoff die Wärme δQ_rev abgeben und der kältere Stoff die Wärme δQ_rev aufnehmen. Dies entspricht einem reversiblen Übergang der Wärme δQ_rev vom heißeren zum kälteren Stoff. Damit haben wir den Beginn des irreversiblen Prozesses eines direkten Wärmeausgleichs durch den ersten Schritt eines reversiblen Prozesses ersetzt. Die Entropieänderung bei diesem Schritt ist jetzt berechenbar:

$$dS = dS_1 + dS_2 = \frac{\delta Q_\text{rev}}{T_1} - \frac{\delta Q_\text{rev}}{T_2}$$
$$= \frac{\delta Q_\text{rev}}{T_1 T_2}(T_2 - T_1) > 0. \tag{1.122}$$

Enthalten beide Behälter *ideale Gase*, dann können wir $S_f - S_i$ explizit berechnen. Da sich die innere Energie des Gesamtsystems bei der Wärmeleitung nicht ändert, stellt sich eine Endtemperatur ein, die sich aus den anteiligen Stoffmengen n_1 und n_2 in den beiden Behältern anhand von

$$T_f = \frac{n_1}{n} T_1 + \frac{n_2}{n} T_2, \quad n = n_1 + n_2 \tag{1.123}$$

berechnen lässt. Der Einfachheit halber nehmen wir in (1.123) an, dass die Wärmekapazitäten der beteiligten Gase gleich seien, und beziehen uns auf die Gleichung für die Mischungstemperatur, die im Beispielkasten „Mischungstemperatur" in Abschn. 1.4 hergeleitet wurde. Wegen (1.97) gilt dann

$$S_f - S_i = \int_i^f dS_1 + \int_i^f dS_2$$
$$= n_1 c_V^\text{mol} \ln \frac{T_f}{T_1} + n_2 c_V^\text{mol} \ln \frac{T_f}{T_2}. \tag{1.124}$$

Der natürliche Logarithmus ist eine konkave Funktion, was abschließend in diesem Abschnitt noch vertieft wird. Damit ist Folgendes gemeint: Konkav heißen Funktionen $f: \mathbb{R} \supseteq I \to \mathbb{R}$, deren Graphen in jedem Intervall $[x_1, x_2] \subset \mathbb{R}$ nicht unter der geraden Verbindung von $(x_1, f(x_1))$ und $(x_2, f(x_2))$ liegen,

$$f(tx_1 + (1-t)x_2) \geq tf(x_1) + (1-t)f(x_2), \quad (1.125)$$

wobei der Parameter t zwischen x_1 und x_2 interpoliert, $0 \leq t \leq 1$. Wenn eine Funktion f auf dem Intervall $I \subseteq \mathbb{R}$ zweimal differenzierbar ist, so ist sie dort genau dann konkav, wenn $f'' \leq 0$ ist. Da die zweite Ableitung des natürlichen Logarithmus $\ln x = -x^{-2}$ für alle $x \in \mathbb{R}^+$ negativ ist, ist er sogar strikt konkav. Dann gilt statt des $\geq$-Zeichens ein $>$-Zeichen in (1.125), sodass für alle $x, y > 0$ und alle $t \in (0, 1)$

$$\ln(tX + (1-t)Y) > t \ln X + (1-t) \ln Y \quad (1.126)$$

gilt. Das Gleichheitszeichen in (1.125) gilt dann nur für $t = 0$ oder $t = 1$.

Teilen wir die linke Gleichung in (1.123) zunächst durch T_1, setzen $X = 1$, $Y = T_2/T_1$ sowie $t = n_1/n$ und entsprechend $1 - t = n_2/n$, wiederholen diese Schritte nach Vertauschung von 1 und 2 und wenden jeweils (1.126) an, ergeben sich sofort die Ungleichungen

$$\ln \frac{T_f}{T_1} \geq \frac{n_2}{n} \ln \frac{T_2}{T_1} \quad \text{und} \quad \ln \frac{T_f}{T_2} \geq \frac{n_1}{n} \ln \frac{T_1}{T_2}, \quad (1.127)$$

wobei das Gleichheitszeichen links bei $n_1 = 0$ und rechts bei $n_2 = 0$ gilt. Eingesetzt in (1.124) folgt dann wiederum $S_f \geq S_i$. Die beiden Entropien sind nur dann gleich groß, falls $T_1 = T_2$ ist.

Mischung von Gasen

Schließlich kommen wir noch zur Mischung von Gasen. Gegeben seien Stoffmengen n_1 eines Gases im Volumen V_1 und n_2 eines anderen Gases im Volumen V_2, beide mit demselben Druck P und derselben Temperatur T. Im Ausgangszustand sollen die Gase durch eine Wand getrennt sein. Dann entfernen wir die Trennwand, sodass jedem der beiden Gase das Volumen $V_1 + V_2$ zur Verfügung steht. Der reversible Ersatzprozess läuft nach *Max Planck* (1858–1947) wie folgt ab:

Die beiden Gase mögen der Einfachheit halber jeweils das gleiche Volumen V einnehmen. Die in Abb. 1.26 gezeichneten Zylinder lassen sich ineinander verschieben. Die gestrichelt gezeichneten Böden jedes der beiden Zylinder seien durchlässig für die Gasart im jeweils anderen Zylinder, sodass Mischung nur im hellgrün unterlegten Volumen eintritt. Durch Auseinanderziehen der Zylinder kann wieder vollständige Entmischung erreicht werden, und dies zeigt, dass der Ersatzprozess für die Mischung reversibel ist. Am Ende des Vorgangs nimmt das

Abb. 1.26 Zur Mischung von Gasen

Stoffgemisch gerade das Volumen V ein, das jedes Gas einzeln zu Beginn ausfüllte. Da bei dem Mischvorgang selbst keine Wärme mit der Umgebung ausgetauscht wird, ändert sich die Entropie dabei nicht.

Anders als beim Planck'schen Ersatzprozess ändert sich beim tatsächlichen Mischvorgang das Volumen des Gesamtsystems, und damit ist eine Entropieänderung verbunden. Für ideale Gase muss man die Entropiezunahme bei einer Mischung daher berechnen, indem man diese in zwei Schritte zerlegt. Zuerst wird das Gas 1 vom Volumen V_1 reversibel und isotherm auf das Volumen $V_1 + V_2$ gebracht und analog das Gas 2 von V_2 auf $V_1 + V_2$. Die gesamte dabei auftretende Entropieänderung ist positiv:

$$\begin{aligned} S_f - S_i &= \Delta S_1 + \Delta S_2 \\ &= n_1 R \ln \frac{V_1 + V_2}{V_1} + n_2 R \ln \frac{V_1 + V_2}{V_2} > 0. \end{aligned} \quad (1.128)$$

Danach nimmt man eine reversible Mischung auf die Planck'sche Art vor, wobei das Endvolumen wie im irreversiblen Fall $V_1 + V_2$ ist. Hier tritt keine Entropieänderung auf. Setzen wir wie oben angekündigt voraus, dass die Temperatur und der Druck beider Gase rechts und links der Trennwand gleich sind, so ergibt sich die Vereinfachung

$$S_f - S_i = R \left(n_1 \ln \frac{n_1 + n_2}{n_1} + n_2 \ln \frac{n_1 + n_2}{n_2} \right). \quad (1.129)$$

Mischt man nun zwei gleiche Gase, dann erhält man das sogenannte *Gibbs'sche Paradoxon*, benannt nach seinem Entdecker *Josiah Willard Gibbs* (1839–1903): Entfernt man die Trennwand zwischen zwei *gleichen* Gasen, so ist makroskopisch nichts geschehen, also müsste $\Delta S = 0$ gelten. Jedoch ergibt sich nach (1.129) eine positive Mischentropie. Das Gibbs'sche Paradoxon wird uns in Abschn. 3.3 noch einmal begegnen.

Diese Entropiezunahme ist nach der klassischen Vorstellung auch korrekt. Jedem Atom würde eine Nummer verliehen, und man könnte sich vorstellen, Atome mit gerader und ungerader Nummer zu mischen. Nach den heutigen quantenphysikalischen Vorstellungen sind Atome bzw. Moleküle, die aus den gleichen Elementarteilchen bestehen, allerdings ununterscheidbar, da sie quantenmechanisch durch dieselben Wellenfunktionen beschrieben werden, weshalb auch keine Entropiezunahme bei Mischung gleicher Stoffe beobachtet werden kann. Aus diesem Grund tritt das Paradoxon in der modernen (quantentheoretischen) Physik nicht mehr auf. In der Quantenstatistik gibt es z. B. keinen stetigen Übergang zwischen zwei Gasen, von denen das eine aus der Stoffmenge $n_1 + n_2$ Helium und das andere zu den Stoffmengen n_1 aus Helium und n_2 aus Wasserstoff besteht.

Abschließend fügen wir noch einige allgemeinere Bemerkungen an. Wir haben gesehen, dass bei irreversiblen Prozessen die Gesamtentropie eines Systems immer zunimmt. Das heißt, es gilt für jeden irreversiblen Prozess

$$S > \int_0^T \frac{\delta Q}{T}. \qquad (1.130)$$

Zum Beispiel kann der Temperaturausgleich zwischen zwei Körpern reversibel (wie im Carnot'schen Kreisprozess) oder irreversibel erfolgen. Im letzteren Fall ist der Entropiezuwachs größer. Bis zu welchem Wert kann aber nun die Entropie anwachsen, bevor ihre Zunahme zum Stillstand kommt? Die Entropie wächst jeweils bis zu ihrem Maximalwert, der dem Gleichgewichtszustand des Systems entspricht. Früher oder später kommen alle veränderlichen Systeme ins Gleichgewicht – in den Zustand maximaler Entropie. *William Thomson* (1824–1907), der 1. Baron Kelvin, schloss daraus, dass „der Welt der Wärmetod droht" – womit nicht ein Zustand maximaler Temperatur gemeint ist, sondern ein vollkommen gleichmäßiger, unstrukturierter Zustand.

Das wesentliche Ergebnis der bisherigen Diskussion in diesem Abschnitt können wir nun zusammenfassen.

Der zweite Hauptsatz für irreversible Prozesse

Bei irreversibel verlaufenden Prozessen nimmt die Entropie zu. Da die Entropie als Zustandsgröße nicht davon abhängt, wie ein System von einem Gleichgewichtszustand in einen anderen gelangt, kann die Entropiezunahme anhand eines reversiblen Ersatzprozesses berechnet werden.

Konkavität der Entropie

Wir haben in (1.97) gesehen, dass die Entropie eines idealen Gases vom Logarithmus der Temperatur und des Volumens abhängt. Da der Logarithmus eine konkave Funktion ist, wie weiter oben in diesem Abschnitt gezeigt wurde, ist die Entropie eines idealen Gases zumindest konkav bezüglich der Temperatur und des Volumens.

Aus dem bisher Gesagten folgt aber allgemeiner, dass die Entropie immer eine konkave Funktion bezüglich der Zustandsgrößen sein muss, die als ihre Argumente auftreten. Davon wollen wir uns noch überzeugen.

Seien zwei Teilsysteme aus derselben Substanz gegeben, die durch ihre inneren Energien $U_{1,2}$, Volumina $V_{1,2}$ und Teilchenzahlen $N_{1,2}$ gekennzeichnet sind. Wir fassen (U, V, N) der Einfachheit halber zu einer abstrakten Zustandsgröße X zusammen,

$$X_1 = (U_1, V_1, N_1), \quad X_2 = (U_2, V_2, N_2), \qquad (1.131)$$

und bezeichnen die Entropien der beiden Teilsysteme mit $S_1 = S(X_1)$ und $S_2 = S(X_2)$.

Bringen wir beide Teilsysteme in Kontakt, stellt sich ein neues Gleichgewicht ein. Das Gesamtsystem trennen wir adiabatisch so in Teilsysteme auf, dass deren Teilchenzahlen wieder durch N_1 und N_2 gegeben sind. Ihre Entropien seien S'_1 und S'_2, ihre Gesamtentropie sei $S = S'_1 + S'_2$. Diese beiden Teilsysteme bringen wir mittels eines adiabatischen Prozesses wieder in ihre Anfangszustände zurück. Dann gilt aufgrund des zweiten Hauptsatzes

$$S(X_1) + S(X_2) \leq S'_1 + S'_2 = S(X_1 + X_2). \qquad (1.132)$$

Als extensive Zustandsgröße ist die Entropie zudem homogen vom Grad 1, weshalb aus (1.132) direkt

$$S\left(\frac{X_1 + X_2}{2}\right) \geq \frac{1}{2}\left[S(X_1) + S(X_2)\right] \qquad (1.133)$$

folgt. Sei nun $t = j/2^n$ mit $j = 0, 1, \ldots, 2^n$. Für $n = 0$ und $n = 1$ belegen die bisherigen Ergebnisse bereits, dass

$$S(tX_1 + (1-t)X_2) \geq tS(X_1) + (1-t)S(X_2) \qquad (1.134)$$

gilt. Wenn nun (1.134) für ein beliebiges n und alle $j = 0, 1, \ldots 2^n$ vorausgesetzt werden kann, überzeugt man sich leicht davon, dass (1.134) dann auch für $n+1$ und $j = 0, 1, \ldots 2^{n+1}$ gilt. Aufgrund vollständiger Induktion gilt (1.134) folglich für alle n. Da S in den Zustandsgrößen stetig sein muss, ergibt sich daraus die Gültigkeit von (1.134) für alle $t \in [0, 1]$. Also ist die Entropie eine konkave Funktion.

Vertiefung: Zur Bestimmung der absoluten Entropie

Bei der Temperatur T gilt aufgrund der Definition der Entropie

$$\Delta S = \int_0^T \frac{\delta Q_{\text{rev}}}{T'} = S_T - S_0.$$

Nun gibt es in der Thermodynamik noch einen dritten Hauptsatz, auch als *Nernst'sches Theorem* bezeichnet, auf den wir in Abschn. 2.3 zurückkommen werden. Nach diesem Satz verschwindet die Entropie am absoluten Nullpunkt, $S_0 = 0$. Aufgrund dessen können wir den Entropieunterschied ΔS relativ zum absoluten Nullpunkt mit der Entropie S und ebenso mit S_T identifizieren und

$$S = \int_0^T \frac{\delta Q_{\text{rev}}}{T'}$$

schreiben. Findet die Erwärmung von $T = 0$ nach T bei konstantem Druck statt, dann ist

$$S = n \int_0^T c_P^{\text{mol}}(T') \frac{dT'}{T'}.$$

Auf dem Weg vom absoluten Nullpunkt bis zur Temperatur T geschieht jedoch einiges mit einem Stoff, und dabei ändert sich seine Wärmekapazität. Sehen wir uns dies für Tetrachlorkohlenstoff CCl_4 näher an. Er liegt bei einer angenommenen Zimmertemperatur von 298,1 K als eine Flüssigkeit vor, die gerade zu verdampfen beginnt.

Bei tiefen Temperaturen sind die Wärmekapazitäten reiner kristalliner Stoffe proportional zur dritten Potenz der Temperatur,

$$c_P^{\text{mol}} = b\, T^3 \quad \text{für} \quad T \lesssim T_0 = 10\, \text{K},$$

wie in Abschn. 5.7 gezeigt wird. Die Proportionalitätskonstante hat für CCl_4 den Wert $3{,}14 \cdot 10^{-3}\, \text{J}\, \text{mol}^{-1}\, \text{K}^{-4}$. Bei $T_f = 225{,}4$ K ändert sich der Aufbau des Kristallgitters des bei diesen Temperaturen gefrorenen Stoffes; es erfolgt ein Übergang von einer festen Phase in eine andere. Dafür wird eine Wärmemenge von $\Delta Q_f = 4524\, \text{J}\, \text{mol}^{-1}$ verbraucht. Bei $T_s = 250{,}2$ K schmilzt der Kristall. Die Schmelzwärme, die für die Umwandlung des Kristalls in eine Flüssigkeit benötigt wird, beträgt $\Delta Q_s = 2416\, \text{J}\, \text{mol}^{-1}$. Für die Verdampfung bei $T_d = 298{,}1$ K werden $\Delta Q_d = 32.407\, \text{J}\, \text{mol}^{-1}$ aufgebracht. Daraus ergibt sich für die Entropie (in $\text{J}\, \text{mol}^{-1}\, \text{K}^{-1}$)

$$S_{T_d} = b \int_0^{T_0} T^2\, dT + \int_{T_0}^{T_f} c_P^{\text{mol}} \frac{dT}{T} + \frac{\Delta Q_f}{T_f}$$

$$+ \int_{T_f}^{T_s} c_P^{\text{mol}} \frac{dT}{T} + \frac{\Delta Q_s}{T_s} + \int_{T_s}^{T_d} c_P^{\text{mol}} \frac{dT}{T} + \frac{\Delta Q_d}{T_d}.$$

Bei $T_d = 298{,}1$ K hat CCl_4 einen Dampfdruck von 14.819 Pa. Um den Dampf auf den Normaldruck von 101.325 Pa zu bringen, muss man ihn komprimieren. Dabei verringert sich die Entropie um

$$\Delta S = R \ln \frac{V_{101.325}}{V_{14.819}}.$$

Die Integranden c_P^{mol}/T sind entsprechend den experimentellen Werten von c_P^{mol} Funktionen der Temperatur. Die Integrationen werden numerisch ausgeführt. Die einzelnen Entropieanteile pro Mol und ihre Summe sind in der folgenden Tabelle zusammengestellt.

Insgesamt treten drei Phasenübergänge auf, nämlich bei der Umordnung des Kristallgitters, beim Schmelzen und beim Verdampfen. In allen drei Fällen musste Wärme zugeführt werden. Solche Wärmebeträge, die während Phasenübergängen auftreten können (nicht müssen!), heißen latente Wärmen. Beachten Sie, dass die latenten Wärmen bei den Phasenübergängen wesentlich zur Gesamtbilanz beitragen.

Entropiebeitrag	J mol^{-1} K^{-1}
$S_{T_0} = b \int_0^{T_0} T^2\, dT$	1,05
$S_{T_f} - S_{T_0}$ (numerisch)	151,89
ΔS_f (Phasenübergang)	20,05
$S_{T_s} - S_{T_f}$ (numerisch)	12,89
ΔS_s (Schmelzen)	9,67
$S_{T_d} - S_{T_s}$ (numerisch)	22,81
ΔS_d (Verdampfung)	108,57
ΔS (Kompression)	−15,4
Entropie insgesamt	311,22

Ähnlich verfährt man mit anderen Stoffen. Die *Entropien* einiger Feststoffe, Flüssigkeiten und Gase bei 298 K sind in der nächsten Tabelle zusammengestellt.

Aggregatzustand	Stoff	Entropie J mol^{-1} K^{-1}
Feststoffe	Graphit, C	5,7
	Diamant, C	2,4
	Iod, I_2	116,1
Flüssigkeiten	Benzol, C_6H_6	173,3
	Wasser, H_2O	69,9
	Quecksilber, Hg	76,0
Gase	Methan, CH_4	186,1
	Kohlendioxid, CO_2	213,6
	Wasserstoff, H_2	130,6
	Helium, He	126,0

Wie wir sehen werden, lässt sich die Entropie eines Körpers auch theoretisch berechnen. In der Luft unseres Zimmers, in einem Stück Kreide – in jedem Körper steckt eine bestimmte Entropie.

Aufgaben

Gelegentlich enthalten die Aufgaben mehr Angaben, als für die Lösung erforderlich sind. Bei einigen anderen dagegen werden Daten aus dem Allgemeinwissen, aus anderen Quellen oder sinnvolle Schätzungen benötigt.

- • leichte Aufgaben mit wenigen Rechenschritten
- •• mittelschwere Aufgaben, die etwas Denkarbeit und unter Umständen die Kombination verschiedener Konzepte erfordern
- ••• anspruchsvolle Aufgaben, die fortgeschrittene Konzepte (unter Umständen auch aus späteren Kapiteln) oder eigene mathematische Modellbildung benötigen

1.1 • Adiabaten bei vorgegebener innerer Energie
Die innere Energie eines Systems sei durch $U = aP^2V$ mit einer positiven Konstanten a gegeben. Finden Sie die Adiabaten dieses Systems in der P-V-Ebene.

1.2 • Gleichgewicht unter verschiedenen Bedingungen Ein Hohlzylinder sei durch einen Kolben in zwei Kammern geteilt. Die Wände des Hohlzylinders seien vollkommen isolierend. Im Ausgangszustand sei der Kolben zunächst unbeweglich arretiert und ebenfalls vollkommen isolierend. Die Kammern 1 und 2 haben anfänglich die Volumina V_1 und V_2 und enthalten N_1 bzw. N_2 Moleküle desselben idealen Gases (z. B. Helium). Im Ausgangszustand seien die Drücke in den Kammern 1 und 2 gleich P_1 und P_2.

(a) Welcher neue Gleichgewichtszustand stellt sich ein, wenn der Kolben wärmedurchlässig (diathermisch) wird?
(b) Welcher neue Gleichgewichtszustand stellt sich an Stelle des Zustands aus Teilaufgabe (a) ein, wenn sich der diathermische Kolben auch noch frei bewegen kann?
(c) Ändert sich der Gleichgewichtszustand aus Teilaufgabe (b), wenn der diathermische, bewegliche Kolben für die Gasmoleküle durchlässig wird?

1.3 •• Mechanische Arbeit durch Rühren Ein Gas befinde sich in einem Kolben mit dem Volumen V unter einem Druck P. Für adiabatische Zustandsänderungen gilt die Beziehung

$$PV^{5/3} = \text{const}. \qquad (1.135)$$

In den Kolben ist ein Propeller eingebaut. Lässt man den Propeller mit der Umlauffrequenz $f = 240$ Umdrehungen pro Sekunde rotieren, so ist aufgrund der Viskosität des Gases ein Drehmoment von $M = 10^4$ dyn cm erforderlich. Zugleich misst man bei konstantem Volumen und thermischer Isolierung des Gases eine Druckerhöhung von

$$\frac{dP}{dt} = \frac{2}{3}\frac{Mf}{V}\frac{\text{dyn}}{\text{cm}^2\text{s}}. \qquad (1.136)$$

(Das Drehmoment M, multipliziert mit der Umlauffrequenz f, ergibt die Leistung, die am Propeller erbracht werden muss. Geteilt durch das Volumen entsteht eine Energiedichte, die dem Gas pro Zeiteinheit zugeführt wird. Dies entspricht einer Druckerhöhung pro Zeiteinheit.)

Mithilfe eines isochoren Prozesses eines derartigen Typs bestimme man die innere Energie $U = U(P, V)$ für einen beliebigen Gleichgewichtszustand mit dem Volumen V und dem Druck P relativ zu einem willkürlich gewählten Referenzzustand (P_0, V_0). Wählen Sie U_0 als innere Energie des Referenzzustands.

1.4 ••• Zustandsänderung eines Paramagneten Eine Stoffmenge n einer paramagnetischen Substanz genüge der thermischen Zustandsgleichung

$$\boldsymbol{M} = \frac{na}{T}\boldsymbol{B}_0, \qquad (1.137)$$

wobei $\boldsymbol{M}$ die Magnetisierung in Reaktion auf das äußere magnetische Feld $\boldsymbol{B}_0$ und $a > 0$ eine positive Konstante seien. Die innere Energie U der Substanz sei eine reine Funktion der Temperatur, $U = U(T)$. Für tiefe Temperaturen gelte

$$U(T) = nbT^4, \qquad (1.138)$$

wobei wieder $b > 0$ eine positive Konstante sei.

(a) Geben Sie die Form der Isothermen im $|\boldsymbol{B}_0|$–$|\boldsymbol{M}|$-Diagramm an.
(b) Bestimmen Sie die molaren Wärmekapazitäten
    (1) bei konstantem äußerem Feld $\boldsymbol{B}_0$ und
    (2) bei konstanter Magnetisierung $\boldsymbol{M}$.
Begründen Sie den Unterschied, falls Sie einen finden.
(c) Magnetisieren Sie die Substanz bei der Temperatur T_0 isotherm von M_1 nach $M_2 > M_1$ und entmagnetisieren Sie dann die Substanz adiabatisch von M_2 zurück nach M_1. Welche Temperatur stellt sich am Ende ein? Welche Arbeitsbeträge und welche Wärmemengen werden auf den beiden Wegen mit der Umgebung ausgetauscht?

1.5 •• Kreisprozesse als Wärmepumpen

(a) Betrachten Sie eine Carnot- und eine Stirling-Maschine als Wärmepumpen und berechnen Sie explizit deren Leistungszahlen.
(b) Bestimmen Sie explizit die technische Arbeit, die beide Wärmepumpen verrichten.

Lösungshinweis: Begründen Sie zunächst, warum die Leistungszahl einer Wärmepumpe durch (1.102) plausibel definiert ist. Bestimmen Sie dann alle anfallenden Wärmemengen und Arbeitsbeträge. Gehen Sie davon aus, dass das Arbeitsmedium als ideales Gas beschrieben werden kann.

1.6 • Entropie eines geheizten Zimmers Stellen Sie sich ein gewöhnliches Zimmer vor, in dem die Raumluft durch ein ideales Gas beschrieben werden kann. Wenn das Zimmer geheizt wird, nehmen dann die innere Energie und die Entropie der Raumluft zu, ab, oder bleiben sie gleich?

Lösungshinweis: Überlegen Sie zunächst, welche Zustandsgrößen der Raumluft im Zimmer konstant bleiben, während es geheizt wird.

1.7 • Entropieänderung bei einem irreversiblen Prozess In einem Behälter mit wärmeundurchlässigen Wänden und dem Gesamtvolumen V_1 ist durch einen Schieber ein Teilvolumen $V_0 < V_1$ abgetrennt, in dem sich ein Mol eines idealen, einatomigen Gases der Temperatur T_0 befindet. Die Zustandsgleichung lautet $PV = RT$, wobei wie üblich P der Druck und R die Gaskonstante sind. Von der inneren Energie U werden wir in Abschn. 3.3 sehen, dass sie mit der Temperatur durch $U = 3RT/2$ zusammenhängt. Der Schieber wird kräftefrei herausgezogen, und das Gas expandiert auf das Volumen V_1. Nachdem sich ein neues Gleichgewicht eingestellt hat, wird das Gas mit dem Kolben quasistatisch auf das ursprüngliche Volumen V_0 komprimiert.

(a) Wie groß ist die Entropieänderung bei diesem Prozess?
(b) Berechnen Sie die Endtemperatur T_f des Gases und die Kompressionsarbeit W, ausgedrückt durch (U_0, V_0, T_0).

1.8 ••• Entropie von Gasmischungen

(a) In einem Gefäß mit dem Volumen V befinde sich ein Gemisch aus zwei Isotopen eines idealen Gases mit den Teilchenzahlen N_1 und N_2 im thermischen Gleichgewicht mit einem Wärmebad der Temperatur T. Berechnen Sie die Entropie $S = S(U, V, N, N_1, N_2)$ des Gemischs, wobei $N = N_1 + N_2$ und U die gesamte innere Energie seien.
(b) Ein adiabatisch isolierter Behälter sei durch einen wärmeundurchlässigen, kräftefrei beweglichen Schieber in zwei gleich große Kammern geteilt. Nach dem Herausziehen des Schiebers sind die Kammern durch eine starke, wärmedurchlässige Membran getrennt, die nur für das Isotop 1 durchlässig ist.
Wir bezeichnen mit hochgestellten, eingeklammerten Indizes die Kammer, mit tiefgestellten Indizes die Teilchensorte; $N_1^{(2)}$ ist also beispielsweise die Anzahl der Teilchen der Sorte 1 in der Kammer 2.
Berechnen Sie die Teilchenzahlen $N_1^{(1)}$ und $N_1^{(2)}$ des Isotops 1 in den beiden Kammern, ferner die Temperatur T und die Drücke $P^{(1)}$ und $P^{(2)}$ in den beiden Kammern im endgültigen Gleichgewichtszustand. Der Ausgangszustand sei durch

$N_1^{(1)} = 0{,}5 N_A$, $N_2^{(1)} = 0{,}75 N_A$, $V^{(1)} = 5\,\mathrm{dm}^3 = V^{(2)}$, $T^{(1)} = 300\,\mathrm{K}$, $N_1^{(2)} = N_A$, $N_2^{(2)} = 0{,}5 N_A$ und $T^{(2)} = 250\,\mathrm{K}$ gegeben.

Lösungshinweis: Die Entropie eines idealen Gases ist

$$S(U, V, N) = \frac{N}{N_0} S(U_0, V_0, N_0) + k_B N \ln\left[\frac{V}{V_0}\left(\frac{U}{U_0}\right)^{3/2}\left(\frac{N_0}{N}\right)^{5/2}\right]. \quad (1.139)$$

Verwenden Sie an geeigneter Stelle, dass sich die Teilchenzahlen in den beiden Kammern so einstellen müssen, dass die Entropie unter den gegebenen Voraussetzungen maximiert wird. Bedenken Sie dabei, dass auch die Gesamtzahl N der Teilchen von der Anzahl N_1 abhängt.

1.9 •• Vollständige und unvollständige Differenziale

(a) Stellen Sie fest, ob die Differenziale
(1)
$$\frac{x\,dy - y\,dx}{x^2 + y^2}, \quad (x,y) \in \mathbb{R}^2 \setminus (0,0) \quad (1.140)$$
(2)
$$(y - x^2)dx + (x + y^2)dy, \quad (x,y) \in \mathbb{R}^2 \quad (1.141)$$
(3)
$$(2y^2 - 3x)dx - 4xy\,dy, \quad (x,y) \in \mathbb{R}^2 \quad (1.142)$$

vollständig oder geschlossen sind. Der Begriff des geschlossenen Differenzials wird in den Hinweisen zur Aufgabe näher erläutert.
(b) Integrieren Sie die vollständigen Differenziale aus Teilaufgabe (a).
(c) Wie lautet das Differenzial aus Teilaufgabe (a1) in Polarkoordinaten?
(d) Berechnen Sie die Kurvenintegrale über das Differenzial aus Teilaufgabe (a1) längs folgender Wege:
(1) entlang eines Kreises um den Mittelpunkt $(0,0)$ mit dem Radius a;
(2) entlang einer Kurve, welche die Punkte A-B-C-D-A abwechselnd durch gerade radiale Linien oder Kreisbögen verbindet, wobei $A = (r_1, 0)$, $B = (r_2, 0)$, $C = (r_2 \cos\varphi, r_2 \sin\varphi)$ und $D = (r_1 \sin\varphi, r_1 \cos\varphi)$ mit $r_2 > r_1$ seien.

Lösungshinweis: In einer Bezeichnungsweise, die aus der Theorie der Differenzialformen entlehnt ist, wird ein Differenzial als geschlossen bezeichnet, wenn die Rotation seiner Koeffizientenfunktionen überall auf dem Definitionsbereich des Differenzials existiert und verschwindet. Sei beispielsweise

$$\omega_x(x,y)dx + \omega_y(x,y)dy \quad (1.143)$$

ein Differenzial in zwei Dimensionen. Dann ist die Rotation der Koeffizientenfunktionen durch

$$\frac{\partial \omega_y(x,y)}{\partial x} - \frac{\partial \omega_x(x,y)}{\partial y} \quad (1.144)$$

bestimmt. Um zu sehen, ob ein zweidimensionales Differenzial geschlossen ist, gilt es also zu prüfen, ob dieser Ausdruck verschwindet.

Wir erinnern daran, dass ein Differenzial ω genau dann vollständig (oder exakt) ist, wenn es eine Funktion $\alpha(x,y)$ gibt, deren Differenzial ω ist, $\omega = d\alpha$. Jedes vollständige Differenzial muss auch geschlossen sein. Umgekehrt kann ein Differenzial, das nicht geschlossen ist, auch nicht vollständig sein.

1.10 •• **Bestimmung eines integrierenden Faktors**

Zeigen Sie, dass das Differenzial

$$\omega = x_1 dx_2 + dx_3 \quad (1.145)$$

keinen integrierenden Faktor besitzt.

Lösungshinweis: Ein Differenzial ω hat einen integrierenden Faktor f genau dann, wenn $d(f\omega) = 0$ ist. Dafür muss die Rotation der Koeffizientenfunktionen des Differenzials $f\omega$ verschwinden, woraus sich notwendige und hinreichende Bedingungen dafür ergeben, dass ω einen integrierenden Faktor hat.

Lösungen zu den Aufgaben

1.4

(a) Die Isothermen im $|\boldsymbol{B}_0| - |\boldsymbol{M}|$-Diagramm sind Ursprungsgeraden mit der Steigung naT^{-1}.

(b) Die Wärmekapazitäten sind

(1)
$$c_{\boldsymbol{B}_0} = 4bT^3 + \frac{aV}{T^2}\boldsymbol{B}_0^2 \quad (1.146)$$

bei konstantem äußeren Magnetfeld $\boldsymbol{B}_0$ und

(2)
$$c_{\boldsymbol{M}} = 4bT^3 \quad (1.147)$$

bei konstanter Magnetisierung.

1.5 Die Formel
$$\varepsilon_{\mathrm{W}} = \frac{T_1}{T_1 - T_2} \quad (1.148)$$

erweist sich im Fall der Carnot-Maschine als richtig, während sie bei der Stirling-Maschine größer ist. Die gesamte technische Arbeit pro Umlauf ist in diesen Fällen gerade die negative Arbeit.

Ausführliche Lösungen zu den Aufgaben

1.1 Die Adiabaten sind durch $\delta Q = 0$ gekennzeichnet, aufgrund des ersten Hauptsatzes also durch $dU = -\delta W$. Mit dem angegebenen Ausdruck für U erhalten wir daraus zunächst

$$a\left(2PV dP + P^2 dV\right) = -P dV. \quad (1.149)$$

Trennung der Variablen P und V ergibt

$$\frac{2a dP}{1 + aP} = -\frac{dV}{V}, \quad (1.150)$$

woraus durch Integration

$$2\ln(1 + aP) = -\ln V + \text{const} \quad (1.151)$$

oder

$$(1 + aP)^2 = \frac{V_0}{V} \quad \Leftrightarrow \quad P = \frac{1}{a}\left(\sqrt{\frac{V_0}{V}} - 1\right) \quad (1.152)$$

folgt. Der zweite Ausdruck ist die gewünschte Form der Adiabaten im P-V-Diagramm.

1.2

(a) Wenn der Kolben diathermisch wird, gleichen sich die Temperaturen der beiden Kammern einander an, aber nicht die Drücke. Da die Teilvolumina V_1 und V_2 ebenso wie die Teilchenzahlen N_1 und N_2 unverändert bleiben müssen, muss nach dem Temperaturausgleich

$$\frac{P_1' V_1}{N_1} = \frac{P_2' V_2}{N_2} \quad \Rightarrow \quad \frac{P_1'}{P_2'} = \frac{V_2 N_1}{V_1 N_2} \quad (1.153)$$

gelten. In beiden Teilvolumina stellt sich die Temperatur auf den Wert

$$T_1' = \frac{P_1' V_1}{N_1 k_B} = \frac{P_2' V_2}{N_2 k_B} = T_2' \quad (1.154)$$

ein.

(b) Wenn sich nun der Kolben zusätzlich noch frei bewegen kann, gleichen sich auch die Drücke einander an. Die Teilvolumina müssen sich entsprechend einstellen, woraus

$$1 = \frac{V_2'' N_1}{V_1'' N_2} \quad \Rightarrow \quad \frac{V_1''}{V_2''} = \frac{N_1}{N_2} \quad (1.155)$$

folgt.

(c) Wenn zusätzlich Teilchenaustausch zugelassen wird, ändert sich der Gleichgewichtszustand nicht mehr, weil beide Teilvolumina dieselbe Teilchensorte enthalten.

1.3 Wir geben eine Lösung dieser Aufgabe in zwei Schritten an, die beide adiabatisch verlaufen sollen. Zunächst entfernen wir uns bei ausgeschaltetem Propeller mittels reiner Druck-Volumen-Arbeit vom Ausgangszustand $Z_0 = (P_0, V_0)$ zu einem Zustand $Z' = (P', V)$, der bereits das Volumen des Endzustands haben soll. Vom Zustand Z' aus begeben wir uns dann mittels eines isochoren Prozesses weiter zum Endzustand $Z = (P, V)$, wozu der Propeller in Betrieb genommen wird.

Da der Übergang von (P_0, V_0) nach (P', V) adiabatisch war, ist $\delta Q = 0$, daher $dU = -\delta W = -PdV$. Daraus und mithilfe der angegebenen adiabatischen Beziehung zwischen Druck und Volumen erhalten wir sofort für den ersten Schritt

$$\begin{aligned} U &= U_0 - P_0 \int_{V_0}^{V} \left(\frac{V_0}{\bar V}\right)^{5/3} d\bar V \\ &= U_0 + \frac{3}{2} P_0 V_0 \left(\frac{V_0}{\bar V}\right)^{2/3}\bigg|_{V_0}^{V} \quad (1.156) \\ &= U_0 + \frac{3}{2} P_0 V_0 \left[\left(\frac{V_0}{V}\right)^{2/3} - 1\right]. \end{aligned}$$

Während der isochoren Zustandsänderung ist $dV = 0$, sodass Arbeit allein dadurch verrichtet wird, dass der Propeller im Medium rührt. Die dabei *am Medium* verrichtete und daher negativ zu zählende Arbeit erhalten wir zunächst als Produkt aus der Kraft F und der Weglänge ds,

$$dW = -Fds = -Frd\varphi = -Md\varphi, \quad (1.157)$$

indem wir das Drehmoment $M = Fr$ identifizieren. Die Arbeit ergibt sich daher aus

$$dW = -M\frac{d\varphi}{dt}dt = -Mfdt. \quad (1.158)$$

Mithilfe dieser Rührarbeit soll der Druck von P' auf P erhöht werden. Da die isochore Druckerhöhung pro Zeiteinheit gemessen wurde, können wir daraus bestimmen, wie lang der Propeller dazu rühren muss, denn dazu muss

$$P - P' = \int \frac{dP}{dt} dt = \frac{2}{3}\frac{Mf}{V}\Delta t \quad (1.159)$$

gelten. Daraus erhalten wir zunächst das Zeitintervall

$$\Delta t = \frac{3}{2}\frac{V}{Mf}(P - P'). \quad (1.160)$$

Während dieses Zeitintervalls wird *vom Medium* insgesamt die Arbeit

$$W = -Mf\Delta t = -\frac{3}{2}V(P - P') \quad (1.161)$$

verrichtet.

Aufgrund des adiabatischen Zusammenhangs zwischen Druck und Volumen können wir noch den Druck P' durch das Volumen ausdrücken:
$$P' = \left(\frac{V_0}{V}\right)^{5/3} P_0. \quad (1.162)$$

Insgesamt folgt so aus beiden Schritten der einfache Ausdruck
$$U = U_0 + \frac{3}{2} P_0 V_0 \left[\left(\frac{V_0}{V}\right)^{2/3} - 1\right] + \frac{3}{2} V \left[P - \left(\frac{V_0}{V}\right)^{5/3} P_0\right]$$
$$= U_0 + \frac{3}{2}(PV - P_0 V_0) \quad (1.163)$$

für die innere Energie.

1.4

(a) Die Isothermen sind einfach zu finden: Ist $T = \text{const}$, sind $|\boldsymbol{M}|$ und $|\boldsymbol{B}_0|$ direkt zueinander proportional, d. h., die Isothermen sind Ursprungsgeraden im $|\boldsymbol{B}_0| - |\boldsymbol{M}|$-Diagramm mit der Steigung naT^{-1}.

(b) Die molaren Wärmekapazitäten bei konstanter Zustandsgröße X sind durch
$$c_X^{\text{mol}} = \frac{1}{n}\left(\frac{\delta Q}{dT}\right)_{X=\text{const}} \quad (1.164)$$
definiert.

(1) Von dem äußeren Magnetfeld $\boldsymbol{B}_0$ wird für eine Änderung $d\boldsymbol{M}$ der Magnetisierung die Arbeit
$$\delta W = -V\boldsymbol{B}_0 d\boldsymbol{M} \quad (1.165)$$
verrichtet, wobei sich die Änderung der Magnetisierung $d\boldsymbol{M}$ auf
$$d\boldsymbol{M} = -\frac{na}{T^2}\boldsymbol{B}_0 dT \quad (1.166)$$
reduziert, denn $d\boldsymbol{B}_0 = 0$ (siehe hierzu die Diskussion in Bd. 2, Kap. 5). Da δW als Arbeit *am* System eingeführt wurde, müssen wir $-\delta W$ als Arbeit *des Systems* in den ersten Hauptsatz einsetzen. Aus dem ersten Hauptsatz folgt dann
$$\delta Q = dU + \delta W = 4nbT^3 dT + \frac{naV}{T^2}\boldsymbol{B}_0^2 dT, \quad (1.167)$$
woraus sofort die molare Wärmekapazität bei konstantem äußeren Magnetfeld
$$c_{\boldsymbol{B}_0}^{\text{mol}} = 4bT^3 + \frac{aV}{T^2}\boldsymbol{B}_0^2 \quad (1.168)$$
abgelesen werden kann.

(2) Bei konstanter Magnetisierung wird keine Arbeit verrichtet. Dann ist aufgrund des ersten Hauptsatzes
$$\delta Q = dU = 4nbT^3 dT \quad (1.169)$$

und daher
$$c_{\boldsymbol{M}}^{\text{mol}} = 4bT^3. \quad (1.170)$$

Der Unterschied rührt daher, dass im Fall eines konstanten äußeren Magnetfeldes die Magnetisierung durch eine Temperaturänderung verändert wird, sodass dem System für eine gegebene Temperaturänderung eine größere Wärmemenge zugeführt werden muss.

(c) Bei einer isothermen Magnetisierung ändert sich die innere Energie nicht, da sie allein von der Temperatur abhängt, $dT = 0 = dU$. Aus dem ersten Hauptsatz folgt dann
$$\delta Q = \delta W = -V\boldsymbol{B}_0 d\boldsymbol{M} = -\frac{VT_0}{na}\boldsymbol{M} \cdot d\boldsymbol{M}. \quad (1.171)$$

Integration ergibt
$$\Delta Q_{12} = \Delta W_{12} = -\frac{VT_0}{2na}\left(\boldsymbol{M}_2^2 - \boldsymbol{M}_1^2\right) < 0. \quad (1.172)$$

Bei der adiabatischen Entmagnetisierung ist definitionsgemäß $\delta Q = 0$, daher $dU = -\delta W$ oder
$$4nbT^3 dT = \frac{VT}{na}\boldsymbol{M} \cdot d\boldsymbol{M}. \quad (1.173)$$

Daraus folgt für den Temperaturverlauf während der Entmagnetisierung
$$T^2 dT = \frac{V}{4n^2 ab}\boldsymbol{M} \cdot d\boldsymbol{M} \quad (1.174)$$

und durch Integration für die Endtemperatur
$$T_{\text{end}} = \left[T_0^3 + \frac{3VT}{8n^2 ab}\left(\boldsymbol{M}_1^2 - \boldsymbol{M}_2^2\right)\right]^{1/3}. \quad (1.175)$$

Dabei fällt keine Wärme an. Vom System wird dabei die Arbeit
$$\Delta W_{21} = -\Delta U_{21} = -nb\left(T_{\text{end}}^4 - T_0^4\right) \quad (1.176)$$
verrichtet.

1.5

(a) Beachten Sie zunächst, dass beide Prozesse linksläufig betrieben werden müssen, damit sie als Wärmepumpen funktionieren. Wir beginnen jeweils bei Schritt 4 und durchlaufen die Kreisprozesse in der Folge $4 \to 3 \to 2 \to 1 \to 4$. Der Gewinn, den man aus dem Betrieb der Wärmepumpe ziehen möchte, ist die an das warme Reservoir übergebene Wärmemenge Q_{21} (weitere Wärmebeträge können zwar auftreten, heben sich aber hier heraus). Dafür muss die Arbeit aufgewendet werden, die insgesamt in allen Schritten der Kreisprozesse anfällt. Zwar kehren sich die Vorzeichen der Arbeitsbeträge gegenüber dem Betrieb des Kreisprozesses als Wärmekraftmaschine um, aber dies geschieht auch bei der Wärmemenge $\Delta Q_{21} = -\Delta Q_{12}$, die jetzt abgegeben statt aufgenommen wird. Wir können also im Fall des Carnot-Prozesses

$$\varepsilon_W = \frac{\Delta Q_{12}}{\Delta W} = \frac{\Delta W_{12}}{\Delta W_{12} + \Delta W_{34}} \quad (1.177)$$

schreiben, denn die Arbeitsbeträge ΔW_{23} und ΔW_{41} heben sich heraus. Daraus folgt zunächst

$$\varepsilon_W = \frac{T_1 \ln V_2/V_1}{T_1 \ln V_2/V_1 + T_2 \ln V_4/V_3}. \quad (1.178)$$

Berücksichtigt man, dass die Volumina wegen der adiabatischen Zustandsänderungen $3 \to 4$ und $4 \to 1$ durch

$$\frac{V_3}{V_2} = \frac{V_4}{V_1} \Rightarrow \frac{V_3}{V_4} = \frac{V_2}{V_1} \quad (1.179)$$

verbunden sein müssen, folgt sofort

$$\varepsilon_W = \frac{T_1}{T_1 - T_2}. \quad (1.180)$$

Beim Stirling-Prozess treten die zusätzlichen Wärmebeträge ΔQ_{14} und ΔQ_{32} auf, von denen ΔQ_{14} ebenfalls an das warme Reservoir übergeben wird. Insgesamt wird demnach die Wärmemenge

$$\Delta Q = \Delta Q_{14} + \Delta Q_{21} = nc_V^{mol}(T_1 - T_2) + nRT_1 \ln \frac{V_2}{V_1} \quad (1.181)$$

an das warme Reservoir übertragen. Die gesamte Arbeit, die während eines Umlaufs aufgewendet werden muss, besteht aus den zwei Beiträgen ΔW_{43} und ΔW_{21} und beträgt insgesamt

$$\Delta W = \Delta W_{43} + \Delta W_{21} = nR(T_1 - T_2) \ln \frac{V_2}{V_1}. \quad (1.182)$$

Die Leistungszahl ist also

$$\varepsilon_W = \frac{T_1}{T_1 - T_2} + \frac{c_V^{mol}}{R \ln(V_2/V_1)}, \quad (1.183)$$

größer als die Leistungszahl der als Wärmepumpe eingesetzten Carnot-Maschine.

(b) Die technische Arbeit, die bei einer Zustandsänderung $1 \to 2$ verrichtet werden muss, ist durch

$$\Delta W_{\text{tech},12} = \int_1^2 V dP = \int_1^2 d(PV) - \int_1^2 P dV \quad (1.184)$$
$$= (PV)_2 - (PV)_1 - \Delta W_{12}$$
$$= nR(T_2 - T_1) - \Delta W_{12}$$

gegeben und mit der Arbeit verbunden. Bei einem *isothermen* Prozess bleibt das Produkt aus Druck und Volumen unverändert, sodass einfach

$$\Delta W_{\text{tech},12} = -\Delta W_{12} \quad (1.185)$$

gilt. Bei einem *isochoren* Prozess ist dagegen $\Delta W_{12} = 0$, weshalb

$$\Delta W_{\text{tech},12} = nR(T_2 - T_1) \quad (1.186)$$

ist. Bei einem *adiabatischen* Prozess ist

$$\Delta W_{12} = \int_1^2 P dV = -\Delta U_{12} = -nc_V^{mol}(T_2 - T_1), \quad (1.187)$$

die gesamte technische Arbeit demnach

$$\Delta W_{\text{tech},12} = nR(T_2 - T_1) + nc_V^{mol}(T_2 - T_1) \quad (1.188)$$
$$= nc_P^{mol}(T_2 - T_1).$$

Aus diesen Ergebnissen folgt für den Carnot-Prozess, der bekanntlich aus zwei isothermen und zwei adiabatischen Zustandsänderungen zusammengesetzt ist:

$$\Delta W_{\text{tech}} = -\Delta W + nc_P^{mol}(T_2 - T_1) + nc_P^{mol}(T_1 - T_2) \quad (1.189)$$
$$= -\Delta W.$$

Für den Stirling-Prozess lautet die Rechnung

$$\Delta W_{\text{tech}} = -\Delta W_{12} - \Delta W_{34} + nR(T_2 - T_1) + nR(T_1 - T_2)$$
$$= -\Delta W_{12} - \Delta W_{34} \quad (1.190)$$

und führt damit zu demselben Ergebnis.

1.6 Ein gewöhnliches Zimmer hat ein konstantes Volumen. Die Raumluft steht zudem in Verbindung mit der Außenluft, sodass sich auch ihr Druck nicht ändern wird. Wenn daher P und V beide konstant sind, muss eine Temperaturerhöhung aufgrund der Zustandsgleichung des idealen Gases bedeuten, dass die Stoffmenge der Raumluft in demselben Maß abnimmt, wie die (absolute) Temperatur im Zimmer zunimmt.

Da die innere Energie eines idealen Gases sowohl zur Temperatur als auch zur Stoffmenge proportional ist, die Stoffmenge bei der Heizung aber in demselben Maß abnehmen muss, in dem die Temperatur zunimmt, muss die innere Energie dabei *konstant* bleiben.

Die Entropie dagegen ist als extensive Größe zwar zur Stoffmenge proportional, aber sie steigt lediglich logarithmisch mit der Temperatur an. Da die Entropie konkav in der Temperatur ist, überwiegt die Abnahme aufgrund der verringerten Stoffmenge die Zunahme aufgrund der erhöhten Temperatur: Die Entropie der Raumluft nimmt daher durch die Heizung *ab*.

1.7

(a) Die Entropieänderung ergibt sich allein aus der Vergrößerung des Volumens, da das Gas mit der Umgebung keine Wärme oder Arbeit austauschen kann. Daher ist

$$\Delta S = R \ln \frac{V_1}{V_0}. \quad (1.191)$$

Die Temperatur kann sich dabei nicht ändern, da die innere Energie unverändert bleibt.

(b) Für die quasistatische (und zudem adiabatische) Kompression gilt aufgrund des ersten Hauptsatzes

$$dU = -PdV \quad \Rightarrow \quad \frac{3R}{2}dT = -\frac{RT}{V}dV. \qquad (1.192)$$

Variablentrennung und Integration ergibt sofort

$$\left(\frac{T_f}{T_0}\right)^{3/2} = \frac{V_1}{V_0} \quad \Rightarrow \quad T_f = T_0 \left(\frac{V_1}{V_0}\right)^{2/3}. \qquad (1.193)$$

Die Kompressionsarbeit ist gleich der Änderung der inneren Energie, daher

$$W = U_f - U_0 = \frac{3R}{2}(T_f - T_0) \qquad (1.194)$$
$$= \frac{3R}{2}T_0\left(\frac{V_1}{V_0}\right)^{2/3} - U_0 = U_0\left[\left(\frac{V_1}{V_0}\right)^{2/3} - 1\right].$$

1.8

(a) Nach Vorgabe ist die Entropie des i-ten Gases durch

$$S_i(U_i, V, N_i) = \frac{N_i}{N_0} S(U_0, V_0, N_0) \qquad (1.195)$$
$$+ k_B N_i \ln\left[\frac{V}{V_0}\left(\frac{U_i}{U_0}\right)^{3/2}\left(\frac{N_0}{N_i}\right)^{5/2}\right]$$

gegeben. Die Gesamtentropie S ist die Summe der beiden Entropien S_1 und S_2, die aber hier noch nicht durch die gesamte innere Energie $U = U_1 + U_2$ ausgedrückt sind, sondern durch U_1 und U_2 getrennt. Die inneren Energien U_1 und U_2 folgen daraus, dass die innere Energie eine extensive Größe ist, sodass im vorliegenden Fall

$$U_i = \frac{N_i}{N}U \qquad (1.196)$$

gelten muss. Die Gesamtentropie des Gemischs aus beiden Isotopen ist daher

$$S(U, V, N, N_1, N_2)$$
$$= \frac{N}{N_0} S(U_0, V_0, N_0)$$
$$+ k_B N_1 \ln\left[\frac{V}{V_0}\left(\frac{N_1}{N}\frac{U}{U_0}\right)^{3/2}\left(\frac{N_0}{N_1}\right)^{5/2}\right] \qquad (1.197)$$
$$+ k_B N_2 \ln\left[\frac{V}{V_0}\left(\frac{N_2}{N}\frac{U}{U_0}\right)^{3/2}\left(\frac{N_0}{N_2}\right)^{5/2}\right].$$

Eine längere, aber nicht schwierige Umformung führt schließlich auf die Form

$$S(U, V, N, N_1, N_2) = \frac{N}{N_0} S(U_0, V_0, N_0) \qquad (1.198)$$
$$+ N k_B \ln\left[\frac{V}{V_0}\left(\frac{U}{U_0}\right)^{3/2}\right]$$
$$- k_B \sum_{i=1}^{2} N_i \ln \frac{N_i}{N} - \frac{5}{2} k_B N \ln \frac{N}{N_0}$$

des Ergebnisses.

(b) Wir bezeichnen Größen im Anfangszustand mit einem Querstrich; $\bar{T}^{(1)}$ ist also die Anfangstemperatur in Kammer 1. Zunächst stellen wir fest, dass sich die Temperaturen der beiden Kammern im Gleichgewichtszustand angeglichen haben müssen, da die Trennwand diathermisch wird und daher einen Temperaturausgleich zulässt. Weiterhin wird die gesamte innere Energie erhalten bleiben, da das Gesamtsystem aus beiden Kammern adiabatisch isoliert ist und beim Übergang ins Gleichgewicht keine Arbeit verrichtet wird. Daraus erhalten wir zunächst die Temperatur T im Gleichgewicht,

$$T = \frac{\bar{T}^{(1)}\bar{N}^{(1)} + \bar{T}^{(2)}\bar{N}^{(2)}}{\bar{N}^{(1)} + \bar{N}^{(2)}}, \qquad (1.199)$$

da die Wärmekapazitäten der beiden Gasisotope als gleich vorausgesetzt werden können.

Als Nächstes bestimmen wir die Teilchenzahlen $N_i^{(k)}$ im Gleichgewicht. Da die Membran nur für die Teilchen der Sorte 1 durchlässig wird, müssen die Teilchenzahlen der Sorte 2 unverändert bleiben:

$$N_2^{(1)} = \bar{N}_2^{(1)}, \quad N_2^{(2)} = \bar{N}_2^{(2)}. \qquad (1.200)$$

Die Teilchenzahlen der Sorte 1 in beiden Kammern folgt aus der Forderung, dass die Gesamtentropie gegenüber Veränderungen der Teilchenzahlen $N_1^{(1)}$ und $N_1^{(2)}$ maximiert werden muss. Da die gesamte Anzahl der Teilchen der Sorte 1 unverändert bleiben muss, gilt

$$N_1^{(1)} + N_1^{(2)} = \bar{N}_1^{(1)} + \bar{N}_1^{(2)} = \bar{N}_1. \qquad (1.201)$$

Es genügt also, die Gesamtentropie nach einer der beiden Teilchenzahlen $N_1^{(k)}$ abzuleiten, z. B. nach $N_1^{(1)}$. Aus

$$\frac{\partial \left(S^{(1)} + S^{(2)}\right)}{\partial N_1^{(1)}} = 0 \qquad (1.202)$$

folgt damit sofort

$$\frac{\partial S^{(1)}}{\partial N_1^{(1)}} = \frac{\partial S^{(2)}}{\partial N_1^{(2)}} \qquad (1.203)$$

als Gleichgewichtsbedingung, wobei für jede der beiden Entropien $S^{(k)}$ der Ausdruck eingesetzt werden muss, den wir in Teilaufgabe (a) abgeleitet hatten. Eine etwas langwierige, aber nicht schwierige Rechnung führt zunächst auf

$$\left(N_1^{(2)}\right)^{5/2} \left(\frac{U^{(1)}}{N^{(1)}}\right)^{3/2} = \left(N_1^{(1)}\right)^{5/2} \left(\frac{U^{(2)}}{N^{(2)}}\right)^{3/2}. \quad (1.204)$$

Die Verhältnisse U/N auf beiden Seiten der Gleichung führen auf dieselbe Konstante, weil die innere Energie eine extensive Größe ist. Daher fallen die Verhältnisse U/N auf beiden Seiten der letzten Gleichung heraus, und wir erhalten als einfache Gleichgewichtsbedingung

$$N_1^{(1)} = N_1^{(2)}. \quad (1.205)$$

Damit können wir schließlich noch die Drücke in beiden Kammern berechnen, denn nach der idealen Gasgleichung ist

$$P^{(k)} = \frac{N^{(k)}}{V^{(k)}} k_B T = \frac{N_1^{(k)} + \bar{N}_2^{(k)}}{V^{(k)}} k_B T. \quad (1.206)$$

Mit den angegebenen Zahlen kommen wir schließlich auf die Gleichgewichtstemperatur

$$T = \frac{1{,}25 \cdot 300 + 1{,}5 \cdot 250}{2{,}75} \, \text{K} = 272{,}73 \, \text{K}, \quad (1.207)$$

die Teilchenzahlen

$$N_1^{(1)} = 0{,}75 \, N_A = N_1^{(2)} \quad (1.208)$$

und die Drücke

$$\begin{aligned} P^{(1)} &= R \frac{1{,}5 \, \text{mol} \cdot 272{,}73 \, \text{K}}{5{,}0 \cdot 10^{-3} \, \text{m}^3} = 6{,}8 \cdot 10^5 \, \frac{\text{N}}{\text{m}^2}, \\ P^{(2)} &= R \frac{1{,}25 \, \text{mol} \cdot 272{,}73 \, \text{K}}{5{,}0 \cdot 10^{-3} \, \text{m}^3} = 5{,}7 \cdot 10^5 \, \frac{\text{N}}{\text{m}^2}. \end{aligned} \quad (1.209)$$

1.9

(a) Dem Hinweis folgend prüfen wir zunächst, ob die beiden gegebenen Differenzialformen geschlossen sind:
(1)
$$\begin{aligned} \frac{\partial}{\partial x} \frac{x}{x^2+y^2} &= \frac{1}{x^2+y^2} - \frac{2x^2}{(x^2+y^2)^2}, \\ \frac{\partial}{\partial y} \frac{-y}{x^2+y^2} &= \frac{2y^2}{(x^2+y^2)^2} - \frac{1}{x^2+y^2}. \end{aligned} \quad (1.210)$$

Da die Differenz dieser beiden Ausdrücke verschwindet, ist das Differenzial geschlossen.
(2)
$$\frac{\partial}{\partial x}(x+y^2) = 1, \quad \frac{\partial}{\partial y}(y-x^2) = 1, \quad (1.211)$$

sodass auch dieses Differenzial geschlossen ist.

(3)
$$\frac{\partial}{\partial x}(-4xy) = -4y, \quad \frac{\partial}{\partial y}(2y^2-3x) = 4y, \quad (1.212)$$

wodurch sich dieses Differenzial als nicht geschlossen erweist.
Nun prüfen wir, welche der geschlossenen Differenziale vollständig sind; das dritte kommt von vornherein nicht mehr in Betracht. Für das erste und das zweite suchen wir Funktionen $\alpha(x,y)$ in zwei Dimensionen so, dass die gegebenen Differenziale identisch zu

$$d\alpha = \frac{\partial \alpha}{\partial x} dx + \frac{\partial \alpha}{\partial y} dy \quad (1.213)$$

sind. Für das Differenzial aus Teilaufgabe (a1) lässt sich zwar lokal eine Funktion angeben, deren Differenzial Teilaufgabe (a1) ergibt, nämlich $\arctan \frac{y}{x}$, aber die ist am Ursprung nicht definiert. Das Differenzial ist daher zwar geschlossen, aber nicht vollständig. Dagegen gilt für das Differenzial aus Teilaufgabe (a2)

$$(y-x^2)dx + (x+y^2)dy = d\left(\frac{y^3}{3} + xy - \frac{x^3}{3}\right), \quad (1.214)$$

wodurch es sich als exakt herausstellt.

(b) Das Integral des einzigen exakten Differenzials aus Teilaufgabe (a), des Differenzials aus Teilaufgabe (a2), ist leicht ausgeführt:

$$\int \left[(y-x^2)dx + (x+y^2)dy\right] = xy - \frac{x^3}{3} + \frac{y^3}{3} + \text{const}, \quad (1.215)$$

da $\int x dy = \int y dx$ ist.

(c) Mit $x = r\cos\varphi$ und $y = r\sin\varphi$ ist natürlich $x^2+y^2 = r^2$ und

$$\begin{aligned} xdy &= r\cos\varphi \, (\sin\varphi \, dr + r\cos\varphi \, d\varphi) \quad \text{und} \\ ydx &= r\sin\varphi \, (\cos\varphi \, dr - r\sin\varphi \, d\varphi). \end{aligned} \quad (1.216)$$

Die Differenz dieser beiden Gleichungen ergibt

$$xdy - ydx = r^2 \left(\sin^2\varphi + \cos^2\varphi\right) d\varphi = r^2 d\varphi, \quad (1.217)$$

sodass das Differenzial aus Teilaufgabe (a1) schlicht gleich $d\varphi$ ist.

(d) (1) Mit dem vorigen Ergebnis ist das Integral über den Kreis besonders leicht auszuführen:

$$\int_{\text{Kreis}} \frac{xdy - ydx}{x^2+y^2} = \int_0^{2\pi} d\varphi = 2\pi. \quad (1.218)$$

(2) Da das Differenzial aus Teilaufgabe (a1) gleich $d\varphi$ ist, tragen die radial verlaufenden Kurvenanteile A-B und C-D nicht zu seinem Integral bei. Die verbleibenden Stücke B-C und D-A sind Kreisbögen um den Ursprung mit jeweils demselben Öffnungswinkel, aber entgegengesetzter Orientierung. Daher muss in diesem Fall das Kurvenintegral verschwinden.

1.10 Im gegebenen Fall kann f von den drei Variablen (x_1, x_2, x_3) abhängen. Wir müssen prüfen, ob die Rotation von

$$f(x_1, x_2, x_3) \begin{pmatrix} 0 \\ x_1 \\ 1 \end{pmatrix} \quad (1.219)$$

verschwindet. Daraus ergeben sich für die Funktion f unmittelbar die Bedingungen

$$x_1 \frac{\partial f}{\partial x_1} = f, \quad \frac{\partial f}{\partial x_2} - x_1 \frac{\partial f}{\partial x_3} = 0, \quad \frac{\partial f}{\partial x_1} = 0, \quad (1.220)$$

von denen sich die erste und die dritte offenbar gegenseitig ausschließen. Daher kann ω keinen integrierenden Faktor haben.

Literatur

Baehr, H.D., Kabelac, S.: Thermodynamik, Grundlagen und technische Anwendungen. Springer, Berlin, Heidelberg (2006)

Boltzmann, L.: Über die Mechanische Bedeutung des Zweiten Hauptsatzes der Wärmetheorie. Sitzungsberichte der kaiserlichen Akademie der Wissenschaften LIII, 195–220 (1866)

Boltzmann, L: Über die Beziehung zwischen dem zweiten Hauptsatze der mechanischen Wärmetheorie und der Wahrscheinlichkeitsrechnung, respective den Sätzen über das Wärmegleichgewicht. Sitzungsberichte der kaiserlichen Akademie der Wissenschaften LXXVI, 373–435 (1877)

Carnot, S.: Betrachtungen über die bewegende Kraft des Feuers und die zur Entwickelung dieser Kraft geeigneten Maschinen. Ed. Wilhelm Ostwald. Harri Deutsch, Thun (1995)

Cerbe, G., Wilhelms, G.: Technische Thermodynamik. Theoretische Grundlagen und praktische Anwendungen. Hanser Fachbuchverlag, München (2005)

Clausius, R.: Über die Art der Bewegung, welche wir Wärme nennen. Ann. Phys. **176**, 353–380 (1857)

Fourier, J.B.J.: The analytical theory of heat. Ed. A. Freeman. Dover, New York (1955)

Herwig, D., Kautz, C.H.: Technische Thermodynamik. Pearson Studium, München (2007)

Maxwell, J.C.: On the dynamical theory of gases. – Part I. On the motions and collisions of perfectly elastic spheres. Philos. Mag. **19**, 19–32 (1860)

Statistische Begründung der Thermodynamik

2

Kapitel 2

Wie kann das Verhalten makroskopischer Systeme aus der Mikrophysik heraus begründet werden?

Was unterscheidet Arbeit und Wärme?

Was ist Entropie?

Welche Wahrscheinlichkeitsverteilungen sind für die Thermodynamik besonders wichtig?

2.1	Das Grundpostulat der statistischen Physik	56
2.2	Statistische Definition der absoluten Temperatur	73
2.3	Statistische Definition der Entropie	77
2.4	Grundlagen der Wahrscheinlichkeitsrechnung	81
	Aufgaben	91
	Lösungen zu den Aufgaben	94
	Ausführliche Lösungen zu den Aufgaben	95
	Literatur	101

Wir beginnen nun gewissermaßen von Neuem. In Kap. 1 haben wir uns auf die phänomenologische Thermodynamik beschränkt, die bewusst auf jede Kenntnis der sehr vielen mikroskopischen Zustände verzichtet, aus denen ein makroskopischer Zustand zusammengesetzt sein mag. Dieser Zugang kam historisch zuerst, weil er beschritten werden konnte, lange bevor sich Klarheit über den mikroskopischen Aufbau der Materie abzuzeichnen begann. Wir haben auch gesehen, dass sich die phänomenologische Thermodynamik auf drei Axiomen aufbauen lässt, die den Begriff der Temperatur einführen, makroskopische Energieumwandlungen zueinander in Beziehung setzen und festlegen, welche Arten der Energieumwandlungen möglich sind. Die durchaus erstaunliche Grundlage dieses Zugangs ist die empirisch bestätigte Hypothese, dass es für die Energieumwandlungen eines makroskopischen physikalischen Systems unerheblich ist, auf welche Weise seine sehr vielen Freiheitsgrade miteinander Energie austauschen.

In dem vorliegenden Kapitel beginnen wir stattdessen in Abschn. 2.1 mit der mikroskopischen Beschreibung physikalischer Zustände. Dies wird es uns erlauben, die Thermodynamik auf eine statistische Grundlage zu stellen, die eine mikroskopische Deutung makroskopischer Zustandsgrößen erlauben und insbesondere dem zweiten Hauptsatz der Thermodynamik eine tiefere, statistische Begründung unterlegen wird (Abschn. 2.3). Auch die Bedeutung der absoluten Temperatur wird in Abschn. 2.2 weiter vertieft. Wir werden in Abschn. 5.1 sehen, dass es für diesen statistischen Zugang zur Thermodynamik weitgehend unerheblich ist, ob wir von einer klassischen oder einer quantenmechanischen Zustandsbeschreibung ausgehen.

Das Kapitel schließt in Abschn. 2.4 mit einer Darstellung der Grundlagen der Wahrscheinlichkeitsrechnung.

2.1 Das Grundpostulat der statistischen Physik

Mikroskopischer Zustandsraum

Die klassische Mechanik legt Zustände fest, indem sie ihnen Punkte im Phasenraum zuweist. In der analytischen Mechanik (Bd. 1, Abschn. 7.1) wurde gezeigt, dass der Phasenraum durch die verallgemeinerten Koordinaten q_i und die dazu kanonisch konjugierten Impulse p_i aufgespannt wird, wobei der Index i alle Freiheitsgrade des Systems abzählt. Wir bezeichnen den Phasenraum mit Γ. Wenn ein Zustand $(q, p) \in \Gamma$ zu einem beliebigen Zeitpunkt bekannt ist, bestimmen die Hamilton'schen Gleichungen seine Zeitentwicklung eindeutig für alle späteren Zeiten.

Die vollständige Beschreibung physikalischer Systeme mithilfe der Methoden der klassischen Mechanik stößt bei solchen Systemen an ihre Grenzen, die aus sehr vielen Teilen zusammengesetzt sind und die deswegen eine große Zahl $\mathcal{F}$ von Freiheitsgraden haben. Die Lösung der mechanischen Gleichungen, z. B. in Gestalt der Hamilton'schen Bewegungsgleichun-

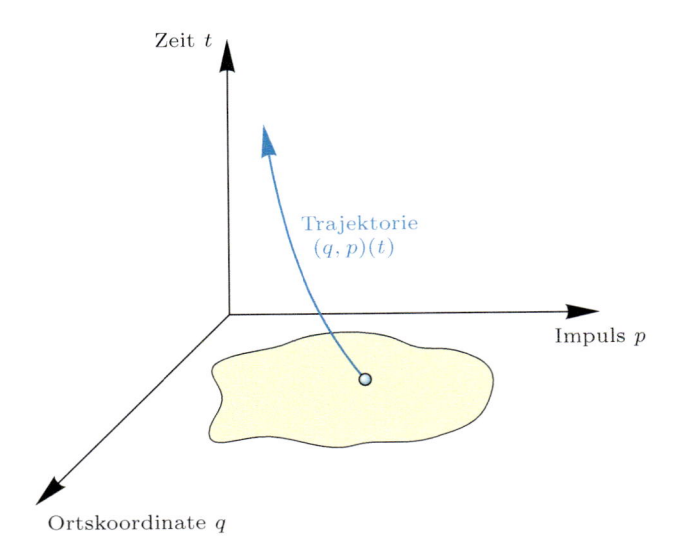

Abb. 2.1 Klassische Mikrozustände sind zu jedem beliebigen Zeitpunkt durch die Phasenraumkoordinaten $(q, p)(t)$ festgelegt. Die Folge von Mikrozuständen, die ein System als Funktion der Zeit durchläuft, bestimmen seine Trajektorie im Phasenraum

gen, wird dann schnell sehr kompliziert. Wenn man sie gelöst hätte, wären die verallgemeinerten Koordinaten $q_i(t)$ und die dazu kanonisch konjugierten Impulse $p_i(t)$ für alle Freiheitsgrade $1 \leq i \leq \mathcal{F}$ zu jedem Zeitpunkt t bekannt, wenn sie zu einem Zeitpunkt bekannt waren.

Die verallgemeinerten Koordinaten und Impulse eines Systems mit $\mathcal{F}$ Freiheitsgraden spannen den $2\mathcal{F}$-dimensionalen Phasenraum auf, dessen Punkte durch Angabe der $2\mathcal{F}$ Zahlen $(q_1, \ldots, q_{\mathcal{F}}, p_1, \ldots, p_{\mathcal{F}})$ eindeutig gekennzeichnet sind. Ein physikalisches System, dessen Freiheitsgrade durch die klassische Mechanik beschrieben werden, ist dann vollständig bekannt, wenn diese $2\mathcal{F}$ Zahlen zu jedem beliebigen Zeitpunkt t bekannt sind. Dafür reicht es aufgrund der Bewegungsgleichungen aus, wenn sie zu *einem* Zeitpunkt bekannt sind. Sie beschreiben dann die Trajektorie des Systems in einem möglicherweise äußerst hochdimensionalen Phasenraum (Abb. 2.1).

Mikrozustand eines klassischen Systems

Zu jedem Zeitpunkt t bestimmt das Tupel $(q_1(t), q_2(t), \ldots, q_{\mathcal{F}}(t), p_1(t), p_2(t), \ldots, p_{\mathcal{F}}(t))$ aus $2\mathcal{F}$ Zahlen den Mikrozustand eines klassischen Systems. Ist der Mikrozustand zu einem Zeitpunkt t gegeben, steht er aufgrund der Bewegungsgleichungen auch zu jedem anderen Zeitpunkt fest. Wir fassen die Paare aus einer verallgemeinerten Ortskoordinate und ihrem konjugierten Impuls auch durch $x_i = (q_i, p_i)$ zusammen. Die Paare x_i, $1 \leq i \leq \mathcal{F}$, sind Elemente des Phasenraumes

$$\Gamma = \left\{ (x_1, \ldots, x_{\mathcal{F}}) \,\middle|\, x_i = (q_i, p_i) \right\}. \qquad (2.1)$$

Vertiefung: Phasenraumfluss und Liouville'scher Satz

Zu einem bestimmten Anfangszeitpunkt $t = 0$ seien die Phasenraumkoordinaten $x_i(0) = y_i$ aller $\mathcal{F}$ Freiheitsgrade eines physikalischen Systems bekannt. Wie sie sich in der Zeit weiter entwickeln, wird durch diese Anfangskoordinaten und die Lösungen ihrer Bewegungsgleichungen bestimmt. Wir betrachten zu einem beliebigen Anfangszeitpunkt eine Teilmenge $S \subset \Gamma$ des Phasenraumes und denken uns jeden Punkt $y \in S$ dieser Teilmenge als Ausgangspunkt einer Trajektorie:

$$x(t) = \Phi_t(y).$$

Angewandt auf alle Trajektorien, die von S ausgehen, definiert die Funktion Φ_t den Fluss der Teilmenge S des Phasenraumes.

Dieser *Phasenraumfluss* Φ_t bildet das anfänglich (bei $t = 0$) von der Teilmenge S im Phasenraum eingenommene Volumen auf das Volumen ab, das zu einem späteren Zeitpunkt $t > 0$ eingenommen wird. Für Hamilton'sche Systeme ergibt sich der Phasenraumfluss durch Integration der Hamilton'schen Gleichungen, die sich mithilfe der schiefsymmetrischen Matrix

$$J = \begin{pmatrix} 0 & I_{\mathcal{F}} \\ -I_{\mathcal{F}} & 0 \end{pmatrix}$$

kompakt in der Form

$$\dot{x} = J \partial_x H$$

schreiben lassen. Darin bedeutet $H(x)$ die Hamilton-Funktion, die auf dem Phasenraum Γ definiert ist und nach allen Phasenraumkoordinaten $x = (q, p)$ abgeleitet wird, und $I_{\mathcal{F}}$ ist die $\mathcal{F}$-dimensionale Einheitsmatrix.

Die Matrix J hat insbesondere die Eigenschaften $J^2 = -I_{2\mathcal{F}}$ und $J^\top J = I_{2\mathcal{F}}$. Sie verleiht dem Phasenraum eine *symplektische* Struktur, die wir im „Mathematischen Hintergrund" 2.1 erklären.

Wegen $J^2 = -I_{2\mathcal{F}}$ kann die Hamilton'sche Gleichung in

$$-\partial_t (J_{ij} x_j) = \partial_i H(x)$$

umgeformt werden, wobei wir sie in Komponenten aufgelöst haben und $\partial_i = \partial/\partial x_i$ abkürzen. Wir leiten nun die obige Gleichung nach den Anfangskoordinaten y_k ab und erhalten

$$-\partial_t \left(J_{ij} (Dx)_{jk}\right) = \left(D^2 H\right)_{ij} (Dx)_{jk},$$

wobei wir die Abkürzungen

$$(Dx)_{jk} = \frac{\partial x_j}{\partial y_k} \quad \text{und} \quad \left(D^2 H\right)_{ij} = \frac{\partial^2 H}{\partial x_i \partial x_j}$$

eingeführt haben. In der kompakteren Matrixform lautet die vorletzte Gleichung

$$-\partial_t (J(Dx)) = \left(D^2 H\right)(Dx).$$

Wir transponieren sie, multiplizieren die Ausgangsgleichung mit $(Dx)^\top$ von links und die transponierte Gleichung mit (Dx) von rechts, verwenden $J^\top = -J$, subtrahieren die beiden Gleichungen und erhalten

$$\partial_t \left((Dx)^\top J(Dx)\right) = 0,$$

denn die Matrix der zweiten Ableitungen von H ist symmetrisch, $\left(D^2 H\right)^\top = \left(D^2 H\right)$. Die Matrix $(Dx)^\top J(Dx)$ ist daher zeitlich konstant. Da die Teilchenkoordinaten zum Anfangszeitpunkt alle gleich ihren Anfangswerten sein müssen, ist anfänglich $(Dx) = I_{2\mathcal{F}}$, sodass

$$(Dx)^\top J(Dx) = J$$

gelten muss. Da diese Gleichung für jede Trajektorie gilt, die aufgrund der Hamilton'schen Bewegungsgleichungen aus der Teilmenge $S \subset \Gamma$ hervorgeht, muss sie auch für den gesamten Phasenraumfluss von S gelten:

$$(D\Phi_t(S))^\top J(D\Phi_t(S)) = J.$$

Bilden wir die Determinante auf beiden Seiten, folgt sofort das wichtige Ergebnis

$$\det(D\Phi_t(S)) = 1.$$

Nun ist aber $(D\Phi_t)$ die Jacobi-Matrix des Phasenraumflusses Φ_t, der zu Beginn dieses Kastens definiert wurde. Dies beweist den Liouville'schen Satz: *Der Phasenraumfluss erhält das Phasenraumvolumen.*

Achtung Beachten Sie, dass für die Herleitung des Liouville'schen Satzes lediglich zwei Voraussetzungen wesentlich waren: zum einen, dass die Hamilton'schen Gleichungen den Phasenraum mit einer symplektischen Struktur versehen; zum anderen, dass die Matrix der zweiten Ableitungen der Hamilton-Funktion nach den Phasenraumkoordinaten symmetrisch ist. ◀

2.1 Mathematischer Hintergrund: Symplektische Struktur

Wir erklären hier den Begriff der symplektischen Struktur zweimal, zunächst für den einfacheren Fall einer symplektischen Struktur auf einem Vektorraum, dann für den Fall einer Mannigfaltigkeit.

Sei zunächst V ein Vektorraum über einem Körper K. Symplektisch heißt dieser Vektorraum, wenn auf ihm eine nicht ausgeartete, alternierende, bilineare Abbildung definiert ist, d. h. eine bilineare Abbildung

$$\langle \cdot, \cdot \rangle : V \times V \to K, \quad (v, w) \mapsto \langle v, w \rangle$$

mit den zusätzlichen Eigenschaften, dass für jedes $0 \neq v \in V$ ein $0 \neq w \in V$ existiert, für das $\langle v, w \rangle \neq 0$ gilt, und dass für alle $v \in V$ gilt $\langle v, v \rangle = 0$. Aus den Eigenschaften, bilinear und alternierend zu sein, folgt zudem, dass eine symplektische Abbildung antisymmetrisch sein muss:

$$\langle v + w, v + w \rangle = 0 = \langle v, v \rangle + \langle v, w \rangle + \langle w, v \rangle + \langle w, w \rangle$$
$$= \langle v, w \rangle + \langle w, v \rangle.$$

Im allgemeinen Fall einer symplektischen Mannigfaltigkeit M wird eine symplektische Struktur durch eine globale, glatte, geschlossene, punktweise nicht ausgeartete 2-Form ω definiert. (Differenzialformen werden im „Mathematischen Hintergrund" 2.2 eingeführt.) Global heißt, dass die 2-Form in jedem Punkt der Mannigfaltigkeit definiert ist; geschlossen bedeutet, dass die äußere Ableitung der Differenzialform verschwindet, $d\omega = 0$. Führt man lokal in einem Punkt $p \in M$ der Mannigfaltigkeit den Tangentialraum T_pM sowie seinen Dualraum T_p^*M mit der Koordinatenbasis $\{dx^i\}$ ein, ist die symplektische Form

$$\omega = \omega_{ij}\, dx^i \wedge dx^j$$

deswegen, weil sie punktweise nicht ausgeartet ist, auch invertierbar. Ihre Inverse ω^{ij} definiert dann durch

$$\{f, g\} = \omega^{ij} \partial_i f \partial_j g$$

eine Verallgemeinerung der Poisson-Klammer auf Mannigfaltigkeiten (Bd. 1, Abschn. 7.1).

Die schiefsymmetrische Matrix J, die im Kasten „Vertiefung: Phasenraumfluss und Liouville'scher Satz" definiert wird, stellt nun gerade eine solche symplektische Struktur dar. Wenn der Phasenraum ein linearer Vektorraum ist, stellt sie auf dem Phasenraum selbst, anderenfalls auf dem Tangentialraum dazu durch

$$\langle v, w \rangle = v^T J w$$

eine symplektische Bilinearform dar.

Je größer die Anzahl $\mathcal{F}$ der Freiheitsgrade wird, umso weniger ist man in der Regel daran interessiert, die genaue Lage aller Freiheitsgrade des Systems im Phasenraum zu kennen. Es erfordert enormen Aufwand, diesen genauen Mikrozustand zu bestimmen, und dieser enthält in der Regel sehr viel mehr Information als nötig oder gewünscht. Betrachten wir z. B. noch einmal den Kubikmeter Luft, dessen Teilchenzahl unter Normalbedingungen wir in Abschn. 1.2 zu

$$N = \frac{10^3}{22{,}4} \text{ mol} = \frac{6{,}022 \cdot 10^{26}}{22{,}4} = 2{,}69 \cdot 10^{25} \tag{2.2}$$

bestimmt haben. Wenn wir die „Luftmoleküle" als Punktteilchen auffassen, hat jedes von ihnen drei Freiheitsgrade, also ist $\mathcal{F} = 8{,}07 \cdot 10^{25}$. Zweifellos sind nicht der genaue Ort und der genaue Impuls aller dieser Luftmoleküle zu jedem beliebigen Zeitpunkt irgendwie physikalisch relevant.

Mikrozustand makroskopischer Systeme

Der genaue mechanische Mikrozustand eines makroskopischen Systems, der durch die Angabe aller seiner Phasenraumkoordinaten gekennzeichnet ist, ist in den allermeisten Fällen für unser physikalisches Verständnis von Systemen mit sehr vielen Freiheitsgraden unwichtig.

Statt an diesem präzisen Mikrozustand zu jedem Zeitpunkt sind wir in der Thermodynamik am *Makrozustand* des Systems interessiert, also an den messbaren, physikalischen Eigenschaften des *Gesamtsystems*. Allein der Mikrozustand wird aber durch seinen Anfangswert und die mechanischen Gleichungen bestimmt. Unabhängig davon, ob das System mithilfe der klassischen Mechanik oder der Quantenmechanik beschrieben wird, werden die Bewegungsgleichungen aller seiner mikroskopischen Komponenten oder seiner Freiheitsgrade durch die Hamilton-Funktion oder den Hamilton-Operator bestimmt.

Die Lösungen der Bewegungsgleichungen und damit die Entwicklung der Mikrozustände hängen von wenigen äußeren Parametern ab, die in die Hamilton-Funktion der klassischen Mechanik oder in den Hamilton-Operator der Quantenmechanik des Systems eingehen. Der Übersichtlichkeit halber bezeichnen wir die Menge derartiger äußerer Parameter durch ein einziges Symbol a, das gegebenenfalls ein Tupel aus allen Parametern bezeichnen soll, die für das betrachtete Problem relevant sind.

2.2 Mathematischer Hintergrund: Differenzialformen
Ein Ausblick in die Differenzialgeometrie

Der Inhalt dieses Kastens ist für fortgeschrittene Leser gedacht. Er ist für das Verständnis des Buches unerheblich, aber vielleicht als Ausblick und Anregung willkommen. Er gibt einen Einblick in das Kalkül mit Differenzialformen, die auf den französischen Mathematiker *Élie Joseph Cartan* (1869–1951) zurückgehen und eine koordinatenunabhängige Integration auf Mannigfaltigkeiten erlauben.

Eine glatte Kurve $\gamma(t)$ im $\mathbb{R}^n$ ordnet jedem Wert eines reellen Parameters $t \in [a, b]$ einen Punkt im $\mathbb{R}^n$ zu:

$$\gamma : [a, b] \to \mathbb{R}^n , \quad t \mapsto \gamma(t) = (x_1(t), \ldots, x_n(t)) .$$

Die Komponenten des Tangentialvektors an die Kurve sind die Ableitungen der Koordinaten $\dot{x}_i(t)$ der Kurve nach t. Sei nun auf $\mathbb{R}^n$ eine glatte Funktion f definiert, $f : \mathbb{R}^n \to \mathbb{R}$. Die Ableitung der Funktion in Richtung der Kurve beträgt

$$(\dot{\gamma} \cdot \nabla f) = \dot{x}_i \frac{\partial f}{\partial x_i} = (v_i \partial_i) f = vf .$$

Das Objekt $v = v_i \partial_i$ mit den Komponenten $v_i = \dot{x}_i$ heißt *Tangentialvektor* an die Kurve. Aufgrund seiner Definition hat er die Eigenschaften einer Ableitung.

Diese Konstruktion lässt sich auf Mannigfaltigkeiten erweitern. Die Menge der Tangentialvektoren an alle glatten Kurven durch einen beliebigen Punkt p einer Mannigfaltigkeit spannt den *Tangentialraum* T_pM an die Mannigfaltigkeit in p auf. Die partiellen Ableitungen ∂_i bilden die Koordinatenbasis des Tangentialraumes.

Dualvektoren sind allgemein als lineare Abbildungen aus einem Vektorraum in seinen Zahlenkörper definiert. Der zum Tangentialraum T_pM duale Vektorraum wird mit T_pM^* bezeichnet. Die Dualvektoren

$$\omega : T_pM \to \mathbb{R} , \quad v \mapsto \omega(v)$$

heißen auch *1-Formen* oder *Pfaff'sche* Formen.

Glatte Funktionen auf einer Mannigfaltigkeit erlauben die Definition einer speziellen Klasse von Dualvektoren,

$$df : T_pM \to \mathbb{R} , \quad v \mapsto df(v) = vf ,$$

sodass $df(v)$ die schon bekannte Ableitung von f in Richtung v ist. Die Differenziale dx_i bilden offenbar eine zur Koordinatenbasis ∂_i orthogonale Basis des Dualraumes, denn

$$dx_i(\partial_j) = \partial_j x_i = \delta_{ij} .$$

1-Formen können durch diese Dualbasis aufgespannt werden, $\omega = \omega_i dx_i$. Angewandt auf Tangentialvektoren $v = v_j \partial_j$ ergeben sie aufgrund der Linearität

$$\omega(v) = (\omega_i dx_i)(v_j \partial_j) = (\omega_i v_j) dx_i(\partial_j) = \omega_i v_i .$$

1-Formen heißen *exakt*, wenn sie das Differenzial einer Funktion sind, $\omega = df$. Ist $\gamma(t)$, $t \in [a, b]$ wiederum eine glatte Kurve, bezeichnet

$$\int_a^b \omega(\dot{\gamma}) dt = \int_\gamma \omega$$

das Wegintegral über die 1-Form ω längs γ.

Das antisymmetrische *Dachprodukt* definiert eine Multiplikation, die zwei 1-Formen $\omega, \eta \in T_pM^*$ die antisymmetrische Bilinearform oder *2-Form*

$$\omega \wedge \eta = \omega \otimes \eta - \eta \otimes \omega$$

zuordnet. Die Koordinatenbasis dx_i des Dualraumes definiert mittels des Dachprodukts die Basis

$$dx_i \wedge dx_j = dx_i \otimes dx_j - dx_j \otimes dx_i$$

der 2-Formen. Entsprechend kann eine 2-Form α durch

$$\alpha = \alpha_{ij} dx_i \wedge dx_j = (\alpha_{ij} - \alpha_{ji}) dx_i \otimes dx_j$$

dargestellt werden. Angewandt auf zwei Vektoren $v, w \in T_pM$ erzeugt sie das Ergebnis

$$\alpha(v, w) = \alpha_{ij} (dx_i \wedge dx_j)(v_k \partial_k, w_l \partial_l)$$
$$= \alpha_{ij} (v_i w_j - v_j w_i) = (\alpha_{ij} - \alpha_{ji}) v_i w_j .$$

Ist ω eine 1-Form, wird durch die *äußere Ableitung*

$$d\omega = d(\omega_j dx_j) = d\omega_j \wedge dx_j = \partial_i \omega_j dx_i \wedge dx_j$$
$$= (\partial_i \omega_j - \partial_j \omega_i) dx_i \otimes dx_j$$

eine 2-Form definiert. Ist $d\omega = 0$ für eine 1-Form ω, heißt ω *geschlossen*. Ist ω exakt, $\omega = df$, verschwindet ihre äußere Ableitung identisch, $d\omega = d(df) = 0$. Eine exakte 1-Form ist also auch geschlossen.

Eine Funktion g heißt *integrierender Faktor* einer 1-Form ω, wenn $g\omega$ exakt ist. Dann existiert eine Funktion f mit $g\omega = df$, woraus die Bestimmungsgleichung

$$d(df) = 0 = dg \wedge \omega + g d\omega$$
$$= (\partial_i g \omega_j + g \partial_i \omega_j) dx_i \wedge dx_j$$

für g folgt.

Äußere Parameter der Hamilton-Funktion

Solche äußeren Parameter können etwa das Volumen V sein, durch das ein System begrenzt wird, aber auch ein von außen angelegtes Magnetfeld $\boldsymbol{B}$. Später in diesem Abschnitt und in Abschn. 4.6 werden wir beispielsweise Systeme aus Teilchen behandeln, deren Hamilton-Funktion einen Wechselwirkungsterm der Form $-\boldsymbol{m}\cdot\boldsymbol{B}$ zwischen dem magnetischen Moment $\boldsymbol{m}$ der Teilchen und einem äußeren Magnetfeld enthält. ◄

Um den Makrozustand physikalisch auszudrücken, wählen wir zunächst eine Zustandsbeschreibung, die keine genaue Kenntnis aller Phasenraumkoordinaten mehr voraussetzt. Dazu denken wir uns zunächst den $2\mathcal{F}$-dimensionalen Phasenraum in Zellen gleicher Größe h_0 gegliedert, die durch

$$\Delta q_i \Delta p_i = h_0 \quad (2.3)$$

bestimmt ist, wobei h_0 in der klassischen Mechanik beliebig klein gewählt werden kann (Abb. 2.2). Eine so definierte Zelle des $2\mathcal{F}$-dimensionalen Phasenraumes hat das Volumen $h_0^{\mathcal{F}}$. Indem wir h_0 geeignet einstellen, können wir wählen, wie genau wir den präzisen Zustand des Systems in die Betrachtung einbeziehen wollen. Die Zellen lassen sich abzählen, sodass jeder Zelle eine Zahl n zugeordnet werden kann. Der Zustand des Systems kann nun durch die Angabe der Zelle n gekennzeichnet werden, in der es sich gerade befindet.

Abzählung von Mikrozuständen

Jede dieser Phasenraumzellen kennzeichnet nach wie vor einen *Mikrozustand* des Systems, aber mit einem verringerten Auflösungsvermögen, das durch die Wahl der Größe h_0 eingestellt werden kann. Mikrozustände können nun abgezählt werden.

Es lohnt sich, an dieser Stelle einen Moment lang etwas abzuschweifen. Es ist im Rückblick erstaunlich, dass bei der Entwicklung eines statistischen Zugangs zur Thermodynamik aus der klassischen Mechanik heraus die Quantenmechanik an vielen Stellen gewissermaßen schon durchschimmert. Wir haben gerade durch (2.3) eine Unterteilung des Phasenraumes eines makroskopischen physikalischen Systems in Zellen eingeführt, denen eine zunächst beliebige Größe $h_0^{\mathcal{F}}$ zugewiesen wurde. In der klassischen Mechanik mag diese Unterteilung noch künstlich erscheinen. In der Quantenmechanik bekommt die Größe dieser Zellen aber einen absoluten Sinn, denn h_0 entspricht dann dem Planck'schen Wirkungsquantum h, und sie erfährt eine tiefere Begründung durch die Heisenberg'sche Unschärferelation.

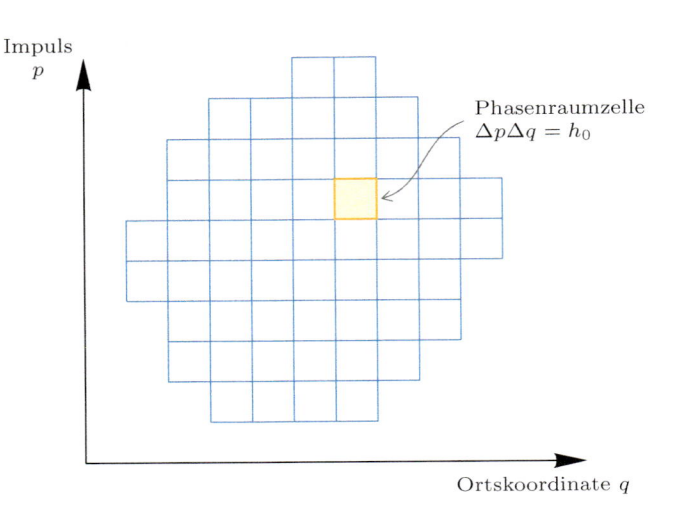

Abb. 2.2 Der Phasenraum wird in Zellen unterteilt, deren Größe h_0 in der klassischen Physik beliebig ist. Der Übersicht halber ist hier der Fall $f = 1$ dargestellt

Einteilchenzustände, Besetzungszahlen

Manchmal ist es sinnvoll, anstelle des mikroskopischen, in abzählbare Zellen unterteilten Zustandsraumes Γ zunächst einen Einteilchen-Zustandsraum μ einzuführen, der eine andere Struktur hat. Für ein makroskopisches System in d Raumdimensionen spannen wir diesen Einteilchen-Zustandsraum μ durch die jeweils d Koordinaten q_i und die dazu konjugierten Impulse p_i eines einzelnen Teilchens auf. Statt der $2\mathcal{F}$ Dimensionen des mikroskopischen Zustandsraumes hat der Einteilchen-Zustandsraum nur noch $2d$ Dimensionen. Dieser $2d$-dimensionale Zustandsraum wird nun ebenso wie vorhin der mikroskopische Zustandsraum in diskrete Zellen unterteilt, deren Dimension $(\text{Impuls} \cdot \text{Ort})^d = (\text{Energie} \cdot \text{Zeit})^d$ ist.

In diesem neuen, diskretisierten Einteilchen-Zustandsraum können wir immer noch zu jedem Zeitpunkt den Zustand jedes einzelnen mikroskopischen Teilchens angeben, indem wir die Zellen des Zustandsraumes nummerieren und angeben, in der Zelle welcher Nummer sich das Teilchen befindet. Diese Zuordnung können wir beginnend mit dem ersten Teilchen für alle Teilchen wiederholen, bis die Zellennummern aller N Teilchen bekannt sind.

Am Ende dieser Zuordnung ist immer noch ein beliebig großer Teil der mikroskopischen Information über das makroskopische System bekannt, denn wir wissen von jedem Teilchen, in welcher Zelle im Einteilchen-Zustandsraum μ es sich gerade aufhält. Indem wir die Größe h_0 der Phasenraumzellen beliebig klein wählen, behalten wir beliebig viel von der vollständigen mikroskopischen Information zurück.

Schließlich können wir die Information gezielt aufgeben, *welches* Teilchen sich gerade in welcher Zelle des Einteilchen-

Zustandsraumes aufhält. Stattdessen gehen wir durch alle Phasenraumzellen und fragen nur noch, *wie viele* Teilchen sich dort gerade aufhalten, ohne nach ihrer mikroskopischen Identität zu fragen.

> **Besetzungszahldarstellung**
>
> Auf diese Weise können wir zu einer Beschreibung des Mikrozustands übergehen, die nur noch auszusagen erlaubt, mit wie vielen Teilchen jede Zelle des $2d$-dimensionalen Einteilchen-Zustandsraumes μ gerade besetzt ist.

Diese Beschreibung kann mit der *Besetzungszahldarstellung* in der Quantenmechanik verglichen werden. Wie in Abschn. 5.2 beschrieben wird, kann der Zustandsraum eines quantenmechanischen Systems aus beliebig vielen Teilchen durch die direkte Summe über alle N-Teilchen-Zustandsräume konstruiert werden. Der so konstruierte Zustandsraum wird dort als *Fock-Raum* bezeichnet.

Aufenthaltswahrscheinlichkeiten im Zustandsraum

Bisher haben wir lediglich den mikroskopischen Zustandsraum eines makroskopischen Systems analysiert, ihn in abzählbare Zellen zunächst beliebiger Größe unterteilt und Mikrozustände durch die Angabe derjenigen Zelle im Zustandsraum charakterisiert, in dem das System sich befindet. Beliebig wenig Information wurde dadurch aufgegeben.

Der entscheidende Schritt besteht nun darin, nicht mehr nach dem Mikrozustand des makroskopischen Systems zu fragen, sondern nur noch danach, welche Zellen des mikroskopischen Zustandsraumes mit bestimmten makroskopischen Zustandsparametern $\{y_i\}$ verträglich sind. Solche Zustandsparameter könnten beispielsweise die Gesamtenergie, die Temperatur, der Druck oder das Volumen sein. Werden sie auf bestimmte Werte eingestellt, wird das System auf eine Teilmenge des mikroskopischen Zustandsraumes eingeschränkt, die wir als den Zustandsraum bezeichnen, der dem System *zugänglich* ist. Dieser zugängliche Zustandsraum umfasst eine bestimmte abzählbare Menge von Phasenraumzellen. Wir nummerieren die Zellen mit einem Index n und fragen danach, mit welcher *Wahrscheinlichkeit* sich das System in einer bestimmten Zelle n des Zustandsraumes befindet, der ihm dann zugänglich bleibt, wenn die makroskopischen Zustandsparameter $\{y_i\}$ auf bestimmte Weise eingestellt werden.

Das makroskopische System soll demnach durch eine noch unbestimmte Menge makroskopisch messbarer, möglichst unabhängiger Zustandsgrößen $\{y_i\}$ beschrieben werden. In der Regel werden sich die Teilchen des Systems bei fest eingestellten Werten dieser Zustandsgrößen $\{y_i\}$ auf eine große Anzahl verschiedener Phasenraumzellen verteilen können. Das bedeutet, dass in der Regel viele verschiedene Mikrozustände mit dem durch die Zustandsgrößen $\{y_i\}$ vorgegebenen Makrozustand vereinbar sein werden. Wir nennen sie die dem System unter den gegebenen Bedingungen *zugänglichen* Mikrozustände.

Nun stellen wir uns vor, das physikalische System bei gleichbleibenden makroskopischen Zustandsgrößen $\{y_i\}$ viele verschiedene Male zu realisieren. Dadurch entsteht ein *Ensemble* (gedachter) physikalischer Systeme, die alle makroskopisch in dem Sinne gleichartig sind, dass sie durch Messung ihrer Zustandsgrößen $\{y_i\}$ nicht voneinander unterschieden werden können.

> **Einteilchen- und N-Teilchen-Zustandsräume**
>
> Betrachten wir als ein einfaches Beispiel einen Kasten mit dem endlichen Volumen V, der mit N Teilchen eines Gases angefüllt sei, die nicht miteinander wechselwirken und deren Gesamtenergie U ebenfalls vorgegeben sei.
>
> Die makroskopischen Zustandsgrößen $\{y_i\}$ können dann z. B. durch die innere Energie U, das Volumen V und die Teilchenzahl N dargestellt werden.
>
> Durch diese Zustandsgrößen wird ein Unterraum des Einteilchen-Zustandsraumes μ abgesteckt, der jedem einzelnen Teilchen zugänglich ist. Die Impulse $\boldsymbol{p}_i$ aller Teilchen können beliebig orientiert sein, aber ihre Beträge sind dadurch beschränkt, dass die Summe ihrer kinetischen Energien gerade die gesamte innere Energie U ergeben. Der Einteilchen-Zustandsraum μ ist daher das sechsdimensionale Produkt aus dem räumlichen Volumen V und demjenigen Unterraum des Impulsraumes, der jedem Teilchen unter der Vorgabe der Gesamtenergie zur Verfügung steht.
>
> Dieser Einteilchen-Zustandsraum wird in Zellen des vorerst beliebigen Volumens h_0^3 unterteilt. Jedes Teilchen wird im Einteilchen-Zustandsraum durch einen Punkt dargestellt, das Gesamtsystem also durch N Punkte.
>
> Da wir von den Teilchen angenommen haben, dass sie eine vernachlässigbare Ausdehnung haben und nicht miteinander wechselwirken, steht jedem von ihnen derselbe Einteilchen-Zustandsraum zu. Deswegen ist der N-Teilchen-Zustandsraum Γ das N-fache direkte Produkt des Einteilchen-Zustandsraumes μ. Er besteht aus Zellen des Volumens h_0^{3N}. Jedes so beschriebene, durch seine makroskopischen Zustandsgrößen bestimmte System wird zu jedem beliebigen Zeitpunkt eine dieser Zellen besetzen. Im N-Teilchen-Zustandsraum Γ wird das gesamte System aus N Teilchen durch einen einzelnen Punkt oder die Phasenraumzelle dargestellt, in der es sich gerade befindet.
>
> Eine beliebige (gedachte) Menge solcher makroskopisch gleichartiger Systeme aus N Teilchen bildet ein *Ensemble*.

> Die Systeme eines Ensembles werden die Zellen des ihnen zugänglichen Zustandsraumes mit einer Wahrscheinlichkeit besetzen, die noch zu bestimmen bleibt. ◀

Kehren wir zurück zum N-Teilchen-Zustandsraum. Dort wird jedes System eines Ensembles zu einem bestimmten Zeitpunkt einen der ihm zugänglichen Mikrozustände einnehmen, aber wir wissen nicht, welchen. Den N-Teilchen-Zustandsraum denken wir uns wieder in Zellen eingeteilt, die dort das Volumen $h_0^{\mathcal{F}}$ haben. Ohne weitere Kenntnis des Mikrozustands können wir bestenfalls angeben, mit welcher *Wahrscheinlichkeit* p_n das System den Mikrozustand mit der Nummer n einnehmen wird. Das bedeutet, dass wir erwarten, in einem Ensemble aus $\mathcal{N}$ makroskopisch gleichartigen Systemen die mittlere Anzahl

$$\bar{\mathcal{N}}_n = p_n \mathcal{N} \qquad (2.4)$$

von Systemen im Mikrozustand n zu finden.

Wir können über diese Wahrscheinlichkeiten p_n a priori nichts aussagen, weil wir keinerlei detaillierte Kenntnisse über die einzelnen Teilchen und ihre Bewegung mehr zur Verfügung haben. Wir können aber hoffen, zu allgemeingültigen Aussagen zu gelangen, wenn wir uns auf solche Systeme beschränken, für die wir annehmen können, dass sich die Wahrscheinlichkeiten p_n zeitlich nicht mehr ändern. Von solchen Systemen sagen wir, sie seien im *Gleichgewicht*. Das bedeutet, dass sich das Ensemble aus vielen gedachten, makroskopisch gleichartigen Systemen in dem Sinne nicht mehr zeitlich ändern wird, dass trotz der erwarteten Bewegung der Teilchen die Wahrscheinlichkeiten unverändert bleiben, mit denen die Systeme des Ensembles die ihnen zugänglichen Phasenraumzellen besetzen.

Für abgeschlossene Systeme im Gleichgewicht, deren gesamte innere Energie U konstant bleibt, führen wir nun axiomatisch das plausible Grundpostulat der statistischen Physik ein.

> **Grundpostulat der statistischen Physik**
>
> Abgeschlossene Systeme im Gleichgewicht halten sich mit gleicher Wahrscheinlichkeit in jedem der ihnen zugänglichen Mikrozustände auf.

Wir führen dieses Grundpostulat axiomatisch in die statistische Formulierung der Thermodynamik ein und verzichten auf eine nähere Begründung. Vielfältige Versuche wurden unternommen, tiefere Erklärungen zu finden, aber keiner davon führte bisher tatsächlich auf ein grundlegenderes physikalisches Prinzip zurück.

Da die Energie in abgeschlossenen Systemen konstant bleibt, kennzeichnen wir abgeschlossene Systeme durch ihre innere Energie U und bezeichnen die Anzahl der ihnen zugänglichen Mikrozustände mit

$$\Omega(U) := \text{Anzahl zugänglicher Zustände bei Energie } U. \quad (2.5)$$

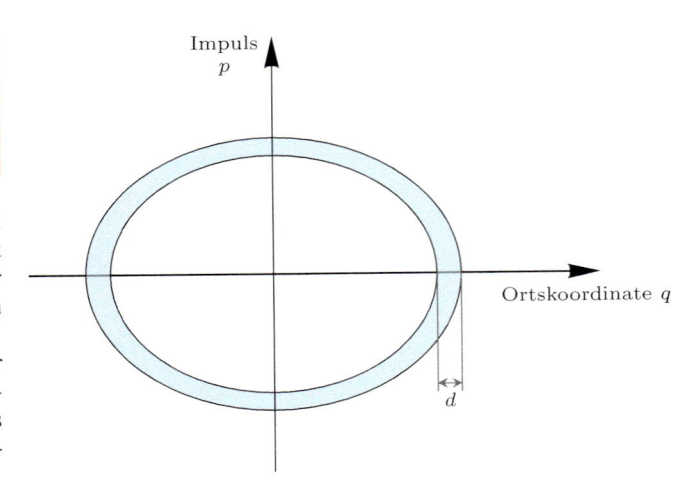

Abb. 2.3 Ein harmonischer Oszillator mit vorgegebener Energie beschreibt eine Ellipse im Phasenraum. Ein Ensemble von Oszillatoren mit ähnlicher Energie füllt im Phasenraum einen elliptischen Ring endlicher Breite d. (Vgl. dazu Bd. 1, Abb. 7.1 in Abschn. 7.1)

Diese Anzahl ist proportional zum Phasenraumvolumen des Systems. Sie kann formal durch das Phasenraumintegral

$$\begin{aligned}\Omega(U) &= \frac{1}{h_0^{\mathcal{F}}} \int \delta_{\mathrm{D}}[H(x) - U] \prod_{i=1}^{\mathcal{F}} \mathrm{d}q_i \mathrm{d}p_i \\ &= \int \delta_{\mathrm{D}}[H(x) - U] \, \mathrm{d}\Gamma(x)\end{aligned} \qquad (2.6)$$

dargestellt werden, in dem die δ-Distribution sicherstellt, dass die Hamilton-Funktion $H(x)$ am Phasenraumpunkt $x = (q, p)$ den vorgegebenen Wert U annimmt. Den Vorfaktor $h_0^{-\mathcal{F}}$, der das Phasenraumvolumen in eine dimensionslose Anzahl übersetzt, absorbieren wir in das Integralmaß $\mathrm{d}\Gamma(x)$:

$$\mathrm{d}\Gamma(x) = \frac{1}{h_0^{\mathcal{F}}} \prod_{i=1}^{\mathcal{F}} \mathrm{d}q_i \mathrm{d}p_i. \qquad (2.7)$$

Achtung Um zu vermeiden, dass die Dirac'sche δ-Distribution mit den infinitesimal kleinen Größen verwechselt wird, die in der Thermodynamik häufig vorkommen, schreiben wir sie hier mit dem Subskript „D". ◀

Da wir den Phasenraum in Zellen endlicher Größe eingeteilt haben, wird die Energie nicht *genau* einen beliebigen Wert U annehmen können. Deswegen ist mit Aussagen wie der obigen immer gemeint, dass die Energie zwischen U und $U + \delta U$ liegen soll, wobei $\delta U \ll U$ vorausgesetzt wird. Die Energie des Systems liegt dann in einer sogenannten *Energieschale* der sehr kleinen Dicke δU, wie sie in Abb. 2.3 dargestellt wird. Die δ-Distribution in (2.6) wird dann durch eine charakteristische Funktion $\chi_{\delta U}$ ersetzt, die auf der Energieschale gleich eins ist und überall sonst verschwindet.

Aus dieser Aussage können wir bereits schließen, welchen *mittleren Wert* eine bestimmte makroskopische Zustandsgröße y_j des

Systems einnehmen wird. Seien $\{w_{j,k}\}$ alle möglichen Werte, welche diese Zustandsgröße in dem betrachteten abgeschlossenen System annehmen kann. Der Einfachheit halber stellen wir uns vor, dass diese Werte durch einen diskreten Index k abzählbar seien, aber die Diskussion kann ohne große Mühe auf kontinuierliche Wertemengen erweitert werden.

Frage 1

Mit welcher *Wahrscheinlichkeit* wird ein *bestimmter* Wert $w_{j,k}$ angenommen?

Um diese Frage zu beantworten, betrachten wir den mikroskopischen Zustandsraum, der dem System zugänglich ist, und darin speziell den Bereich, in dem die Zustandsgröße y_j diesen Wert $w_{j,k}$ annimmt. Die Anzahl der Zustände in diesem Bereich bezeichnen wir mit $\Omega(U; w_{j,k})$. Dann ist aufgrund des statistischen Grundpostulats die Wahrscheinlichkeit dafür, dass der Wert $w_{j,k}$ angenommen wird, gleich dem Verhältnis

$$p(w_{j,k}) = \frac{\Omega(U; w_{j,k})}{\Omega(U)}, \qquad (2.8)$$

weil dem statistischen Grundpostulat zufolge jeder zugängliche Mikrozustand mit gleicher Wahrscheinlichkeit angenommen werden muss. Demnach ist der Mittelwert der Zustandsgröße y_j gegeben durch

$$\bar{w}_j = \sum_k w_{j,k} p(w_{j,k}) = \frac{\sum_k w_{j,k} \Omega(U; w_{j,k})}{\Omega(U)}. \qquad (2.9)$$

Anzahl zugänglicher Mikrozustände

Wie groß die Anzahl der zugänglichen Mikrozustände eines makroskopischen Systems aus sehr vielen Teilchen sein kann, zeigt die folgende Betrachtung am Beispiel eines idealen Gases.

Wir haben in Abschn. 1.6 eine empirische Definition eines idealen Gases anhand der idealen Gasgleichung und der Beobachtung gegeben, dass die innere Energie eines idealen Gases nur von seiner Temperatur abhängen kann. Im Zusammenhang mit der statistischen Beschreibung nennen wir nun ein Gas ideal, dessen Teilchen nur durch direkte Stöße miteinander wechselwirken können, also nicht durch langreichweitige Kräfte aufeinander wirken, die ferner keine innere Struktur haben und deren Ausdehnung vernachlässigbar klein ist. Wir werden in Abschn. 3.3 sehen, dass in dieser Aussage auch die makroskopischen Eigenschaften eines idealen Gases begründet liegen, sodass beide Definitionen miteinander verträglich sind.

Jedes Teilchen eines idealen Gases hat dann nur die drei Freiheitsgrade der Translation. Die gesamte innere Energie aller Teilchen ist durch deren gesamte kinetische Energie E_{kin} gegeben,

$$U = E_{\text{kin}} + E_{\text{pot}} = E_{\text{kin}} = \sum_{i=1}^{N} \frac{\boldsymbol{p}_i^2}{2m}, \qquad (2.10)$$

denn die potenzielle Energie E_{pot} verschwindet, weil die Teilchen nach Voraussetzung keine Kräfte aufeinander ausüben, solange sie nicht direkt aneinanderstoßen.

Achtung Die präzise Charakterisierung eines idealen Gases ist etwas trickreich. Von den Teilchen eines idealen Gases wird angenommen, dass sie keine Ausdehnung haben. Wie sollen sie dann direkt stoßen? In (2.10) tritt zudem gar kein Stoßterm auf. Was geschieht hier wirklich? Stöße mit der Wand sind notwendig, um das Gas einzuschließen. Gegenseitige Stöße sind nötig, um überhaupt ins Gleichgewicht zu kommen. Danach sind die Stöße der Teilchen aneinander aber völlig überflüssig. ◀

Die Anzahl der Mikrozustände, die dem System bei vorgegebener Energie U zugänglich sind, ist gleich dem zugänglichen Volumen im Phasenraum, geteilt durch die Zellengröße $h_0^{\mathcal{F}}$. Entsprechend der Definition (2.7) können wir dies durch

$$\Omega(U) = \int_{\Gamma} \chi_{\delta U}(H(x) - U) \, d\Gamma(x) \qquad (2.11)$$

ausdrücken, wobei $\chi_{\delta U}(H(x) - U)$ die charakteristische Funktion der Energieschale im Phasenraum ist, in der die Gesamtenergie (2.10) zwischen U und $U + \delta U$ liegt. Innerhalb dieser Energieschale ist die charakteristische Funktion $\chi_{\delta U}(H - U) = 1$, außerhalb verschwindet sie. Wie genau die charakteristische Funktion von den Phasenraumkoordinaten abhängt, braucht uns hier nicht zu interessieren.

Das Integral über die verallgemeinerten Koordinaten ist einfach auszuführen. Da die Teilchen nur durch direkte Stöße aufeinander einwirken, spüren sie kein ortsabhängiges Potenzial. Ihre Hamilton-Funktion kann daher nicht von den Ortskoordinaten abhängen. Für jedes einzelne Gasteilchen muss deshalb

$$\int dq_1 dq_2 dq_3 = V \qquad (2.12)$$

gelten, wenn wir seine drei Freiheitsgrade der Einfachheit halber mit 1, 2 und 3 nummerieren. Insgesamt ergibt das Integral über alle dq_i also V^N, wenn N die Teilchenzahl ist.

Um das Integral über die Impulse abzuschätzen, betrachten wir zunächst die Anzahl Φ der Zustände mit einer Energie $\leq U$. Dann ist

$$\Omega(U) = \Phi(U + \delta U) - \Phi(U) = \frac{\partial \Phi(U)}{\partial U} \delta U. \qquad (2.13)$$

Wegen (2.10) definiert eine bestimmte innere Energie U eine Kugelschale im $\mathcal{F}$-dimensionalen Impulsraum, deren Radius durch den maximalen Impuls

$$p_{\max} = \left(\sum_{i=1}^{N} \boldsymbol{p}_i^2\right)^{1/2} = \sqrt{2mU} \qquad (2.14)$$

gegeben ist. Beachten Sie, dass $\mathcal{F} = 3N$ ist, sodass die beiden Größen $\mathcal{F}$ und N nicht unabhängig auftreten.

Vertiefung: Wahrscheinlichkeitsmaß im Phasenraum

Das Ergebnis (2.9) legt die folgende Verallgemeinerung nahe. Wir betrachten eine beliebige Größe A, die an einem makroskopischen System gemessen werden soll. Welchen Wert dieser Größe werden wir bei einer Messung erwarten können?

Dazu denken wir uns die Messung an jedem System aus einem großen Ensemble gleichartiger Systeme wiederholt und erwarten, dass die Gesamtheit dieser Messungen den Mittelwert

$$\langle A \rangle = \int_\Gamma A(x) \rho(x) \mathrm{d}\Gamma(x)$$

für die Größe A ergibt. Darin ist $A(x)$ der Wert, den die Größe A annimmt, wenn sich das System im Punkt x des Phasenraumes befindet. Die Funktion $\rho(x)$ ist eine Wahrscheinlichkeitsdichte auf dem Phasenraum. Wie in Abschn. 4.1 genauer ausgeführt wird, bedeutet das, dass $\rho(x)\mathrm{d}\Gamma(x)$ die Wahrscheinlichkeit angibt, in dem gedachten großen Ensemble gleichartiger makroskopischer Systeme ein System in einer infinitesimalen Umgebung $\mathrm{d}\Gamma(x)$ des Punktes x zu finden.

Zu einem beliebig herausgegriffenen Zeitpunkt t werden die Systeme unseres Ensembles ein bestimmtes Volumen im Phasenraum füllen. Der Liouville'sche Satz besagt, dass sich dieses Phasenraumvolumen nicht ändern wird, da der Phasenraumfluss Φ_t das Phasenraumvolumen erhält (siehe hierzu den Kasten „Vertiefung: Phasenraumfluss und Liouville'scher Satz"). Das bedeutet insbesondere, dass das Phasenraumintegral über die Wahrscheinlichkeitsdichte $\rho(x)$ konstant sein muss:

$$\int_\Gamma \rho \circ \Phi_t \mathrm{d}\Gamma(x) = \int_\Gamma \rho \mathrm{d}\Gamma(x).$$

Die totale zeitliche Ableitung von $\rho \circ \Phi_t$ muss demnach verschwinden, woraus wir zunächst wegen $\dot x = \partial \Phi_t / \partial t$

$$\frac{\partial \rho}{\partial t} + \dot x \frac{\partial \rho}{\partial x} = 0$$

schließen können. Aufgrund der Hamilton'schen Gleichungen gilt weiter

$$\dot x = J \frac{\partial H}{\partial x},$$

sodass wir die vorletzte Gleichung mithilfe der Poisson-Klammer

$$\{H, \rho\} = \frac{\partial H}{\partial q}\frac{\partial \rho}{\partial p} - \frac{\partial H}{\partial p}\frac{\partial \rho}{\partial q} = -\left(J\frac{\partial H}{\partial x}\right)\frac{\partial \rho}{\partial x}$$

in die kompakte Form

$$\frac{\partial \rho}{\partial t} = \{H, \rho\}$$

bringen können. Dies ist die *Liouville'sche Gleichung* für die Wahrscheinlichkeitsdichte $\rho(x)$ im Phasenraum.

Die Wahrscheinlichkeitsdichte $\rho(x)$ induziert durch die erste Gleichung in diesem Kasten ein Wahrscheinlichkeitsmaß im Phasenraum, das die Mittelwerte makroskopischer Größen zu berechnen erlaubt. Für abgeschlossene Systeme, deren Energie konstant bleiben muss, ist das Phasenraumintegral im Wahrscheinlichkeitsmaß wie in (2.6) auf denjenigen Unterraum des Phasenraumes beschränkt, wo $H(x) = U$ gilt. Dieser Unterraum wird auch Energieschale oder Energiefläche genannt. Er hat eine sehr kleine, aber endliche Dicke δU in der Energie.

Im Gleichgewicht muss aber jeder Punkt x auf der Energiefläche mit gleicher Wahrscheinlichkeit angenommen werden, wie es das statistische Grundpostulat verlangt. Die Wahrscheinlichkeitsdichte muss demnach auf der Energiefläche konstant sein, $\rho(x) = \rho_0$, außerhalb aber verschwinden. Zudem muss sie die Normierungsbedingung

$$\int \delta_\mathrm{D}[H(x) - U] \rho_0 \mathrm{d}\Gamma(x) = 1$$

erfüllen, die wegen (2.6)

$$\rho_0 = \Omega^{-1}(U)$$

bedeutet. Der Mittelwert der Größe A in einem abgeschlossenen System ist damit durch

$$\langle A \rangle = \int_\Gamma A(x) \mathrm{d}\mu(x)$$

gegeben, wobei

$$\mathrm{d}\mu(x) = \frac{1}{\Omega(U)} \delta_\mathrm{D}[H(x) - U] \mathrm{d}\Gamma(x)$$

das Wahrscheinlichkeitsmaß auf dem Phasenraum für abgeschlossene Systeme angibt.

Wir werden in Abschn. 4.2 und 4.3 sehen, welche verschiedenen Verteilungsfunktionen $\rho(x)$ unter bestimmten physikalischen Bedingungen auftreten.

Das gesamte Volumen dieser Kugel wird zu $p_{\max}^{\mathcal{F}}$ proportional sein, ebenso wie das Volumen einer Kugel in drei Dimensionen zur dritten Potenz des Radius proportional ist. Die Proportionalitätskonstante mag von der Größenordnung eins sein, ist aber für unsere Betrachtung unerheblich. Wie sie berechnet werden kann, wird im „Mathematischen Hintergrund" 2.3 erläutert. Also haben wir

$$\Phi(U) \propto V^N p_{\max}^{\mathcal{F}} = V^N (2mU)^{\mathcal{F}/2} \qquad (2.15)$$

und, wegen (2.13),

$$\Omega(U) \propto V^N \frac{\mathcal{F}}{2} 2m (2mU)^{\mathcal{F}/2-1} \delta U \propto \mathcal{F} U^{\mathcal{F}/2-1} \delta U. \qquad (2.16)$$

Phasenraumvolumen

Wir ziehen daraus drei wesentliche Schlüsse. Erstens wird das Phasenraumvolumen $\Omega(U)$ proportional zu δU sein, solange $\delta U \ll U$ ist. Zweitens ist $\Omega(U)$ proportional zur Anzahl der Freiheitsgrade $\mathcal{F} = Nf$ aller Teilchen, was eine riesige Zahl sein wird. Drittens nimmt $\Omega(U)$ wie $U^{\mathcal{F}/2-1} \approx U^{\mathcal{F}/2}$ zu, hängt also für eine makroskopische Anzahl $\mathcal{F}$ von Freiheitsgraden extrem steil von der inneren Energie U ab.

Auf diese Eigenschaften des Phasenraumvolumens $\Omega(U)$ werden wir später zurückkommen.

Frage 2
Wie würde die Anzahl zugänglicher Mikrozustände von der inneren Energie abhängen, wenn die kinetische Energie linear vom Impuls abhängen würde? Kennen Sie ein Beispiel für eine solche Energie-Impuls-Abhängigkeit?

Übergang ins Gleichgewicht

Betrachten wir ein abgeschlossenes, makroskopisches System, das sich anfänglich im Gleichgewicht befindet. Nach dem statistischen Grundpostulat müssen wir dann davon ausgehen, dass es sich mit gleicher Wahrscheinlichkeit $p_n = p = \text{const}$ in jedem der ihm zugänglichen Mikrozustände im Phasenraumvolumen aufhalten kann. In einem Ensemble aus einer großen Zahl $\mathcal{N}$ gleichartiger Systeme können wir davon ausgehen, eine solche Anzahl von Systemen in jedem einzelnen dieser Mikrozustände zu finden, deren Mittelwert durch (2.4) gegeben ist.

Welche Zustände dem System im mikroskopischen Zustandsraum zugänglich sind, wird durch die makroskopischen Zustandsgrößen $\{y_j\}$ vorgegeben. Da das System abgeschlossen ist, wird seine innere Energie U konstant sein. Ändern wir eine der verbleibenden makroskopischen Zustandsgrößen so, dass sich der dem System zugängliche Bereich im Phasenraum ändert, wird das System in der Regel aus seinem Gleichgewicht gebracht.

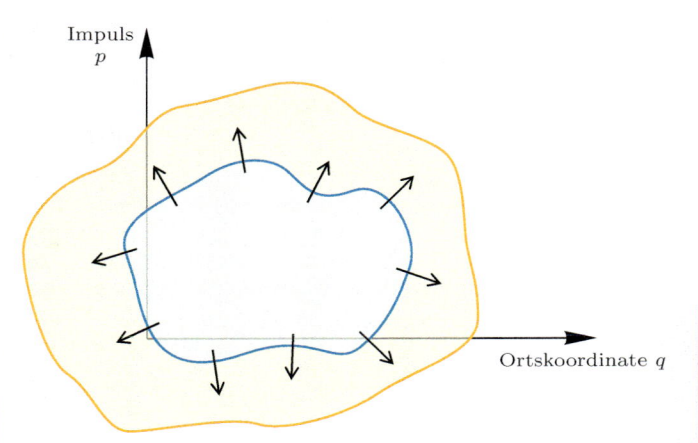

Abb. 2.4 Erweitert sich das Phasenraumvolumen, das einem abgeschlossenen System zugänglich ist, wird es aus dem Gleichgewicht gebracht. Mikroskopische Wechselwirkungen müssen dafür sorgen, dass sich wieder eine Gleichverteilung über alle jetzt zugänglichen Zustände einstellt

Expansion ins Vakuum

Instruktiv ist das Beispiel eines thermisch abgeschlossenen Volumens V, das durch eine gleichfalls thermisch isolierende Trennwand in zwei Teilvolumina $V_1 < V$ und $V_2 = V - V_1$ unterteilt wird. Anfänglich sei nur das Volumen V_1 mit Gas gefüllt, während in V_2 Vakuum herrschen soll.

Wird nun die Trennwand abrupt entfernt, ändert sich eine der makroskopischen Zustandsgrößen des Gases: Sein zugängliches Volumen wächst instantan oder jedenfalls sehr schnell von V_1 auf V an. Dadurch findet sich das Gas plötzlich weit ab vom Gleichgewicht wieder: Nun ist ihm das gesamte Volumen V zugänglich, aber nur der Teil V_1 ist tatsächlich besetzt. Vermittelt durch die zufällige Bewegung der Teilchen wird sich ein neues Gleichgewicht einstellen, das dann erreicht wird, wenn die mittlere Teilchendichte überall in V gleich groß ist.

Wir haben in Abschn. 1.6 phänomenologisch begründet, dass die innere Energie der Teilchen eines idealen Gases nicht vom Volumen abhängt, das diese Teilchen anfüllen, und werden dies in Abschn. 3.3 mikroskopisch begründen. Aufgrund dessen faktorisiert der $2d$-dimensionale Einteilchen-Zustandsraum μ in einen räumlichen Anteil und einen Impulsanteil, wie wir schon oben in einem Beispiel gesehen haben.

Da die gesamte innere Energie des Gases bei dem hier betrachteten Vorgang konstant bleiben muss, geht das räumliche Volumen des Einteilchen-Zustandsraumes von V_1 auf V über, wodurch sich die Dichte und der Druck des idealen Gases um das V_1/V-fache verringern.

2.3 Mathematischer Hintergrund: Volumen und Oberfläche der *n*-Sphäre

Wir wollen Formeln für die Oberfläche O_n und das Volumen V_n des Analogons einer Kugel in n Dimensionen herleiten, wobei R für den Radius steht. Diese wird in der Mathematik als *Sphäre* S_R^{n-1} bezeichnet, für $R = 1$ als *Einheitssphäre* S^{n-1} (der Index ist hier $n - 1$ statt n, weil nur die Oberfläche gemeint ist, die ja eine $(n - 1)$-dimensionale Mannigfaltigkeit ist.) Spezialfälle sind der Kreis S_R^1 und die Kugel S_R^2. (Bei ersterem ist die „Oberfläche" natürlich der Umfang und das „Volumen" der Flächeninhalt.)

Es liegt nahe, für die Rechnung Kugelkoordinaten im n-dimensionalen Raum zu verwenden. Das Volumenelement kann als

$$d^n x = r^{n-1} dr \, d\Omega_n \tag{1}$$

geschrieben werden, wobei $d\Omega_n$ das infinitesimale Raumwinkelelement im n-dimensionalen Raum bezeichnet.

Wir betrachten nun speziell die Funktion $f(r) = e^{-r^2}$, die nur vom Radius $r = \sqrt{\sum_{i=1}^n x_i^2}$ abhängt. Für deren Integral über den gesamten Raum ergibt sich einerseits

$$\int e^{-r^2} d^n x = \Omega_n \int_0^\infty e^{-r^2} r^{n-1} dr =: \Omega_n I_n, \tag{2}$$

wobei Ω_n den gesamten Raumwinkel im n-dimensionalen Raum bezeichnet, also den Oberflächeninhalt der Einheitssphäre S^{n-1}, und das Integral mit I_n abgekürzt wurde.

Andererseits kann das linke Integral in (2) auch in kartesischen Koordinaten ausgewertet werden:

$$\int e^{-r^2} d^n x = \left(\int_{-\infty}^\infty e^{-x^2} dx \right)^n = \sqrt{\pi}^n. \tag{3}$$

Durch Vergleich der beiden Ergebnisse (2) und (3) erhalten wir also

$$\Omega_n = \frac{\sqrt{\pi}^n}{I_n}. \tag{4}$$

Da die Oberfläche eine $(n - 1)$-dimensionale Mannigfaltigkeit ist, muss der Oberflächeninhalt einer allgemeinen S_R^{n-1}-Sphäre um den Faktor R^{n-1} größer sein als der Oberflächeninhalt der Einheitssphäre S^{n-1}. Das Volumen erhält man dagegen, indem man die Funktion $f \equiv 1$ bis zum Radius R integriert. Mit dem Ergebnis (4) folgt also leicht

$$O_n = \Omega_n R^{n-1} \quad \text{und} \quad V_n = \frac{\Omega_n R^n}{n}. \tag{5}$$

Es bleibt das Integral I_n zu berechnen, das in (2) definiert wurde. Die Substitution $t = r^2$ führt auf

$$I_n = \frac{1}{2} \int_0^\infty t^{n/2-1} e^{-t} dt. \tag{6}$$

Ein Vergleich mit der Definition (1) im „Mathematischen Hintergrund" Bd. 3, (12.1) zeigt, dass I_n die Hälfte der Gammafunktion $\Gamma(n/2)$ und damit

$$\Omega_n = \frac{2\sqrt{\pi}^n}{\Gamma\left(\frac{n}{2}\right)} \tag{7}$$

ist. Für gerades n ist $n/2 \in \mathbb{N}$, wofür die Gammafunktion der Fakultät entspricht:

$$I_n = \frac{1}{2}\left(\frac{n}{2} - 1\right)! \quad \text{(für gerade } n\text{)}. \tag{8}$$

Für ungerade n ist das Argument der Gammafunktion halbzahlig, wofür wir

$$I_n = \frac{(n-1)!}{2^n \left(\frac{n-1}{2}\right)!} \sqrt{\pi} \quad \text{(für ungerade } n\text{)} \tag{9}$$

erhalten (siehe hierzu wieder den „Mathematischen Hintergrund" Bd. 3, (12.1)).

Wir finden daher

$$\Omega_n = \begin{cases} \dfrac{2\sqrt{\pi}^n}{\left(\frac{n}{2} - 1\right)!} & \text{(für gerade } n\text{)} \\ \dfrac{2^n \sqrt{\pi}^{n-1}}{(n-1)!} \left(\dfrac{n-1}{2}\right)! & \text{(für ungerade } n\text{)} \end{cases}, \tag{10}$$

und die Oberflächen bzw. Volumina folgen aus (5). Wie man leicht nachprüft, ergeben sich für $n = 2$ bzw. $n = 3$ die bekannten Ergebnisse für Kreis und Kugel. Diese und einige weitere Ergebnisse stellt die folgende Tabelle zusammen.

n	Ω_n	V_n	n	Ω_n	V_n
2	2π	πR^2	6	π^3	$\dfrac{\pi^3}{6} R^6$
3	4π	$\dfrac{4\pi}{3} R^3$	7	$\dfrac{16\pi^3}{15}$	$\dfrac{16\pi^3}{105} R^7$
4	$2\pi^2$	$\dfrac{\pi^2}{2} R^4$	8	$\dfrac{\pi^4}{3}$	$\dfrac{\pi^4}{24} R^8$
5	$\dfrac{8\pi^2}{3}$	$\dfrac{8\pi^2}{15} R^5$	9	$\dfrac{32\pi^4}{105}$	$\dfrac{32\pi^4}{945} R^9$

Wenn sich der mikroskopische Zustandsraum vergrößert, der dem System zugänglich ist, werden dem System nach der Änderung einer makroskopischen Zustandsgröße weitere Mikrozustände im mikroskopischen Zustandsraum eröffnet, die unmittelbar nach der Änderung noch von keinem System aus dem Ensemble besetzt sein können. Um wieder ins Gleichgewicht zu kommen, müssen Wechselwirkungen zwischen den Komponenten (den Teilchen oder allgemein den Freiheitsgraden) des Systems dafür sorgen, dass auch bislang unbesetzte Mikrozustände erreicht werden. Das wird so lange dauern, bis jeder der nunmehr zugänglichen Mikrozustände mit gleicher Wahrscheinlichkeit besetzt sein kann, d. h. bis in einem großen Ensemble gleichartiger Systeme jeder zugängliche Mikrozustand durch eine im Mittel gleiche Anzahl von Systemen aus diesem Ensemble besetzt ist. Wie lange dieser Vorgang dauert, hängt natürlich von der Stärke der Wechselwirkung zwischen den Komponenten des Systems ab.

Wenn sich der zugängliche Bereich im mikroskopischen Zustandsraum durch die Änderung einer makroskopischen Zustandsgröße verkleinert, setzt ein analoger Prozess ein. Dadurch, dass bisher zugängliche Mikrozustände ausgeschlossen werden, muss die Wahrscheinlichkeit dafür auf null sinken, dass sich das System dort aufhält. Dementsprechend größer muss die Wahrscheinlichkeit an den weiterhin zugänglichen Stellen des mikroskopischen Zustandsraumes werden. Wiederum müssen die Wechselwirkungen zwischen den Komponenten des Systems für diese Entwicklung ins Gleichgewicht sorgen.

Störung des Gleichgewichts und Übergang in ein neues

Wird eine makroskopische Zustandsgröße eines abgeschlossenen Systems verändert, verändert sich in der Regel auch der mikroskopische Zustandsraum, der dem System zugänglich ist. Unmittelbar nach der Änderung kann sich das System nicht im Gleichgewicht befinden, weil es sich nicht mit gleicher Wahrscheinlichkeit in jedem zugänglichen Mikrozustand befinden kann: Ein Teil der nunmehr zugänglichen Mikrozustände wurden ihm gerade erst eröffnet oder genommen.

Wechselwirkungen zwischen den Komponenten (Teilchen) des Systems und deren thermische Bewegung werden dafür sorgen, dass sich ein neues Gleichgewicht einstellt. Wie schnell das geschehen kann, hängt von der Stärke der Wechselwirkung zwischen den Systemkomponenten und von der Geschwindigkeit ihrer thermischen Bewegung ab.

Die Tasse auf dem Eröffnungsbild dieses Kapitels, in der sich Milch langsam mit Tee mischt, liefert ein gutes Beispiel dafür, wie sich verschiedene Gleichgewichte auf verschiedenen Zeitskalen einstellen. Die Milch mischt sich mit dem Tee, bis das Mischungsverhältnis überall in der Tasse gleich geworden ist. Deutlich langsamer als dieser Mischungsvorgang ist die allmähliche Abkühlung des Tees bzw. der Mischung aus Milch und Tee, bis sich thermisches Gleichgewicht zwischen dem Getränk und der umgebenden Raumluft einstellt.

Mechanische Arbeit und Wärme, erster Hauptsatz

Die innere Energie eines makroskopischen Systems wird durch alle externen Parameter a beeinflusst, die in der Hamilton-Funktion auftauchen, welche die Dynamik jedes einzelnen seiner mikroskopischen Freiheitsgrade beschreibt. Die Energie E_n des Mikrozustands mit dem Index n, gegeben durch die Hamilton-Funktion dieses Mikrozustands, wird daher von diesen externen Parametern abhängen:

$$E_n = H_n(a). \tag{2.17}$$

Achtung Beachten Sie der Klarheit halber den konzeptionellen Unterschied zwischen den hier eingeführten äußeren Parametern a und den vorher verwendeten makroskopischen Zustandsparametern $\{y_i\}$. ◄

Die Parameter a stellen solche Größen dar, die in die Hamilton-Funktion oder den Hamilton-Operator eingehen und die auf diese Weise die Bewegungsgleichungen der mikroskopischen Freiheitsgrade beeinflussen. Die Menge der makroskopischen Zustandsparameter können wir mit den makroskopischen Zustandsgrößen identifizieren, von denen in Kap. 1 über phänomenologische Thermodynamik die Rede war. Sie sind nicht notwendigerweise von außen einstellbare Parameter, und sie gehen über die Definition der Parameter a insbesondere dadurch hinaus, dass sie das Gesamtsystem als makroskopisches Gebilde auf eine Weise beschreiben, die kollektive Eigenschaften erfasst.

Die Parameter a können die Schwerebeschleunigung, äußere elektrische oder magnetische Felder usw. vertreten, aber auch das Volumen oder den Druck, denn die Eigenzustände quantenmechanischer Teilchen können davon abhängen. Sie haben gelegentlich eine endliche Schnittmenge mit den Zustandsparametern $\{y_i\}$, aber keine dieser Mengen ist eine Teilmenge der anderen.

Kollektive Größen

Beispielsweise wird die Temperatur T nicht in die Hamilton-Funktion eingehen, weil sie als kollektive Größe die Bewegung eines einzelnen Teilchens nicht beeinflussen kann. Dennoch wird T für weitaus die meisten makroskopischen Systeme eine wichtige Zustandsgröße sein. Gleiches gilt für den Druck P, denn auch er kommt erst als kollektive Eigenschaft eines Systems aus vielen Komponenten zustande.

Im Beispielkasten „Druck und mechanische Arbeit" wird weiter unten gezeigt werden, dass die Hamilton-Funktion der Teilchen eines idealen Gases vom Volumen V

abhängt, in dem sich die Teilchen befinden. Zudem wird V eine wichtige makroskopische Zustandsgröße des Gesamtsystems sein. Das Volumen ist in diesem Fall ein Beispiel dafür, dass kollektive Größen ebenso als Parameter in die Hamilton-Funktion eingehen können. ◀

Wir können makroskopische Zustandsänderungen, in deren Verlauf die äußeren Parameter a der Hamilton-Funktion oder des Hamilton-Operators nicht verändert werden, von solchen unterscheiden, in denen sie sich ändern. Dies wird uns gleich auf eine neue Art der Unterscheidung von Wärme und mechanischer Arbeit führen.

Parameter der Hamilton-Funktion

Die Teilchen eines idealen Gases seien in ein festes Volumen V eingeschlossen, das sich in einem äußeren Gravitationspotenzial befindet. Wenn die Abmessungen des Volumens klein gegenüber der Längenskala sind, auf der sich das Gravitationspotenzial nennenswert ändert, kann eine konstante Schwerebeschleunigung g vorausgesetzt werden.

Die Hamilton-Funktion jedes einzelnen Gasteilchens mit der Masse m lautet dann

$$H(p,q;g) = \frac{p^2}{2m} + mgz, \quad (2.18)$$

wenn die z-Achse entgegen der Gravitationsbeschleunigung („nach oben") orientiert wird.

Wenn die Gasteilchen zudem ein magnetisches Moment $\boldsymbol{m}$ bekommen, das sich in einem äußeren Magnetfeld $\boldsymbol{B}$ ausrichten kann, wird ihre Hamilton-Funktion zu

$$H(p,q;g,\boldsymbol{B}) = \frac{p^2}{2m} + mgz - \boldsymbol{m} \cdot \boldsymbol{B} \quad (2.19)$$

erweitert, wie wir bereits oben angekündigt haben. Wir greifen solche Systeme in Abschn. 4.6 wieder auf. Die Schwerebeschleunigung g und das Magnetfeld $\boldsymbol{B}$ stellen dann relevante äußere Parameter des Systems dar, die stellvertretend und summarisch durch a bezeichnet werden. ◀

Um zu klären, wie die Wechselwirkung zwischen Systemen beschrieben werden kann, stellen wir uns zwei Systeme A und B vor, die *gemeinsam* gegenüber ihrer Umwelt abgeschlossen sind, *zwischen* denen aber Energie ausgetauscht werden kann. Die äußeren Parameter bleiben zunächst unverändert. Die Gesamtenergie der beiden Systeme muss wegen der gemeinsamen Isolierung erhalten bleiben, aber die Systeme können ihre inneren Energien U_A und U_B durch Wechselwirkung mit dem jeweils

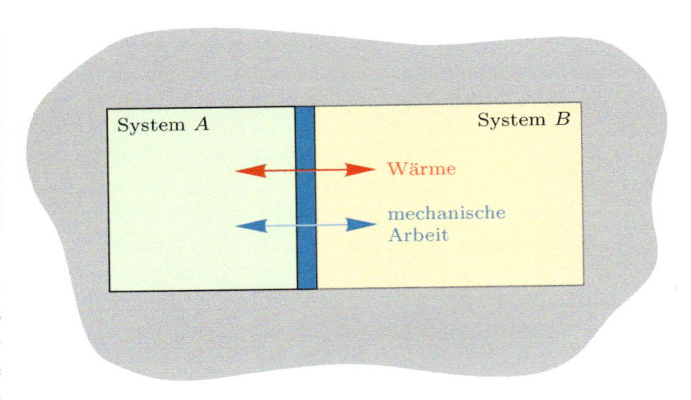

Abb. 2.5 Zwei gemeinsam abgeschlossene Systeme A und B, zwischen denen Energie durch mechanische Arbeit oder Wärme ausgetauscht werden kann

anderen System ändern. Also gilt für kleine Änderungen der inneren Energien der beiden Systeme

$$\Delta U_A = -\Delta U_B, \quad \Delta U_A + \Delta U_B = 0. \quad (2.20)$$

Umgekehrt können wir uns den direkten Energieaustausch zwischen den beiden Systemen unterbunden denken, aber statt seiner zulassen, dass die beiden Systeme mechanisch miteinander wechselwirken. Als Beispiel dafür kann ein Gasvolumen dienen, das durch eine bewegliche Wand in zwei Teilvolumina A und B unterteilt wird (Abb. 2.5). Indem das Gas in einem Teilvolumen die Wand zum anderen hin verschiebt, verrichtet es mechanische Arbeit am System im anderen Teilvolumen.

Unter diesen Umständen ändert sich für beide Teilsysteme zumindest einer, vielleicht auch mehrere der äußeren Parameter, die wir wieder summarisch mit a bezeichnen wollen. Aufgrund dessen ändern sich die inneren Energien der Teilsysteme um die Beträge $\Delta_a U_A$ bzw. $\Delta_a U_B$. Für jedes der beiden Teilsysteme wird diese rein mechanische Energieänderung mit der mechanischen Arbeit $\Delta W'$ identifiziert, die *an* diesem Teilsystem verrichtet wurde, bzw. mit der mechanischen Arbeit $\Delta W = -\Delta W'$, die *von* diesem Teilsystem verrichtet wurde. Also gilt

$$\Delta_a U = -\Delta W, \quad \Delta_a U + \Delta W = 0, \quad (2.21)$$

wobei wir hier in der Notation nicht mehr zwischen den beiden Teilsystemen unterscheiden.

Im Allgemeinen wird sich die innere Energie jedes der beiden Teilsysteme sowohl durch direkten Energieaustausch mit dem anderen System als auch durch mechanische Arbeit verändern können. Für jedes der beiden Teilsysteme gilt dann

$$\Delta U = \Delta_a U + \Delta Q, \quad (2.22)$$

wenn wir mit ΔQ denjenigen Anteil des Energieaustauschs bezeichnen, der ohne Veränderung der äußeren Parameter a vom jeweils anderen Teilsystem kommt bzw. an das jeweils andere Teilsystem abgegeben wird.

Erster Hauptsatz der Thermodynamik

Mit (2.21) gilt also

$$\Delta U = \Delta Q - \Delta W. \qquad (2.23)$$

Diese Gleichung, die den ersten Hauptsatz aus Abschn. 1.6 wiederholt, definiert die *Wärmemenge* ΔQ als diejenige Änderung der inneren Energie eines Systems, die nicht aufgrund mechanischer Arbeit aufgenommen oder abgegeben wird. Arbeit wird dadurch von Wärme unterschieden, dass sie mit kontinuierlichen Veränderungen derjenigen äußeren Parameter einhergeht, von denen die Hamilton-Funktion der mikroskopischen Freiheitsgrade abhängt. Wärme dagegen verändert die innere Energie, ohne die Parameter der Hamilton-Funktion neu einzustellen.

Entsprechend der Definition (2.21) und übereinstimmend mit der Definition, die in der phänomenologischen Thermodynamik gegeben wurde, ist ΔW die *vom* System verrichtete mechanische Arbeit.

Wenn wir zu infinitesimal kleinen Änderungen dU der inneren Energie übergehen, müssen wir wieder bedenken, dass zwar die innere Energie eines Systems eine kontinuierliche, dem System eigene Größe ist, sodass beliebig kleine Differenzen zwischen der inneren Energie vor und nach einer Änderung sinnvoll definiert sind. Dies trifft aber auf die Wärmemenge und die mechanische Arbeit nicht zu, weil sie nicht als kleine Differenzen zwischen zwei *verschiedenen*, dem System innewohnenden „Mengen" aufgefasst werden können, sondern lediglich als kleine Beträge, die dem System zu- oder aus dem System abgeführt werden. Um dies zu kennzeichnen, schreiben wir wieder

$$\mathrm{d}U = \delta Q - \delta W \qquad (2.24)$$

mit der schon in Abschn. 1.3 eingeführten und benutzten Bezeichnung $\delta(Q, W)$ statt $\mathrm{d}(Q, W)$.

Natürlich wiederholt das zunächst nur, was bereits während der phänomenologischen Einführung der Thermodynamik in Abschn. 1.3 über vollständige und unvollständige Differenziale bzw. über Zustands- und Prozessgrößen gesagt worden war. Die statistische Begründung der Thermodynamik führt aber die innere Energie auf diejenige Energie zurück, die den Teilchen oder allgemeiner den mikroskopischen Freiheitsgraden eines makroskopischen Systems aufgrund ihrer Bewegung und ihrer mikroskopischen Wechselwirkungen innewohnt. Dadurch wird eine tiefere Begründung möglich, welcher Unterschied zwischen Zustands- und Prozessgrößen besteht.

Zustands- und Prozessgrößen

Die makroskopischen *Zustandsgrößen* fassen innere, durch die mikroskopische Physik der Freiheitsgrade eines Systems gegebene Eigenschaften zusammen. Im Gegensatz dazu stellen *Prozessgrößen* dar, wie sich diese inneren Eigenschaften durch äußere Einflüsse ändern lassen. Zustandsgrößen hängen nicht von dem Prozess ab, durch den ein System in seinen Zustand gelangt ist, und kennzeichnen daher das System und seinen Zustand selbst. Prozessgrößen kennzeichnen dagegen den Übergang eines Systems von einem Zustand in einen anderen und hängen in der Regel davon ab, durch welchen Prozess dieser Übergang bewerkstelligt wird.

Als Prozessgrößen sind die kleinen Wärme- und Arbeitsmengen δQ und δW im Allgemeinen als unvollständige Differenziale zu verstehen: Sie sind zwar infinitesimal kleine Größen, aber in der Regel nicht als Ableitungen zweier Funktionen Q und W darstellbar. Die zwischen zwei Systemen ausgetauschte Wärme δQ bzw. die von einem System an einem anderen verrichtete mechanische Arbeit δW sind klarerweise nur während des jeweiligen Vorgangs definiert, aber nicht etwa als Unterschied zwischen zwei „Wärmemengen" Q_2 und Q_1 oder zwei „Arbeitsmengen" W_2 und W_1, die den wechselwirkenden Systemen vor bzw. nach dem jeweiligen Prozess zugeschrieben werden könnten.

Wir betonen an dieser Stelle noch einmal, dass die während eines endlichen Prozesses ausgetauschte Wärmemenge oder die gesamte dabei verrichtete mechanische Arbeit

$$Q_{12} = \int_1^2 \delta Q \quad \text{oder} \quad W_{12} = \int_1^2 \delta W \qquad (2.25)$$

gewöhnlich davon abhängen werden, entlang welchen Weges der Prozess von einem Zustand 1 zu einem anderen Zustand 2 geführt wird. Wenn allerdings während des Prozesses die äußeren Parameter a der Hamilton-Funktion konstant gehalten werden, sodass $\delta W = 0$ und $\delta Q = \mathrm{d}U$ gilt, muss Q_{12} von der Prozessführung unabhängig werden, weil dU ein vollständiges Differenzial ist. Entsprechendes gilt für W_{12}, wenn das betrachtete Gesamtsystem während der Prozessführung abgeschlossen bleibt, sodass $\delta Q = 0$ und daher $\delta W = \mathrm{d}U$ gelten.

Quasistatische Zustandsänderungen

Wenn sich die äußeren Parameter a ändern, die in die Hamilton-Funktion der mikroskopischen Freiheitsgrade eines makroskopischen Systems eingehen, werden sich in der Regel die Energien E_n der durch den Index n abgezählten Mikrozustände ändern. Wie genau das geschieht, wird gewöhnlich davon abhängen, wie schnell die Änderung der äußeren Parameter vonstatten geht. Wenn sie so langsam abläuft, dass das System nach jedem infinitesimal kleinen Schritt Gelegenheit hat, sein Gleichgewicht wieder zu finden, dann können wir während der gesamten Zustandsänderung annehmen, dass das System eine

Folge von Gleichgewichtszuständen durchläuft. Wir haben solche Zustandsänderungen in Abschn. 1.3 bereits ein erstes Mal besprochen.

Zunächst bewirkt eine infinitesimale Änderung der äußeren Parameter a der Hamilton-Funktion $H(x)$ eine Änderung

$$\mathrm{d}H(x) = \frac{\partial H(x)}{\partial a}\mathrm{d}a \qquad (2.26)$$

in der Hamilton-Funktion am Punkt x im Phasenraum, worin gegebenenfalls über alle relevanten Parameter zu summieren ist. Das System reagiert auf diese Änderung $\mathrm{d}H(x)$ aufgrund der Änderung $\mathrm{d}a$ der äußeren Parameter, indem es die Arbeit

$$\delta W(x) = \mathrm{d}H(x) = -\frac{\partial H(x)}{\partial a}\mathrm{d}a =: X(x)\mathrm{d}a \qquad (2.27)$$

verrichtet, wobei wir die Größe $X(x)$ als sogenannte *verallgemeinerte Kraft*

$$X(x) := -\frac{\partial H(x)}{\partial a} \qquad (2.28)$$

am Ort x im Phasenraum eingeführt haben.

Nun betrachten wir wieder ein Ensemble vieler gleichartiger abgeschlossener Systeme, deren äußere Zustandsparameter sich in derselben Weise ändern. Nach dem statistischen Grundpostulat gleicher A-priori-Wahrscheinlichkeiten aller Mikrozustände im Gleichgewicht eines abgeschlossenen Systems kommen in diesem Ensemble alle Mikrozustände mit gleicher Wahrscheinlichkeit vor, die überhaupt mit den makroskopischen Zustandsgrößen und den Parametern a verträglich sind. Dann erhalten wir die mittlere vom System verrichtete Arbeit als Produkt aus der mittleren verallgemeinerten Kraft X und der Änderung $\mathrm{d}a$ der äußeren Parameter,

$$\delta W = X\mathrm{d}a, \qquad (2.29)$$

wobei die mittlere verallgemeinerte Kraft X durch eine Mittelung über alle zugänglichen Mikrozustände gegeben ist:

$$X := -\left\langle \frac{\partial H(x)}{\partial a}\right\rangle = -\int_\Gamma \frac{\partial H(x)}{\partial a}\delta_\mathrm{D}[H(x)-U]\mathrm{d}\Gamma(x)$$
$$= -\int_\Gamma \frac{\partial H(x)}{\partial a}\mathrm{d}\mu(x). \qquad (2.30)$$

Das Wahrscheinlichkeitsmaß $\mathrm{d}\mu(x)$ im Phasenraum wurde im Kasten „Vertiefung: Wahrscheinlichkeitsmaß im Phasenraum" in Abschn. 2.1 definiert.

Die vom oder am System verrichtete Arbeit lässt sich daher immer durch das Produkt aus einer verallgemeinerten Kraft X und einer Änderung $\mathrm{d}a$ eines äußeren Parameters der Hamilton-Funktion darstellen. Die verallgemeinerte Kraft ist durch ihre Definition (2.30) dem äußeren Parameter a konjugiert, auf dessen Veränderung das System mittels der verallgemeinerten Kraft reagiert.

Druck und mechanische Arbeit

Betrachten wir als ein instruktives Beispiel den Druck P eines Systems. Er ist die verallgemeinerte Kraft, die ein System einer Verkleinerung seines Volumens V entgegenstellt. Das Volumen nimmt in diesem Beispiel die Rolle des äußeren Parameters der Hamilton-Funktion ein. Wie hängt aber die Hamilton-Funktion vom Volumen ab?

Für klassische Teilchen eines idealen Gases in einem Kasten ist dieser Zusammenhang vielleicht nicht offensichtlich, weil die Hamilton-Funktion freier Teilchen das Volumen gar nicht zu enthalten scheint. Es tritt aber dadurch auf, dass die Teilchen durch ein Potenzial daran gehindert werden müssen, den Kasten zu verlassen. Dieses Potenzial ist innerhalb des Kastens konstant und springt an den Wänden des Kastens auf unendlich.

Wie sich daraus der Druck eines idealen Gases ergibt, wird am einfachsten in einer quantenmechanischen Betrachtung sichtbar. Der Einfachheit halber wollen wir annehmen, dass der Kasten ein Würfel mit der Kantenlänge L sei, sodass sein Volumen $V = L^3$ ist. Ein einatomiges Teilchen in einem solchen Kasten hat die Energieeigenwerte

$$E_n = \frac{\hbar^2 k_n^2}{2m}, \qquad (2.31)$$

wobei die Wellenvektoren $\boldsymbol{k}_n$ aufgrund der Randbedingungen an den Kastenwänden die Bedingung

$$\boldsymbol{k}_n = \frac{\pi}{L}\boldsymbol{n}, \quad \boldsymbol{n} \in \mathbb{N}_0^3, \qquad (2.32)$$

erfüllen müssen. Vergleichen Sie dazu die Diskussion in Bd. 3, Abschn. 6.1 und die Aufgaben dazu. Verändern wir das Volumen, ändern sich die Energieeigenwerte um

$$\frac{\partial E_n}{\partial V} = \frac{\partial E_n}{\partial \boldsymbol{k}_n}\frac{\partial \boldsymbol{k}_n}{\partial L}\frac{\partial L}{\partial V} = \left(\frac{\hbar^2 \boldsymbol{k}_n}{m}\right)\cdot\left(-\frac{\boldsymbol{k}_n}{L}\right)\left(\frac{L}{3V}\right)$$
$$= -\frac{2E_n}{3V}. \qquad (2.33)$$

Integrieren wir diesen Ausdruck über alle verfügbaren Zustände und summieren über alle Teilchen, folgt

$$X = P = \frac{2}{3}\frac{U}{V}. \qquad (2.34)$$

Chemische Arbeit und chemisches Potenzial

Oft wird sich die innere Energie eines Systems ändern, wenn Teilchen hinzugefügt oder aus ihm entfernt werden. Diese Änderung wird durch die sogenannte chemische Arbeit beschrieben,

$$-\mathrm{d}U = \delta W_\mathrm{chem} = \mu\,\delta N, \qquad (2.35)$$

wobei δN die Änderung der Teilchenzahl im System ist. Die hierbei auftretende verallgemeinerte Kraft μ heißt chemisches Potenzial (Abb. 2.6).

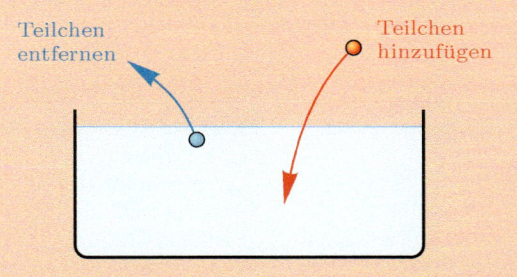

Abb. 2.6 Das chemische Potenzial gibt an, welche Arbeit aufgewendet werden muss, um einem System ein Teilchen hinzuzufügen oder ein Teilchen daraus zu entfernen

Besteht das System aus mehreren, insgesamt s Teilchensorten, deren Anzahlen sich alle ändern, ist die chemische Arbeit die Summe

$$\delta W_{\text{chem}} = \sum_{i=1}^{s} \mu_i \delta N_i. \quad (2.36)$$

◂

Frage 3

Welche verallgemeinerte Kraft könnte zu einem Magnetfeld als äußerem Parameter gehören? (*Hinweis*: Vergleichen Sie die Definition (2.28) der verallgemeinerten Kraft mit den Aussagen über magnetische Wechselwirkung im Beispielkasten „Äußere Parameter der Hamilton-Funktion" in diesem Abschnitt.)

Reversible und irreversible Zustandsänderungen beim Wegfall äußerer Zwangsbedingungen

Wir haben bereits besprochen, wie makroskopische Systeme durch Wechselwirkungen zwischen ihren mikroskopischen Freiheitsgraden aus einem Nichtgleichgewichts- in einen Gleichgewichtszustand übergehen können. Für abgeschlossene Systeme haben wir das Grundpostulat der statistischen Physik formuliert, dem zufolge jeder der dem System überhaupt zugänglichen Mikrozustände mit gleicher Wahrscheinlichkeit angenommen werden kann, wenn das System sich im Gleichgewicht befindet. Umgekehrt ist es nicht im Gleichgewicht, wenn es sich mit verschiedener Wahrscheinlichkeit in verschiedenen Teilen des ihm zugänglichen Bereichs des mikroskopischen Zustandsraumes aufhält.

Betrachten wir ein abgeschlossenes System, das bestimmten Zwängen unterliegt. Diese Zwänge werden dadurch dargestellt, dass einige oder alle makroskopischen Zustandsgrößen auf bestimmte Werte eingestellt und dort festgehalten werden.

Wegfall eines mechanischen Zwanges

Als Beispiel kann wieder das thermisch abgeschlossene Volumen V dienen, das durch eine gleichfalls thermisch isolierende, bewegliche, aber vorerst arretierte Wand in zwei Teilvolumina $V_1 < V$ und $V_2 = V - V_1$ unterteilt ist. Zur Abwechslung seien beide Teilvolumina gasgefüllt und jeweils separat im thermischen Gleichgewicht.

Nun werde die Arretierung der Wand so gelöst, dass sie sich wie ein Kolben hin und her bewegen kann, aber die thermische Isolierung bleibe bestehen. Unmittelbar nachdem die Arretierung gelöst wurde, wird das Gesamtsystem in der Regel nicht mehr im Gleichgewicht sein, weil sich der ihm zugängliche Bereich des mikroskopischen Zustandsraumes vergrößert hat: Dadurch, dass die Wand nun verschoben werden kann, kann das System Mikrozustände einnehmen, die ihm vorher unzugänglich waren. Erst nach einiger Zeit wird es wieder einen makroskopischen Gleichgewichtszustand erreichen, in dem nun die Trennwand wieder in Ruhe, aber in einer veränderten Lage sein wird. ◂

Äußere Zwangsbedingungen an das System, die in der Thermodynamik und in der statistischen Physik üblicherweise als *Hemmungen* bezeichnet werden, können allgemein dadurch formuliert werden, dass eine oder mehrere der makroskopischen Zustandsgrößen y_i auf bestimmte Werte festgelegt werden. Der Wegfall einer Hemmung bedeutet eine Änderung dieser makroskopischen Zustandsgrößen. Wie im obigen Beispiel vergrößert sich dadurch in der Regel die Anzahl der zugänglichen Mikrozustände, $\Omega_{\text{final}} > \Omega_{\text{initial}}$, weil das System nach dem Wegfall von Hemmungen typischerweise weniger eingeschränkt ist als vorher, sicher aber nicht eingeschränkter.

Auch solche äußeren Zustandsänderungen sind denkbar, durch die sich die Anzahl zugänglicher Mikrozustände nicht ändert, obwohl Hemmungen wegfallen.

Unverändertes Phasenraumvolumen

Betrachten wir als Beispiel wieder das abgeschlossene Gesamtvolumen von vorhin, das aber nun zuerst vollständig mit Gas gefüllt und ins Gleichgewicht gebracht wird, bevor die isolierende Wand eingeschoben wird. Das System als Ganzes wird nun nicht mehr verändert, wenn wir die Wand wieder entfernen. In diesem Fall wird trotz des Wegfalls der Hemmung die Anzahl zugänglicher Zustände unverändert bleiben, $\Omega_{\text{final}} = \Omega_{\text{initial}}$. ◂

Wir folgern daraus, dass die Anzahl der einem abgeschlossenen System zugänglichen Mikrozustände nicht abnehmen kann, wenn es von einem Gleichgewichtszustand in einen anderen übergeht, nachdem vorherige Hemmungen wegfallen:

$$\Omega_{\text{final}} \geq \Omega_{\text{initial}}. \tag{2.37}$$

Die beiden diskutierten Beispiele unterscheiden sich grundlegend: Im ersten Fall konnten sich die beiden gasgefüllten Teilvolumina ändern, nachdem ein äußerer Zwang aufgehoben wurde, der in der Arretierung der Trennwand bestanden hatte. Dieses System wird nicht spontan in seinen Ausgangszustand zurückkehren können, denn dazu müsste es sich spontan aus solchen Zuständen seines mikroskopischen Zustandsraumes zurückziehen, die ihm überhaupt erst dadurch zugänglich wurden, dass die Trennwand beweglich wurde.

Im zweiten Fall dagegen hängt der Zustand des Gesamtsystems gar nicht davon ab, ob die Wand eingesetzt ist oder nicht. Wenn sie entfernt und dann wieder eingeschoben wird, kehrt das System in seinen Ausgangszustand zurück. Der erste Vorgang ist demnach irreversibel, der zweite reversibel. Zusammen mit dem Befund (2.37) können wir diese Feststellung präzisieren.

> **Reversible und irreversible Zustandsänderungen**
>
> Beim Wegfall äußerer Hemmungen eines abgeschlossenen Systems bleibt die Anzahl zugänglicher Mikrozustände gleich, oder sie nimmt zu. Die dadurch eingeleitete Zustandsänderung des Systems ist reversibel, wenn sich die Anzahl der ihm zugänglichen Mikrozustände nicht verändert, und irreversibel, wenn sie zunimmt.

Wir können diese Präzisierung noch etwas weiter treiben. Betrachten wir das Phasenraumvolumen $\Phi(U)$, das durch diejenigen Zustände x im Phasenraum definiert ist, deren Energie höchstens gleich U ist, $H(x) \leq U$, und deren Hamilton-Funktion von den äußeren Parametern a abhängt. Ändern sich die innere Energie und diese Parameter um die Beträge dU und da, ändert sich Φ um den Betrag

$$d\Phi = \frac{\partial \Phi}{\partial U} dU + \frac{\partial \Phi}{\partial a} da, \tag{2.38}$$

wobei gegebenenfalls über alle relevanten äußeren Parameter a zu summieren ist. Wir haben bereits in (2.13) gesehen, dass die Ableitung

$$\frac{\partial \Phi}{\partial U} = \Omega(U) \tag{2.39}$$

gerade gleich dem Phasenraumvolumen auf der Energieschale U ist. Mithilfe der Stufenfunktion $\Theta[U - H(x)]$ können wir

$$\Phi(U, a) = \int_{\Gamma} \Theta[U - H(x)] d\Gamma \tag{2.40}$$

schreiben, sodass die Ableitung nach a

$$\begin{aligned}\frac{\partial \Phi(U, x_k)}{\partial a} &= -\int_{\Gamma} \delta_{\text{D}}[U - H(x)] \frac{\partial H(x)}{\partial a} d\Gamma \\ &= -\Omega(U) \left\langle \frac{\partial H(x)}{\partial a} \right\rangle\end{aligned} \tag{2.41}$$

ergibt. Ein Vergleich mit dem Ergebnis (2.30) für die verallgemeinerte Kraft X zeigt, dass wir die letzte Gleichung in der Form

$$\frac{\partial \Phi(U, x_k)}{\partial a} = X \, \Omega(U) = X \frac{\partial \Phi}{\partial U} \tag{2.42}$$

schreiben können, wobei im letzten Schritt noch (2.39) verwendet wurde.

Nun haben wir Wärme als diejenige Prozessgröße definiert, durch die sich die innere Energie *ohne* Änderung der äußeren Parameter a ändert. Umgekehrt sind adiabatische Prozesse solche, von denen jene Prozesse *ausgeschlossen* sind, die ohne Änderung der äußeren Parameter a ablaufen. Für adiabatische Prozesse muss daher

$$dU = \left\langle \frac{\partial H(a)}{\partial a} \right\rangle da = -X \, da \tag{2.43}$$

gelten. Setzen wir nun (2.43) zusammen mit (2.42) in (2.38) ein, folgt

$$d\Phi = 0 \tag{2.44}$$

bei adiabatischen Prozessen.

Diese Betrachtung setzt allerdings voraus, dass die Ableitungen $\partial \Phi / \partial U$ und $\partial \Phi / \partial a$ überhaupt existieren, die wir in (2.38) verwendet haben. Bei irreversiblen Prozessen ist dies nicht mehr der Fall, wie das Beispiel des Gases zeigt, das sich nach Entfernung einer Trennwand vom Teilvolumen V_1 auf das Volumen $V > V_1$ ausdehnt. Dabei nimmt das integrierte Phasenraumvolumen Φ sprunghaft zu, d. h. auf eine nicht differenzierbare Weise.

> **Phasenraumvolumen bei reversiblen und irreversiblen, adiabatischen Prozessen**
>
> Wir schließen aus dieser Überlegung, dass bei adiabatisch-*reversiblen* Prozessen das Phasenraumvolumen konstant bleibt, während es bei adiabatisch-*irreversiblen* Prozessen anwächst.

Zustandsgrößen im Gleichgewicht

Nehmen wir an, die Zustandsgrößen y_i seien zunächst auf Werte w_i eingestellt, $y_i = w_i$, und das abgeschlossene System befinde sich im Gleichgewicht. Nun werde einer der Zustandsgrößen, sagen wir y_k, erlaubt, sich innerhalb bestimmter Grenzen frei zu verändern. Dadurch wird das System in einen neuen Gleichgewichtszustand übergehen, in dem in der Regel $\Omega_{\text{final}} > \Omega_{\text{initial}}$, sicher aber $\Omega_{\text{final}} \geq \Omega_{\text{initial}}$ sein wird, da Hemmungen wegfallen. Die Wahrscheinlichkeit, für die Zustandsgröße y_k ihren vorigen Wert w_k zu messen, ist nach dem Wegfall der Hemmung proportional zur Anzahl der zugänglichen Mikrozustände, in denen y_k den Wert w_k annehmen kann,

$$p(w_k) \propto \Omega(y_k = w_k), \qquad (2.45)$$

weil im Gleichgewicht eines abgeschlossenen Systems alle zugänglichen Mikrozustände mit gleicher Wahrscheinlichkeit eingenommen werden können.

In einem großen Ensemble gleichartiger, abgeschlossener Systeme wird daher mit größter Wahrscheinlichkeit derjenige Wert der Zustandsgröße y_k gemessen, der mit der größten Zahl zugänglicher Mikrozustände verträglich ist und der daher am häufigsten realisiert wird. Wir können also aus dem statistischen Grundpostulat folgern, dass sich die Zustandsgrößen eines abgeschlossenen Systems dahin entwickeln werden, dass die Anzahl der dadurch zugelassenen, zugänglichen Mikrozustände maximal wird. Aus dem statistischen Grundpostulat folgt also direkt ein Extremalprinzip.

Extremalprinzip

Im Gleichgewicht eines abgeschlossenen, makroskopischen Systems werden sich diejenigen Werte der makroskopischen Zustandsgrößen einstellen, mit denen die größtmögliche Anzahl zugänglicher Mikrozustände verträglich ist.

2.2 Statistische Definition der absoluten Temperatur

Die absolute Temperatur

Stellen wir uns nun wieder zwei makroskopische Systeme vor, die *gemeinsam* gegenüber ihrer Umwelt abgeschlossen sind und keine mechanische Arbeit aneinander verrichten, aber miteinander in thermischen Kontakt gebracht werden (Abb. 2.7). Wenn sie nicht schon im thermischen Gleichgewicht waren, werden sie sich dorthin entwickeln. Die Gesamtenergie $U = U_1 + U_2$ bleibt dabei wegen der Isolierung konstant, aber die beiden Anteile U_1 und $U_2 = U - U_1$ der inneren Energie, die auf jedes der beiden Systeme entfallen, können sich ändern, bis das thermische Gleichgewicht zwischen den beiden Systemen erreicht ist. Da die Gesamtenergie U erhalten bleiben muss, kann jedes der beiden Systeme seine Energie nur gegengleich zum jeweils anderen System ändern.

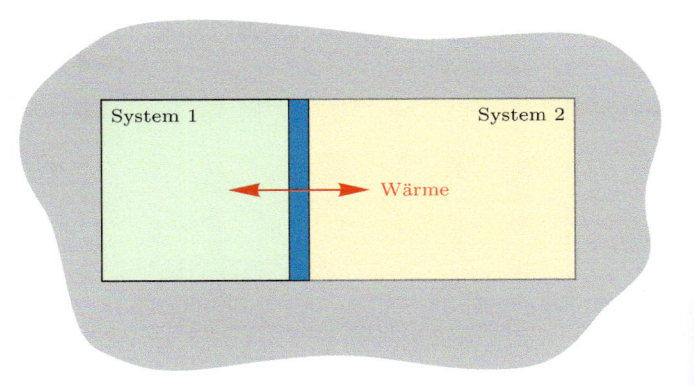

Abb. 2.7 Zwei gemeinsam abgeschlossene Systeme werden thermisch miteinander verbunden und gehen daraufhin in thermisches Gleichgewicht über

Wiederholen wir an diesem Beispiel die obige, abstraktere Diskussion. Zunächst seien beide Systeme auch voneinander thermisch abgeschlossen, aber jeweils im Gleichgewicht. Indem wir sie in thermischen Kontakt bringen, erlauben wir jedem der beiden Systeme, seine Energie zu ändern, wobei die beiden Systeme aber gemeinsam garantieren müssen, dass die Gesamtenergie konstant bleibt. Aus der Sicht eines der beteiligten Systeme, das wir das System 1 nennen, ist zunächst die Zustandsgröße U_1 konstant. Durch den thermischen Kontakt wird diese Hemmung entfernt, sodass U_1 nunmehr variieren darf. Nach einer gewissen Zeit wird ein neuer Gleichgewichtszustand erreicht werden. Er wird dadurch gekennzeichnet sein, dass U_1 einen Wert annimmt, der die Anzahl der zugänglichen Zustände maximiert.

Da wir keine weiteren äußeren Parameter in die Betrachtung einbeziehen, können wir die Anzahl zugänglicher Mikrozustände allein als Funktion der Energie U_1 auffassen, $\Omega = \Omega(U_1)$. Wir müssen allerdings berücksichtigen, dass wir die Anzahl der Zustände abzählen müssen, die *beiden* Systemen zugänglich sind, weil beide Systeme gemeinsam abgeschlossen sind. Für jeden Zustand, den das erste System unter der Vorgabe der Energie U_1 einnehmen kann, kann das zweite System alle diejenigen Zustände einnehmen, die mit $U_2 = U - U_1$ verträglich sind. Also muss

$$\Omega(U) = \Omega_1(U_1)\Omega_2(U - U_1) \qquad (2.46)$$

sein. Wegen (2.45) bedeutet das nichts anderes, als dass die Wahrscheinlichkeit, das Gesamtsystem in einem Zustand zu finden, in dem sich die Gesamtenergie U in die Teile U_1 und $U-U_1$ aufteilt, gleich dem Produkt der Wahrscheinlichkeiten ist, dass das eine Teilsystem die Energie U_1 und das andere die Energie $U - U_1$ hat.

Die Aufteilung der Energie im thermischen Gleichgewicht geschieht also so, dass das Produkt (2.46) bezüglich U_1 maximiert wird (Abb. 2.8). Wir haben aber bereits gesehen, dass $\Omega(U)$ *extrem* steil mit U zunehmen und proportional zur sehr großen Anzahl der Freiheitsgrade sein muss. Demnach wird das Produkt (2.46) nahe seines Maximums eine sehr große Zahl sein.

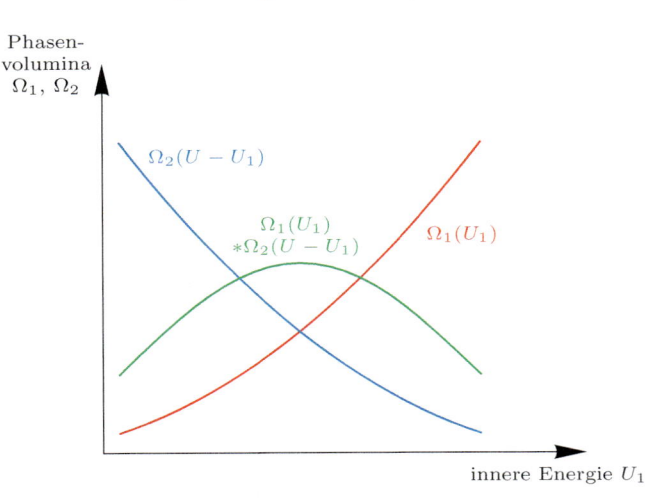

Abb. 2.8 Zwischen zwei gemeinsam abgeschlossenen Systemen stellt sich Gleichgewicht so ein, dass das Produkt der Phasenraumvolumina maximal wird

Schon deswegen empfiehlt es sich, statt des Phasenraumvolumens Ω dessen natürlichen Logarithmus zu verwenden. Zudem würde man gern anstelle des Produkts der beiden Phasenraumvolumina in (2.46) eine additive Größe einführen, was ebenfalls durch den Logarithmus gewährleistet wird. Wir ersetzen also (2.46) durch

$$\ln \Omega(U) = \ln \Omega_1(U_1) + \ln \Omega_2(U - U_1). \qquad (2.47)$$

Da der Logarithmus streng monoton wächst, wird Ω dort maximal sein, wo auch $\ln \Omega$ maximal ist. Wir bestimmen also U_1 so, dass gilt:

$$\begin{aligned} 0 &= \frac{\partial \ln \Omega}{\partial U_1} \\ &= \frac{\partial \ln \Omega_1(U')}{\partial U'}\bigg|_{U'=U_1} - \frac{\partial \ln \Omega_2(U')}{\partial U'}\bigg|_{U'=U-U_1}. \end{aligned} \qquad (2.48)$$

Weiterhin wird, wenn U_1 zunimmt, der erste Faktor in (2.46) sehr schnell zu-, der zweite aber sehr schnell abnehmen. Deswegen müssen die beiden Faktoren ein äußerst scharfes Maximum definieren.

Bedingung für thermisches Gleichgewicht

Führen wir die Bezeichnung

$$\beta(U) := \frac{\partial \ln \Omega(U')}{\partial U'}\bigg|_{U'=U} \qquad (2.49)$$

ein, nimmt die Bedingung (2.48) für thermisches Gleichgewicht folgende Form an:

$$\beta_1(U_1) = \beta_2(U - U_1). \qquad (2.50)$$

Wegen (2.16) gilt im Fall eines idealen Gases

$$\beta = \frac{\partial \ln \Omega}{\partial U} \approx \frac{\mathcal{F}}{2} \frac{\partial \ln U}{\partial U} = \frac{\mathcal{F}}{2U}, \qquad (2.51)$$

sodass $\beta(U)$ wie $1/U$ abnimmt, wenn U zunimmt.

Phänomenologisch wurde die Temperatur T gerade dazu eingeführt, um den Zustand thermischen Gleichgewichts zwischen zwei Systemen zu kennzeichnen. Demnach sind zwei Systeme genau dann im thermischen Gleichgewicht, wenn ihre Temperaturen übereinstimmen.

Wie wir bereits während der phänomenologischen Begründung der Thermodynamik gesehen haben, stiftet thermisches Gleichgewicht eine Äquivalenzrelation auf der Menge der makroskopischen Zustände physikalischer Systeme. Mathematisch gesprochen, teilen Äquivalenzrelationen Mengen auf eine Weise in Äquivalenzklassen ein, die durch drei Eigenschaften gekennzeichnet ist:

(a) Jedes Element der Menge ist mit sich selbst äquivalent (Reflexivität).
(b) Wenn ein Element A zu einem Element B äquivalent ist, dann ist auch B zu A äquivalent (Symmetrie).
(c) Wenn das Element A zu dem Element B äquivalent ist, ebenso B zu einem dritten Element C, dann ist auch A zu C äquivalent (Transitivität).

Frage 4

Machen Sie sich klar, dass jede Temperaturmessung und jeder Temperaturvergleich gerade die mathematischen Eigenschaften einer Äquivalenzrelation ausnützt.

Diese phänomenologisch eingeführte Äquivalenzrelation muss gerade durch die Bedingung (2.50) reproduziert werden. Dem Ergebnis (2.51) zufolge ist die Größe β zumindest für das ideale Gas proportional zu U^{-1}. Die Temperatur sollte aber mit zunehmender innerer Energie zunehmen, sodass wir sinnvollerweise β proportional zum Kehrwert der Temperatur annehmen, $\beta \propto T^{-1}$.

Achtung Streng genommen können wir hier nur schließen, dass β eine monoton fallende Funktion der Temperatur sein muss. Im Zug der statistischen Interpretation der Entropie in Abschn. 2.3 wird deutlich, dass β proportional zum Kehrwert der Temperatur gewählt werden muss, um die phänomenologische mit der statistischen Definition der Entropie in Einklang zu bringen. ◄

Da Ω mit U in der Regel sehr steil zunimmt, ist β normalerweise positiv, und damit ist es auch die Temperatur, $T \geq 0$. Negative absolute Temperaturen können offenbar nur dann auftreten, wenn aufgrund spezieller äußerer Umstände die Anzahl zugänglicher Zustände mit der Energie abnimmt. Solche Situationen sind möglich und vielleicht sogar weniger außergewöhnlich, als man glauben möchte. Darüber geben zwei Beispiele Auskunft.

Negative absolute Temperaturen

Gl. (2.49) zeigt, dass negative absolute Temperaturen durchaus sinnvoll auftreten können, wenn einem System bei wachsender Energie eine *abnehmende* Zahl von Zuständen im Phasenraum zur Verfügung stehen. Dies erfordert insbesondere, dass das Energiespektrum eines Systems einen endlichen oberen Grenzwert hat.

Ein inzwischen alltägliches Beispiel für eine solche Situation ist ein Laser, dessen Medium gerade dadurch gekennzeichnet ist, dass Zustände höherer Energie häufiger als solche niedrigerer Energie besetzt sind. Bei einer solchen *Besetzungszahlinversion* nimmt die Anzahl zugänglicher Zustände immer weiter ab, je mehr Atome oder Moleküle des Lasers sich im Zustand höherer Energie befinden.

Ein weiteres Beispiel ist ein System aus Magnetnadeln, die paarweise durch ihre magnetischen Momente so miteinander wechselwirken, dass die Wechselwirkungsenergie dann am größten ist, wenn beide Nadeln in dieselbe Richtung zeigen. Die größtmögliche Energie wird dann erreicht, wenn die Magnetnadeln alle parallel ausgerichtet sind, wofür dem System genau ein Zustand zur Verfügung steht.

Da Systeme mit $T < 0$ wegen der Besetzungszahlinversion *mehr* innere Energie enthalten als solche mit $T > 0$, sind sie in diesem Sinn *heißer* als Systeme mit $T > 0$. Bringt man ein System mit $T < 0$ mit einem System mit $T > 0$ in Kontakt, fließt daher Wärme vom System mit negativer zum System mit positiver Temperatur. In solchen Systemen, in denen negative absolute Temperaturen auftreten können, nimmt die Temperatur mit der inneren Energie zunächst zu, springt von $+\infty$ auf $-\infty$ und steigt dann weiter gegen -0 K an.

Eine eingehende Diskussion negativer absoluter Temperaturen finden Sie z. B. bei Kittel und Krömer (1984).

◀

Da es, zumindest im Prinzip, möglich ist, die Anzahl der Zustände abzuzählen, die einem abgeschlossenen System bei vorgegebener Energie zugänglich sind, kann $\Omega(U)$ bestimmt werden, und damit auch β.

Offenbar muss β die Dimension einer reziproken Energie haben. Deswegen führt man die Proportionalitätskonstante k_B mit der Dimension Energie pro Temperatur ein,

$$k_B \approx 1{,}3807 \cdot 10^{-23} \frac{\mathrm{J}}{\mathrm{K}}, \quad (2.52)$$

die wir bereits in Abschn. 1.5 unter dem Namen Boltzmann-Konstante kennengelernt haben. Dadurch ergibt sich der Zusammenhang

$$\beta = \frac{1}{k_B T} \quad (2.53)$$

zwischen dem Parameter β und der absoluten Temperatur T. Obwohl sie eine reziproke thermische Energie bezeichnet, wird die Größe β oft auch reziproke Temperatur genannt.

Frage 5

Wir haben in Abschn. 1.5 gesehen, dass die Existenz einer absoluten Temperaturskala bereits aus der idealen Gasgleichung folgt. Kombinieren Sie das Endergebnis aus dem Beispielkasten „Druck und mechanische Arbeit" in Abschn. 2.1 mit (2.51), um sich zu überzeugen, dass die hier statistisch abgeleitete absolute Temperaturskala mit der empirisch definierten übereinstimmt.

Absolute Temperaturskala

Die Definition (2.49) bzw. die Beziehung (2.53) legen eine *absolute Temperaturskala* fest, die in Kelvin (K) gemessen wird. Der Kehrwert der absoluten Temperatur kennzeichnet die Ableitung von $\ln \Omega$ nach der inneren Energie:

$$\frac{1}{k_B T} = \frac{\partial \ln \Omega}{\partial U}. \quad (2.54)$$

Die absolute Temperatur gibt demnach an, wie sehr sich das Phasenraumvolumen eines Systems mit seiner inneren Energie ändert. Je höher die Temperatur ist, umso weniger nimmt die Anzahl der zugänglichen Mikrozustände mit der Energie zu (Kittel & Krömer 1984).

Physikalische Eigenschaften im thermischen Gleichgewicht

Wir untersuchen nun, welche physikalischen Eigenschaften im Gleichgewicht aus der statistisch begründeten Bedingung folgen, dass Gleichgewicht zwischen zwei Systemen dann erreicht wird, wenn das gemeinsame Phasenraumvolumen der beiden Systeme maximal wird. Aus (2.49) und (2.51) folgt am Beispiel eines idealen Gases

$$\beta \approx \frac{\mathcal{F}}{2U}, \quad \frac{k_B T}{2} \approx \frac{U}{\mathcal{F}}. \quad (2.55)$$

Das bedeutet, dass die Energie *pro Freiheitsgrad* im Gleichgewicht von der Größenordnung $k_B T/2$ sein wird. Eine genauere Aussage darüber wird der Gleichverteilungssatz erlauben, den wir in Abschn. 4.2 herleiten werden.

Bringen wir zwei Systeme mit leicht verschiedenen Temperaturen in Kontakt, nimmt Ω einerseits insgesamt nicht ab. Wenn die beiden Systeme vorher die Energien $U_{1,\text{initial}}$ und $U - U_{1,\text{initial}}$ haben und nachher die Energien $U_{1,\text{final}}$ und $U - U_{1,\text{final}}$ annehmen, gilt andererseits

$$\begin{aligned}
&\ln\Omega_{\text{final}} - \ln\Omega_{\text{initial}} \\
&= (\ln\Omega_{1,\text{final}} + \ln\Omega_{2,\text{final}}) \\
&\quad - (\ln\Omega_{1,\text{initial}} + \ln\Omega_{2,\text{initial}}) \\
&= \left.\frac{\partial \ln\Omega_1(U')}{\partial U'}\right|_{U'=U_{1,\text{initial}}} (U_{1,\text{final}} - U_{1,\text{initial}}) \\
&\quad + \left.\frac{\partial \ln\Omega_2(U')}{\partial U'}\right|_{U'=U-U_{1,\text{initial}}} (U_{1,\text{initial}} - U_{1,\text{final}}) \\
&= (\beta_1 - \beta_2)\delta Q \geq 0,
\end{aligned} \quad (2.56)$$

wenn $\delta Q = U_{1,\text{final}} - U_{1,\text{initial}}$ eine kleine Wärmemenge bezeichnet, die in das System 1 fließt. Demzufolge kann das System 1 Wärme aufnehmen, $\delta Q > 0$, wenn $\beta_1 > \beta_2$ oder $T_1 < T_2$ ist. Wärme fließt demnach vom wärmeren zum kälteren System, wodurch die Konsistenz der absoluten Temperaturdefinition (2.49) mit der Definition bekräftigt wird, die in der phänomenologischen Thermodynamik eingeführt worden war.

Gl. (2.48) folgend haben wir oben argumentiert, dass das Maximum im Produkt (2.46) der Zustandszahlen extrem scharf sein müsse. Da die Energie U_1 eines Systems im thermischen Kontakt mit einem anderen nach der Einstellung thermischen Gleichgewichts durch die Lage des Maximums von Ω bestimmt wird, interessiert uns, wie genau die innere Energie durch dieses Maximum festgelegt wird, d. h. wie scharf dieses Maximum von Ω bestimmt sein wird. Dazu führen wir zunächst folgende Abkürzungen ein: Sei $\tilde{U}$ die Lage des Maximums,

$$\Delta U := U_1 - \tilde{U} \quad (2.57)$$

die Abweichung der Energie U_1 von der Lage des Maximums und

$$\lambda := -\left.\frac{\partial^2 \ln\Omega}{\partial U^2}\right|_{U=\tilde{U}} \quad (2.58)$$

die negative zweite Ableitung von $\ln\Omega$ nach U, ausgewertet am Maximum bei $\tilde{U}$. Dann entwickeln wir $\ln\Omega$ um das Maximum in eine Taylor-Reihe bis zur zweiten Ordnung in ΔU und verwenden dabei

$$\ln\Omega(U) \approx \ln\Omega(\tilde{U}) + \beta\Delta U - \frac{\lambda}{2}\Delta U^2 \quad (2.59)$$

für jeden der beiden Faktoren in (2.46). Diese Entwicklung ist sinnvoll, weil das Maximum in $\ln\Omega$ sehr scharf ist und daher höchstens kleine Abweichungen von U um seinen Gleichgewichtswert auftreten werden. Damit erhalten wir

$$\begin{aligned}
&\ln[\Omega_1(U_1)\Omega_2(U-U_1)] \\
&\approx \ln[\Omega_1(\tilde{U})\Omega_2(U-\tilde{U})] \\
&\quad + (\beta_1 - \beta_2)\Delta U - \frac{\Delta U^2}{2}(\lambda_1 + \lambda_2).
\end{aligned} \quad (2.60)$$

Im Gleichgewicht ist $\beta_1 = \beta_2$, weshalb dann der lineare Term verschwindet. Setzen wir $\lambda := \lambda_1 + \lambda_2$, folgt

$$\ln\Omega(U_1) \approx \ln\Omega(\tilde{U}) - \frac{\lambda}{2}\Delta U^2 \quad (2.61)$$

oder

$$\Omega(U_1) \approx \Omega(\tilde{U})\exp\left[-\frac{\lambda}{2}(U_1-\tilde{U})^2\right]. \quad (2.62)$$

Wir sehen daran zweierlei. Erstens nimmt $\Omega(U_1)$ in der Nähe des Maximums bei $U_1 = \tilde{U}$ die Form einer Gauß-Verteilung an. Die mittlere Energie $\bar{U}_1$ wird im Gleichgewicht also genau gleich $\tilde{U}$ sein. Zweitens hat diese Gauß-Funktion die Breite

$$\sigma = \frac{1}{\sqrt{\lambda}} = \left(\left.\frac{\partial^2 \ln\Omega(U)}{\partial U^2}\right|_{U=\tilde{U}}\right)^{-1/2}, \quad (2.63)$$

die wir mithilfe von (2.16) bzw. (2.55) abschätzen können:

$$\lambda = -\frac{\partial\beta}{\partial U} \approx \frac{\mathcal{F}}{U^2}, \quad \sigma \approx \frac{U}{\sqrt{\mathcal{F}}}. \quad (2.64)$$

Die relative Abweichung der mittleren Energie $\bar{U}_1$ vom Maximum $\tilde{U}$ ist demnach

$$\frac{|\bar{U}_1 - \tilde{U}|}{\tilde{U}} \approx \frac{\sigma}{\bar{U}} \approx \frac{1}{\sqrt{\mathcal{F}}}, \quad (2.65)$$

was wegen der großen Anzahl der Freiheitsgrade eine extrem kleine Zahl ist.

Fluktuationen der inneren Energie im Gleichgewicht

Im thermischen Gleichgewicht wird ein makroskopisches System daher mit fantastischer Genauigkeit die Energie einnehmen, die der Lage des Maximums von Ω entspricht. Im thermodynamischen Limes einer unendlichen Anzahl von Freiheitsgraden verschwinden Fluktuationen der Energie um diesen Mittelwert völlig.

Eine weitere Schlussfolgerung können wir aus (2.59) ziehen. Diese Gleichung beschreibt nur dann ein Maximum, wenn $\lambda > 0$ ist. Das bedeutet, dass

$$-\left.\frac{\partial\beta}{\partial U}\right|_{U=\tilde{U}} > 0 \quad \text{oder} \quad \left.\frac{1}{k_B T^2}\frac{\partial T}{\partial U}\right|_{U=\tilde{U}} > 0. \quad (2.66)$$

Die Temperatur eines Systems im Gleichgewicht muss daher mit seiner inneren Energie zunehmen. Gleichgewichtsbedingungen und ihre Stabilität werden in Abschn. 3.2 und 3.7 näher betrachtet.

2.3 Statistische Definition der Entropie

Definition

Wir haben in Abschn. 2.2 gesehen, dass das Phasenraumvolumen Ω, das die Anzahl der zugänglichen Mikrozustände eines Systems quantifiziert, die folgenden Eigenschaften hat: Es bleibt bei adiabatisch-reversiblen Zustandsänderungen gleich und nimmt bei adiabatisch-irreversiblen oder nichtadiabatischen Vorgängen zu. Das erinnert an die Entropie, die wir in der phänomenologischen Thermodynamik eingeführt haben. Ein wesentlicher Unterschied ist allerdings, dass das Phasenraumvolumen Ω zweier miteinander in Kontakt stehender Systeme multiplikativ ist, wie beispielsweise (2.46) zeigt: Die Anzahl der Mikrozustände, die zwei verbundenen Systemen zugänglich sind, ergibt sich daraus, dass die Anzahlen der zugänglichen Mikrozustände der beiden einzelnen Systeme miteinander multipliziert werden. Als extensive Größe ist die phänomenologische Entropie jedoch additiv.

Aufgrund dieser Ergebnisse identifizieren wir nun versuchsweise eine statistisch definierte *Entropie* $\tilde{S}$ mit dem Logarithmus des Phasenraumvolumens Ω. Präziser setzen wir die Entropie proportional zu $\ln \Omega$ an und wählen die schon bekannte Boltzmann-Konstante als Proportionalitätsfaktor,

$$\tilde{S} := k_B \ln \Omega, \qquad (2.67)$$

um der Entropie $\tilde{S}$ die Dimension Energie/Temperatur mit der Einheit $\mathrm{J\,K^{-1}}$ zu geben, die sie aufgrund ihrer phänomenologischen Definition braucht.

Achtung Beachten Sie, dass hinter dieser vorläufigen Identifikation zwei Annahmen stecken. Die eine besagt, dass die Entropie dem Logarithmus des Phasenraumvolumens proportional sei, die andere besagt, dass der Proportionalitätsfaktor gerade gleich der Boltzmann-Konstante sei. Beide Annahmen müssen wir prüfen. ◀

Demnach gibt diese statistisch definierte Entropie $\tilde{S}$ an, wieviele Zustände einem abgeschlossenen System unter den gegebenen Bedingungen zugänglich sind. Sie als ein „Maß für die Unordnung" zu bezeichnen, ist zumindest irreführend. Als ein Maß für die Anzahl zugänglicher Mikrozustände bei vorgegebenem Makrozustand könnte man sie mit größerem Recht als ein Maß für die „Gestaltenfülle" eines Systems ansehen, also für die verschiedenen Realisierungen, die einem System unter gleichen äußeren Bedingungen zur Verfügung stehen.

Gemäß der Zuordnung (2.67) erhalten wir aus der Beziehung (2.49) für die reziproke thermische Energie β zunächst den Zusammenhang

$$\frac{1}{T} = \frac{\partial \tilde{S}}{\partial U} \qquad (2.68)$$

zwischen der statistisch definierten Entropie $\tilde{S}$ und der absoluten Temperatur T eines abgeschlossenen Systems: Je geringer die Temperatur ist, umso steiler nimmt die Entropie mit der inneren Energie zu. Aus diesem Ergebnis wird nochmals ersichtlich, dass die Boltzmann-Konstante als Proportionalitätskonstante zwischen $\tilde{S}$ und $\ln \Omega$ auftreten muss, damit die absolute Temperatur auch in der statistischen Interpretation der Entropie ihre Bedeutung behält.

Wie wir in (2.37) gesehen haben, nimmt die Anzahl der zugänglichen Mikrozustände zumindest nicht ab, wenn ein abgeschlossenes System durch den Wegfall von Hemmungen von einem früheren in ein neues Gleichgewicht übergeht. Verläuft dieser Vorgang reversibel, bleibt diese Anzahl gleich, anderenfalls nimmt sie zu. Dasselbe folgt nun aufgrund unserer Identifikation (2.67) für die Entropie,

$$\Delta \tilde{S} \geq 0. \qquad (2.69)$$

Wechselwirkung ohne Arbeit

Die Entropie eines abgeschlossenen Systems wird von seiner Energie und den äußeren Parametern a abhängen, die in die Hamilton-Funktion des Systems eingehen. Wenn allein Wärme ausgetauscht wird, bleibt a unverändert, keine Arbeit wird verrichtet, $\delta W = 0$, und nach dem ersten Hauptsatz ist $\mathrm{d}U = \delta Q$. Wegen (2.68) ist dann bei einer solchen Zustandsänderung

$$\mathrm{d}\tilde{S} = \frac{\partial \tilde{S}}{\partial U} \mathrm{d}U = \frac{\mathrm{d}U}{T} = \frac{\delta Q}{T}. \qquad (2.70)$$

Dies stimmt mit dem Zusammenhang überein, den wir zwischen der phänomenologisch definierten Entropie S, der Wärme und der Temperatur im Fall reversibler Zustandsänderungen gefunden haben: Die infinitesimalen Änderungen auch der statistisch definierten Entropie $\tilde{S}$ eines abgeschlossenen Systems erweist sich in diesem Fall als die ihm zugeführte Wärmemenge pro Temperatur. Je heißer das System schon war, desto weniger wird seine Entropie erhöht, wenn ihm weitere Wärme zugeführt wird.

Dieselbe Beziehung erhalten wir, wenn wir zwei Systeme im thermischen Gleichgewicht betrachten, von denen das eine sehr viel „größer" als das andere ist. Bezeichnen wir das größere System mit dem Index 1, ist damit gemeint, dass das System 2 sehr viel weniger innere Energie enthält als das System 1,

$$\frac{U_2}{U_1} \ll 1, \qquad (2.71)$$

wenn beide Systeme miteinander im thermischen Gleichgewicht stehen. Wenn dem so ist, wird sich die Temperatur T des großen Systems kaum merklich ändern, wenn das kleine mit ihm in thermischen Kontakt gebracht wird, sodass

$$\left| \frac{\partial \beta(U_1)}{\partial U_1} \delta Q \right| \ll \beta(U_1) \qquad (2.72)$$

gilt, wenn zwischen den beiden Systemen die Wärmemenge δQ ausgetauscht wird: Weil das System 2 so viel kleiner als das System 1 ist, muss jede Wärmemenge, die es aufnehmen oder abgeben kann, klein gegenüber der inneren Energie sein, die das System 1 enthält. Wie wir schon im Zusammenhang der phänomenologischen Thermodynamik besprochen haben, wird das große System 1 dann als *Wärmereservoir* oder *Wärmebad* bezeichnet.

Die Anzahl der dem Wärmereservoir zugänglichen Mikrozustände verändert sich dann durch die ausgetauschte Wärmemenge δQ nur wenig, sodass wir die Taylor-Entwicklung

$$\ln \Omega_1(U_1 + \delta Q) \approx \ln \Omega_1(U_1) + \frac{\partial \ln \Omega_1(U_1)}{\partial U_1}\delta Q + O(\delta Q^2)$$
$$\approx \ln \Omega_1(U_1) + \beta \delta Q \tag{2.73}$$

bis zur ersten Ordnung in δQ verwenden können. Multiplizieren wir mit k_B, erhalten wir die Entropieänderung

$$d\tilde{S} = k_B [\ln \Omega_1(U_1 + \delta Q) - \ln \Omega_1(U_1)]$$
$$= \frac{\delta Q}{T} . \tag{2.74}$$

Die Entropie des Wärmereservoirs ändert sich im Kontakt mit einem sehr viel kleineren System um die ausgetauschte Wärmemenge, geteilt durch die Temperatur des Reservoirs. Dieser Befund stimmt mit demjenigen überein, der sich schon in Abschn. 1.7 aus der phänomenologischen Definition der Entropie ergeben hat, und unterstützt dadurch die Identifikation von $\tilde{S}$ mit der Entropie S.

Allgemeine Wechselwirkung

Was geschieht nun bei einer Wechselwirkung zwischen Systemen, bei denen nicht nur Energie ausgetauscht wird, sondern bei der sich auch die äußeren Parameter a ändern können, die in die Hamilton-Funktion eingehen, sodass während der Wechselwirkung auch mechanische Arbeit verrichtet wird? Beschränken wir uns der Einfachheit halber wieder formal auf einen einzigen äußeren Parameter a. Sollten mehrere Parameter involviert sein, muss über alle diese Parameter summiert werden, aber unsere Überlegung ändert sich qualitativ nicht. Wie wir in Abschn. 2.1 besprochen und in (2.29) gezeigt haben, reagiert das System auf eine Änderung dieser Parameter a der Hamilton-Funktion, indem es die Arbeit

$$\delta W = X da, \quad X = -\int_\Gamma \frac{\partial H(x)}{\partial a} d\mu(x) \tag{2.75}$$

verrichtet oder diese Arbeit durch die Umgebung an sich selbst verrichten lässt. Die Größe X haben wir als die verallgemeinerte Kraft eingeführt, die dem Parameter a konjugiert ist, und in (2.30) definiert.

Durch die Änderung der Hamilton-Funktion wird sich die Energie der Mikrozustände des betrachteten Systems ändern. Einige Zustände werden in die Energieschale zwischen U und $U + \delta U$ eintreten und einige aus ihr austreten, wenn sich der Parameter a ändert. Da die Anzahl der Zustände pro Energieeinheit gleich $\Omega(U)/\delta U$ ist, treten durch die Energieverschiebung am inneren Rand der Energieschale

$$d\Omega_+(U) = -\frac{\Omega(U)}{\delta U} X(U) da$$
$$= \frac{(\Omega X)(U)}{\delta U} da \tag{2.76}$$

Mikrozustände in die Energieschale ein, während an ihrem äußeren Rand

$$d\Omega_-(U) = -\frac{\Omega(U + \delta U)}{\delta U} X(U + \delta U) da$$
$$= \frac{(\Omega X)(U + \delta U)}{\delta U} da \tag{2.77}$$

Mikrozustände aus ihr austreten. Diese Redeweise setzt voraus, dass die verallgemeinerte Kraft $X(U)$ bei der Energie U negativ ist. Wenn stattdessen $X(U)$ positiv wäre, träten die Zustände am inneren Rand der Energieschale aus und an ihrem äußeren Rand ein, aber dadurch würde sich diese Betrachtung qualitativ nicht ändern.

Die Anzahl zugänglicher Mikrozustände in der Energieschale zwischen U und $U + \delta U$ ändert sich demzufolge insgesamt um

$$d\Omega(U) = d\Omega_+(U) - d\Omega_-(U)$$
$$= \frac{(\Omega X)(U + \delta U) - (\Omega X)(U)}{\delta U} da \tag{2.78}$$
$$= \frac{\partial(\Omega X)(U)}{\partial U} da ,$$

woraus wir

$$\frac{\partial \Omega}{\partial a} = \frac{\partial(\Omega X)}{\partial U} = X\frac{\partial \Omega}{\partial U} + \Omega \frac{\partial X}{\partial U} \tag{2.79}$$

schließen können: Das Phasenraumvolumen Ω reagiert auf eine Änderung der äußeren Parameter a der Hamilton-Funktion einerseits durch die Verschiebung des Phasenraumvolumens mit der Energie, andererseits dadurch, dass sich die gemittelte verallgemeinerte Kraft X ebenfalls mit der Energie ändern kann.

Schon in (2.16) haben wir abgeschätzt, dass $\Omega \propto U^{\mathcal{F}/2}$ ist. Während also der erste Term auf der rechten Seite von (2.79) proportional zur Anzahl $\mathcal{F}$ der Freiheitsgrade und damit sehr groß ist, ist der zweite Term dagegen vernachlässigbar klein. Also können wir in bester Näherung

$$\frac{\partial \Omega}{\partial a} = X\frac{\partial \Omega}{\partial U} \tag{2.80}$$

setzen: Die Änderung des Phasenraumvolumens mit den äußeren Parametern a ist proportional zur Änderung des Phasenraumvolumens mit der Energie, wobei die mittlere verallgemeinerte Kraft X als Proportionalitätsfaktor auftritt. Teilen wir auf beiden Seiten durch $\Omega(U)$ und verwenden (2.49), folgt schließlich

$$\frac{\partial \ln \Omega}{\partial a} = \beta X, \qquad (2.81)$$

wobei wieder die inverse Temperatur β auftritt.

Bei einer Wechselwirkung zwischen zwei gemeinsam abgeschlossenen Systemen, die nicht nur Wärme austauschen, sondern auch mechanische Arbeit aneinander verrichten können, ist das vollständige Differenzial von $\ln \Omega$ durch

$$\mathrm{d} \ln \Omega = \frac{\partial \ln \Omega}{\partial U}\mathrm{d}U + \frac{\partial \ln \Omega}{\partial a}\mathrm{d}a \qquad (2.82)$$

bestimmt. Wenn die Wechselwirkung quasistatisch erfolgt, sodass die verallgemeinerte Kraft X überhaupt definiert ist, und wenn die Wechselwirkung ferner zwei Gleichgewichtszustände miteinander verbindet, folgt daraus mit (2.81)

$$\mathrm{d} \ln \Omega = \beta(\mathrm{d}U + X\mathrm{d}a) = \frac{1}{k_\mathrm{B}T}(\mathrm{d}U + X\mathrm{d}a). \qquad (2.83)$$

Nach Multiplikation mit $k_\mathrm{B}T$ erhalten wir schließlich

$$T\mathrm{d}\tilde{S} = \mathrm{d}U + \delta W = \delta Q, \qquad (2.84)$$

wobei wir den Zusammenhang (2.29) zwischen der Arbeit und der verallgemeinerten Kraft und zudem den ersten Hauptsatz verwendet haben. Die Beziehung (2.70) bleibt also auch dann gültig, wenn durch die Wechselwirkung zweier Systeme nicht nur Wärme ausgetauscht, sondern auch auf quasistatische Weise mechanische Arbeit verrichtet wird. Wir gelangen so zu einem bemerkenswerten Ergebnis.

Statistische Interpretation der Entropie

Die phänomenologische Definition der Entropie ist verträglich damit, die Entropie als logarithmisches Maß für das Phasenraumvolumen eines abgeschlossenen Systems aufzufassen und

$$S = k_\mathrm{B} \ln \Omega \qquad (2.85)$$

zu setzen. Dadurch wird der phänomenologisch eingeführten Entropie eine tiefer reichende, statistische Bedeutung unterlegt: Die Entropie erweist sich als ein Maß für die Anzahl der Mikrozustände, die einem abgeschlossenen System bei gegebener Energie und gleichbleibenden makroskopischen Zustandsgrößen zugänglich sind. Durch den Logarithmus wird die Entropie additiv und konkav.

Achtung Von nun an geben wir demgemäß die Unterscheidung zwischen der phänomenologisch eingeführten Entropie S und der statistisch definierten Entropie $\tilde{S}$ auf, identifizieren beide Größen miteinander und benennen sie beide mit demselben Symbol S. ◀

Wir erinnern hier noch einmal an einige wichtige Aussagen über verschiedene Prozessverläufe und die Entropie, die uns bereits in Abschn. 1.3, 1.7 und 1.8 begegnet sind:

- Ein reversibler Prozess ist quasistatisch, aber nicht jeder quasistatische Prozess ist reversibel.
- Bei adiabatischen und reversiblen Prozessen in einem abgeschlossenen System bleibt die Entropie konstant.
- Bei adiabatischen und irreversiblen Prozessen nimmt die Entropie eines abgeschlossenen Systems zu.

Diese Aussagen stimmen mit den Schlussfolgerungen überein, die wir in Abschn. 2.1 über das Phasenraumvolumen Ω gezogen haben und bekräftigen die statistische Deutung der Entropie.

Statistische Deutung des zweiten Hauptsatzes

Nach der statistischen Interpretation der Entropie besagt der zweite Hauptsatz der Thermodynamik, dass physikalische Systeme sich spontan so entwickeln, dass das ihnen zugängliche Phasenraumvolumen nicht abnimmt.

Zwei Anwendungen der statistischen Interpretation der Entropie auf konkrete physikalische Systeme, werden in den zwei Kästen „Anwendung: Heliumdiffusion" und „Anwendung: Fermi-Druck" besprochen. Beachten Sie insbesondere, dass wir in diesen beiden Beispielen lediglich die Abzählung von Zuständen im Phasenraum und das Grundpostulat der statistischen Physik verwenden und trotzdem zu weitreichenden physikalischen Schlüssen gelangen!

Eindeutigkeit der Entropie

Wir haben gesehen, dass die Entropie ein logarithmisches Maß für das Phasenraumvolumen bzw. für die Anzahl der Mikrozustände ist, die ein abgeschlossenes System bei gegebenen makroskopischen Zustandsgrößen einnehmen kann. In wie viele Zustände das Phasenraumvolumen des Systems gegliedert werden kann, hängt aber von unserer vorerst willkürlichen Wahl der Konstanten h_0 in (2.3) ab, denn

$$\Omega = \frac{1}{h_0^\mathcal{F}} \int \prod_{i=1}^{\mathcal{F}} \mathrm{d}q_i \mathrm{d}p_i =: \frac{\Gamma}{h_0^\mathcal{F}} \qquad (2.86)$$

hängt offensichtlich von h_0 ab. Die Größe Γ sei hier das gesamte zugängliche, noch dimensionsbehaftete Phasenraumvolumen. Die Entropie ist wegen der willkürlichen Wahl von h_0 nur bis auf eine additive Konstante festgelegt. Seien z. B. h_0 und h_0' zwei verschiedene willkürliche Größen der elementaren Phasenraumzellen, unterscheiden sich die damit bestimmten Entropien um

$$\Delta S = k_\mathrm{B}\left(\ln \frac{\Gamma}{h_0^\mathcal{F}} - \ln \frac{\Gamma}{h_0'^\mathcal{F}}\right) = k_\mathrm{B}\mathcal{F} \ln \frac{h_0'}{h_0}. \qquad (2.87)$$

Dies gilt jedoch nur in der klassischen Mechanik, die einen kontinuierlichen Phasenraum zur Verfügung hat. In der Quan-

Vertiefung: Der Maxwell'sche Dämon

Der Maxwell'sche Dämon wurde von James Clerk Maxwell um 1871 erdacht, um eine mögliche theoretische Verletzung des zweiten Hauptsatzes aufzuzeigen. Dieser Dämon ist ein hypothetisches Wesen, das in der Lage ist, die Geschwindigkeit einzelner Moleküle zu erfassen. In seinem Gedankenexperiment geht Maxwell von zwei mit demselben Gas gefüllten Behältern aus, die durch eine reibungsfrei verschließbare Klappe miteinander verbunden sind und die zu Beginn die gleiche Temperatur haben (Abb. 2.9). Durch gezieltes Öffnen und Schließen der Klappe kann nun der Dämon mithilfe seiner Fähigkeit, die Geschwindigkeit der Moleküle zu erfassen, alle schnellen Moleküle in den einen und alle langsamen Moleküle in den anderen Behälter durchlassen. Mit der Zeit würde sich die mittlere Geschwindigkeit und damit die Temperatur in dem einen Behälter erhöhen und in dem anderen Behälter erniedrigen, ohne dass dabei eine Arbeit verrichtet worden wäre. Dies stünde im Widerspruch zum zweiten Hauptsatz der Thermodynamik, und man hätte ein Perpetuum mobile zweiter Art gefunden.

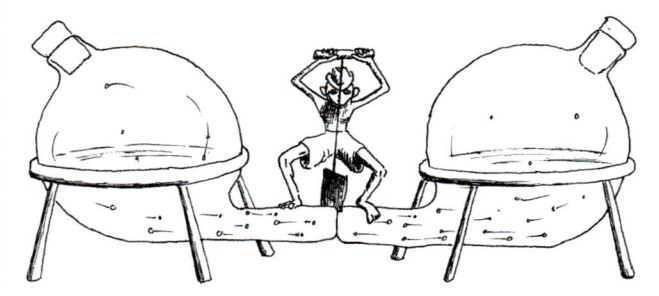

Abb. 2.9 Der Maxwell'sche Dämon bei der Arbeit

Maxwell hatte damit ein tiefer greifendes Problem der Thermodynamik aufgeworfen, als man bis dahin erkannt hatte.

Mit der Dynamik der Moleküle und mithilfe der Statistik ließ sich zwar erklären, warum thermodynamische Prozesse spontan in ihrer natürlichen Richtung ablaufen. Warum es aber nicht möglich sein sollte, solch einen Prozess mit geschicktem Einsatz technischer Mittel auch in umgekehrter Richtung zu erzwingen, war damit nicht zu erklären. Der zweite Hauptsatz, der nur ein Erfahrungssatz ist, verlangt aber genau diese Irreversibilität.

Seit der Vorstellung des Maxwell'schen Dämons gab es viele Lösungsverschläge, die zeigen sollten, dass keine Verletzung des zweiten Hauptsatzes der Thermodynamik vorliegt. *William Thomson*, auf den die Bezeichnung „Maxwell's demon" zurückgeht, erkannte, dass die vom Dämon vorgenommene „Sortierung" problematisch ist. Später beschäftigten sich eminente Physiker wie *Max Planck* (1858–1947), *Leo Szilard* (1898–1964), *Charles H. Bennett* (*1943), *Roger Penrose* (*1931) und *Richard Feynman* (1918–1988) mit dem Dämon. Neuere Erklärungen machen dabei von der informationstheoretischen Bedeutung der Entropie Gebrauch.

Die heute anerkannte Austreibung des Dämons geht auf Charles H. Bennett zurück. Er argumentierte, dass selbst bei reversibler Messung der Molekülgeschwindigkeiten (lange war nicht klar, ob eine solche Messung möglich sei) der Dämon kontinuierlich ein Molekül nach dem anderen messen muss. Er muss nach jeder Messung das Ergebnis wieder vergessen (löschen), bevor er die nächste Molekülgeschwindigkeit messen kann, denn anderenfalls würde er jedes endliche Speicherreservoir irgendwann ausschöpfen. Dieser Löschprozess ist nach Bennett irreversibel, denn es geht Information verloren, und daher produziert er mehr Entropie, als durch die Molekülselektion an Entropieerniedrigung erreicht werden kann (Bennett 1988; Szilard 1929).

---

tenmechanik hat sich demgegenüber herausgestellt, dass es eine natürliche Wahl für h_0 gibt, nämlich das Planck'sche Wirkungsquantum h. Erst dadurch verliert die Entropie ihre Mehrdeutigkeit. Da in der Thermodynamik praktisch nie absolute Entropien auftreten, sondern nur Entropieunterschiede, spielt diese Mehrdeutigkeit allerdings so gut wie keine Rolle.

Nimmt die innere Energie eines Systems immer weiter ab, wird sich das ihm zugängliche Phasenraumvolumen Ω drastisch verringern. Wenn seine innere Energie gegen null geht, $U \to 0$, werden nur einer oder wenige Zustände übrig bleiben, in denen sich das System aufhalten kann, sodass $\ln \Omega$ ebenfalls gegen null schrumpfen muss. Da die Entropie in der klassischen Physik nur bis auf eine Konstante bestimmt ist, wird sie im Allgemeinen nicht gegen null, sondern gegen eine willkürliche Konstante gehen. Die Konstante kann aber gerade so gewählt werden, dass $S \to 0$ geht, wenn auch die innere Energie verschwindet, $U \to 0$. Zugleich werden wir aufgrund von (2.55) erwarten, dass dann auch die Temperatur gegen null geht, $T \to 0$. Dies führt uns auf den dritten Hauptsatz der Thermodynamik, den wir bereits in Abschn. 1.8 kurz gestreift haben.

Dritter Hauptsatz

Wenn die innere Energie eines Systems gegen null oder ihren kleinstmöglichen Wert geht, wird die Entropie des Systems verschwinden, weil sich das System dann nur noch in seinem Grundzustand aufhalten kann. Zugleich wird auch die Temperatur gegen null gehen:

$$S \to 0 \quad \text{für} \quad T \to 0. \tag{2.88}$$

Anwendung: Heliumdiffusion

Wenden wir die neu gewonnene Einsicht in die statistische Deutung der Entropie auf folgendes Beispiel an: Gegeben sei ein Glasballon mit dem Volumen V_1, der anfänglich mit Argon gefüllt sei. Das umgebende Volumen V_2 sei anfänglich mit Helium gefüllt. Beide Volumina $V_1 + V_2 = V$ seien gemeinsam nach außen abgeschlossen, aber miteinander im thermischen Gleichgewicht bei der Temperatur T (Abb. 2.10). Anfänglich herrsche Druckgleichgewicht zwischen den beiden, $P_{1,\text{initial}} = P_{2,\text{initial}}$. Das Glas sei so beschaffen, dass es Helium durchlässt, Argon aber nicht. Beide Gase können als ideale Gase angesehen werden. Was passiert?

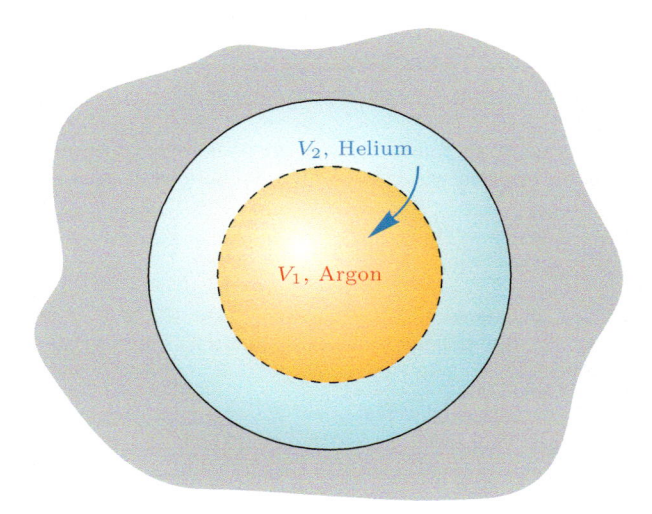

Abb. 2.10 Zur Ausgangssituation: Ein Argonballon mit dem Volumen V_1 ist in einen Heliumballon eingeschlossen. Die beiden Ballone stehen miteinander im thermischen Gleichgewicht, sind aber gemeinsam nach außen abgeschlossen

Da das Helium in den inneren Ballon eindringen kann, erfordert schon allein das statistische Grundpostulat, dass es sich gleichmäßig im gesamten Volumen V ausbreiten wird. Die Verteilung des Argons bleibt dagegen unverändert. Wenn $N_{\text{He,Ar}}$ die Gesamtzahlen der Helium- bzw. Argonatome sind, dringen

$$N_{\text{He},1} = \frac{V_1}{V} N_{\text{He}}$$

Heliumatome in V_1 ein. Da die Temperatur gleich bleibt, weil wir von idealen Gasen ausgehen, müssen wir nur die Abhängigkeit der Entropie vom Volumen und damit die innere Energie betrachten.

Aufgrund der Abzählung (2.16) ist

$$\Omega \propto V^N, \quad S \propto N \ln V.$$

Da sich die Temperatur nicht ändert, ist $dU = 0$, also $TdS = \delta W = PdV$. Daraus erhalten wir für den Druck die Proportionalität

$$P = T \frac{\partial S}{\partial V} \propto \frac{N}{V}.$$

Vor der Heliumdiffusion ist wegen

$$P_{1,\text{initial}} = P_{2,\text{initial}} \quad \Rightarrow \quad \frac{N_{\text{He}}}{V_2} = \frac{N_{\text{Ar}}}{V_1}.$$

Nachher muss der Druck im Volumen V_1 wegen der zusätzlichen Teilchen auf

$$P_{1,\text{final}} \propto \frac{N_{\text{He},1} + N_{\text{Ar}}}{V_1} = \frac{N_{\text{He}}}{V} + \frac{N_{\text{Ar}}}{V_1} = \frac{N_{\text{He}}}{V_2}\frac{V_2}{V} + \frac{N_{\text{He}}}{V_2}$$

$$\propto P_{1,\text{initial}} \left(1 + \frac{V_2}{V}\right)$$

ansteigen, während der Druck in V_2 auf

$$P_{2,\text{final}} \propto \frac{N_{\text{He},2}}{V_2} = \frac{N_{\text{He}} - N_{\text{He},1}}{V_2} \propto P_{1,\text{initial}} \left(1 - \frac{V_1}{V_2}\right)$$

abfällt. Wenn $V_1 \ll V_2$ ist, steigt der Druck in V_1 gerade auf den doppelten Ausgangsdruck an.

Diese Aussage wird gelegentlich als dritter Hauptsatz der Thermodynamik oder auch als Nernst'sches Theorem bezeichnet.

Wie wir schon in der phänomenologischen Thermodynamik gesehen haben, liegt der Nullpunkt der absoluten Temperaturskala bei $\vartheta_0 = -273{,}15\,°\text{C}$.

2.4 Grundlagen der Wahrscheinlichkeitsrechnung

Wir haben bereits mehrfach auf intuitive Weise von Begriffen wie „Wahrscheinlichkeit", „Wahrscheinlichkeitsverteilung" und ähnlichen Gebrauch gemacht, ohne sie näher zu begründen. Bevor wir nun auf der Basis der statistisch begründeten Thermodynamik fortfahren, wird es höchste Zeit, einige Begriffe aus

Anwendung: Fermi-Druck

Fermionen sind Teilchen, von denen höchstens zwei dieselbe Phasenraumzelle besetzen dürfen (Bd. 3, Abschn. 11.1). Dazu gehören beispielsweise Elektronen. Wenn in einem festen Volumen V eine große Anzahl N_e an Elektronen untergebracht werden sollen, geht das nur, wenn der Phasenraum bis zu einem genügend hohen Impuls p_F, genannt Fermi-Impuls (nach *Enrico Fermi*, 1901–1954) erweitert wird, sodass alle diese Fermionen im Phasenraumvolumen Platz finden. Selbst bei $T = 0$ müssen Elektronen daher einen endlichen Druck haben, wenn sie in einem Volumen V eingesperrt sind. Wie groß ist dieser Druck?

Da hier ein Druck trotz verschwindender Temperatur auftritt, bezeichnet man ein solches Fermionengas als (vollständig) entartet. Teilweise Entartung tritt auch bei endlichen Temperaturen auf, die wir aber erst in Abschn. 5.4 behandeln.

Die Anzahl der Phasenraumzellen, die *einem* Elektron mit Impuls $p \leq p_F$ zur Verfügung stehen, ist

$$\Omega = \frac{V}{h_0^3} 4\pi \int_0^{p_F} p^2 dp = \frac{4\pi}{3h_0^3} V p_F^3.$$

Das ist das Volumen im Ortsraum V, multipliziert mit dem Volumen im Impulsraum, geteilt durch die Größe h_0^3 der Phasenraumzellen. Für Quantensysteme ist $h_0 = h = 2\pi\hbar$, das Planck'sche Wirkungsquantum.

Diese Anzahl der Phasenraumzellen muss für N_e Elektronen reichen. Dabei müssen wir berücksichtigen, dass sich Elektronen auch durch ihren Spin unterscheiden können. Jeder durch alle seine anderen Quantenzahlen festgelegte Elektronenzustand darf deswegen durch *zwei* Elektronen besetzt werden. Das Phasenraumvolumen Ω schafft daher Platz für $N_e = 2\Omega$ Elektronen. Wir ersetzen außerdem den Fermi-Impuls p_F aufgrund der nichtrelativistischen Energie-Impuls-Beziehung durch die Fermi-Energie

$$E_F = \frac{p_F^2}{2m}$$

und erhalten aus der Anzahl der erforderlichen Phasenraumzellen

$$N_e = \frac{8\pi}{3h^3} V (2mE_F)^{3/2}.$$

Die Fermi-Energie ist also durch

$$E_F = \frac{1}{2m} \left(\frac{3h^3 N_e}{8\pi V} \right)^{2/3} = \frac{(3\pi^2)^{2/3} \hbar^2}{2m} n_e^{2/3}$$

gegeben, wobei $n_e = N_e/V$ die Anzahldichte der Elektronen ist. Bei $T = 0$ verteilen sich die N_e Elektronen gleichmäßig über alle Energien $0 \leq E \leq E_F$ und haben daher eine mittlere Energie von

$$\langle E \rangle = \frac{1}{2m} \langle p^2 \rangle = \frac{1}{2m} \int_0^{p_F} p^4 dp \left(\int_0^{p_F} p^2 dp \right)^{-1} = \frac{3}{5} E_F$$

(zur Mittelwertbildung siehe Kasten „Vertiefung: Wahrscheinlichkeitsmaß im Phasenraum" in Abschn. 2.1.)

Daher können wir ihre gesamte innere Energie durch

$$U = \frac{3}{5} N_e E_F = \frac{3V}{5} \frac{(3\pi^2)^{2/3} \hbar^2}{2m} n_e^{5/3}$$

gewinnen. Da die innere Energie offenbar zu $V^{-2/3}$ proportional ist, erhalten wir daraus sofort den Fermi-Druck

$$P_F = -\frac{\partial U}{\partial V} = \frac{2}{3} \frac{U}{V}.$$

Vergleichen Sie dazu das Ergebnis (2.34) und die quantenstatistische Behandlung vollständig entarteter Fermi-Gase in Abschn. 5.4.

Der Fermi-Druck baut sich allein deswegen auf, weil Elektronen den Phasenraum nicht beliebig dicht füllen dürfen. Er ist ein Beispiel für einen temperaturunabhängigen Druck. Das Ergebnis, dem zufolge der Druck gleich zwei Dritteln der Energiedichte beträgt, gilt wesentlich allgemeiner für alle nichtrelativistischen Quantengase. Dies geht bereits aus dem Beispielkasten „Druck und mechanische Arbeit" in Abschn. 2.1 hervor und wird in Abschn. 5.3 nochmals auf der Basis der Quantenstatistik gezeigt.

Diese Ergebnisse sind in mehrfacher Hinsicht bemerkenswert. Zum einen haben wir lediglich Zustände im Phasenraum abgezählt und allein daraus sowohl die Fermi-Energie als auch den Fermi-Druck bekommen. Zum Zweiten sind die einzigen Hinweise auf die Quantentheorie, die wir hier verwendet haben, dass die klassisch willkürliche Konstante h_0 durch das Planck'sche Wirkungsquantum h ersetzt werden muss und dass Elektronenzustände mit höchstens einem Elektron besetzt werden dürfen. Die wesentliche Aussage aber, dass wir profunde thermodynamische Aussagen allein aus der Abzählung von Zuständen im Zustandsraum gewinnen können, haben wir völlig unverändert aus der klassischen Mechanik auf dieses quantale, ideale Elektronengas übertragen.

Grundbegriffe

Zu diesem Zweck ist es nützlich, mit den Grundbegriffen der Wahrscheinlichkeitsrechnung und ihrer Anwendung auf physikalische Systeme zu beginnen, weil bei der weiteren Diskussion der Thermodynamik viel davon die Rede sein wird, mit welcher *Wahrscheinlichkeit* ein physikalisches System sich auf bestimmte Weise verhalten wird und mit welcher Wahrscheinlichkeitsverteilung sich die Systeme eines Ensembles im zugänglichen Zustandsraum verteilen werden.

Von Wahrscheinlichkeiten bestimmter (physikalischer) Ereignisse zu reden, hat offenbar nur dann einen Sinn, wenn man sich vorstellt, dass eine vorgegebene, feste Ausgangssituation immer wieder hergestellt wird, aus der heraus sich eine Menge von Ergebnissen $\{A_i \mid 1 \leq i \leq n\}$ ergeben kann, wobei man nicht exakt vorhersagen kann, welches der Ergebnisse eintreten wird. Wenn die Ausgangssituation, beispielsweise eine bestimmte experimentelle Konfiguration, $\mathcal{N}$ mal hergestellt wird und die Ereignisse A_i jeweils n_i mal eintreten, bezeichnet man die Zahlen

$$\frac{n_i}{\mathcal{N}} \quad (2.89)$$

als die *relativen Häufigkeiten* der Ereignisse A_i.

Ein naheliegendes Beispiel ist das $\mathcal{N}$-malige Werfen eines Würfels. Die Menge der Ereignisse sind die Zahlen 1 bis 6, die der Würfel zeigen kann. Wird der Wurf oft wiederholt, stellen die relativen Häufigkeiten der gewürfelten Zahlen ein Maß dafür dar, wie „gut" der Würfel ist. Seine „Güte" wird dadurch bestimmt, dass man die relativen Häufigkeiten damit vergleicht, welche Werte man dafür erwartet.

> **Wahrscheinlichkeit und relative Häufigkeit**
>
> Der *Erwartungswert der relativen Häufigkeit* eines Zufallsereignisses A_i heißt seine *Wahrscheinlichkeit* p_i.

Im Fall des Würfels ist natürlich $p_i = 1/6$ für alle $1 \leq i \leq 6$. Irgendwelche Abweichungen der relativen Häufigkeiten von diesem Wert werden als Hinweis auf eine mangelhafte Qualität des Würfels interpretiert.

Da die Summe aller Häufigkeiten n_i die gesamte Anzahl der Ereignisse $\mathcal{N}$ ergeben muss, gilt die Normierungsbedingung

$$\sum_{i=1}^{\mathcal{N}} \frac{n_i}{\mathcal{N}} = 1, \quad \sum_{i=1}^{\mathcal{N}} p_i = 1. \quad (2.90)$$

Die für Rechnungen mit Wahrscheinlichkeiten grundlegenden Axiome von Kolmogorow und der Satz von Bayes über bedingte Wahrscheinlichkeiten sind im „Mathematischen Hintergrund" 2.4 zusammengestellt.

Wenn bereits bekannt ist, dass das Ereignis A_i eingetreten ist, ändert sich in der Regel die Wahrscheinlichkeit dafür, dass nunmehr ein anderes Ereignis A_j eintritt. Diese Wahrscheinlichkeit heißt bedingt und wird durch $p(A_j|A_i)$ („Wahrscheinlichkeit für A_j gegeben A_i") notiert.

Zwei Ereignisse A_i und A_j heißen unabhängig, wenn

$$p(A_j|A_i) = p(A_j) \quad (2.91)$$

ist. In diesem Falle folgt aus dem Bayes'schen Satz die Multiplikationsregel

$$p(A_i \cap A_j) = p(A_i)p(A_j) \quad (2.92)$$

für die Wahrscheinlichkeiten unabhängiger Ereignisse.

> **Russisches Roulette**
>
> Beim Russischen Roulette wird eine der sechs Kammern eines Trommelrevolvers geladen, während die anderen leer bleiben. Der Spieler dreht die Trommel zufällig und drückt ab. Die Wahrscheinlichkeit, einen Schuss abzugeben, ist $p = 1/6$. Da jeder neue Versuch vom vorherigen unabhängig ist, ist die Wahrscheinlichkeit, auch nach dem N-ten Versuch noch keinen Schuss abgegeben zu haben, gleich $(1-p)^N = (5/6)^N$. Die Wahrscheinlichkeit, den Schuss genau beim N-ten Versuch abzugeben, ist $(1-p)^{N-1}p = (5/6)^{N-1} \cdot (1/6)$; bei $N = 10$ ist das 3,2 %. ◄

> **Umkehr bedingter Wahrscheinlichkeiten**
>
> Häufig wird der Bayes'sche Satz verwendet, um bedingte Wahrscheinlichkeiten umzukehren (siehe Kasten „Anwendung: Auswahl unter Bedingungen"). Seien A und B zwei Ereignisse, dann ist
>
> $$p(B|A)p(A) = p(B \cap A) = p(A \cap B) = p(A|B)p(B). \quad (2.93)$$
>
> Ein recht illustratives Beispiel ergibt sich, wenn für A das Ereignis „Eine gegebene Person ist eine Frau" und für B das Ereignis „Eine gegebene Person ist schwanger" eingesetzt wird. In genügender Näherung ist $p(A) = 1/2$. Da nur Frauen schwanger sein können, muss $p(A|B) = 1$ sein. Die bedingte Wahrscheinlichkeit, eine gegebene *Frau* schwanger anzutreffen, ist daher
>
> $$p(B|A) = 2p(B) \quad (2.94)$$
>
> und damit (natürlich!) doppelt so hoch wie die, eine schwangere *Person* anzutreffen. ◄

2.4 Mathematischer Hintergrund: Kolmogorows Axiome und der Bayes'sche Satz

Der Wahrscheinlichkeitsrechnung liegen die Axiome von Kolmogorow (benannt nach dem russischen Mathematiker *Andrei Kolmogorow*, 1903–1987) zugrunde. Sie lauten:

(a) Jedem zufälligen Ereignis A_i wird eine reelle Zahl $0 \leq p_i := p(A_i) \leq 1$ zugeordnet, die Wahrscheinlichkeit von A_i.

(b) Die Wahrscheinlichkeit eines sicheren Ereignisses ist $p = 1$.

(c) Sind $A_1, A_2, \ldots, A_n$ paarweise unvereinbare Ereignisse, $A_i \cap A_j = \emptyset$ für $i \neq j$, dann gilt

$$p\left(\bigcup_{i=1}^{n} A_i\right) = \sum_{i=1}^{n} p_i ,$$

d. h., die Wahrscheinlichkeit, dass *irgendeines* der Ereignisse A_i eintritt, ist die Summe ihrer Einzelwahrscheinlichkeiten. Insbesondere ist die Wahrscheinlichkeit, dass ein bestimmtes Ereignis A_i *nicht* eintritt,

$$p(\bar{A}_i) = p(A_i) + p(\bar{A}_i) - p(A_i) = 1 - p(A_i) ,$$

wenn $\bar{A}_i$ das Ereignis kennzeichnet, dass A_i *nicht* eintritt.

Die bedingte Wahrscheinlichkeit ist durch den unmittelbar einleuchtenden *Bayes'schen Satz*

$$p(A_i \cap A_j) = p(A_j|A_i)p(A_i)$$

mit den unbedingten Wahrscheinlichkeiten $p(A_i)$ und $p(A_i \cap A_j)$ verbunden.

Anwendung: Auswahl unter Bedingungen

Varianten des folgenden Problems wurden unter vielen verschiedenen Namen bekannt (Ziegenproblem, Dreitürenproblem oder Monty-Hall-Problem sind vielleicht die bekanntesten davon): Eine Mitstudentin fordert Sie auf, eines von drei verschlossenen Kästchen A, B und C zu wählen, aber nicht zu öffnen. In einem sei ein Diamant, in den anderen beiden sei Kohle. Sie wählen A. Daraufhin öffnet Ihre Mitstudentin B, worin sich Kohle befindet, und fragt Sie, ob Sie Ihre Wahl ändern möchten. Lohnt sich das?

Diese Frage lässt sich durch mehrfache Anwendung des Bayes'schen Satzes beantworten.

Seien $D_{A,B,C}$ die Ereignisse „Diamant in A, B oder C" und $M_{A,B,C}$ die Ereignisse „Mitstudentin öffnet A, B oder C". Um sich (begründet) zu entscheiden, brauchen Sie die bedingte Wahrscheinlichkeit $p(D_C|M_B)$, also die Wahrscheinlichkeit, den Diamanten in C zu finden, nachdem Ihre Mitstudentin Ihnen B gezeigt hat.

Nach dem Bayes'schen Satz aus dem „Mathematischen Hintergrund" 2.4 ist

$$p(D_C|M_B)p(M_B) = p(D_C \cap M_B) = p(M_B \cap D_C)$$
$$= p(M_B|D_C)p(D_C) .$$

Die Wahrscheinlichkeit, dass Ihnen Ihre Mitstudentin B zeigt, ist dadurch bedingt, wo der Diamant tatsächlich ist:

$$p(M_B) = p(M_B|D_A)p(D_A) + p(M_B|D_B)p(D_B) + p(M_B|D_C)p(D_C) .$$

Aus den beiden letzten Gleichungen folgt

$$p(D_C|M_B) = \frac{p(M_B|D_C)p(D_C)}{p(M_B|D_A)p(D_A) + p(M_B|D_B)p(D_B) + p(M_B|D_C)p(D_C)} .$$

Alle Wahrscheinlichkeiten auf der rechten Seite dieser Gleichung sind bekannt. Zunächst ist $p(D_A) = p(D_B) = p(D_C) = 1/3$, da Sie ohne weitere Vorkenntnisse davon ausgehen müssen, dass der Diamant mit gleicher Wahrscheinlichkeit in jedem der drei Kästchen sein könnte.

Da Sie A gewählt haben, muss $p(M_B|D_C) = 1$ sein, denn wenn der Diamant in C ist, kann Ihre Mitstudentin Ihnen nur B zeigen. Dagegen ist $p(M_B|D_A) = 1/2$, weil Ihre Mitstudentin Ihnen B oder C zeigen kann, wenn der Diamant in A ist. Schließlich muss $p(M_B|D_B) = 0$ sein, weil Ihre Mitstudentin Ihnen nicht B zeigen kann, wenn der Diamant in B ist. Daher ist

$$p(D_C|M_B) = \frac{1/3}{1/2 \cdot 1/3 + 0 \cdot 1/3 + 1 \cdot 1/3} = \frac{2}{3} .$$

Es lohnt sich also durchaus, zu C zu wechseln, denn $p(D_A) = 1/3$: Ihre Chance, den Diamanten zu bekommen, verdoppelt sich, wenn Sie Ihre Wahl ändern!

Mittelwert und Streuung, Gesetz der großen Zahlen und zentraler Grenzwertsatz

Wenn eine Größe die n diskreten Werte u_i annehmen kann, die mit den Wahrscheinlichkeiten p_i auftreten, dann ist der Mittelwert von u durch

$$\langle u \rangle = \sum_{i=1}^{n} u_i p_i \qquad (2.95)$$

gegeben. Dies gilt natürlich ebenso für jede Funktion $f(u)$ von u, sodass

$$\langle f(u) \rangle = \sum_{i=1}^{n} f(u_i) p_i \qquad (2.96)$$

der Mittelwert von $f(u)$ ist. Daraus können wir gleich zwei wichtige Ergebnisse folgern, nämlich erstens die *Linearität der Mittelwertbildung*, ausgedrückt durch

$$\begin{aligned}\langle \lambda_1 f(u) + \lambda_2 g(u) \rangle &= \sum_{i=1}^{n} [\lambda_1 f(u_i) + \lambda_2 g(u_i)] p_i \\ &= \lambda_1 \langle f(u) \rangle + \lambda_2 \langle g(u) \rangle.\end{aligned} \qquad (2.97)$$

Zweitens verschwindet der Mittelwert der *Abweichung* vom Mittelwert natürlich:

$$\langle u - \langle u \rangle \rangle = \sum_{i=1}^{n} (u_i - \langle u \rangle) p_i = \langle u \rangle - \langle u \rangle = 0. \qquad (2.98)$$

Eine sehr wichtige Information über Wahrscheinlichkeitsverteilungen ist, wie sehr die Werte u_i um ihren Mittelwert streuen. Dies wird durch die *Streuung* oder *Varianz*

$$\mathrm{Var}(u) = \langle (u - \langle u \rangle)^2 \rangle = \sum_{i=1}^{n} (u_i - \langle u \rangle)^2 p_i \geq 0 \qquad (2.99)$$

angegeben. Offenbar gilt aufgrund der Definition der sogenannte *Verschiebungssatz*

$$\langle (u - \langle u \rangle)^2 \rangle = \langle u^2 \rangle - 2 \langle u \rangle^2 + \langle u \rangle^2 = \langle u^2 \rangle - \langle u \rangle^2, \qquad (2.100)$$

und wegen (2.99) muss

$$\langle u^2 \rangle \geq \langle u \rangle^2 \qquad (2.101)$$

sein. Die Wurzel aus der Streuung heißt *Standardabweichung*:

$$\sigma = \langle (u - \langle u \rangle)^2 \rangle^{1/2}. \qquad (2.102)$$

Bis hierher haben wir Wahrscheinlichkeiten p_i für diskrete Ergebnisse u_i angenommen. Oft sind die möglichen Ergebnisse eines Zufallsereignisses kontinuierlich, oder sie liegen so dicht, dass sie in bester Näherung als kontinuierlich beschrieben werden können. Die Summen über die möglichen Ergebnisse gehen dann in Integrale über, und die Wahrscheinlichkeiten p_i werden durch eine kontinuierliche Funktion $p(u)$ beschrieben, die *Wahrscheinlichkeitsdichte*. Ein Beispiel dafür ist uns bereits im Kasten „Vertiefung: Wahrscheinlichkeitsmaß im Phasenraum" in Abschn. 2.1 begegnet. Mittelwert und Streuung werden dann ganz analog zu (2.95) und (2.100) berechnet durch

$$\langle u \rangle = \int p(u) u \, \mathrm{d}u, \quad \mathrm{Var}(u) = \int p(u) u^2 \, \mathrm{d}u - \langle u \rangle^2. \qquad (2.103)$$

Über das Verhalten des Mittelwertes von Zufallsgrößen und ihrer Streuung geben das Gesetz der großen Zahlen und der zentrale Grenzwertsatz Auskunft.

Gesetz der großen Zahlen

Das Gesetz der großen Zahlen besagt, dass der Mittelwert einer großen Zahl n unabhängiger Messungen x_i derselben Größe fast sicher gegen den Erwartungswert $\langle x \rangle$ dieser Größe konvergiert,

$$\lim_{n \to \infty} \frac{1}{n} \sum_{i=1}^{n} x_i = \langle x \rangle, \qquad (2.104)$$

falls dieser Erwartungswert überhaupt existiert.

Das Gesetz der großen Zahlen begründet, dass wir uns durch wiederholte Messung physikalischer Größen überhaupt einem Wert nähern können, den wir dieser Größe selbst zuschreiben können.

Zentraler Grenzwertsatz

Der zentrale Grenzwertsatz besagt, dass für eine große Zahl n unabhängiger Messungen x_i derselben Größe die zentrierte, normierte Zufallsgröße

$$y_n = \frac{1}{\sigma \sqrt{n}} \sum_{i=1}^{n} (x_i - \langle x \rangle) \qquad (2.105)$$

einer Gauß-Verteilung mit Standardabweichung eins folgt, wenn der Mittelwert $\langle x \rangle$ und die Standardabweichung σ der Größe existieren.

Der zentrale Grenzwertsatz bedeutet insbesondere, dass die Streuung von Messungen um den Mittelwert mit zunehmender Anzahl n von Messungen wie $n^{-1/2}$ abnimmt.

Frage 6

Begründen Sie anhand des zentralen Grenzwertsatzes die Division durch $\sqrt{12}$, die in Abb. 2.11 erwähnt wird.

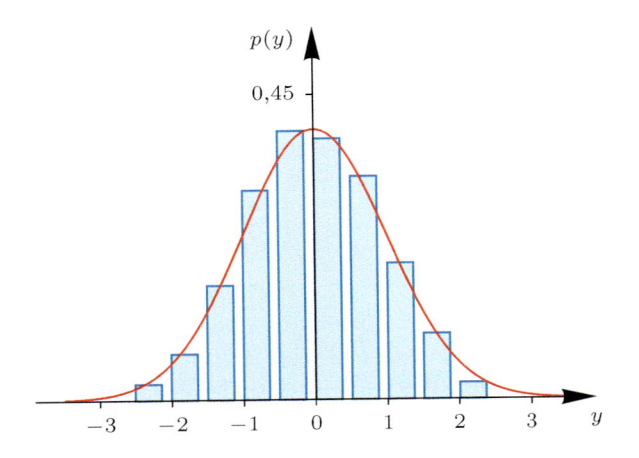

Abb. 2.11 Zur Veranschaulichung des zentralen Grenzwertsatzes. Jeweils 20 Zufallszahlen wurden aus der Verteilung $p(x) = 3x^2/2$ mit $-1 \leq x \leq 1$ gezogen, addiert und durch $\sqrt{12}$ geteilt. Das Histogramm zeigt die Verteilung von 200 so gewonnenen Zufallszahlen; die *rote Kurve* ist eine Gauß-Verteilung mit Mittelwert 0 und Standardabweichung 1

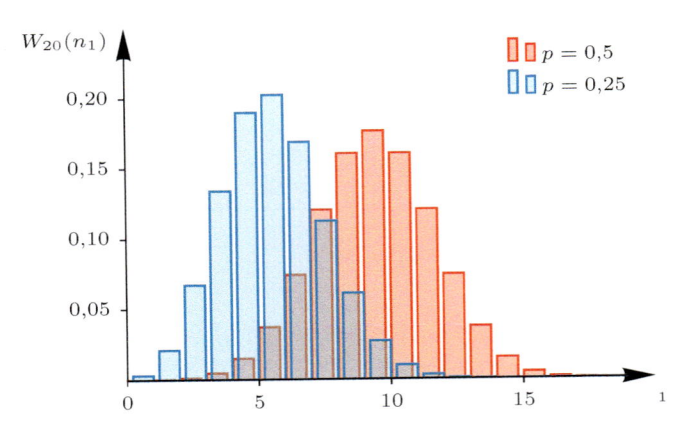

Abb. 2.12 Binomialverteilungen für $N = 20$ und $p = 0{,}5$ bzw. $p = 0{,}25$

Zufallsbewegung

Betrachten wir in einer Dimension die Bewegung eines Teilchens, das in regelmäßigen Zeitabständen gleich lange Schritte einer beliebig gewählten Einheitslänge nach rechts oder links ausführen kann, wobei beide Richtungen zunächst gleich wahrscheinlich seien. Wenn viele Teilchen von demselben Punkt aus auf diese Zufallsreise geschickt werden und nach einer festen Zeit untersucht wird, wie sich die Menge aller dieser Teilchen räumlich verteilt – welche Verteilung wird sich einstellen?

Zu jedem Zeitpunkt kann ein Teilchen zwischen rechts und links wählen. Es gibt also zwei mögliche Ereignisse: „Schritt nach rechts" oder „Schritt nach links". Wenn „Schritt nach rechts" nun etwas allgemeiner die Wahrscheinlichkeit p bekommt, muss „Schritt nach links" die Wahrscheinlichkeit $1 - p$ bekommen. Bezeichnet m den nach rechts gemessenen Abstand des Teilchens vom Ausgangspunkt, dann ist offenbar

$$m = n_1 - n_2, \qquad (2.106)$$

wenn n_1 und n_2 die Anzahlen der Schritte nach rechts und links sind. Insgesamt muss natürlich

$$n_1 + n_2 = N \qquad (2.107)$$

sein, wenn insgesamt N Schritte ausgeführt wurden. Die Kombination der beiden Gln. (2.106) und (2.107) ergibt

$$m = 2n_1 - N. \qquad (2.108)$$

Die Wahrscheinlichkeit, in einer *bestimmten* Reihenfolge n_1 Schritte nach rechts und n_2 Schritte nach links zu gehen, ist

$$p^{n_1}(1-p)^{n_2}. \qquad (2.109)$$

Da die Schritte aber in *beliebiger* Reihenfolge ausgeführt werden können, gibt es dafür

$$\frac{N!}{n_1! n_2!} = \frac{N!}{n_1!(N-n_1)!} \qquad (2.110)$$

Möglichkeiten, weil zunächst die N Schritte auf $N!$ Weisen permutiert werden können, ebenso aber auch die Schritte nach rechts und links.

Zufallsbewegung und Binomialverteilung

Die Wahrscheinlichkeit, dass das Teilchen nach N Schritten insgesamt n_1 Schritte nach rechts und $n_2 = N - n_1$ Schritte nach links gegangen ist, muss also

$$\begin{aligned} W_N(n_1) &= \frac{N!}{n_1!(N-n_1)!} p^{n_1}(1-p)^{N-n_1} \\ &=: \binom{N}{n_1} p^{n_1}(1-p)^{N-n_1} \end{aligned} \qquad (2.111)$$

sein. Diese Verteilung der Anzahl n_1 heißt *Binomialverteilung*, weil sie an die allgemeine binomische Formel

$$(p+q)^N = \sum_{i=0}^{N} \binom{N}{i} p^i q^{N-i} \qquad (2.112)$$

erinnert (Abb. 2.12). Die Größen

$$\binom{N}{n_1} \quad \text{und} \quad \binom{N}{i} \qquad (2.113)$$

heißen *Binomialkoeffizienten* und werden „n_1 aus N" bzw. „i aus N" oder auch „N über n_1" bzw. „N über i" gesprochen.

Wie wir oben gesehen haben, steht m fest, wenn n_1 gegeben ist. Also folgt aus (2.111) sofort die Wahrscheinlichkeitsverteilung dafür, dass das Teilchen sich nach N Schritten im Abstand m vom Ausgangspunkt befindet:

$$P_N(m) = W_N(n_1) = W_N\left(\frac{N+m}{2}\right) \quad (2.114)$$

$$= \binom{N}{(N+m)/2} p^{(N+m)/2}(1-p)^{(N-m)/2}.$$

Für $p = 1/2$ nimmt sie folgende symmetrische Form an:

$$P_N(m) = \binom{N}{(N+m)/2}\left(\frac{1}{2}\right)^N. \quad (2.115)$$

Für die Binomialverteilung (2.114) erhalten wir Mittelwerte durch einen häufig sehr nützlichen Trick. Der Abstand m vom Ursprung kann alle ganzzahligen Werte zwischen $-N \le m \le N$ annehmen. Damit ist der Mittelwert durch

$$\langle m \rangle = \sum_{m=-N}^{N} m P_N(m) \quad (2.116)$$

$$= \sum_{m=-N}^{N} m \binom{N}{(N+m)/2} p^{(N+m)/2}(1-p)^{(N-m)/2}$$

bestimmt. Um dies zu berechnen, gehen wir zurück zu

$$W_N(n_1) = \binom{N}{n_1} p^{n_1} q^{N-n_1}, \quad (2.117)$$

worin wir für den Verlauf dieser Rechnung p und q als unabhängig ansehen. Die binomische Formel (2.112) verlangt einerseits

$$\sum_{n_1=0}^{N} W_N(n_1) = (p+q)^N. \quad (2.118)$$

Andererseits folgt aus (2.117)

$$p\frac{\partial}{\partial p} W_N(n_1) = n_1 W_N(n_1) \quad (2.119)$$

und daher

$$\sum_{n_1=0}^{N} n_1 W_N(n_1) = p\frac{\partial}{\partial p} \sum_{n_1=0}^{N} W_N(n_1) = p\frac{\partial}{\partial p}(p+q)^N$$

$$= Np(p+q)^{N-1}. \quad (2.120)$$

Setzen wir nun wieder $p = 1-q$ ein, folgt

$$\langle n_1 \rangle = Np = \frac{N}{2} \quad (2.121)$$

für $p = 1/2$ und damit aus (2.108)

$$\langle m \rangle = 2\langle n_1 \rangle - N = 0. \quad (2.122)$$

Natürlich muss das so sein, weil der mittlere Ort des Teilchens der Ursprung bleiben muss, wenn es sich mit gleicher Wahrscheinlichkeit nach rechts oder links bewegen kann.

Die Streuung von m kann mit demselben Trick berechnet werden. Zunächst ist

$$\langle (m-\bar{m})^2 \rangle = \langle m^2 \rangle = \langle (2n_1 - N)^2 \rangle = 4\langle n_1^2 \rangle - 4\langle n_1 \rangle N + N^2$$
$$= 4\langle n_1^2 \rangle - N^2. \quad (2.123)$$

Dann verwenden wir (2.119) ein zweites Mal,

$$\left(p\frac{\partial}{\partial p}\right)^2 W_N(n_1) = n_1^2 W_N(n_1), \quad (2.124)$$

summieren über alle n_1 und bekommen

$$\sum_{n_1=0}^{N} n_1^2 W_N(n_1) = \left(p\frac{\partial}{\partial p}\right)^2 (p+q)^N = (Np)^2 + Np - Np^2$$

$$= \langle n_1 \rangle^2 + Np(1-p), \quad (2.125)$$

wobei am Schluss wieder $p + q = 1$ verwendet wurde. Nach (2.100) ist die Streuung von n_1

$$\langle (n_1 - \bar{n}_1)^2 \rangle = \langle n_1^2 \rangle - \langle n_1 \rangle^2 = Np(1-p) = \frac{N}{4}, \quad (2.126)$$

wenn $p = 1/2$ ist. Außerdem erhalten wir aus (2.123) mit (2.121) und (2.125)

$$\langle m^2 \rangle = 4\left[\langle n_1 \rangle^2 + Np(1-p)\right] - N^2 = N \quad (2.127)$$

für die Streuung der Abstandsverteilung.

Standardabweichung der Zufallsbewegung

Die Standardabweichung der symmetrischen Zufallsbewegung vom Ursprung wächst demnach wie die Wurzel der Anzahl der Schritte an:

$$\langle m^2 \rangle^{1/2} = \sqrt{N}. \quad (2.128)$$

Dies ist charakteristisch für Diffusionsprozesse: Erfordern die Schritte im Mittel alle dieselbe Zeit, ist die Anzahl der Schritte zur Zeit proportional, $N \propto t$. Dann ist die Diffusionslänge proportional zur Wurzel aus der Diffusionszeit.

Grenzfall großer Zahlen

Mit dem Ausdruck für $W_N(n_1)$ aus (2.111) erhalten wir

$$\ln W_N(n_1) = \ln N! - \ln n_1! - \ln(N-n_1)!$$
$$+ n_1 \ln p + (N-n_1)\ln(1-p). \quad (2.129)$$

Für große n können wir $\ln n!$ ebenfalls als kontinuierlich ansehen und die Ableitung durch

$$\frac{d \ln n!}{dn} \approx \frac{\ln(n+1)! - \ln n!}{1} = \ln \frac{(n+1)!}{n!} = \ln(n+1)$$
$$\approx \ln n \qquad (2.130)$$

nähern. Damit und unter der Voraussetzung, dass sowohl N als auch $N - n_1$ große Zahlen sind, wird die Ableitung von $\ln W_N(n_1)$

$$\frac{\partial \ln W_N(n_1)}{\partial n_1} = -\ln n_1 + \ln(N - n_1) + \ln p - \ln(1-p)$$
$$= \ln \left[\frac{N - n_1}{n_1} \frac{p}{1-p} \right]. \qquad (2.131)$$

Sie verschwindet, wenn

$$(N - n_1)p = n_1(1-p) \quad \Rightarrow \quad n_1 = Np = \langle n_1 \rangle \qquad (2.132)$$

ist, d. h., das Maximum der Verteilung liegt tatsächlich beim Mittelwert $\langle n_1 \rangle$.

Die Streuung (2.126) von n_1 nimmt linear mit N zu, ebenso wie der Mittelwert $\langle n_1 \rangle = N/2$. Ein Maß für die typische Abweichung von n_1 vom Mittelwert $\langle n_1 \rangle$ ist die Standardabweichung, die bereits aus (2.102) bekannt ist und im Fall von n_1

$$\sigma_{n_1} = \frac{\sqrt{N}}{2} \qquad (2.133)$$

beträgt. Relativ zum Mittelwert nimmt die Standardabweichung also wie

$$\frac{\sigma_{n_1}}{\langle n_1 \rangle} = \frac{1}{\sqrt{N}} \qquad (2.134)$$

ab. Das Maximum der Verteilung $W_N(n_1)$ wird demzufolge immer schärfer, je größer N wird.

Im Grenzfall sehr großer N können wir die Zahlen n_1 als kontinuierlich auffassen. Dann kann $W_N(n_1)$ nach n_1 abgeleitet werden, und wir können $W_N(n_1)$ in eine Taylor-Reihe um $\langle n_1 \rangle$ entwickeln. Zweckmäßiger ist es jedoch, stattdessen $\ln W_N(n_1)$ zu entwickeln, weil dann die Rechnung erheblich einfacher wird. Also betrachten wir die Taylor-Reihe

$$\ln W_N(n_1) = \ln W_N(\langle n_1 \rangle) \qquad (2.135)$$
$$+ \left. \frac{\partial \ln W_N(n_1)}{\partial n_1} \right|_{\langle n_1 \rangle} (n_1 - \langle n_1 \rangle)$$
$$+ \frac{1}{2} \left. \frac{\partial^2 \ln W_N(n_1)}{\partial n_1^2} \right|_{\langle n_1 \rangle} (n_1 - \langle n_1 \rangle)^2 + \ldots$$

und brechen nach der zweiten Ordnung ab, weil die erwarteten relativen Abweichungen vom Mittelwert mit wachsendem

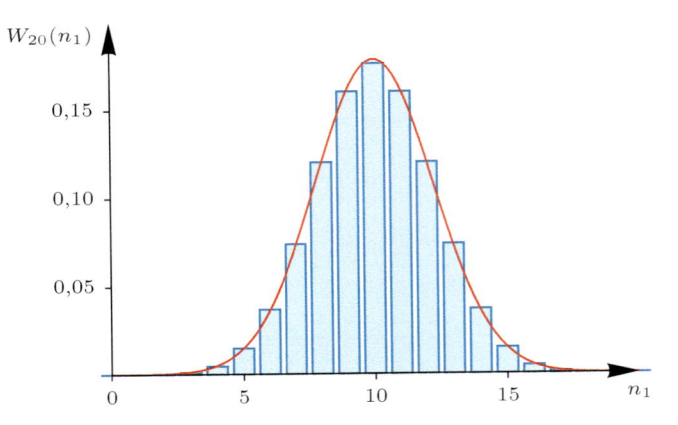

Abb. 2.13 Im Grenzfall großer Zahlen N geht die Binomial- in eine Gauß-Verteilung mit dem Mittelwert $\langle n_1 \rangle = pN$ und der Standardabweichung $\sigma_{n_1} = \langle n_1 \rangle \sqrt{p^{-1} - 1}/\sqrt{N} = \sqrt{N}\sqrt{p(1-p)}$ über (siehe (2.137))

N immer kleiner werden. Da wir um das Maximum entwickeln, verschwindet die erste Ableitung, sodass wir

$$\ln W_N(n_1) \approx \ln W_N(\langle n_1 \rangle) + \frac{1}{2} \left. \frac{\partial^2 \ln W_N(n_1)}{\partial n_1^2} \right|_{\langle n_1 \rangle} (n_1 - \langle n_1 \rangle)^2 \qquad (2.136)$$

nähern können.

Die negative zweite Ableitung ergibt bei $n_1 = \langle n_1 \rangle = Np$

$$-\left. \frac{\partial^2 \ln W_N(n_1)}{\partial n_1^2} \right|_{\langle n_1 \rangle} = \frac{1}{\langle n_1 \rangle} + \frac{1}{N - \langle n_1 \rangle}$$
$$= \frac{N}{\langle n_1 \rangle (N - \langle n_1 \rangle)}$$
$$= \frac{1}{Np(1-p)}$$
$$= \sigma_{n_1}^{-2} = \frac{N}{\langle n_1 \rangle^2 (p^{-1} - 1)}. \qquad (2.137)$$

Sie ist offenbar positiv und bestätigt dadurch, dass das Extremum bei $n_1 = \langle n_1 \rangle$ tatsächlich ein Maximum ist.

Indem wir (2.137) mit (2.136) verbinden, sehen wir, dass die Verteilung $W_N(n_1)$ bei sehr großen N in

$$W(n_1) = W_0 \exp\left[-\frac{(n_1 - \langle n_1 \rangle)^2}{2\sigma_{n_1}^2}\right] \qquad (2.138)$$

übergeht (Abb. 2.13). Die Amplitude W_0 muss so gewählt werden, dass die Summe aller Wahrscheinlichkeiten eins ergibt. Für kontinuierliche n_1 bedeutet das

$$1 = \int_{-\infty}^{\infty} W(n_1) dn_1 = W_0 \int_{-\infty}^{\infty} \exp\left(-\frac{x^2}{2\sigma_{n_1}^2}\right) dx \qquad (2.139)$$
$$= W_0 \sqrt{2\pi \sigma_{n_1}^2},$$

sodass die normierte Verteilung lautet:

$$W(n_1) = \frac{1}{\sqrt{2\pi\sigma_{n_1}^2}} \exp\left(-\frac{(n_1 - \langle n_1\rangle)^2}{2\sigma_{n_1}^2}\right). \quad (2.140)$$

> **Gauß'sche Normalverteilung**
>
> Das ist die *Gauß'sche Normalverteilung*, die allgemein in der Form
>
> $$G(x;\mu,\sigma) = \frac{1}{\sqrt{2\pi\sigma^2}} \exp\left(-\frac{(x-\mu)^2}{2\sigma^2}\right) \quad (2.141)$$
>
> geschrieben werden kann, wenn sie den Mittelwert μ und die Standardabweichung σ hat. Sie besagt, dass die Wahrscheinlichkeit, eine normalverteilte Größe im kleinen Intervall zwischen x und $x + dx$ zu finden, gerade gleich
>
> $$dP(x) = G(x;\mu,\sigma)dx \quad (2.142)$$
>
> ist.

Die Maxwell-Verteilung

Wir fragen nun danach, wie die Geschwindigkeiten der Teilchen eines Gases verteilt sein mögen, d. h., wir suchen eine Verteilungsfunktion $f(v_x, v_y, v_z)$ im Geschwindigkeitsraum so, dass die Größe

$$f(v_x, v_y, v_z)dv_x dv_y dv_z \quad (2.143)$$

die Wahrscheinlichkeit angibt, ein Teilchen mit einer Geschwindigkeit in dem kleinen Volumen zwischen (v_x, v_y, v_z) und $(v_x + dv_x, v_y + dv_y, v_z + dv_z)$ im Geschwindigkeitsraum zu finden.

Von Maxwell selbst stammt folgende elegante Überlegung: In einem Gas im thermodynamischen Gleichgewicht wird die Geschwindigkeitsverteilung nicht mehr von der Richtung der Bewegung abhängen, weil alle Richtungen gleich wahrscheinlich auftreten werden. Also kann die Verteilung nur vom Betrag von v oder, äquivalent dazu, nur von v^2 abhängen. Weiterhin müssen die Wahrscheinlichkeiten für die drei Geschwindigkeitskomponenten voneinander unabhängig sein, weil keine Bewegungsrichtung bevorzugt ist. Also muss die Verteilung in den drei Raumrichtungen separieren, und sie muss in jeder Raumrichtung durch dieselbe Funktion beschrieben werden, was zunächst

$$f(v^2) = f(v_x^2 + v_y^2 + v_z^2) = f(v_x^2)f(v_y^2)f(v_z^2) \quad (2.144)$$

ergibt. Das *Produkt* der Verteilungsfunktionen der Geschwindigkeitsquadrate in allen Koordinatenrichtungen muss also gleich der Verteilungsfunktion der *Summe* der Geschwindigkeitsquadrate sein.

Die einzige Funktion f, welche dieser Forderung genügt, ist die Exponentialfunktion. Wir müssen also

$$f(v^2) = C\exp(av^2) \quad (2.145)$$

fordern. Die Größen C und a dürfen nicht von der Geschwindigkeit abhängen, sind aber sonst vorerst beliebig.

Damit die Verteilung (2.145) überhaupt normiert werden kann, muss $a < 0$ sein. Damit nimmt die Verteilung die Form einer Gauß-Verteilung im Geschwindigkeitsraum mit Mittelwert $\langle v_x\rangle = \langle v_y\rangle = \langle v_z\rangle = 0$ und der Standardabweichung

$$\sigma_v = \frac{1}{\sqrt{2a}} \quad (2.146)$$

an. Die Normierung ergibt sich dann direkt aus (2.141),

$$C = \frac{1}{(2\pi\sigma_v^2)^{3/2}}, \quad (2.147)$$

worin der Exponent $3/2$ auftritt, weil ja in jeder Raumrichtung normiert werden muss. Integrale über Gauß-Funktionen werden im „Mathematischen Hintergrund" 4.1 im Detail behandelt.

Nun bleibt nur noch die Bedeutung von a zu bestimmen. Offenbar muss die Streuung jeder Geschwindigkeitskomponente um ihren Mittelwert gleich σ_v sein. Also müssen wir für jede Geschwindigkeitskomponente v_i

$$\langle v_i^2\rangle = \sigma_v^2 \quad (2.148)$$

fordern. Die mittleren Geschwindigkeitsquadrate hängen natürlich mit der mittleren Energie ε der Gasteilchen zusammen. In der Bewegung in jede Raumrichtung muss im Mittel dieselbe Energie stecken, weil die Raumrichtungen nicht voneinander verschieden sind. Deswegen muss

$$\varepsilon = \frac{m}{2}\left(\langle v_x^2\rangle + \langle v_y^2\rangle + \langle v_z^2\rangle\right) = \frac{3m}{2}\sigma_v^2 \quad (2.149)$$

gelten. Die Streuung der Geschwindigkeit muss demnach proportional zur mittleren Energie eines Gasteilchens sein. In (3.35) werden wir sehen, dass die innere Energie eines einatomigen idealen Gases aus N Teilchen

$$U = \frac{3}{2}Nk_\mathrm{B}T \quad (2.150)$$

beträgt, weshalb

$$\varepsilon = \frac{3}{2}k_\mathrm{B}T \quad \Rightarrow \quad \sigma_v^2 = \frac{k_\mathrm{B}T}{m} \quad (2.151)$$

sein muss.

――――――――― **Frage 7** ―――――――――

Verwenden Sie das Endergebnis aus dem Beispielkasten „Druck und mechanische Arbeit" in Abschn. 2.1 und die Zustandsgleichung des idealen Gases, um den Ausdruck (2.150) zu begründen.

> **Maxwell'sche Geschwindigkeitsverteilung**
>
> Wir erhalten damit die *Maxwell'sche Geschwindigkeitsverteilung*
>
> $$f(\boldsymbol{v}^2) = \left(\frac{m}{2\pi k_B T}\right)^{3/2} \exp\left(-\frac{m\boldsymbol{v}^2}{2k_B T}\right) \quad (2.152)$$
>
> für ein Gas im thermischen Gleichgewicht mit der Temperatur T und der Teilchenmasse m.

Achtung So elegant Maxwells Herleitung dieser Geschwindigkeitsverteilung war, gilt sie doch nur für nichtrelativistische Teilchen. Der Grund ist, dass bei relativistischen Teilchen eine Bewegung in einer Richtung aufgrund der geschwindigkeitsabhängigen Trägheit auch die Bewegung in jeder anderen Richtung beeinflusst. Zudem ist die Geschwindigkeit natürlich durch die Lichtgeschwindigkeit nach oben beschränkt. ◀

Thermische Geschwindigkeiten

Die Maxwell'sche Verteilung der drei Geschwindigkeitskomponenten lässt sich leicht in eine Verteilung für den *Betrag* der Geschwindigkeit transformieren. Die Wahrscheinlichkeit

$$dP(\boldsymbol{v}^2) = f(\boldsymbol{v}^2) dv_x dv_y dv_z \quad (2.153)$$

muss unverändert bleiben, wenn wir Kugelkoordinaten im Geschwindigkeitsraum einführen,

$$dP(\boldsymbol{v}^2) = f(\boldsymbol{v}^2) v^2 dv \sin\theta d\theta d\phi, \quad (2.154)$$

wobei natürlich die Jacobi-Determinante der Transformation berücksichtigt werden muss (s. auch Kasten „Volumenelemente unter Koordinatentransformationen, Jacobi-Determinante" in Bd. 1, Abschn. 4.5). Weil wir nur am Betrag der Geschwindigkeit interessiert sind, können wir sofort über die beiden Winkel θ und ϕ integrieren und erhalten als Verteilung des Geschwindigkeitsbetrags

$$f(v) = 4\pi v^2 f(\boldsymbol{v}^2) = 4\pi \left(\frac{m}{2\pi k_B T}\right)^{3/2} v^2 \exp\left(-\frac{mv^2}{2k_B T}\right). \quad (2.155)$$

Der *mittlere Geschwindigkeitsbetrag* $\langle v \rangle$ ist

$$\langle v \rangle = \int_0^\infty f(v) v \, dv = 4\pi \left(\frac{m}{2\pi k_B T}\right)^{3/2} \int_0^\infty v^3 \exp\left(-\frac{mv^2}{2k_B T}\right) dv$$

$$= \sqrt{\frac{8}{\pi} \frac{k_B T}{m}}. \quad (2.156)$$

Die *wahrscheinlichste Geschwindigkeit* v_0 ist dagegen durch die Lage des Maximums von $v^2 \exp[-mv^2/(2k_B T)]$ bestimmt. Aus

$$0 = \frac{d}{dv} v^2 e^{-mv^2/2k_B T} = 2v e^{-mv^2/2k_B T} - \frac{mv^3}{k_B T} e^{-mv^2/2k_B T} \quad (2.157)$$

folgt

$$v_0 = \sqrt{\frac{2k_B T}{m}}. \quad (2.158)$$

Die mittlere thermische Geschwindigkeit ist also um den Faktor $(4/\pi)^{1/2} \approx 1{,}13$ *größer* als die wahrscheinlichste Geschwindigkeit. Dies liegt daran, dass die exponentielle Verteilung zu beliebig hohen Geschwindigkeiten reicht, aber auf $v \geq 0$ beschränkt ist und deswegen nicht symmetrisch sein kann.

Frage 8
Was ist die mittlere thermische Geschwindigkeit eines „Luftmoleküls" bei Zimmertemperatur?

Aufgaben

Gelegentlich enthalten die Aufgaben mehr Angaben, als für die Lösung erforderlich sind. Bei einigen anderen dagegen werden Daten aus dem Allgemeinwissen, aus anderen Quellen oder sinnvolle Schätzungen benötigt.

- • leichte Aufgaben mit wenigen Rechenschritten
- •• mittelschwere Aufgaben, die etwas Denkarbeit und unter Umständen die Kombination verschiedener Konzepte erfordern
- ••• anspruchsvolle Aufgaben, die fortgeschrittene Konzepte (unter Umständen auch aus späteren Kapiteln) oder eigene mathematische Modellbildung benötigen

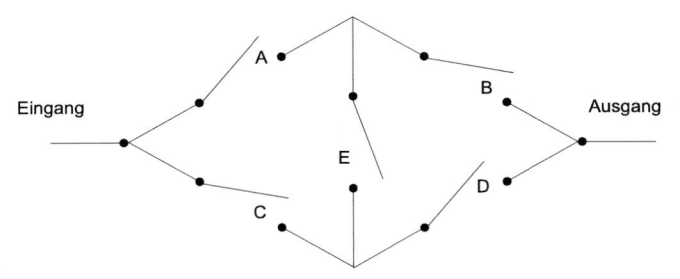

Abb. 2.14 Netzwerk aus fünf unabhängigen Schaltern, die mit einer Wahrscheinlichkeit p geschlossen sind

2.1 • Abwechslung beim Würfelspiel Bestimmen Sie, auf wie viele Weisen man bei fünf Würfen eines echten Würfels die Gesamtaugenzahl acht erhalten kann.

2.2 •• Absorptionswahrscheinlichkeit eines Teilchens Ein Absorber für Teilchen sei aus parallelen Schichten der Dicke Δx aufgebaut. In jeder Schicht ist die Wahrscheinlichkeit für die Absorption eines Teilchens, das die Schicht durchläuft, durch $\rho \Delta x$ gegeben. Dabei ist $\rho > 0$ konstant im Ort. Die Teilchen fallen parallel zur Plattennormale auf den Absorber.

(a) Bestimmen Sie die Wahrscheinlichkeit dafür, dass ein Teilchen in die n-te Schicht des Absorbers eindringt.
(b) Wie groß ist die Wahrscheinlichkeit, dass das Teilchen gerade in der n-ten Schicht absorbiert wird?
(c) Bestimmen Sie aus Teilaufgabe (a) die Wahrscheinlichkeit für die Eindringtiefe x, indem Sie den Limes $\Delta x \to 0$ betrachten.

2.3 •• Durchlasswahrscheinlichkeit eines Netzwerks aus Schaltern In dem Netzwerk in Abb. 2.14 arbeiten alle Schalter unabhängig. Jeder Schalter schließt mit der Wahrscheinlichkeit p und bleibt mit der Wahrscheinlichkeit $1-p$ offen.

(a) Bestimmen Sie die Wahrscheinlichkeit dafür, dass ein am Eingang ankommendes Signal am Ausgang empfangen wird.

(b) Ermitteln Sie die bedingte Wahrscheinlichkeit für das Ereignis „am Ausgang wird ein Signal empfangen" unter der Bedingung, dass Schalter E offen ist.

2.4 •• Transformation von Wahrscheinlichkeitsverteilungen Die mehrdimensionale oder multivariate Verteilung der Zufallsvariablen $A = (A_1, \ldots, A_N)$ mit den Werten $x = (x_1, \ldots, x_N)$ sei $W(x_1, \ldots, x_N) = W(x)$.

(a) Zeigen Sie, dass die multivariate Verteilung der Zufallsvariablen
$$B = (B_1, \ldots, B_M) = \Phi(A) \qquad (2.159)$$
mit $B_i = \Phi_i(A_1, \ldots, A_N)$, $1 \leq i \leq M \leq N$ und den Werten $y = (y_1, \ldots, y_M)$ durch
$$P(y) = \langle \delta_D [y - \Phi(A)] \rangle \qquad (2.160)$$
$$= \int \cdots \int \prod_{i=1}^{M} \delta_D [y_i - \Phi_i(A)] \, W(x) \mathrm{d}x_1 \ldots \mathrm{d}x_N$$
gegeben ist. Gl. (2.159) sei für $M = N$ eindeutig umkehrbar, d. h. $A = \Phi^{-1}(B)$. Weshalb ist die Aussage $P(y) = W[\Phi^{-1}(y)]$ falsch?

(b) Ein Teilchenstrahl fällt parallel zur x-Achse in der x-y-Ebene auf eine feste Kreisscheibe mit dem Radius R, die ebenfalls in der x-y-Ebene liegt und an der die Teilchen elastisch gestreut werden. Der Stoßparameter b sei über das Intervall $[-R, R]$ gleichverteilt. Bestimmen Sie die normierte Verteilung $P(\varphi)$ für den Streuwinkel φ.

Lösungshinweis: Zu Teilaufgabe (a): Zeigen Sie mithilfe der angegebenen Verteilung $P(y)$, dass die Verteilungen $W(x)$ und $P(y)$ denselben Mittelwert einer beliebigen Funktionen ergeben, die einmal als Funktion von x und einmal als Funktion von $y = \Phi(x)$ dargestellt wird. Zu Teilaufgabe (b): Finden Sie zunächst die Wahrscheinlichkeitsverteilung $W(b)$ und einen Zusammenhang zwischen φ und b.

2.5 •• Verteilung von Molekülen über Teilvolumina In einem Behälter mit dem Volumen V_0 befinden sich N_0 Moleküle. Für jedes Molekül sind die Wahrscheinlichkeiten, dass es sich in irgendeinem Teilraum des Behälters mit festem Volumen aufhält, jeweils gleich groß.

(a) Bestimmen Sie für ein Teilvolumen V die Wahrscheinlichkeit $W(N, V)$ dafür, dass sich N Moleküle in ihm befinden.
(b) Wie groß ist die mittlere Anzahl $\langle N \rangle_V$ von Molekülen in V?
(c) Berechnen Sie das mittlere Schwankungsquadrat (d. h. die Varianz)
$$\left\langle (N - \langle N \rangle_V)^2 \right\rangle_V . \tag{2.161}$$
Wie groß ist die relative Abweichung
$$\frac{\left\langle (N - \langle N \rangle_V)^2 \right\rangle_V^{1/2}}{\langle N \rangle_V} ? \tag{2.162}$$
(d) Ermitteln Sie die Größen aus Teilaufgabe (c) für
$$V = V_0, \quad V = \frac{V_0}{2}, \quad V = 10^{-6} V_0 \tag{2.163}$$
und $N_0 = 6 \cdot 10^{23}$.

Lösungshinweis: Die Identität (2.119) mag bei der Lösung sehr gelegen kommen.

2.6 •• **Energieverteilung in einem Spinsystem** An jedem von vier diskreten Punkten $i = 1, 2, 3, 4$ sei eine zweiwertige Spinvariable $s_i \in \{-1, 1\}$ erklärt. Jeder Konfiguration (s_1, s_2, s_3, s_4) werde durch die Funktion

$$H(s_1, s_2, s_3, s_4) = J(s_1 s_2 + s_1 s_3 + s_1 s_4 + s_2 s_3 + s_2 s_4 + s_3 s_4)$$
$$+ B_0 \sum_{i=1}^{4} s_i \tag{2.164}$$

mit $J, B_0 > 0$ eine Energie zugeordnet.

(a) Welche Dimension hat der Konfigurationsraum?
(b) Welche Werte kann H annehmen? Bestimmen Sie unter der Voraussetzung, dass alle Konfigurationen gleich wahrscheinlich sind, für welche Energien E die Wahrscheinlichkeit $P(E) \neq 0$ ist. Geben Sie die Energien und die zugehörigen Wahrscheinlichkeiten explizit an.

Lösungshinweis: Bei Teilaufgabe (b) kann es hilfreich sein, die Anzahl der positiven oder negativen Spins als Variable einzuführen.

2.7 •• **Entartung in einem Spinsystem** Gegeben seien N zweiwertige Spinvariable $s_i \in \{-1, 1\}$, $1 \leq i \leq N$. Jeder Konfiguration $(s_1, \ldots, s_N)$ werde durch die Funktion

$$H(s_1, \ldots, s_N) = JM^2, \quad M = \sum_{i=1}^{N} s_i, \quad J \in \mathbb{R} \tag{2.165}$$

eine Energie zugeordnet.

(a) Geben Sie die Dimension des Konfigurationsraumes an.
(b) Finden Sie die möglichen Werte, die H annehmen kann.

(c) Bestimmen Sie den Entartungsgrad derjenigen Werte, die H annehmen kann,

Lösungshinweis: Bei Teilaufgabe (b) und (c) mag die Unterscheidung gerader und ungerader N notwendig werden.

2.8 •• **Entropie eines Paramagneten** Ein idealer Paramagnet besteht aus sehr vielen magnetischen Momenten $m_i = \pm\mu$, $1 \leq i \leq N$ mit $N \gg 1$, und befindet sich in einem Magnetfeld $B > 0$. Die Hamilton-Funktion sei

$$H = -B \sum_{i=1}^{N} m_i . \tag{2.166}$$

(a) Bestimmen Sie die Grundzustandsenergie und die Energie der ersten Anregung.
(b) Wie groß ist jeweils der Entartungsgrad? Wie viele Zustände hat der Paramagnet insgesamt?
(c) Welche Entropie hat der Paramagnet als Funktion seiner Energie?
(d) Bestimmen Sie die Temperatur des Paramagneten als Funktion der Energie und diskutieren Sie den Temperaturverlauf mit der Energie.

Lösungshinweis: Verwenden Sie, falls Sie die Ableitung von $\ln n!$ nach n brauchen, den Ausdruck

$$\frac{d \ln n!}{dn} = \ln(n + 1) . \tag{2.167}$$

2.9 • **Eigenschaften der Maxwell-Verteilung** Die Maxwell'sche Geschwindigkeitsverteilung

$$f(\boldsymbol{v}) = \left(\frac{m}{2\pi k_B T} \right)^{3/2} \exp\left(-\frac{m\boldsymbol{v}^2}{2 k_B T} \right) \tag{2.168}$$

bezeichnet in einem idealen, einatomigen klassischen Gas der Temperatur T die Wahrscheinlichkeitsdichte für die Geschwindigkeit

$$\boldsymbol{v} = (v_x, v_y, v_z) \tag{2.169}$$

eines Teilchens. Leiten Sie daraus die Wahrscheinlichkeitsdichten $\tilde{f}(v_x)$ und $\hat{f}(\varepsilon)$ für die v_x-Komponente der Geschwindigkeit bzw. die dimensionslose kinetische Energie

$$\varepsilon = \frac{m\boldsymbol{v}^2}{2 k_B T} \tag{2.170}$$

eines Teilchens ab.

Lösungshinweis: Die Integrale im „Mathematischen Hintergrund" 4.1 kommen hier sehr gelegen.

2.10 •• **Asymmetrischer Irrflug** Ein Teilchen unternimmt einen diskreten, eindimensionalen Irrflug, dessen Sprünge unkorreliert sind. Die Sprünge um jeweils einen Gitterabstand a nach rechts sind doppelt so wahrscheinlich wie die Sprünge nach links.

(a) Mit welcher Wahrscheinlichkeit landet das Teilchen nach N Sprüngen wieder am Startpunkt $x = 0$, wenn N gerade oder N ungerade ist?
(b) Berechnen Sie für das Teilchen den Mittelwert $\langle x_N \rangle$, das mittlere Quadrat $\langle x_N^2 \rangle$ des Abstands x_N vom Startpunkt nach N Sprüngen und die Standardabweichung von x_N.

Lösungshinweis: Üben Sie auch hier möglichst selbstständig die Berechnung des Mittelwertes und der Standardabweichung der Binomialverteilung ein, die in Abschn. 2.4 dargestellt wurde.

2.11 ••• Phasenraumverteilung eines rotierenden Systems Eine kreisrunde, starre Scheibe kann um eine raumfeste Achse reibungsfrei rotieren, die senkrecht durch ihren Mittelpunkt verläuft. Am Rand der Scheibe befindet sich eine Marke, welche die Messung des Drehwinkels bezüglich einer raumfesten Marke ermöglicht. Die Variablen des Systems sind der Drehwinkel $\varphi \in \mathbb{R}$ und der dazu konjugierte kanonische Impuls p_φ. Die Hamilton-Funktion ist

$$H = \frac{p_\varphi^2}{2I}, \quad (2.171)$$

wobei I das Trägheitsmoment der Scheibe bezüglich der Drehachse ist.

(a) Stellen Sie bei diesem System die Liouville'sche Gleichung für die Phasenraumdichte $\rho(p_\varphi, \varphi, t)$ auf.
(b) Finden Sie durch Fourier-Transformation in φ und t einen Satz von Basislösungen der Liouville'schen Gleichung.
(c) Leiten Sie mithilfe der Lösungen aus Teilaufgabe (b) aus der Anfangsverteilung

$$\rho(p_\varphi, \varphi, t = 0) = \begin{cases} \dfrac{1}{2\Delta L} \delta_\mathrm{D}(\varphi) & \text{für} \quad p_\varphi \in [L_0 - \Delta L, L_0 + \Delta L] \\ 0 & \text{sonst} \end{cases} \quad (2.172)$$

die Phasenraumdichte $\rho(p_\varphi, \varphi, t)$ ab. Interpretieren Sie das Ergebnis.
(d) Bestimmen Sie mit $\rho(p_\varphi, \varphi, t)$ aus Teilaufgabe (c) den Mittelwert φ und die Standardabweichung

$$\left\langle (\varphi - \langle \varphi \rangle)^2 \right\rangle^{1/2}. \quad (2.173)$$

Wie verhält sich insbesondere die Standardabweichung mit der Zeit?

Lösungen zu den Aufgaben

2.1 Es gibt 35 verschiedene Möglichkeiten.

2.2 Das Ergebnis zu Teilaufgabe (c) ist $p_x = e^{-\rho x}$.

2.5 Als Lösung von Teilaufgabe (a) sollten Sie eine Binomialverteilung finden. Üben Sie möglichst selbstständig die Berechnung des Mittelwertes und der Standardabweichung der Binomialverteilung ein, die in Abschn. 2.4 dargestellt wurde.

2.9 Die gesuchte Verteilung $\hat{f}(\varepsilon)$ ist

$$\hat{f}(\varepsilon) = \frac{2}{\sqrt{\pi}} \sqrt{\varepsilon} e^{-\varepsilon}. \qquad (2.174)$$

Ausführliche Lösungen zu den Aufgaben

2.1 Nur die folgenden Kombinationen sind möglich:

1. 1×4 und 4×1,
$$\frac{5!}{4!} = 5 \text{ Möglichkeiten}, \qquad (2.175)$$

2. 1×3, 1×2 und 3×1,
$$\frac{5!}{3!} = 20 \text{ Möglichkeiten}, \qquad (2.176)$$

3. 3×2 und 2×1,
$$\frac{5!}{3!2!} = 10 \text{ Möglichkeiten}. \qquad (2.177)$$

Insgesamt kann die Gesamtaugenzahl acht also auf 35 verschiedene Weisen erzielt werden. Die Anzahlen ergeben sich daraus, dass weder die Reihenfolge der Würfe noch die Reihenfolge der günstigen Ergebnisse festgelegt sind und deswegen beliebig vertauscht werden können (siehe hierzu (2.110)).

2.2

(a) Die Wahrscheinlichkeit, dass ein Teilchen in die n-te Schicht des Absorbers eindringt, ist gleich der Wahrscheinlichkeit, dass das Teilchen die vorangehenden $n-1$ Schichten durchdringt, dort also nicht absorbiert wird. Diese Wahrscheinlichkeit ist gegeben durch
$$p_n = (1 - \rho \Delta x)^{n-1}. \qquad (2.178)$$

(b) Um in der n-ten Schicht absorbiert werden zu können, muss das Teilchen zunächst in die n-te Schicht kommen. Die Wahrscheinlichkeit, in der n-ten Schicht absorbiert zu werden, ist also das Produkt der Wahrscheinlichkeiten, in die n-te Schicht zu gelangen und dort absorbiert zu werden, folglich
$$p = p_n \rho \Delta x = (1 - \rho \Delta x)^{n-1} \rho \Delta x. \qquad (2.179)$$

(c) Im Grenzfall sehr dünner Schichten ist die Eindringtiefe nach $n-1$ durchlaufenen Schichten gegeben durch
$$x = (n-1) \Delta x. \qquad (2.180)$$

Die Wahrscheinlichkeit, dass das Teilchen die Eindringtiefe x erreicht, ist also im Grenzfall $n \to \infty$ gegeben durch
$$p_x = \lim_{n \to \infty} p_n = \lim_{n \to \infty} \left(1 - \frac{\rho x}{n-1}\right)^{n-1} = e^{-\rho x}. \qquad (2.181)$$

2.3

(a) Am Ausgang wird dann ein Signal ankommen, wenn eine der folgenden Konfigurationen mit den gegebenen Wahrscheinlichkeiten eintritt:

Konfiguration	Wahrscheinlichkeit
nur A und B geschlossen	$p^2(1-p)^3$
nur C und D geschlossen	$p^2(1-p)^3$
nur A, E und D geschlossen	$p^3(1-p)^2$
nur C, E und B geschlossen	$p^3(1-p)^2$
nur A, E und B geschlossen	$p^3(1-p)^2$
nur C, E und D geschlossen	$p^3(1-p)^2$
nur A, C und B geschlossen	$p^3(1-p)^2$
nur A, C und D geschlossen	$p^3(1-p)^2$
nur B, D und A geschlossen	$p^3(1-p)^2$
nur B, D und C geschlossen	$p^3(1-p)^2$
ein beliebiger Schalter offen	$5p^4(1-p)$
alle Schalter geschlossen	p^5

Die Wahrscheinlichkeit $\bar{p}$, dass auf irgendeinem dieser Wege ein Signal am Ausgang ankommt, ist die Summe dieser Einzelwahrscheinlichkeiten:
$$\bar{p} = p^5 + 5p^4(1-p) + 8p^3(1-p)^2 + 2p^2(1-p)^3. \quad (2.182)$$

(b) Die gesuchte, bedingte Wahrscheinlichkeit ergibt sich aus der allgemeinen Aussage
$$P(A \cap B) = P(B|A)P(A), \qquad (2.183)$$

aus der in unserem Fall folgt:
$$\begin{aligned}
&P(\text{Signal am Ausgang}|E \text{ offen}) \\
&= \frac{P(\text{Signal am Ausgang und } E \text{ offen})}{P(E \text{ offen})} \\
&= \frac{p^4(1-p) + 4p^3(1-p)^2 + 2p^2(1-p)^3}{1-p} \\
&= p^4 + 4p^3(1-p) + 2p^2(1-p)^2.
\end{aligned} \qquad (2.184)$$

2.4

(a) Sei F eine beliebige Funktion der Zufallsvariablen B. Wir müssen zeigen, dass für jede Funktion F der Mittelwert
$$\langle F \rangle = \int F(y_1, \ldots, y_M) P(y) \mathrm{d}y_1 \cdots \mathrm{d}y_M \qquad (2.185)$$

auch durch
$$\langle F \rangle = \int \tilde{F}(x_1, \ldots, x_N) W(x) \mathrm{d}x_1 \cdots \mathrm{d}x_N \qquad (2.186)$$

berechnet werden kann, wenn $\tilde{F}(x) = F[\Phi(x)]$ ist. Mit der angegebenen multivariaten Verteilung $P(y)$ folgt aus dem ersten Ausdruck in verkürzter Schreibweise

$$\begin{aligned}\langle F \rangle &= \int F(y) \left\{ \int \delta_D [y - \Phi(x)] W(x) dx \right\} dy \\ &= \int \left\{ \int \delta_D [y - \Phi(x)] F(y) dy \right\} W(x) dx \\ &= \int F[\Phi(x)] W(x) dx = \int \tilde{F}(x) W(x) dx, \end{aligned} \quad (2.187)$$

was zu zeigen war. Der Ausdruck $P(y) = W[\Phi^{-1}(y)]$ für $M = N$ wäre falsch, da er nicht mehr normiert ist, denn

$$\begin{aligned}\int W(x) dx = 1 &= \int W[\Phi^{-1}(y)] |D\Phi^{-1}| dy \\ &= \int P(y) |D\Phi^{-1}| dy \neq \int P(y) dy, \end{aligned} \quad (2.188)$$

da die Jacobi-Determinante der Abbildung $\Phi^{-1}(y)$ in diesem Integral auftritt.

(b) Wegen der Gleichverteilung des Stoßparameters b in $[-R, R]$ ist

$$W(b) = \frac{1}{2R}. \quad (2.189)$$

Trifft ein Teilchen unter dem Stoßparameter b auf die Kreisscheibe, gilt

$$b = R \sin \alpha \quad (2.190)$$

für den Winkel α, den die Linie vom Mittelpunkt der Kreisscheibe zum Auftreffpunkt mit der Richtung einschließt, aus der das Teilchen kam. Wegen des Reflexionsgesetzes ist der Streuwinkel ferner durch

$$\varphi = \pi - 2\alpha \quad (2.191)$$

gegeben; also besteht der Zusammenhang

$$b = R \sin \frac{\pi - \varphi}{2} = R \cos \frac{\varphi}{2} \quad (2.192)$$

zwischen dem Stoßparameter b und dem Streuwinkel φ. Gemäß Teilaufgabe (a) ist die Wahrscheinlichkeit $P(\varphi)$ für den Streuwinkel durch

$$P(\varphi) = \int \delta_D [\varphi - \varphi(b)] \frac{1}{2R} db \quad (2.193)$$

bestimmt. Aufgrund der Rechenregeln für die Deltadistribution gilt

$$\delta_D [\varphi - \varphi(b)] = \left| \frac{db}{d\varphi} \right| \delta_D [b - b(\varphi)], \quad (2.194)$$

wobei die Ableitung an der Nullstelle des Arguments der Deltadistribution zu nehmen ist. Daraus folgt

$$P(\varphi) = \frac{1}{2R} \left| -\frac{R}{2} \sin \frac{\varphi}{2} \right| = \frac{1}{4} \left| \sin \frac{\varphi}{2} \right|. \quad (2.195)$$

Die Streuwinkel φ liegen in $[-\pi, \pi]$. Das Integral über $P(\varphi)$ über alle Streuwinkel ist daher

$$\begin{aligned}\int P(\varphi) d\varphi &= \frac{1}{4} \int_{-\pi}^{\pi} \left| \sin \frac{\varphi}{2} \right| d\varphi \\ &= \frac{1}{2} \int_{-\pi/2}^{\pi/2} |\sin x| dx = \int_{0}^{\pi/2} \sin x \, dx = 1,\end{aligned} \quad (2.196)$$

womit die Normierung ausdrücklich bestätigt wäre.

2.5

(a) Wegen der Gleichverteilung der Teilchen im Volumen ist die Wahrscheinlichkeit, *ein* Teilchen im Teilvolumen V zu finden, gleich

$$p_1 = \frac{V}{V_0}. \quad (2.197)$$

Die Wahrscheinlichkeit, N Teilchen dort zu finden, ist demgemäß

$$\begin{aligned}W(N, V) &= \binom{N_0}{N} p_1^N (1 - p_1)^{N_0 - N} \\ &= \binom{N_0}{N} \left(\frac{V}{V_0}\right)^N \left(\frac{V_0 - V}{V_0}\right)^{N_0 - N}.\end{aligned} \quad (2.198)$$

(b) Ausgehend von dem Hinweis und unter Verwendung des binomischen Satzes stellen wir zunächst fest, dass

$$\sum_{n=0}^{N} \binom{N}{n} n a^n b^{N-n} = \left(a \frac{\partial}{\partial a}\right) (a + b)^N = Na(a + b)^{N-1} \quad (2.199)$$

ist. Wenden wir dieses Ergebnis auf $W(N, V)$ aus Teilaufgabe (a) an, erhalten wir sofort

$$\langle N \rangle_V = \sum_{N=0}^{N_0} N W(N, V) = N_0 p_1 = \frac{N_0 V}{V_0}. \quad (2.200)$$

(c) Zweifache Anwendung des Hinweises ergibt zunächst

$$\begin{aligned}\sum_{n=0}^{N} \binom{N}{n} n^2 a^n b^{N-n} &= \left(a \frac{\partial}{\partial a}\right)^2 (a + b)^N \\ &= \left(a \frac{\partial}{\partial a}\right) [Na(a + b)^{N-1}] \\ &= [Na(a + b)^{N-1} + N(N - 1)a^2 (a + b)^{N-2}]\end{aligned} \quad (2.201)$$

und daher

$$\langle N^2 \rangle_V = \sum_{N=0}^{N_0} N^2 W(N, V) = N_0 p_1 + N_0 (N_0 - 1) p_1^2, \quad (2.202)$$

woraus die Schwankung

$$\langle (N - \langle N \rangle_V)^2 \rangle_V = \langle N^2 \rangle_V - \langle N \rangle_V^2 = N_0 p_1 (1 - p_1) \quad (2.203)$$
$$= \frac{N_0 V}{V_0} \left(\frac{V_0 - V}{V_0} \right)$$

folgt. Die relative Abweichung ist

$$\frac{\langle (N - \langle N \rangle_V)^2 \rangle_V^{1/2}}{\langle N \rangle_V} = \frac{\sigma}{\langle N \rangle_V} = \frac{\sqrt{N_0 p_1 (1 - p_1)}}{N_0 p_1} \quad (2.204)$$
$$= \frac{\sqrt{1 - p_1}}{\sqrt{N_0 p_1}} = \sqrt{\frac{V_0 - V}{N_0 V}}.$$

(d) Für $V = V_0$ sind

$$\langle N \rangle_V = N_0, \quad \langle (N - \langle N \rangle_V)^2 \rangle_V = 0, \quad \frac{\sigma}{\langle N \rangle_V} = 0, \quad (2.205)$$

für $V = V_0/2$ sind

$$\langle N \rangle_V = \frac{N_0}{2}, \quad \langle (N - \langle N \rangle_V)^2 \rangle_V = \frac{N_0}{4}, \quad (2.206)$$

$$\frac{\sigma}{\langle N \rangle_V} = \frac{1}{\sqrt{N_0}} \approx 1{,}3 \cdot 10^{-12}, \quad (2.207)$$

und für $V = 10^{-6} V_0$ sind

$$\langle N \rangle_V = 10^{-6} N_0 \approx \langle (N - \langle N \rangle_V)^2 \rangle_V, \quad (2.208)$$

$$\frac{\sigma}{\langle N \rangle_V} \approx \frac{10^3}{\sqrt{N_0}} \approx 1{,}3 \cdot 10^{-9}. \quad (2.209)$$

2.6

(a) Die Dimension des Konfigurationsraumes ist $2^4 = 16$, da es so viele verschiedene Möglichkeiten gibt, die Spinvariablen einzustellen und zu kombinieren.

(b) Sei N_- die Anzahl der Spinvariablen mit dem Wert -1. Dann treten in Abhängigkeit von N_- die folgenden Eigenwerte von H mit den gegebenen Entartungsgraden und Wahrscheinlichkeiten auf:

N_-	H	Entartungsgrad	Wahrscheinlichkeit
0	$6J + 4B_0$	1	$1/16$
1	$2B_0$	4	$1/4$
2	$-2J$	6	$3/8$
3	$-2B_0$	4	$1/4$
4	$6J - 4B_0$	1	$1/16$

Die Entartungsgrade ergeben sich aus den Binomialkoeffizienten

$$\binom{4}{N_-}, \quad (2.210)$$

die Wahrscheinlichkeiten sind ein Sechzehntel davon.

2.7

(a) Die Dimension des Konfigurationsraumes ist 2^N.

(b) Ist N gerade, gilt $M \in \{-N, -N+2, \ldots, -2, 0, 2, \ldots, N-2, N\}$ und

$$H = 0, 4J, 16J, \ldots, N^2 J. \quad (2.211)$$

Ist N ungerade, gilt $M \in \{-N, -N+2, \ldots, -1, 1, \ldots, N-2, N\}$ und

$$H = J, 9J, \ldots, N^2 J. \quad (2.212)$$

(c) Ähnlich wie in Aufgabe 34.6 bezeichnen wir mit N_- die Anzahl negativer Spinvariablen und erhalten in Abhängigkeit davon die folgende Tabelle:

N_-	M	H	Möglichkeiten
0	N	$N^2 J$	1
1	$N-2$	$(N-2)^2 J$	N
2	$N-4$	$(N-4)^2 J$	$N(N-1)/2$
		$\ldots$	
n	$N-2n$	$(N-2n)^2 J$	$\binom{N}{n}$

Dabei ist $n \leq N/2$ bei geradem N und $n \leq (N-1)/2$ bei ungeradem N, denn die restliche Hälfte der Tabelle würde mit der angegebenen Hälfte übereinstimmen, außer dass N_- durch $N - N_-$ zu ersetzen wäre. Wegen dieser Spiegelsymmetrie der Tabelle ist der Entartungsgrad der Eigenwerte von H gleich $2 \binom{N}{n}$ für $H = (N-2n)^2 J$, ausgenommen für $n = N/2$ bei geradem N, denn dann ist $H = 0$ mit einem Entartungsgrad von $\binom{N}{N/2}$.

2.8

(a) Die Grundzustandsenergie E_0, also die niedrigste Energie, wird erreicht, wenn alle magnetischen Momente positiv sind, $m_i = \mu \; \forall \; i$. Dann ist $E_0 = -BN\mu$. Die erste Anregung entsteht dadurch, dass ein magnetisches Moment umklappt, also sein Vorzeichen ändert. Dadurch verringert sich die Summe über die magnetischen Momente um zwei, weshalb $E_1 = -B(N-2)\mu$ ist.

(b) Da der Grundzustand auf nur eine Weise eingenommen werden kann, ist sein Entartungsgrad gleich eins. Der erste Anregungszustand kann auf

$$\binom{N}{1} = N \quad (2.213)$$

Weisen realisiert werden, sodass sein Entartungsgrad gleich N ist. Die Gesamtzahl $\mathcal{N}$ der Zustände, die der Paramagnet einnehmen kann, ist die Summe über alle Entartungsgrade:

$$\mathcal{N} = \sum_{n=0}^{N} \binom{N}{n} = 2^N. \quad (2.214)$$

(c) Bei vorgegebener Energie E_n ergibt sich die Anzahl n negativer magnetischer Momente aus

$$E_n = -B(N - 2n)\mu \quad \Rightarrow \quad n = \frac{1}{2}\left(\frac{E_n}{B\mu} + N\right). \quad (2.215)$$

Zustände mit der Energie E_n können daher auf

$$\Omega = \binom{N}{\frac{1}{2}\left(\frac{E_n}{B\mu} + N\right)} \quad (2.216)$$

Weisen realisiert werden. Ihre Entropie ist

$$S = k_B \ln \binom{N}{\frac{1}{2}\left(\frac{E_n}{B\mu} + N\right)}$$
$$= k_B \ln \frac{N!}{\frac{1}{2}\left(\frac{E_n}{B\mu} + N\right)! \frac{1}{2}\left(N - \frac{E_n}{B\mu}\right)!}. \quad (2.217)$$

(d) Die Temperatur ergibt sich aus der Entropie durch Ableitung nach der Energie:

$$\frac{1}{k_B T} = \frac{\partial \ln \Omega}{\partial E_n} \quad (2.218)$$
$$= -\frac{\partial}{\partial E_n}\left\{\ln \frac{1}{2}\left(\frac{E_n}{B\mu} + N\right)! \right.$$
$$\left. + \ln\left[N - \frac{1}{2}\left(\frac{E_n}{B\mu} + N\right)\right]!\right\}$$
$$= \frac{1}{2B\mu}\left\{\ln\left[1 + \frac{1}{2}\left(N - \frac{E_n}{B\mu}\right)\right] \right.$$
$$\left. - \ln\left[1 + \frac{1}{2}\left(N + \frac{E_n}{B\mu}\right)\right]\right\}$$
$$= \frac{1}{2B\mu} \ln \frac{1 + \frac{1}{2}\left(N - \frac{E_n}{B\mu}\right)}{1 + \frac{1}{2}\left(N + \frac{E_n}{B\mu}\right)} = \frac{1}{2B\mu} \ln \frac{1 + N - n}{1 + n}.$$

Da wir N durch die Grundzustandsenergie gemäß $N = -E_0/(B\mu)$ ausdrücken können, folgt für die Temperatur schließlich

$$\frac{1}{k_B T} = \frac{1}{2B\mu}\left\{\ln\left[1 - \frac{E_n + E_0}{2B\mu}\right] - \ln\left[1 + \frac{E_n - E_0}{2B\mu}\right]\right\}$$
$$= \frac{1}{2B\mu} \ln \frac{2B\mu - E_n - E_0}{2B\mu + E_n - E_0}. \quad (2.219)$$

Für $E_n = E_0$ ist die Temperatur positiv,

$$\frac{1}{k_B T} = \frac{1}{2B\mu} \ln\left[1 - \frac{E_0}{B\mu}\right] = \frac{\ln(1 + N)}{2B\mu}, \quad (2.220)$$

während sie am anderen Ende des Spektrums, bei $E_n = -E_0$, entsprechend *negativ* ist:

$$\frac{1}{k_B T} = -\frac{\ln(1 + N)}{2B\mu}. \quad (2.221)$$

Für $E_n = 0$ wird $(k_B T)^{-1} = 0$ und daher die Temperatur unendlich!

2.9 Die Wahrscheinlichkeit, ein Teilchen im Geschwindigkeitsraum innerhalb von $[v_x, v_x + dv_x]$, $[v_y, v_y + dv_y]$ und $[v_z, v_z + dv_z]$ zu finden, ist

$$d^3 P = f(\mathbf{v}) dv_x dv_y dv_z. \quad (2.222)$$

Durch Integration über v_y und v_z ergibt sich

$$dP = \left(\frac{m}{2\pi k_B T}\right)^{1/2} \exp\left(-\frac{m v_x^2}{2 k_B T}\right) dv_x, \quad (2.223)$$

woraus die gesuchte Wahrscheinlichkeitsdichte

$$\tilde{f}(v_x) = \left(\frac{m}{2\pi k_B T}\right)^{1/2} \exp\left(-\frac{m v_x^2}{2 k_B T}\right) \quad (2.224)$$

folgt.

Da $dv_x dv_y dv_z = 4\pi v^2 dv$ ist, können wir die Wahrscheinlichkeit, ein Teilchen mit einem Geschwindigkeitsbetrag innerhalb von $[v, v + dv]$ zu finden, durch

$$dP = 4\pi f(\mathbf{v}) v^2 dv \quad (2.225)$$

ausdrücken. Wegen

$$dP = 4\pi f(\mathbf{v}) v^2 \left|\frac{dv}{d\varepsilon}\right| d\varepsilon \quad (2.226)$$

gilt ferner

$$\hat{f}(\varepsilon) = 4\pi f(\mathbf{v}) v^2 \left|\frac{dv}{d\varepsilon}\right|, \quad (2.227)$$

wobei jeweils v^2 durch ε auszudrücken ist. Mit

$$\left|\frac{dv}{d\varepsilon}\right| = \frac{d}{d\varepsilon}\sqrt{\frac{2 k_B T \varepsilon}{m}} = \frac{1}{2}\sqrt{\frac{2 k_B T}{m\varepsilon}} \quad (2.228)$$

erhalten wir

$$\hat{f}(\varepsilon) = \frac{2}{\sqrt{\pi}} \sqrt{\varepsilon} e^{-\varepsilon}. \quad (2.229)$$

2.10

(a) Sei p die Wahrscheinlichkeit für einen Sprung nach rechts, dann muss

$$p = 2(1 - p) \quad \Rightarrow \quad p = \frac{2}{3} \quad (2.230)$$

sein. Die Wahrscheinlichkeit für n Sprünge nach rechts ist

$$W(n, N) = \binom{N}{n} p^n (1-p)^{N-n}$$
$$= \binom{N}{n} \left(\frac{2}{3}\right)^n \left(\frac{1}{3}\right)^{N-n} \quad (2.231)$$
$$= \binom{N}{n} \frac{2^n}{3^N}.$$

Hat das Teilchen keinen Sprung nach rechts unternommen, gingen alle Sprünge nach links zum Punkt $x = -Na$. Bei n Sprüngen nach rechts erreicht das Teilchen also den Ort

$$x = -Na + 2na = (2n - N)a. \quad (2.232)$$

Da $x = 0$ sein soll, muss $n = N/2$ sein. Dies ist offenbar nur dann durch eine natürliche Zahl n von Sprüngen zu erreichen, wenn N gerade ist. Daher ist die Wahrscheinlichkeit für $x = 0$ bei geradem N gleich

$$W\left(\frac{N}{2}, N\right) = \binom{N}{N/2} \left(\frac{\sqrt{2}}{3}\right)^N, \quad (2.233)$$

während sie bei ungeradem N verschwindet.

(b) Wieder können wir gewinnbringend die Identität

$$\sum_{n=0}^{N} \binom{N}{n} n^k p^n q^{N-n} = \left(p \frac{\partial}{\partial p}\right)^k \sum_{n=0}^{N} \binom{N}{n} p^n q^{N-n}$$
$$= \left(p \frac{\partial}{\partial p}\right)^k (p + q)^N \quad (2.234)$$

einsetzen. Für den Mittelwert $\langle x \rangle$ benötigen wir wegen

$$\langle x \rangle = (2\langle n \rangle - N)a \quad (2.235)$$

den Mittelwert

$$\langle n \rangle = \left(p \frac{\partial}{\partial p}\right)(p + q)^N = pN(p + q)^{N-1} = Np = \frac{2N}{3}, \quad (2.236)$$

wobei wir natürlich $p + q = 1$ verwendet haben. Er ergibt

$$\langle x \rangle = \frac{aN}{3}. \quad (2.237)$$

Der Mittelwert

$$\langle n^2 \rangle = \left(p \frac{\partial}{\partial p}\right)^2 (p + q)^N$$
$$= \left(p \frac{\partial}{\partial p}\right) \left[Np(p + q)^{N-1}\right] \quad (2.238)$$
$$= Np \left[(p + q)^{N-1} + (N-1)p(p+q)^{N-2}\right]$$
$$= Np \left[1 + (N-1)p\right]$$

führt auf

$$\langle x^2 \rangle = a^2 \langle (2n - N)^2 \rangle = a^2 \left(4\langle n^2 \rangle - 4N\langle n \rangle + N^2\right), \quad (2.239)$$

woraus mit den vorigen Ergebnissen

$$\langle x^2 \rangle = a^2 \{4Np[1 + (N-1)p] - 4N^2p + N^2\}$$
$$= a^2 \left[4Np(1-p) - 4N^2p(1-p) + N^2\right] \quad (2.240)$$
$$= a^2 N \left(\frac{N + 8}{9}\right)$$

folgt. Die Standardabweichung nach N Sprüngen ist also

$$\left(\langle x^2 \rangle - \langle x \rangle^2\right)^{1/2} = \frac{a}{3} \sqrt{8N}. \quad (2.241)$$

2.11

(a) Da φ die einzige verallgemeinerte Koordinate dieses Problems ist, sind (φ, p_φ) die relevanten Phasenraumkoordinaten. Damit lautet die Liouville'sche Gleichung

$$\frac{\partial \rho}{\partial t} = \{H, \rho\} = \frac{\partial H}{\partial \varphi} \frac{\partial \rho}{\partial p_\varphi} - \frac{\partial H}{\partial p_\varphi} \frac{\partial \rho}{\partial \varphi} = -\frac{p_\varphi}{I} \frac{\partial \rho}{\partial \varphi}. \quad (2.242)$$

(b) Fourier-Transformation ersetzt die Differenzialoperatoren durch algebraische Operatoren,

$$\frac{\partial}{\partial t} \to \mathrm{i}\omega, \quad \frac{\partial}{\partial \varphi} \to -\mathrm{i}k_\varphi, \quad (2.243)$$

wonach die Liouville'sche Gleichung

$$\omega \tilde{\rho} = -k_\varphi \frac{p_\varphi}{I} \tilde{\rho} \quad (2.244)$$

lautet. Für die Kreisfrequenz ω und die Wellenzahl k_φ muss daher die Dispersionsrelation

$$\omega = -k_\varphi \frac{p_\varphi}{I} \quad (2.245)$$

gelten. Darüber hinaus ist die Fourier-Transformierte $\tilde{\rho}$ der Phasenraumdichte nicht festgelegt. Wegen der Linearität der Liouville-Gleichung ist die lineare Überlagerung von Lösungen dieser Gleichung wieder eine Lösung. Basislösungen der Liouville-Gleichung ergeben sich deswegen daraus, jeder Fourier-Mode eine bestimmte Amplitude zu geben, $\tilde{\rho} = \text{const} = A$, deren Fourier-Rücktransformation

$$\rho = A \int \frac{\mathrm{d}k_\varphi}{2\pi} \mathrm{e}^{\mathrm{i}(\omega t - k_\varphi \varphi)}$$
$$= A \int \frac{\mathrm{d}k_\varphi}{2\pi} \exp\left[-\mathrm{i}k_\varphi \left(\frac{p_\varphi t}{I} + \varphi\right)\right] \quad (2.246)$$
$$= A \delta_\mathrm{D}\left(\frac{p_\varphi t}{I} + \varphi\right)$$

zu finden und Lösungen mit geeigneten Amplituden A linear zu überlagern.

(c) Aus der Aufgabenstellung ergibt sich sofort, dass die Amplitude A der Lösung aus Teilaufgabe (b) wie

$$A = \begin{cases} \dfrac{1}{2\Delta L} & \text{für} \quad p_\varphi \in [L_0 - \Delta L, L_0 + \Delta L] \\ 0 & \text{sonst} \end{cases}$$
$$\quad (2.247)$$

gewählt werden muss. Die Phasenraumdichte ist daher

$$\rho = \frac{1}{2\Delta L} \delta_\mathrm{D}\left(\frac{p_\varphi t}{I} + \varphi\right) \quad (2.248)$$

für $p_\varphi \in [L_0 - \Delta L, L_0 + \Delta L]$ und verschwindet überall sonst.

In der φ-p_φ-Ebene beschreibt diese Phasenraumdichte eine gerade Linie, die sich in p_φ von $L_0 - \Delta L$ bis $L_0 + \Delta L$ erstreckt. Bei $t = 0$ steht sie senkrecht und fällt mit der p_φ-Achse zusammen, neigt sich aber mit fortschreitender Zeit t immer weiter der φ-Achse zu.

(d) Der Mittelwert von φ^n ist

$$\langle \varphi^n \rangle = \frac{1}{2\Delta L} \int_{L_0-\Delta L}^{L_0+\Delta L} \int_{-\infty}^{\infty} \delta_{\mathrm{D}}\left(\frac{p_\varphi t}{I} + \varphi\right) \varphi^n \, \mathrm{d}\varphi \mathrm{d}p_\varphi$$

$$= \frac{1}{2\Delta L} \int_{L_0-\Delta L}^{L_0+\Delta L} \left(-\frac{p_\varphi t}{I}\right)^n \mathrm{d}p_\varphi$$

$$= \frac{1}{2\Delta L} \left(-\frac{t}{I}\right)^n \frac{1}{n+1} \cdot \left[(L_0 + \Delta L)^{n+1} - (L_0 - \Delta L)^{n+1}\right], \quad (2.249)$$

woraus

$$\langle \varphi \rangle = \frac{-L_0 t}{I} \quad \text{und} \quad \langle \varphi^2 \rangle = \frac{t^2}{3I^2}\left(3L_0^2 + \Delta L^2\right) \quad (2.250)$$

folgen. Die Standardabweichung von φ ist schließlich

$$\left(\langle \varphi^2 \rangle - \langle \varphi \rangle^2\right)^{1/2} = \frac{\Delta L\, t}{\sqrt{3}\, I}. \quad (2.251)$$

Sie nimmt linear mit der Zeit proportional zur Breite der Anfangsverteilung des Drehimpulses p_φ zu.

Literatur

Bennett, C.H.: Maxwells Dämon. Spektrum der Wissenschaft (Januar 1988)

Kittel, C., Krömer, H.: Physik der Wärme. Anhang E. Oldenbourg, München (1984)

Szilard, L.: Über die Entropieverminderung in einem thermodynamischen System bei Eingriffen intelligenter Wesen. Z. Phys. **53**, 840 (1929)

Einfache thermodynamische Anwendungen

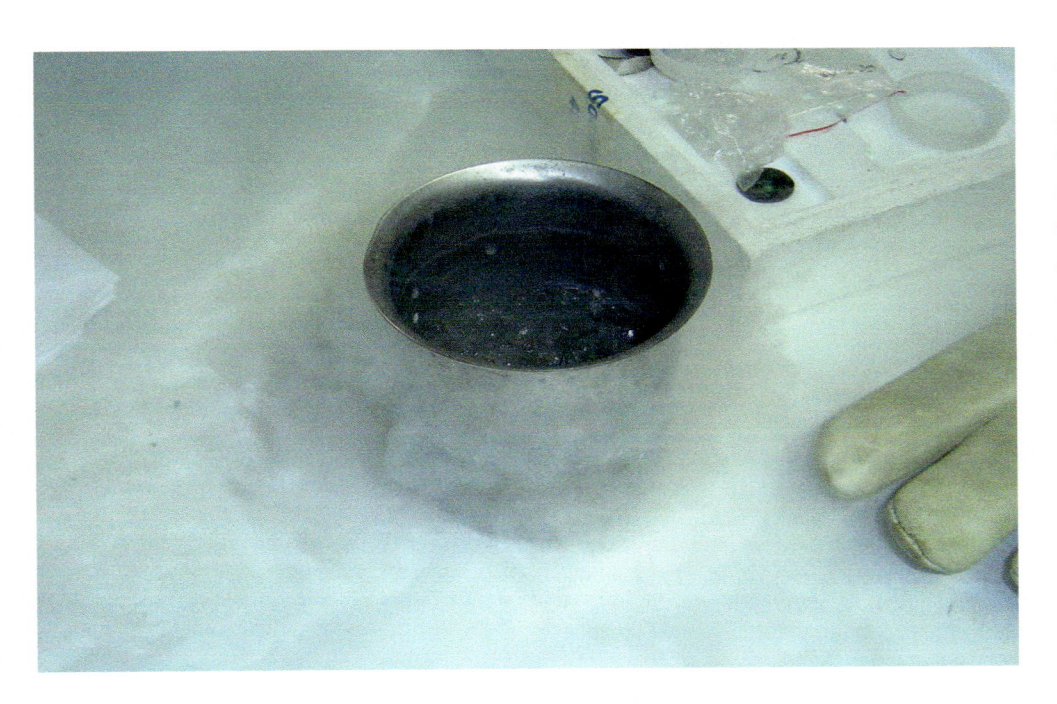

3

Wie stellt sich ein thermodynamisches System im Gleichgewicht ein?

Wann sind Gleichgewichte stabil?

Wie verhalten sich ideale und reale Gase?

Wie wandeln sich Phasen ineinander um?

3.1	Thermodynamische Funktionen	104
3.2	Extremaleigenschaften, Gleichgewicht und Stabilität	113
3.3	Das ideale Gas	116
3.4	Das Van-der-Waals-Gas	123
3.5	Der Joule-Thomson-Effekt	125
3.6	Allgemeine Kreisprozesse und der Carnot'sche Wirkungsgrad	127
3.7	Chemisches Potenzial und Phasenübergänge	130
	Aufgaben	136
	Lösungen zu den Aufgaben	138
	Ausführliche Lösungen zu den Aufgaben	139
	Literatur	143

In Kap. 1 wurde die Thermodynamik zunächst phänomenologisch begründet, d. h. aufgrund solcher Beobachtungen, die mit den Erfahrungen von Temperatur und Wärme verbunden sind. Wir haben dabei die Temperatur als Zustandsgröße eingeführt, den ersten Hauptsatz formuliert und haben nachvollzogen, wie man ausgehend von der grundlegenden Erfahrung irreversibler Vorgänge zur Entropie und zum zweiten Hauptsatz gelangt ist.

In Kap. 2 haben wir ausgehend von der Mikrophysik die statistische Begründung der Thermodynamik beschrieben, wobei wir hauptsächlich gesehen haben, dass die Entropie mit einem logarithmischen Maß des Phasenraumvolumens eines Systems identifiziert werden kann. Zudem ermögliche die statistische, aus der Mikrophysik abgeleitete Vorgehensweise eine weitere Schärfung der Begriffe „Wärme" und „Arbeit".

In diesem Kapitel wollen wir nun diese Kenntnisse auf einfache thermodynamische Systeme anwenden. Wir beginnen in Abschn. 3.1 mit der Vielfalt thermodynamischer Funktionen oder Potenziale, die durch Legendre-Transformationen miteinander verbunden und verschiedenen äußeren Bedingungen angepasst sind. Die Enthalpie, die wir bereits in Abschn. 1.6 kurz besprochen haben, ist ein Beispiel für ein solches thermodynamisches Potenzial. Anhand dieser Potenziale besprechen wir in Abschn. 3.2 Extremal- und Stabilitätseigenschaften thermodynamischer Systeme im thermischen Gleichgewicht.

Wir vertiefen dann in Abschn. 3.3 unsere Diskussion des idealen Gases, insbesondere seiner Responsefunktionen, und gehen in Abschn. 3.4 zum Van-der-Waals-Gas als Beispiel eines nichtidealen Gases über. Anhand des Van-der-Waals-Gases werden in Abschn. 3.5 der Joule-Thomson-Effekt und insbesondere die Phänomene der Inversions- und der kritischen Temperatur besprochen.

Wir wenden uns in Abschn. 3.6 erneut den Kreisprozessen zu, nun mit einer vereinheitlichenden Betrachtung, und wenden die Idee der Kreisprozesse auf ein scheinbar fremdes Thema an, nämlich die Herleitung der Dampfdruckkurve nach dem Clausius-Clapeyron'schen Gesetz.

In Abschn. 3.7 kommen wir schließlich auf Phasengleichgewichte und Phasenübergänge zu sprechen und betrachten wiederum anhand des Van-der-Waals-Gases einen Phasenübergang erster Art im Detail.

3.1 Thermodynamische Funktionen

Ableitungen unter verschiedenen Bedingungen

Wir werden nun die bisher gewonnenen Aussagen über thermodynamische Systeme im Gleichgewicht auf konkrete Beispiele anwenden. Allen diesen Betrachtungen wird naturgemäß vor allem der erste Hauptsatz der Thermodynamik

$$\delta Q = T dS = dU + \delta W \tag{3.1}$$

zugrunde liegen, den wir in Kap. 1 zunächst phänomenologisch eingeführt und in Kap. 2 statistisch tiefer begründet haben.

Die mechanische Arbeit δW kann sehr verschiedene Formen annehmen, wird aber in unseren ersten Anwendungen in der Regel durch Änderung des Volumens verrichtet werden, wobei $\delta W = P dV$ gelten wird. Wenn keine weiteren äußeren Parameter auftreten, ist die Entropie eine Funktion allein der inneren Energie und des Volumens, $S = S(U, V)$. Wenn sich die Teilchenzahl N ändern könnte, käme das chemische Potenzial μ als weiterer Parameter hinzu. Dies wird in Abschn. 3.7 näher ausgeführt.

Wir beginnen mit einer Bemerkung zur Notation. Thermodynamische Größen wie die Entropie S können als Funktionen ganz verschiedener Zustandsgrößen aufgefasst werden, beispielsweise wie oben als Funktion der inneren Energie U und des Volumens V, $S = S(U, V)$. Ebenso möglich wäre, sie als Funktion der inneren Energie und des Druckes P aufzufassen, $S = S(U, P)$. Mathematisch gesehen ist dies ein gewisser Missbrauch der Notation, denn $S(U, V)$ hat sicher eine andere funktionale Form als $S(U, P)$ und sollte deswegen auch mit einem anderen Symbol bezeichnet werden. Dennoch bleibt ihr physikalischer Sinn derselbe: Wie wir in Abschn. 2.3 gesehen und begründet haben, ist die Entropie ein logarithmisches Maß des Phasenraumvolumens, das einem System unter gegebenen Bedingungen zugänglich ist.

Wegen der differenziellen Darstellung thermodynamischer Größen treten in der Thermodynamik häufig partielle Ableitungen dieser Größen nach den verschiedensten Parametern auf. Wegen der mathematisch gesehen mehrdeutigen, aber physikalisch gut begründeten Verwendung derselben Symbole für gleiche thermodynamische Größen trotz verschiedener Abhängigkeiten tritt nun häufig die folgende Schwierigkeit auf: Während die partiellen Ableitungen einer Funktion mehrerer Variablen, etwa $f(x_1, \ldots, x_n)$, nach einer dieser Variablen, etwa x_i, gerade so definiert sind, dass dabei alle anderen Variablen konstant gehalten werden, ist bei partiellen Ableitungen thermodynamischer Größen nach einem ihrer Parameter nicht mehr von vornherein klar, welche anderen Parameter dabei konstant gehalten werden, weil dieselbe thermodynamische Größe als Funktion verschiedener Kombinationen von Parametern angegeben werden kann. Zum Beispiel wird in der Regel die partielle Ableitung der Entropie $S(U, V)$ nach der inneren Energie U ein anderes Ergebnis liefern, als wenn die Entropie $S(U, P)$ nach der inneren Energie abgeleitet würde (Abb. 3.1): Im ersten Fall wäre das Volumen bei der Ableitung konstant zu halten, im zweiten Fall der Druck.

Etwas allgemeiner betrachtet, spannt eine vollständige Menge äußerer, makroskopischer Zustandsgrößen einen Raum auf, den Zustandsraum. Als Zustandsgrößen können in einfachen Fällen U und V gewählt werden, ebenso gut kämen auch U und P infrage; weitere Zustandsgrößen treten je nach dem vorgegebenen physikalischen Problem regelmäßig auf. Eine thermodynamische Funktion $\mathcal{F}(U, V)$ definiert eine Zustandsfläche über dem hier als zweidimensional angenommenen Zustandsraum. Im Gleichgewicht wird sie sich über jedem Punkt (U, V) auf einen bestimmten Wert einstellen, sofern der makroskopische Zustand (U, V) überhaupt mit dem System verträglich ist. Auf dieser Zustandsfläche $\mathcal{F}(U, V)$ wird sich das System bei einer Ände-

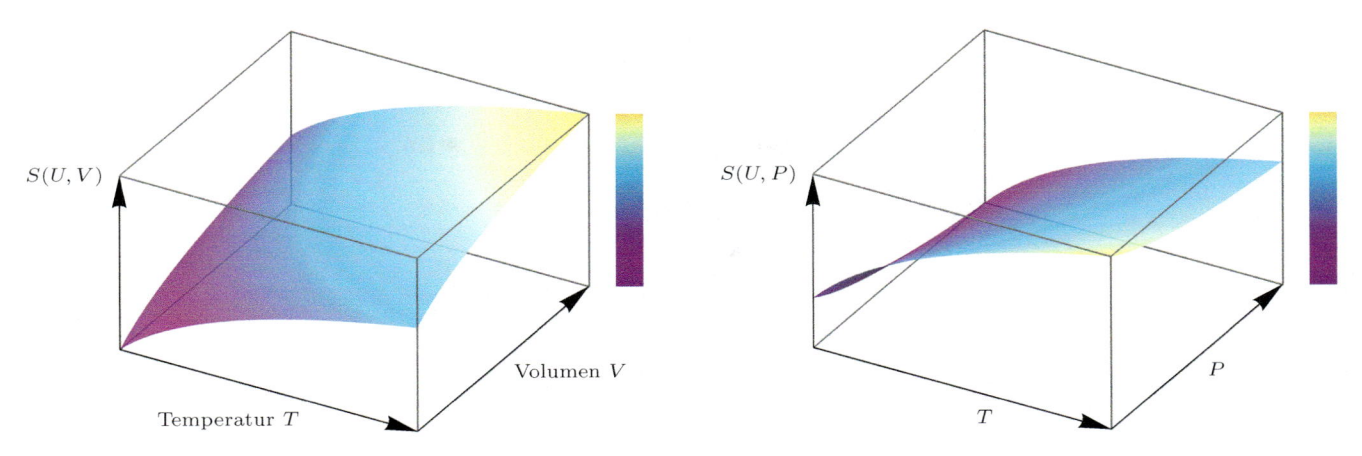

Abb. 3.1 Die Entropie eines idealen Gases, dargestellt *links* als Funktion der Temperatur T und des Volumens V, *rechts* als Funktion der Temperatur T und des Druckes P. Hier und in den ähnlichen Abb. 3.3, 3.4 und 3.5 ist die Farbskala beliebig gewählt und soll lediglich die Höhe der Fläche über der Grundebene andeuten

rung der Zustandsgrößen U und V bewegen, sofern es dabei im Gleichgewicht bleibt. Ein konstanter Druck P definiert mittels der Zustandsgleichung des Systems eine Kurve in der U-V-Ebene, deren Projektion auf die Zustandsfläche angibt, wohin sich das System im Gleichgewicht bewegen wird, wenn U und V so verändert werden, dass P konstant bleibt. Die partielle Ableitung der thermodynamischen Funktion $\mathcal{F}$ nach der inneren Energie U bei konstantem Druck gibt an, wie stark sich $\mathcal{F}$ längs der genannten projizierten Kurve ändert, was in der Regel davon abweichen wird, wie stark sich $\mathcal{F}$ bei festgehaltenem Volumen V ändern wird.

Achtung Man behilft sich in der Thermodynamik damit, dass man die mathematische Mehrdeutigkeit in Kauf nimmt, um den physikalischen Sinn der Bezeichnungen thermodynamischer Größen beizubehalten, stattdessen aber ausdrücklich angibt, welche äußeren Parameter bei partiellen Ableitungen konstant gehalten werden sollen. Zu diesem Zweck klammert man die partiellen Ableitungen ein und notiert die konstant zu haltenden Größen als Subskripte. ◂

Im obigen Beispiel der Entropie S, die entweder als $S(U, V)$ oder $S(U, P)$ betrachtet wird, würden die partiellen Ableitungen nach der inneren Energie U explizit wie folgt geschrieben:

$$\left(\frac{\partial S}{\partial U}\right)_V \quad \text{oder} \quad \left(\frac{\partial S}{\partial U}\right)_P. \tag{3.2}$$

Die Darstellung thermodynamischer Funktionen durch verschiedene Koordinaten ruft ein wichtiges Hilfsmittel auf den Plan, nämlich den Multiplikationssatz für Jacobi- oder Funktionalmatrizen. Zunächst erinnern wir an die Definition der Jacobi-Matrix und eine bequeme Schreibweise (vgl. Kasten „Jacobi-Matrix" in Bd. 1, Abschn. 4.5). Sei $\boldsymbol{f}: \mathbb{R}^n \to \mathbb{R}^m$ eine differenzierbare Funktion mit m Komponenten, dann ist

$$\boldsymbol{Df} = \left(\frac{\partial f_i}{\partial x_j}\right) = \frac{\partial(f_1, \ldots, f_m)}{\partial(x_1, \ldots, x_n)} \tag{3.3}$$

die $m \times n$-Matrix aller partiellen Ableitungen dieser Funktion nach allen ihren Argumenten. Wenn $\boldsymbol{f}$ total differenzierbar ist, gilt

$$\mathrm{d}\boldsymbol{f} = \boldsymbol{Df}\,\mathrm{d}\boldsymbol{x}, \tag{3.4}$$

d. h., die Funktion $\boldsymbol{f}$ kann dann mithilfe der Jacobi-Matrix lokal linear genähert werden. Für Verkettungen $\boldsymbol{f} \circ \boldsymbol{g}: \mathbb{R}^p \to \mathbb{R}^m$ der Funktion $\boldsymbol{f}$ mit Funktionen $\boldsymbol{g}: \mathbb{R}^p \to \mathbb{R}^n$ gilt aufgrund der Kettenregel der Multiplikationssatz $\boldsymbol{D}(\boldsymbol{f} \circ \boldsymbol{g}) = \boldsymbol{Df} \circ \boldsymbol{Dg}$.

Daraus folgen nun insbesondere zwei für unsere Zwecke nützliche Aussagen. Dazu betrachten wir allgemein Koordinaten (x, y) und transformieren sie auf Koordinaten (x, u), wobei $u = u(x, y)$ als Funktion von (x, y) dargestellt wird. Zudem soll $u(x, y)$ umkehrbar sein, sodass $x = x(y, u)$ existiert und eindeutig ist. Wir möchten nun wissen, wie sich x in Abhängigkeit von y ändert, wenn u *unverändert* bleiben soll. In diese Situation geraten wir in der Thermodynamik häufig.

Zunächst stellen wir fest, dass sich die Ableitung der einfachen Koordinatenfunktion x nach y bei *festgehaltenem* u als Determinante einer Jacobi-Matrix schreiben lässt, denn dann ist

$$\det \frac{\partial(x, u)}{\partial(y, u)} = \begin{vmatrix} \frac{\partial x}{\partial y} & \frac{\partial x}{\partial u} \\ \frac{\partial u}{\partial y} & \frac{\partial u}{\partial u} \end{vmatrix} = \begin{vmatrix} \frac{\partial x}{\partial y} & \frac{\partial x}{\partial u} \\ 0 & 1 \end{vmatrix} = \left(\frac{\partial x}{\partial y}\right)_u. \tag{3.5}$$

Nun können wir den Multiplikationssatz für die Umformung

$$\frac{\partial(x, u)}{\partial(y, u)} = \frac{\partial(x, u)}{\partial(x, y)} \cdot \frac{\partial(x, y)}{\partial(y, u)} \tag{3.6}$$

zum Einsatz bringen, wobei wir die eindeutige Umkehrbarkeit von $u(x, y)$ verwendet haben. Durch Bildung der Determinante auf beiden Seiten dieser Gleichung folgt nun

$$\left(\frac{\partial x}{\partial y}\right)_u = -\left(\frac{\partial u}{\partial y}\right)_x \left(\frac{\partial x}{\partial u}\right)_y. \tag{3.7}$$

Das Minuszeichen kommt daher, dass die Reihenfolge von y und u im Nenner der zweiten Matrix auf der rechten Seite von (3.6) vertauscht ist.

Achtung Beachten Sie, dass die Determinante eines Produkts aus zwei Matrizen das Produkt der Determinanten der beiden Matrizen ist. Da in den beiden Faktoren auf der rechten Seite von (3.7) verschiedene Variablen konstant gehalten werden, kann die partielle Ableitung von bzw. nach u keinesfalls einfach „gekürzt" werden! ◀

Frage 1

Überzeugen Sie sich von (3.6), indem Sie u als invertierbare Funktion von x und y auffassen und den Multiplikationssatz anwenden.

Ableitung bei festgehaltenem Radius

Als ein einfaches Beispiel wählen wir kartesische Koordinaten (x, y) und fragen, wie sich x mit y ändert, wenn der Radius $r(x, y) = (x^2 + y^2)^{1/2}$ festgehalten bleibt. Mit der Umkehrung $x = (r^2 - y^2)^{1/2}$ für $r > y$ und $x > 0$ folgt aus (3.7)

$$\left(\frac{\partial x}{\partial y}\right)_r = -\left(\frac{\partial r}{\partial y}\right)_x \left(\frac{\partial x}{\partial r}\right)_y = -\frac{y}{r}\frac{r}{x} = -\frac{y}{x}. \quad (3.8)$$

Ohne die Bedingung, dass r konstant bleiben soll, würde die Ableitung von x nach y natürlich verschwinden. Das gerade gefundene Ergebnis können wir bestätigen, indem wir fordern, dass das Differenzial

$$dr = \frac{x dx}{r} + \frac{y dy}{r} \quad (3.9)$$

verschwinden soll, was sofort zum vorhergehenden Ergebnis führt. ◀

Ableitungen unter verschiedenen Bedingungen

Betrachten wir weiterhin als ein allgemeineres Beispiel für den Multiplikationssatz eine Funktion $f(x, y)$ über einem zweidimensionalen Raum, der durch die Koordinaten x und y, aber auch durch die Koordinaten x und $z = z(x, y)$ aufgespannt werden soll. In welcher Beziehung stehen die partiellen Ableitungen von $f(x, y)$ nach x bei konstantem y bzw. bei konstantem z zueinander? Um diese Frage zu beantworten, gehen wir wieder auf zwei verschiedene Weisen vor und zeigen, dass sie zu demselben Ergebnis führen.

Das vollständige Differenzial df lässt sich sowohl durch dx und dy als auch durch dx und dz ausdrücken:

$$df = \left(\frac{\partial f}{\partial x}\right)_y dx + \left(\frac{\partial f}{\partial y}\right)_x dy \quad (3.10)$$

oder

$$df = \left(\frac{\partial f}{\partial x}\right)_z dx + \left(\frac{\partial f}{\partial z}\right)_x dz. \quad (3.11)$$

Setzen wir in die letzte Gleichung

$$dz = \left(\frac{\partial z}{\partial x}\right)_y dx + \left(\frac{\partial z}{\partial y}\right)_x dy \quad (3.12)$$

ein und verwenden dann $dy = 0$, folgt

$$\left(\frac{\partial f}{\partial x}\right)_y = \left(\frac{\partial f}{\partial x}\right)_z + \left(\frac{\partial z}{\partial x}\right)_y \left(\frac{\partial f}{\partial z}\right)_x. \quad (3.13)$$

Nun führen wir dieselbe Rechnung mithilfe des Multiplikationssatzes für Jacobi-Matrizen durch. Wir beginnen mit

$$\left(\frac{\partial f}{\partial x}\right)_y = \det \frac{\partial(f, y)}{\partial(x, y)} = \det \frac{\partial(f, y)}{\partial(x, z)} \det \frac{\partial(x, z)}{\partial(x, y)}$$

$$= \left[\left(\frac{\partial f}{\partial x}\right)_z \left(\frac{\partial y}{\partial z}\right)_x - \left(\frac{\partial f}{\partial z}\right)_x \left(\frac{\partial y}{\partial x}\right)_z\right]\left(\frac{\partial z}{\partial y}\right)_x$$

$$= \left(\frac{\partial f}{\partial x}\right)_z - \left(\frac{\partial f}{\partial z}\right)_x \left(\frac{\partial y}{\partial x}\right)_z \left(\frac{\partial z}{\partial y}\right)_x. \quad (3.14)$$

Von diesem Ergebnis kommen wir zu der vorangehenden Gleichung zurück, wie es sein muss, denn durch

$$\left(\frac{\partial z}{\partial x}\right)_y = \det \frac{\partial(z, y)}{\partial(x, y)} = \det \frac{\partial(z, y)}{\partial(x, z)} \det \frac{\partial(x, z)}{\partial(x, y)}$$

$$= -\left(\frac{\partial y}{\partial x}\right)_z \left(\frac{\partial z}{\partial y}\right)_x \quad (3.15)$$

können wir das Produkt aus partiellen Ableitungen auf der rechten Seite der vorletzten Gleichung ersetzen, sodass sich wieder der vorhergehende Zusammenhang zwischen den Ableitungen von f nach x bei konstantem y oder z ergibt. ◀

Die innere Energie

Wir haben bei der Behandlung des idealen Gases mehrmals davon Gebrauch gemacht, dass seine innere Energie U nur eine Funktion der Temperatur und nicht des Volumens ist, $U = U(T)$, wie wir in Abschn. 1.6 festgestellt und in Abschn. 3.3 näher begründet haben. Wenn wir diese Idealisierung aufgeben und allgemeinere Systeme betrachten, müssen wir neue Beziehungen zwischen thermodynamischen Größen finden und benutzen.

Betrachten wir erneut ein System im Gleichgewicht, dessen alleiniger äußerer Parameter wiederum das Volumen sei. Die einzige verallgemeinerte Kraft ist demnach der Druck. Für quasistatische Prozesse gilt dann der erste Hauptsatz in der Form

$$\delta Q = T dS = dU + P dV \quad \Rightarrow \quad dU = T dS - P dV. \quad (3.16)$$

Die letzte Gleichung legt es nahe, die Energie U als Funktion der Entropie S und des Volumens V aufzufassen, sodass ihr vollständiges Differenzial

$$dU = \left(\frac{\partial U}{\partial S}\right)_V dS + \left(\frac{\partial U}{\partial V}\right)_S dV \quad (3.17)$$

lautet. Identifizieren wir die beiden Darstellungen (3.16) und (3.17) von dU, erhalten wir

$$\left(\frac{\partial U}{\partial S}\right)_V = T, \quad \left(\frac{\partial U}{\partial V}\right)_S = -P. \quad (3.18)$$

Diese Beziehungen gelten, weil dU ein vollständiges Differenzial ist, sodass die verschiedenen partiellen Ableitungen von U in dem Sinne nicht unabhängig voneinander sein können, als ihre Rotation verschwinden muss (siehe Kasten „Vertiefung: Vollständige und unvollständige Differenziale" in Abschn. 1.3). Aus demselben Grund können wir einen Schritt weiter gehen und gemischte zweite Ableitungen von U miteinander identifizieren, z. B.

$$\frac{\partial^2 U}{\partial V \partial S} = \frac{\partial^2 U}{\partial S \partial V}. \quad (3.19)$$

Das bedeutet zunächst, dass

$$\left(\frac{\partial}{\partial V}\right)_S \left(\frac{\partial U}{\partial S}\right)_V = \left(\frac{\partial}{\partial S}\right)_V \left(\frac{\partial U}{\partial V}\right)_S \quad (3.20)$$

gelten muss, wobei wir wieder die bei den partiellen Ableitungen jeweils konstant zu haltenden Größen explizit angegeben haben. Mit den Identifikationen (3.18) erhalten wir daraus

$$\left(\frac{\partial T}{\partial V}\right)_S = -\left(\frac{\partial P}{\partial S}\right)_V. \quad (3.21)$$

Diese interessante Beziehung mag zunächst recht unanschaulich erscheinen: Die Änderung der Temperatur mit dem Volumen bei konstanter Entropie ist die negative Änderung des Druckes mit der Entropie bei konstantem Volumen. Solche Beziehungen werden uns dennoch gleich sehr nützlich werden.

Legendre-Transformationen

Oft kann der Druck wesentlich besser experimentell kontrolliert werden als das Volumen. Experimente in offenen Behältern laufen beispielsweise bei konstantem äußeren Druck ab. Um solche Fälle zu beschreiben, lohnt es sich, die Eigenschaften des betrachteten physikalischen Systems nicht als Funktionen der Entropie und des Volumens, sondern der Entropie und des Druckes zu beschreiben, also die Variablentransformation $(S, V) \rightarrow (S, P)$ durchzuführen.

Da der Druck als die zum Volumen gehörende verallgemeinerte Kraft gerade die (negative) Ableitung der inneren Energie nach dem Volumen ist (3.18), handelt es sich bei der Transformation von V nach P um ein Beispiel einer allgemeinen Klasse von Transformationen, bei der eine Funktion $f(x)$ in eine Funktion $g(u)$ überführt werden soll, wobei die neue Variable u gerade durch die Ableitung

$$u = \frac{df(x)}{dx} \quad (3.22)$$

bestimmt ist. Die Funktion $f(x)$ wird dadurch zunächst durch ihre Ableitung u an jedem Punkt charakterisiert.

Das vollständige Differenzial von $f(x)$ ist $df = u dx$. Wenn das vollständige Differenzial der noch unbestimmten Funktion $g(u)$ durch

$$dg(u) = \frac{dg(u)}{du} du = \pm x \, du \quad (3.23)$$

festgelegt wird, gilt

$$dg = \pm x \, du = \pm [(x du + u dx) - u dx] = \pm [d(ux) - df], \quad (3.24)$$

woraus durch Integration bis auf eine Konstante

$$g = \pm (ux - f) \quad \text{bzw.} \quad g(u) = \pm [ux(u) - f(x(u))] \quad (3.25)$$

folgt. Die Funktion $g(u)$ heißt *Legendre-Transformierte* der Funktion $f(x)$. Das Vorzeichen ist zunächst willkürlich und kann an die jeweilige physikalische Situation angepasst werden. Wir wählen im Folgenden das negative Vorzeichen, sodass f und g mit demselben Vorzeichen auftreten.

Mit dieser Wahl und aufgrund (3.25) ist die Legendre-Transformierte gerade so bestimmt, dass an jeder Stelle x

$$u = \frac{f(x) - g(u)}{x} \quad (3.26)$$

gilt. Das bedeutet, dass die Legendre-Transformierte $g(u)$ gerade der Achsenabschnitt f_0 der Tangente an $f(x)$ an der Stelle x ist, denn dieser Achsenabschnitt ist bestimmt durch

$$u = \frac{df(x)}{dx} = \frac{\Delta f(x)}{\Delta x} = \frac{f(x) - f_0}{x}. \quad (3.27)$$

Legendre-Transformation

Gegeben sei eine Funktion $f(x)$. Um den Wert

$$g(u) = f(x(u)) - ux(u) \quad (3.28)$$

ihrer Legendre-Transformierten an der Stelle u auf geometrische Weise zu erhalten, konstruiert man die Tangente an den Graphen von f mit der Steigung u. Der Schnittpunkt dieser Tangente mit der Ordinate ist dann gleich dem Wert $g(u)$ für die gewählte Steigung u. Die Legendre-Transformation ist eine sogenannte Berührungstransformation (Abb. 3.2).

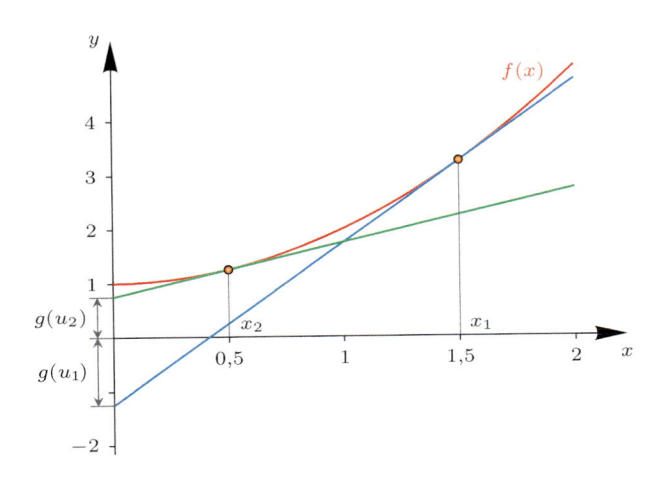

Abb. 3.2 Veranschaulichung der Legendre-Transformation. Die Legendre-Transformierte $g(u)$ der Funktion $f(x) = x^2 + 1$ an der Stelle u wird bestimmt, indem man diejenige Berührtangente an den Graphen von f bestimmt, deren Steigung u ist. Die Legendre-Transformierte $g(u) = f[x(u)] - ux(u)$ ist dann gleich dem Achsenabschnitt der Berührtangente auf der Ordinate

---

Legendre-Transformation

Sei beispielsweise $f(x) = x^2 + 1$, dann ist $u(x) = 2x$ oder $x(u) = u/2$. Aus (3.25) folgt die Legendre-Transformierte

$$g(u) = f\left(\frac{u}{2}\right) - \frac{u^2}{2} = 1 - \frac{u^2}{4}. \quad (3.29)$$

Wenn u nicht monoton ist, ist $x(u)$ nicht eindeutig bestimmt. Die Funktion $f(x)$ ist dann nicht konvex oder konkav. Deshalb wird die Legendre-Transformation allgemein durch

$$g(u) = \inf_x \{f(x) - ux\} \quad (3.30)$$

definiert, wobei der funktionale Zusammenhang $x = x(u)$ erst bestimmt werden muss, indem man das Infimum aufsucht. Sei etwa $f(x) = x^3/6 - x^2/2$, dann ist $u(x) = x^2/2 - x$, und $x(u) = 1 \pm \sqrt{1 + 2u}$ wird zweideutig. Die Legendre-Transformierte von $f(x)$ ist dann durch die kleinere der beiden Lösungen $x(u)$ definiert.

Die Transformation (3.30) wird auch *Legendre-Fenchel-Transformation* genannt. Im Unterschied zur Legendre-Transformation ist sie im Allgemeinen nicht ihr eigenes Inverses. Die Legendre-Fenchel-Transformation geht dann und nur dann in die Legendre-Transformation über, wenn $f(x)$ differenzierbar sowie strikt konvex oder konkav ist. ◀

Legendre-Transformationen waren uns schon bei der Hamilton-Formulierung der klassischen Mechanik in Bd. 1, Abschn. 7.1 begegnet und wurden dort auch im „Mathematischen Hintergrund" Bd. 1, (7.1) erläutert. Dort wollten wir die Darstellung eines mechanischen Zustands durch Ort und Geschwindigkeit durch eine Darstellung ersetzen, in der Ort und kanonisch-konjugierter Impuls vorkamen, $(q, \dot{q}) \rightarrow (q, p)$, wobei der kanonisch-konjugierte Impuls $p = \partial L/\partial \dot{q}$ gerade die Ableitung der Lagrange-Funktion nach der Geschwindigkeit war, also nach der zu ersetzenden Variablen. Die Hamilton-Funktion war dann

$$H(q, p) = \dot{q}p - L(q, \dot{q}), \quad (3.31)$$

was bis auf ein unerhebliches Vorzeichen von der Form (3.25) ist.

Die Enthalpie

Wir verwenden nun eine solche Legendre-Transformation, um anstelle der inneren Energie $U(S, V)$ die neue Funktion $H(S, P)$ einzuführen, worin $P = -(\partial U/\partial V)_S$ ist. Diese Funktion haben wir bereits in Abschn. 1.6 unter dem Namen „Enthalpie" kennengelernt.

Enthalpie

Die Legendre-Transformation vom Volumen V zum Druck P lautet

$$H(S, P) = U(S, V) + PV. \quad (3.32)$$

Die Funktion H heißt *Enthalpie* des Systems (Abb. 3.3). Das in (3.25) zunächst noch willkürliche Vorzeichen wird hier natürlich so gewählt, dass die Enthalpie positiv ist.

Mithilfe des ersten Hauptsatzes stellt sich das vollständige Differenzial der Enthalpie als

$$\begin{aligned} dH(S, P) &= d(PV) + dU = VdP + PdV + TdS - PdV \\ &= TdS + VdP \end{aligned} \quad (3.33)$$

heraus, woraus zunächst

$$\left(\frac{\partial H}{\partial S}\right)_P = T \quad \text{und} \quad \left(\frac{\partial H}{\partial P}\right)_S = V \quad (3.34)$$

folgen. Wie die Ableitung der inneren Energie U nach der Entropie S ist auch die Ableitung der Enthalpie H nach der Entropie gerade die absolute Temperatur. Da wir jetzt aber den Druck anstelle des Volumens kontrollieren wollen, wird das Volumen zur unbekannten Zustandsgröße, die durch die Ableitung nach dem Druck zu bestimmen ist.

Abermals ist dH schon aufgrund der Definition der Enthalpie ein vollständiges Differenzial, sodass wiederum Beziehungen zwischen den partiellen Ableitungen der Enthalpie gelten müssen.

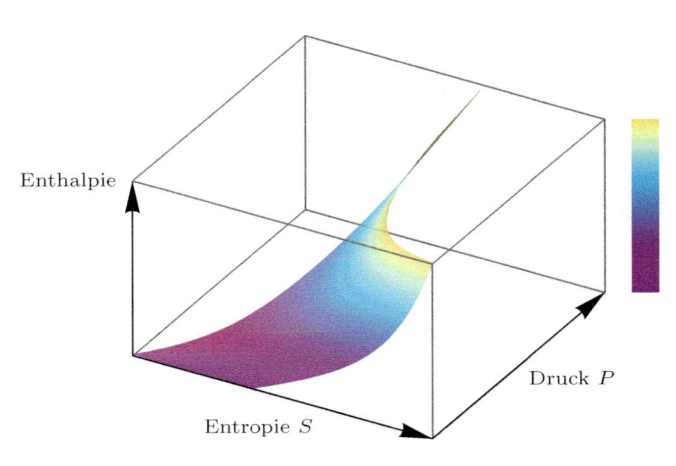

Abb. 3.3 Die Enthalpie $H(S, P)$ eines idealen Gases, dargestellt als Funktion der Entropie und des Druckes. Die Einheiten auf den drei Achsen sind beliebig gewählt

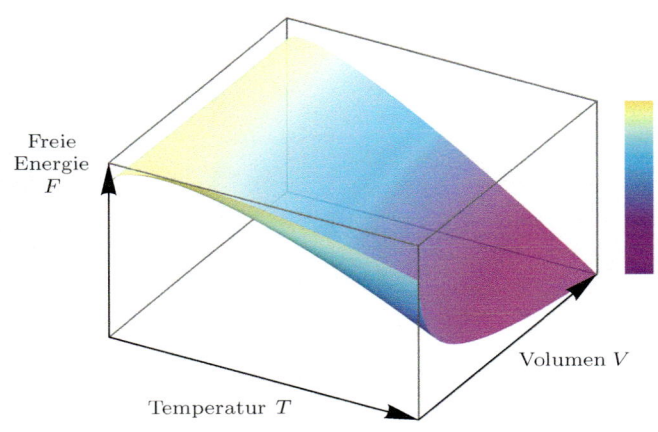

Abb. 3.4 Die freie Energie $F(T, V)$ eines idealen Gases, dargestellt als Funktion der Temperatur und des Volumens. Die Einheiten sind beliebig gewählt

Wieder identifizieren wir die zweiten Ableitungen nach den beiden unabhängigen Variablen S und P,

$$\frac{\partial^2 H}{\partial S \partial P} = \frac{\partial^2 H}{\partial P \partial S}, \tag{3.35}$$

erhalten daraus

$$\left(\frac{\partial}{\partial S}\right)_P \left(\frac{\partial H}{\partial P}\right)_S = \left(\frac{\partial}{\partial P}\right)_S \left(\frac{\partial H}{\partial S}\right)_P \tag{3.36}$$

und verwenden die Ergebnisse (3.34), um

$$\left(\frac{\partial V}{\partial S}\right)_P = \left(\frac{\partial T}{\partial P}\right)_S \tag{3.37}$$

zu finden. Auch diese zunächst rein formale Beziehung wird uns im weiteren Verlauf noch vielfach nützlich werden.

Die freie Energie

Eigentlich ist die Entropie S eine Größe, die sich experimentell kaum kontrollieren lässt. Viel einfacher lässt sich in den meisten Fällen die Temperatur einstellen, indem das betrachtete System thermisch an ein Wärmereservoir gekoppelt wird. Deswegen liegt eine Transformation nahe, die $(S, V) \to (T, V)$ zu ersetzen erlaubt. Das ist offenbar wieder eine Legendre-Transformation, weil wir S durch die Ableitung $T = (\partial U/\partial S)_V$ ersetzt haben wollen.

> **Freie Energie**
>
> Wir führen eine neue Funktion $F(T, V)$ ein, indem wir
>
> $$F(T, V) = U(S, V) - TS \tag{3.38}$$

definieren. Diese Funktion heißt (Helmholtz'sche) *freie Energie* (Abb. 3.4). „Frei" ist diese Energie insoweit, als sie sich bei vorgegebener Temperatur entsprechend den Gleichgewichtsbedingungen selbst einstellt.

Das Vorzeichen der Legendre-Transformation wurde wieder so gewählt, dass die freie Energie dasselbe Vorzeichen bekommt wie die innere Energie.

Das vollständige Differenzial der freien Energie ist

$$\begin{aligned} \mathrm{d}F(T, V) &= \mathrm{d}U - \mathrm{d}(TS) = T\mathrm{d}S - P\mathrm{d}V - S\mathrm{d}T - T\mathrm{d}S \\ &= -P\mathrm{d}V - S\mathrm{d}T, \end{aligned} \tag{3.39}$$

woraus wir wie vorher die Beziehungen

$$\left(\frac{\partial F}{\partial V}\right)_T = -P, \quad \left(\frac{\partial F}{\partial T}\right)_V = -S \tag{3.40}$$

erhalten. Die Gleichsetzung der gemischten zweiten Ableitungen ergibt in diesem Fall

$$\frac{\partial^2 F}{\partial T \partial V} = \frac{\partial^2 F}{\partial V \partial T}, \tag{3.41}$$

sodass wir mit (3.40)

$$\left(\frac{\partial P}{\partial T}\right)_V = \left(\frac{\partial S}{\partial V}\right)_T \tag{3.42}$$

schließen können.

Die freie Enthalpie

Schließlich bleibt noch eine weitere geläufige Legendre-Transformation, die häufig dann sinnvoll ist, wenn Temperatur und

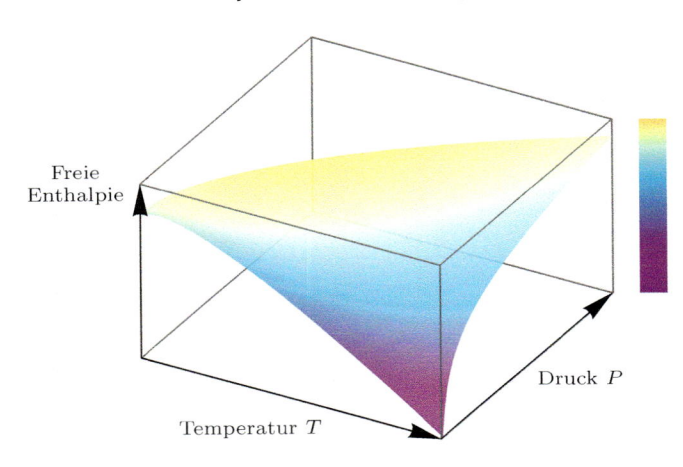

Abb. 3.5 Die freie Enthalpie $G(T,P)$ eines idealen Gases, dargestellt als Funktion der Temperatur und des Druckes. Die Einheiten sind beliebig gewählt

sein solle. Die Entropie $S(U,V)$ haben wir als ein logarithmisches Maß dafür eingeführt, wie viele Mikrozustände dem System unter Vorgabe von U und V zugänglich sind. Damit sind wir für quasistatische Zustandsänderungen auf den ersten Hauptsatz (3.16) gekommen, in dem die unvollständigen Differenziale δQ und δW mithilfe der Temperatur und des Druckes durch das vollständige Differenzial der Entropie in $T\mathrm{d}S$ und des Volumens in $P\mathrm{d}V$ ersetzt werden konnten.

Dann haben wir umgekehrt die Entropie S als Zustandsgröße verwendet und die innere Energie $U(S,V)$ als Funktion der Entropie und des Volumens aufgefasst. Davon ausgehend, haben wir durch vier verschiedene Legendre-Transformationen die unabhängigen Größen durch andere ersetzt, die sich experimentell unter Umständen leichter kontrollieren lassen. Diese Legendre-Transformationen überführen entweder $V \to P$ oder $S \to T$ oder beide. Dadurch entstehen anstelle der inneren Energie U neue thermodynamische Funktionen, die natürlich alle die Dimension einer Energie haben. Sie werden auch thermodynamische Potenziale genannt. Thermodynamische Funktionen, in denen die Temperatur statt der Entropie unabhängig ist, heißen „frei"; thermodynamische Funktionen, in denen der Druck anstelle des Volumens unabhängig ist, heißen „Enthalpie" statt „Energie".

Druck statt Temperatur und Volumen experimentell kontrolliert werden können. Dementsprechend wünschen wir uns eine Transformation $(T,V) \to (T,P)$, die wieder eine Legendre-Transformation ist, weil $P = -(\partial F/\partial V)_T$ ist.

Freie Enthalpie

Wir definieren eine neue Funktion $G(T,P)$, die (Gibbs'sche) *freie Enthalpie* (Abb. 3.5), durch

$$G(T,P) = F(T,V) + PV = U(S,V) - TS + PV. \quad (3.43)$$

Das vollständige Differenzial der freien Enthalpie ist offenbar

$$\begin{aligned}\mathrm{d}G(T,P) &= \mathrm{d}F + V\mathrm{d}P + P\mathrm{d}V \\ &= -P\mathrm{d}V - S\mathrm{d}T + V\mathrm{d}P + P\mathrm{d}V \\ &= V\mathrm{d}P - S\mathrm{d}T. \end{aligned} \quad (3.44)$$

Die nun schon gewohnte Prozedur, die auf der Gleichsetzung der gemischten zweiten Ableitungen beruht, führt mit

$$\left(\frac{\partial G}{\partial T}\right)_P = -S, \quad \left(\frac{\partial G}{\partial P}\right)_T = V \quad (3.45)$$

auf die weitere Relation

$$\left(\frac{\partial S}{\partial P}\right)_T = -\left(\frac{\partial V}{\partial T}\right)_P. \quad (3.46)$$

Thermodynamische Funktionen

Durch verschiedene geeignete Legendre-Transformationen haben wir die folgenden thermodynamischen Funktionen bekommen:

innere Energie	$U(S,V)$
freie Energie	$F(T,V) = U(S,V) - TS$
Enthalpie	$H(S,P) = U(S,V) + PV$
freie Enthalpie	$G(T,P) = F(T,V) + PV$
	$ = U(S,V) - TS + PV$

Ihre vollständigen Differenziale sind:

$$\begin{aligned}\mathrm{d}U(S,V) &= T\mathrm{d}S - P\mathrm{d}V, \\ \mathrm{d}F(T,V) &= -S\mathrm{d}T - P\mathrm{d}V, \\ \mathrm{d}H(S,P) &= T\mathrm{d}S + V\mathrm{d}P, \\ \mathrm{d}G(T,P) &= -S\mathrm{d}T + V\mathrm{d}P \end{aligned} \quad (3.47)$$

Aus der Voraussetzung, dass alle diese Differenziale vollständig sein müssen, haben wir schließlich noch die *Maxwell-Relationen* abgeleitet.

Zusammenfassung; Maxwell-Relationen

Fassen wir zusammen: Anfänglich haben wir physikalische Systeme durch ihre innere Energie U gekennzeichnet und eingeschränkt, dass das Volumen V der alleinige äußere Parameter

Maxwell-Relationen

Durch Gleichsetzung gemischter Ableitungen thermodynamischer Funktionen lassen sich die folgenden Beziehungen identifizieren:

$$\left(\frac{\partial T}{\partial V}\right)_S = -\left(\frac{\partial P}{\partial S}\right)_V, \quad (3.48)$$

$$\left(\frac{\partial S}{\partial V}\right)_T = \left(\frac{\partial P}{\partial T}\right)_V, \quad (3.49)$$

$$\left(\frac{\partial T}{\partial P}\right)_S = \left(\frac{\partial V}{\partial S}\right)_P, \quad (3.50)$$

$$\left(\frac{\partial S}{\partial P}\right)_T = -\left(\frac{\partial V}{\partial T}\right)_P. \quad (3.51)$$

Diese Relationen haben sich letztendlich daraus ergeben, dass die Entropie eine Funktion ist, die den Zustand eines Systems kennzeichnet und deren Differenzial deshalb vollständig sein muss. Sie sind in vielen Rechnungen sehr nützlich, wenn es darum geht, unbekannte oder experimentell kaum bestimmbare Ableitungen durch andere, anschaulichere oder besser messbare zu ersetzen.

Messung thermodynamischer Funktionen

Eine interessante Frage ist nun, unter welchen Voraussetzungen die thermodynamischen Funktionen durch Messung bestimmt werden können. Zunächst überzeugen wir uns davon, dass es auf jeden Fall ausreicht, wenn die thermische und die kalorische Zustandsgleichung,

$$P = P(T, V) \quad \text{und} \quad U = U(T, V), \quad (3.52)$$

als Funktionen der Temperatur und des Volumens bekannt sind. Die kalorische Zustandsgleichung gibt anstelle des Druckes die innere Energie als Funktion der Temperatur und des Volumens an.

Das natürliche thermodynamische Potenzial zu den Variablen T und V ist die freie Energie,

$$F(T, V) = U(T, V) - TS(T, V), \quad (3.53)$$

zu deren Bestimmung wir die Entropie ebenfalls als Funktion von T und V benötigen. Dazu schreiben wir den ersten Hauptsatz,

$$TdS = dU + PdV, \quad (3.54)$$

zunächst so um, dass die Variablen T und V explizit auftreten,

$$T\left[\left(\frac{\partial S}{\partial T}\right)_V dT + \left(\frac{\partial S}{\partial V}\right)_T dV\right]$$
$$= \left(\frac{\partial U}{\partial T}\right)_V dT + \left(\frac{\partial U}{\partial V}\right)_T dV + PdV, \quad (3.55)$$

und schließen daraus auf die beiden Beziehungen

$$T\left(\frac{\partial S}{\partial T}\right)_V = \left(\frac{\partial U}{\partial T}\right)_V,$$
$$T\left(\frac{\partial S}{\partial V}\right)_T = \left(\frac{\partial U}{\partial V}\right)_T + P. \quad (3.56)$$

Bestimmung thermodynamischer Funktionen aus der thermischen und der kalorischen Zustandsgleichung

Sind sowohl U als auch P jeweils als Funktionen von T und V gemessen worden, sind durch (3.56) auch die Ableitungen der Entropie nach T und V bekannt. Bis auf eine unerhebliche Konstante kann S dann aus seinen partiellen Ableitungen und damit anhand von (3.53) auch die freie Energie bestimmt werden.

Etwas weniger starke Voraussetzungen reichen aber bereits aus, um die thermodynamischen Funktionen zu bestimmen. Wenn wir nur die Wärmekapazität C_V bei konstantem Volumen kennen,

$$C_V = T\left(\frac{\partial S}{\partial T}\right)_V = \left(\frac{\partial U}{\partial T}\right)_V, \quad (3.57)$$

ist die Ableitung der inneren Energie nach der Temperatur bei konstantem Volumen bereits bekannt. Aus (3.56) gewinnen wir die zweite benötigte Ableitung,

$$\left(\frac{\partial U}{\partial V}\right)_T = T\left(\frac{\partial S}{\partial V}\right)_T - P = T\left(\frac{\partial P}{\partial T}\right)_V - P, \quad (3.58)$$

wobei die Maxwell-Relation (3.49) eingesetzt wurde. Nun ist die rechte Seite von (3.58) allein durch die thermische Zustandsgleichung bestimmt. Damit kann die innere Energie U angegeben werden, die ja für die Berechnung der freien Energie F benötigt wird.

Bestimmung thermodynamischer Funktionen aus der thermischen Zustandsgleichung und C_V

Wenn die Wärmekapazität C_V bei konstantem Volumen und die thermische Zustandsgleichung $P = P(T, V)$ bekannt sind, können wir daraus die innere Energie bis auf eine abermals unerhebliche Konstante bekommen und damit wie oben die Entropie und die freie Energie bestimmen.

Konkret erhalten wir für die innere Energie

$$U = U(T_0, V_0) + \int_{T_0}^{T} \left(\frac{\partial U}{\partial T'}\right)_V dT' + \int_{V_0}^{V} \left(\frac{\partial U}{\partial V'}\right)_T dV'$$
$$= U(T_0, V_0) + \int_{T_0}^{T} C_V dT' + \int_{V_0}^{V} \left[T\left(\frac{\partial P}{\partial T}\right)_{V'} - P\right] dV' \quad (3.59)$$

und für die Entropie mithilfe derselben Maxwell-Relation (3.49)

$$\begin{aligned}S &= S(T_0, V_0) + \int_{T_0}^{T} \left(\frac{\partial S}{\partial T'}\right)_V dT' + \int_{V_0}^{V} \left(\frac{\partial S}{\partial V'}\right)_T dV' \\ &= S(T_0, V_0) + \int_{T_0}^{T} \frac{C_V}{T'} dT' + \int_{V_0}^{V} \left(\frac{\partial P}{\partial T}\right)_{V'} dV'.\end{aligned} \quad (3.60)$$

Mit der Wärmekapazität C_V bei konstantem Volumen können wir ferner wie folgt verfahren: Aufgrund ihrer Definition ist

$$\left(\frac{\partial C_V}{\partial V}\right)_T = \left(\frac{\partial}{\partial V}\right)_T \left[T\left(\frac{\partial S}{\partial T}\right)_V\right] = T\frac{\partial^2 S}{\partial V \partial T}. \quad (3.61)$$

Hier kehren wir die Reihenfolge der partiellen Ableitungen um und finden, wiederum unter Einsatz der Maxwell-Relation (3.49)

$$T\frac{\partial^2 S}{\partial T \partial V} = T\left(\frac{\partial}{\partial T}\right)_V \left(\frac{\partial S}{\partial V}\right)_T = T\left(\frac{\partial}{\partial T}\right)_V \left(\frac{\partial P}{\partial T}\right)_V. \quad (3.62)$$

> **Volumenabhängigkeit der Wärmekapazität**
>
> Die Kombination von (3.62) mit (3.61) ermöglicht es, auch die Ableitung der Wärmekapazität nach dem Volumen bei konstanter Temperatur durch die Zustandsgleichung auszudrücken, denn
>
> $$\left(\frac{\partial C_V}{\partial V}\right)_T = T\left(\frac{\partial^2 P}{\partial T^2}\right)_V. \quad (3.63)$$
>
> Dieses Ergebnis lässt die bemerkenswerte Schlussfolgerung zu, dass *jedes* System, dessen Druck bei konstantem Volumen nur linear von der Temperatur abhängt, eine Wärmekapazität hat, die nicht vom Volumen abhängt.

Mit (3.63) können wir die Wärmekapazität bei konstantem Volumen, die wir aus der zweiten Ableitung der Zustandsgleichung erhalten haben, nach dem Volumen integrieren, denn für jede festgehaltene Temperatur T gilt

$$C_V(T, V) = C_V(T, V_0) + T\int_{V_0}^{V} \left(\frac{\partial^2 P}{\partial T^2}\right)_{V'} dV'. \quad (3.64)$$

Responsefunktionen, allgemeine Ergebnisse

Die Reaktionen thermodynamischer Systeme auf Änderungen makroskopischer äußerer Parameter werden allgemein als *Responsefunktionen* bezeichnet. Beispiele dafür haben wir in der phänomenologischen Thermodynamik in Gestalt der *Wärmekapazitäten* kennengelernt: Sie geben an, welche Wärme einem System bei Temperaturänderungen unter bestimmten Bedingungen zu- oder daraus abfließt bzw. wie sich die Entropie eines thermodynamischen Systems unter Temperaturänderungen verändert:

$$C_V = T\left(\frac{\partial S}{\partial T}\right)_V, \quad C_P = T\left(\frac{\partial S}{\partial T}\right)_P. \quad (3.65)$$

Etwas allgemeiner können wir Wärmekapazitäten in der Form

$$C_x = \left(\frac{\delta Q_{\text{rev}}}{dT}\right)_x \quad (3.66)$$

schreiben. Dabei tritt irgendein noch festzulegender äußerer Zustandsparameter x auf, der während der Wärmeaufnahme konstant gehalten wird. In den obigen Beispielen steht x für das Volumen oder den Druck, je nachdem, ob das Gas sein Volumen oder seinen Druck beibehalten muss, während ihm auf reversible Weise die Wärmemenge δQ_{rev} zugeführt wird, aber x könnte z. B. auch ein konstantes äußeres Magnetfeld sein.

Um die Abhängigkeit der Wärmekapazität von der Stoffmenge oder von der Masse der beteiligten Stoffe loszuwerden, führen wir wieder wie in Abschn. 1.1 *spezifische Wärmekapazitäten* c_x ein, indem wir C_x durch die Masse m teilen. Die molare Wärme oder Molwärme c_x^{mol} ist die Wärmekapazität pro Stoffmenge n. Das Ergebnis ist

$$c_x = \frac{C_x}{m} \quad \text{oder} \quad c_x^{\text{mol}} = \frac{C_x}{n} \quad (3.67)$$

mit den Einheiten $J\,K^{-1}\,g^{-1}$ im ersten und $J\,K^{-1}\,\text{mol}^{-1}$ im zweiten Fall. Wir unterscheiden von nun an nicht mehr anhand der Notation, ob sich die spezifische Wärme auf die Stoffmenge oder die Masse bezieht, sondern verlassen uns jeweils auf den Kontext, in dem die spezifische Wärme auftritt.

Weitere wichtige Responsefunktionen sind der isobare *Ausdehnungskoeffizient* α, der isochore *Spannungkoeffizient* β, die *isotherme Kompressibilität* κ_T und die *adiabatische Kompressibilität* κ_S, die durch

$$\alpha = \frac{1}{V}\left(\frac{\partial V}{\partial T}\right)_P, \qquad \beta = \frac{1}{P}\left(\frac{\partial P}{\partial T}\right)_V,$$
$$\kappa_T = -\frac{1}{V}\left(\frac{\partial V}{\partial P}\right)_T, \quad \kappa_S = -\frac{1}{V}\left(\frac{\partial V}{\partial P}\right)_S \quad (3.68)$$

definiert sind. Die Vorfaktoren V^{-1} bei α, κ_T und κ_S sowie P^{-1} bei β legen diese Koeffizienten bequemerweise als relative Änderungen fest. Die negativen Vorzeichen bei κ_T und κ_S sind konventionell so festgelegt, dass beide Kompressibilitäten im Regelfall positive Werte annehmen.

Aufgrund der Maxwell-Relationen sind diese Responsefunktionen nicht voneinander unabhängig, sondern durch interessante

Beziehungen miteinander verbunden. Wir beginnen mit der adiabatischen Kompressibilität und machen sowohl vom Multiplikationssatz für Jacobi-Matrizen als auch insbesondere von der Maxwell-Relation (3.51) regen Gebrauch. Durch eine Reihe von Umformungen erhalten wir

$$-V\kappa_S = \left(\frac{\partial V}{\partial P}\right)_S = \det\frac{\partial(V,S)}{\partial(P,S)} = \det\frac{\partial(V,S)}{\partial(P,T)}\det\frac{\partial(P,T)}{\partial(P,S)}$$

$$= \left[\left(\frac{\partial V}{\partial P}\right)_T\left(\frac{\partial S}{\partial T}\right)_P - \left(\frac{\partial V}{\partial T}\right)_P\left(\frac{\partial S}{\partial P}\right)_T\right]\left(\frac{\partial T}{\partial S}\right)_P$$

$$= -V\kappa_T + \frac{(V\alpha)^2 T}{C_P}. \qquad (3.69)$$

Im letzten Schritt kam die Maxwell-Relation (3.51) zum Einsatz, um die Ableitung der Entropie nach dem Druck durch die negative Ableitung des Volumens nach der Temperatur und diese dann durch den isobaren Ausdehnungskoeffizienten zu ersetzen. Zudem haben wir verwendet, dass

$$\left(\frac{\partial S}{\partial T}\right)_P\left(\frac{\partial T}{\partial S}\right)_P = 1 \qquad (3.70)$$

gilt, da in beiden Faktoren dieselbe Variable als konstant angenommen wird.

Für die Wärmekapazitäten finden wir ganz entsprechend

$$\frac{C_V}{T} = \left(\frac{\partial S}{\partial T}\right)_V = \det\frac{\partial(S,V)}{\partial(T,V)} = \det\frac{\partial(S,V)}{\partial(T,P)}\det\frac{\partial(T,P)}{\partial(T,V)}$$

$$= \left[\left(\frac{\partial S}{\partial T}\right)_P\left(\frac{\partial V}{\partial P}\right)_T - \left(\frac{\partial S}{\partial P}\right)_T\left(\frac{\partial V}{\partial T}\right)_P\right]\left(\frac{\partial P}{\partial V}\right)_T$$

$$= \frac{C_P}{T} - \frac{V\alpha^2}{\kappa_T}. \qquad (3.71)$$

Wiederum haben wir die Maxwell-Relation (3.51) verwendet und

$$\left(\frac{\partial V}{\partial P}\right)_T\left(\frac{\partial P}{\partial V}\right)_T = 1 \qquad (3.72)$$

ersetzt.

Schließlich betrachten wir noch den isobaren Ausdehnungskoeffizienten selbst,

$$V\alpha = \left(\frac{\partial V}{\partial T}\right)_P = \det\frac{\partial(V,P)}{\partial(T,P)} = \det\frac{\partial(V,P)}{\partial(T,V)}\det\frac{\partial(T,V)}{\partial(T,P)}$$

$$= -\left(\frac{\partial P}{\partial T}\right)_V\left(\frac{\partial V}{\partial P}\right)_T = PV\beta\kappa_T, \qquad (3.73)$$

und gelangen somit zu dem Ergebnis

$$\alpha = P\beta\kappa_T. \qquad (3.74)$$

Allgemeine Beziehungen zwischen Responsefunktionen

Zusammenfassend erhalten wir völlig unabhängig vom speziellen thermodynamischen System allein aufgrund der Maxwell-Relationen die Beziehungen

$$\begin{aligned}\alpha &= P\beta\kappa_T,\\ \kappa_T &= \kappa_S + \frac{VT\alpha^2}{C_P},\\ C_P &= C_V + \frac{VT\alpha^2}{\kappa_T} = C_V + PVT\alpha\beta\end{aligned} \qquad (3.75)$$

zwischen den Responsefunktionen, wobei im letzten Schritt die erste Gl. (3.75) verwendet wurde.

Achtung Insbesondere gelten (3.75) allgemein und für jeden Aggregatzustand! ◂

───── **Frage 2** ─────
Vollziehen Sie die Herleitungen von (3.75) im Detail nach.

In Abschn. 3.3 werden wir die Gleichungen in (3.75) auf ein ideales Gas anwenden.

3.2 Extremaleigenschaften, Gleichgewicht und Stabilität

Thermisches und mechanisches Gleichgewicht

Nach diesen formalen Vorbemerkungen setzen wir mit allgemeinen Überlegungen zum thermischen und mechanischen Gleichgewicht zwischen zwei thermodynamischen Systemen fort. Betrachten wir zwei gemeinsam isolierte Systeme, die untereinander Wärme austauschen und mechanische Arbeit aneinander verrichten können, indem sie ihre Volumina gegeneinander ändern. Der einzige äußere Zustandsparameter ist demnach das Volumen V, und wir können die gesamte Entropie der beiden Systeme in der Form

$$S(U,V) = S_1(U_1,V_1) + S_2(U-U_1, V-V_1) \qquad (3.76)$$

schreiben. Im Beispielkasten „Druck und mechanische Arbeit" in Abschn. 2.1 haben wir gesehen, dass die zum Volumen V gehörende verallgemeinerte Kraft der Druck P ist. Mechanisches Gleichgewicht zwischen den beiden Teilvolumina V_1 und V_2 wird für solche Volumina V_1 und V_2 eintreten, für die $S(U,V)$

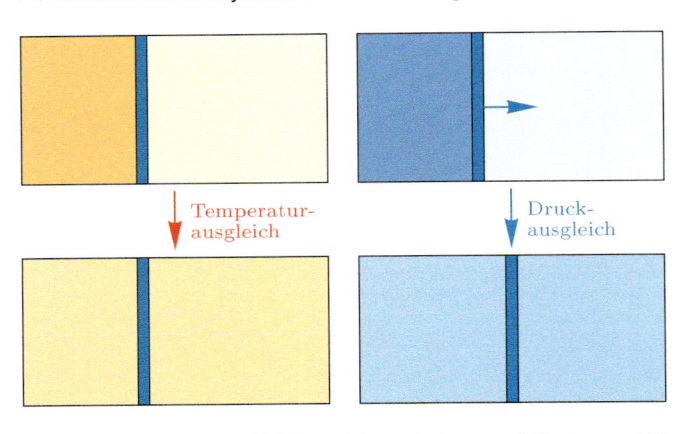

Abb. 3.6 Thermisches Gleichgewicht zwischen zwei Systemen tritt dann ein, wenn sich die Temperaturen angeglichen haben. Im mechanischen Gleichgewicht sind die Drücke in den beiden Teilsystemen gleich

maximal wird. Dort verschwindet dS, woraus die Bedingung

$$\begin{aligned} \mathrm{d}S &= \frac{\partial S_1}{\partial U_1}\mathrm{d}U_1 + \frac{\partial S_2}{\partial U_2}\mathrm{d}U_2 + \frac{\partial S_1}{\partial V_1}\mathrm{d}V_1 + \frac{\partial S_2}{\partial V_2}\mathrm{d}V_2 \\ &= \left(\frac{1}{T_1} - \frac{1}{T_2}\right)\mathrm{d}U_1 + \left(\frac{P_1}{T_1} - \frac{P_2}{T_2}\right)\mathrm{d}V_1 = 0 \end{aligned} \quad (3.77)$$

folgt, weil die Ableitung der Entropie nach dem Volumen bei konstanter Energie wegen (2.84) durch

$$\delta Q = T\mathrm{d}S = \delta W = P\mathrm{d}V \quad \Rightarrow \quad \left(\frac{\partial S}{\partial V}\right)_U = \frac{P}{T} \quad (3.78)$$

gegeben ist. Die Energieänderung dU_1 und die Volumenänderung dV_1 müssen infinitesimal klein sein, sind aber sonst beliebig. Daher müssen ihre beiden Vorfaktoren in (3.77) separat verschwinden, um d$S = 0$ zu garantieren, weshalb die beiden Bedingungen

$$\frac{1}{T_1} - \frac{1}{T_2} = 0 \quad \text{und} \quad \frac{P_1}{T_1} - \frac{P_2}{T_2} = 0 \quad (3.79)$$

gelten müssen. Außer den Temperaturen gleichen sich also die Drücke in den beiden Systemen aneinander an (Abb. 3.6).

Mechanisches und thermisches Gleichgewicht

Im thermischen Gleichgewicht zwischen zwei Systemen sind die Temperaturen gleich. Besteht zusätzlich mechanisches Gleichgewicht, so sind auch die Drücke in beiden Systemen gleich.

Extremaleigenschaften im Gleichgewicht

In Abschn. 2.1 haben wir besprochen, dass das einem isolierten System zugängliche Phasenraumvolumen Ω nicht abnehmen kann, wenn äußere Einschränkungen wegfallen. Wenn eine Zwangsbedingung vorher darin bestand, dass ein äußerer Parameter a auf Werte zwischen A und $A + \mathrm{d}A$ eingeschränkt war, kann a nach dem Wegfall der Zwangsbedingung in einem weiteren Bereich variieren. Die Wahrscheinlichkeit, in einem Ensemble gleichartiger Systeme den Wert A zu messen, wird proportional zur Anzahl der Zustände im Phasenraum sein, die mit A verträglich sind:

$$p(A) \propto \Omega(A). \quad (3.80)$$

Im Gleichgewicht wird mit größter Wahrscheinlichkeit derjenige Wert von A gemessen werden, der $\Omega(A)$ maximiert. Da die Entropie in (2.67) als logarithmisches Maß für die Anzahl der zugänglichen Zustände im Phasenraum eingeführt worden war, ist

$$p(A) \propto \exp\left(\frac{S(A)}{k_\mathrm{B}}\right). \quad (3.81)$$

Maximierung der Entropie

Im Gleichgewicht bei vorgegebenen äußeren Parametern a wird sich ein isoliertes System so einstellen, dass die Wahrscheinlichkeit seines Zustands und damit wegen (3.81) auch die Entropie maximal wird. Dann muss

$$\mathrm{d}S = 0 \quad \text{und} \quad \frac{\partial^2 S}{\partial a^2} \leq 0 \quad (3.82)$$

für alle äußeren Parameter gelten, die mit dem Symbol a bezeichnet werden.

Beachten Sie, dass diese Aussage im Licht der Wahrscheinlichkeitsinterpretation der Entropie beinahe eine Trivialität darstellt: Das System wird innerhalb seiner Möglichkeiten seine äußeren Parameter im Gleichgewicht so einstellen, dass sie ihm einen möglichst großen Bereich im Phasenraum erlauben.

Anders ausgedrückt, werden an dem System mit größter Wahrscheinlichkeit diejenigen Werte seiner äußeren Parameter gemessen, die mit dem größten Teil des zugänglichen Phasenraumvolumens verträglich sind, denn deren Wahrscheinlichkeit wird möglichst groß.

Das könnte man mit der Formulierung „wahrscheinlich geschieht immer das Wahrscheinlichste" zusammenfassen. Dennoch beruht diese fundamentale Aussage auf einem Postulat und einer bemerkenswerten Tatsache, nämlich dem nicht tiefer begründeten Postulat gleicher A-priori-Wahrscheinlichkeiten und der Tatsache, dass die Entropie als logarithmisches Maß des Phasenraumvolumens eine Zustandsfunktion physikalischer Systeme darstellt. Die Maximierung der Entropie im Gleichgewicht isolierter Systeme ist deswegen sowohl eine Aussage über Aufenthaltswahrscheinlichkeiten im Zustandsraum als auch über die äußeren physikalischen Parameter dieser Systeme.

Die Energie isolierter Systeme ist konstant. Darüber hinaus wird keine Arbeit am oder vom System verrichtet. Dann sind die innere Energie U und das Volumen V vorgegeben, und der Gleichgewichtszustand ist durch (3.82) gekennzeichnet, dS = 0. Bringen wir das System stattdessen in thermischen Kontakt mit einem Wärmereservoir der Temperatur T und warten, bis sich ein neues Gleichgewicht eingestellt hat, müssen wir das Reservoir in die Entropieüberlegung einbeziehen. Sei S die Entropie des gesamten Systems, dabei S_1 die des Reservoirs und S_2 die des Systems, dann gilt

$$0 = dS = \frac{\delta Q_1}{T} + dS_2 = -\frac{1}{T}(dU_2 - TdS_2), \quad (3.83)$$

weil durch die Wärmemenge δQ_1 aus dem Reservoir allein die innere Energie U_2 des Systems verändert wird, solange das Volumen des Systems 2 unverändert bleibt. Da die Temperatur im thermischen Gleichgewicht mit dem Wärmereservoir konstant ist, dT = 0, kann das Ergebnis (3.83) in der Form

$$\frac{d(U_2 - TS_2)}{T} = \frac{dF_2}{T} = 0 \quad (3.84)$$

geschrieben werden.

Im Gleichgewicht mit einem Wärmereservoir wird also nicht die Entropie des Systems, sondern die *freie Energie* (3.38) extremal. Die Herleitung zeigt, dass dies eine Konsequenz der maximalen Entropie des Gesamtsystems aus Reservoir und betrachtetem System ist. Die Extremaleigenschaft der Entropie bei konstantem U und V vererbt sich daher auf eine Extremaleigenschaft der freien Energie bei konstantem T und V. Allerdings hat das Minuszeichen in (3.84) zur Folge, dass *maximale* Entropie *minimale* freie Energie bedeutet.

Minimierung der freien Energie

Bei vorgegebener Temperatur und festem Volumen stellt sich ein System so ein, dass seine freie Energie $F(T, V)$ minimal wird.

Ebenso gut können wir statt des Volumens V den Druck P vorgeben. Dann würden wir die gedachte Kombination aus einem Wärmereservoir und einem daran angekoppelten System gemeinsam wärmeisolieren, aber dem System erlauben, sein Volumen zu ändern. Dann muss das System aus dem Reservoir so viel Wärme entnehmen, dass es nicht nur seine innere Energie, sondern auch sein Volumen geeignet einstellen kann. Das Wärmereservoir muss dann auch für die Arbeit aufkommen, die das System gegebenenfalls verrichten muss. Nach dem ersten Hauptsatz muss dann

$$-\delta Q_1 = dU_2 + P_2 dV_2 \quad (3.85)$$

sein, woraus sich die Änderung der gesamten Entropie zu

$$0 = dS = -\frac{1}{T}(dU_2 + P_2 dV_2 - TdS_2) = -\frac{dG_2}{T} \quad (3.86)$$

bestimmen lässt, worin wir die freie Enthalpie G aus (3.43) identifiziert haben. Wiederum wird die freie Enthalpie minimal, während die Entropie maximal wird.

Minimierung der freien Enthalpie

Bei festem Druck und vorgegebener Temperatur stellt sich das Gleichgewicht eines Systems demnach so ein, dass die freie Enthalpie $G(T, P)$ minimal wird.

Natürlich ist auch das „nur" eine vererbte Konsequenz der Extremaleigenschaft der Entropie, die direkt aus der statistischen Interpretation der Entropie und aus dem statistischen Grundpostulat folgt. Die hier zusammengestellten Extremaleigenschaften der freien Energie oder der Enthalpie bestimmen die äußeren Parameter des Systems im thermischen Gleichgewicht.

Stabilitätsbedingungen

Aufgrund der oben abgeleiteten Extremaleigenschaften kommen wir zu dem Schluss, dass ein thermodynamisches System im Gleichgewicht in ein Extremum desjenigen thermodynamischen Potenzials strebt, das auf natürliche Weise zu den Variablen gehört, die während des Strebens ins Gleichgewicht kontrolliert werden. Diese Kontrolle kann darin bestehen, dass beispielsweise die Temperatur durch Kopplung an ein Wärmereservoir oder der Druck durch mechanisches Gleichgewicht mit der Umgebung konstant gehalten werden. Ein abgeschlossenes System wird in einen Gleichgewichtszustand streben, in dem die Entropie maximal wird. Ein geschlossenes System, das im thermischen Kontakt mit einem Wärmebad steht, wird im Gleichgewicht nach einem Zustand streben, in dem die freie Energie minimiert wird. Ein stabiles Gleichgewicht liegt dann vor, wenn das System auf kleine Störungen so reagiert, dass es in den Gleichgewichtszustand zurückkehrt.

Betrachten wir für ein abgeschlossenes System die innere Energie U als Funktion ihrer natürlichen Variablen S und V. Im Gleichgewicht wird dU = 0 sein. Zudem muss für ein Minimum der inneren Energie die Matrix

$$D^2 U = \begin{pmatrix} \left(\frac{\partial^2 U}{\partial S^2}\right)_V & \left(\frac{\partial}{\partial V}\right)_S \left(\frac{\partial U}{\partial S}\right)_V \\ \left(\frac{\partial}{\partial S}\right)_V \left(\frac{\partial U}{\partial V}\right)_S & \left(\frac{\partial^2 U}{\partial V^2}\right)_S \end{pmatrix} \quad (3.87)$$

positiv definit sein. Dies ist genau dann der Fall, wenn alle ihre *Hauptminoren* positiv sind.

Als *Minor* wurde im „Mathematischen Hintergrund" Bd. 1, (2.3) die Determinante det A_{ij} derjenigen Untermatrix A_{ij} bezeichnet, die durch Streichung der i-ten Zeile und der j-ten Spalte aus einer quadratischen $n \times n$-Matrix A hervorgeht. Die

Streichung der i-ten Zeile und der j-ten Spalte kann bis zu $(n-1)$-mal wiederholt werden. Ein Minor, der nach k Streichungen von Zeilen und Spalten entstanden ist, heißt $(n-k)$-ter Ordnung. Bei Hauptminoren ist $i = j$, d. h., sie entstehen durch Streichung *derselben* Zeile und Spalte.

Damit leiten wir aus (3.87) die beiden Bedingungen

$$\left(\frac{\partial^2 U}{\partial S^2}\right)_V > 0 \quad \text{und} \quad \det\left(\boldsymbol{D}^2 U\right) > 0 \qquad (3.88)$$

für thermodynamische Stabilität ab.

Aufgrund von (3.18) ist die Ableitung der inneren Energie nach der Entropie bei konstantem Volumen gleich der absoluten Temperatur, während die Ableitung der inneren Energie nach dem Volumen bei konstanter Entropie gerade den negativen Druck ergibt. Die erste der beiden Bedingungen bedeutet demnach

$$0 < \left(\frac{\partial T}{\partial S}\right)_V = \frac{T}{C_V}, \qquad (3.89)$$

woraus bei positiver absoluter Temperatur folgt, dass auch die spezifische Wärmekapazität bei konstantem Volumen positiv sein muss.

Die zweite Bedingung (3.88) wandeln wir wieder mithilfe des Multiplikationssatzes für Jacobi-Matrizen um. Wir schreiben zunächst die Determinante um, indem wir $\left(\frac{\partial U}{\partial S}\right)_V = T$ und $\left(\frac{\partial U}{\partial V}\right)_S = -P$ verwenden:

$$\det\left(\boldsymbol{D}^2 U\right) = \left(\frac{\partial T}{\partial S}\right)_V \left(\frac{\partial (-P)}{\partial V}\right)_S - \left(\frac{\partial T}{\partial V}\right)_S \left(\frac{\partial (-P)}{\partial S}\right)_V$$

$$= \det \frac{\partial (T, -P)}{\partial (S, V)}. \qquad (3.90)$$

Nun wenden wir den Multiplikationssatz an und setzen im letzten Schritt die isotherme Kompressibilität κ_T aus (3.68) und die Wärmekapazität C_V bei konstantem Volumen ein:

$$\det \frac{\partial (T, -P)}{\partial (S, V)} = \det \frac{\partial (T, -P)}{\partial (T, V)} \det \frac{\partial (T, V)}{\partial (S, V)}$$

$$= -\left(\frac{\partial P}{\partial V}\right)_T \left(\frac{\partial T}{\partial S}\right)_V = \frac{T}{\kappa_T C_V V}. \qquad (3.91)$$

Daraus und aus der ersten Stabilitätsbedingung $C_V > 0$ schließen wir, dass auch die isotherme Kompressibilität κ_T positiv sein muss.

Wir kommen so zu dem Ergebnis, dass ein Gleichgewichtszustand eines abgeschlossenen Systems dann und nur dann gegenüber kleinen Störungen stabil ist, wenn sowohl die Wärmekapazität bei konstantem Volumen als auch die isotherme Kompressibilität positiv sind, $C_V > 0$ und $\kappa_T > 0$. Wegen der Beziehung zwischen den Wärmekapazitäten C_P und C_V aus (3.75) muss dann auch die Differenz der Wärmekapazitäten bei konstantem Druck und bei konstantem Volumen positiv sein,

$C_P - C_V > 0$. Indem wir den Multiplikationssatz in (3.91) auf etwas andere Weise verwenden,

$$\det \frac{\partial (T, -P)}{\partial (S, V)} = \det \frac{\partial (T, -P)}{\partial (S, P)} \det \frac{\partial (S, P)}{\partial (S, V)}$$

$$= -\left(\frac{\partial T}{\partial S}\right)_P \left(\frac{\partial P}{\partial V}\right)_S = \frac{T}{\kappa_S C_P V}, \qquad (3.92)$$

erhalten wir schließlich noch, dass auch die adiabatische Kompressibilität positiv sein muss, $\kappa_S > 0$.

Frage 3

Leiten Sie das letzte Ergebnis, $\kappa_S > 0$, direkt aus der Stabilitätsbedingung her:

$$\left(\frac{\partial^2 U}{\partial V^2}\right)_S > 0.$$

Stabilität von Gleichgewichtszuständen

Gleichgewichtszustände eines abgeschlossenen Systems sind dann und nur dann gegenüber kleinen Störungen stabil, wenn die Wärmekapazitäten bei konstantem Volumen und bei konstantem Druck positiv sind, ebenso wie die isotherme und die adiabatische Kompressibilität:

$$C_P - C_V > 0, \quad C_V > 0, \quad \kappa_T > 0, \quad \kappa_S > 0. \quad (3.93)$$

3.3 Das ideale Gas

Wir kommen nun zum idealen Gas zurück, betrachten es aber jetzt auf der Grundlage der statistischen Deutung der Entropie und der allgemeinen Ergebnisse, die wir in Abschn. 2.3 abgeleitet haben. Es wird sich zeigen, dass wir eine mikroskopische Begründung für die Beobachtung geben können, dass alle hinreichend verdünnten Gase derselben Zustandsgleichung folgen und dass wir aufgrund der statistischen Deutung der Entropie die thermodynamischen Potenziale und die Responsefunktionen des idealen Gases absolut angeben können.

Zustandsgleichung und innere Energie

In Abschn. 1.5 haben wir jedes Gas als ideal bezeichnet, das der Zustandsgleichung

$$PV = nRT \quad \text{bzw.} \quad PV = Nk_B T \qquad (3.94)$$

genügt. Allein aus den Hauptsätzen und den Maxwell-Relationen haben wir geschlossen, dass die Ableitung der inneren

Energie nach dem Volumen bei konstanter Temperatur durch

$$\left(\frac{\partial U}{\partial V}\right)_T = T\left(\frac{\partial P}{\partial T}\right)_V - P \qquad (3.95)$$

gegeben ist; vgl. (3.58). Da der empirisch bestimmte Druck des idealen Gases bei konstantem Volumen linear von der Temperatur abhängt, folgt daraus unmittelbar, dass die innere Energie U bei konstanter Temperatur nicht vom Volumen abhängen kann, denn dann ist

$$\left(\frac{\partial U}{\partial V}\right)_T = T\frac{P}{T} - P = 0. \qquad (3.96)$$

Dieser Sachverhalt, auf den wir hier direkt aus einem empirischen Befund schließen, legt eine andere Deutung eines idealen Gases nahe. Wenn die innere Energie nicht vom Volumen abhängt, ist es offenbar unwichtig, wie nahe sich die Teilchen eines idealen Gases kommen. Das kann nur dann der Fall sein, wenn die Teilchen allein durch direkte Stöße miteinander wechselwirken und relativ zueinander keine potenzielle Energie haben.

Achtung Schlagen Sie zur genaueren Charakterisierung noch einmal den Achtung-Satz in Abschn. 2.1 unter „Anzahl zugänglicher Mikrozustände" nach. ◀

Wir gehen nun also von der Annahme aus, dass zwischen den Teilchen eines idealen Gases keine Fernkräfte wirken, sodass jedem von ihnen näherungsweise das gesamte Volumen V zur Verfügung steht, in dem sich das Gas aufhalten kann, ohne dass es von den anderen Gasteilchen beeinflusst würde. Dann ist die Anzahl der Mikrozustände im Phasenraum, die den N Gasteilchen zugänglich sind, durch

$$\Omega = \frac{V^N \omega(U)}{h_0^{3N}} \qquad (3.97)$$

gegeben, wobei $\omega(U)$ eine Funktion ist, die allein von der kinetischen Energie der Gasteilchen abhängen kann, weil keine potenzielle Energie zwischen den Gasteilchen zur inneren Energie beitragen kann. In der klassischen Physik bleibt die Konstante h_0 willkürlich, was jedoch für unsere weiteren Überlegungen höchstens eine untergeordnete Rolle spielt. Aufgrund der statistischen Interpretation der Entropie bekommen wir aus dem Phasenraumvolumen (3.97) sofort den absoluten Ausdruck

$$S = k_B \ln \Omega = k_B N \ln V + k_B \ln \omega(U) - 3Nk_B \ln h_0 \qquad (3.98)$$

für die Entropie, woraus wir anhand von (2.81) durch Ableitung nach dem Volumen direkt die Zustandsgleichung

$$\frac{P}{T} = \frac{\partial S}{\partial V} = \frac{k_B N}{V} \quad \Rightarrow \quad PV = Nk_B T \qquad (3.99)$$

gewinnen. Dieses empirisch längst bekannte Resultat ist insofern höchst bemerkenswert, als wir es hier aufgrund fundamentaler statistischer Überlegungen auf kürzestem Weg direkt aus der alleinigen Annahme herleiten konnten, dass die Teilchen eines idealen Gases nicht miteinander wechselwirken. In Abschn. 4.2 wird diese Aussage anhand der Zustandssumme eines idealen Gases weiter präzisiert.

Diese letzte Aussage muss noch etwas genauer beleuchtet werden. Wenn Teilchen nicht miteinander wechselwirken, können sie auch nie in ein thermisches Gleichgewicht miteinander gelangen, weil sie keine Energie untereinander austauschen können. Der Ausdruck (3.97) für das Phasenraumvolumen des idealen Gases sagt aber bereits aus, worum es dabei eigentlich geht: Die Teilchen haben keine potenzielle Energie relativ zueinander. Sie können daher nur durch direkte Stöße miteinander wechselwirken, aber diese Stöße sind unerlässlich dafür, dass sich überhaupt thermisches Gleichgewicht einstellen kann.

Charakterisierung eines idealen Gases

Mit dieser Präzisierung halten wir als erstes Ergebnis fest: Die Zustandsgleichung des idealen Gases folgt aus den Annahmen, dass die Teilchen eines solchen Gases nur ein vernachlässigbares Eigenvolumen haben und nur durch direkte Stöße miteinander wechselwirken, aber keine potenzielle Energie relativ zueinander haben.

Die Temperatur, nach (2.68) durch

$$\frac{1}{T} = \left(\frac{\partial S}{\partial U}\right)_V = \frac{k_B}{\omega(U)}\frac{\partial \omega(U)}{\partial U} \qquad (3.100)$$

bestimmt, hängt nur von der Energie, aber nicht vom Volumen ab. Dies bestätigt unseren früheren Befund, dem zufolge die innere Energie eines idealen Gases eine Funktion allein der Temperatur sein muss, $U = U(T)$.

Bis hierher sind wir argumentativ im Kreis gegangen und haben dabei bestätigt gefunden, dass die Zustandsgleichung des idealen Gases einerseits empirisch dann gefunden wird, wenn reale Gase ausreichend verdünnt sind, und andererseits theoretisch durch die Annahme begründbar ist, dass es keine potenzielle Energie der Gasteilchen relativ zueinander gibt. Natürlich handelt es sich dabei um eine Näherung, die bedeutet, dass der Abstand der Gasteilchen zueinander groß gegenüber der Reichweite derjenigen Kräfte ist, die zwischen den Gasteilchen wirken.

Responsefunktionen

Fahren wir fort, indem wir die Responsefunktionen des idealen Gases bestimmen. Wir beginnen mit dem Wärmeausdehnungskoeffizienten. Aufgrund der Zustandsgleichung (3.94) ist $VdP + PdV = nRdT$. Bei konstantem Druck, $dP = 0$, muss daher $PdV = nRdT$ gelten, woraus für den isobaren Wärmeausdehnungskoeffizienten

$$\alpha = \frac{1}{V}\left(\frac{\partial V}{\partial T}\right)_P = \frac{nR}{PV} = \frac{1}{T} \qquad (3.101)$$

folgt. Für den Spannungskoeffizienten β brauchen wir die Ableitung des Druckes nach der Temperatur bei konstantem Volumen. Bei $dV = 0$ muss $VdP = nRdT$ sind, woraus sofort

$$\beta = \frac{1}{P}\left(\frac{\partial P}{\partial T}\right)_V = \frac{nR}{PV} = \frac{1}{T} \quad (3.102)$$

folgt. Ausdehnungs- und Spannungskoeffizient sind also beim idealen Gas gleich.

Ähnlich einfach bekommen wir die isotherme Kompressibilität, denn bei $dT = 0$ ist $VdP + PdV = 0$, daher $dV/dP = -V/P$, und

$$\kappa_T = -\frac{1}{V}\left(\frac{\partial V}{\partial P}\right)_T = \frac{1}{P}. \quad (3.103)$$

Offenbar erfüllen α, β und κ_T die allgemeine Beziehung, die wir unter (3.75) zusammengefasst haben, denn

$$\alpha = \frac{1}{T} = \frac{P}{PT} = P\beta\kappa_T. \quad (3.104)$$

Die adiabatische Kompressibilität κ_S können wir erst dann bestimmen, wenn wir die Wärmekapazität C_P bei konstantem Druck kennen.

Von der spezifischen Wärme eines idealen Gases bei konstantem Druck wissen wir bereits aus der phänomenologischen Thermodynamik, dass sie größer als die spezifische Wärme bei konstantem Volumen sein muss, weil das Gas bei konstantem Druck mechanische Arbeit verrichten kann, indem es sein Volumen vergrößert. Diese Arbeit muss der zugeführten Wärme entnommen werden, sodass für eine vorgegebene Temperaturerhöhung eine größere Wärmemenge aufgenommen werden muss. Für die Differenz zwischen den beiden molaren Wärmekapazitäten eines idealen Gases erhalten wir sofort

$$C_P - C_V = PVT\alpha\beta = \frac{PV}{T} = nR, \quad (3.105)$$

was uns bereits in Abschn. 1.6 begegnet ist.

Der Ausdehnungskoeffizient eines idealen Gases ebenso wie sein Spannungskoeffizient gleichen demnach der reziproken Temperatur. Bei $0\,°C$ betragen sie

$$\alpha = \beta = \frac{1}{273{,}15\,\text{K}} = 0{,}00366\,\text{K}^{-1}. \quad (3.106)$$

In physikalisch-chemischen Tabellen findet man bei $P \approx 1$ at und Temperaturen von 0–100 °C für einige typische Gase, die erst bei sehr niedrigen Temperaturen kondensieren, die Werte wie in der folgenden Tabelle. Die Ausdehnungskoeffizienten sind innerhalb der Versuchsgrenzen nahezu gleich.

Stoff	α
Wasserstoff	0,0036613
Kohlenmonoxyd	0,0036688
atmosphärische Luft	0,0036706
Kohlendioxid	0,0037099
Cyan	0,0038767

Für ein reales Gas muss die Zustandsgleichung des idealen Gases (3.94) zu einer thermischen Zustandsgleichung eines Systems verallgemeinert werden, das sowohl gasförmig als auch verflüssigt sein kann. Deshalb sind für leichter kondensierbare Gase die Ausdehnungskoeffizienten merklich verschieden vom Wert $\alpha = 0{,}00366\,\text{K}^{-1}$ für ideale Gase. Die Abweichung ist im Allgemeinen umso größer, je leichter kondensierbar das Gas ist.

Spezifische Wärmen des idealen Gases

Wir haben auf empirischer Grundlage gefunden und anhand unserer allgemeinen Betrachtung der Responsefunktionen bestätigt, dass die molaren Wärmen c_V^{mol} und c_P^{mol} durch

$$c_P^{\text{mol}} = c_V^{\text{mol}} + R \quad (3.107)$$

verbunden sind, wobei R die allgemeine Gaskonstante ist.

Um weiter über dieses Resultat hinauszukommen, müssen wir für eine der beiden Wärmekapazitäten C_V oder C_P einen absoluten Wert ausrechnen. Dies ist nun möglich, indem wir zur mikroskopischen Betrachtungsweise übergehen. Wir kehren zur Anzahl zugänglicher Mikrozustände eines idealen Gases zurück, für die wir (2.16) den Ausdruck

$$\Omega = BV^N U^{\mathcal{F}/2-1} \approx BV^N U^{\mathcal{F}/2} \quad (3.108)$$

gefunden haben, worin $\mathcal{F}$ die Gesamtzahl aller mikroskopischen Freiheitsgrade war. Die noch unbekannte Konstante B tritt hier auf, weil wir den genauen numerischen Vorfaktor des Beitrags der inneren Energie nicht berechnen wollten und ihn auch nach wie vor nicht brauchen. Die Entropie ist durch den Logarithmus des Phasenraumvolumens Ω bestimmt:

$$S = k_B \ln B + k_B N \ln V + \frac{\mathcal{F} k_B}{2} \ln U, \quad (3.109)$$

woraus wir für die absolute Temperatur den Ausdruck

$$\frac{1}{T} = \left(\frac{\partial S}{\partial U}\right)_V = \frac{\mathcal{F} k_B}{2U} = \frac{fN k_B}{2U} \quad (3.110)$$

erhalten. Natürlich tritt in diesem Zusammenhang zwischen der Temperatur und der inneren Energie das Volumen nicht mehr auf, weil wir weiterhin von einem idealen Gas ausgehen, dessen Teilchen relativ zueinander keine potenzielle Energie haben.

Innere Energie eines idealen Gases

Ausgehend von (3.110) schließen wir sofort auf die innere Energie

$$U = \frac{f}{2} N k_B T \qquad (3.111)$$

eines idealen Gases. Wir sehen, dass sie zur Anzahl f der Freiheitsgrade eines einzelnen Gasteilchens proportional ist. Wieder haben wir allein aus der Abzählung von Mikrozuständen im Phasenraum eine weitreichende Aussage gewonnen.

Aus diesem Ergebnis können wir sofort eine der gesuchten Wärmekapazitäten gewinnen, nämlich zunächst diejenige bei konstantem Volumen, aus der dann diejenige bei konstantem Druck unmittelbar folgt.

Molare Wärmekapazitäten bei konstantem Volumen und bei konstantem Druck

Aufgrund des ersten Hauptsatzes ist bei $dV = 0$

$$c_V^{mol} = \frac{1}{n}\left(\frac{\partial U}{\partial T}\right)_V = \frac{f}{2}\frac{Nk_B}{n} = \frac{fR}{2}, \qquad (3.112)$$

und damit haben wir aus (3.107) auch sofort die molare Wärmekapazität bei konstantem Druck:

$$c_P^{mol} = \frac{f+2}{2} R. \qquad (3.113)$$

Wärmekapazitäten eines idealen Gases

Um ein Mol eines idealen, einatomigen Gases um ein Grad zu erwärmen, dessen Teilchen lediglich die drei Translationsfreiheitsgrade haben, sind bei konstantem Volumen 12,47 J und bei konstantem Druck 20,79 J erforderlich. ◄

Damit können wir auch die einzige noch verbliebene Responsefunktion angeben, die uns noch fehlt, nämlich die adiabatische Kompressibilität. Aus der allgemeingültigen Differenz zwischen der isothermen und der adiabatischen Kompressibilität aus (3.75) erhalten wir

$$\kappa_S = \kappa_T - \frac{VT\alpha^2}{C_P} = \frac{1}{P} - \frac{2V}{(f+2)nRT} = \frac{f}{(f+2)P}. \qquad (3.114)$$

Wenn das ideale Gas aus strukturlosen Teilchen besteht, die außer den drei Freiheitsgraden der Translation keine weiteren Freiheitsgrade haben, ist $f = 3$. Die Situation ändert sich, wenn die Gasteilchen innere Freiheitsgrade haben, die angeregt werden können. Betrachten wir z. B. ein ideales Gas, dessen Teilchen zweiatomige Moleküle sind. Zu den drei Freiheitsgraden der Translation kommen dann noch zwei Freiheitsgrade der Rotation dazu. Es sind nicht drei Freiheitsgrade der Rotation, weil die Drehung um die Verbindungsachse der Atome keine Energie aufnimmt, solange die Atome punktförmig bleiben. Da jedes Teilchen dann fünf Freiheitsgrade hat, ist $\mathcal{F} = 5N$. Weiterhin sind Schwingungen der beiden Atome gegeneinander möglich, durch die zwei weitere Freiheitsgrade dazukommen, sodass $\mathcal{F} = 7N$ wird. Damit erhöhen sich die spezifischen Wärmen bei konstantem Volumen bzw. bei konstantem Druck auf

$$c_V = \frac{7}{2}R, \quad c_P = c_V + R = \frac{9}{2}R. \qquad (3.115)$$

Achtung Es ist nicht ganz einfach einzusehen, warum Schwingungen hier mit zwei Freiheitsgraden berücksichtigt werden müssen. Das liegt letztlich daran, dass die mittlere kinetische Energie eines harmonischen Oszillators ebenso groß ist wie seine mittlere potenzielle Energie. Beide Beiträge müssen hier berücksichtigt werden. Eine ausführlichere Diskussion finden Sie in Abschn. 4.2, insbesondere im Zusammenhang mit dem Gleichverteilungssatz. ◄

Die Anzahl der effektiven Freiheitsgrade wird außerdem davon abhängen, ob die Rotations- und die Vibrationsfreiheitsgrade überhaupt angeregt werden können. Wegen der Quantisierung sowohl der Rotations- als auch der Vibrationsenergie mag das bei niedriger Temperatur nicht der Fall sein, sodass c_V von $3R/2$ über $5R/2$ zu $7R/2$ zunimmt, wenn zunächst die Rotations- und dann die Vibrationsfreiheitsgrade zu den Translationsfreiheitsgraden dazukommen.

Mittlere Energie einzelner Gasteilchen

Mithilfe des Ausdrucks (3.111) für die innere Energie eines idealen Gases können wir abschätzen, welche Energie U_1 ein einzelnes Gasteilchen im Mittel haben wird. Für $N = 1$ und $f = 3$ ergibt (3.111)

$$U_1 = \frac{3k_B T}{2} = 2{,}07 \cdot 10^{-23}\,\text{J} \cdot \left(\frac{T}{\text{K}}\right). \qquad (3.116)$$

Für ein einzelnes Teilchen ist das Joule eine unpassende Einheit. Mithilfe der Umrechnung

$$1\,\text{eV} = 1{,}6022 \cdot 10^{-19}\,\text{J} \qquad (3.117)$$

rechnen wir das Ergebnis besser in Elektronenvolt um:

$$U_1 = 1{,}29 \cdot 10^{-4}\,\text{eV} \cdot \left(\frac{T}{\text{K}}\right). \qquad (3.118)$$

Bei Temperaturen um 300 K haben ideale, strukturlose Gasteilchen daher mittlere Energien von etwa 40 meV. ◄

Frage 4

Nehmen Sie an, es gäbe auch bei Raumtemperatur atomares Wasserstoffgas. Erwarten Sie aufgrund der vorangegangenen Abschätzung der mittleren Energie eines Gasteilchens, dass bei Raumtemperatur innere Freiheitsgrade der Wasserstoffatome angeregt werden können, d. h. dass Elektronen auf angeregte Zustände der Atome gehoben werden können? Schätzen Sie umgekehrt die Temperatur ab, die dafür erforderlich wäre. (*Hinweis*: Die Energieskala für innere Anregungen des Wasserstoffatoms ist das Rydberg, 1 Ry $\approx 13{,}61$ eV.)

Frage 5

Mit welcher mittleren Geschwindigkeit bewegen sich Gasteilchen in Luft bei Raumtemperatur?

Aus den beiden spezifischen Wärmen c_P und c_V des idealen Gases erhalten wir den aus Abschn. 1.6 und (1.55) bekannten Adiabatenindex

$$\gamma = \frac{c_P}{c_V} = \frac{f+2}{f}, \qquad (3.119)$$

sodass bei einer adiabatischen Expansion die Beziehungen

$$P \propto V^{-(f+2)/f} \quad \text{oder} \quad PV^{(f+2)/f} = \text{const} \qquad (3.120)$$

sowie

$$TV^{2/f} = \text{const} \qquad (3.121)$$

gelten müssen. Bei einem idealen Gas aus strukturlosen Teilchen erfordert eine Verdoppelung der Temperatur demnach eine adiabatische Kompression um einen Faktor $2^{-3/2} \approx 0{,}35$.

Wenn sich die Gasteilchen mit relativistischen Geschwindigkeiten bewegen, sodass ihre kinetische Energie ihrer Ruheenergie vergleichbar wird, ändert sich der Zusammenhang zwischen Impuls und kinetischer Energie. Statt

$$E_{\text{kin}} = \frac{\boldsymbol{p}^2}{2m} \qquad (3.122)$$

gilt dann für extrem relativistische Teilchen wie z. B. Photonen

$$E_{\text{kin}} = cp. \qquad (3.123)$$

Dadurch ändert sich die Beziehung (3.108) zwischen dem Phasenraumvolumen Ω und der kinetischen Energie, den wir zur Berechnung der Anzahl zugänglicher Mikrozustände verwendet haben. Weil die Energie jetzt linear vom Impuls abhängt und nicht mehr quadratisch, gilt anstelle von (3.108)

$$\Omega \sim BV^N U^{\mathcal{F}} \quad \text{statt} \quad \Omega \sim BV^N U^{\mathcal{F}/2}, \qquad (3.124)$$

da bei der Umrechnung des Impulses in die Energie keine Wurzel mehr gezogen werden muss. Die Entropie wird dadurch zu

$$S = k_B \ln B + k_B N \ln V + k_B \mathcal{F} \ln U, \qquad (3.125)$$

woraus

$$\frac{1}{T} = \frac{k_B \mathcal{F}}{U} = \frac{fNk_B}{U} \quad \text{und} \quad U = fNk_B T \qquad (3.126)$$

folgen.

Ultrarelativistisches ideales Gas

Aus dem Ergebnis (3.126) erhalten wir die spezifischen Wärmen bei konstantem Volumen bzw. bei konstantem Druck sowie den Adiabatenindex

$$c_V = 3R, \quad c_P = 4R, \quad \gamma = \frac{4}{3} \qquad (3.127)$$

für ein ultrarelativistisches Gas.

Adiabatische Ausdehnung eines Gasgemischs

Dehnt sich ein Gemisch aus einem einatomigen, nichtrelativistischen idealen Gas und Photonen adiabatisch aus, fällt nach (3.121) die Temperatur T_g des nichtrelativistischen Gases schneller als die Temperatur T_γ der Photonen ab, denn

$$T_g \propto V^{-2/3}, \quad T_\gamma \propto V^{-1/3}. \qquad (3.128)$$

Wenn keine Wechselwirkung zwischen den Photonen und den Gasteilchen für thermisches Gleichgewicht zwischen beiden sorgt, wird es daher sinnlos, von einer einzigen Temperatur des Gemischs zu sprechen. ◂

Entropie

Auf ähnliche Weise erhalten wir einen Ausdruck für die Entropie eines idealen Gases. Natürlich werden wir sie nur bis auf eine additive Konstante bestimmen können, weil eine absolute Bestimmung in der klassischen Mechanik gar nicht möglich ist. Wir greifen dazu auf den allgemeinen Ausdruck (3.60) zurück.

Wir beziehen uns auf $n_0 = 1$ mol eines idealen Gases mit einer Temperatur T_0 und einem Volumen V_0. Ein Gas mit derselben Temperatur T_0 und einer Stoffmenge n hat das Volumen $(n/n_0)V_0$, weil das Volumen eine extensive Größe ist. Nun gehen wir zunächst bei konstanter Temperatur zum Volumen V und anschließend bei konstantem Volumen zur Temperatur T über. Beide Prozesse müssen wir quasistatisch führen, damit (3.60) für die Entropie ihre Gültigkeit behält. Da die Entropieänderung vom Weg unabhängig ist, erhalten wir damit nicht

Vertiefung: Das Stefan-Boltzmann'sche Gesetz

Eine sehr schöne Anwendung von (3.127) auf die Elektrodynamik liefert ein wichtiges und häufig gebrauchtes Ergebnis. Der Druck, der durch ein elektromagnetisches Feld der inneren Energiedichte u ausgeübt wird, ist

$$P = \frac{u}{3} \quad \Rightarrow \quad U = uV = 3PV.$$

Davon kann man sich allein mit thermodynamischen Argumenten wie folgt überzeugen: Ein elektromagnetisches Feld kann als Photonengas aufgefasst werden, also als ideales Gas ultrarelativistischer Teilchen. Wegen des dann linearen Zusammenhangs $E = cp$ zwischen Energie und Impuls gilt (3.124). Bei konstanter Entropie ist

$$dS = 0 = d\ln\Omega = Nd\ln V + \mathcal{F}d\ln U$$
$$= N\frac{dV}{V} + \mathcal{F}\frac{dU}{U},$$

woraus gleich aufgrund von (3.18)

$$\left(\frac{\partial U}{\partial V}\right)_S = -P = -\frac{N}{\mathcal{F}}\frac{U}{V} \quad \Rightarrow \quad P = \frac{u}{3}$$

folgt, denn $\mathcal{F} = 3N$ und die Energiedichte ist $u = U/V$.

Zu demselben Ergebnis gelangt man anhand des Energie-Impuls-Tensors $T_{\mu\nu}$ elektromagnetischer Strahlung, indem man die Energiedichte in T_{00} mit der Spur $\text{Sp}(T_{ij})$ mit $1 \leq i,j \leq 3$ vergleicht.

Frage 6

Vergleichen Sie dazu die Ausführungen über den elektromagnetischen Energie-Impuls-Tensor in Bd. 2, Abschn. 8.4.

Setzen wir das Ergebnis $U = 3PV$ in (3.58) ein, können wir

$$3P = T\left(\frac{\partial P}{\partial T}\right)_V - P \quad \Rightarrow \quad T\left(\frac{\partial P}{\partial T}\right)_V = 4P$$

schließen. Variablentrennung und Integration nach T führen auf

$$P \propto T^4, \quad u \propto T^4,$$

d. h., Druck und Energiedichte eines elektromagnetischen Feldes im thermodynamischen Gleichgewicht mit einem umgebenden System sind proportional zur vierten Potenz der Temperatur. Das ist das *Stefan-Boltzmann'sche Gesetz* (benannt nach dem österreichischen Physiker und Philosophen *Ludwig Boltzmann*, 1844–1906, und dem österreichischen Mathematiker und Physiker *Josef Stefan*, 1835–1893).

---

nur *einen*, sondern *den* Ausdruck für die Entropieänderung beim Übergang vom Zustand $(T_0, (n/n_0)V_0)$ zum Zustand (T, V). Wir bekommen

$$\Delta S = nc_V \int_{T_0}^{T} \frac{dT'}{T'} + nR \int_{(n/n_0)V_0}^{V} \frac{dV'}{V'}$$
$$= nc_V \ln \frac{T}{T_0} + nR \ln \frac{V}{(n/n_0)V_0} \quad (3.129)$$
$$= nc_V \ln \frac{T}{T_0} + nR \ln \frac{V}{V_0} - nR \ln \frac{n}{n_0}.$$

Indem wir die Stoffmenge n durch die Teilchenzahl $N = nN_A$ ersetzen und $R = k_B N_A$ verwenden, erhalten wir den alternativen Ausdruck

$$\Delta S = \frac{3Nk_B}{2} \ln \frac{T}{T_0} + Nk_B \ln \frac{V}{V_0} - Nk_B \ln \frac{N}{N_0}. \quad (3.130)$$

So einfach das Ergebnis (3.130) hergeleitet wurde, so problematisch ist es wegen des Terms, der proportional zu $N \ln N$ ist.

Denken wir uns ein Gasvolumen mit N Teilchen gefüllt und betrachten die Beiträge zur Entropie getrennt, die von jeweils einer Hälfte der Teilchen beigesteuert werden. Natürlich erwarten wir, dass die gesamte Entropie gleich der Summe der Entropien der beiden Hälften, also das Doppelte der Entropie einer Hälfte, ist. (3.130) besagt aber für eine Hälfte

$$\Delta S_{1/2} = \frac{1}{2}\left(\frac{3Nk_B}{2}\ln\frac{T}{T_0} + Nk_B \ln \frac{V}{V_0}\right) - \frac{N}{2}k_B \ln \frac{N}{2}. \quad (3.131)$$

Das Doppelte davon ist offenbar

$$2\Delta S_{1/2} = \Delta S + Nk_B \ln N - Nk_B \ln \frac{N}{2} = \Delta S + Nk_B \ln 2 \quad (3.132)$$

und *nicht* ΔS! Sollte die Entropie von N Teilchen davon abhängen, wie sie bei der Berechnung willkürlich aufgeteilt werden? Dieses ganz und gar unerwünschte Ergebnis ist das *Gibbs'sche Paradoxon*, auf das wir bereits in Abschn. 1.8 im Zusammenhang mit der Mischung von Gasen gestoßen sind und das uns in Abschn. 4.5 noch kurz beschäftigen wird.

Vertiefung: Schallwellen und Schallgeschwindigkeit
Eine Anwendung adiabatischer Kompression und Expansion

Die periodische Kompression und Expansion in *Schallwellen* ist schnell genug, um sie als adiabatische Zustandsänderungen anzusehen. Deshalb kann man γ mit hoher Genauigkeit aus der Schallgeschwindigkeit ermitteln. Zur Behandlung von Schallwellen beginnen wir mit den hydrodynamischen Gleichungen, die in Bd. 1, Abschn. 8.6 eingeführt wurden. Kombinieren wir die dort angegebene Euler-Gleichung Bd. 1, (8.184) mit der Kontinuitätsgleichung Bd. 1, (8.175) und vernachlässigen äußere Kräfte, können wir diese beiden Gleichungen in der Form

$$\frac{\partial \rho}{\partial t} + \nabla \cdot (\rho \boldsymbol{u}) = 0,$$

$$\rho \left[\frac{\partial \boldsymbol{u}}{\partial t} + (\boldsymbol{u} \cdot \nabla) \boldsymbol{u} \right] = -\nabla P$$

schreiben. Ferner setzen wir voraus, dass wir eine Lösung $(\rho_0, \boldsymbol{u}_0)$ dieser Gleichungen bereits kennen. Wir bezeichnen sie als eine ungestörte „Hintergrundlösung", die nun durch kleine Schwankungen $(\delta\rho, \delta\boldsymbol{u})$ gestört wird. Der Einfachheit halber nehmen wir weiter an, dass die Hintergrundlösung genügend glatt und höchstens langsam veränderlich ist, sodass wir räumliche und zeitliche Ableitungen von $(\rho_0, \boldsymbol{u}_0)$ vernachlässigen können. Schließlich transformieren wir noch durch eine geeignete Galilei-Transformation in das Ruhesystem der Hintergrundlösung, sodass $\boldsymbol{u}_0 = \boldsymbol{0}$ wird. Wir befinden uns nun in einem Koordinatensystem, das sich mit der Hintergrundlösung fortbewegt.

Vom Druck nehmen wir an, dass er als eine Funktion allein der Dichte dargestellt werden kann, $P = P(\rho)$, wie das bei adiabatischen oder den allgemeineren polytropen Zustandsänderungen der Fall ist, die in Abschn. 1.6 eingeführt wurden. Dichteschwankungen $\delta\rho$ ziehen daher Druckschwankungen

$$\delta P = \left(\frac{\mathrm{d}P}{\mathrm{d}\rho}\right)_{\mathrm{ad}} \delta\rho$$

nach sich. Das Subskript „ad" deutet an, dass die Ableitung des Druckes nach der Dichte entsprechend unserer obigen Überlegung unter adiabatischen Bedingungen zu nehmen ist.

Setzen wir diesen Ansatz in die hydrodynamischen Gleichungen ein, berücksichtigen ferner, dass $(\rho_0, \boldsymbol{u}_0)$ nach Voraussetzung bereits Lösungen der hydrodynamischen Gleichungen sind, und behalten nur Terme bei, die von erster Ordnung in den Störungen sind, erhalten wir zunächst

$$\frac{\partial \delta\rho}{\partial t} + \rho_0 \nabla \cdot \delta\boldsymbol{u} = 0,$$

$$\rho_0 \frac{\partial \delta\boldsymbol{u}}{\partial t} = -\nabla \delta P = -\left(\frac{\mathrm{d}P}{\mathrm{d}\rho}\right)_{\mathrm{ad}} \nabla \delta\rho.$$

Nun leiten wir die erste dieser Gleichungen nach t ab, bilden die Divergenz der zweiten dieser Gleichungen und eliminieren die Zeitableitung von $\nabla \cdot \delta\boldsymbol{u}$ zwischen den beiden entstehenden Gleichungen. Das Ergebnis ist die einzelne Gleichung zweiter Ordnung

$$\frac{\partial^2 \delta\rho}{\partial t^2} - \left(\frac{\mathrm{d}P}{\mathrm{d}\rho}\right)_{\mathrm{ad}} \nabla^2 \delta\rho = 0$$

für die Dichteschwankungen $\delta\rho$.

Dies ist wieder eine Wellengleichung, wie sie bereits in Bd. 1, Abschn. 8.1 und Bd. 2, Abschn. 6.1 aufgetreten ist. Hier tritt aber nun die adiabatische Ableitung des Druckes nach der Dichte anstelle des Geschwindigkeitsquadrats in diesen bereits bekannten Wellengleichungen auf. Wir identifizieren daher diese Ableitung mit dem Quadrat der *Schallgeschwindigkeit* c_{s}:

$$c_{\mathrm{s}}^2 = \left(\frac{\mathrm{d}P}{\mathrm{d}\rho}\right)_{\mathrm{ad}}.$$

Da für eine adiabatische Dichteänderung $P = \mathrm{const} \cdot \rho^\gamma$ gilt (1.56), erhalten wir für die Schallgeschwindigkeit in einem idealen Gas

$$c_{\mathrm{s}}^2 = \gamma \frac{P}{\rho} = \gamma \frac{RT}{m_{\mathrm{mol}}}.$$

Die adiabatische Schallgeschwindigkeit ist um den Faktor γ größer als die isotherme Ableitung des Druckes nach der Temperatur, für die wir aus der Zustandsgleichung des idealen Gases sofort

$$\left(\frac{\mathrm{d}P}{\mathrm{d}\rho}\right)_{\mathrm{iso}} = \frac{RT}{m_{\mathrm{mol}}} = \frac{c_{\mathrm{s}}^2}{\gamma}$$

bekommen.

Der Adiabatenindex γ hängt auch für die meisten realen Gase innerhalb weiter Temperaturbereiche nicht vom Druck ab, und die molare Masse m_{mol} ist eine materialspezifische Konstante. Deshalb hängt die Schallgeschwindigkeit in idealen Gasen nur von der Wurzel der (absoluten) Temperatur ab. Für Luft erhält man mit $m_{\mathrm{mol}} = 0{,}02896\,\mathrm{kg\,mol^{-1}}$ und $\gamma = 1{,}402$ die Schallgeschwindigkeit

$$c_{\mathrm{s,Luft}} \approx 20{,}063\,\frac{\mathrm{m}}{\mathrm{s}} \sqrt{\frac{T}{\mathrm{K}}}.$$

Geht man dazu über, die Temperatur ϑ in Grad Celsius anzugeben, ergibt sich weiter

$$c_{\mathrm{s,Luft}} \approx 331{,}5\,\frac{\mathrm{m}}{\mathrm{s}} \sqrt{1 + \frac{\vartheta}{273{,}15\,°\mathrm{C}}}.$$

Mit dieser Gleichung erhält man bei 20 °C (Raumtemperatur) den bis zur letzten Stelle korrekten Wert $343{,}4\,\mathrm{m\,s^{-1}}$.

3.4 Das Van-der-Waals-Gas

Zustandsgleichung

Die Zustandsgleichung des idealen Gases muss auf zwei Weisen modifiziert werden, wenn das eigene, endliche Volumen der Gasteilchen und eine mögliche Wechselwirkung zwischen ihnen berücksichtigt werden sollen.

> **Van-der-Waals-Gasgleichung**
>
> Die Van-der-Waals'sche Gasgleichung (Abb. 3.7), die experimentell gefunden wurde und theoretisch gut begründet werden kann, lautet
>
> $$\left(P + \frac{an^2}{V^2}\right)(V - nb) = nRT. \quad (3.133)$$
>
> Darin haben P, V und T die übliche Bedeutung, n bezeichnet die Stoffmenge, a ist der Binnendruck des Gases und b das Eigenvolumen seiner Teilchen.

Für seine „Arbeit über die Zustandsgleichung von Gasen und Flüssigkeiten" wurde *Johannes Diderik van der Waals* (1837–1923) der Nobelpreis für Physik des Jahres 1910 verliehen.

Die Konstante a beschreibt, um wie viel der Druck aufgrund der Wechselwirkung zwischen den Gasteilchen erhöht wird, und die Konstante b quantifiziert das Volumen der Gasteilchen. Für $a = 0 = b$ fällt diese Gleichung auf die ideale Gasgleichung zurück.

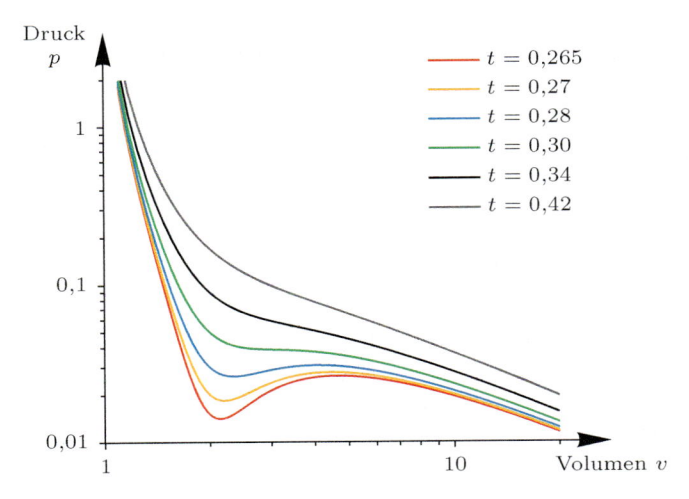

Abb. 3.7 Darstellung der Zustandsgleichung des Van-der-Waals-Gases. Der Druck ist für verschiedene Temperaturen als Funktion des Volumens aufgetragen

Entsprechend ihrer Bedeutung werden die Konstanten a und b auch als *Binnendruck* und *Eigenvolumen* bezeichnet. Offenbar haben a und b die Dimensionen

$$[a] = \frac{[\text{Druck}][\text{Volumen}]^2}{[\text{Stoffmenge}]^2}, \quad [b] = \frac{[\text{Volumen}]}{[\text{Stoffmenge}]}. \quad (3.134)$$

Sie hängen vom jeweils untersuchten realen Gas ab. Es liegt nahe, das Volumen $V_0 = nb$ der Gasteilchen als Bezugsgröße für das Volumen zu wählen und das dimensionslose Volumen

$$v = \frac{V}{V_0} = \frac{V}{nb} \quad (3.135)$$

zu verwenden. Ebenso legen es die Dimensionen von a und b nahe, durch $P_0 = a/b^2$ eine Bezugsgröße für den Druck einzuführen und den Druck durch die dimensionslose Größe

$$p = \frac{P}{P_0} = \frac{b^2 P}{a} \quad (3.136)$$

auszudrücken. Führt man schließlich noch anhand von

$$nRT_0 = P_0 V_0 = \frac{an}{b} \quad (3.137)$$

eine Temperaturskala T_0 ein und mit ihrer Hilfe die dimensionslose Temperatur

$$t = \frac{T}{T_0} = \frac{bRT}{a}, \quad (3.138)$$

nimmt die Van-der-Waals-Zustandsgleichung (3.133) die einfache dimensionslose Form

$$\left(p + \frac{1}{v^2}\right)(v - 1) = t \quad (3.139)$$

an. In dieser Form ist die Zustandsgleichung besonders einfach zu handhaben. Die Bezugsgrößen V_0, P_0 und T_0 müssen für reale Gase durch Messung bestimmt werden.

> **Bezugsgrößen für Van-der-Waals-Gase**
>
> Oft ist es für die Untersuchung Van-der-Waals'scher Gase zweckmäßig, durch
>
> $$V_0 = nb, \quad P_0 = \frac{a}{b^2} \quad \text{und} \quad T_0 = \frac{a}{bR} \quad (3.140)$$
>
> Bezugsgrößen für das Volumen, den Druck und die Temperatur einzuführen und damit zu dimensionslosen Größen
>
> $$v = \frac{V}{V_0}, \quad p = \frac{P}{P_0} \quad \text{und} \quad t = \frac{T}{T_0} \quad (3.141)$$
>
> überzugehen. Durch diese Größen ausgedrückt, lautet die Van-der-Waals-Zustandsgleichung
>
> $$\left(p + \frac{1}{v^2}\right)(v - 1) = t \quad (3.142)$$
>
> oder, aufgelöst nach p:
>
> $$p = \frac{t}{v - 1} - \frac{1}{v^2}. \quad (3.143)$$

Tab. 3.1 Van-der-Waals-Konstanten a und b sowie Drücke $P_0 = ab^{-2}$ und Temperaturen $T_0 = a(bR)^{-1}$ einiger realer Gase

Gas	$a\left[\left(\frac{\text{kbar cm}^6}{\text{mol}^2}\right)\right]$	$b\left[\left(\frac{\text{cm}^3}{\text{mol}}\right)\right]$	P_0 [kbar]	T_0 [K]
Helium	34,5	23,70	0,06	17,51
Neon	213,0	17,10	0,73	149,81
Argon	1363,0	32,20	1,31	509,10
Wasserstoff	247,0	15,50	1,03	191,66
Stickstoff	1408,0	39,10	0,92	433,10
Sauerstoff	1378,0	31,80	1,36	521,18
Luft	1358,0	36,40	1,02	448,71
Kohlendioxid	3637,0	42,70	1,99	1024,43
Wasserdampf	5573,0	31,00	5,80	2162,19
Chlorgas	6574,0	56,20	2,08	1406,89
Ammoniak	4224,0	37,10	3,07	1369,35
Methan	2250,0	42,80	1,23	632,27

Van-der-Waals-Konstanten, Bezugsdrücke P_0 und Bezugstemperaturen T_0 einiger realer Gase sind in Tab. 3.1 zusammengestellt.

Ihrer Bedeutung entsprechend variiert die Konstante b nur wenig und kann gut über die Größe der Atome oder Moleküle abgeschätzt werden. Die Konstante a dagegen hängt von der Wechselwirkung zwischen den Gasteilchen ab, variiert stark und ist schwieriger abzuschätzen. Im Rahmen der Virialentwicklung der statistischen Physik können beide Konstanten genähert berechnet werden, indem man die Zustandsgleichung in Potenzen der Teilchendichte entwickelt und den Koeffizienten des quadratischen Terms aus dem Wechselwirkungspotenzial zwischen Teilchenpaaren bestimmt (z. B. Schwabl 2006).

Innere Energie und Entropie

Wir berechnen zunächst die innere Energie des Van-der-Waals-Gases, die wir als Funktion von T und V bestimmen wollen, $U = U(T, V)$. Wir verwenden dazu das in Abschn. 3.1 besprochene Verfahren. Wegen (3.58) brauchen wir zunächst die Ableitung des Druckes nach der Temperatur bei konstantem Volumen:

$$\left(\frac{\partial P}{\partial T}\right)_V = \frac{P_0}{T_0}\left(\frac{\partial}{\partial t}\right)_v \left(\frac{t}{v-1} - \frac{1}{v^2}\right) = \frac{P_0}{T_0}\frac{1}{v-1}. \quad (3.144)$$

Damit erhalten wir aus (3.58) die Ableitung der inneren Energie nach dem Volumen:

$$\left(\frac{\partial U}{\partial V}\right)_T = P_0\left[\frac{t}{v-1} - \left(\frac{t}{v-1} - \frac{1}{v^2}\right)\right] = \frac{P_0}{v^2}. \quad (3.145)$$

Die innere Energie hängt jetzt vom Volumen ab, weil in der Wechselwirkung der Gasteilchen eine potenzielle Energie steckt. Bei sehr kleinen Abständen bewirkt das Pauli-Verbot, dass sich die Teilchen abstoßen müssen, während sie sich bei größeren Abständen in der Regel durch gegenseitige Polarisation ihrer Elektronenhüllen anziehen. Dann wird die potenzielle Energie zunehmen, wenn sich die Gasteilchen voneinander entfernen.

Die innere Energie ist aufgrund von (3.59) durch

$$U(T, V) = U(T_0, V_0) + T_0 \int_1^t C_V(t')\mathrm{d}t' + P_0 V_0 \int_1^v \frac{\mathrm{d}v'}{v'^2} \quad (3.146)$$

gegeben, wobei wir von der Referenztemperatur T_0 und dem Referenzvolumen V_0 ausgehen.

Innere Energie des Van-der-Waals-Gases

Wenn die Wärmekapazität C_V bei konstantem Volumen nicht von der Temperatur abhängt, was experimentell zu prüfen wäre, folgt für die innere Energie des Van-der-Waals-Gases:

$$\begin{aligned}U(T, V) &= U(T_0, V_0) + C_V(T - T_0) + P_0 V_0\left(1 - \frac{1}{v}\right) \\ &= U(T_0, V_0) + T_0\left[C_V(t-1) + nR\left(1 - \frac{1}{v}\right)\right].\end{aligned} \quad (3.147)$$

Um die Entropie ebenfalls als Funktion der Temperatur und des Volumens zu berechnen, bestätigen wir zunächst mit (3.63), dass die Wärmekapazität bei konstantem Volumen nicht vom Volumen abhängt:

$$\left(\frac{\partial C_V}{\partial V}\right)_T = 0, \quad (3.148)$$

weil der Druck (3.143) nur linear von der Temperatur abhängt. Also ist C_V höchstens eine Funktion der Temperatur, wenn überhaupt, $C_V = C_V(T)$. Gehen wir damit nach (3.60), erhalten wir die Entropie

$$S(T, V) = S(T_0, 2V_0) + \int_1^t \frac{C_V \mathrm{d}t'}{t'} + nR \int_2^v \frac{\mathrm{d}v'}{v'-1}, \quad (3.149)$$

wobei wir hier ausgehend vom doppelten Referenzvolumen V_0 integrieren, um die logarithmische Divergenz des Volumenintegrals bei V_0 zu vermeiden.

Entropie des Van-der-Waals-Gases

Wenn C_V wiederum nicht von T abhängt, folgt für die Entropie des Van-der-Waals-Gases:

$$S(T, V) = S(T_0, V_0) + C_V \ln t + nR \ln(v - 1). \quad (3.150)$$

Die Eigenschaften eines Van-der-Waals-Gases werden in den folgenden Abschnitten vertieft. Zunächst diskutieren wir den Joule-Thomson-Effekt, dann in Abschn. 3.7 die Verflüssigung eines Van-der-Waals-Gases als Beispiel eines Phasenübergangs erster Art.

3.5 Der Joule-Thomson-Effekt

Temperatur und Enthalpie

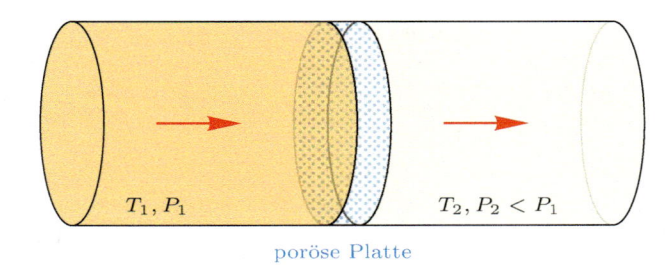

Abb. 3.8 Joule-Thomson-Effekt. Ein Gas strömt durch eine poröse Platte, die den Druck reduziert

Stellen wir uns vor, ein wärmeisolierter Zylinder sei in zwei Teile unterteilt. Der linke Teil mit dem Volumen V_1 enthalte Gas mit einer Temperatur T_1, der rechte Teil mit dem Volumen V_2 sei vorerst leer. Nun werde in der Trennwand ein enges Ventil geöffnet, wodurch das Gas langsam in die rechte Hälfte strömen kann. Ändert sich seine Temperatur?

Da der Zylinder wärmeisoliert ist, wird keine Wärme aufgenommen oder abgegeben, sodass $\delta Q = 0$ ist. Es wird auch keine mechanische Arbeit verrichtet, $\delta W = 0$, weil die Wände des Zylinders und die Trennwand unverändert bleiben und aus dem vorerst leeren Teil des Volumens kein Gas verdrängt werden muss. Nach dem ersten Hauptsatz muss dann auch die innere Energie erhalten bleiben, $dU = 0$. Die innere Energie zu Beginn des Vorgangs muss also gleich der am Ende des Vorgangs sein:

$$U(T_1, V_1) = U(T_2, V_2). \qquad (3.151)$$

Wenn die innere Energie wie beim idealen Gas nur von der Temperatur, aber nicht vom Volumen abhängt, $U = U(T)$, kann sich also die Temperatur nicht ändern, $T_1 = T_2$.

Anders wird es bei einem Van-der-Waals-Gas, denn dafür haben wir die innere Energie (3.147) hergeleitet, die auch vom Volumen abhängt. Entsprechend erhalten wir für ein Van-der-Waals-Gas, falls C_V nicht von T abhängt:

$$C_V t_1 - \frac{nR}{v_1} = C_V t_2 - \frac{nR}{v_2}. \qquad (3.152)$$

Temperaturänderung beim Ausströmen eines Van-der-Waals-Gases

Strömt ein Van-der-Waals-Gas in ein Vakuum, ändert sich seine Temperatur um

$$T_1 - T_2 = T_0(t_1 - t_2) = \frac{nR}{C_V}\left(\frac{1}{v_1} - \frac{1}{v_2}\right), \qquad (3.153)$$

während sich das pro Zeiteinheit einströmende Gasvolumen v_1 auf das in derselben Zeiteinheit wegströmende Volumen v_2 ausdehnt. Die Wärmekapazität bei konstantem Volumen wurde hier als unabhängig von der Temperatur vorausgesetzt.

Die langreichweitigen Wechselwirkungen der Teilchen eines Van-der-Waals-Gases untereinander sorgen für eine Abkühlung, wenn sich das Gas frei ausdehnt.

Betrachten wir nun weiter ein wärmeisoliertes Rohr, durch das aber nun in einem kontinuierlichen Strom ein Gas von links nach rechts strömt. Das Rohr wird senkrecht zu seiner Achse durch eine poröse Platte unterbrochen, durch die das Gas zwar strömen kann, die aber dafür sorgt, dass der Gasdruck von links nach rechts abfällt (Abb. 3.8). Wenn wir die Bereiche links und rechts der Platte mit den Indizes 1 und 2 kennzeichnen, ist $P_1 > P_2$. Wie verändert sich die Temperatur des Gases, wenn es durch diese Vorrichtung strömt?

Wieder ist $\delta Q = 0$, weil keine Wärme mit der Umgebung ausgetauscht wird. Die Rohrwand und die Platte verändern sich auch nicht, aber das Gas muss dennoch Arbeit verrichten. Um das Gasvolumen V_1 links der Platte durch die Platte zu schieben, muss der Druck P_1 die Arbeit $W_1 = P_1 V_1$ aufbringen. Rechts der Platte muss das Volumen V_2 gegen den Druck P_2 verschoben werden, sodass $W_2 = P_2 V_2$ ist und insgesamt die Arbeit $\Delta W = W_1 - W_2$ aufgewendet wird. Wegen $\delta Q = 0$ ist dann

$$\Delta U + \Delta W = U(T_1, V_1) - U(T_2, V_2) + P_1 V_1 - P_2 V_2 = 0 \qquad (3.154)$$

oder, indem wir uns an die Definition der Enthalpie in (3.32) erinnern:

$$H(T, V) = \text{const}. \qquad (3.155)$$

Joule-Thomson-Prozess

Bei diesem sogenannten *Joule-Thomson-Prozess* bleibt die *Enthalpie* des Gases erhalten. Demnach muss mit (3.33) gelten:

$$dH = T dS + V dP = 0. \qquad (3.156)$$

Die Entropie schreiben wir diesmal zweckdienlich als Funktion der Temperatur und des Druckes, $S = S(T, P)$, sodass wir

$$dS = \left(\frac{\partial S}{\partial T}\right)_P dT + \left(\frac{\partial S}{\partial P}\right)_T dP \qquad (3.157)$$

in (3.156) einsetzen können, woraus

$$0 = T\left(\frac{\partial S}{\partial T}\right)_P dT + \left[T\left(\frac{\partial S}{\partial P}\right)_T + V\right] dP \quad (3.158)$$

folgt. Im ersten Term identifizieren wir die Wärmekapazität bei konstantem Druck, C_P. Im zweiten Term verwenden wir die Maxwell-Relation

$$\left(\frac{\partial S}{\partial P}\right)_T = -\left(\frac{\partial V}{\partial T}\right)_P = -V\alpha, \quad (3.159)$$

worin der isobare Ausdehnungskoeffizient aus (3.68) wieder auftritt. Damit wird aus (3.158)

$$C_P dT + (V - TV\alpha) dP = 0 \quad (3.160)$$

oder, indem wir dT und dP zu einer Ableitung zusammenfassen:

$$\left(\frac{\partial T}{\partial P}\right)_H =: \mu = \frac{V}{C_P}(\alpha T - 1). \quad (3.161)$$

Die hier definierte Größe μ ist der *Joule-Thomson-Koeffizient*.

> **Joule-Thomson-Koeffizient**
>
> Der Joule-Thomson-Koeffizient μ entscheidet darüber, ob sich das Gas abkühlt oder erwärmt, während es durch die poröse Platte strömt, denn beides ist bei diesem Vorgang möglich! Ist nämlich $\mu > 0$, nimmt bei konstanter Enthalpie die Temperatur ab, wenn der Druck abfällt, sodass der Joule-Thomson-Prozess zu einer Abkühlung führt. Ist umgekehrt $\mu < 0$, erwärmt sich das Gas im Joule-Thomson-Prozess.

Frage 7

Welchen Joule-Thomson-Koeffizienten haben ideale Gase?

Joule-Thomson-Effekt im Van-der-Waals-Gas

Sehen wir uns den Joule-Thomson-Effekt eines realen Gases anhand eines Van-der-Waals-Gases näher an. Seine Zustandsgleichung war durch (3.133) gegeben, die wir durch die Bezugsgrößen V_0, P_0 und T_0 aus (3.140) in die dimensionslose Form (3.139) gebracht haben.

Frage 8

Vergewissern Sie sich anhand von Abschn. 3.4, dass Ihnen die Definitionen der Bezugsgrößen V_0, P_0 und T_0 für Van-der-Waals-Gase noch geläufig sind, die in (3.140) zusammengefasst wurden.

Differenzieren wir die Gleichung in ihrer dimensionslosen Form bei konstantem Druck nach der Temperatur t, erhalten wir

$$-\frac{2}{v^3}\left(\frac{\partial v}{\partial t}\right)_p (v-1) + \left(p + \frac{1}{v^2}\right)\left(\frac{\partial v}{\partial t}\right)_p = 1, \quad (3.162)$$

woraus sofort

$$\left(\frac{\partial v}{\partial t}\right)_p = \frac{v^3}{pv^3 - v + 2} \quad (3.163)$$

folgt. Der isobare Ausdehnungskoeffizient α ist definitionsgemäß

$$\alpha = \frac{1}{T_0 v}\left(\frac{\partial v}{\partial t}\right)_p. \quad (3.164)$$

Gl. (3.161) zeigt, dass der Joule-Thomson-Koeffizient verschwindet, wenn $\alpha T = \alpha T_0 t = 1$ wird. Aufgrund des Ergebnisses (3.163) und des Zusammenhangs (3.164) tritt dies ein, wenn

$$\frac{tv^2}{pv^3 - v + 2} \stackrel{!}{=} 1 \quad (3.165)$$

ist. Die Temperatur t können wir mithilfe der Van-der-Waals'schen Zustandsgleichung (3.142) durch den Druck und das Volumen ausdrücken, wodurch sich (3.165) umformen lässt:

$$(pv^2 + 1)(v-1) = pv^3 - v + 2. \quad (3.166)$$

> **Inversionsdruck**
>
> Aufgelöst nach p erhalten wir aus (3.166) den sogenannten *Inversionsdruck*
>
> $$p_{\text{inv}} = \frac{2}{v} - \frac{3}{v^2}. \quad (3.167)$$
>
> Dieser Zusammenhang kennzeichnet diejenige Kurve im p-v-Diagramm, die den Bereich mit $\mu > 0$ von dem mit $\mu < 0$ trennt. Sie heißt *Inversionskurve* des Gases. Unter ihr ist $\mu > 0$, d. h., das Gas kühlt sich in einem Joule-Thomson-Prozess ab, wenn $p < p_{\text{inv}}$ ist.

Um besser zu verstehen, was diese Bedingung bedeutet, leiten wir die Van-der-Waals-Gleichung (3.143) bei konstanter Temperatur nach dem Volumen v ab und erhalten

$$\left(\frac{\partial p}{\partial v}\right)_t = \frac{2}{v^3} - \frac{t}{(v-1)^2}. \quad (3.168)$$

Diese Gleichung beschreibt die (inverse) Kompressibilität entlang der Isothermen eines Van-der-Waals-Gases. Die Isothermen im p-v-Diagramm sind bereits durch (3.142) bestimmt: Für jede Temperatur beschreibt diese Gleichung eine Kurve $p(v)$.

Setzen wir die Ableitung von p nach v bei konstanter Temperatur gleich null, erhalten wir diejenigen Punkte längs dieser

Isothermen, bei denen der Druck als Funktion des Volumens extremal wird. Sie liegen bei

$$\frac{2}{v^3} = \frac{t}{(v-1)^2} \quad \text{oder} \quad \frac{(1-v)^2}{v^3} = \frac{t}{2}. \quad (3.169)$$

Die Funktion $(1-v)^2/v^3$ selbst hat ein Maximum bei $v = 3$, wo sie die Höhe $4/27$ erreicht.

Frage 9

Überzeugen Sie sich davon, dass die Funktion $(1-v)^2 v^{-3}$ tatsächlich bei $v = 3$ ein Maximum mit der angegebenen Höhe durchläuft.

Die höchste Temperatur, bei der (3.169) erfüllt sein kann, ist also durch

$$t_{\text{krit}} = \frac{8}{27} \quad (3.170)$$

gegeben. Sie heißt *kritische Temperatur*. Die durch sie definierte *kritische Isotherme* hat im p-v-Diagramm bei $v_{\text{krit}} = 3$ und $p_{\text{krit}} = 1/27$ einen Sattelpunkt. In Abb. 3.7 ist die kritische Isotherme durch die grüne Kurve dargestellt. Diese Größen heißen „kritisch", weil sie den Übergang zwischen der gasförmigen und der flüssigen Phase kennzeichnen. Darauf werden wir in Abschn. 3.7 zurückkommen.

Frage 10

Überzeugen Sie sich davon, dass der kritische Druck tatsächlich $p_{\text{krit}} = 1/27$ ist.

Nun kehren wir zu der Bedingung (3.167) zurück, die den Inversionsdruck definiert. Wenn das Gasvolumen sehr viel größer als das Volumen der Gasteilchen ist, $v \gg 1$, wird der zweite Term $3v^{-2}$ vernachlässigbar klein. Dann ist der Inversionsdruck $p_{\text{inv}} \approx 2/v$ oder $p_{\text{inv}} \approx 54 p_{\text{krit}}/v$, und die Zustandsgleichung (3.139) liefert in derselben Näherung die Inversionstemperatur

$$t_{\text{inv}} \approx p_{\text{inv}} v = 2 = \frac{27}{4} t_{\text{krit}} = 6{,}75 t_{\text{krit}}. \quad (3.171)$$

> **Inversionstemperatur verdünnter Van-der-Waals-Gase**
>
> Unterhalb der 6,75-fachen kritischen Temperatur wird daher der Joule-Thomson-Koeffizient für ein verdünntes Van-der-Waals-Gas positiv, sodass der Joule-Thomson-Effekt zu einer Abkühlung des Van-der-Waals-Gases führt, während er bei höheren Temperaturen eine Erwärmung bewirkt.

> **Joule-Thomson-Effekt in realen Gasen**
>
> Die Temperaturskalen T_0 für einige reale Gase können aus Tab. 3.1 abgelesen werden. Für Heliumgas ist beispielsweise $T_0 = 17{,}51$ K angegeben. Seine kritische Temperatur liegt daher bei $T_{\text{krit}} = 17{,}51\,\text{K} \cdot \frac{8}{27} = 5{,}19$ K. Heliumgas, das bereits kühler als die Inversionstemperatur von $T_{\text{inv}} = 2T_0 = 35$ K ist, kann durch den Joule-Thomson-Effekt weiter gekühlt werden. Er ist einer der wesentlichen Kühlmechanismen bei der Gasverflüssigung. Für Luft liegt die Inversionstemperatur recht hoch, nämlich bei $T_{\text{inv}} = 2T_0 = 897{,}42$ K, für Wasserstoff bei $T_{\text{inv}} = 383{,}32$ K. Das Eröffnungsbild dieses Kapitels zeigt einen Becher mit verflüssigtem Stickstoff. ◀

3.6 Allgemeine Kreisprozesse und der Carnot'sche Wirkungsgrad

Allgemeine Kreisprozesse

Kreisprozesse und Wärmekraftmaschinen haben wir in Kap. 1 schon im Detail besprochen, insbesondere in Abschn. 1.7, weil dazu keinerlei Kenntnis mikroskopischer Vorgänge notwendig war. Wir kommen hier noch einmal in einer allgemeineren Betrachtung auf ideale Kreisprozesse zurück und wenden dann das Prinzip der Kreisprozesse auf ein vielleicht überraschendes Beispiel an, aus dem sich die Clausius-Clapeyron'sche Gleichung für den Dampfdruck einer Flüssigkeit ergibt.

Stellen wir uns also ein Wärmereservoir mit der Temperatur T_1 vor, aus dem wir im Rahmen unseres Gedankenexperiments wie immer unbegrenzt Wärme entnehmen können, ohne seine Temperatur nennenswert zu verringern. Aus diesem Reservoir möchten wir eine Wärmemenge $|Q|$ beziehen, um sie auf irgendeine, für unsere momentane Überlegung ganz unerhebliche Weise in mechanische Arbeit W umzuwandeln. Die gesamte Vorrichtung, also das Wärmereservoir einschließlich der Maschine, die wir zur Umwandlung von Wärme in Arbeit brauchen, sei abgeschlossen. Die Maschine möge reversibel arbeiten, sodass wir den Zusammenhang $T dS = \delta Q$ zwischen Entropieänderungen und Wärmemengen verwenden können. Schließlich soll die Maschine zyklisch so arbeiten, dass sie nach einem vollständigen Umlauf wieder in ihren Ausgangszustand zurückkehrt. Für unsere Diskussion ist dabei wesentlich, dass insbesondere auch die Entropie der Maschine nach jedem vollständigen Zyklus wieder ihren Anfangswert erreicht.

Dadurch, dass das Wärmereservoir auf reversible Weise die Wärmemenge $Q_1 = -|Q|$ verliert, sinkt seine Entropie um den Betrag

$$\Delta S_1 = \frac{Q_1}{T_1} = -\frac{|Q|}{T_1}, \quad (3.172)$$

wie wir in (2.74) hergeleitet haben. Wenn wir die Wärmemenge $|Q|$ vollständig in Arbeit W umsetzen wollten, müssten wir dafür die Entropie unseres abgeschlossenen Gesamtsystems verringern. Das ist unmöglich, weil die Entropie eines abgeschlossenen Systems nicht abnehmen kann. Dieses Ergebnis kommt nun natürlich nicht mehr überraschend, sondern bekräftigt noch einmal, was uns schon seit der phänomenologischen Thermodynamik geläufig ist.

> **Unmöglichkeit einer vollständigen Umwandlung von Wärme in Arbeit**
>
> Der zweite Hauptsatz bestätigt uns sofort, dass die *vollständige* Umwandlung von Wärme in mechanische Arbeit ausgeschlossen ist.

Um dennoch Wärme in Arbeit umzuwandeln, muss die Entropie, die wir dem Wärmereservoir bei der Temperatur T_1 entziehen, durch eine Entropieerhöhung an anderer Stelle zumindest kompensiert werden, sodass die gesamte Entropieänderung nach jedem vollständigen Umlauf verschwinden kann.

Das können wir nur durch ein zweites Wärmereservoir erreichen, das auf der niedrigeren Temperatur $T_2 < T_1$ gehalten wird. Dann kann nämlich eine kleinere Wärmemenge eine gleiche oder größere Entropieänderung bewirken, sodass die gesamte Entropieänderung

$$\Delta S = \Delta S_2 + \Delta S_1 = \frac{Q_2}{T_2} - \frac{|Q_1|}{T_1} \quad (3.173)$$

verschwinden oder sogar positiv sein kann, wie es der zweite Hauptsatz verlangt.

Unter dieser Voraussetzung bleibt Spielraum für uns, mechanische Arbeit abzuzweigen und trotzdem den zweiten Hauptsatz zu erfüllen. Dazu stellen wir uns eine zyklisch arbeitende Maschine vor, die Wärme aus dem wärmeren Reservoir entnimmt, sie zur Verrichtung mechanischer Arbeit benutzt, dem kälteren Reservoir Wärme zuführt und daraufhin wieder in den Ausgangspunkt zurückkehrt. Nach einem vollständigen Zyklus wird die Maschine aufgrund unserer Voraussetzungen unverändert sein, damit sie nicht während des Prozesses Schaden nimmt. Sie wird insbesondere selbst keine Energie aufnehmen oder abgeben, damit sie im Laufe des Betriebs weder überhitzt noch erstarrt. Wir müssen also verlangen, dass die Wärmemengen und die mechanische Arbeit zusammengenommen die Energieerhaltung erfüllen:

$$|Q_1| = -Q_1 = Q_2 + W. \quad (3.174)$$

Wie viel mechanische Arbeit W wir dabei maximal gewinnen können, schreibt uns nun der zweite Hauptsatz vor. Für beliebige reversible Kreisprozesse haben wir in Abschn. 1.7 gezeigt, dass die Entropie in ihrem Verlauf konstant bleibt. Allgemeiner gesprochen, darf die Entropie insgesamt nicht abnehmen, sodass

$$\Delta S = \frac{Q_2}{T_2} - \frac{|Q_1|}{T_1} = \frac{|Q_1| - W}{T_2} - \frac{|Q_1|}{T_1} \geq 0 \quad (3.175)$$

gelten muss. Das Ungleichheitszeichen gilt, wenn der Prozess irreversibel verläuft. Daraus erhalten wir sofort

$$W \leq |Q_1|\left(1 - \frac{T_2}{T_1}\right). \quad (3.176)$$

> **Allgemeingültigkeit des Carnot'schen Wirkungsgrades**
>
> Das bedeutet, dass der *maximale* Wirkungsgrad nicht nur einer bestimmten, sondern *jeder beliebigen* Wärmekraftmaschine, die zwischen zwei Wärmereservoiren mit den Temperaturen T_1 und $T_2 < T_1$ arbeitet, bestimmt ist durch
>
> $$\eta = \frac{W}{|Q_1|} = 1 - \frac{T_2}{T_1}. \quad (3.177)$$

Das ist der uns schon bekannte *Carnot'sche Wirkungsgrad*. Gemäß seiner Herleitung gilt er für reversible Prozesse, denn nur für diese gilt der Zusammenhang (2.74) zwischen Entropie und Wärmemenge.

Achtung Beachten Sie, dass wir ausschließlich den ersten und zweiten Hauptsatz verwendet haben, um den Carnot'schen Wirkungsgrad zu bekommen. Er setzt damit die obere Grenze für den Wirkungsgrad *aller möglichen* quasistatischen Kreisprozesse, nicht nur für den Carnot'schen Kreisprozess. ◀

Diese Überlegung und ihre Allgemeinheit verweisen noch einmal klar auf die Grundannahmen der Thermodynamik: Der erste Hauptsatz besagt, wie sich Energiemengen bei Energieumwandlungen verhalten. Der zweite Hauptsatz legt fest, welche Energieumwandlungen überhaupt zugelassen sind. Aufgrund der ganz allgemeinen Betrachtung zu Kreisprozessen, die wir gerade durchgeführt haben, wird klar, dass es für den Wirkungsgrad ideal verlaufender Kreisprozesse ganz unerheblich ist, wie die Maschine funktioniert, welche Schritte während eines Zyklus durchlaufen werden und in welche Art von Arbeit ein Teil der aufgenommenen Wärme umgewandelt wird.

Dies eröffnet eine vielleicht ganz ungeahnte Anwendungsvielfalt für (reelle und gedachte) Kreisprozesse, deren idealer Wirkungsgrad dann sofort bekannt ist und für weitere Schlussfolgerungen verwendet werden kann. Eine Anwendung auf den Übergang von einer flüssigen in die Gasphase werden wir nun gleich besprechen und dadurch die Dampfdruckkurve von Clausius und Clapeyron gewinnen.

Die Clausius-Clapeyron'sche Gleichung

Dass die Methode der Kreisprozesse nicht nur auf die Behandlung von Wärmekraftmaschinen anwendbar ist, zeigt das folgende instruktive Beispiel. Wir setzen uns das Ziel zu bestimmen, wie sich der Dampfdruck einer Flüssigkeit mit der Temperatur ändert. Zu diesem Zweck konstruieren wir gedanklich einen Kreisprozess, der durch kleine Veränderungen des Druckes oberhalb einer Flüssigkeit dazu geeignet ist, die Flüssigkeit zyklisch zu verdampfen und wieder zu kondensieren. Aus der obigen Betrachtung wissen wir, dass der Wirkungsgrad dieses Kreisprozesses idealerweise der Carnot'sche Kreisprozess sein wird. Aus dieser Kenntnis werden wir auf den Verlauf der sogenannten *Dampfdruckkurve* schließen können.

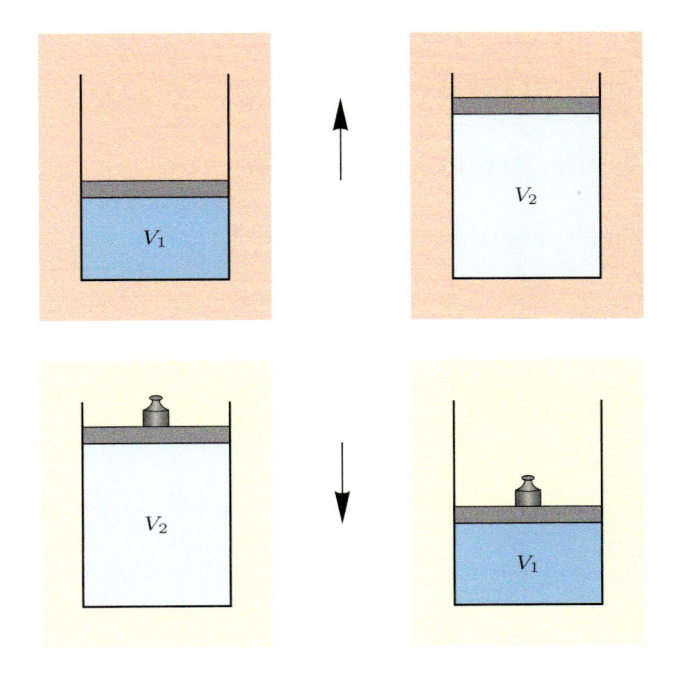

Abb. 3.9 Schematische Darstellung des Kreisprozesses, aus dem die Gleichung von Clausius und Clapeyron folgt

Dazu betrachten wir einen Behälter, der durch einen reibungsfrei gleitenden, schweren Deckel nach oben abgeschlossen ist (Abb. 3.9). Im Behälter befinde sich eine Flüssigkeit, von der an ihrer Oberfläche gerade so viel verdampft, dass der Dampfdruck gleich dem Druck ist, den der Deckel ausübt. Nun stellen wir uns diesen Behälter im Kontakt mit einem Wärmereservoir der Temperatur T vor, wobei zunächst der Deckel mit der Oberfläche der Flüssigkeit abschließen möge. Das Volumen der Flüssigkeit sei V_1.

Nun denken wir uns das Gewicht des Deckels minimal verringert, etwa indem wir ein infinitesimal kleines Gewicht entfernen, das vorher auf dem Deckel gestanden haben mag. Der Deckel wird daraufhin sehr langsam steigen. Diese Expansion verläuft isobar, weil sich in ihrem Verlauf der Druck nicht ändert, unter dem das Volumen steht. Das Gesamtsystem nimmt während der Expansion eine Wärmemenge $|Q|$ aus dem Wärmereservoir auf, die sogenannte *Verdampfungswärme*, die oft auch mit Λ bezeichnet wird. Dieser Vorgang wird beendet, sobald die gesamte Flüssigkeit verdampft und das Volumen auf V_2 angestiegen ist. Insgesamt wird dem Wärmereservoir dergestalt die Verdampfungswärme der gesamten Flüssigkeitsmenge entzogen.

In diesem Moment isolieren wir den Behälter thermisch. Das Volumen wird adiabatisch etwas weiter expandiert, wobei die Temperatur um den kleinen Betrag dT sinkt. Sobald dies geschehen ist, wird der Behälter in ein Wärmebad der Temperatur $T - dT$ verbracht. Durch die Verringerung der Temperatur sinkt auch der Druck um einen kleinen Betrag dP. Zwar bewirkt die Temperaturänderung um dT auch eine Volumenänderung dV, die zusammen mit der Druckänderung dP zur mechanischen Arbeit $dPdV$ führt. Da aber die Temperaturänderung dT als beliebig klein angenommen werden kann, kann diese Arbeit als vernachlässigbar klein angesehen werden.

Bei der neu eingestellten und durch das kühlere Wärmereservoir stabilisierten Temperatur $T - dT$ lassen wir nun den Dampf wieder kondensieren. Das kann geschehen, indem wir wieder das sehr kleine Gewicht auf den Deckel aufsetzen. Dadurch erhöht sich der Druck minimal, und das Volumen wird isobar abnehmen, bis aller Dampf kondensiert ist. Am Ende bringen wir den Behälter wieder aus dem kühleren zurück in das wärmere Reservoir, um den Kreisprozess zu schließen. Dabei muss zwar wieder mechanische Arbeit aufgewendet werden, die aber erneut vernachlässigt werden kann.

Insgesamt wird also nur während der beiden isobaren Vorgänge Arbeit verrichtet, während derer die Flüssigkeit erst verdampft und dann wieder kondensiert wird. Diese mechanische Arbeit ist

$$W = P(V_2 - V_1) + (P - dP)(V_1 - V_2) = (V_2 - V_1)dP. \quad (3.178)$$

Sie muss im Idealfall mit der aufgenommenen Wärmemenge $|Q|$ auf eine Weise zusammenhängen, die dem Carnot'schen Wirkungsgrad entspricht. Aus

$$\eta = \frac{W}{|Q|} = 1 - \frac{T - dT}{T} = \frac{dT}{T} \quad (3.179)$$

können wir sofort schließen, dass zwischen der Druckänderung dP und der Temperaturänderung dT die Beziehung

$$W = (V_2 - V_1)dP = |Q|\frac{dT}{T} \quad (3.180)$$

bestehen muss.

Clausius-Clapeyron'sche Gleichung

Daraus folgt, dass der Dampfdruck mit der Temperatur wie

$$\frac{dP}{dT} = \frac{|Q|}{(V_2 - V_1)T} \quad (3.181)$$

variiert. Dies ist die *Clausius-Clapeyron'sche Gleichung*. Sie stellt fest, in welchem Verhältnis die Änderungen dT und dP des Druckes und der Temperatur zueinander stehen, wenn bei der Temperatur T die Verdampfungswärme $|Q|$ aufgenommen wird und das Volumen der Flüssigkeit V_1 auf das Volumen des Dampfes V_2 ansteigt.

Da in der Regel das Dampfvolumen sehr viel größer als das Flüssigkeitsvolumen ist, $V_1 \ll V_2 =: V$, können wir

$$\frac{dP}{dT} = \frac{|Q|}{VT} \quad (3.182)$$

nähern. Wenn der Dampf zudem noch als ideales Gas genähert werden kann, können wir $V = nRT/P$ einsetzen. Lösen wir dann

$$\delta P \approx \frac{\mathrm{d}P}{\mathrm{d}T}\delta T \qquad (3.183)$$

nach δT auf, erhalten wir ein interessantes Ergebnis.

Siedepunktserhöhung bei höherem Druck

Eine kleine Druckerhöhung δP sorgt daher für eine Siedepunktserhöhung um

$$\delta T = \frac{nRT^2}{|Q|}\frac{\delta P}{P} = \frac{PVT}{|Q|}\frac{\delta P}{P} = \frac{T}{q}\delta P, \qquad (3.184)$$

wobei $q := |Q|/V$ die spezifische Verdampfungswärme pro Dampfvolumen ist.

Siedepunkt von Wasser

Um 1 g Wasser bei Normaldruck ($P = 1013$ mbar $= 10{,}13\,\mathrm{N\,cm^{-2}}$) und bei einer Temperatur von 100 °C zu verdampfen, sind $|Q| = 2088$ J erforderlich. Aufgrund des Molekulargewichts von 18 atomaren Masseneinheiten sind in 1 g Wasser $n = 1/18 \approx 0{,}06$ mol oder $N = 3{,}35 \cdot 10^{22}$ Teilchen enthalten. Der Dampf nimmt deswegen das vergleichsweise riesige Volumen $V = (22{,}4/18)\,\mathrm{l} \approx 1244\,\mathrm{cm^3}$ ein, während das Volumen des flüssigen Wassers lediglich $1\,\mathrm{cm^3}$ beträgt. Die spezifische Verdampfungswärme ist demnach $q = 1{,}68\,\mathrm{J\,cm^{-3}}$. Der Siedepunkt von $T = 373$ K verschiebt sich mit dem Druck daher um

$$\delta T = \frac{373\,\mathrm{K\,cm^3}}{1{,}68\,\mathrm{J}}\frac{0{,}01\,\mathrm{N}}{\mathrm{cm^2}}\frac{\delta P}{\mathrm{mbar}} = 0{,}022\,\mathrm{K}\,\frac{\delta P}{\mathrm{mbar}}. \qquad (3.185)$$

Eine Druckänderung um 45 mbar bewirkt z. B. eine Siedepunktsänderung um etwa 1 °C.

Die Siedepunktserhöhung unter erhöhtem Druck macht man sich beispielsweise im Dampfdrucktopf zunutze, der bereits 1679 von dem französischen Physiker und Mathematiker *Denis Papin* (1647–1712) erfunden wurde. In modernen Dampfdrucktöpfen herrscht ein Überdruck von etwa 0,8 bar, wodurch die Siedetemperatur des Wassers auf knapp 120° C ansteigt.

Umgekehrt siedet Wasser bei dem geringeren Luftdruck in größeren Höhen bereits bei niedrigerer Temperatur. In 2000 m Höhe ist der Normaldruck bereits auf ≈ 790 mbar gesunken, $\delta P \approx -223$ mbar unter dem Normaldruck auf Meereshöhe. Nach unserem obigen Ergebnis siedet Wasser dort bereits bei ≈ 95° C. ◂

3.7 Chemisches Potenzial und Phasenübergänge

Definition, Phasengleichgewicht

Erlauben wir außer Veränderungen des Volumens bzw. des Druckes oder der Temperatur bzw. der inneren Energie auch Änderungen der Teilchenzahl N, kommt diese als weiterer äußerer Parameter dazu. Dann ist beispielsweise im einfachen Fall die innere Energie eine Funktion der Entropie, des Volumens und der Teilchenzahl, $U = U(S, V, N)$, und es tritt eine weitere verallgemeinerte Kraft im Sinn der Definition (2.28) auf:

$$\mu := \left(\frac{\partial U}{\partial N}\right)_{T,S}. \qquad (3.186)$$

Sie heißt *chemisches Potenzial* und gibt offenbar an, wie sich die innere Energie eines Systems ändert, wenn ihm Teilchen zugefügt oder entnommen werden. Dann lautet das vollständige Differenzial der inneren Energie

$$\begin{aligned}\mathrm{d}U &= \left(\frac{\partial U}{\partial S}\right)_{V,N}\mathrm{d}S + \left(\frac{\partial U}{\partial V}\right)_{S,N}\mathrm{d}V + \left(\frac{\partial U}{\partial N}\right)_{S,V}\mathrm{d}N \\ &= T\mathrm{d}S - P\mathrm{d}V + \mu\mathrm{d}N \end{aligned} \qquad (3.187)$$

und demgemäß das vollständige Differenzial der Entropie

$$\mathrm{d}S = \frac{\mathrm{d}U}{T} + \frac{P\mathrm{d}V}{T} - \frac{\mu\mathrm{d}N}{T}. \qquad (3.188)$$

Auch die Differenziale der weiteren thermodynamischen Funktionen aus (3.47) werden um entsprechende Summanden erweitert. Damit können auch weitere Legendre-Transformationen bezüglich der Teilchenzahl und des chemischen Potenzials betrachtet werden, von denen Sie ein Beispiel in Aufgabe 3.5 finden.

Betrachten wir nun ein isoliertes System, das aus zwei *Phasen* besteht.

Phasen

Als Phase wird ein chemisch *und* physikalisch homogener Bereich bezeichnet, also beispielsweise ein Eiswürfel im Wasserglas: Wasser und Eis sind zwar chemisch homogen, physikalisch homogen sind aber nur der Eiswürfel und das flüssige Wasser für sich genommen.

Beide Phasen seien durch ihre inneren Energien, Volumina und Teilchenzahlen (U_1, V_1, N_1) und (U_2, V_2, N_2) gekennzeichnet. Da die Gesamtgrößen (U, V, N) konstant gehalten werden, sind die Energien, Volumina und Teilchenzahlen der beiden Phasen nicht unabhängig voneinander:

$$U_2 = U - U_1, \quad V_2 = V - V_1, \quad N_2 = N - N_1. \qquad (3.189)$$

Da das Gesamtsystem aus den beiden Phasen als abgeschlossen angesehen wird, stellt sich das Gleichgewicht zwischen den beiden Phasen dann ein, wenn die Gesamtentropie ein Maximum erreicht:

$$\begin{aligned}0 = dS &= dS_1 + dS_2 \\ &= \left(\frac{\partial S_1}{\partial U_1} - \frac{\partial S_2}{\partial U_1}\right) dU_1 + \left(\frac{\partial S_1}{\partial V_1} - \frac{\partial S_2}{\partial V_1}\right) dV_1 \\ &\quad + \left(\frac{\partial S_1}{\partial N_1} - \frac{\partial S_2}{\partial N_1}\right) dN_1 \,.\end{aligned} \quad (3.190)$$

Da die Änderungen dU_1, dV_1 und dN_1 der inneren Energie, des Volumens und der Teilchenzahl im Teilsystem 1 willkürlich sind, bedeutet dies, dass die Gleichgewichtsbedingungen

$$T_1 = T_2, \quad P_1 = P_2, \quad \mu_1 = \mu_2 \quad (3.191)$$

lauten müssen. Die ersten beiden sind uns natürlich schon als Bedingungen für thermisches und mechanisches Gleichgewicht bekannt, die dritte ist neu und beschreibt das sogenannte *Phasengleichgewicht*.

---------- **Frage 11** ----------
Überprüfen Sie die Bedingungen in (3.191), insbesondere die dritte.

Phasengleichgewicht

Gleichgewicht zwischen zwei Phasen in einem abgeschlossenen System herrscht dann, wenn die chemischen Potenziale der beteiligten Phasen gleich sind.

Die Gibbs'sche Phasenregel

In einem System, das aus mehreren *Komponenten* und Phasen besteht, setzt sich die Energie aus den Energien aller Bestandteile zusammen.

Komponenten

Komponenten sind die verschiedenen chemischen Stoffe, aus denen eine Phase zusammengesetzt ist.

Ein Beispiel für ein System aus zwei Komponenten und zwei Phasen ist ein flüssiges Alkohol-Wasser-Gemisch in einem nicht ganz gefüllten, möglicherweise offenen Glas. An seiner Oberfläche verdampft das Flüssigkeitsgemisch. Daher gibt es zwei Phasen, die Flüssigkeit und den Dampf. Beide Phasen enthalten zudem zwei Komponenten, nämlich den Alkohol und das Wasser.

In diesem Abschnitt bezeichnen wir Größen, die für die Komponente i in der Phase j charakteristisch sind, mit einem Index j und einem hochgestellten (i). Beispielsweise sei $\mu_j^{(i)}$ das chemische Potenzial der Komponente i in der Phase j. Wenn es nur eine Komponente gibt, entfällt die hochgestellte (1).

Für das vollständige Differenzial der inneren Energie gilt dann

$$dU = TdS - PdV + \sum_{i,j} \mu_j^{(i)} dN_j^{(i)}. \quad (3.192)$$

Die Bedingung für das Phasengleichgewicht muss separat für alle Komponenten in allen Phasen gelten, d. h., für alle chemischen Potenziale (i) muss für alle Phasen j und k

$$\mu_j^{(i)} = \mu_k^{(i)} \quad (3.193)$$

gelten. Befinden sich mehr als zwei Phasen gleichzeitig im Gleichgewicht miteinander, müssen alle Phasen paarweise im Gleichgewicht miteinander sein, sodass sich (3.193) zu

$$\mu_1^{(i)} = \mu_2^{(i)} = \ldots = \mu_{n_P}^{(i)} \quad (3.194)$$

erweitert, wenn n_P die Anzahl der gleichzeitig existierenden Phasen ist.

Da dies für jede Komponente i gelten muss, entsteht daraus ein System aus $(n_P - 1)n_K$ Gleichungen:

$$\begin{aligned}\mu_1^{(1)} &= \mu_2^{(1)} = \ldots = \mu_{n_P}^{(1)}, \\ \mu_1^{(2)} &= \mu_2^{(2)} = \ldots = \mu_{n_P}^{(2)}, \\ &\vdots \\ \mu_1^{(n_K)} &= \mu_2^{(n_K)} = \ldots = \mu_{n_P}^{(n_K)},\end{aligned} \quad (3.195)$$

wobei n_K die Anzahl der Komponenten des Systems ist.

Die beteiligten Variablen sind Druck und Temperatur sowie die Teilchenzahlen $N_1, \ldots, N_{n_K}$ aller beteiligten Komponenten. Von diesen n_K Teilchenzahlen sind aber nur $(n_K - 1)$ unabhängig, wenn die Gesamtzahl N der Teilchen aller Komponenten festgehalten wird.

Gibbs'sche Phasenregel

Um diese insgesamt $2 + n_P(n_K - 1)$ Zustandsvariablen zu bestimmen, stehen uns die $(n_P - 1)n_K$ Gleichungen in (3.195) zur Verfügung, sodass

$$n_F = 2 + n_P(n_K - 1) - (n_P - 1)n_K = 2 - n_P + n_K \quad (3.196)$$

Freiheitsgrade unbestimmt bleiben. Das ist die *Gibbs'sche Phasenregel*.

Anwendung der Gibbs'schen Phasenregel

Was sie bedeutet, sehen wir uns am Beispiel eines Systems an, das nur aus Wasser besteht. Dann ist $n_K = 1$, aber Wasser kann in drei Phasen vorliegen: fest, flüssig oder gasförmig. Wenn gleichzeitig zwei Phasen auftreten sollen, $n_P = 2$, bleibt ein Freiheitsgrad übrig, $n_F = 1$. Das Gleichgewicht zwischen den beiden Phasen legt also Druck und Temperatur nicht eindeutig fest, sondern nur z. B. den Druck als Funktion der Temperatur, bei denen beide Phasen im Gleichgewicht koexistieren können. Die Dampfdruckkurve des Wassers ist dafür ein Beispiel. Sollen die drei Phasen gleichzeitig im Gleichgewicht stehen, ist die Freiheit aufgebraucht, $n_F = 0$. Dann sind Druck und Temperatur eindeutig bestimmt, sodass Koexistenz der drei Phasen nur an einem Punkt im Zustandsraum möglich ist, dem Tripelpunkt, dem wir schon bei der Definition der absoluten Temperatur begegnet sind. ◂

Gibbs-Duhem-Beziehung

Wir werden in diesem Abschnitt wieder von den Eigenschaften homogener Funktionen Gebrauch machen, insbesondere homogener Funktionen vom Grad 1: Deswegen verweisen wir zu Beginn noch einmal auf den „Mathematischen Hintergrund" 1.1, in dem solche Funktionen besprochen wurden. In unserem Zusammenhang ist es von besonderer Bedeutung, dass die thermodynamischen Funktionen aufgrund ihrer Bedeutung als extensive Größen homogen vom Grad 1 in den extensiven, makroskopischen Zustandsgrößen sein müssen, denn wenn ein System beispielsweise halbiert wird, müssen sich auch seine Entropie, seine innere Energie usw. halbieren:

$$U(\lambda S, \lambda V, \lambda N^{(i)}) = \lambda U(S, V, N^{(i)}) \quad (3.197)$$

(siehe hierzu die Diskussion in Abschn. 1.3). Damit gilt aber auch der Euler'sche Satz über homogene Funktionen,

$$\boldsymbol{x} \cdot \nabla f(\boldsymbol{x}) = k f(\boldsymbol{x}), \quad (3.198)$$

der im Falle der inneren Energie

$$U(S, V, N^{(i)}) = S \left(\frac{\partial U}{\partial S}\right)_{V,N^{(i)}} + V \left(\frac{\partial U}{\partial V}\right)_{S,N^{(i)}} \\ + \sum_i N^{(i)} \left(\frac{\partial U}{\partial N^{(i)}}\right)_{S,V} \quad (3.199)$$

besagt, denn für extensive Zustandsgrößen ist $k = 1$.

Gibbs-Duhem-Beziehung

Ersetzen wir in dieser Gleichung die Ableitungen durch die entsprechenden thermodynamischen Größen, die sie darstellen, folgt die mächtige *Gibbs-Duhem-Beziehung*,

$$TS - PV + \sum_i \mu^{(i)} N^{(i)} = U \quad \text{oder} \quad G = \sum_i \mu^{(i)} N^{(i)}, \quad (3.200)$$

wenn wir die freie Enthalpie gemäß (3.43) durch $G = U + PV - TS$ einführen. Diese Beziehung ist nach dem US-amerikanischen Physiker *Josiah Willard Gibbs* (1839–1903) und dem französischen Physiker *Pierre Maurice Marie Duhem* (1861–1916) benannt. Besteht das System aus nur einer Komponente, ist

$$G = \mu N \quad \text{oder} \quad \mu = \frac{G}{N}. \quad (3.201)$$

Daraus können wir sofort ein bereits bekanntes, aber auf ganz anderem Weg gewonnenes Resultat gewinnen. Ein Gleichgewicht zwischen zwei Phasen 1 und 2 in einem System mit nur einer Komponente setzt

$$\mu_1 = \mu_2 \quad \text{bzw.} \quad d\mu_1 = d\mu_2 \quad (3.202)$$

voraus. Aus der Gibbs-Duhem-Beziehung schließen wir, dass

$$d\mu_i = \frac{dG_i - \mu_i dN_i}{N_i} = \frac{V_i dP - S_i dT}{N_i} = v_i dP - s_i dT \quad (3.203)$$

ist, worin s und v die spezifische Entropie und das spezifische Volumen *pro Teilchen* sind. Daraus folgt

$$v_1 dP - s_1 dT = v_2 dP - s_2 dT. \quad (3.204)$$

Lösen wir diese Gleichung nach dP/dT auf, bekommen wir

$$\frac{dP}{dT} = \frac{s_1 - s_2}{v_1 - v_2}. \quad (3.205)$$

Das ist eine Form der Clausius-Clapeyron-Gleichung (3.181), weil sich der Entropieunterschied zwischen den beiden Phasen bei vollständiger Verdampfung gerade durch die Verdampfungswärme pro Teilchen ausdrücken lässt, $s_1 - s_2 = |Q|/(NT)$, mit $N = N_1 + N_2$.

Reaktionsgleichgewichte

Chemische Reaktionsgleichungen wie z. B. die der Verbrennung von Wasserstoff zu Wasser,

$$2H_2 + O_2 \to 2H_2O, \quad (3.206)$$

lassen sich in die Gestalt

$$\sum_j n_j A_j = 0 \quad (3.207)$$

bringen. Der Konvention zuliebe schreiben wir die chemische Reaktionsgleichung (3.206) mit einem Pfeil, die physikalische Reaktionsgleichung aber mit einem Gleichheitszeichen. Die A_j in (3.207) stehen für die Arten der beteiligten Atome oder Moleküle, und die n_j sind die sogenannten stöchiometrischen Koeffizienten der Reaktionspartner. Die *Stöchiometrie* behandelt die Anzahlverhältnisse der Reaktanten in chemischen Reaktionen und beruht auf den Gesetzen der konstanten und der multiplen Proportionen sowie der Massenerhaltung. Reaktionsprodukte, also Atome oder Moleküle auf der rechten Seite der Reaktionsgleichung, werden mit negativen Koeffizienten n_j gekennzeichnet. Diese Koeffizienten n_j werden auch stöchiometrische Zahlen oder stöchiometrische Verhältnisse genannt. Im Beispiel der Wasserstoffverbrennung wären demnach $n_{H_2} = 2$, $n_{O_2} = 1$ und $n_{H_2O} = -2$.

Die Änderungen in den Teilchenzahlen der Reaktionspartner müssen wegen ihrer ganzzahligen Verhältnisse proportional zu den stöchiometrischen Koeffizienten n_j sein,

$$dN_j = \lambda n_j, \qquad (3.208)$$

damit das chemische Gleichgewicht gemäß der Reaktionsgleichung (3.207) erhalten bleibt.

Chemisches Gleichgewicht

Die Gleichgewichtsbedingung $dG = 0$, die wir in Abschn. 3.2 bei gegebenem Druck und gegebener Temperatur erhalten haben, kann für ein chemisches Reaktionsgleichgewicht durch

$$dG = \sum_j \frac{\partial G}{\partial N_j} dN_j = \sum_j \mu_j dN_j = 0 \qquad (3.209)$$

oder, mit (3.208), durch

$$\sum_j \mu_j n_j = 0 \qquad (3.210)$$

dargestellt werden. Dies ist die allgemeine Bedingung für chemisches Gleichgewicht.

Phasenübergang im Van-der-Waals-Gas

Betrachten wir nun einen Phasenübergang erster Ordnung im Detail am Beispiel eines Van-der-Waals-Gases.

Die Isothermen eines Van-der-Waals-Gases entwickeln im P-V-Diagramm ein Maximum und ein Minimum, wenn die Temperatur unterhalb der kritischen Temperatur liegt, $T < T_{\text{krit}} = \frac{8}{27} T_0$ bzw. $t < \frac{8}{27}$, die wir in (3.170) hergeleitet haben (Abb. 3.10). Wir verwenden hier wieder die dimensionslosen Größen $p :=$ P/P_0 und $v := V/V_0$ sowie die Zustandsgleichung in der Form (3.139). Der Kürze halber bezeichnen wir das Maximum der Isotherme als Punkt 1 mit den Koordinaten (v_1, p_1) und das Minimum als Punkt 2 mit den Koordinaten (v_2, p_2). Wenn der Druck zwischen p_1 und p_2 eingestellt wird, $p_2 < p < p_1$, gibt es offenbar drei Volumina, bei denen dieser Druck erreicht wird. Was genau geschieht hier?

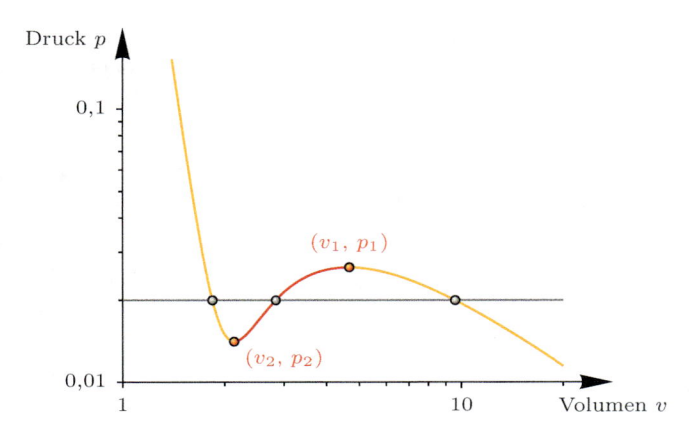

Abb. 3.10 Isotherme eines Van-der-Waals-Gases unterhalb der kritischen Temperatur

Bewegen wir uns entlang der Isothermen von großen Volumina kommend auf Punkt 1 zu. Das Volumen nimmt ab, der Druck nimmt langsam zu, bis das Maximum erreicht ist. Danach nimmt der Druck mit abnehmendem Volumen *ab*, wodurch eine der Stabilitätsbedingungen in (3.93) verletzt wird. Der Zweig der Isothermen zwischen (v_2, p_2) und (v_1, p_1) entspricht also offenbar keiner physikalisch stabilen Situation. Der Druck, das Volumen und die Temperatur werden zwar auch dort durch die Zustandsgleichung beschrieben, aber das System findet auf diesem Zweig keinen Gleichgewichtszustand. Erst wenn das Volumen unter v_2 gesunken ist, steigt der Druck mit abnehmendem Volumen weiter an. Nur die beiden abfallenden Zweige der Isothermen beschreiben also physikalisch stabile Verhältnisse. Sie gehören zu zwei *Phasen* des Van-der-Waals-Gases.

Bei hohem Druck, $p > p_1$, existiert nur die Phase mit kleinem Volumen. Hier fällt der Druck mit wachsendem Volumen rasch ab, d. h., die isotherme Kompressibilität (3.68) ist gering. Das ist charakteristisch für eine flüssige Phase, die sich einer Kompression kräftig widersetzt. Bei niedrigem Druck, $p < p_2$, existiert nur die Phase mit großem Volumen. Dort fällt die Isotherme flach ab, was eine hohe Kompressibilität kennzeichnet. Das entspricht einer Gasphase. Bei Drücken $p_2 < p < p_1$ existieren beide Phasen nebeneinander. Welche davon wird jeweils im Gleichgewicht mit dem Druck p angenommen?

Bei vorgegebenem Druck wird das Gleichgewicht dadurch bestimmt, dass die freie Enthalpie minimal werden muss. Also untersuchen wir

$$G(T, P) = \int dG = \int (-S dT + V dP), \qquad (3.211)$$

berücksichtigen dabei, dass längs einer Isotherme $dT = 0$ sein muss, und integrieren von einem beliebigen, bei großem Volumen liegenden Punkt $(\bar{V}, \bar{P})$ entlang der Isotherme zu kleinerem Volumen V hin, wo der Druck $P(V, T)$ angenommen wird.

Ebenso wie vorher für das Volumen und den Druck führen wir eine entsprechende Bezugsgröße G_0 für die Enthalpie ein und verwenden dann einen dimensionslosen Ausdruck g für die Enthalpie:

$$G_0 = V_0 P_0 = nb \cdot \frac{a}{b^2} = \frac{na}{b}, \quad g = \frac{G}{G_0}. \quad (3.212)$$

Ausgedrückt durch diese dimensionslosen Größen lautet (3.211) dann

$$g(t,p) = \int_{\bar{p}}^{p} v(p') dp' = \int_{\bar{v}}^{v} v' \left(\frac{\partial p}{\partial v'}\right)_t dv'$$
$$= p(v')v' \Big|_{\bar{v}}^{v} - \int_{\bar{v}}^{v} p(v') dv', \quad (3.213)$$

wobei partiell integriert wurde, um die bekannte Zustandsgleichung $p(v)$ statt ihrer Umkehrfunktion $v(p)$ verwenden zu können. Mit der Zustandsgleichung (3.139) kann dieses Integral sofort ausgeführt werden. Es ergibt

$$g(t,p) = pv(p) - \bar{p}\bar{v} - t \ln \frac{v(p) - 1}{\bar{v} - 1} - \left(\frac{1}{v(p)} - \frac{1}{\bar{v}}\right). \quad (3.214)$$

Dargestellt als Funktion des *Druckes* zeigt die Enthalpie ein auf den ersten Blick eigenartiges Verhalten. Ausgehend von niedrigem Druck und niedriger Enthalpie steigt sie steil an, bis das Maximum der Isotherme erreicht wird. Danach fällt sie flacher wieder ab, bis das Minimum der Isotherme erreicht wird, um anschließend abermals flacher wieder anzusteigen. Der rückläufige Teil der Kurve (in Abb. 3.11 die obere Kante des Dreiecks, das die drei roten Kurvenabschnitte miteinander bilden) entspricht der instabilen Situation, in welcher der Druck mit abnehmendem Volumen abnimmt. Der steile ansteigende Ast stellt demnach die Gasphase dar, während der flache die flüssige Phase vertritt. Die beiden schneiden sich in einem Kreuzungspunkt (etwa bei $p \approx 0{,}024$). Bei kleineren Drücken hat die Gasphase die kleinere Enthalpie, bei größeren die flüssige Phase.

Der Kreuzungspunkt markiert also denjenigen Druck, bei dem die flüssige in die gasförmige Phase übergeht oder umgekehrt, also entweder den Verdampfungs- oder den Kondensationsdruck bei der vorgegebenen Temperatur der Isotherme.

Der Phasenübergang von der flüssigen in die gasförmige Phase erfordert Energie. Bei gleichbleibender Temperatur und konstantem Druck muss dem verflüssigten Van-der-Waals-Gas die

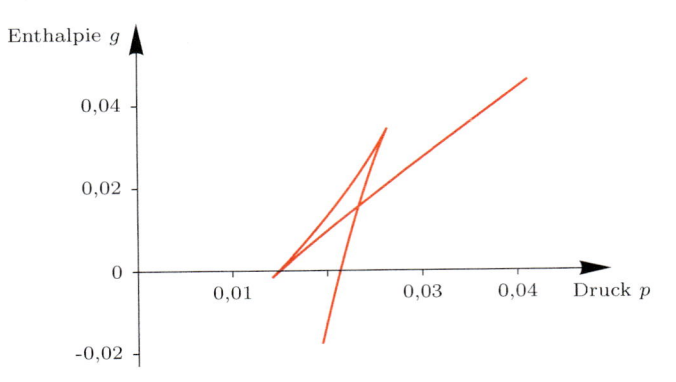

Abb. 3.11 Enthalpie eines Van-der-Waals-Gases unterhalb der kritischen Temperatur, dargestellt in Abhängigkeit vom Druck. Da der gezeigte Ausschnitt der p-g-Ebene sehr klein ist, erscheinen alle drei Kurvenstücke annähernd gerade

Verdampfungswärme zugeführt werden, um es in die Gasphase zu überführen. Diese *latente Wärme* genannte Energiemenge kann leicht mithilfe der Zustandsgleichung aus der Entropieänderung berechnet werden.

Bei einem Druck $p_2 < p < p_1$ nennen wir die Volumina der flüssigen und der gasförmigen Phase v_f und v_g. Ihre Werte folgen direkt aus der Zustandsgleichung. Die Entropieänderung längs der Isothermen ist

$$\Delta S = \int dS = \int_{V_f}^{V_g} \left(\frac{\partial S}{\partial V}\right)_T dV = \int_{V_f}^{V_g} \left(\frac{\partial P}{\partial T}\right)_V dV, \quad (3.215)$$

wobei im letzten Schritt die Maxwell-Relation (3.49) benutzt wurde. Die Ableitung des Druckes nach der Temperatur bei konstantem Volumen in dimensionsloser Form ist aufgrund der Zustandsgleichung (3.139) einfach

$$\left(\frac{\partial p}{\partial t}\right)_v = \frac{1}{v - 1}, \quad (3.216)$$

sodass die Entropieänderung während des Phasenübergangs

$$\Delta S = \frac{P_0 V_0}{T_0} \ln \frac{v_f - 1}{v_g - 1} = nR \ln \frac{v_f - 1}{v_g - 1} \quad (3.217)$$

wird. Die latente Wärme ist dann einfach gegeben durch

$$\Delta Q = T \Delta S = nRT \ln \frac{v_f - 1}{v_g - 1}. \quad (3.218)$$

Nach dem österreichischen Physiker *Paul Ehrenfest* (1880–1933) werden Phasenübergänge gewöhnlich dadurch klassifiziert, dass man die Gibbs'sche freie Enthalpie G des betrachteten Systems untersucht und fragt, ob G und seine Ableitungen stetig sind. Sind G und seine sämtlichen Ableitungen bis zur $(n-1)$-ten Ordnung stetig, tritt aber eine unstetige Ableitung n-ter Ordnung auf, spricht man von einem Phasenübergang n-ter Ordnung. Falls das Volumen anstelle des Druckes festgehalten wird, tritt in dieser Klassifikation die freie Energie F an die Stelle der freien Enthalpie.

Bei Phasenübergängen, während derer eine latente Wärme auftritt, können die Wärmekapazitäten nicht stetig differenzierbar sein: Während solcher Phasenübergänge wird die zugeführte Wärme für den Phasenübergang selbst aufgewendet, ohne dass sich dabei die Temperatur ändern würde. Nach der Ehrenfest'schen Klassifikation sind solche Phasenübergänge von erster Ordnung. Phasenübergänge nullter Ordnung, bei denen die Enthalpie selbst unstetig ist, werden normalerweise ausgeschlossen, wurden aber in der Theorie der Suprafluidität und der Supraleitung diskutiert (Maslow 2004).

Die Ehrenfest'sche Klassifikation wird zunehmend durch eine modernere Klassifikation ersetzt, in der allein die Stetigkeit eines Ordnungsparameters herangezogen wird, um Phasenübergänge erster und zweiter Ordnung zu unterscheiden. In Phasenübergängen erster Ordnung springt der Ordnungsparameter, wie z. B. die Dichte beim Übergang von der flüssigen in die gasförmige Phase. Dagegen ist der Ordnungsparameter bei Phasenübergängen zweiter Ordnung stetig, wie z. B. die Magnetisierung im Curie-Weiss-Modell (siehe dazu den Abschnitt „So geht's weiter" in Kap. 4).

Aufgaben

Gelegentlich enthalten die Aufgaben mehr Angaben, als für die Lösung erforderlich sind. Bei einigen anderen dagegen werden Daten aus dem Allgemeinwissen, aus anderen Quellen oder sinnvolle Schätzungen benötigt.

- • leichte Aufgaben mit wenigen Rechenschritten
- •• mittelschwere Aufgaben, die etwas Denkarbeit und unter Umständen die Kombination verschiedener Konzepte erfordern
- ••• anspruchsvolle Aufgaben, die fortgeschrittene Konzepte (unter Umständen auch aus späteren Kapiteln) oder eigene mathematische Modellbildung benötigen

3.1 ••• Thermodynamik eines Gummibandes Ein Gummiband besitze für Temperaturen $T_a \leq T \leq T_e$ im ungespannten Zustand die Länge L_0. Für den Betrag der Kraft F, die bei einer von L_0 abweichenden Länge $L > L_0$ auftritt, wurde im gegebenen Temperaturintervall die thermische Zustandsgleichung

$$F = bT\left(\frac{L}{L_0} - \frac{L_0^2}{L^2}\right), \quad b = \text{const}, \quad b > 0 \quad (3.219)$$

experimentell bestimmt. Die Wärmekapazität des Gummibandes bei konstanter Länge,

$$C_L := T\left(\frac{\partial S}{\partial T}\right)_L, \quad (3.220)$$

ist für $L = L_0$ im angegebenen Temperaturintervall temperaturunabhängig, $C_L = C_{L,0}$.

(a) Bestimmen Sie die innere Energie U und die Entropie S des Gummibandes als Funktionen von T und L in Bezug auf den Punkt (T_0, L_0) im Zustandsraum des Gummibandes, mit $T \in [T_a, T_e]$.
(b) Welche Arbeit wird bei isotherm-quasistatischer Dehnung des Gummibandes von der Länge L_0 auf die Länge $L_1 > L_0$ am Gummiband verrichtet? Die Temperatur sei dabei T_0.
(c) Welche Entropieänderung erfährt das Gummiband bei diesem Prozess? Wie ändert sich die Entropie des Wärmereservoirs, das für die konstante Temperatur T_0 sorgt?
(d) Gehen Sie von dem Zustand (T_0, L_1) unter Ausschluss jeden Wärmeaustauschs mit der Umgebung in den ungespannten Zustand über, indem Sie das gespannte Band einfach loslassen. Welche Entropieänderungen erfahren Band und Umgebung? Ist dieser Prozess reversibel? Welche Temperatur hat das Gummiband im ungespannten Zustand?

Lösungshinweis: Zeigen Sie zunächst mithilfe des ersten Hauptsatzes, dass die innere Energie nur von der Temperatur T abhängt, aber nicht von der Länge L. Orientieren Sie sich an der vergleichbaren Rechnung für ein ideales Gas.

3.2 •• Entropieänderung einer Menge gekoppelter Systeme Gegeben seien k Systeme mit den Anfangstemperaturen $T_j > 0$, $1 \leq j \leq k$. Die Systeme können nur untereinander Wärme austauschen, d. h., das zusammengesetzte System ist abgeschlossen. Die Temperatur im Endzustand sei T_f. Für den Gesamtwärmeumsatz gilt daher

$$\Delta Q = \sum_{j=1}^{k} \Delta Q_j = \sum_{j=1}^{k} \int_{T_j}^{T_f} C_V^{(j)}(T) \, dT = 0, \quad (3.221)$$

wobei $\Delta Q_j \gtrless 0$ die dem j-ten System beim Temperaturausgleich zugeführte Wärme bezeichnet. Zeigen Sie, dass für die Entropieänderung gilt:

$$\Delta S = S_f - \sum_{j=1}^{k} \Delta S_j \geq 0. \quad (3.222)$$

Lösungshinweis: Beachten Sie, dass $T_j \gtrless T_f$ möglich ist. Schätzen Sie die auftretenden Integrale mithilfe von T_f ab.

3.3 •• Thermodynamik elektromagnetischer Strahlung In einem Hohlraum mit dem Volumen V befinde sich elektromagnetische Strahlung, die als ein Gas aus Photonen aufgefasst werden kann. Im thermischen Gleichgewicht der Hohlraumstrahlung bei der Temperatur T gilt:

$$U(T) = u(T)V \quad \text{und} \quad P = \frac{u}{3}, \quad (3.223)$$

wobei U die innere Energie, u die innere Energiedichte und P der Druck sind.

(a) Berechnen Sie aus dem ersten Hauptsatz in der sogenannten Gibbs'schen Grundform

$$T dS = dU + P dV \quad (3.224)$$

und der Maxwell-Relation

$$\left(\frac{\partial S}{\partial V}\right)_T = \left(\frac{\partial P}{\partial T}\right)_V \quad (3.225)$$

die Energiedichte $u(T)$ mit $u(T = 1\,\text{K}) =: \sigma$.

(b) Ermitteln Sie die Entropie $S = S[T(U, V), V]$ der Strahlung. Wie ist die Integrationskonstante für die Entropie nach dem dritten Hauptsatz zu wählen?

(c) Gegeben seien zwei Hohlräume (1) und (2) mit den Volumina V_1 und V_2. Die Wände seien ideal spiegelnd und starr, d. h., sie nehmen keine Energie auf und sind wärmeundurchlässig. Im Hohlraum (2) befinde sich zunächst keine Strahlung, der Hohlraum (1) dagegen sei mit Strahlung der Temperatur T_1 erfüllt. Dann lässt man durch Öffnen eines Durchlasses in der Trennwand Strahlung aus dem Hohlraum (1) in den Hohlraum (2) übertreten. Berechnen Sie die Endtemperatur T_f. Ist der Prozess reversibel oder irreversibel?

(d) Leiten Sie die in Teilaufgabe (a) angegebene Relation

$$\left(\frac{\partial S}{\partial V}\right)_T = \left(\frac{\partial P}{\partial T}\right)_V \quad (3.226)$$

aus der Gibbs'schen Grundform ab.

3.4 •• Mögliche und erlaubte Zustandsänderungen

Ein System besteht aus drei Wärmereservoiren mit den Temperaturen $T_1 > T_2 > T_3$. Jeweils zwei davon werden durch reversibel arbeitende Wärmekraftmaschinen verbunden. Die in der einen Maschine gewonnene Arbeit wird der anderen Maschine zugeführt. Mit den Reservoiren werden dabei die Wärmemengen Q_1, Q_2 und Q_3 ausgetauscht, wobei alle Q_i positiv und negativ sein können. Welche Vorzeichenkombinationen der Q_i sind mit den Hauptsätzen verträglich?

3.5 • Thermodynamik eines magnetisierten Systems

Gegeben sei die innere Energie $U = U(S, V, M, N)$ eines Systems mit der Magnetisierung M und dem Magnetfeld

$$B = \left(\frac{\partial U}{\partial M}\right)_{S,V,N}. \quad (3.227)$$

(a) Frischen Sie Ihr Wissen über die partiellen Ableitungen von U auf: Welchen physikalischen Größen entsprechen die partiellen Ableitungen

$$\left(\frac{\partial U}{\partial S}\right)_{V,M,N}, \quad \left(\frac{\partial U}{\partial V}\right)_{S,M,N}, \quad \left(\frac{\partial U}{\partial N}\right)_{S,V,M}? \quad (3.228)$$

(b) Bestimmen Sie durch eine geeignete Legendre-Transformation aus U das thermodynamische Potenzial $J(T, P, M, \mu)$ und das zugehörige Differenzial dJ. Weshalb ist $J(T, P, M, \mu) = BM$?

(c) Zeigen Sie, dass die Maxwell-Relation

$$\left(\frac{\partial N}{\partial M}\right)_{T,P,\mu} = -\left(\frac{\partial B}{\partial \mu}\right)_{T,P,M} \quad (3.229)$$

gilt.

Lösungshinweis: Oft werden H und M statt B und M als zueinander konjugierte Felder angenommen. Wir fassen B als ein von außen angelegtes Magnetfeld auf und verwenden deswegen B.

Lösungen zu den Aufgaben

3.1 Zu Teilaufgabe (a): Innere Energie U und Entropie S lauten

$$U = U_0 + C_{L,0}(T - T_0),$$
$$S = S_0 + C_{L,0} \ln \frac{T}{T_0} + b\left(\frac{3L_0}{2} - \frac{L^2}{2L_0} - \frac{L_0^2}{L}\right). \qquad (3.230)$$

Ausführliche Lösungen zu den Aufgaben

3.1

(a) Entropie S und innere Energie U sind beide als Funktionen von T und L gesucht. Der erste Hauptsatz besagt

$$\delta Q = dU + \delta W, \quad (3.231)$$

woraus im Fall des Gummibandes

$$T\left[\left(\frac{\partial S}{\partial L}\right)_T dL + \left(\frac{\partial S}{\partial T}\right)_L dT\right] \\ = \left(\frac{\partial U}{\partial L}\right)_T dL + \left(\frac{\partial U}{\partial T}\right)_L dT - F dL \quad (3.232)$$

folgt. Daraus erhalten wir zunächst die beiden Beziehungen

$$\left(\frac{\partial S}{\partial L}\right)_T = \frac{1}{T}\left(\frac{\partial U}{\partial L}\right)_T - \frac{F}{T}, \\ \left(\frac{\partial S}{\partial T}\right)_L = \frac{1}{T}\left(\frac{\partial U}{\partial T}\right)_L. \quad (3.233)$$

Ableitung der ersten nach T unter Benutzung der zweiten ergibt

$$\frac{\partial}{\partial T}\left[\frac{1}{T}\left(\frac{\partial U}{\partial L}\right)_T\right] - \frac{\partial}{\partial T}\left(\frac{F}{T}\right) = \frac{1}{T}\frac{\partial^2 U}{\partial L \partial T}. \quad (3.234)$$

Da F proportional zur Temperatur gemessen wurde, verschwindet die Ableitung von F/T nach T. Damit wird aus (3.234)

$$-\frac{1}{T^2}\left(\frac{\partial U}{\partial L}\right)_T = 0, \quad (3.235)$$

was zeigt, dass die innere Energie nur von der Temperatur, aber nicht von der Länge abhängen kann, $U = U(T)$. Sie ergibt sich dann aus der Wärmekapazität bei konstanter Länge,

$$U = U_0 + C_{L,0}(T - T_0), \quad (3.236)$$

ebenso wie die Entropieabhängigkeit von der Temperatur bei konstanter Länge:

$$\left(\frac{\partial S}{\partial T}\right)_{L_0} = \frac{C_{L,0}}{T} \quad \Rightarrow \quad \Delta S_{L_0} = C_{L,0} \ln \frac{T}{T_0}. \quad (3.237)$$

Da die innere Energie nicht von L abhängt, ist

$$\left(\frac{\partial S}{\partial L}\right)_T = -\frac{F}{T} = -b\left(\frac{L}{L_0} - \frac{L_0^2}{L^2}\right), \quad (3.238)$$

woraus

$$\Delta S_T = -b\left[\frac{1}{2}\left(\frac{L^2}{L_0} - L_0\right) + \left(\frac{L_0^2}{L} - L_0\right)\right] \\ = b\left(\frac{3L_0}{2} - \frac{L^2}{2L_0} - \frac{L_0^2}{L}\right) \quad (3.239)$$

folgt. Insgesamt lauten demnach die innere Energie und die Entropie

$$U = U_0 + C_{L,0}(T - T_0), \\ S = S_0 + C_{L,0} \ln \frac{T}{T_0} + b\left(\frac{3L_0}{2} - \frac{L^2}{2L_0} - \frac{L_0^2}{L}\right). \quad (3.240)$$

(b) Bei einer isotherm-quasistatischen Dehnung bei der Temperatur T_0 muss *am* Gummiband Arbeit verrichtet werden. Aufgrund unserer Konvention für das Vorzeichen der Arbeit ist die *am* Gummiband verrichtete Arbeit die negative *vom* Gummiband verrichtete Arbeit, die

$$\Delta W = -bT_0 \int_{L_0}^{L_1} \left(\frac{L}{L_0} - \frac{L_0^2}{L^2}\right) dL \\ = -bT_0\left(\frac{3L_0}{2} - \frac{L_1^2}{2L_0} - \frac{L_0^2}{L_1}\right) \quad (3.241)$$

beträgt.

(c) Da die Temperatur bei dieser Dehnung konstant gleich T_0 ist, kann sich die innere Energie in diesem Fall nicht ändern, denn sie hängt nur von der Temperatur ab, aber nicht von der Länge. Mit $dU = 0$ folgt aus dem ersten Hauptsatz $\delta Q = \Delta W$. Daher ändert sich die Entropie um

$$\Delta S = \frac{\Delta W}{T_0} < 0, \quad (3.242)$$

d. h., bei der isothermen Dehnung nimmt die Entropie *ab*! Die Entropie des Wärmereservoirs, das für die konstante Temperatur T_0 sorgt, muss im gleichen Maß zunehmen.

(d) Mit der Umgebung wird keine Wärme ausgetauscht, am Gummiband wird auch keine Arbeit verrichtet. Daher kann sich seine innere Energie nicht ändern, und damit auch seine Temperatur nicht: Am Ende hat das Gummiband dieselbe Temperatur T_0 wie am Anfang. Die Entropieänderung ergibt sich dann schlicht zu

$$\Delta S = -b\left(\frac{3L_0}{2} - \frac{L_1^2}{2L_0} - \frac{L_0^2}{L_1}\right). \quad (3.243)$$

Der Prozess ist zwar nicht reversibel, aber die Entropieänderung als Änderung einer Zustandsgröße kann entlang eines reversiblen Vergleichsprozesses berechnet werden.

3.2 Die gesamte Entropieänderung ist

$$\Delta S = \sum_{j=1}^{k} \int_{T_j}^{T_\mathrm{f}} \frac{C_V^{(j)}(T)}{T} \mathrm{d}T. \tag{3.244}$$

Diese Summe teilen wir auf in eine Summe über $(l-1)$ Systeme, die sich erwärmen ($T_j < T_\mathrm{f}$), und solche, die sich abkühlen:

$$\Delta S = \underbrace{\sum_{j=1}^{l-1} \int_{T_j}^{T_\mathrm{f}} \frac{C_V^{(j)}(T)}{T}\mathrm{d}T}_{(*)} - \underbrace{\sum_{j=l}^{k} \int_{T_\mathrm{f}}^{T_j} \frac{C_V^{(j)}(T)}{T}\mathrm{d}T}_{(**)}. \tag{3.245}$$

Diese beiden Terme lassen sich wie folgt abschätzen:

$$(*) \geq \frac{1}{T_\mathrm{f}} \sum_{j=1}^{l-1} \int_{T_j}^{T_\mathrm{f}} C_V^{(j)}(T)\mathrm{d}T,$$

$$(**) \leq \frac{1}{T_\mathrm{f}} \sum_{j=l}^{k} \int_{T_\mathrm{f}}^{T_j} C_V^{(j)}(T)\mathrm{d}T. \tag{3.246}$$

Durch Subtraktion folgt sofort

$$\Delta S = (*) - (**) \geq \frac{1}{T_\mathrm{f}} \sum_{j=1}^{k} \int_{T_j}^{T_\mathrm{f}} C_V^{(j)}(T)\mathrm{d}T \tag{3.247}$$
$$= \frac{\Delta Q}{T_\mathrm{f}} = 0,$$

was zu zeigen war.

3.3

(a) Mithilfe der Vorgaben kann die Gibbs'sche Grundform in

$$\mathrm{d}S = \frac{1}{T}\left(\frac{\partial U}{\partial T}\right)_V \mathrm{d}T + \frac{1}{T}\left(\frac{\partial U}{\partial V}\right)_T \mathrm{d}V + \frac{P}{T}\mathrm{d}V$$
$$= \frac{V}{T}\left(\frac{\partial u}{\partial T}\right)_V \mathrm{d}T + \frac{u}{T}\mathrm{d}V + \frac{u}{3T}\mathrm{d}V \tag{3.248}$$

umgeschrieben werden. Für die Ableitungen der Entropie gilt also

$$\left(\frac{\partial S}{\partial T}\right)_V = \frac{V}{T}\left(\frac{\partial u}{\partial T}\right)_V, \quad \left(\frac{\partial S}{\partial V}\right)_T = \frac{u}{T} + \frac{u}{3T} = \frac{4u}{3T}. \tag{3.249}$$

Mittels der angegebenen Maxwell-Relation folgt aus der zweiten Gleichung

$$\left(\frac{\partial S}{\partial V}\right)_T = \left(\frac{\partial P}{\partial T}\right)_V = \frac{1}{3}\left(\frac{\partial u}{\partial T}\right)_V = \frac{4u}{3T} \tag{3.250}$$

und daraus durch Integration

$$\ln u = 4\ln T + \mathrm{const}. \tag{3.251}$$

Die Konstante ist so zu wählen, dass $u(T=1\,\mathrm{K}) = \sigma\,\mathrm{K}^4$ wird, was schließlich auf

$$u = \sigma T^4 \tag{3.252}$$

führt.

(b) Für die Entropie $S[T(U,V),V]$ erhalten wir zunächst aus der Gibbs'schen Grundform

$$\left(\frac{\partial S}{\partial T}\right)_V = \frac{V}{T}\left(\frac{\partial u}{\partial T}\right)_V = 4\sigma V T^2,$$
$$\left(\frac{\partial S}{\partial V}\right)_T = \frac{4\sigma T^3}{3}, \tag{3.253}$$

daraus dann

$$S = S_0 + \frac{4\sigma V T^3}{3}, \tag{3.254}$$

und da die Entropie bei $T=0$ verschwinden muss, muss ferner $S_0 = 0$ gesetzt werden:

$$S = \frac{4}{3}\sigma V T^3. \tag{3.255}$$

(c) Unter den vorgegebenen Bedingungen bleibt die gesamte innere Energie unverändert,

$$\sigma V_1 T^4 = U = U_1 + U_2 = \sigma(V_1 + V_2) T_\mathrm{f}^4, \tag{3.256}$$

woraus sich die Endtemperatur

$$T_\mathrm{f} = \left(\frac{V_1}{V_1+V_2}\right)^{1/4} T \tag{3.257}$$

ergibt. Der Prozess ist irreversibel, weil sich die Strahlung nicht spontan in den Hohlraum 1 zurückziehen wird, nachdem sie beide Hohlräume angefüllt hat. Die Entropie nimmt dabei zu um den Betrag

$$\Delta S = \frac{4}{3}\sigma\left[(V_1+V_2)\left(\frac{V_1}{V_1+V_2}\right)^{3/4} - V_1\right]T^3$$
$$= S\left[\left(\frac{V_1+V_2}{V_1}\right)^{1/4} - 1\right]. \tag{3.258}$$

(d) Die angegebene Maxwell-Relation erhalten wir schließlich wie folgt: Wir schreiben die Gibbs'sche Grundform aus,

$$T\left[\left(\frac{\partial S}{\partial T}\right)_V \mathrm{d}T + \left(\frac{\partial S}{\partial V}\right)_T \mathrm{d}V\right]$$
$$= \left(\frac{\partial U}{\partial T}\right)_V \mathrm{d}T + \left(\frac{\partial U}{\partial V}\right)_T \mathrm{d}V + P\mathrm{d}V, \tag{3.259}$$

und erhalten daraus

$$T\left(\frac{\partial S}{\partial T}\right)_V = \left(\frac{\partial U}{\partial T}\right)_V, \quad T\left(\frac{\partial S}{\partial V}\right)_T = \left(\frac{\partial U}{\partial V}\right)_T + P.$$
(3.260)

Die erste Gleichung leiten wir nach V, die zweite nach T ab und eliminieren die gemischte zweite Ableitung der inneren Energie U zwischen den beiden dadurch entstehenden Gleichungen. Dies ergibt

$$T\frac{\partial^2 S}{\partial V \partial T} = \left(\frac{\partial S}{\partial V}\right)_T + T\frac{\partial^2 S}{\partial T \partial V} - \left(\frac{\partial P}{\partial T}\right)_V,$$
(3.261)

woraus die angegebene Maxwell-Relation bereits ablesbar ist.

3.4 Seien ΔW_j, $j = 1, 2$, die Wärmemengen, die von den beiden Maschinen an ihrer Umgebung verrichtet werden. Der erste Hauptsatz verlangt

$$\sum_{i=1}^{3} \Delta Q_i = \sum_{j=1}^{2} \Delta W_j.$$
(3.262)

Da nach Vorgabe $\Delta W_1 = -\Delta W_2$ sein muss, erfordert der erste Hauptsatz

$$\sum_{i=1}^{3} \Delta Q_i = 0.$$
(3.263)

Da die Maschinen reversibel arbeiten sollen, muss für die gesamte Entropieänderung der Wärmereservoire und der Maschinen

$$\Delta S = \sum_{i=1}^{3} \Delta S_i + \underbrace{\sum_{j=1}^{2} \Delta S_j}_{=0} = 0$$
(3.264)

gelten, woraus

$$\sum_{i=1}^{3} \frac{\Delta Q_i}{T_i} = 0$$
(3.265)

folgt. Zwischen den beiden Forderungen der Hauptsätze eliminieren wir ΔQ_3,

$$\Delta Q_3 = -\Delta Q_1 - \Delta Q_2, \quad \frac{\Delta Q_1}{T_1} + \frac{\Delta Q_2}{T_2} - \frac{\Delta Q_1 + \Delta Q_2}{T_3} = 0,$$
(3.266)

und erhalten daraus

$$\left(\frac{1}{T_1} - \frac{1}{T_3}\right)\Delta Q_1 + \left(\frac{1}{T_2} - \frac{1}{T_3}\right)\Delta Q_2 = 0.$$
(3.267)

Aufgrund der Vorgabe an die Ordnung der Temperaturen sind die beiden Koeffizienten der Wärmemengen ΔQ_1 und ΔQ_2 negativ. Die letzte Gleichung erfordert demnach

$$\text{sgn}\,\Delta Q_1 = -\text{sgn}\,\Delta Q_2.$$
(3.268)

Völlig analog können wir zunächst ΔQ_2 eliminieren und aus dem Ergebnis

$$\left(\frac{1}{T_1} - \frac{1}{T_3}\right)\Delta Q_1 + \left(\frac{1}{T_3} - \frac{1}{T_2}\right)\Delta Q_3 = 0$$
(3.269)

schließen, dass

$$\text{sgn}\,\Delta Q_1 = \text{sgn}\,\Delta Q_3$$
(3.270)

gelten muss. Daher sind insgesamt folgende Vorzeichenkombinationen mit den beiden Hauptsätzen verträglich:

sgn ΔQ_1	sgn ΔQ_2	sgn ΔQ_3
+	−	+
−	+	−

3.5

(a) Die gegebenen partiellen Ableitungen entsprechen den folgenden physikalischen Größen:

$$\left(\frac{\partial U}{\partial S}\right)_{V,M,N} = T,$$
$$\left(\frac{\partial U}{\partial V}\right)_{S,M,N} = -P,$$
$$\left(\frac{\partial U}{\partial N}\right)_{S,V,M} = \mu,$$
(3.271)

also der absoluten Temperatur, dem negativen Druck und dem chemischen Potenzial.

(b) Das großkanonische Potenzial J, das in Abschn. 4.3 eingeführt wird, soll von (T, P, M, μ) abhängen, während die innere Energie U von (S, V, M, N) abhängt. Dementsprechend erfordert der Übergang von U nach J die Legendre-Transformationen $S \to T$, $V \to P$ und $N \to \mu$, wobei die Vorzeichen jeweils durch die partiellen Ableitungen von U vorgegeben sind:

$$J = U - TS + PV - \mu N.$$
(3.272)

Das Differenzial dJ ist

$$\begin{aligned}
\mathrm{d}J &= \mathrm{d}U - S\mathrm{d}T - T\mathrm{d}S + P\mathrm{d}V + V\mathrm{d}P - \mu\mathrm{d}N - N\mathrm{d}\mu \\
&= (T\mathrm{d}S - P\mathrm{d}V + B\mathrm{d}M + \mu\mathrm{d}N) \\
&\quad - S\mathrm{d}T - T\mathrm{d}S + P\mathrm{d}V + V\mathrm{d}P - \mu\mathrm{d}N - N\mathrm{d}\mu \\
&= -S\mathrm{d}T + V\mathrm{d}P - N\mathrm{d}\mu + B\mathrm{d}M.
\end{aligned}$$
(3.273)

Nach dem Euler'schen Satz über homogene Funktionen muss für die innere Energie

$$U = S\left(\frac{\partial U}{\partial S}\right)_{V,M,N} + V\left(\frac{\partial U}{\partial V}\right)_{S,M,N} + M\left(\frac{\partial U}{\partial M}\right)_{S,V,N} + N\left(\frac{\partial U}{\partial N}\right)_{S,V,M}$$
(3.274)

gelten, da U homogen vom Grad 1 in den extensiven Größen (S, V, M, N) ist. Mit den Ergebnissen aus Teilaufgabe (a) und der Vorgabe folgt

$$U = TS - VP + BM + N\mu, \qquad (3.275)$$

und demnach ist

$$J = U - TS + PV - \mu N = BM. \qquad (3.276)$$

(c) Aus dem Differenzial dJ erhalten wir zunächst

$$\left(\frac{\partial J}{\partial M}\right)_{T,P,\mu} = B, \quad \left(\frac{\partial J}{\partial \mu}\right)_{T,P,M} = -N. \qquad (3.277)$$

Ableitung der ersten Gleichung nach μ, der zweiten nach M und Eliminierung der gemischten zweiten Ableitung

$$\frac{\partial^2 J}{\partial \mu \partial M} \qquad (3.278)$$

liefert sofort das gewünschte Ergebnis:

$$\begin{aligned}\left(\frac{\partial B}{\partial \mu}\right)_{T,P,M} &= \frac{\partial}{\partial \mu}\left(\frac{\partial J}{\partial M}\right)_{T,P,\mu} \\ &= \frac{\partial}{\partial M}\left(\frac{\partial J}{\partial \mu}\right)_{T,P,M} \\ &= -\left(\frac{\partial N}{\partial M}\right)_{T,P,\mu}.\end{aligned} \qquad (3.279)$$

Literatur

Maslow, V. P.: Zeroth-Order Phase Transitions. Mathematical Notes 76/5, 697–710 (2004)

Schwabl, F.: Statistische Mechanik. Springer, Berlin, Heidelberg (2006)

Ensembles und Zustandssummen

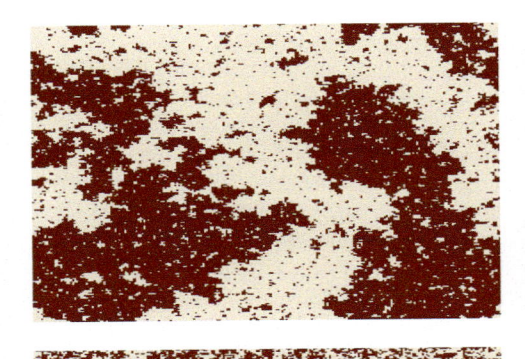

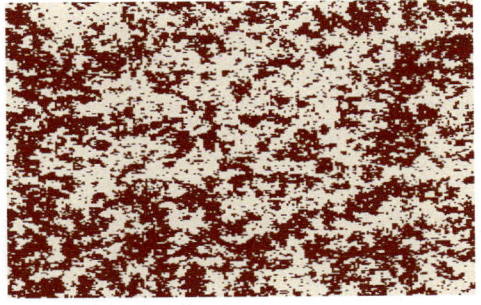

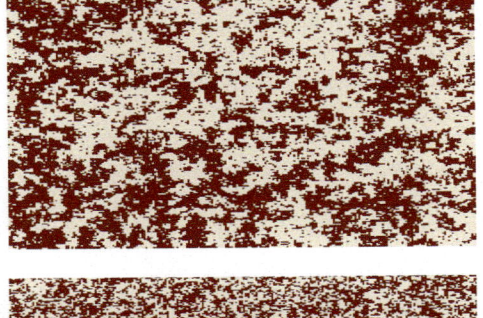

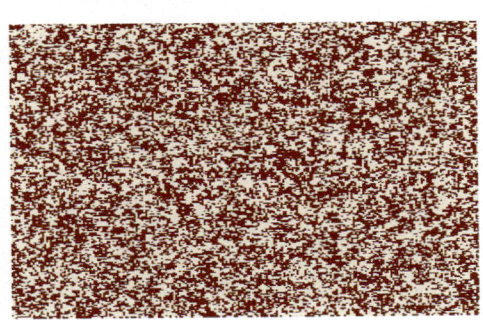

4

Wie sind Wahrscheinlichkeitsaussagen über physikalische Systeme möglich?

Welchen statistischen Gesetzen folgt eine große Menge gleichartiger Systeme?

Wie können solche Systeme einheitlich beschrieben werden?

Wie wird diese einheitliche Beschreibung auf konkrete Systeme angewandt?

Wie können chemische Reaktionen thermodynamisch beschrieben werden?

4.1	Ensembles	146
4.2	Die kanonische Zustandssumme	149
4.3	Großkanonische Zustandssumme und großkanonisches Potenzial	158
4.4	Ideales Gas im Schwerefeld	161
4.5	Chemische Reaktionen idealer Gasgemische	163
4.6	Einfache Modelle für magnetische Systeme	168
	So geht's weiter	172
	Aufgaben	175
	Lösungen zu den Aufgaben	177
	Ausführliche Lösungen zu den Aufgaben	178
	Literatur	182

Bd. 4, der sich mit Thermodynamik befasst, gleicht viel mehr einer Wendeltreppe als einem geradlinigen Fortschreiten. Die Axiome der Thermodynamik wurden bereits in Kap. 1 eingeführt und als Abstraktionen physikalischer Erfahrung begründet. Weitere Axiome sind seitdem nicht dazugekommen, stattdessen haben wir sie vertieft: In Kap. 2 durch die statistische Begründung der Entropie und in Kap. 3 durch Anwendungen auf einfache Systeme.

Wir beginnen nun mit einem weiteren, vertiefenden Durchgang durch die Thermodynamik und die statistische Physik, in dem wir zunächst in Abschn. 4.1 den Begriff des Ensembles noch einmal näher besprechen und in Abschn. 4.2 und 4.3 den Begriff der Zustandssumme einführen. Zustandssummen können als die zentralen Objekte einer einheitlichen Beschreibung der statistischen Physik angesehen werden, die bis in die statistische Quantenfeldtheorie hinein Anwendung finden. Insbesondere ergeben sich Mittelwerte und Korrelationen beliebiger thermodynamischer Größen durch geeignete Ableitungen von Zustandssummen. Dieser methodische Schritt ist das zentrale Anliegen dieses Kapitels.

Ausgehend von der üblichen Unterscheidung zwischen mikrokanonischen, kanonischen und großkanonischen Ensembles besprechen wir die dazugehörigen Zustandssummen ebenso wie die thermodynamischen Potenziale, die ihnen zugeordnet sind. Anschließend bestimmen wir in drei Abschnitten, die verschiedenen Anwendungen gewidmet sind, die Zustandssummen für verschiedene physikalische Systeme, nämlich für das ideale Gas im Schwerefeld in Abschn. 4.4, für chemisch reagierende ideale Gasgemische in Abschn. 4.5 und in Abschn. 4.6 für einfache Modelle magnetischer Systeme.

Das wesentliche Ziel dieses Kapitels ist es zu zeigen, wie sich verschiedenste thermodynamische Systeme anhand von Zustandssummen auf einheitliche Weise beschreiben lassen und wie alle Arten thermodynamischer Größen aus Zustandssummen gewonnen werden können.

4.1 Ensembles

Zum Begriff des Ensembles

Den Begriff des Ensembles haben wir bereits in Abschn. 2.1 eher nebenher eingeführt. Hier wollen wir diesen Begriff noch einmal präzise definieren und erweitern.

Die Thermodynamik ist gerade deswegen so allgemeingültig und bei der Beschreibung verschiedenster physikalischer Systeme so erfolgreich, weil sie von der mikroskopischen Information über die sehr vielen Freiheitsgrade makroskopischer Systeme absieht und stattdessen nur noch voraussetzt, dass es zwischen diesen Freiheitsgraden Möglichkeiten des Energieaustauschs gibt. Wie sich ein physikalisches System aus sehr vielen Freiheitsgraden, dessen makroskopische Zustandsgrößen auf bestimmte Weise vorgegeben sind, mikroskopisch genau einstellt, interessiert die Thermodynamik nicht.

Während der Begründung der statistischen Beschreibung der Thermodynamik haben wir gesehen, dass sich die Entropie eines physikalischen Systems auf ein logarithmisches Maß seines Phasenraumvolumens zurückführen lässt. Unter vorgegebenen makroskopischen Zustandsgrößen ist dem System ein bestimmter Bereich des Phasenraumes zugänglich, der in der Regel sehr viele mögliche Mikrozustände enthält, die alle mit den makroskopischen Zustandsgrößen verträglich sind.

Darüber, welche Mikrozustände ein isoliertes System im zugänglichen Phasenraum einnehmen könnte, gab uns das statistische Grundpostulat Auskunft: Im Gleichgewicht können wir nicht sagen, in welchem der möglichen Mikrozustände es sich aufhält. Wir können keine weitere Kenntnis über das System behaupten als die, die durch die makroskopischen Zustandsgrößen ausgedrückt wird. Unsere Unkenntnis bezüglich des vom System gerade eingenommenen Mikrozustands ist maximal. Gerade dies drückt das statistische Grundpostulat aus: Das isolierte System hält sich in jedem der ihm zugänglichen Mikrozustände mit gleicher Wahrscheinlichkeit auf. Wir betonen hier noch einmal wie schon in Abschn. 2.1, dass wir das statistische Grundpostulat axiomatisch annehmen müssen, weil es bisher keine tiefere Begründung gefunden hat.

Welchen Sinn hat es, bei einem einzelnen System von einer Wahrscheinlichkeit zu sprechen? Verschiedene Deutungen sind möglich. Wir können uns z. B. vorstellen, dass das System im Gleichgewicht verbleibt, dabei aber in zeitlicher Folge verschiedene Mikrozustände durchläuft. Da sich die äußeren, makroskopischen Bedingungen nicht ändern, wird auch der Bereich im Phasenraum derselbe bleiben, der dem System zugänglich ist. Von keinem der Mikrozustände, die er umfasst, können wir sagen, dass er durch das System bevorzugt angenommen werde. Würden wir im Laufe der Zeit bei gleichbleibenden makroskopischen Bedingungen viele Male den Mikrozustand des Systems bestimmen (vorausgesetzt, wir wüssten, wie das geht), müssten wir aufgrund des statistischen Grundpostulats erwarten, dass jeder der möglichen Mikrozustände mit gleicher Häufigkeit auftreten würde. Diese Häufigkeit relativ zur Gesamtzahl der Messungen können wir nach dem Gesetz der großen Zahlen als Näherung der Wahrscheinlichkeit auffassen, mit der sich das System in einem der zugänglichen Mikrozustände aufhält.

Eine weitere mögliche Deutung des Wahrscheinlichkeitsbegriffs in diesem Zusammenhang sieht davon ab, dasselbe System über sehr lange Zeiten zu verfolgen, sondern geht stattdessen davon aus, dass sehr viele makroskopisch gleichartige Systeme präpariert werden. Makroskopisch gleichartig bedeutet, dass alle diese Systeme dieselben makroskopischen Zustandsgrößen aufweisen. Jedem dieser so präparierten Systeme ist also derselbe Bereich des Phasenraumes zugänglich. Aufgrund des statistischen Grundpostulats müssen wir erwarten, dass sich diese vielen gedachten Systeme gleichmäßig über alle möglichen Mikrozustände verteilen werden. Würden wir wiederum zu einem bestimmten Zeitpunkt auf beliebige Weise einige solcher Systeme herausgreifen und ihren Mikrozustand messen, würde sich die relative Häufigkeit, mit der wir einen bestimmten Mikrozustand feststellen würden, der Wahrscheinlichkeit annähern, die wir dem statistischen Grundpostulat zufolge erwarten müssen.

In welchem Zusammenhang stehen diese beiden Betrachtungsweisen zueinander, denen zufolge entweder ein System im Gleichgewicht über lange Zeiten verfolgt wird oder eine große Menge makroskopisch gleichartig präparierter Systeme zu derselben Zeit? Diese Frage ist der Gegenstand der *Ergodenhypothese* (siehe Kasten „Vertiefung: Ergodenhypothese und Ergodentheorem").

Eine solche große Menge gedachter thermodynamischer Systeme, denen dieselben makroskopischen Zustandsgrößen vorgeschrieben wurden, wird ein *Ensemble* oder eine *Gesamtheit* genannt. Im oben diskutierten Sinn treffen wir Wahrscheinlichkeitsaussagen über Ensembles und meinen damit die Grenzwerte relativer Häufigkeiten, mit denen an diesen Ensembles bestimmte Messergebnisse gefunden würden.

Abb. 4.1 Die Systeme eines mikrokanonischen Ensembles sind sowohl bezüglich Energie- als auch bezüglich Teilchenaustauschs gegenüber ihrer Umgebung abgeschlossen

Übliche Ensembles

Je nach den makroskopischen Zustandsgrößen, die jeweils vorgeschrieben werden, werden üblicherweise drei Arten von Ensembles in der Thermodynamik bzw. in der statistischen Physik unterschieden:

1. Das *mikrokanonische Ensemble* besteht aus abgeschlossenen Systemen, denen also sowohl die Gesamtenergie E als auch die Teilchenzahl N fest vorgegeben wird. Die Systeme eines mikrokanonischen Ensembles sind also sowohl thermisch als auch bezüglich jedes Materieaustauschs gegenüber ihrer Umwelt isoliert (Abb. 4.1).
2. Das *kanonische Ensemble* besteht aus Systemen, die keine Materie mit ihrer Umgebung austauschen können, die aber nicht mehr thermisch isoliert sind, sondern durch ein Wärmebad auf einer vorgegebenen Temperatur gehalten werden. Wie wir feststellen werden, ist dann nicht mehr ihre Gesamtenergie konstant, sondern nur noch ihre mittlere Gesamtenergie, die wir als innere Energie U bezeichnen.
3. Das *großkanonische Ensemble* schließlich besteht aus Systemen, deren Temperatur durch Kopplung an ein Wärmebad vorgegeben wird und die zudem Teilchen mit ihrer Umgebung austauschen können. Damit handelt es sich um offene Systeme, denen durch ihre Umgebung neben einer mittleren inneren Energie auch eine mittlere Teilchenzahl vorgegeben wird.

Das mikrokanonische Ensemble

Wir hatten es in Kap. 2 meistens mit mikrokanonischen Ensembles zu tun, ohne diese genau definiert zu haben. Das statistische Grundpostulat besagt, dass sich die Systeme eines mikrokanonischen Ensembles mit gleicher Wahrscheinlichkeit in allen ihnen zugänglichen Mikrozuständen aufhalten. Wenn wir diese möglichen Mikrozustände mit einem Index i nummerieren und sie durch ihre Energie E_i kennzeichnen, bedeutet das für die Wahrscheinlichkeit p_i, ein System im Mikrozustand i zu finden:

$$p_i = \begin{cases} C = \text{const}, & \text{wenn } E_i = E \text{ ist} \\ 0 & \text{anderenfalls.} \end{cases} \quad (4.1)$$

Die Konstante C lässt sich leicht bestimmen: Die Summe der Wahrscheinlichkeiten über alle verfügbaren Mikrozustände muss normiert sein, also eins ergeben. Die Anzahl Ω der zugänglichen Mikrozustände wird gerade durch das Phasenraumvolumen ausgedrückt. Also muss für alle zugänglichen Mikrozustände i

$$p_i = C = \frac{1}{\Omega} \quad (4.2)$$

sein.

Das kanonische Ensemble und die Boltzmann-Verteilung

Nun gehen wir zum kanonischen Ensemble über, indem wir es als Teil eines mikrokanonischen Ensembles auffassen. Betrachten wir zu diesem Zweck ein isoliertes Gesamtsystem der vorgegebenen Gesamtenergie E, das aus einem vergleichsweise sehr großen Teilsystem S_1 mit der Energie E_1 und einem sehr viel kleineren Teilsystem S_2 mit der inneren Energie $E_2 = E - E_1$ besteht, das mit S_1 im thermischen Gleichgewicht steht. Teilchenaustausch zwischen den Systemen S_1 und S_2 sei unterbunden.

Stellen wir uns eine große Menge makroskopisch gleichartig präparierter Gesamtsysteme vor, handelt es sich dabei offenbar um ein mikrokanonisches Ensemble. Alle kleinen Teilsys-

Vertiefung: Ergodenhypothese und Ergodentheorem

Betrachten wir ein System aus sehr vielen klassischen Teilchen, dessen anfängliche Lage im Phasenraum sich durch den Fluss Φ_t mit der Zeit weiterentwickelt. Zudem sei A eine Observable, die aus den Orten und Impulsen der Teilchen zu bestimmen ist. Der Mittelwert dieser Observablen A ist durch das Langzeitmittel

$$\bar{A} = \lim_{T \to \infty} \frac{1}{T} \int_0^T A \circ \Phi_t \, \mathrm{d}t$$

gegeben: Der anfängliche Zustand der Teilchen wird durch den Phasenraumfluss Φ_t bis zur Zeit t transportiert. Aus diesem momentanen Zustand wird die Observable A bestimmt. Dies wird für alle Zeiten aus einem beliebig langen Zeitraum T wiederholt, über den abschließend gemittelt wird.

Da solche Mittelwerte strikt kaum zu beobachten oder zu berechnen sind, werden sie durch das sogenannte *Scharmittel* oder *Ensemblemittel*

$$\langle A \rangle = \int_\Gamma A \rho \, \mathrm{d}\Gamma$$

ersetzt: Der Mittelwert der Observablen A wird durch ein Phasenraumintegral über die Observable selbst und eine Verteilungsfunktion ρ dargestellt. Dieser Ersetzung liegt die Vorstellung zugrunde, dass die Statistik über das Langzeitverhalten eines physikalischen Systems äquivalent zur Statistik über viele makroskopisch gleichartige Realisierungen desselben Systems sei. Das Langzeitmittel wird der Mittelung über alle Systeme eines Ensembles gleichgesetzt.

Es ist eine sehr schwierige und im Allgemeinen unbeantwortete Frage, für welche Observablen welcher Arten von Systemen und welche Verteilungen ρ diese Gleichsetzung tatsächlich möglich ist. *Birkhoffs Ergodensatz* (benannt nach dem US-amerikanischen Mathematiker *George David Birkhoff*, 1884–1944) setzt voraus, dass das System durch einen Phasenraumfluss Φ_t transformiert wird, der das Phasenraumvolumen erhält (Birkhoff 1931).

Frage 1

Schlagen Sie noch einmal den Kasten „Vertiefung: Phasenraumfluss und Liouville'scher Satz" in Abschn. 2.1 nach, in dem gezeigt wird, dass der Phasenraumfluss das Phasenraumvolumen für solche Systeme immer erhält, deren Dynamik durch die Hamilton'schen Gleichungen beschrieben werden kann.

Unter dieser Voraussetzung besagt der Ergodensatz, dass für jede auf einer Energieschale integrable Funktion A punktweise fast überall das Langzeitmittel $\bar{A}$ existiert, das darüber hinaus ebenfalls auf einer Energieschale integrabel und fast überall unter dem Phasenraumfluss Φ_t invariant ist. Dieses Zeitmittel stimmt auf der Energieschale mit dem Scharmittel überein:

$$\int_\Gamma \bar{A} \delta_\mathrm{D} [H(x) - E] \, \mathrm{d}\Gamma = \int_\Gamma \langle A \rangle \delta_\mathrm{D} [H(x) - E] \, \mathrm{d}\Gamma \,.$$

Umgekehrt heißt ein Phasenraumfluss Φ_t *ergodisch*, wenn Langzeitmittel und Scharmittel fast überall übereinstimmen. Insbesondere bedeutet dies, dass das System im Lauf einer endlichen zeitlichen Entwicklung jedem Punkt im Zustandsraum beliebig nahe kommt.

Die *Ergodenhypothese* besagt, dass alle realistischen makroskopischen Systeme ergodisch seien, aber Ergodizität konnte bisher nur für sehr wenige idealisierte Systeme gezeigt werden.

Der gemeinsame Wortstamm der hier verwendeten Begriffe leitet sich von den griechischen Worten *érgon* für „Werk" und *ódos* für „Weg" ab. Eine ausführliche Behandlung dieses Themas finden Sie z. B. in Sethna (2006).

---

teme S_2 dieses Ensembles zusammengenommen bilden aber ein kanonisches Ensemble, denn sie sind zwar gegen Teilchenaustausch abgeschlossen, thermisch aber an die jeweiligen großen Teilsysteme S_1 gekoppelt, die ihre Temperatur festlegen (Abb. 4.2).

Wie groß ist die Wahrscheinlichkeit p_i, in einem solchen kanonischen Ensemble das System S_2 im Zustand i mit der Energie E_i zu finden?

Da das Gesamtsystem Teil eines mikrokanonischen Ensembles ist, können wir darauf das statistische Grundpostulat anwenden. Ihm zufolge ist diese Wahrscheinlichkeit p_i proportional zur Anzahl der Mikrozustände, die das Gesamtsystem unter der Vorgabe einnehmen kann, dass der Anteil $E - E_i$ der Gesamtenergie auf das System S_1 und der Rest E_i auf das System S_2 entfällt. Da das System S_2 gerade in dem einen festen Zustand i sein soll, muss die Anzahl dieser Mikrozustände gerade diejenige sein, die das System S_1 annehmen kann. Demnach ist die gesuchte Wahrscheinlichkeit

$$p_i = C \, \Omega_1(E - E_i) \,, \tag{4.3}$$

wobei sich die in diesem Zusammenhang vorerst unerhebliche Konstante C durch Normierung ergäbe. Der Index an Ω zeigt an, dass damit das Phasenraumvolumen bezeichnet wird, das dem Teilsystem S_1 zugänglich ist.

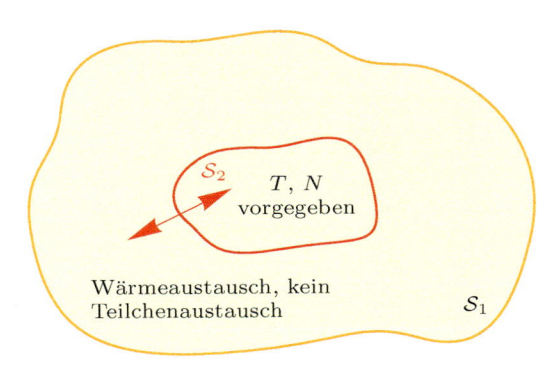

Abb. 4.2 Die Systeme eines kanonischen Ensembles können Energie mit einem umgebenden Wärmereservoir austauschen, sind aber bezüglich Teilchenaustauschs abgeschlossen

Nach Voraussetzung muss $E_i \ll E$ sein, weil das Teilsystem S_1 als sehr viel größer als das Teilsystem S_2 angenommen wurde. Daher liegt es nahe, $\ln \Omega_1(E - E_i)$ wieder um die vorgegebene Gesamtenergie E zu entwickeln:

$$\ln \Omega_1(E - E_i)$$
$$= \ln \Omega_1(E) - \left.\frac{\partial \ln \Omega_1(E_1)}{\partial E_1}\right|_{E_1 = E} E_i + O\left(\frac{E_i^2}{E^2}\right). \quad (4.4)$$

Die Schreibweise der ersten Ableitung deutet an, dass das Phasenraumvolumen Ω_1 nach der Energie E_1 des Teilsystems S_1 abgeleitet werden muss, deren Wert dann auf $E_1 = E$ festgesetzt wird.

Verwenden wir hier die Definition (2.49) der reziproken Temperatur $\beta = (k_B T)^{-1}$, folgt zunächst aus (4.4)

$$\ln \Omega_1(E - E_i) = \ln \Omega_1(E) - \beta E_i \quad (4.5)$$

in erster und ausreichender Taylor-Näherung. Daraus ergibt sich

$$\Omega_1(E - E_i) = \Omega_1(E) \, e^{-\beta E_i} \quad (4.6)$$

für das Phasenraumvolumen und

$$p_i \propto e^{-\beta E_i} = e^{-E_i/k_B T} \quad (4.7)$$

für die gesuchte Wahrscheinlichkeit, wobei T die Temperatur des Wärmereservoirs (und damit auch des Systems S_2) ist.

Boltzmann-Verteilung

Die Proportionalitätskonstante folgt wie erwähnt aus der Bedingung, dass die Summe aller Wahrscheinlichkeiten auf eins normiert sein muss:

$$p_i = Z_c^{-1} \, e^{-E_i/k_B T}, \quad Z_c := \sum_i e^{-E_i/k_B T}. \quad (4.8)$$

Dieses sehr allgemeingültige Ergebnis ist die *Boltzmann-Verteilung*.

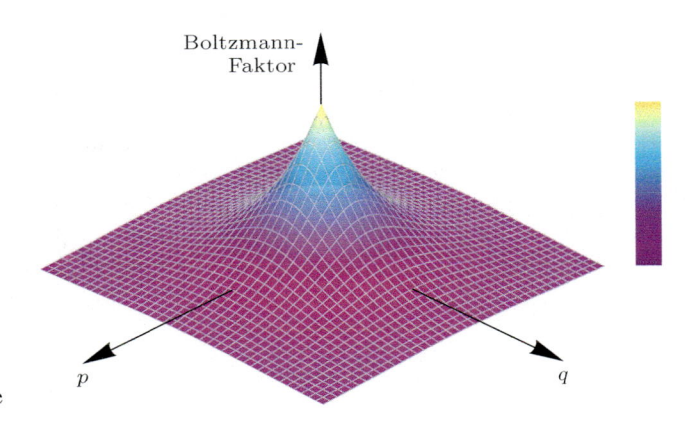

Abb. 4.3 Der exponentiell abfallende Boltzmann-Faktor ist eine statistische Gewichtsfunktion auf dem durch Ort q und Impuls p aufgespannten Zustandsraum kanonischer Systeme. Während die zugänglichen Zustände eines mikrokanonischen Ensembles wegen des statistischen Grundpostulats alle als gleich wahrscheinlich angesehen werden, werden die zugänglichen Zustände eines kanonischen Ensembles mit höherer Energie exponentiell unwahrscheinlicher besetzt. Dieser Darstellung, deren Farbskala beliebig ist, liegt die Energie eines harmonischen Oszillators zugrunde, die quadratisch von den Orts- und Impulskoordinaten abhängt

Sie zeigt, dass die Besetzung der Mikrozustände eines Systems, das sich im thermischen Gleichgewicht mit einem Wärmebad der Temperatur T befindet, exponentiell von dem Verhältnis der Zustandsenergie E_i zur thermischen Energie $k_B T$ abhängt. Die Boltzmann-Verteilung ist die Wahrscheinlichkeitsverteilung, mit der ein kanonisches Ensemble die ihm zugänglichen Mikrozustände besetzt (Abb. 4.3).

4.2 Die kanonische Zustandssumme

Eigenschaften und Zusammenhang mit thermodynamischen Funktionen

Betrachten wir weiter ein kanonisches Ensemble und darin insbesondere die gemittelte innere Energie U. Aufgrund der Konstruktion des kanonischen Ensembles ist diese über das Ensemble gemittelte innere Energie zugleich der Erwartungswert der inneren Energie eines einzelnen Systems aus dem kanonischen Ensemble. Von der Boltzmann-Verteilung ausgehend finden wir sofort

$$U = \frac{1}{Z_c} \sum_i E_i e^{-\beta E_i}, \quad (4.9)$$

wobei wiederum an die Definition $\beta = (k_B T)^{-1}$ erinnert sei. Dieses Ergebnis lässt sich auf eine einfachere Weise ausdrücken, da wir den Vorfaktor E_i durch Ableitung der Exponentialfunktion nach $-\beta$ gewinnen können:

$$U = -\frac{1}{Z_c}\frac{\partial}{\partial \beta}\sum_i e^{-\beta E_i} = -\frac{1}{Z_c}\frac{\partial Z_c}{\partial \beta} = -\frac{\partial \ln Z_c}{\partial \beta}. \quad (4.10)$$

Damit erweist sich die gemittelte innere Energie als negative logarithmische Ableitung der Größe Z_c nach dem Parameter β, der die reziproke Temperatur angibt.

Kanonische Zustandssumme

Da der Ausdruck

$$Z_c = \sum_i e^{-E_i/k_B T} \quad (4.11)$$

durch Summation über die Boltzmann-Faktoren aller möglichen, zugänglichen Mikrozustände gewonnen wird, wird er als Zustandssumme des kanonischen Systems oder als *kanonische Zustandssumme* bezeichnet. Wir werden sehen, dass alle thermodynamischen Gleichgewichtseigenschaften eines Systems aus seiner Zustandssumme bestimmt werden können. Die Zustandssumme kann daher als fundamentale Größe beim Aufbau der Thermodynamik verstanden werden.

Bevor wir mit der Behandlung der kanonischen Zustandssumme fortfahren, behandeln wir ein erstes instruktives Beispiel (siehe hierzu „Dia- und Paramagnetismus" in Bd. 3, Abschn. 9.2).

Einfaches Modell eines Paramagneten

Betrachten wir ein System aus N gleichartigen Atomen, von denen jedes den Spin 1/2 und das magnetische Moment m haben möge. Ein äußeres Magnetfeld $\boldsymbol{B}$ gibt eine Richtung vor, bezüglich derer sich der Spin jedes Atoms parallel oder antiparallel ausrichten kann. Wenn wir die mögliche Wechselwirkung zwischen den Atomen vernachlässigen, kann jedes Atom zwei Zustände einnehmen, deren Energien relativ zu einer hier unerheblichen Grundzustandsenergie durch $E_\pm = \mp mB$ gegeben sind. Die kanonische Zustandssumme eines einzelnen Atoms, auch Einteilchen-Zustandssumme genannt, ist demnach

$$Z_c = e^{\beta mB} + e^{-\beta mB} = 2\cosh \beta mB, \quad (4.12)$$

wobei der hyperbolische Kosinus auftritt. Dieses eine Atom trägt die mittlere Energie

$$\langle E \rangle = -\frac{\partial \ln Z_c}{\partial \beta} = -mB \tanh \beta mB \quad (4.13)$$

zur inneren Energie des Gesamtsystems bei. Da alle Atome als gleichartig betrachtet werden, ist die gesamte gemittelte innere Energie

$$U = -mBN \tanh \beta mB. \quad (4.14)$$

Die mittlere Magnetisierung M des Systems ergibt sich ähnlich durch den N-fachen Mittelwert des magnetischen Moments unter Berücksichtigung seiner Ausrichtung im Magnetfeld. Zunächst ist

$$\langle m \rangle = \frac{1}{Z}\left(m e^{\beta mB} - m e^{-\beta mB}\right) = m \tanh \beta mB, \quad (4.15)$$

woraus für das Gesamtsystem die mittlere Magnetisierung

$$M = N\langle m \rangle = Nm \tanh \beta mB \quad (4.16)$$

folgt (Abb. 4.4). Im Grenzfall sehr kleiner oder sehr großer Argumente ist

$$\tanh x \approx \begin{cases} x & (x \ll 1) \\ 1 & (x \gg 1) \end{cases}. \quad (4.17)$$

Für kleine Temperaturen $k_B T \ll mB$ geht die Magnetisierung daher gegen $M \to Nm$, während sie sich für hohe Temperaturen $k_B T \gg mB$ wie

$$M = N\frac{m^2 B}{k_B T} \quad (4.18)$$

verhält. Dieses Verhalten, $M \propto T^{-1}$, ist das Curie'sche Gesetz.

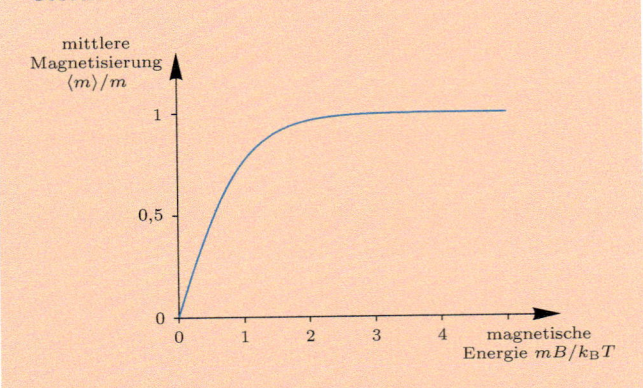

Abb. 4.4 Mittlere Magnetisierung $\langle m \rangle/m$ in Einheiten des magnetischen Moments m als Funktion des Verhältnisses βmB zwischen der magnetischen und der thermischen Energie ◄

Frage 2

Leiten Sie die Grenzfälle her, die in (4.17) für den hyperbolischen Tangens angegeben wurden.

Die kanonische Zustandssumme kann auch zur Berechnung weiterer Mittelwerte herangezogen werden. In (2.30) haben wir mittlere verallgemeinerte Kräfte X als Mittelwerte von Ableitungen der Energie nach solchen äußeren Parametern a eingeführt, von denen die Hamilton-Funktion der mikroskopischen Freiheitsgrade abhängt. Infinitesimale Beträge δW der Arbeit, die das System an seiner Umgebung verrichtet, ergeben sich dann durch

$$\delta W = X\,da = -\left\langle \frac{\partial E_i}{\partial a} \right\rangle da. \qquad (4.19)$$

Mithilfe der Boltzmann-Verteilung können wir den Mittelwert in (4.19) ausführen:

$$\left\langle \frac{\partial E_i}{\partial a} \right\rangle = \frac{1}{Z_c} \sum_i \frac{\partial E_i}{\partial a} e^{-\beta E_i}. \qquad (4.20)$$

Um die Ableitung nach a zu berechnen, können wir die Identität

$$\frac{\partial}{\partial a}\left(e^{-\beta E_i}\right) = -\beta \frac{\partial E_i}{\partial a} e^{-\beta E_i} \qquad (4.21)$$

verwenden, um (4.19) in die Form

$$\delta W = \frac{1}{\beta Z_c} \frac{\partial}{\partial a} \sum_i e^{-\beta E_i}\,da = k_B T \frac{\partial \ln Z_c}{\partial a}\,da \qquad (4.22)$$

zu bringen.

Beispielsweise ist der Druck P die verallgemeinerte Kraft, die zu einer Volumenänderung dV konjugiert ist. Aus dem Ergebnis (4.22) folgt nun, dass sich der Druck aus der Ableitung der Zustandssumme nach dem Volumen ergeben muss:

$$P = k_B T \frac{\partial \ln Z_c}{\partial V}. \qquad (4.23)$$

Frage 3

Betrachten Sie analog zum Druck die Magnetisierung als verallgemeinerte Kraft und überlegen Sie sich deren Zusammenhang mit der kanonischen Zustandssumme.

Bevor wir von dem Zusammenhang (4.23) in konkreten Beispielen Gebrauch machen, stellen wir einen weiteren Zusammenhang zur Thermodynamik her.

Dazu fassen wir die Zustandssumme als Funktion der Temperatur, ausgedrückt durch β, und eines äußeren Parameters a auf, der stellvertretend für mehrere äußere Parameter der Hamilton-Funktion stehen kann. Das Differenzial des Logarithmus der Zustandssumme ist dann

$$d\ln Z_c = \frac{\partial \ln Z_c}{\partial \beta}d\beta + \frac{\partial \ln Z_c}{\partial a}da. \qquad (4.24)$$

Setzen wir hier die Ergebnisse (4.10) und (4.22) ein, folgt

$$d\ln Z_c = -U d\beta + \beta \delta W = -d(U\beta) + \beta dU + \beta \delta W \qquad (4.25)$$

und daraus

$$d(\ln Z_c + \beta U) = \frac{1}{k_B T}(dU + \delta W) = \frac{\delta Q}{k_B T}, \qquad (4.26)$$

wobei im letzten Schritt der erste Hauptsatz verwendet wurde. Wegen $\delta Q = T dS$ für reversible Vorgänge ergibt die letzte Gleichung, integral formuliert:

$$S = k_B(\ln Z_c + \beta U) + C. \qquad (4.27)$$

Die Integrationskonstante C kann als Referenzwert in die Entropie S absorbiert werden. Dann erhalten wir nach Multiplikation mit der Temperatur T:

$$-k_B T \ln Z_c = U - TS. \qquad (4.28)$$

Die Differenz $U - TS$ haben wir als Legendre-Transformierte der inneren Energie kennengelernt und als Helmholtz'sche freie Energie F bezeichnet.

Kanonische Zustandssumme und freie Energie

Der Logarithmus der kanonischen Zustandssumme erweist sich damit als proportional zur Helmholtz'schen freien Energie:

$$F = -k_B T \ln Z_c. \qquad (4.29)$$

Dies ist völlig analog zu dem Zusammenhang

$$S = k_B \ln \Omega, \qquad (4.30)$$

den Boltzmann zwischen der Entropie und dem Phasenraumvolumen hergestellt hatte. Das Phasenraumvolumen Ω wird analog zur kanonischen Zustandssumme Z_c auch als *mikrokanonische Zustandssumme* bezeichnet.

Fluktuationen

Mithilfe der kanonischen Zustandssumme lässt sich die wichtige Frage leicht beantworten, wie stark die Energie eines kanonischen Ensembles im Gleichgewicht um ihren Mittelwert U fluktuiert. Diese Fluktuation ist durch die Varianz

$$\delta E^2 = \left\langle (E-U)^2 \right\rangle = \left\langle E^2 \right\rangle - U^2 \qquad (4.31)$$

gegeben. Der Mittelwert der quadrierten Energie ist

$$\begin{aligned}\left\langle E^2 \right\rangle &= \frac{1}{Z_c}\sum_i E_i^2 e^{-\beta E_i} = \frac{1}{Z_c}\frac{\partial^2 Z_c}{\partial \beta^2} \\ &= \frac{\partial}{\partial \beta}\left(\frac{1}{Z_c}\frac{\partial Z_c}{\partial \beta}\right) + \frac{1}{Z_c^2}\left(\frac{\partial Z_c}{\partial \beta}\right)^2 \\ &= -\frac{\partial U}{\partial \beta} + U^2,\end{aligned} \qquad (4.32)$$

wobei wir im Übergang von der zweiten auf die dritte Zeile die Beziehung (4.10) verwendet haben. Mit (4.31) folgt daraus das sehr allgemeine Ergebnis

$$\delta E^2 = -\frac{\partial U}{\partial \beta} = -\frac{dT}{d\beta}\frac{\partial U}{\partial T} = k_B T^2 C_V \qquad (4.33)$$

Vertiefung: Gibbs'sches Variationsprinzip

Das Gibbs'sche Variationsprinzip besagt, dass die Entropie (4.43) durch die mikrokanonische Verteilung $\rho_{\mathrm{mc}} = \Omega^{-1}$ maximiert wird, wenn die Energie festgehalten wird, und durch die kanonische Verteilung $\rho_{\mathrm{c}} = Z_{\mathrm{c}}^{-1} \mathrm{e}^{-\beta H}$, falls die Energie *im Mittel* feststeht. Um das zu zeigen, verwenden wir die allgemeingültige Aussage

$$f(\ln f - \ln g) \geq f - g \quad \text{für} \quad f, g \geq 0,$$

wobei Gleichheit genau dann eintritt, wenn $f = g$ ist. Diese Ungleichung folgt daraus, dass der Logarithmus konkav ist.

Frage 4

Überzeugen Sie sich von dieser Ungleichung, indem Sie die Ableitung der beiden Seiten nach f vergleichen und benutzen, dass für $f = g$ die Ungleichung zu einer Gleichung wird.

Sei zunächst die Energie E fest vorgegeben. Dann muss für jede beliebige Phasenraumverteilung ρ die Normierungsbedingung $\int \rho \, \mathrm{d}\Gamma_E = 1$ gelten, wobei sich das Integral nur über denjenigen Teil des Phasenraumes erstreckt, in dem die Energiebedingung $H(x) = E$ erfüllt ist. Dann folgt mit (4.43)

$$\begin{aligned} S(\rho_{\mathrm{mc}}) - S(\rho) &= k_{\mathrm{B}} \int \left(\rho \ln \rho - \Omega^{-1} \ln \Omega^{-1} \right) \mathrm{d}\Gamma_E \\ &= k_{\mathrm{B}} \int \left(\rho \ln \rho - \rho \ln \Omega^{-1} \right) \mathrm{d}\Gamma_E \\ &= k_{\mathrm{B}} \int \rho \left(\ln \rho - \ln \Omega^{-1} \right) \mathrm{d}\Gamma_E \\ &\geq k_{\mathrm{B}} \int \left(\rho - \Omega^{-1} \right) \mathrm{d}\Gamma_E = 0, \end{aligned}$$

denn sowohl ρ als auch Ω^{-1} sind normiert. Nur für $\rho = \rho_{\mathrm{mc}} = \Omega^{-1}$ gilt das Gleichheitszeichen, und dann verschwindet die Entropiedifferenz ganz. Beim Übergang von der ersten auf die zweite Zeile haben wir verwendet, dass

$$\begin{aligned} \int \Omega^{-1} \ln \Omega^{-1} \mathrm{d}\Gamma_E &= \ln \Omega^{-1} = \ln \Omega^{-1} \int \rho \, \mathrm{d}\Gamma_E \\ &= \int \rho \ln \Omega^{-1} \mathrm{d}\Gamma_E \end{aligned}$$

gilt, da Ω konstant ist und alle Verteilungen ρ normiert sein müssen.

Für die kanonische Verteilung muss außer der Normierungsbedingung $\int \rho \, \mathrm{d}\Gamma = 1$ gewährleistet sein, dass die mittlere Energie U für jede Verteilung ρ denselben Wert annimmt, woraus

$$U = \int H \rho_{\mathrm{c}} \, \mathrm{d}\Gamma = \int H \rho \, \mathrm{d}\Gamma$$

folgt. Da aber aufgrund der Definition der kanonischen Verteilung

$$H = -\frac{1}{\beta} \ln (\rho_{\mathrm{c}} Z_{\mathrm{c}})$$

ist, folgt aus der Nebenbedingung

$$\int \rho_{\mathrm{c}} \ln \rho_{\mathrm{c}} \, \mathrm{d}\Gamma = \int \rho \ln \rho_{\mathrm{c}} \, \mathrm{d}\Gamma.$$

Nun können wir wie oben schließen:

$$\begin{aligned} S(\rho_{\mathrm{c}}) - S(\rho) &= k_{\mathrm{B}} \int \left(\rho \ln \rho - \rho_{\mathrm{c}} \ln \rho_{\mathrm{c}} \right) \mathrm{d}\Gamma \\ &= k_{\mathrm{B}} \int \rho \left(\ln \rho - \ln \rho_{\mathrm{c}} \right) \mathrm{d}\Gamma \\ &\geq k_{\mathrm{B}} \int \left(\rho - \rho_{\mathrm{c}} \right) \mathrm{d}\Gamma = 0, \end{aligned}$$

denn wieder sind sowohl ρ als auch ρ_{mc} normiert. Gleichheit tritt abermals nur dann ein, wenn $\rho = \rho_{\mathrm{c}}$ ist.

Auf völlig analoge Weise kann das Gibbs'sche Variationsprinzip auch auf die großkanonische Verteilung erweitert werden.

---

für die Fluktuationen. Falls die Wärmekapazität bei konstantem Volumen nicht von der Temperatur abhängt, ist $U = C_V T$. Dann sind die relativen Fluktuationen $\delta E / U$ durch

$$\frac{\delta E}{U} = \frac{T \sqrt{k_{\mathrm{B}} C_V}}{C_V T} = \sqrt{\frac{k_{\mathrm{B}}}{C_V}} \tag{4.34}$$

gegeben. Für ein ideales Gas, dessen Moleküle f Freiheitsgrade haben, ist zudem $C_V = f N k_{\mathrm{B}} / 2$, sodass für ein solches System gilt:

$$\frac{\delta E}{U} = \sqrt{\frac{2}{fN}} \tag{4.35}$$

Für Systeme aus vielen Teilchen ist dies eine sehr kleine Zahl: Für eine Stoffmenge von einem Mol, $N = N_{\mathrm{A}}$, betragen die relativen Fluktuationen der inneren Energie $\delta E / U \approx 10^{-12}$. Im thermodynamischen Limes $N \to \infty$ verschwinden die Fluktuationen ganz.

Entropie und Besetzungswahrscheinlichkeit

Wie wir in (4.9) gesehen haben, kann die innere Energie in einem kanonischen Ensemble durch

$$U = \sum_i p_i E_i \quad \text{mit} \quad p_i = \frac{e^{-\beta E_i}}{Z_c} \quad (4.36)$$

geschrieben werden, wobei die p_i die Boltzmann'schen Wahrscheinlichkeiten sind, in dem betrachteten System die Energie E_i zu finden. Das Differenzial der inneren Energie ist demnach

$$dU = \sum_i (E_i dp_i + p_i dE_i) \,. \quad (4.37)$$

Aus (4.22) folgern wir

$$\delta W = \frac{1}{\beta Z_c} \frac{\partial}{\partial a} \sum_i e^{-\beta E_i} da = -\frac{1}{Z_c} \sum_i \left(\frac{\partial E_i}{\partial a} da\right) e^{-\beta E_i}$$
$$= -\sum_i p_i dE_i \,. \quad (4.38)$$

Verwenden wir dieses Ergebnis zusammen mit (4.37) und verbinden es mit dem ersten Hauptsatz, folgt

$$\delta Q = \sum_i E_i dp_i \,. \quad (4.39)$$

Arbeit und Wärme

Die Zwischenergebnisse (4.38) und (4.39) sind für die Deutung der Begriffe „Arbeit" und „Wärme" höchst interessant. Im Einklang mit unserer Diskussion in Abschn. 2.1 zeigen sie erneut, dass Arbeit diejenige Form der Energieänderung ist, die durch Änderung der Zustandsenergien E_i selbst zustande kommt, während die Besetzungswahrscheinlichkeiten p_i unverändert bleiben. Umgekehrt sind Energieänderungen aufgrund von Wärmezu- oder -abfluss dadurch bedingt, dass bei unveränderten Zustandsenergien die Besetzungswahrscheinlichkeiten verändert werden.

Nun verwenden wir den Ausdruck (4.27) für die Entropie, setzen dort (4.36) ein:

$$S = k_B \left(\ln Z_c + \beta \sum_i p_i E_i\right), \quad (4.40)$$

und verwenden

$$E_i = -\frac{1}{\beta} \ln(p_i Z_c) \,, \quad (4.41)$$

was direkt aus der Boltzmann'schen Wahrscheinlichkeitsverteilung (4.8) folgt. Daraus ergibt sich

$$S = k_B \left(\ln Z_c - \sum_i p_i \ln(p_i Z_c)\right). \quad (4.42)$$

Entropie als Maß für Wahrscheinlichkeitsverteilungen

Da die Summe über alle Wahrscheinlichkeiten p_i eins ergeben muss, hebt sich der Logarithmus der Zustandssumme aus (4.42) heraus, und es bleibt der Ausdruck

$$S = -k_B \sum_i p_i \ln p_i \quad (4.43)$$

für die Entropie. Im Fall kontinuierlicher Wahrscheinlichkeitsverteilungen ρ wird die Summe durch ein Integral über $\rho \ln \rho$ ersetzt.

In dieser Form wird die Entropie auch häufig außerhalb der Thermodynamik und der statistischen Physik verwendet, wenn ganz allgemeine Wahrscheinlichkeitsverteilungen bewertet werden sollen. Der Ausdruck (4.43), der zuerst 1929 von *Leo Szilard* (ungarisch-deutsch-amerikanischer Physiker und Molekularbiologe, 1898–1964) im Zusammenhang mit der Austreibung des Maxwell'schen Dämons aufgestellt wurde, ist eng mit der sogenannten Shannon-Entropie verwandt, die in der Informationstheorie als Maß für den Informationsgehalt von Wahrscheinlichkeitsverteilungen verwendet wird.

Kontinuierliche Zustände

Der Einfachheit halber haben wir die kanonische Zustandssumme hergeleitet, indem wir diskrete Mikrozustände nummeriert haben, die dem System zugänglich waren. Ebenso gut können wir über den zugänglichen Bereich des Phasenraumes integrieren, wie wir das bereits in (2.11) zur Bestimmung der Anzahl zugänglicher Mikrozustände Ω getan haben:

$$\Omega(U) = \int_\Gamma \chi_{\delta E}(H(x) - E) \, d\Gamma \,. \quad (4.44)$$

Dabei war $\chi_{\delta E}(E)$ die charakteristische Funktion der Energieschale, die dort gleich eins ist, wo $E \leq H(x) \leq E + \delta E$ erfüllt ist, und überall sonst verschwindet. Den Systemen eines kanonischen Ensembles wird die Energie nicht mehr fest vorgegeben, sodass die charakteristische Funktion entfällt. Stattdessen tritt der Boltzmann-Faktor auf, der die Mikrozustände im Phasenraum gewichtet. Die kanonische Zustandssumme entspricht dann dem Integral

$$Z_c = \int \exp(-\beta H(x)) \, d\Gamma \,. \quad (4.45)$$

Beachten Sie, dass im Integralmaß $d\Gamma$, definiert in (2.7), durch das hier noch beliebige Volumen $h_0^{\mathcal{F}}$ einer Zelle im $2\mathcal{F}$-dimensionalen Phasenraum geteilt wird. Die Funktion $H(x)$ ist wieder die Hamilton-Funktion des Systems, die im Allgemeinen von allen Phasenraumkoordinaten x abhängt.

Vertiefung: Shannon-Entropie
Entropie und Informationsgehalt von Verteilungen

Eine aufschlussreiche Deutung der Entropie ergibt sich aus der Frage, wie der Informationsgehalt von Wahrscheinlichkeitsverteilungen bewertet werden könnte. Sei also w eine Wahrscheinlichkeitsverteilung auf einer Ergebnismenge Ω. Wir suchen ein *Funktional* $w \mapsto J[w]$, das der Wahrscheinlichkeitsverteilung w eine reelle Zahl $J[w]$ zuordnet, die den Informationsgehalt von w angibt.

Ohne Beschränkung der Allgemeinheit nehmen wir an, dass Ω abzählbar sei und w daher durch die Wahrscheinlichkeiten $\{P_i\}$ mit $1 \leq i \leq N \in \mathbb{N}$ der Ergebnisse $\omega_i \in \Omega$ ausgedrückt werden kann. Nun fassen wir die Ergebnisse zu disjunkten *Ereignissen* $\Omega_\alpha \subset \Omega$ mit $1 \leq \alpha \leq n$ zusammen, die jeweils n_α Ergebnisse enthalten, und bezeichnen die Ergebnisse, die zum Ereignis Ω_α gehören, mit ω_j^α. Für die Wahrscheinlichkeiten $\bar{P}_\alpha$ dieser Ereignisse Ω_α muss gelten

$$P_i = P\left(\omega_j^\alpha \mid \Omega_\alpha\right) \bar{P}_\alpha , \tag{4.46}$$

d. h. die Wahrscheinlichkeit für das Ergebnis $\omega_i = \omega_j^\alpha$ ist gleich der Wahrscheinlichkeit für das Ereignis Ω_α, multipliziert mit der bedingten Wahrscheinlichkeit, dass innerhalb von Ω_α das Ergebnis ω_j^α eintritt. Insbesondere folgt daraus

$$P\left(\omega_j^\alpha \mid \Omega_\alpha\right) = \frac{P_i}{\bar{P}_\alpha} . \tag{4.47}$$

An das Funktional J richten wir nun folgende Forderungen:

(a) J sei stetig und symmetrisch in seinen Argumenten.
(b) Für die Gleichverteilung werde J maximal,

$$J(P_1, \ldots, P_N) \leq J\left(\frac{1}{N}, \ldots, \frac{1}{N}\right) =: L(N) , \tag{4.48}$$

wobei die hier eingeführte Funktion $L(N)$ monoton mit N wachsen soll.
(c) Schließlich verlangen wir noch, dass das Funktional im folgenden Sinn additiv sei,

$$J(P_1, \ldots, P_N) = J(\bar{P}_1, \ldots, \bar{P}_n) + \sum_{\alpha=1}^n J\left(\frac{P_1^\alpha}{\bar{P}_\alpha}, \ldots, \frac{P_{n_\alpha}^\alpha}{\bar{P}_\alpha}\right) \bar{P}_\alpha . \tag{4.49}$$

Für den Wert des Funktionals J ist es dann unerheblich, zu welchen Ereignissen die Ergebnismenge Ω zusammengefasst wird.

Der *Shannon'sche Satz* (Claude E. Shannon, 1916–2001, amerikanischer Mathematiker) besagt nun, dass J unter diesen Voraussetzungen eindeutig durch den Ausdruck

$$J(P_1, \ldots, P_N) = -\kappa \sum_{i=1}^N P_i \ln P_i , \quad \kappa > 0 \tag{4.50}$$

gegeben ist.

Zum Beweis stellen wir zunächst fest, dass es wegen der vorausgesetzten Stetigkeit von J genügt, die Behauptung für rationale $P_i \in \mathbb{Q}$ zu zeigen. Dann können wir durch eine geeignete Aufteilung von Ω in N gleich wahrscheinliche Ergebnisse erreichen, dass $P_i = N^{-1}$ ist.

Die Wahrscheinlichkeit für ein Ereignis $\Omega_\alpha \subset \Omega$ aus n_α solchen Ergebnissen ist dann

$$\bar{P}_\alpha = \frac{n_\alpha}{N} , \tag{4.51}$$

und für ein beliebiges Ergebnis $\omega_i = \omega_j^\alpha$ aus dem Ereignis Ω_α gilt die bedingte Wahrscheinlichkeit

$$\frac{P_j^\alpha}{\bar{P}_\alpha} = \frac{1}{N} \frac{N}{n_\alpha} = \frac{1}{n_\alpha} . \tag{4.52}$$

Mit dieser Wahl der P_i und der $\bar{P}_\alpha$ folgt zunächst aus (4.49)

$$L(N) = J(\bar{P}_1, \ldots, \bar{P}_n) + \sum_{\alpha=1}^n \frac{n_\alpha}{N} L(n_\alpha) . \tag{4.53}$$

Wenn die n Ereignisse Ω_α ebenfalls so festgelegt wurden, dass sie gleich wahrscheinlich sind, können wir $n_\alpha = k$ setzen und haben $N = kn$ ebenso wie $\bar{P}_\alpha = n_\alpha/N = n^{-1}$. Dann folgt aus (4.53)

$$L(kn) = L(n) + L(k) . \tag{4.54}$$

Zusammen mit der Forderung, dass L monoton wachsen solle, wird diese Bedingung nur durch $L(n) = \kappa \ln n$ mit $\kappa > 0$ erfüllt. Mit dieser Festlegung für L erhalten wir aus (4.53)

$$\begin{aligned}J(\bar{P}_1, \ldots, \bar{P}_n) &= \kappa \left(\ln N - \sum_{\alpha=1}^n \bar{P}_\alpha \ln n_\alpha\right) \\ &= -\kappa \sum_{\alpha=1}^n \bar{P}_\alpha \ln \bar{P}_\alpha ,\end{aligned} \tag{4.55}$$

wobei im letzten Schritt verwendet wurde, dass $\sum \bar{P}_\alpha = 1$ sein muss.

Durch den Shannon'schen Satz erweist sich zunächst das statistische Grundpostulat als die Forderung, dass der Informationsgehalt der Verteilung eines Systems über die ihm zugänglichen Mikrozustände minimal wird. Das ist das *Prinzip des minimalen Vorurteils*, das von dem amerikanischen Physiker Edwin T. Jaynes (1922–1998) im Jahr 1957 aufgestellt wurde. Zugleich erweist sich die Entropie als das Shannon'sche Informationsmaß J, d. h. die Entropie eines Systems wird umso größer, je weniger Information der Verteilung dieses Systems auf die ihm zugänglichen Mikrozustände zugeordnet werden kann.

4.1 Mathematischer Hintergrund: Gauß'sche Integrale

Wegen der zentralen Rolle kanonischer Zustandssummen und ihrer Ableitungen treten Integrale der Form

$$\int_0^\infty x^n e^{-ax^2} dx \tag{1}$$

in der Thermodynamik und in der statistischen Physik so häufig auf, dass eine Übersicht über ihre Berechnung angebracht ist.

Für $n = 0$ ist dieses Integral durch den Übergang in zwei Dimensionen leicht zu lösen, was bereits im Kasten „Vertiefung: Das uneigentliche Integral über die Gauß'sche Glockenkurve" in Bd. 2, Abschn. 3.1 gezeigt wurde:

$$\int_0^\infty e^{-ax^2} dx = \frac{1}{2} \int_{-\infty}^\infty e^{-ax^2} dx = \frac{1}{2\sqrt{a}} \int_{-\infty}^\infty e^{-z^2} dz \tag{2}$$
$$= \frac{1}{2}\sqrt{\frac{\pi}{a}}.$$

Dabei haben wir $ax^2 = z^2$ substituiert.

Für $n = 1$ reicht die Substitution $z = ax^2$ zur Lösung aus:

$$\int_0^\infty x e^{-ax^2} dx = \frac{1}{2a} \int_0^\infty e^{-z} dz = \frac{1}{2a}. \tag{3}$$

Für Exponenten $n > 1$ integrieren wir partiell,

$$\int_0^\infty x^n e^{-ax^2} dx = \int_0^\infty x^{n-1} \left(x e^{-ax^2} \right) dx$$
$$= -\frac{x^{n-1}}{2a} e^{-ax^2} \Big|_0^\infty + \frac{n-1}{2a} \int_0^\infty x^{n-2} e^{-ax^2} dx$$
$$= \frac{n-1}{2a} \int_0^\infty x^{n-2} e^{-ax^2} dx, \tag{4}$$

denn der Randterm verschwindet für $n > 1$. Aus den bisherigen Ergebnissen lassen sich nun beliebige weitere Gauß'sche Integrale konstruieren. Bis $n = 4$ lauten sie

$$\int_0^\infty x^2 e^{-ax^2} dx = \frac{1}{4a}\sqrt{\frac{\pi}{a}},$$
$$\int_0^\infty x^3 e^{-ax^2} dx = \frac{1}{2a^2}, \tag{5}$$
$$\int_0^\infty x^4 e^{-ax^2} dx = \frac{3}{8a^2}\sqrt{\frac{\pi}{a}}.$$

Für physikalische Argumente ist es oft wichtig, dass die Gauß'schen Integrale mit Exponent n proportional zu $a^{-(n+1)/2}$ sind.

Ein einfaches, aber wichtiges Beispiel für die kontinuierliche Boltzmann-Verteilung ist die Maxwell'sche Geschwindigkeitsverteilung. Ausgedrückt durch die Geschwindigkeit ist die Hamilton-Funktion eines freien Gasteilchens

$$H(x) = \frac{\mathbf{p}^2}{2m} = \frac{m\mathbf{v}^2}{2}. \tag{4.56}$$

Da hier keine potenzielle Energie auftritt, die verschiedene Teilchen aneinanderkoppeln könnte, zerfällt die Zustandssumme in lauter gleiche Einteilchen-Beiträge, in denen jeweils über den Boltzmann-Faktor eines einzelnen Teilchens summiert wird. Dies wird im Beispielkasten „Zustandssumme eines idealen Gases" wieder aufgegriffen. Daher ergibt die Boltzmann-Verteilung mit der Hamilton-Funktion eines einzelnen freien Gasteilchens direkt die Geschwindigkeitsverteilung

$$p(\mathbf{v}) d\mathbf{v} \propto 4\pi \mathbf{v}^2 \exp\left(-\frac{m\mathbf{v}^2}{2k_B T}\right) d\mathbf{v}, \tag{4.57}$$

wobei der Faktor $4\pi \mathbf{v}^2 d\mathbf{v}$ das isotrope Volumenelement in Kugelkoordinaten ist und v für den Betrag des Geschwindigkeitsvektors $\mathbf{v}$ steht. Normierung mithilfe eines der Gauß'schen Integrale aus dem „Mathematischen Hintergrund" 4.1 ergibt

$$p(\mathbf{v}) d\mathbf{v} = 4\pi \left(\frac{m}{2\pi k_B T}\right)^{3/2} \mathbf{v}^2 \exp\left(-\frac{m\mathbf{v}^2}{2k_B T}\right) d\mathbf{v}, \tag{4.58}$$

was wir in (2.152) auf einem ganz anderen Weg gefunden haben. Wir werden es gleich als unmittelbare Folge des Gleichverteilungssatzes erkennen, dass das mittlere Geschwindigkeitsquadrat der Gasteilchen durch

$$\langle \mathbf{v}^2 \rangle = \frac{3k_B T}{m} \tag{4.59}$$

gegeben sein muss. Damit lässt sich die Maxwell'sche Geschwindigkeitsverteilung in die etwas einfachere Form

$$p(\mathbf{v}) d\mathbf{v} = 6\sqrt{\frac{3}{2\pi}} \frac{\mathbf{v}^2}{\langle \mathbf{v}^2 \rangle^{3/2}} \exp\left(-\frac{3}{2} \frac{\mathbf{v}^2}{\langle \mathbf{v}^2 \rangle}\right) d\mathbf{v} \tag{4.60}$$

bringen, die nur noch das Verhältnis der Geschwindigkeit zum mittleren Geschwindigkeitsbetrag $\langle \mathbf{v}^2 \rangle^{1/2}$ enthält (Abb. 4.5).

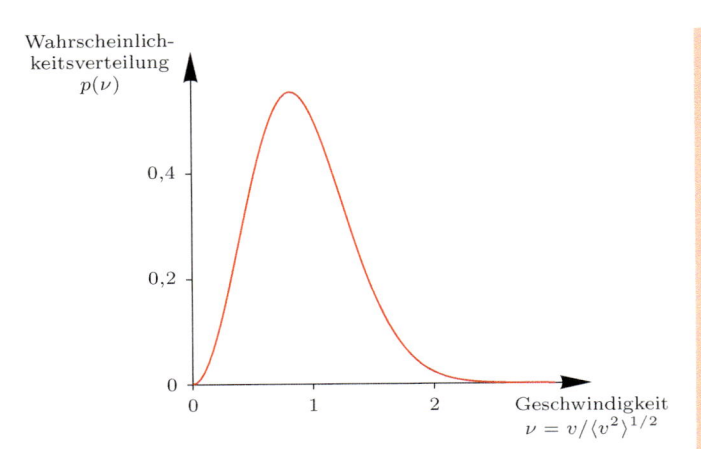

Abb. 4.5 Die Maxwell'sche Geschwindigkeitsverteilung, dargestellt als Funktion des dimensionslosen Geschwindigkeitsverhältnisses $\nu := v/\langle v^2\rangle^{1/2}$

Zustandssumme eines idealen Gases

Betrachten wir abermals ein einatomiges ideales Gas aus N Teilchen, die sich im Volumen V aufhalten. Es ist gerade dadurch gekennzeichnet, dass seine Teilchen nur durch direkte Stöße wechselwirken (schlagen Sie dazu noch einmal den Achtung-Kasten in Abschn. 2.1 nach). Insbesondere tritt deswegen keine potenzielle Energie auf, welche die Teilchen relativ zueinander haben könnten. Die Hamilton-Funktion ist deswegen schlicht durch die Summe der kinetischen Energien aller Teilchen bzw. aller Freiheitsgrade gegeben:

$$H(x) = \sum_{i=1}^{N} \frac{p_i^2}{2m}, \quad (4.61)$$

wenn alle Teilchen dieselbe Masse m haben. Im Boltzmann-Faktor tritt daher eine Summe auf, zu der jedes Teilchen denselben Beitrag liefert, der von allen anderen Teilchen unabhängig ist:

$$e^{-\beta H(x)} = \exp\left(-\beta \sum_{i=1}^{N} \frac{p_i^2}{2m}\right) = \prod_{i=1}^{N} \exp\left(-\frac{\beta p_i^2}{2m}\right). \quad (4.62)$$

Die Volumenintegration, die Bestandteil des Phasenraumintegrals (4.45) ist, ergibt für jeden Freiheitsgrad das Volumen V, da die Hamilton-Funktion nicht von den Ortskoordinaten abhängt.

Da der Integrand gemäß (4.62) faktorisiert und jedes Teilchen denselben Beitrag liefert, können wir fortfahren, indem wir schreiben:

$$Z_c = \left[\frac{V}{h_0^3} \int \exp\left(-\frac{\beta p^2}{2m}\right) d^3p\right]^N. \quad (4.63)$$

Das verbleibende Impulsintegral lässt sich am besten berechnen, indem man ausnutzt, dass es in drei gleiche, unabhängige Integrale über die Impulskomponenten faktorisiert:

$$\int \exp\left(-\frac{\beta p^2}{2m}\right) d^3p = \left[\int_{-\infty}^{\infty} \exp\left(-\frac{\beta p_x^2}{2m}\right) dp_x\right]^3$$
$$= \left(\frac{2\pi m}{\beta}\right)^{3/2} = (2\pi m k_B T)^{3/2}, \quad (4.64)$$

wobei wir auf eines der Gauß'schen Integrale aus dem „Mathematischen Hintergrund" 4.1 zurückgegriffen haben. Die kanonische Zustandssumme des idealen Gases ist daher

$$Z_c = \left[\frac{V}{h_0^3}(2\pi m k_B T)^{3/2}\right]^N. \quad (4.65)$$

Leiten wir ihren natürlichen Logarithmus nach dem Volumen ab und multiplizieren mit $k_B T$, erhalten wir gemäß (4.23) den Druck

$$P = k_B T \frac{\partial}{\partial V}(N \ln V + \text{const}) = \frac{N k_B T}{V} \quad (4.66)$$

und damit die Zustandsgleichung des idealen Gases. ◂

Frage 5

Welcher Ausdruck für die innere Energie folgt aus der genannten kanonischen Zustandssumme des idealen Gases (siehe hierzu (4.10))?

Der Gleichverteilungssatz

Betrachten wir nun allgemein ein System mit $\mathcal{F}$ Freiheitsgraden, von denen wir den Freiheitsgrad i willkürlich herausgreifen. Ohne erhebliche Einschränkung der Allgemeinheit nehmen wir an, dass wir die Hamilton-Funktion des Gesamtsystems in der Weise

$$H(x) = \epsilon_i(p_i) + H'(q_1, \ldots, q_{\mathcal{F}}, p_1, \ldots p_{i-1}, p_{i+1}, \ldots, p_{\mathcal{F}}) \quad (4.67)$$

schreiben können. Das bedeutet, dass wir lediglich annehmen, dass wir aus der gesamten Hamilton-Funktion $H(x)$ aller Freiheitsgrade die kinetische Energie ϵ_i des Freiheitsgrades i abspalten können. Die mittlere kinetische Energie dieses Freiheitsgrades ist dann

$$\langle \epsilon_i \rangle = \frac{1}{Z} \int \epsilon_i \exp(-\beta \epsilon_i - \beta H') d\Gamma$$
$$= \frac{\int \epsilon_i \exp(-\beta \epsilon_i - \beta H') d\Gamma}{\int \exp(-\beta \epsilon_i - \beta H') d\Gamma}. \quad (4.68)$$

Bezeichnen wir mit $d\Gamma'$ das gesamte infinitesimale Phasenraumelement mit Ausnahme von dp_i, so ist $d\Gamma = dp_i d\Gamma'$, und wir können

$$\langle \epsilon_i \rangle = \frac{\int \epsilon_i e^{-\beta \epsilon_i} dp_i}{\int e^{-\beta \epsilon_i} dp_i} \qquad (4.69)$$

schreiben, da sich die Integrale über $d\Gamma'$ aus dem Zähler und dem Nenner wegheben. Nehmen wir nun zusätzlich an, dass die kinetische Energie ϵ_i quadratisch in p_i sei:

$$\epsilon_i = a_i p_i^2, \qquad (4.70)$$

dann können die verbleibenden Integrale in (4.69) leicht ausgeführt werden. Dann ist der Zähler

$$a_i \int_{-\infty}^{\infty} p_i^2 e^{-\beta a_i p_i^2} dp_i = \frac{1}{2}\sqrt{\frac{\pi}{a_i \beta^3}}, \qquad (4.71)$$

während der Nenner

$$\int_{-\infty}^{\infty} e^{-\beta a_i p_i^2} dp_i = \sqrt{\frac{\pi}{a_i \beta}} \qquad (4.72)$$

beträgt.

Gleichverteilungssatz

Unter den sehr allgemeinen beiden Annahmen, dass die kinetische Energie jedes Freiheitsgrades aus der Hamilton-Funktion abgespalten werden kann und quadratisch im jeweiligen Impuls ist, haben wir daher das einfache und weitreichende Ergebnis erhalten, dass die mittlere kinetische Energie des beliebig herausgegriffenen Freiheitsgrades i, und damit jedes Freiheitsgrades, einfach durch

$$\langle \epsilon_i \rangle = \frac{1}{2\beta} = \frac{k_B T}{2} \qquad (4.73)$$

gegeben ist. Dies ist der *Gleichverteilungssatz*.

Achtung Die p_i in der Herleitung des Gleichverteilungssatzes sind die verallgemeinerten Impulse der Freiheitsgrade. Insbesondere kann es sich dabei neben den üblichen linearen Impulsen auch um Drehimpulse handeln, weshalb der Gleichverteilungssatz z. B. auch für Rotationsfreiheitsgrade gilt, in deren kinetische Energie der jeweilige Drehimpuls quadratisch eingeht. ◂

Insbesondere wegen seiner sehr allgemeingültigen Voraussetzungen ist der Gleichverteilungssatz sehr mächtig. Er erlaubt Schlussfolgerungen über innere Energien und damit auch über Wärmekapazitäten in thermodynamischen Systemen ohne lange Rechnung. Wir betrachten hier zwei Beispiele, von denen das erste ein bekanntes Ergebnis reproduziert.

Energie eines einatomigen idealen Gases

Die Teilchen eines einatomigen idealen Gases haben nur die drei Freiheitsgrade der Translation. Dem Gleichverteilungssatz zufolge muss die innere Energie eines solchen idealen Gases daher

$$U = \frac{3}{2} N k_B T \qquad (4.74)$$

sein. Entsprechend ist seine Wärmekapazität bei konstantem Volumen

$$C_V = \frac{3}{2} N k_B. \qquad (4.75)$$

Aus der mittleren Energie eines Teilchens folgt das mittlere Geschwindigkeitsquadrat

$$\langle v^2 \rangle = \frac{3}{2} k_B T \cdot \frac{2}{m} = \frac{3 k_B T}{m}, \qquad (4.76)$$

wenn m die Masse eines Gasteilchens ist. ◂

Das zweite Beispiel soll insbesondere dazu dienen, die Aussage des Gleichverteilungssatzes zu schärfen und darauf hinzuweisen, dass bei seiner Anwendung Sorgfalt geboten ist. Vergegenwärtigen wir uns zur Vorbereitung noch einmal, was der Gleichverteilungssatz aufgrund seiner Herleitung genau aussagen kann: Er gibt an, dass die mittlere kinetische Energie pro Freiheitsgrad gerade gleich $k_B T/2$ ist. Streng genommen muss auch diese Aussage noch dahingehend präzisiert werden, dass jeder Freiheitsgrad, dessen Beitrag zur kinetischen Energie quadratisch im Impuls ist, im Mittel die Energie $k_B T/2$ bekommt.

Nun könnte man versucht sein, daraus zu schließen, dass die mittlere innere Energie eines kanonischen Ensembles aus N Teilchen immer gleich $(Nf/2)k_B T$ sein könnte, aber dies ist keineswegs der Fall: Die innere Energie schließt auch die potenzielle Energie der Teilchen ein, über die der Gleichverteilungssatz keine Aussage trifft. Betrachten wir als Beispiel dazu ein kanonisches System, das aus N harmonisch gebundenen Teilchen bestehen soll. Es kann als einfaches Modell eines Festkörpers dienen.

Innere Energie eines Festkörpers

Nehmen wir an, die Teilchen eines Festkörpers seien harmonisch gebunden, sodass die Hamilton-Funktion eines Teilchens

$$H = \frac{p^2}{2m} + \frac{m}{2}\omega_0^2 q^2 \qquad (4.77)$$

ist. Jedes Teilchen hat in jeder Raumrichtung einen Freiheitsgrad der Translation. Die mittlere kinetische Energie jedes Teilchens ist daher dem Gleichverteilungssatz zufolge gleich $(3/2)k_\mathrm{B}T$, sodass die gesamte mittlere kinetische Energie der Teilchen des Festkörpers gleich

$$\langle E_\mathrm{kin} \rangle = \frac{3N}{2} k_\mathrm{B} T \qquad (4.78)$$

ist. Das ist jedoch noch nicht die mittlere innere Energie, weil die Beiträge der mittleren potenziellen Energie noch fehlen! Wie groß diese sind, teilt uns das Virialtheorem mit (Bd. 1, Abschn. 3.7). Es besagt, dass die mittleren kinetischen und potenziellen Energien eines Testteilchens in einem Kraftfeld in dem Zusammenhang

$$\langle E_\mathrm{kin} \rangle = \frac{a}{b} \langle E_\mathrm{pot} \rangle \qquad (4.79)$$

zueinander stehen, wenn die kinetische Energie eine homogene Funktion vom Grad b im Impuls und die potenzielle Energie eine homogene Funktion vom Grad a im Ort ist. (*Zur Erinnerung*: Homogene Funktionen werden im „Mathematischen Hintergrund" 1.1 besprochen.)

Insbesondere ist die kinetische Energie üblicherweise eine homogene Funktion vom Grad 2 im Impuls, in welchem Fall also $b = 2$ ist. Das harmonische Potenzial ist quadratisch im Ort oder homogen vom Grad 2, sodass in diesem Fall auch $a = 2$ gilt. Für harmonische Oszillatoren sind also die mittleren kinetischen und potenziellen Energien gerade gleich.

Die gesamte innere Energie unseres Festkörpermodells ist daher gerade doppelt so groß wie die mittlere kinetische Energie aller seiner Teilchen:

$$U = 3Nk_\mathrm{B}T. \qquad (4.80)$$

Dazu gehört die Wärmekapazität bei konstantem Volumen

$$C_V = 3Nk_\mathrm{B} \qquad (4.81)$$

bzw. die molare Wärmekapazität

$$c_V^\mathrm{mol} = 3R \approx 24{,}94 \,\frac{\mathrm{J}}{\mathrm{mol\,K}}. \qquad (4.82)$$

Wir werden in Abschn. 5.7 sehen, dass diese Betrachtung Quanteneffekte außer acht lässt und daher nur bei genügend hohen Temperaturen gilt. Dennoch folgen die Wärmekapazitäten vieler Festkörper bei ausreichend hohen Temperaturen dieser Erwartung gut, die als das *Dulong-Petit'sche Gesetz* bezeichnet wird (benannt nach den beiden französischen Physikern *Pierre Louis Dulong*, 1785–1838, und *Alexis Thérèse Petit*, 1791–1820).

Beispielsweise haben Aluminium und Kupfer bei 20° C jeweils molare Wärmekapazitäten von $\approx 24\,\mathrm{J\,mol^{-1}\,K^{-1}}$.

Da beim harmonischen Oszillator auch die potenzielle Energie quadratisch in den Ortskoordinaten ist, lässt sich das Argument auch auf die potenzielle Energie anwenden, das oben zur Herleitung des Gleichverteilungssatzes verwendet wurde. Eine entsprechende alternative Herleitung führt zu demselben Ergebnis für die innere Energie und die Wärmekapazität. ◂

Frage 6

Die Annahme, dass die kinetische Energie quadratisch im Impuls ist, scheint sehr allgemeingültig zu sein. Kennen Sie Ausnahmen?

4.3 Großkanonische Zustandssumme und großkanonisches Potenzial

Erweiterung durch Teilchenaustausch

Ähnlich wie beim Übergang vom mikrokanonischen zum kanonischen Ensemble lassen wir nun eine weitere Einschränkung wegfallen, nämlich die, dass die betrachteten Systeme gegen Teilchenaustausch mit ihrer Umgebung isoliert seien. Wiederum stellen wir uns vor, dass die betrachteten Systeme als kleine Teilsysteme großer Gesamtsysteme realisiert sind, die nach außen abgeschlossen sind. Demnach können wir für die Gesamtsysteme das statistische Grundpostulat voraussetzen.

Jedes Gesamtsystem wird wieder in zwei Teilsysteme S_1 und S_2 unterteilt, von denen S_2 wesentlich kleiner als S_1 sei. Zwischen den beiden Teilsystemen wird nun sowohl Energie- als auch Teilchenaustausch zugelassen. Die Menge aller so realisierten Teilsysteme S_2 wird als ein großkanonisches Ensemble bezeichnet. Uns interessiert wieder die Wahrscheinlichkeit p_i, ein System eines solchen großkanonischen Ensembles in einem Mikrozustand i anzutreffen, der durch die Energie E_i und die Teilchenzahl N_i gekennzeichnet ist. Wir führen eine ganz ähnliche Betrachtung durch wie bei der Bestimmung der kanonischen Verteilung, zerlegen sie aber nun in zwei Schritte: Zunächst werden dem System S_2 aus dem Reservoir N Teilchen zugeordnet, mit denen dann der Mikrozustand i mit der Energie $E_i(N)$ realisiert wird. Diese gedachte Zweiteilung erlaubt es uns, die Wahrscheinlichkeit p_i durch die bedingte Wahrscheinlichkeit

$$p_i = p(E_i|N)p(N) \qquad (4.83)$$

auszudrücken: Die gesuchte Wahrscheinlichkeit p_i ist gleich der bedingten Wahrscheinlichkeit $p(E_i|N)$, das Teilsystem S_2 mit einer beliebigen, aber festen Teilchenzahl N bei der Energie E_i vorzufinden, multipliziert mit der Wahrscheinlichkeit, dass dem System S_2 vom viel größeren Teilsystem S_1 überhaupt N Teilchen überlassen wurden.

Sei U die Gesamtenergie der beiden gemeinsam abgeschlossenen Systeme S_1 und S_2 und ferner N_ges ihre gesamte, als sehr groß angenommene Teilchenzahl. Werden von diesen N_{ges} Teilchen $N \ll N_{\text{ges}}$ Teilchen dem Teilsystem S_2 zugeordnet, nimmt dieses mit der uns bereits bekannten Wahrscheinlichkeit

$$p(E_i|N) \propto e^{-\beta E_i(N)} \qquad (4.84)$$

den Mikrozustand i mit der Energie $E_i(N)$ ein. Die Frage bleibt, mit welcher Wahrscheinlichkeit $p(N)$ dem Teilsystem S_2 überhaupt N Teilchen überlassen werden.

Um diese zu bestimmen, kehren wir wieder zum statistischen Grundpostulat zurück, das für das abgeschlossene Gesamtsystem gelten muss. Da mit der Teilchenzahl N und der Annahme, dass das Teilsystem S_2 alle diese Teilchen im Mikrozustand i unterbringt, der Zustand des Teilsystems S_2 festgelegt ist, muss die gesuchte Wahrscheinlichkeit wiederum proportional zum Phasenraumvolumen sein, das dem Teilsystem S_1 zur Verfügung steht, wenn ihm $N_{\text{ges}} - N$ Teilchen entnommen werden:

$$p(N) \propto \Omega_1(N_{\text{ges}} - N), \qquad (4.85)$$

wobei wir die für uns zunächst unerhebliche Normierung ebenso wie in (4.84) auf später verschieben. Wir entwickeln den Logarithmus des Phasenraumvolumens Ω_1 wieder in eine Taylor-Reihe, diesmal in der Teilchenzahl N, und brechen nach der ersten Ordnung ab:

$$\ln \Omega_1(N_{\text{ges}} - N) \approx \ln \Omega_1(N_{\text{ges}}) - \left.\frac{\partial \ln \Omega_1(N_1)}{\partial N_1}\right|_{N_1 = N_{\text{ges}}} N. \qquad (4.86)$$

Die partielle Ableitung nach der Teilchenzahl muss bei der gesamten Teilchenzahl N_{ges} ausgewertet werden, sodass sie als Konstante des Gesamtsystems betrachtet werden kann. Die Ableitung von $\ln \Omega_1$ nach der Teilchenzahl bezeichnen wir vorläufig als λ. Terme höherer als erster Ordnung brauchen nicht in (4.86) aufgenommen zu werden, weil sie vernachlässigbar klein sind.

Großkanonische Verteilung

Die gesuchte Wahrscheinlichkeit $p(N)$ ergibt sich damit zu

$$p(N) \propto e^{-\lambda N}, \qquad (4.87)$$

sodass zusammen mit (4.84) und (4.83)

$$p_i = Z_{\text{gc}}^{-1} e^{-\lambda N} e^{-\beta E_i(N)}, \quad Z_{\text{gc}} := \sum_N e^{-\lambda N} \sum_i e^{-\beta E_i(N)} \qquad (4.88)$$

folgt. Diese Verteilung heißt *großkanonische Verteilung*; Z_{gc} ist die *großkanonische Zustandssumme*.

Die mittlere Teilchenzahl, die sich in einem großkanonischen Ensemble einstellt, ist

$$\langle N \rangle = \frac{1}{Z_{\text{gc}}} \sum_N N e^{-\lambda N} \sum_i e^{-\beta E_i} = -\frac{\partial \ln Z_{\text{gc}}}{\partial \lambda}. \qquad (4.89)$$

Um die Bedeutung des Parameters λ zu klären, fassen wir $\ln Z_{\text{gc}}$ als Funktion der Parameter β, λ und möglicher äußerer Parameter a auf, von denen die Hamilton-Funktion des Systems abhängen mag. Das Differenzial von $\ln Z_{\text{gc}}$ ist dann

$$\begin{aligned} d \ln Z_{\text{gc}} &= \frac{\partial \ln Z_{\text{gc}}}{\partial \beta} d\beta + \frac{\partial \ln Z_{\text{gc}}}{\partial \lambda} d\lambda + \frac{\partial \ln Z_{\text{gc}}}{\partial a} da \\ &= -U d\beta - N d\lambda + \beta \delta W, \end{aligned} \qquad (4.90)$$

wobei im letzten Schritt die früher gewonnenen Aussagen (4.9), (4.22) und (4.89) verwendet wurden. Wir ergänzen die ersten beiden Terme auf der rechten Seite zu vollständigen Differenzialen und erhalten

$$d\left(\ln Z_{\text{gc}} + \beta U + \lambda N\right) = \beta (dU + \delta W) + \lambda dN. \qquad (4.91)$$

Identifizieren wir hier im Einklang mit (3.187) $\lambda = -\beta \mu$, steht aufgrund von (3.188) auf der rechten Seite dieser Gleichung

$$\beta (dU + \delta W) + \lambda dN = \beta (dU + \delta W - \mu dN) = \frac{dS}{k_B}. \qquad (4.92)$$

Damit können wir (4.91) integrieren und bekommen nach Multiplikation mit T und etwas Umordnung

$$-k_B T \ln Z_{\text{gc}} = U - TS - \mu N = J. \qquad (4.93)$$

Die hier neu auftretende Zustandsgröße J wird als *großkanonisches Potenzial* bezeichnet. Häufig wird es auch mit anderen Symbolen bezeichnet, z. B. K, Ω oder Ω_G.

Aufgrund der Gibbs-Duhem-Beziehung (3.200) ist

$$U - TS - \mu N = -PV, \qquad (4.94)$$

sodass das großkanonische Potenzial mit dem negativen Produkt aus Druck und Volumen übereinstimmt:

$$J = -PV. \qquad (4.95)$$

Damit haben wir für das großkanonische Ensemble die folgenden wichtigen Aussagen gewonnen:

Großkanonische Zustandssumme und großkanonisches Potenzial

Die großkanonische Verteilung ist durch

$$p_i = \frac{1}{Z_{\text{gc}}} e^{\beta \mu N} e^{-\beta E_i(N)} \qquad (4.96)$$

gegeben, worin das chemische Potenzial μ auftritt. Die großkanonische Zustandssumme

$$Z_{\text{gc}} = \sum_N e^{\beta \mu N} \sum_i e^{-\beta E_i(N)} \qquad (4.97)$$

ist durch
$$J = -PV = -k_\mathrm{B} T \ln Z_\mathrm{gc} \qquad (4.98)$$

mit dem großkanonischen Potenzial J verbunden. Die mittlere Teilchenzahl ergibt sich durch die Ableitung

$$N = \frac{1}{\beta} \frac{\partial \ln Z_\mathrm{gc}}{\partial \mu} \qquad (4.99)$$

aus dem Logarithmus der großkanonischen Zustandssumme.

Transformationen zwischen den Zustandssummen

Wir sind während der Diskussion der Zustandssummen darauf gestoßen, dass ihre Logarithmen bestimmte thermodynamische Zustandsfunktionen ergeben, die auch thermodynamische Potenziale genannt werden: Der mikrokanonischen Zustandssumme ist die Entropie S zugeordnet, der kanonischen Zustandssumme die Helmholtz'sche freie Energie F und der großkanonischen Zustandssumme das großkanonische Potenzial J. Die entsprechenden thermodynamischen Potenziale gehen durch Legendre-Transformation ineinander über:

$$\begin{aligned} F(T,V,N) &= U(S,V,N) - TS\,, \\ J(T,V,\mu) &= U(S,V,N) - TS - \mu N\,. \end{aligned} \qquad (4.100)$$

In diesem Kapitel haben wir gesehen, dass diese beiden Potenziale als Logarithmen entsprechender Zustandssummen geschrieben werden können:

$$F = -k_\mathrm{B} T \ln Z_\mathrm{c} \quad \text{und} \quad J = -k_\mathrm{B} T \ln Z_\mathrm{gc}\,. \qquad (4.101)$$

Wie der Ausdruck (4.97) bereits zeigt, ergibt sich die großkanonische Zustandssumme durch die Transformation

$$Z_\mathrm{gc} = \sum_N \mathrm{e}^{\beta \mu N} Z_\mathrm{c}(N) \qquad (4.102)$$

aus der kanonischen Zustandssumme $Z_\mathrm{c}(N)$ bei festgelegter Teilchenzahl. Bezeichnen wir in dem Ausdruck (2.85) das Phasenraumvolumen Ω als mikrokanonische Zustandssumme Z_mc, können wir ferner feststellen, dass daraus die kanonische Zustandssumme auf ganz ähnliche Weise zu gewinnen ist:

$$Z_\mathrm{c} = \sum_i \mathrm{e}^{-\beta E_i} Z_\mathrm{mc}(E_i)\,, \qquad (4.103)$$

da die mikrokanonische Zustandssumme lediglich die Anzahl der Mikrozustände feststellt, die mit der vorgegebenen Energie E_i verträglich sind. Die mikrokanonische Zustandssumme zählt also lediglich ab, wie viele Mikrozustände bei vorgegebener Energie E_i zugänglich sind, sodass die Summe in (4.103) nur noch über *verschiedene* Energien E_i ausgeführt werden muss und nicht mehr über *alle* wie in (4.11).

Transformationen der Art (4.102) und (4.103) heißen Laplace-Transformationen. Auf der Ebene der Zustandssummen entsprechen sie den Legendre-Transformationen der thermodynamischen Potenziale. Laplace-Transformationen entsprechen Fourier-Transformationen mit imaginärer Frequenz.

Äquivalenz der Ensembles

Die verschiedenen Ensembles sind in dem Sinn äquivalent, als sie die thermodynamischen Eigenschaften eines gegebenen Systems unter den jeweils gültigen Bedingungen zu beschreiben erlauben. Dies gilt sowohl hinsichtlich der statistischen Betrachtungsweise anhand der Zustandssummen als auch hinsichtlich der thermodynamischen Betrachtungsweise anhand der thermodynamischen Potenziale.

Nur die Zwangsbedingungen der betrachteten Prozesse ändern sich: Während bei der mikrokanonischen Betrachtungsweise die Energie und die Teilchenzahl festgehalten wurde, werden diese Bedingungen beim Übergang zur kanonischen und weiter zur großkanonischen Betrachtungsweise schrittweise gelockert, indem zunächst nur die Energie, dann auch die Teilchenzahl freigegeben und lediglich durch ein angekoppeltes Reservoir im Mittel kontrolliert werden.

Dabei darf ein wesentlicher Aspekt aber nicht übersehen werden: Im kanonischen bzw. im großkanonischen Ensemble gibt das Reservoir die mittlere innere Energie bzw. zusätzlich noch die mittlere Teilchenzahl vor, während im mikrokanonischen Ensemble beide Größen fixiert sind. Wenn nur die mittleren Größen U und N vorgegeben sind, werden die wahren Größen um diese Mittelwerte fluktuieren. Nun haben wir aber in (4.35) anhand eines einfachen Beispiels gesehen, dass die Fluktuationen bei großer Teilchenzahl sehr klein werden und im Grenzfall unendlicher Teilchenzahl verschwinden. Nur deswegen können wir erwarten, dass die Ensembles trotz der Fluktuationen tatsächlich äquivalent sind.

Übersicht

Bevor wir nun dazu übergehen, Zustandssummen für konkrete physikalische Systeme zu berechnen und Schlüsse daraus zu ziehen, kommt vielleicht eine Zusammenfassung der bisherigen Diskussion gelegen.

Der Zustandsraum der klassischen Physik ist der Phasenraum $\Gamma(x)$. Ensembles, seien sie mikrokanonisch, kanonisch oder großkanonisch, sind durch Verteilungsfunktionen $\rho(x)$ charakterisiert, die auf dem Phasenraum oder Unterräumen bzw. Untermannigfaltigkeiten davon definiert sind.

Als *reine Zustände* werden in der klassischen Physik einzelne Punkte x im Phasenraum bezeichnet. Die Verteilungsfunktion $\rho(x)$ ist eine Wahrscheinlichkeitsdichte auf dem Phasenraum. Die Größe $\rho(x)\mathrm{d}\Gamma(x)$ gibt an, mit welcher Wahrscheinlichkeit ein reiner Zustand x im Phasenraum durch ein System eines Ensembles besetzt ist. Sie wird als *gemischter Zustand* bezeichnet. Das Integral über gemischte Zustände ergibt die Zustandssumme

$$Z = \int \rho(x)\mathrm{d}\Gamma(x). \quad (4.104)$$

Die Entropie eines Zustands ist durch

$$S = -k_\mathrm{B} \int \rho(x) \ln \rho(x)\, \mathrm{d}\Gamma(x) \quad (4.105)$$

bestimmt. Die Verteilungsfunktionen für die verschiedenen besprochenen Ensembles sind

$$\begin{aligned}\rho_\mathrm{mc}(x) &= \Omega^{-1} \chi_{\delta U}\left(H(x) - U\right), \\ \rho_\mathrm{c}(x) &= Z_\mathrm{c}^{-1} \exp\left(-\beta H(x)\right) \quad \text{und} \\ \rho_\mathrm{gc}(x) &= Z_\mathrm{gc}^{-1} \sum_{N=0}^{\infty} \exp\left(-\beta (H(x) - \mu N)\right).\end{aligned} \quad (4.106)$$

Beobachtbare Größen werden durch Funktionen $A(x)$ auf dem Phasenraum dargestellt. Ihre Mittelwerte sind durch

$$\langle A \rangle = \int A(x)\rho(x)\, \mathrm{d}\Gamma(x) \quad (4.107)$$

gegeben. Entsprechend dieser Gleichung kann man gemischte Zustände als lineare Abbildungen aus dem Raum der Observablen in die reellen Zahlen auffassen. Während diese lineare Abbildung in der klassischen Physik durch das Phasenraumintegral (4.107) dargestellt wird, wird es in der Quantenstatistik durch eine geeignete Spur ersetzt.

4.4 Ideales Gas im Schwerefeld

Kanonische Zustandssumme

Ein instruktives erstes Beispiel ist ein ideales Gas aus N Teilchen, das sich in einem konstanten Schwerefeld befindet. Wir gehen dabei vereinfachend davon aus, dass das Gas überall im betrachteten Volumen dieselbe Temperatur hat. Die Hamilton-Funktion eines einzelnen Gasteilchens ist

$$H = \frac{\boldsymbol{p}^2}{2m} + mgz, \quad (4.108)$$

wenn die z-Koordinatenachse gegen die Richtung der Schwerkraft zeigt. Da das Gas als ideal angenommen wird, entfällt die mögliche Wechselwirkungsenergie zwischen seinen Teilchen.

Die kanonische Zustandssumme faktorisiert deswegen in N Einteilchen-Beiträge:

$$Z_\mathrm{c} = Z_1^N, \quad (4.109)$$

wobei Z_1 die Einteilchen-Zustandssumme

$$\begin{aligned}Z_1 &= \frac{1}{h_0^3} \int_\Gamma \mathrm{e}^{-\beta H} \mathrm{d}^3 x\, \mathrm{d}^3 p \\ &= \frac{4\pi}{h_0^3} \int_V \mathrm{d}^3 x \int_0^{\infty} p^2 \mathrm{e}^{-\beta(p^2/2m + mgz)}\, \mathrm{d}p\end{aligned} \quad (4.110)$$

ist. Zwar tritt nun eine potenzielle Energie in der Hamilton-Funktion auf, aber diese koppelt nach wie vor die Teilchen nicht aneinander.

Achtung Streng genommen ist die Zustandssumme in (4.109) noch nicht vollständig. Um das Gibbs'sche Paradoxon zu vermeiden, müsste sie durch $N!$ dividiert werden. Dieser Faktor tritt auf, weil es keine Rolle spielen darf, in welcher Reihenfolge die Teilchen abgezählt werden. Eine genauere Begründung findet er erst in der Quantenstatistik durch die prinzipielle Ununterscheidbarkeit quantenmechanischer Teilchen. Da er für unsere gegenwärtige Diskussion unerheblich ist, lassen wir ihn fort. ◂

Das Impulsintegral ist wie im Beispielkasten „Zustandssumme eines idealen Gases" in Abschn. 4.2 schnell ausgeführt und ergibt

$$Z_1 = \frac{1}{h_0^3} \int_V \mathrm{e}^{-\beta mgz} \left(\frac{2\pi m}{\beta}\right)^{3/2} \mathrm{d}^3 x. \quad (4.111)$$

Für das Volumenintegral nehmen wir an, dass das Gas in der x-y-Ebene auf eine Grundfläche A beschränkt ist und in z-Richtung durch die Höhe h. Willkürlich und ohne Beschränkung der Allgemeinheit setzen wir den Nullpunkt der potenziellen Energie am Boden des Volumens auf null, sodass wir über $0 \leq z \leq h$ integrieren. Wegen unserer Annahme einer räumlich konstanten Temperatur hängt β von keiner der Ortskoordinaten ab, sodass wir nach der Integration über z

$$Z_1 = \frac{1}{h_0^3}\left(\frac{2\pi m}{\beta}\right)^{3/2} \frac{A}{\beta mg}\left(1 - \mathrm{e}^{-\beta mgh}\right) \quad (4.112)$$

finden. Der Logarithmus der vollständigen kanonischen Zustandssumme ist

$$\begin{aligned}\ln Z_\mathrm{c} &= N \ln Z_1 \\ &= N\left(-\frac{5}{2}\ln \beta + \ln\left(1 - \mathrm{e}^{-\beta mgh}\right)\right) + \mathrm{const},\end{aligned} \quad (4.113)$$

wobei wir alle Terme in einer irrelevanten Konstante bündeln, die nicht von β oder h abhängen.

Frage 7

Wie würde sich die Zustandssumme ändern, wenn der Nullpunkt der potenziellen Energie nicht am Boden des Gasvolumens gesetzt würde, sondern bei einer beliebigen Höhe z_0?

Innere Energie, Wärmekapazitäten und Druck

Die innere Energie ist nach (4.10) die negative Ableitung von $\ln Z_c$ nach β:

$$U = \frac{5N}{2\beta} - Nmgh \frac{e^{-\beta mgh}}{1 - e^{-\beta mgh}} \quad (4.114)$$
$$= Nk_B T \left[\frac{5}{2} - \frac{q}{e^q - 1}\right],$$

wobei wir das Verhältnis $q = \beta mgh$ zwischen der potenziellen Energie im Schwerefeld am oberen Ende des Gasvolumens und der thermischen Energie $k_B T = \beta^{-1}$ eingeführt haben. Die Grenzfälle $q \ll 1$ und $q \gg 1$ sind instruktiv. Wenden wir die Näherung $e^{-q} \approx 1 - q$ für $q \ll 1$ an, finden wir

$$\frac{qe^{-q}}{1 - e^{-q}} \approx \begin{cases} 1 & \text{für} \quad q \ll 1 \\ 0 & \text{für} \quad q \gg 1 \end{cases} \quad (4.115)$$

in führender Ordnung. Die innere Energie hat somit die Grenzfälle

$$U \approx \begin{cases} \frac{3}{2} Nk_B T & \text{für} \quad mgh \ll k_B T \\ \frac{5}{2} Nk_B T & \text{für} \quad mgh \gg k_B T \end{cases} \quad (4.116)$$

---- **Frage 8** ----

Warum treten in den beiden hier behandelten Grenzfällen dominierender thermischer oder potenzieller Energie die Vorfaktoren 3/2 und 5/2 auf? (*Hinweis*: Überlegen Sie, was der Gleichverteilungssatz in dieser Situation verlangt.)

Natürlich steht auch dieses Ergebnis nicht im Widerspruch zum Gleichverteilungssatz. Die mittlere kinetische Energie pro Freiheitsgrad muss auch für das ideale Gas im Schwerefeld gleich $k_B T/2$ betragen, aber die innere Energie enthält nun auch Beiträge aus der potenziellen Energie der Teilchen (Abb. 4.6).

Die spezifische Wärmekapazität bei konstantem Volumen ist ebenfalls leicht zu bestimmen. Sie ergibt sich durch eine weitere Ableitung der inneren Energie nach der Temperatur. Eine kurze Rechnung führt auf

$$C_V = Nk_B \left[\frac{5}{2} - \frac{q^2}{(e^q - 1)^2}\right]. \quad (4.117)$$

Achtung Beachten Sie, dass dieses Ergebnis keinen Aufschluss darüber gibt, wie sich die spezifische Wärmekapazität bei konstantem Volumen entlang der z-Achse ändert, da wir längs z vom Boden zum Deckel des Gasvolumens integriert haben. Es besagt lediglich, wie sich die innere Energie im gesamten Gasvolumen ändert, wenn sich die Temperatur ändert, und wie diese Änderung von der Höhe des Gasvolumens abhängt. ◀

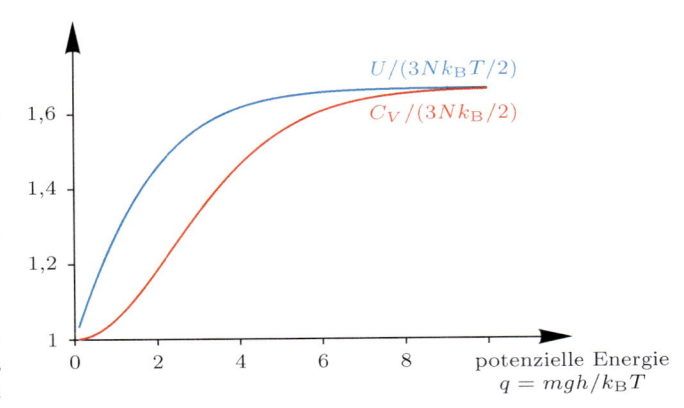

Abb. 4.6 Die innere Energie U eines idealen Gases im Schwerefeld und seine spezifische Wärmekapazität C_V bei konstantem Volumen sind relativ zu ihren Werten außerhalb des Schwerefeldes als Funktionen der dimensionslosen potenziellen Energie $q = \beta mgh$ am oberen Ende des Gasvolumens dargestellt

Die spezifische Wärmekapazität steigt monoton und gleichmäßig von $(3/2)Nk_B$ auf $(5/2)Nk_B$ an, während q ansteigt. Wachsendes q bedeutet, dass die potenzielle Energie relativ zur thermischen Energie immer wichtiger wird. Bei großem q ist die zugeführte Wärme nicht nur dazu erforderlich, die kinetische Energie der Gasteilchen zu erhöhen, sondern auch ihre potenzielle Energie.

Berechnen wir schließlich noch den Druck, der sich wegen

$$P = k_B T \frac{\partial \ln Z_c}{\partial V} \quad (4.118)$$

sofort aus der Zustandssumme berechnen lässt. Bei festgehaltener Grundfläche A hängt das Gasvolumen allein von der Höhe ab, sodass wir

$$P = k_B T \frac{dh}{dV} \frac{\partial \ln Z_c}{\partial h} = \frac{Nk_B T}{V} \frac{q}{e^q - 1} \quad (4.119)$$

erhalten. Für $q \ll 1$ wird daraus wieder die Zustandsgleichung des idealen Gases, während der Druck für $q \gg 1$ gegen null fällt (Abb. 4.7). Dann ist die potenzielle Energie zu groß im Vergleich zur thermischen Energie, als dass die Teilchen noch einen nennenswerten Druck ausüben könnten.

Achtung Wiederum teilt uns das Ergebnis (4.119) nicht mit, wie sich der Druck innerhalb des Gasvolumens mit z ändert, sondern nur, welche Arbeit am Gasvolumen verrichtet werden muss, wenn der Deckel längs der z-Achse verschoben werden soll. ◀

---- **Frage 9** ----

Wie würden Sie die mittlere Höhe der Teilchen im Gravitationsfeld als Funktion der Temperatur oder der thermischen Energie und deren Varianz bestimmen?

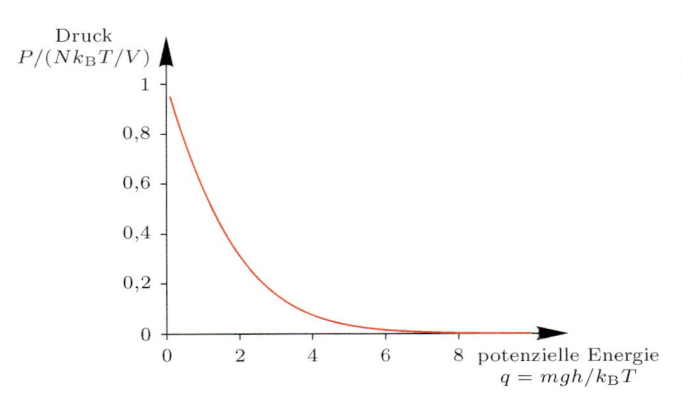

Abb. 4.7 Der Druck P eines idealen Gases im Schwerefeld als Funktionen der dimensionslosen potenziellen Energie $q = \beta mgh$

4.5 Chemische Reaktionen idealer Gasgemische

Wir hatten bereits in Kap. 3 gesehen, dass chemische Reaktionen durch Gleichungen der Form

$$\sum_j n_j A_j = 0 \quad (4.120)$$

geschrieben werden können (3.207). Dabei läuft der Index j über alle Reaktionspartner, n_j sind die beteiligten stöchiometrischen Koeffizienten, und A_j sind die Atom- oder Molekülsorten, die an der Reaktion beteiligt sind. Wie üblich werden die Koeffizienten der Ausgangsstoffe in (4.120) positiv angegeben, die der Produkte negativ. Zudem haben wir unter (3.210) als allgemeine Bedingung für chemisches Gleichgewicht festgestellt, dass die stöchiometrischen Koeffizienten und die chemischen Potenziale durch

$$\sum_j \mu_j n_j = 0 \quad (4.121)$$

verbunden sind. Wir betrachten nun die Bedingungen an das Gleichgewicht chemischer Reaktionen etwas genauer am Beispiel idealer Gase. Bei vorgegebener Temperatur T und festem Volumen V mögen r Arten von idealen Gasen miteinander reagieren, deren Teilchenzahlen N_j seien, mit $1 \leq j \leq r$. Unter diesen Voraussetzungen wird die Lage des Reaktionsgleichgewichts durch die Bedingung bestimmt, dass die freie Energie $F(T, V, N_1, \ldots, N_r)$ ein Minimum einnehmen muss.

Wir beginnen damit, die kanonische Zustandssumme für alle N beteiligten Teilchen aufzustellen. Zunächst führen wir einen Index k ein, um alle beteiligten Moleküle abzuzählen. Das k-te Molekül möge Zustände s_k einnehmen können, deren Energie durch $\epsilon_k(s_k)$ gegeben sei. Da es sich nach Voraussetzung bei allen beteiligten Reaktionspartnern um ideale Gase handelt, setzt sich die Gesamtenergie aller Moleküle nur aus den kinetischen Beiträgen der einzelnen Moleküle zusammen, enthält aber keine potenziellen Energien. Wenn wir ferner voraussetzen, dass auch keine äußeren Potenziale berücksichtigt werden müssen, ist die Hamilton-Funktion

$$H = \sum_k \epsilon_k(s_k), \quad (4.122)$$

sodass wir für die kanonische Zustandssumme zunächst

$$Z'_c = \sum_{s_1, s_2, \ldots} \exp\{-\beta[\epsilon_1(s_1) + \epsilon_2(s_2) + \ldots]\} \quad (4.123)$$

schreiben können. Mit dieser Schreibweise ist gemeint, dass für *jedes* Molekül k über *alle* seine möglichen Zustände s_k summiert werden muss. Mit dem Strich an Z_c ist angedeutet, dass es sich dabei noch nicht um die endgültige Form der kanonischen Zustandssumme handelt. Dies wird im Anschluss an (4.126) erklärt.

Achtung Offenbar faktorisiert die Exponentialfunktion in der Zustandssumme, was natürlich eine unmittelbare Folge davon ist, dass wir von idealen Gasen ausgehen, denn unter dieser Annahme koppeln die einzelnen Gasmoleküle nicht aneinander und sind daher unabhängig. ◂

Die Zustandssumme Z' ist also ein Produkt von so vielen Faktoren, wie es Gasmoleküle gibt, insgesamt N, von denen jeder eine Summe über alle möglichen Zustände ist, die das jeweilige Gasmolekül einnehmen kann:

$$Z'_c = \left(\sum_{s_1} \exp[-\beta \epsilon_1(s_1)]\right)\left(\sum_{s_2} \exp[-\beta \epsilon_2(s_2)]\right) \cdots \quad (4.124)$$

Die Faktoren in diesem Produkt, die jeweils zu einer Molekülsorte j gehören, müssen alle übereinstimmen. Wir bezeichnen sie mit

$$\zeta_j = \sum_{s_j} \exp[-\beta \epsilon_j(s_j)], \quad (4.125)$$

wobei nun s_j alle möglichen Zustände bezeichnet, die den Molekülen der Sorte j zugänglich sind. Da es von jeder Molekülsorte N_j Moleküle gibt, reduziert sich die Zustandssumme auf

$$Z'_c = \prod_{j=1}^{r} \zeta_j^{N_j}, \quad (4.126)$$

womit noch einmal daran erinnert sei, dass r die Anzahl der *Molekülsorten* bezeichnet.

Abschließend müssen wir noch dem Gibbs-Paradoxon Rechnung tragen. Während die Moleküle verschiedener Sorten unterschieden werden können, ist dies für die Moleküle einer Sorte nicht möglich. Wir müssen also für jede Molekülsorte j berücksichtigen, dass ihre Moleküle auf $N_j!$ ununterscheidbare Weisen permutiert werden können.

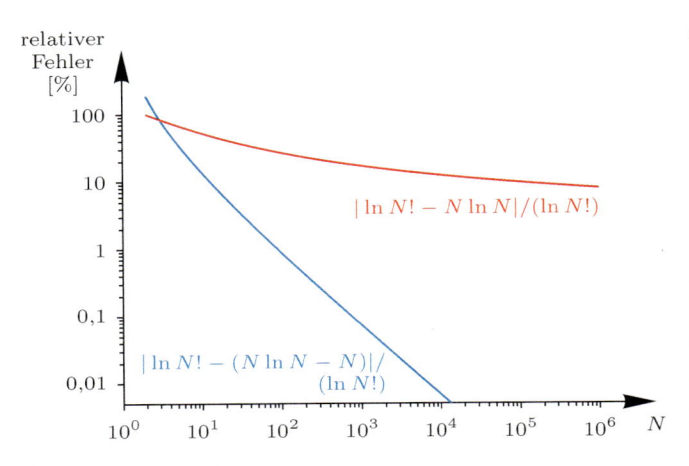

Abb. 4.8 Die relative Genauigkeit zweier Versionen der Stirling'schen Formel ist als Funktion von N angegeben. Die Näherung $\ln N! \approx N \ln N - N$ wird bei ausreichend großem N schnell extrem genau

diese Näherung in (4.128) ein, folgt

$$\mu_j = \left(\frac{\partial F_j}{\partial N_j}\right)_{T,V,N}$$
$$= -k_B T \left(\frac{\partial}{\partial N_j}\right)_{T,V,N} \left(N_j \ln \zeta_j - N_j \ln N_j + N_j\right) \quad (4.130)$$
$$= -k_B T \left(\ln \zeta_j - \ln N_j\right) = -k_B T \ln \frac{\zeta_j}{N_j}.$$

Zu berücksichtigen ist dabei allerdings, dass die Gesamtzahl N aller Moleküle konstant gehalten werden muss, sodass nur $r-1$ von den r Teilchenzahlen N_j unabhängig sind.

Bei festgehaltener Temperatur T und festem Volumen V ist eine Änderung der freien Energie allein durch eine Änderung der Teilchenzahlen bedingt:

$$\delta F = \sum_j \left(\frac{\partial F}{\partial N_j}\right)_{T,V,N} \delta N_j. \quad (4.131)$$

Die Stoffmengen der Reaktionspartner erfüllen die Reaktionsgleichung, wenn die Änderungen ihrer Teilchenzahlen aufgrund der Reaktion proportional zu ihren stöchiometrischen Koeffizienten sind:

$$\delta N_j = \lambda n_j, \quad (4.132)$$

wobei die Konstante λ für unsere Betrachtung unerheblich ist. Aus (4.131) und (4.132) erhalten wir zunächst

$$\delta F = \lambda \sum_j n_j \left(\frac{\partial F}{\partial N_j}\right)_{T,V,N}. \quad (4.133)$$

Im Gleichgewicht muss die gesamte Änderung der freien Energie verschwinden:

$$0 = \delta F = -\lambda \sum_j n_j k_B T \ln \frac{\zeta_j}{N_j}, \quad (4.134)$$

wobei wir (4.130) in (4.133) eingesetzt haben. Aus diesem Ausdruck erhalten wir

$$\delta F_0 := -k_B T \sum_j n_j \ln \zeta_j = -k_B T \sum_j n_j \ln N_j. \quad (4.135)$$

Die linke Seite, als δF_0 abgekürzt, ist von den Teilchenzahlen N_j unabhängig und kennzeichnet allein die Reaktion, ohne Bezug auf die Stoffmengen der beteiligten Reaktionspartner zu nehmen.

Kanonische Zustandssumme und freie Energie eines Gemischs idealer Gase

Beziehen wir dies mit ein, erhalten wir für die kanonische Zustandssumme eines Gemischs aus r verschiedenen idealen Gasen mit jeweils N_j Molekülen

$$Z_c = \prod_{j=1}^{r} \frac{\zeta_j^{N_j}}{N_j!}. \quad (4.127)$$

Die freie Energie wird damit zu einer Summe über die freien Energien der einzelnen Molekülsorten:

$$F = \sum_{j=1}^{r} F_j = -k_B T \sum_{j=1}^{r} \left(N_j \ln \zeta_j - \ln N_j!\right). \quad (4.128)$$

Da die Zustandssumme faktorisiert, muss auch die innere Energie des Gasgemischs die Summe der inneren Energien der r Gassorten sein. Nach (4.128) ist die freie Energie ebenfalls additiv, und damit muss auch die Entropie additiv sein. Insbesondere ist dann aber auch der Druck eine Summe aus r Partialdrücken P_j.

Aus den Beiträgen F_j zur freien Energie bekommen wir die chemischen Potenziale μ_j für alle Molekülsorten j.

Den Logarithmus der Fakultät können wir durch die *Stirling'sche Formel*

$$\ln N! \approx N \ln N - N \quad (4.129)$$

nähern (Abb. 4.8). Die Stirling'sche Formel wurde im „Mathematischen Hintergrund" Bd. 3, (12.1) hergeleitet. Setzen wir

Massenwirkungsgesetz

Eine kurze Umformung von (4.135) ergibt nun das sogenannte Massenwirkungsgesetz:

$$\prod_{j=1}^{r} N_j^{n_j} = \exp\left(-\frac{\delta F_0}{k_B T}\right) = \prod_{j=1}^{r} \zeta_j^{n_j}, \quad (4.136)$$

wobei die n_j die stöchiometrischen Koeffizienten sind. Wir erläutern dieses Gesetz am besten anhand des folgenden Beispiels.

Die Saha-Gleichung

Die obigen Betrachtungen zu chemischen Reaktionen idealer Gase lassen sich weiter verallgemeinern, was wir hier am Beispiel der Wasserstoffrekombination illustrieren wollen. Gegeben sei also die Reaktionsgleichung

$$e^- + p^+ \longleftrightarrow H, \quad (4.137)$$

die zwar keine chemische Reaktion im eigentlichen Sinne beschreibt, aber dennoch ein Reaktionsgleichgewicht, dessen Lage wir mithilfe der freien Energie bestimmen können. Insbesondere interessiert uns, auf welcher Seite der Gleichung das Reaktionsgleichgewicht in Abhängigkeit von der Temperatur und vom Volumen zu liegen kommt.

Zunächst sind die stöchiometrischen Koeffizienten

$$n_e = 1, \quad n_p = 1, \quad n_H = -1, \quad (4.138)$$

sodass die chemischen Potenziale aufgrund von (4.121) durch

$$\mu_e + \mu_p - \mu_H = 0 \quad (4.139)$$

verbunden sind. Das Massenwirkungsgesetz (4.136) besagt sofort

$$\frac{N_e N_p}{N_H} = \frac{\zeta_e \zeta_p}{\zeta_H}. \quad (4.140)$$

Weiterhin unterliegen die Teilchenzahlen N_e, N_p und N_H den beiden Bedingungen

$$N_e = N_p \quad \text{und} \quad N_p + N_H =: N = \text{const}, \quad (4.141)$$

da die Mischung aus Elektronen, Protonen und Wasserstoff nach außen hin elektrisch neutral sein soll und die Gesamtzahl der Protonen konstant sein muss, ob sie nun frei oder als Wasserstoffkerne auftreten. Daher können wir die Teilchenzahlen in der freien Energie allein durch die Anzahl N_e der freien Elektronen ausdrücken. Führen wir zusätzlich den Anteil freier Elektronen durch $x = N_e/N$ ein, nimmt das Massenwirkungsgesetz die Form

$$\frac{Nx^2}{1-x} = \frac{\zeta_e \zeta_p}{\zeta_H} \quad (4.142)$$

an. Nun müssen die Einteilchen-Zustandssummen ζ_j berechnet werden.

An dieser Stelle müssen wir berücksichtigen, dass aufgrund der Bindungsenergie des Elektrons im Wasserstoffatom ein Massendefekt auftritt. Die Masse des Wasserstoffatoms ist um die Bindungsenergie geteilt durch c^2 geringer als die Summen der Massen des Elektrons und des Proton. Deswegen erweist es sich als zweckmäßig, die Ruheenergie $m_j c^2$ in die Berechnung mit einzubeziehen und in niedrigster nichtrelativistischer Näherung

$$\zeta_j = \int_\Gamma d\Gamma \exp\left[-\beta\left(m_j c^2 + \frac{p^2}{2m_j}\right)\right] \quad (4.143)$$

zu schreiben. Das Phasenraumintegral ergibt, ganz analog zur Berechnung der Zustandssumme des idealen Gases in Abschn. 4.2:

$$\zeta_j = \frac{V}{h^3} e^{-\beta m_j c^2} (2\pi m_j k_B T)^{3/2}, \quad (4.144)$$

wobei wir hier die bisher beliebige Konstante h_0 durch das Planck'sche Wirkungsquantum h ersetzt haben. Damit wird das Massenwirkungsgesetz zu

$$\frac{Nx^2}{1-x} = \frac{V}{h^3} \left(2\pi k_B T \frac{m_e m_p}{m_H}\right)^{3/2} e^{-\beta \chi}, \quad (4.145)$$

wenn wir zudem die Differenz der Ruheenergien durch die Ionisationsenergie $\chi = 1\,\text{Ry} = 13{,}6\,\text{eV}$ des Wasserstoffs ausdrücken:

$$(m_e + m_p - m_H) c^2 = \chi. \quad (4.146)$$

Außerhalb der Exponentialfunktion können wir die Massen des Protons und des Wasserstoffatoms in ausreichender Näherung gleichsetzen und erhalten schließlich die *Saha-Gleichung*

$$\frac{x^2}{1-x} = \frac{1}{\nu} \left(\frac{2\pi m_e k_B T}{h^2}\right)^{3/2} e^{-\beta \chi}, \quad (4.147)$$

benannt nach dem indischen Physiker *Meghnad Saha* (1893–1956). In unserer Anwendung gibt sie den Ionisationsgrad x eines Wasserstoffplasmas als Funktion der Temperatur T und der Gesamtdichte $\nu = N/V$ der gebundenen und freien Protonen an. Die letzte Gleichung ist leicht nach x aufzulösen und gibt dann den Anteil freier Elektronen an der Gesamtzahl der Elektronen, also den Ionisationsgrad, als Funktion der Teilchendichte und der thermischen Energie $k_B T$ an (Abb. 4.9).

Die Saha-Gleichung tritt beispielsweise in der Astrophysik häufig auf, wenn die Ionisationsgrade verschiedener Gaskomponenten im thermischen Gleichgewicht berechnet werden müssen. Sie erlaubt es auch in sehr guter Näherung zu berechnen, wann das Wasserstoffplasma im Universum aufgrund der kosmischen Abkühlung zu Wasserstoffgas rekombinierte.

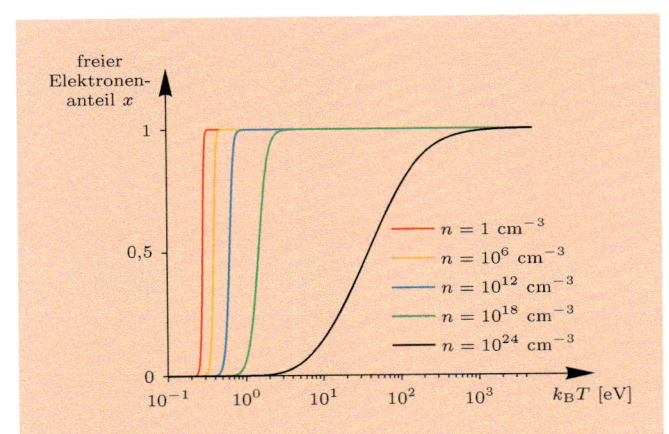

Abb. 4.9 Ionisationsgrad von Wasserstoffplasmen verschiedener Dichte als Funktion der thermischen Energie in Elektronenvolt. Bei geringer Dichte liegt die Ionisationstemperatur erheblich niedriger als die Bindungsenergie $\chi = 13{,}6\,\text{eV}$ des Wasserstoffatoms; bei hoher Dichte kann sie wesentlich darüber liegen

---
Frage 10

Überprüfen Sie, ob die rechte Seite der Saha-Gleichung dimensionslos ist, wie sie es sein muss.

Die thermische Wellenlänge

An diese Diskussion der Saha-Gleichung schließen wir noch eine Bemerkung zur sogenannten thermischen Wellenlänge an. In den Größen ζ_j, die im Massenwirkungsgesetz stehen und während der Herleitung der Saha-Gleichung bestimmt wurden, trat der Faktor

$$\frac{1}{h}\int_{-\infty}^{\infty} e^{-\beta p^2/2m}\,dp = \frac{\sqrt{2\pi m k_B T}}{h} \qquad (4.148)$$

auf, den es sich näher zu betrachten lohnt. Aufgrund des Gleichverteilungssatzes ist das mittlere thermische Impulsquadrat eines Gasteilchens gerade durch

$$\frac{3}{2}k_B T = \langle E_{\text{kin}}\rangle = \frac{1}{2m}\langle p^2\rangle \qquad (4.149)$$

gegeben, sodass wir den Ausdruck

$$p_{\text{th}} = \langle p^2\rangle^{1/2} = \sqrt{3m k_B T} \qquad (4.150)$$

als mittleren thermischen Impuls bezeichnen können. Damit können wir die rechte Seite von (4.148) in die Form

$$\sqrt{\frac{2\pi}{3}}\frac{p_{\text{th}}}{h} \qquad (4.151)$$

bringen.

Thermische Wellenlänge

Das Ergebnis (4.150) für den mittleren thermischen Impuls legt es nahe, analog zur De-Broglie-Wellenlänge h/p der Quantenmechanik die *thermische Wellenlänge*

$$\lambda_T = \frac{h}{\sqrt{2\pi m k_B T}} = \sqrt{\frac{3}{2\pi}}\frac{h}{p_{\text{th}}} \qquad (4.152)$$

einzuführen.

Durch sie ausgedrückt, lautet die Saha-Gleichung schlicht

$$\frac{x^2}{1-x} = \frac{e^{-\beta\chi}}{n\lambda_{T,e}^3}, \qquad (4.153)$$

wobei

$$\lambda_{T,e} = \frac{h}{\sqrt{2\pi m_e k_B T}} \qquad (4.154)$$

die thermische Wellenlänge des Elektrons ist.

In eine sehr anschauliche Form schrumpft auch die Zustandssumme eines idealen Gases, die wir in Abschn. 4.2 hergeleitet haben. Wenn wir $h_0 = h$ identifizieren, lautet sie

$$Z_c = \left(\frac{V}{\lambda_T^3}\right)^N. \qquad (4.155)$$

Drücken wir zudem die thermische Energie $k_B T$ durch

$$\tau = \frac{k_B T}{mc^2} \qquad (4.156)$$

in Einheiten der Ruhemasse der betrachteten Teilchen aus, nimmt die thermische Wellenlänge die Form

$$\lambda_T = \frac{h}{mc}\frac{1}{\sqrt{2\pi\tau}} = \frac{\lambda_C}{\sqrt{2\pi\tau}} \qquad (4.157)$$

an, wodurch die Compton-Wellenlänge λ_C auftritt. Bei $T = 300\,\text{K}$, also etwa bei Raumtemperatur, ist die thermische Energie $k_B T \approx 25{,}85\,\text{meV}$. Für eine atomare Masseneinheit, $1\,\text{u} = 1{,}6605\cdot 10^{-24}\,\text{g} = 931{,}49\,\text{MeV}/c^2$, beträgt die Compton-Wellenlänge $\lambda_C = 1{,}33\cdot 10^{-13}\,\text{cm}$. Damit lässt sich die thermische Wellenlänge gemäß

$$\lambda_T = 1{,}01\cdot 10^{-8}\,\text{cm}\left(\frac{m}{u}\right)^{-1/2}\left(\frac{T}{300\,\text{K}}\right)^{-1/2} \qquad (4.158)$$

abschätzen.

Wenn das Volumen $v = V/N$, das einem einzelnen Teilchen im Mittel zur Verfügung steht, in die Größenordnung λ_T^3 gerät, werden quantenmechanische Teilcheneigenschaften wichtig. Wir werden dies am Beispiel eines Bose-Einstein-Gases in Abschn. 5.5 genauer beleuchten.

Adsorptionsgleichgewicht

Um die Rolle des chemischen Potenzials bei Phasenübergängen noch etwas genauer zu beleuchten, betrachten wir die folgende Situation: Ein Behälter des Volumens V, der durch ein Wärmereservoir auf konstanter Temperatur T gehalten wird, sei mit einem idealen Gas gefüllt. Der Boden des Behälters bestehe aus einem Material, das die Gasmoleküle adsorbieren kann. Das Material des Bodens enthält also Adsorptionszentren, mit denen die Gasmoleküle gebundene Zustände eingehen können. Der Einfachheit halber nehmen wir an, dass es für die Gasmoleküle an jedem Adsorptionszentrum zwei gebundene Zustände mit den Bindungsenergien

$$\epsilon_1 = -\epsilon_0, \quad \epsilon_2 = -\frac{\epsilon_0}{2} \qquad (4.159)$$

gebe, wobei $\epsilon_0 > 0$ ein positiver Energiewert ist. An jedem Adsorptionszentrum soll sich höchstens ein Gasmolekül anlagern können. Wenn wir weiter annehmen, dass die Adsorptionszentren sich gegenseitig nicht beeinflussen und deswegen als unabhängig voneinander angesehen werden können, reicht es aus, das Adsorptionsgleichgewicht an einem einzelnen Adsorptionszentrum zu untersuchen.

Die kanonische Zustandssumme eines Adsorptionszentrums ist

$$Z_c = e^{-\beta\epsilon_1} + e^{-\beta\epsilon_2} = e^{\beta\epsilon_0/2}\left(1 + e^{\beta\epsilon_0/2}\right), \qquad (4.160)$$

und damit ergibt sich die großkanonische Zustandssumme eines Adsorptionszentrums zu

$$Z_{gc} = \sum_{N=0}^{1} e^{\beta\mu N} Z_c^N = 1 + e^{\beta\mu} Z_c. \qquad (4.161)$$

Die Summe erstreckt sich nur über zwei mögliche Werte, weil an einem Adsorptionszentrum höchstens ein Gasmolekül adsorbiert sein kann. Die Ableitung dieser großkanonischen Zustandssumme nach dem chemischen Potenzial ergibt die mittlere Anzahl der Gasmoleküle, die an einem Adsorptionszentrum angelagert werden:

$$\langle N \rangle = \frac{1}{\beta}\frac{\partial \ln Z_{gc}}{\partial \mu} = \frac{1}{\beta Z_{gc}}\frac{\partial Z_{gc}}{\partial \mu} = \frac{e^{\beta\mu} Z_c}{1 + e^{\beta\mu} Z_c}. \qquad (4.162)$$

---------- **Frage 11** ----------

Wie verändert sich die mittlere Besetzungszahl (4.162), wenn bei sonst gleichen Bedingungen die Bindungsenergie ϵ_0 erhöht oder verringert wird? Ist das Ergebnis plausibel?

Lösen wir (4.162) nach dem chemischen Potenzial μ auf, folgt

$$\mu = -k_B T \ln\left[Z_c\left(\frac{1}{\langle N \rangle} - 1\right)\right]. \qquad (4.163)$$

Wenn sich zwischen der Gasphase und der adsorbierten Phase ein Gleichgewicht eingestellt hat, werden die chemischen Potenziale der beiden Phasen gleich sein. Um die Lage dieses Gleichgewichts in Abhängigkeit von der Temperatur und vom Volumen zu finden, brauchen wir also noch das chemische Potenzial der Moleküle in der Gasphase. Wir erhalten es aus der Beziehung (4.130) zusammen mit dem Ergebnis (4.144) für die Einteilchen-Zustandssumme ζ aus dem Beispielkasten „Die Saha-Gleichung":

$$\mu = -k_B T \ln\left(\frac{1}{n\lambda_T^3}\right), \qquad (4.164)$$

wobei wieder die thermische Wellenlänge λ_T auftritt und n die Anzahldichte der Gasmoleküle ist. Anders als in (4.144) tritt hier die Ruheenergie der Teilchen nicht auf, weil sie unverändert bleibt. An diesem Beispiel wird deutlich, dass sich nur der Nullpunkt des chemischen Potenzials verschiebt, wenn die Ruheenergie der Teilchen berücksichtigt wird.

Mithilfe der Zustandsgleichung des idealen Gases drücken wir die Anzahldichte n durch den Druck P und die Temperatur T aus:

$$n = \frac{P}{k_B T}, \qquad (4.165)$$

und erhalten (Abb. 4.10)

$$\mu = -k_B T \ln\left(\frac{k_B T}{P\lambda_T^3}\right). \qquad (4.166)$$

Setzen wir nun die beiden chemischen Potenziale (4.163) und (4.166) gleich, erhalten wir die mittlere Besetzungszahl der Adsorptionszentren als Funktion des Druckes und der Temperatur

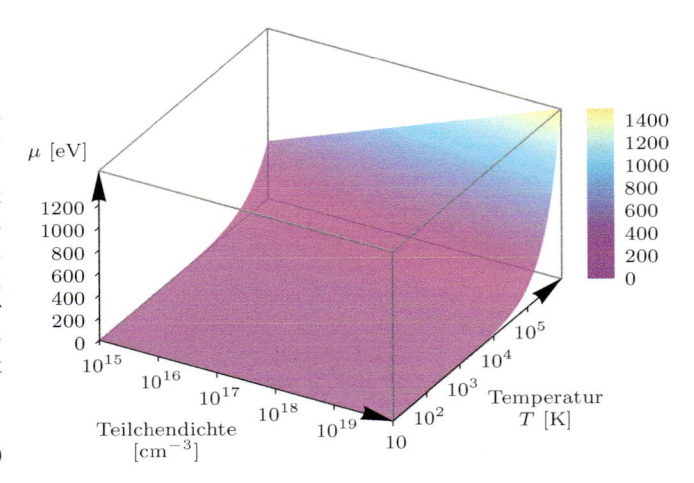

Abb. 4.10 Chemisches Potenzial in Elektronenvolt eines idealen Gases mit dem Molekulargewicht von Luft, $\approx 29\,u$, als Funktion der Teilchendichte und der Temperatur. Unter Normalbedingungen wäre Luft in der vorderen unteren Ecke des gezeigten Quaders angesiedelt, bei einer Teilchendichte von $n \approx 2{,}7 \cdot 10^{19}\,\text{cm}^{-3}$ und einer Temperatur von $T \approx 273\,\text{K}$

des umgebenden Gases:

$$\langle N \rangle = \cfrac{1}{1 + \cfrac{k_B T}{Z_c P \lambda_T^3}} \, . \qquad (4.167)$$

Bei konstanter Temperatur ist

$$\alpha := \frac{Z_c \lambda_T^3}{k_B T} \qquad (4.168)$$

eine Konstante mit der Dimension eines reziproken Druckes, die gelegentlich als *Langmuir-Konstante* bezeichnet wird (nach dem amerikanischen Chemiker und Physiker *Irving Langmuir*, 1881–1957). Ihr Wert hängt mittels (4.160) von der kanonischen Zustandssumme Z_c eines Adsorptionszentrums ab und damit von den Bindungsenergien der Zustände, die ein adsorbiertes Molekül mit einem Adsorptionszentrum eingehen kann.

Mittlere Besetzungszahl bei Adsorption

Die mittlere Besetzungszahl eines Adsorptionszentrums ist durch (4.167) bestimmt, die bei konstanter Temperatur in die einfache Form

$$\langle N \rangle = \frac{\alpha P}{1 + \alpha P} \qquad (4.169)$$

gebracht werden kann. Dieser Zusammenhang stellt die *Langmuir-Isotherme* des Adsorptionsgleichgewichts dar.

Wenn der Druck sehr groß wird, $\alpha P \gg 1$, geht die Besetzungszahl jedes Adsorptionszentrums gegen eins. Für kleine Drücke, $\alpha P \ll 1$, verläuft die mittlere Besetzungszahl wie

$$\langle N \rangle \approx \alpha P \, (1 - \alpha P) \, , \qquad (4.170)$$

in niedrigster Ordnung also linear mit dem Druck.

4.6 Einfache Modelle für magnetische Systeme

Magnetisierung eines Paramagneten

Kommen wir noch einmal etwas detaillierter auf die mittlere Magnetisierung eines Paramagneten in einem äußeren Magnetfeld **B** zurück, das wir der Einfachheit halber und ohne Beschränkung der Allgemeinheit entlang der *z*-Achse unseres Koordinatensystems ausgerichtet annehmen. Der Paramagnet bestehe aus Atomen oder Molekülen, die magnetische Momente tragen. In einem Vorgriff auf Kap. 5 über Quantenstatistik werden wir diese magnetischen Momente nun quantenmechanisch beschreiben. Wir führen dazu einen Operator $\hat{\boldsymbol{\mu}}$ ein, den wir proportional zum Drehimpulsoperator $\hat{\boldsymbol{J}}$ der Atome oder Moleküle schreiben. Da der Drehimpulsoperator in der Quantenmechanik dimensionsbehaftet eingeführt wurde, schreiben wir einen dimensionslosen Drehimpulsoperator als $\hat{\boldsymbol{J}}/\hbar$. Dann gilt für den Operator der magnetischen Momente

$$\hat{\boldsymbol{\mu}} = \frac{g\mu_0}{\hbar} \hat{\boldsymbol{J}} \, , \qquad (4.171)$$

worin der dimensionslose *gyromagnetische Faktor*, auch g-Faktor oder Landé'scher Faktor genannt, den Betrag des magnetischen Moments in Einheiten des Bohr'schen Magnetons

$$\mu_0 = \frac{e\hbar}{2mc} \qquad (4.172)$$

angibt. Vergleichen Sie dazu auch die Diskussion magnetischer Momente im Magnetfeld in Bd. 3, Kap. 9, in dem das Bohr'sche Magneton in Bd. 3, (9.48) und der gyromagnetische Faktor in Bd. 3, (9.56) eingeführt wurden.

Die Wechselwirkungsenergie jedes einzelnen magnetischen Moments mit dem äußeren Magnetfeld wird durch den Hamilton-Operator

$$\hat{H} = -\boldsymbol{B} \cdot \hat{\boldsymbol{\mu}} \qquad (4.173)$$

beschrieben. Seine möglichen Eigenwerte sind

$$E_m = -g\mu_0 B m \, , \qquad (4.174)$$

wobei $-J \leq m \leq J$ die magnetische Quantenzahl ist, d. h. die Drehimpulsquantenzahl in der z-Richtung, die durch die Ausrichtung des Magnetfeldes natürlicherweise vorgegeben ist. Die Einteilchen-Zustandssumme ist nun offenbar

$$Z_1 = \sum_{m=-J}^{J} e^{\beta g \mu_0 B m} =: \sum_{m=-J}^{J} e^{qm} \, , \qquad (4.175)$$

worin das dimensionslose Verhältnis

$$q = \beta g \mu_0 B \qquad (4.176)$$

zwischen der magnetischen und der thermischen Energie eingeführt wurde.

Die Summe in (4.175) lässt sich durch zwei geometrische Reihen ausdrücken und aufsummieren:

$$\begin{aligned}\sum_{m=-J}^{J} e^{qm} &= e^{-qJ} \sum_{j=0}^{2J} e^{qj} = e^{-qJ} \left(\sum_{j=0}^{\infty} e^{qj} - \sum_{j=2J+1}^{\infty} e^{qj} \right) \\ &= \frac{e^{-qJ}}{1-e^q} - e^{-q[J-(2J+1)]} \sum_{j=0}^{\infty} e^{qj} \qquad (4.177)\\ &= \frac{e^{-qJ} - e^{q(J+1)}}{1-e^q} = \frac{e^{q(J+1/2)} - e^{-q(J+1/2)}}{e^{q/2} - e^{-q/2}} \, ,\end{aligned}$$

4.6 Einfache Modelle für magnetische Systeme

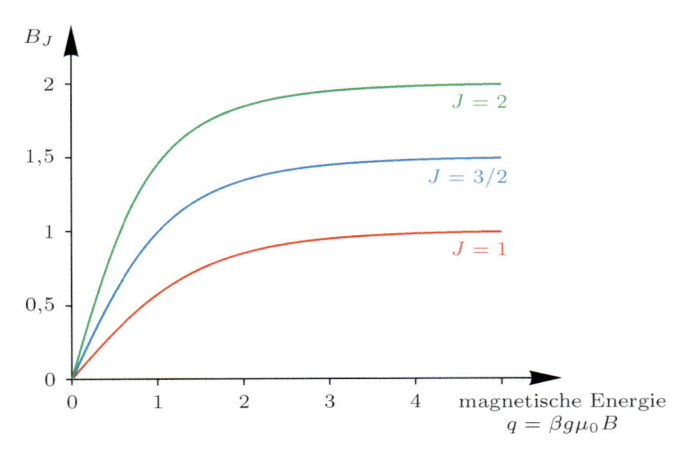

Abb. 4.11 Die Brillouin-Funktion $B_J(q)$ als Funktion der dimensionslosen magnetischen Energie $q = \beta g \mu_0 B$ für drei verschiedene Werte von J

Wie in (4.109) lassen wir hier einen Faktor $N!$ weg, durch den Z_c wegen der Ununterscheidbarkeit der Elementarmagnete noch zu dividieren wäre. Er ist für unsere Diskussion unerheblich.

Oft werden anstelle der Funktion $B_J(q)$ aus (4.181) auch die Funktionen

$$\bar{B}_J(q) = \frac{1}{J} B_J(q) \quad \text{oder} \quad \tilde{B}_J(x) = \frac{1}{J} B_J\left(\frac{q}{J}\right) \quad (4.183)$$

als Brillouin-Funktion bezeichnet.

Wegen der Faktorisierung (4.182) muss die Magnetisierung des gesamten Paramagneten schlicht der N-fache Wert von M aus (4.180) sein. Die magnetische Suszeptibilität χ_m, definiert als Proportionalitätsfaktor zwischen der Magnetisierung M und dem Magnetfeld B durch $M = \chi_m B$, ist dann

$$\chi_m = g \mu_0 \frac{B_J(q)}{B} = \beta g^2 \mu_0^2 \frac{B_J(q)}{q}. \quad (4.184)$$

Nun sind wiederum die beiden Grenzfälle interessant, in denen die magnetische Energie sehr klein oder sehr groß gegenüber der thermischen Energie ist.

Achtung In Bd. 2, Abschn. 5.2 wurde die magnetische Suszeptibilität als Proportionalitätsfaktor zwischen M und H statt zwischen M und B eingeführt. Da wir hier ein von außen angelegtes Magnetfeld meinen, beziehen wir χ_m auf B. ◂

Für $x \ll 1$ ergeben separate Taylor-Entwicklungen des Zählers und des Nenners in $\coth x$ bis zur dritten Ordnung in x

$$\coth x = \frac{\cosh x}{\sinh x} \approx \frac{\left(1 + x + \frac{x^2}{2} + \frac{x^3}{6}\right) + \left(1 - x + \frac{x^2}{2} - \frac{x^3}{6}\right)}{\left(1 + x + \frac{x^2}{2} + \frac{x^3}{6}\right) - \left(1 - x + \frac{x^2}{2} - \frac{x^3}{6}\right)}$$

$$= \frac{2\left(1 + \frac{x^2}{2}\right)}{2x\left(1 + \frac{x^2}{6}\right)} \approx \frac{1}{x}\left(1 + \frac{x^2}{2} - \frac{x^2}{6}\right) = \frac{1}{x} + \frac{x}{3}. \quad (4.185)$$

Angewandt auf (4.181) zeigt dieses Ergebnis, dass die Brillouin-Funktion dann durch

$$B_J(q) \approx \frac{q}{3} J(J+1) \quad (4.186)$$

angenähert werden kann. Die Suszeptibilität verläuft also wie

$$\chi_m \approx \frac{g^2 \mu_0^2}{3 k_B T} J(J+1), \quad (4.187)$$

wenn die thermische Energie sehr hoch gegenüber der magnetischen Energie ist. Die Kopplung der Elementarmagnete an das äußere Magnetfeld ist dann so schwach, dass die Ausrichtung der Elementarmagnete im Magnetfeld durch die thermische Bewegung weitgehend verhindert wird.

wobei sich der letzte Schritt durch Erweiterung des Bruches mit $-e^{-q/2}$ ergibt. In dieser symmetrischen Form lässt sich die Einteilchen-Zustandssumme bequem durch den hyperbolischen Sinus ausdrücken:

$$Z_1 = \frac{\sinh[q(J + 1/2)]}{\sinh(q/2)}. \quad (4.178)$$

Die mittlere z-Komponente des magnetischen Moments eines Atoms oder Moleküls, auch als seine Magnetisierung M bezeichnet, ist bestimmt durch die Ableitung

$$\langle \mu_z \rangle = M = \frac{1}{\beta} \frac{\partial \ln Z_1}{\partial B}. \quad (4.179)$$

Frage 12

Vergewissern Sie sich, dass der Ausdruck auf der rechten Seite dieser Gleichung tatsächlich den Mittelwert von μ_z ergibt, wie behauptet.

Diese Ableitung ergibt

$$M = g \mu_0 B_J(q), \quad (4.180)$$

wobei der Ausdruck

$$B_J(q) = \left(J + \frac{1}{2}\right) \coth\left[q\left(J + \frac{1}{2}\right)\right] - \frac{1}{2} \coth \frac{q}{2} \quad (4.181)$$

die sogenannte *Brillouin-Funktion* ist (benannt nach dem französisch-amerikanischen Physiker *Léon Nicolas Brillouin*, 1889–1969; Abb. 4.11). Da wir keine Wechselwirkung zwischen den Elementarmagneten des Paramagneten angenommen haben, faktorisiert die Zustandssumme wie die des idealen Gases:

$$Z_c = Z_1^N. \quad (4.182)$$

Frage 13

Vergewissern Sie sich, dass die Näherung (4.186) korrekt ist.

Im Grenzfall $x \gg 1$ gilt stattdessen

$$\frac{\cosh x}{\sinh x} = \frac{e^x + e^{-x}}{e^x - e^{-x}} \approx \frac{e^x}{e^x} = 1 \,. \qquad (4.188)$$

Für die Brillouin-Funktion bedeutet das

$$B_J(x) \approx J + \frac{1}{2} - \frac{1}{2} = J \,, \qquad (4.189)$$

sodass die Magnetisierung pro Atom oder Molekül gegen den maximalen Wert

$$M = g\mu_0 J \qquad (4.190)$$

geht, der vom Magnetfeld ebenso unabhängig ist wie von der Temperatur.

Das eindimensionale Ising-Modell

Betrachten wir nun ein eindimensionales System aus N miteinander wechselwirkenden Spins $\sigma_i = \pm 1$, die wir uns im Kreis so angeordnet denken, dass das N-te Teilchen Nachbar des ersten ist. Damit werden mögliche Komplikationen aufgrund von Randeffekten vermieden. Ein solches System wird auch eindimensionale Spinkette oder eindimensionales Ising-Modell genannt (nach dem deutschen Mathematiker und Physiker *Ernst Ising*, 1900–1998). Sein Zustand wird durch die Menge aller Spineinstellungen $\{\sigma_i\}$ gekennzeichnet.

Mithilfe zweier Konstanten J und b stellen wir die Hamilton-Funktion

$$H_N(\{\sigma_i\}) = -J \sum_{k=1}^{N} \sigma_k \sigma_{k+1} - b \sum_{k=1}^{N} \sigma_k \qquad (4.191)$$

auf, in der $\sigma_{N+1} = \sigma_1$ identifiziert wird. Dabei beschreibt J die Stärke der Wechselwirkung benachbarter Spins, während b angibt, wie die Spins an ein äußeres Magnetfeld koppeln.

Die kanonische Zustandssumme ist

$$Z_N = \sum_{\{\sigma_i\}} \exp\left[\beta \left(J \sum_{k=1}^{N} \sigma_k \sigma_{k+1} + b \sum_{k=1}^{N} \sigma_k\right)\right], \qquad (4.192)$$

wobei über die Menge aller Spinkonfigurationen $\{\sigma_i\}$ summiert werden muss. Der Exponentialfaktor zerfällt in N gleichartige Faktoren, in denen jeweils zwei benachbarte Spins auftreten. Wir greifen davon den ersten Summanden heraus:

$$\exp\left[\beta \left(J\sigma_1 \sigma_2 + \frac{b}{2}(\sigma_1 + \sigma_2)\right)\right], \qquad (4.193)$$

und fassen ihn als Element $T_{\sigma_1 \sigma_2}$ der reellen, symmetrischen, 2×2-Matrix

$$T = \begin{pmatrix} e^{\beta(J+b)} & e^{-\beta J} \\ e^{-\beta J} & e^{\beta(J-b)} \end{pmatrix} \qquad (4.194)$$

auf, die *Transfermatrix* genannt wird. Mithilfe von T können wir die Zustandssumme in die Form

$$Z_N = \sum_{\sigma_1 = \pm 1} \sum_{\sigma_2 = \pm 1} \cdots \sum_{\sigma_N = \pm 1} T_{\sigma_1 \sigma_2} T_{\sigma_2 \sigma_3} \cdots T_{\sigma_N \sigma_{N+1}} \qquad (4.195)$$

bringen. Durch die Summen über alle Spinkonfigurationen wird die Zustandssumme zum N-fachen Produkt der Transfermatrix, von dem anschließend die Spur gebildet wird, weil die Indizes σ_{N+1} und σ_1 miteinander identifiziert werden. Damit vereinfacht sich die Zustandssumme zu

$$Z_N = \mathrm{Sp}\, T^N \,. \qquad (4.196)$$

Die Spur ist invariant gegenüber orthogonalen Transformationen. Daher können wir die Matrix T diagonalisieren, $T = \mathrm{diag}(\tau_+, \tau_-)$, sie zur N-ten Potenz erheben und dann die Spur bilden:

$$Z_N = \tau_+^N + \tau_-^N \,. \qquad (4.197)$$

Da die Matrix T reell und symmetrisch ist, sind ihre Eigenwerte $\tau_\pm$ reell.

Frage 14

Zeigen Sie, dass die Eigenwerte der Matrix T

$$\tau_\pm = \frac{1}{2}\left[\mathrm{Sp}\, T \pm \sqrt{(\mathrm{Sp}\, T)^2 - 4 \det T}\right]. \qquad (4.198)$$

lauten.

Eine kurze Rechnung ergibt

$$\tau_\pm = e^{\beta J}\left[\cosh \beta b \pm \sqrt{\sinh^2 \beta b + e^{-4\beta J}}\right]. \qquad (4.199)$$

Um den thermodynamischen Grenzwert für beliebig große N durchzuführen, bringen wir die Zustandssumme in die Form

$$Z_N = \tau_+^N \left[1 + \left(\frac{\tau_-}{\tau_+}\right)^N\right]. \qquad (4.200)$$

Wegen $0 < \tau_- < \tau_+$ strebt die Zustandssumme im Grenzfall beliebig hoher N gegen τ_+^N, woraus folgt

$$\ln Z_N \to N \ln \tau_+ \,. \qquad (4.201)$$

Mittlerer Spin im eindimensionalen Ising-Modell

Im thermodynamischen Limes ist daher die freie Energie pro Spin

$$f = \frac{F}{N} = -k_B T \ln \tau_+ \qquad (4.202)$$

$$= -J - k_B T \ln\left[\cosh \beta b + \sqrt{\sinh^2 \beta b + e^{-4\beta J}}\right],$$

woraus durch Ableitung nach b der mittlere Spin pro Freiheitsgrad folgt:

$$\langle \sigma_i \rangle = -\frac{\partial f}{\partial b} = \frac{\sinh \beta b}{\sqrt{\sinh^2 \beta b + e^{-4\beta J}}}. \qquad (4.203)$$

4.6 Einfache Modelle für magnetische Systeme

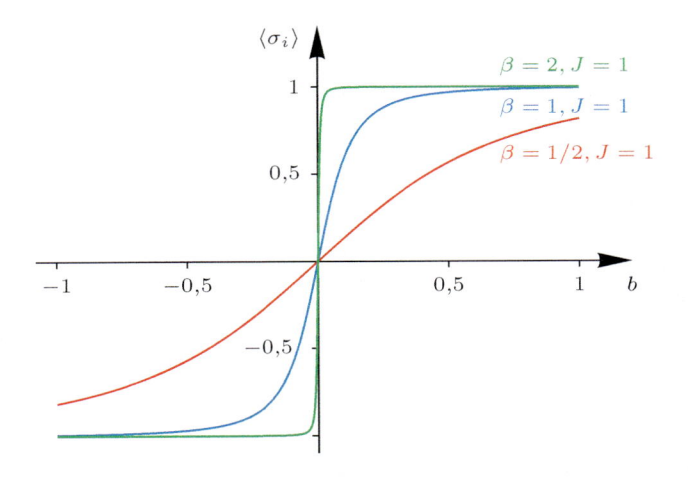

Abb. 4.12 Der mittlere Spin pro Freiheitsgrad im Ising-Modell ist hier als Funktion des äußeren Magnetfeldes b für verschiedene Temperaturen gezeigt. Mit zunehmender Temperatur, also abnehmendem β, wird die Kurve flacher

Diese Funktion ist in Abb. 4.12 dargestellt. Bei verschwindendem äußeren Magnetfeld b verschwindet auch der mittlere Spin $\langle \sigma_i \rangle$.

Frage 15

Warum ergibt die Ableitung der freien Energie f pro Freiheitsgrad nach dem äußeren Magnetfeld b den mittleren Spin pro Freiheitsgrad?

Zum Abschluss dieses Abschnitts über das eindimensionale Ising-Modell sollte noch erwähnt werden, dass Ernst Ising die Behandlung der eindimensionalen Spinkette von dem deutschen Physiker *Wilhelm Lenz* (1888–1957) als Doktorarbeitsthema übertragen bekam. Als Ising 1924 promoviert wurde, kam er zu dem Schluss, dass dieses Modell wohl keine weitere Beachtung verdiene, weil es den erhofften ferromagnetischen Phasenübergang nicht zeigt. Wegen seiner jüdischen Abstammung emigrierte Ising 1939 nach Luxemburg, wo er nach dem deutschen Einmarsch 1940 Zwangsarbeit verrichten musste. Erst nachdem er 1947 in die USA ausgewandert war, erfuhr er, dass es dem norwegischen Physiker und Chemiker *Lars Onsager* (1903–1976) 1944 gelungen war, das Modell analytisch zu lösen, das heute als zweidimensionales Ising-Modell bezeichnet wird. Da es einen ferromagnetischen Phasenübergang zeigt, wurde es zu einem der wichtigsten Modellsysteme der statistischen Physik.

Im folgenden Abschnitt „So geht's weiter" besprechen wir das Curie-Weiss-Modell, das ebenfalls einen Phasenübergang zeigt, aber einfacher als das zweidimensionale Ising-Modell ist.

So geht's weiter

Das Curie-Weiss-Modell

Mit einer augenscheinlich kleinen Änderung an der Hamilton-Funktion wird aus dem Ising- das Curie-Weiss-Modell

$$H_N(\{\sigma\}) = -\frac{J}{2N} \sum_{i,j=1}^{N} \sigma_i \sigma_j - b \sum_{i=1}^{N} \sigma_i . \quad (4.204)$$

Der wesentliche Unterschied ist, dass nun alle Spins miteinander wechselwirken, nicht nur die direkt benachbarten. Dieser Übergang tritt bei der sogenannten Molekularfeldnäherung des Ising-Modells auf, bei der mikroskopische Spins zu mittleren Spins zusammengefasst werden. Dies wird zu erheblichen Änderungen im Verhalten des Systems führen, die es sich sehr zu betrachten lohnt. Diese Wechselwirkung aller Spins miteinander erfordert die Division durch die Anzahl der Spins N, um sicherzustellen, dass der thermodynamische Grenzwert existiert.

Die kanonische Zustandssumme

$$Z_N = \sum_{\{\sigma\}} \exp\left[\beta\left(\frac{J}{2N}\sum_{i,j=1}^{N}\sigma_i\sigma_j + b\sum_{i=1}^{N}\sigma_i\right)\right] \quad (4.205)$$

lässt sich unter Einsatz der Gauß'schen Identität

$$\int_{-\infty}^{\infty} e^{-A\mu^2 + By\mu} d\mu = \sqrt{\frac{\pi}{A}} \exp\left(\frac{B^2}{4A} y^2\right) \quad (4.206)$$

mithilfe einer eigens zu diesem Zweck eingeführten Hilfsgröße μ faktorisieren. Wir identifizieren zu diesem Zweck

$$y = \sum_{i=1}^{N} \sigma_i, \quad B = \beta J, \quad \frac{B^2}{4A} = \frac{\beta J}{2N} \quad \Rightarrow \quad A = \frac{N\beta J}{2} \quad (4.207)$$

und erhalten zunächst, indem wir (4.206) „rückwärts" lesen:

$$\exp\left[\frac{\beta J}{2N}\left(\sum_{i=1}^{N}\sigma_i\right)^2\right]$$
$$= \sqrt{\frac{N\beta J}{2\pi}} \int_{-\infty}^{\infty} \exp\left(-\frac{N\beta J}{2}\mu^2 + \beta J \mu \sum_{i=1}^{N}\sigma_i\right) d\mu . \quad (4.208)$$

Die Zustandssumme (4.205) nimmt damit die Form

$$Z_N = \sqrt{\frac{N\beta J}{2\pi}}$$
$$\cdot \int_{-\infty}^{\infty} \exp\left(-\frac{N\beta J}{2}\mu^2\right) \sum_{\{\sigma\}} \exp\left(\beta(J\mu + b)\sum_{i=1}^{N}\sigma_i\right) d\mu \quad (4.209)$$

an, in der die Spins entkoppelt sind. Die Exponentialfunktion über die Spinsumme zerfällt deswegen in gleichartige Faktoren, die jeweils über $\sigma = \pm 1$ summiert werden müssen. Das ergibt

$$\sum_{\{\sigma\}} \exp\left(\beta(J\mu + b)\sum_{i=1}^{N}\sigma_i\right)$$
$$= \{2\cosh[\beta(J\mu + b)]\}^N \quad (4.210)$$
$$= \exp\{N \ln(2\cosh[\beta(J\mu + b)])\} .$$

Die Zustandssumme lautet damit

$$Z_N = \sqrt{\frac{N\beta J}{2\pi}} \int_{-\infty}^{\infty} e^{-\beta N L(\mu,b)} d\mu , \quad (4.211)$$

wobei im Exponenten die *Landau-Funktion* auftritt (Abb. 4.13):

$$L(\mu, b) = \frac{J}{2}\mu^2 - \frac{1}{\beta} \ln(2\cosh[\beta(J\mu + b)]) . \quad (4.212)$$

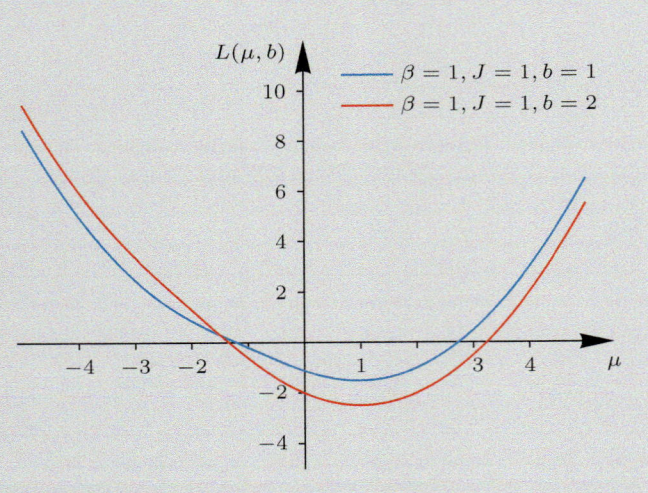

Abb. 4.13 Die Landau-Funktion (4.212) dargestellt als Funktion von μ für $\beta = 1 = J$ und für $b = 1, 2$

Nun bleibt das Integral über die Hilfsgröße μ zu lösen, das noch in der Zustandssumme übrig geblieben ist. Wegen des Faktors N vor der Landau-Funktion im Argument der Exponentialfunktion wird das Argument sehr groß. Nur in der unmittelbaren Nähe des Minimums μ_0 der Landaufunktion bezüglich μ wird der Integrand daher überhaupt nennenswert beitragen können. Deshalb ist es angemessen, das Argument der Exponentialfunktion um μ_0 herum in eine Taylor-Reihe zu entwickeln und nur die niedrigsten Ordnungen beizubehalten:

$$L(\mu, b) \approx L(\mu_0, b) + \frac{1}{2} \left.\frac{\partial^2 L(\mu, b)}{\partial \mu^2}\right|_{\mu=\mu_0} (\mu - \mu_0)^2. \quad (4.213)$$

Diese Vorgehensweise wird *Sattelpunktentwicklung* genannt. Nach Voraussetzung ist μ_0 ein Minimum der Landau-Funktion, sodass dort deren erste Ableitung nach μ verschwindet. Die ersten beiden Ableitungen der Landau-Funktion nach μ sind

$$\begin{aligned}
\frac{\partial L}{\partial \mu} &= J\mu - J \tanh[\beta(J\mu + b)], \\
\frac{\partial^2 L}{\partial \mu^2} &= J\left[1 - \frac{\beta J}{\cosh^2[\beta(J\mu + b)]}\right] \quad (4.214) \\
&= J\left\{1 - \beta J\left[1 - \tanh^2(\beta(J\mu + b))\right]\right\},
\end{aligned}$$

wobei im letzten Schritt $\cosh^{-2} x = 1 - \tanh^2 x$ verwendet wurde. Aus der Bedingung, dass die erste Ableitung der Landau-Funktion nach μ verschwinden möge, folgt die implizite Gleichung

$$\mu_0 = \tanh[\beta(J\mu_0 + b)] \quad (4.215)$$

für die Lage μ_0 eines Extremums von $L(\mu, b)$. An solchen Stellen μ_0 nimmt die zweite Ableitung den Wert

$$\left.\frac{\partial^2 L(\mu, b)}{\partial \mu^2}\right|_{\mu=\mu_0} = J\left[1 - \beta J(1 - \mu_0^2)\right] =: L_2 \quad (4.216)$$

an, den wir als L_2 abkürzen. Die Zustandssumme wird dann

$$Z_N = \sqrt{\frac{N\beta J}{2\pi}} e^{-\beta N L_0} \int_{-\infty}^{\infty} e^{-\beta N L_2 (\mu - \mu_0)^2/2} d\mu, \quad (4.217)$$

was nach kurzer Rechnung auf das einfache Ergebnis

$$Z_N = \sqrt{\frac{J}{L_2}} e^{-\beta N L_0} \quad (4.218)$$

schrumpft. Im Grenzfall sehr großer N wird die freie Energie pro Freiheitsgrad

$$f = \lim_{N \to \infty} \frac{-k_B T \ln Z_N}{N} = L_0 = L(\mu_0, b), \quad (4.219)$$

wobei μ_0 durch (4.215) gegeben ist.

Mittlerer Spin pro Freiheitsgrad im Curie-Weiss-Modell

Wiederum ist der mittlere Spin pro Freiheitsgrad gleich der negativen Ableitung der freien Energie pro Freiheitsgrad nach b:

$$\begin{aligned}
m(\beta, b) &= -\frac{\partial f}{\partial b} = -\left.\frac{\partial L}{\partial b}\right|_{\mu=\mu_0} = \tanh[\beta(J\mu_0 + b)] \\
&= \mu_0. \quad (4.220)
\end{aligned}$$

Die Ableitung des mittleren Spins pro Freiheitsgrad nach b ist die Suszeptibilität

$$\chi_m = \frac{\partial m}{\partial b} = \frac{\partial \mu_0}{\partial b}. \quad (4.221)$$

Durch Ableitung von (4.215) nach b folgt

$$\chi_m = \frac{\beta(1 - m^2)}{1 - (1 - m^2)\beta J} \quad (4.222)$$

---- **Frage 16** ----

Überzeugen Sie sich, dass die Suszeptibilität tatsächlich durch (4.222) gegeben ist. Beachten Sie dabei, dass Sie μ_0 auf *beiden* Seiten der letzten Gl. (4.220) nach b ableiten müssen.

Betrachten wir nun etwas genauer den Grenzfall eines kleinen äußeren Magnetfeldes, $b \to 0^+$. Dann ist μ_0 durch

$$\mu_0 \approx \tanh(\beta J \mu_0) \quad (4.223)$$

gegeben. Da die Steigung mit μ_0 bei $\mu_0 = 0$ auf der rechten Seite gleich βJ, auf der linken aber gleich eins ist, gibt es bei hohen Temperaturen $k_B T > J$ nur die Lösung $\mu_0 = 0$. Für $k_B T > J$ und $\mu_0 = 0 = m$ ist die Suszeptibilität

$$\chi_m = \frac{\beta}{1 - \beta J}. \quad (4.224)$$

Sie divergiert, wenn $k_B T = J$ wird. Die Temperatur $T_c = J/k_B$ heißt kritische Temperatur oder *Curie-Temperatur*. Wenn dagegen $k_B T < J$ ist, also $T < T_c$, hat (4.223) drei Lösungen, davon eine bei $\mu_0 = 0$. Die zweite Ableitung der Landau-Funktion nach μ aus (4.216) zeigt, dass nur die beiden Lösungen mit $\mu_0^2 > 0$ Minima der freien Energie sind. Nahe, aber unterhalb der Curie-Temperatur, $T \lesssim T_c$, kann (4.223) näherungsweise gelöst werden. Mit $\tanh x \approx x - x^3/3$ finden wir zunächst

$$\mu_0 \approx \mu_0 \frac{T_c}{T} - \frac{\mu_0^3}{3}\left(\frac{T}{T_c}\right)^3 \quad (4.225)$$

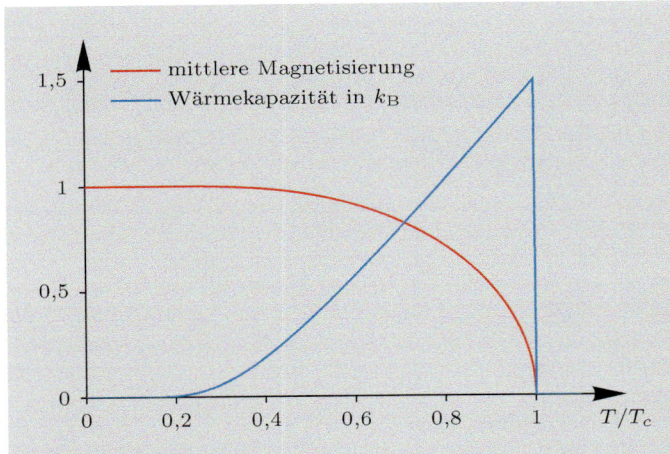

Abb. 4.14 Mittlere Magnetisierung pro Spin und Wärmekapazität im Curie-Weiss-Modell bei verschwindendem Magnetfeld als Funktion der Temperatur

und daraus, für $\mu_0 \neq 0$:

$$\mu_0^2 = m^2 \approx 3\left(\frac{T}{T_c}\right)^2 \left(1 - \frac{T}{T_c}\right). \tag{4.226}$$

Entsprechend kann die Suszeptibilität χ_m genähert werden durch

$$\chi_m \approx \frac{\beta_c}{2}\left(1 - \frac{T}{T_c}\right)^{-1}. \tag{4.227}$$

Gl. (4.223) zeigt, dass die mittlere Magnetisierung pro Spin im Grenzfall $T \to 0$ gegen eins geht, denn $\tanh(x) \to 1$ für $x \to \infty$.

Suszeptibilität und Magnetisierung

Die Magnetisierungskurve (Abb. 4.14) fällt bei $T \to T_c^-$ senkrecht auf null ab. Mit seiner unterhalb der Curie-Temperatur spontan auftretenden Magnetisierung stellt das Curie-Weiss-Modell ein Beispiel für den Phasenübergang von einer para- in eine ferromagnetische Phase dar.
Nähert sich die Temperatur ihrem kritischen Wert $T_c = J/k_B$, divergiert die Suszeptibilität im Curie-Weiss-Modell. Kleine Änderungen des äußeren Magnetfeldes bewirken dann sprunghafte Änderungen der Magnetisierung.

---- **Frage 17** ----

Überprüfen Sie die beiden Gln. (4.226) und (4.227).

Die Wärmekapazität ergibt sich aus der freien Energie (4.219) durch zweifache Ableitung nach der Temperatur. Bei $b = 0$ ist die Landau-Funktion (4.212) bei μ_0 durch

$$L(\mu_0, b = 0) = \begin{cases} -k_B T \ln 2 & \text{für } T > T_c \\ \frac{J}{2}\mu_0^2 - k_B T \ln[2\cosh(\beta J \mu_0)] & \text{für } T \leq T_c \end{cases} \tag{4.228}$$

gegeben. Aus der zweiten Ableitung dieser Funktion nach der Temperatur folgt für die Wärmekapazität pro Teilchen

$$C = -T\frac{\partial^2 f}{\partial T^2} = \begin{cases} 0 & \text{für } T > T_c \\ -\frac{J}{2}\frac{\partial \mu_0^2}{\partial T} & \text{für } T \leq T_c \end{cases}. \tag{4.229}$$

---- **Frage 18** ----

Rechnen Sie das Ergebnis (4.229) nach.

Aus der Näherung (4.226) für Temperaturen nahe bei, aber unterhalb von T_c erhalten wir

$$\left.\frac{\partial \mu_0^2}{\partial T}\right|_{T=T_c} = -\frac{3}{T_c} \tag{4.230}$$

und daraus die Wärmekapazität $C = \frac{3}{2}k_B$ bei $T \to T_c^-$.

Wärmekapazität

Die Wärmekapazität pro Teilchen springt also bei der Curie-Temperatur um den Wert $\frac{3}{2}k_B$ pro Spin.

Die Wärmekapazität pro Teilchen als Funktion der Temperatur ist ebenfalls in Abb. 4.14 dargestellt. Ihre Unstetigkeit weist den ferromagnetischen Phasenübergang bei der Curie-Temperatur nach der Ehrenfest-Klassifikation (Abschn. 3.7) als Phasenübergang erster Ordnung aus, während das stetige Verhalten der Magnetisierung bei $T \to T_c$ nach der moderneren Klassifikation einen Phasenübergang zweiter Ordnung kennzeichnet.
Unterhalb der Curie-Temperatur bilden sich in der ferromagnetischen Phase Bereiche aus, in denen sich die Spins spontan ausrichten. Diese Bereiche sind die *Weiss'schen Bezirke* (Bd. 2, Kap. 5).

Aufgaben

Gelegentlich enthalten die Aufgaben mehr Angaben, als für die Lösung erforderlich sind. Bei einigen anderen dagegen werden Daten aus dem Allgemeinwissen, aus anderen Quellen oder sinnvolle Schätzungen benötigt.

- • leichte Aufgaben mit wenigen Rechenschritten
- •• mittelschwere Aufgaben, die etwas Denkarbeit und unter Umständen die Kombination verschiedener Konzepte erfordern
- ••• anspruchsvolle Aufgaben, die fortgeschrittene Konzepte (unter Umständen auch aus späteren Kapiteln) oder eigene mathematische Modellbildung benötigen

4.1 • Freie Energie und Entropie eines Systems aus freien klassischen Teilchen

(a) Bestimmen Sie für ein System aus N freien klassischen Teilchen im Volumen V die Helmholtz'sche freie Energie $F(T, V, N)$.

(b) Berechnen Sie den Mittelwert des Quadrats der Geschwindigkeit v eines Teilchens und die mittlere quadratische Schwankung der Geschwindigkeit.

(c) Vergleichen Sie die „kanonische" Entropie

$$S_k = -\left(\frac{\partial F}{\partial T}\right)_{V,N} \quad (4.231)$$

mit der mikrokanonischen Entropie $S_{mk} = k_B \ln \Omega$ und diskutieren Sie den Unterschied zwischen S_k und S_{mk}, falls Sie einen finden.

4.2 •• Entropie und Zustandsgleichung eines linearen, eindimensionalen Systems

N klassische harte Kugeln mit dem Durchmesser d können sich längs einer Strecke der Länge L bewegen. Da sich die Teilchen nicht durchdringen, sind sie angeordnet. Das Wechselwirkungspotenzial zweier benachbarter Teilchen mit den Indizes i und j lautet

$$\Phi(x_i - x_j) = \begin{cases} \infty & |x_i - x_j| \leq d \\ 0 & \text{sonst.} \end{cases} \quad (4.232)$$

Bestimmen Sie die Entropie und die Zustandsgleichung dieses Systems. Wie lautet die Zustandsgleichung im thermodynamischen Limes $N, L \to \infty$ bei $N/L = $ const?

4.3 •• Thermodynamik eines Kettenmoleküls

Ein Kettenmolekül besteht aus N gleichen Gliedern der Länge a. Die Glieder sind untereinander so verbunden, dass sich jedes Glied unabhängig von den anderen Gliedern um den Verknüpfungspunkt räumlich frei, d. h. um den Raumwinkel 4π, drehen kann. Das eine Ende des Kettenmoleküls ist im Punkt 0 drehbar befestigt, am anderen Ende greift die Zugkraft K an. Sei L der End-zu-End-Abstand des Kettenmoleküls, dann ist die zur Zugkraft K gehörige potenzielle Energie des Kettenmoleküls

$$\Phi(\vartheta_1, \ldots, \vartheta_N) = -KL(\vartheta_1, \ldots, \vartheta_N), \quad (4.233)$$

wobei ϑ_i der Winkel ist, den das i-te Glied des Kettenmoleküls mit einer willkürlich eingeführten Achse einschließt.

(a) Bestimmen Sie die kanonische Zustandssumme des Kettenmoleküls, wenn allein die potenzielle Energie Φ in der Hamilton-Funktion berücksichtigt wird.

(b) Welche mittlere Länge $\langle L \rangle$ stellt sich ein? Diskutieren Sie das Ergebnis für $k_B T \ll Ka$ und $k_B T \gg Ka$.

Lösungshinweis: Vernachlässigen Sie die kinetische Energie der Glieder des Kettenmoleküls.

4.4 •• Dichteverteilung in einem rotierenden Gas

Ein ideales einatomiges klassisches Gas der Temperatur T befinde sich in einem Hohlzylinder mit starren Wänden. Der Hohlzylinder rotiere mit konstanter Winkelgeschwindigkeit ω um die Zylinderachse.

(a) Zeigen Sie, dass das chemische Potenzial eines idealen einatomigen Gases als Funktion der Teilchendichte n und der Temperatur T durch

$$\mu(T, n) = bT - k_B T \ln\left[\left(\frac{T}{T_0}\right)^{3/2} \frac{n_0}{n}\right] \quad (4.234)$$

ausgedrückt werden kann, worin μ_0, T_0 und n_0 geeignet gewählte Konstanten sind.

(b) Bestimmen Sie im stationären Zustand die Dichte n des Gases als Funktion des Abstands r von der Zylinderachse aus der thermodynamischen Gleichgewichtsbedingung.

Diese Aufgabe zielt darauf ab zu zeigen, dass sich in einem äußeren Potenzial ein Gleichgewichtszustand derart einstellt, dass nicht das chemische Potenzial allein, sondern die Summe aus chemischem und äußeren Potenzial maßgeblich ist. Aufgrund der Zylindersymmetrie des hier vorgegebenen Problems denkt man sich das Gasvolumen in Zylinderschalen zerlegt. Jede dieser Zylinderschalen muss mit ihren Nachbarn in einem chemischen Gleichgewicht stehen, das durch das Gesamtpotenzial aus chemischem und äußerem Potenzial bestimmt wird.

Lösungshinweis: Auf ein Gasteilchen wirkt im rotierenden Zylinder die Zentrifugalkraft

$$F = m\omega^2 r e_r, \quad (4.235)$$

wobei e_r der Einheitsvektor in radialer Richtung ist.

4.5 ••• Konzentrationsverhältnisse bei einer chemischen Reaktion
Bestimmen Sie bei der Dissoziationsreaktion von molekularem und atomarem Wasserstoff,

$$H_2 \rightleftharpoons 2H, \quad (4.236)$$

im thermodynamischen Gleichgewicht das Verhältnis

$$\frac{c_H^2}{c_{H_2}} \quad (4.237)$$

der Konzentrationen c_H bzw. c_{H_2} des atomaren bzw. molekularen Wasserstoffs als Funktion der Temperatur T und des Druckes P (Massenwirkungsgesetz). Der Temperatur- und Druckbereich sei so gewählt, dass beide Gase als ideal betrachtet werden können. Die molaren Wärmekapazitäten bei konstantem Volumen sind

$$C_V(H_2) = \frac{5}{2}R \quad \text{für } H_2 \quad \text{und} \quad C_V(H) = \frac{3}{2}R \quad \text{für } H. \quad (4.238)$$

Lösungshinweis: Zeigen Sie zunächst, ausgehend von

$$F = -k_B T (N \ln \zeta - \ln N!) \quad \text{und} \quad \zeta = \sum_s \exp[-\beta \varepsilon(s)], \quad (4.239)$$

dass ζ für ein ideales Gas durch

$$\ln \zeta = \ln \zeta_0 + \frac{C_P}{R} \ln \frac{T}{T_0} - \ln \frac{P}{P_0} \quad (4.240)$$

gegeben sein muss, wobei ζ_0 eine von T und P unabhängige Konstante ist. Verwenden Sie das Massenwirkungsgesetz.

4.6 ••• Magnetostriktion: Volumenänderung eines Ferromagneten
Die differenzielle Fundamentalrelation eines Ferromagneten habe die Form

$$dU = TdS - PdV + BdM \quad (4.241)$$

bei konstanter Teilchenzahl N. Die magnetische Suszeptibilität

$$\chi_m = \left(\frac{\partial M}{\partial B}\right)_{T,P} \quad (4.242)$$

sei durch den Zusammenhang

$$\chi_m(T,P) = A[T - \Theta(P)]^{-1}, \quad \Theta(P) = \Theta_0(1 + \alpha P) \quad (4.243)$$

gegeben, wobei A, α und Θ_0 geeignete positive Konstanten sind. Berechnen Sie die Volumenänderung des Ferromagneten nach quasistatischem Einschalten eines Magnetfeldes, $B = 0$ zu $B = B_0 > 0$, bei konstantem Druck und konstanter Temperatur $T > \Theta(P)$.

Lösungshinweis: Transformieren Sie auf ein geeignetes Potenzial und benutzen Sie dann eine geeignete Maxwell-Relation. Verwenden Sie ferner den linearen Zusammenhang $M = \chi_m B$.

Lösungen zu den Aufgaben

4.5 Das gefragte Konzentrationsverhältnis ist

$$\frac{c_H^2}{c_{H_2}} = \frac{\zeta_{H,0}^2}{\zeta_{H_2,0}} \left(\frac{T}{T_0}\right)^{3/2} \frac{P_0}{P}. \qquad (4.244)$$

Ausführliche Lösungen zu den Aufgaben

4.1

(a) Die Helmholtz'sche freie Energie F ist durch die kanonische Zustandssumme Z_k über

$$F = -k_B T \ln Z_k \qquad (4.245)$$

bestimmt, die für N freie Teilchen durch den Einteilchenbeitrag Z_1 gegeben ist:

$$Z_k = \frac{Z_1^N}{N!}. \qquad (4.246)$$

(Die Division durch $N!$ könnten wir auch wieder weglassen, weil sie hier unerheblich ist.) Wir benötigen also zunächst die Einteilchen-Zustandssumme

$$\begin{aligned} Z_1 &= \int \exp\left(-\frac{p^2}{2mk_B T}\right) d\Gamma \\ &= \frac{4\pi V}{(2\pi\hbar)^3} \int_0^\infty \exp\left(-\frac{p^2}{2mk_B T}\right) p^2 dp \qquad (4.247) \\ &= V\left(\frac{2\pi m k_B T}{h^2}\right)^{3/2}, \end{aligned}$$

aus der die freie Energie

$$F = -k_B T \ln\left[\frac{V^N}{N!}\left(\frac{2\pi m k_B T}{h^2}\right)^{3N/2}\right] \qquad (4.248)$$

folgt.

(b) Der Mittelwert des Quadrats der Geschwindigkeit ist leicht zu finden, denn

$$\langle v^2 \rangle = \frac{1}{m^2}\langle p^2 \rangle = \frac{2}{Nm}\langle H \rangle = \frac{2U}{Nm}. \qquad (4.249)$$

Die innere Energie ist

$$U = -\frac{\partial \ln Z_k}{\partial \beta} = \frac{1}{Z_k} \cdot \frac{3N}{2} \frac{Z_k}{\beta} = \frac{3N}{2\beta}, \qquad (4.250)$$

woraus unmittelbar

$$\langle v^2 \rangle = \frac{3}{m\beta} = \frac{3 k_B T}{m} \qquad (4.251)$$

folgt. Die mittlere Geschwindigkeit eines Teilchens ist

$$\begin{aligned} \langle v \rangle &= \frac{1}{m}\langle p \rangle = \frac{1}{mZ_1} \int \exp\left(-\frac{p^2}{2mk_B T}\right) p \, d\Gamma \\ &= \frac{1}{mZ_1} \frac{4\pi V}{h^3} \int_0^\infty p^3 \exp\left(-\frac{p^2}{2mk_B T}\right) dp \qquad (4.252) \\ &= \frac{2}{m\pi}(2\pi m k_B T)^{1/2} = \sqrt{\frac{8}{\pi}}\sqrt{\frac{k_B T}{m}}, \end{aligned}$$

woraus sich zusammen mit dem Mittelwert des Geschwindigkeitsquadrats die mittlere quadratische Schwankung

$$\langle v^2 \rangle - \langle v \rangle^2 = \frac{k_B T}{m}\left(3 - \frac{8}{\pi}\right) \qquad (4.253)$$

ergibt.

(c) Die „kanonische" Entropie ist

$$S_k = -\left(\frac{\partial F}{\partial T}\right)_{V,N} = k_B \ln Z_k + \frac{3N}{2} k_B. \qquad (4.254)$$

Der zweite Term auf der rechten Seite ist die Ableitung der inneren Energie U nach der Temperatur:

$$\frac{3N}{2} k_B = \left(\frac{\partial U}{\partial T}\right)_{V,N} = \frac{U}{T}, \qquad (4.255)$$

wodurch wir auf die Legendre-Transformation von der inneren Energie zur freien Energie zurückgeführt werden:

$$k_B T \ln Z_k = -F = T S_k - U, \qquad (4.256)$$

in der nun die kanonische Entropie den Platz der mikrokanonischen Entropie einnimmt. Die kanonische Entropie kann daher mit der mikrokanonischen Entropie identifiziert werden, ist aber nun nicht mehr allein ein logarithmisches Maß für die kanonische Zustandssumme.

4.2 Wir beginnen wie üblich damit, die kanonische Zustandssumme aufzustellen:

$$Z_k = \int \exp\left[-\beta \sum_{i=1}^N \left(\frac{p_i^2}{2m} + V_i\right)\right] d\Gamma. \qquad (4.257)$$

Darin stellt V_i die potenzielle Energie des i-ten Teilchens relativ zu allen anderen Teilchen dar. Das Integral über den Konfigurationsraum ist

$$\int \exp\left(-\beta \sum_{i=1}^N V_i\right) dx_1 \cdots dx_N = \frac{1}{N!}(L - Nd)^N. \qquad (4.258)$$

Formal ist dieses Integral schwierig zu berechnen. Am einfachsten sieht man das Ergebnis vielleich auf folgende Weise: Jedem Teilchen steht das „Volumen" $L - Nd$ zu, innerhalb dessen es sich frei bewegen darf. Wären alle Teilchen unabhängig, wäre das Integral über die Ortskoordinaten einfach gleich $(L - Nd)^N$. Da die Teilchen aber angeordnet sein (und bleiben) sollen, muss noch durch die Anzahl $N!$ möglicher Permutationen geteilt werden.

Das Integral über den Impulsraum faktorisiert. Ein Einteilchenfaktor ergibt

$$\frac{1}{h}\int_{-\infty}^{\infty}\exp\left(-\beta\frac{p^2}{2m}\right)\mathrm{d}p=\left(\frac{2\pi m k_\mathrm{B}T}{h^2}\right)^{1/2}. \qquad (4.259)$$

Die kanonische N-Teilchen-Zustandssumme ist demnach

$$Z_\mathrm{k}=\frac{(L-Nd)^N}{N!}\left(\frac{2\pi m k_\mathrm{B}T}{h^2}\right)^{N/2}. \qquad (4.260)$$

Die innere Energie des Systems ist

$$U=-\frac{\partial\ln Z_\mathrm{k}}{\partial\beta}=\frac{N}{2\beta}=\frac{N}{2}k_\mathrm{B}T. \qquad (4.261)$$

Seine Helmholtz'sche freie Energie ist

$$\begin{aligned}F=U-TS&=-k_\mathrm{B}T\ln Z_k\\&=-k_\mathrm{B}T\left[N\ln(L-Nd)+\frac{N}{2}\ln\left(\frac{2\pi m k_\mathrm{B}T}{h^2}\right)-\ln N!\right],\end{aligned} \qquad (4.262)$$

woraus die Entropie durch die Ableitung nach der Temperatur folgt:

$$\begin{aligned}S&=-\left(\frac{\partial F}{\partial T}\right)_{V,N}\\&=\frac{N}{2}k_\mathrm{B}\left(1+\frac{2\pi m k_\mathrm{B}T}{h^2}\right)+Nk_\mathrm{B}\ln(L-Nd)-\ln N!.\end{aligned} \qquad (4.263)$$

Die Zustandsgleichung ergibt sich aus

$$P=-\left(\frac{\partial F}{\partial L}\right)_{T,N}=\frac{Nk_\mathrm{B}T}{L-Nd}. \qquad (4.264)$$

Im thermodynamischen Limes wird die Zustandsgleichung zu

$$P=\frac{nk_\mathrm{B}T}{1-nd}, \qquad (4.265)$$

wobei die eindimensionale Teilchendichte $n=N/L$ definiert wurde.

4.3

(a) Nach Vorgabe hängt die Hamilton-Funktion allein von der Funktion Φ ab, die proportional zur Gesamtlänge $L(\vartheta_1,\ldots,\vartheta_N)$ des Kettenmoleküls ist:

$$L(\vartheta_1,\ldots,\vartheta_N)=a\sum_{i=1}^{N}\cos\vartheta_i. \qquad (4.266)$$

Die kanonische Zustandssumme erhalten wir demgemäß aus

$$\begin{aligned}Z_\mathrm{k}&=\int_0^{2\pi}\int_0^{\pi}\exp\left(\beta Ka\sum_{i=1}^N\cos\vartheta_i\right)\prod_{i=1}^N\mathrm{d}\varphi\sin\vartheta_i\mathrm{d}\vartheta_i\\&=(2\pi)^N\int_{-1}^{1}\exp\left(\beta Ka\sum_{i=1}^N\mu_i\right)\mathrm{d}\mu_i\\&=(2\pi)^N\left[\frac{1}{\beta Ka}\exp(\beta Ka\mu)\Big|_{-1}^{1}\right]^N\\&=\left(\frac{4\pi}{\beta Ka}\sinh(\beta Ka)\right)^N.\end{aligned} \qquad (4.267)$$

(b) Die mittlere Länge ergibt sich aus

$$\begin{aligned}\langle L\rangle&=\frac{1}{\beta}\left(\frac{\partial\ln Z_\mathrm{k}}{\partial K}\right)_{T,N}\\&=\frac{N}{\beta}\frac{\partial}{\partial K}\ln\left(\frac{4\pi}{\beta Ka}\sinh(\beta Ka)\right)\\&=\frac{N}{\beta}\left(\beta a\coth(\beta Ka)-\frac{1}{K}\right)\\&=Na\left(\coth(\beta Ka)-\frac{1}{\beta Ka}\right).\end{aligned} \qquad (4.268)$$

Für $T\to 0$ geht $\beta\to\infty$. Der zweite Ausdruck in Klammern verschwindet, der erste geht gegen eins, und das Kettenmolekül erweist sich als maximal gestreckt, $L\to Na$. Für $k_\mathrm{B}T\gg Ka$ ist $\beta Ka\ll 1$. Aufgrund der Näherung (4.185) können wir für $x\ll 1$ in führender Ordnung $\coth x\approx 1/x$ setzen, weshalb dann der gesamte Klammerausdruck gegen null geht. Dies zeigt an, dass das Kettenmolekül bei hoher Temperatur vollkommen verknäuelt, $L\to 0$.

4.4

(a) Ausgehend von (4.130) und der Einteilchen-Zustandssumme

$$\zeta=\frac{V}{h^3}(2\pi m_j k_\mathrm{B}T)^{3/2} \qquad (4.269)$$

ist der Ausdruck

$$\mu=-k_\mathrm{B}T\ln\left[\frac{V}{h^3 N}(2\pi m k_\mathrm{B}T)^{3/2}\right] \qquad (4.270)$$

für das chemische Potenzial leicht zu finden. Um auf die angegebene Form zu kommen, reicht es, die Teilchendichte $n=N/V$ und die Temperatur jeweils auf feste, aber beliebige Referenzgrößen n_0 und T_0 zu beziehen und die übrigen Konstanten auf der rechten Seite von (4.270) zu einer Konstanten zusammenzufassen:

$$\begin{aligned}\mu &= -k_B T \ln\left[\frac{1}{h^3 n}(2\pi m k_B T)^{3/2}\right] \\ &= -k_B T \ln\left[\frac{1}{h^3 n_0}(2\pi m k_B T_0)^{3/2}\frac{n_0}{n}\left(\frac{T}{T_0}\right)^{3/2}\right] \\ &= bT - k_B T \ln\left[\left(\frac{T}{T_0}\right)^{3/2}\frac{n_0}{n}\right]; \\ b &:= -k_B \ln\left[\frac{1}{h^3 n_0}(2\pi m k_B T_0)^{3/2}\right].\end{aligned} \quad (4.271)$$

(b) Entsprechend der Erläuterung ist die relevante Gleichgewichtsbedingung, dass die Summe aus chemischem Potenzial μ und der potenziellen Energie aufgrund der Zentrifugalkraft konstant, also unabhängig vom Radius r, sein muss. Dies liegt daran, dass im Gleichgewicht keine Energie aufgewendet werden muss, um ein Teilchen von einem Radius zu einem anderen zu verschieben. Die Energie, die mit einer reinen Änderung der Teilchenzahl verbunden ist, muss daher gerade durch die potenzielle Energie kompensiert werden. Also muss

$$\mu(r) + m\phi(r) = \text{const} = C \quad (4.272)$$

gelten, wenn $\phi(r)$ das Zentrifugalpotenzial ist. Mit dem gegebenen Ausdruck für die Zentrifugalkraft ist

$$\phi(r) = -\int \omega^2 r \, dr = -\frac{\omega^2}{2}r^2. \quad (4.273)$$

Folglich gilt im thermodynamischen Gleichgewicht

$$bT - RT \ln\left[\left(\frac{T}{T_0}\right)^{3/2}\frac{n_0}{n}\right] = \frac{m}{2}\omega^2 r^2 + C. \quad (4.274)$$

Diesen Ausdruck gilt es nun nach der Dichte aufzulösen. Wir erhalten als Zwischenergebnis

$$\ln\frac{n}{n_0} = \frac{\frac{m}{2}\omega^2 r^2 + C - bT}{RT} + \ln\left(\frac{T}{T_0}\right)^{3/2} \quad (4.275)$$

und daraus den radialen Dichteverlauf

$$n(r) = n_0 \left(\frac{T}{T_0}\right)^{3/2} \exp\left(\frac{bT-C}{RT}\right)\exp\left(\frac{m\omega^2 r^2}{2RT}\right). \quad (4.276)$$

Die Dichte nimmt demnach steil nach außen zu, wobei das Dichteprofil bei steigender Temperatur flacher wird. Die verbleibende, bisher unbestimmte Konstante C in diesem Ergebnis wird dadurch festgelegt, dass die Dichte bei $r=0$ frei gewählt werden kann.

4.5 Das Massenwirkungsgesetz besagt, dass die Anzahlen der Wasserstoffmoleküle bzw. -atome durch

$$\frac{N_H^2}{N_{H_2}} = \frac{\zeta_H^2}{\zeta_{H_2}} \quad (4.277)$$

gegeben sind. Sobald ζ für die beiden Teilchensorten gefunden ist, ist die Aufgabe gelöst.

Aufgrund der Definition von ζ wissen wir zunächst, dass

$$\begin{aligned}\left(\frac{\partial \ln\zeta}{\partial T}\right)_{V,N} &= -\frac{\beta}{T}\left(\frac{\partial \ln\zeta}{\partial \beta}\right)_{V,N} \\ &= \frac{1}{k_B T^2}\zeta^{-1}\sum_s \varepsilon(s)\exp[-\beta\varepsilon(s)] \\ &= \frac{1}{k_B T^2}\frac{U}{N} = \frac{c_V}{k_B T} = \frac{C_V}{RT}\end{aligned} \quad (4.278)$$

gelten muss. Weiterhin folgt aus

$$P = -\left(\frac{\partial F}{\partial V}\right)_{T,N} = k_B TN\left(\frac{\partial \ln\zeta}{\partial V}\right)_{T,N} = PV\left(\frac{\partial \ln\zeta}{\partial V}\right)_{T,N}, \quad (4.279)$$

dass für ein ideales Gas

$$\left(\frac{\partial \ln\zeta}{\partial V}\right)_{T,N} = \frac{1}{V} \quad (4.280)$$

ist. Aus beiden Ableitungen zusammen folgt, dass $\ln\zeta$ die Form

$$\ln\zeta = \ln\zeta_0 + \ln\frac{V}{V_0} + \frac{C_V}{R}\ln\frac{T}{T_0} \quad (4.281)$$

haben muss. Verwenden wir schließlich noch

$$\frac{V}{V_0} = \frac{TP_0}{T_0 P}, \quad (4.282)$$

ebenfalls aufgrund der idealen Gasgleichung, erhalten wir

$$\zeta = \zeta_0 \left(\frac{T}{T_0}\right)^{C_P/R}\frac{P_0}{P}, \quad (4.283)$$

wie im Hinweis angegeben, denn $C_P = C_V + R$. Nun folgt sofort

$$\begin{aligned}\frac{c_H^2}{c_{H_2}} = \frac{N_H^2}{N_{H_2}} &= \frac{\zeta_{H,0}^2}{\zeta_{H_2,0}}\left(\frac{T}{T_0}\right)^{2C_P(H)/R - C_P(H_2)/R}\frac{P_0}{P} \\ &= \frac{\zeta_{H,0}^2}{\zeta_{H_2,0}}\left(\frac{T}{T_0}\right)^{2C_V(H)/R - C_V(H_2)/R + 1}\frac{P_0}{P} \\ &= \frac{\zeta_{H,0}^2}{\zeta_{H_2,0}}\left(\frac{T}{T_0}\right)^{3/2}\frac{P_0}{P}.\end{aligned} \quad (4.284)$$

Mit steigender Temperatur dissoziiert der molekulare Wasserstoff, mit steigendem Druck rekombiniert er.

4.6 Wir benötigen die Volumenänderung mit dem Magnetfeld bei konstantem Druck P und konstanter Temperatur T:

$$\left(\frac{\partial V}{\partial B}\right)_{T,P}. \quad (4.285)$$

Da Druck und Temperatur konstant gehalten werden sollen, bietet sich die freie Enthalpie G als geeignetes thermodynamisches Potenzial an. Wir wollen sie als Funktion von (T, P, B) auffassen, während die innere Energie U durch (4.241) als Funktion von (S, V, M) vorgegeben ist. Wir müssen daher neben den Legendre-Transformationen $S \to T$ und $V \to P$ noch eine weitere Legendre-Transformation $M \to B$ durchführen. Die Differenzialform von G ist dann

$$dG = dU - d(TS) + d(PV) - d(BM) \\ = VdP - SdT - MdB. \quad (4.286)$$

Sie besagt insbesondere, dass das Volumen V und die Magnetisierung M durch

$$\left(\frac{\partial G}{\partial P}\right)_{T,B} = V, \quad \left(\frac{\partial G}{\partial B}\right)_{T,P} = -M \quad (4.287)$$

gegeben sein müssen. Leiten wir die erste Gleichung bei konstantem (T, P) nach B ab, die zweite dagegen bei konstantem (T, B) nach P und identifizieren die gemischten zweiten Ableitungen, erhalten wir die Maxwell-Relation

$$\left(\frac{\partial V}{\partial B}\right)_{T,P} = -\left(\frac{\partial M}{\partial P}\right)_{T,B}. \quad (4.288)$$

Links steht bereits die gewünschte Ableitung, der sogenannte *Magnetostriktionskoeffizient*. Rechts setzen wir $M = \chi_m B$ ein und bekommen

$$\left(\frac{\partial V}{\partial B}\right)_{T,P} = -B\left(\frac{\partial \chi_m}{\partial P}\right)_{T,B}. \quad (4.289)$$

Nun brauchen wir noch die Ableitung der Suszeptibilität nach dem Druck,

$$\left(\frac{\partial \chi_m}{\partial P}\right)_{T,B} = \frac{A\alpha\Theta_0}{[T-\Theta(P)]^2}, \quad (4.290)$$

und erhalten für die gesuchte differenzielle Volumenänderung mit dem Magnetfeld

$$\left(\frac{\partial V}{\partial B}\right)_{T,P} = -\frac{AB\alpha\Theta_0}{[T-\Theta(P)]^2}. \quad (4.291)$$

Wird das Magnetfeld bei konstantem Druck und konstanter Temperatur quasistatisch eingeschaltet, nimmt das Volumen des Ferromagneten um

$$\Delta V = -\int_0^{B_0} \left(\frac{\partial V}{\partial B}\right)_{T,P} dB = -\frac{AB_0^2 \alpha\Theta_0}{2[T-\Theta(P)]^2} \quad (4.292)$$

ab. Dieses Phänomen, *Magnetostriktion* genannt, kommt durch die Ausrichtung der magnetischen Momente im äußeren Magnetfeld B zustande.

Literatur

Birkhoff, G.D.: Proof of the Ergodic Theorem. Proceedings of the National Academy of Sciences of the USA, Band 17, Ausgabe 12, S. 656ff (1931)

Sethna, J.P.: Statistical Mechanics: Entropy, Order Parameters, and Complexity. Oxford University Press, Oxford (2006)

Quantenstatistik

5

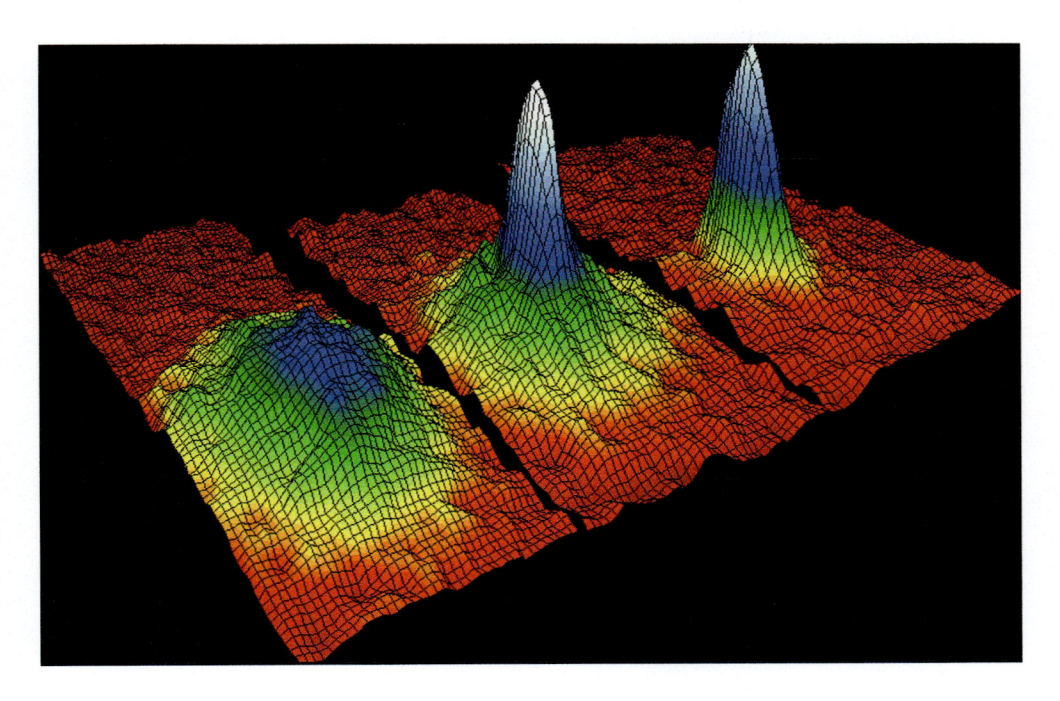

Wie lassen sich die bisher entwickelten Konzepte aus der klassischen Physik in die Quantenphysik übertragen?

Wie verhalten sich ideale Quantengase?

Welche Merkmale kennzeichnen Bose- und Fermi-Gase?

Welche Unterschiede zu klassischen idealen Gasen treten auf?

Welche Wärmekapazität haben Festkörper bei niedrigen Temperaturen?

5.1	Grundlagen der Quantenstatistik	184
5.2	Besetzungszahldarstellung	186
5.3	Ideale Quantengase	188
5.4	Ideale Fermi-Gase	191
5.5	Ideale Bose-Gase	193
5.6	Relativistische ideale Quantengase	199
5.7	Wärmekapazität fester Körper	204
	So geht's weiter	209
	Aufgaben	215
	Lösungen zu den Aufgaben	217
	Ausführliche Lösungen zu den Aufgaben	218
	Literatur	223

5 Quantenstatistik

In diesem Kapitel erweitern wir die bisherigen Überlegungen auf quantale Systeme. In Abschn. 5.1 und 5.2 zeigen wir, dass die grundlegenden Konzepte der bisher anhand klassischer Systeme entwickelten Thermodynamik und der statistischen Physik direkt auf quantale Systeme übertragbar sind, wenn folgende Ersetzungen vorgenommen werden: An die Stelle des klassischen Zustandsraumes, des Phasenraumes, tritt der Hilbert-Raum bzw. der daraus konstruierte Fock-Raum; an die Stelle der Phasenraumdichten treten geeignete Dichteoperatoren; und anstelle der Integration über den Phasenraum treten Spurbildungen. Danach können Zustandssummen ganz analog zum klassischen Fall aufgestellt werden, woraus wie dort die thermodynamischen Potenziale folgen.

Mithilfe der so gewonnenen Erweiterung der statistischen Physik auf quantale Systeme diskutieren wir zunächst die Unterschiede zwischen fermionischen und bosonischen idealen Quantengasen. Wir leiten in Abschn. 5.3 allgemeine Eigenschaften für ideale, nichtrelativistische Quantengase her und betrachten dann in Abschn. 5.4 und 5.5 vor allem zwei Phänomene separat, die einerseits für fermionische, andererseits für bosonische Gase kennzeichnend sind, nämlich die Entartung und die Bose-Einstein-Kondensation. Relativistische Quantengase werden in Abschn. 5.6 anhand der beiden Grenzfälle vollständig entarteter Fermi-Gase und ultrarelativistischer Bose-Gase besprochen. Abschließend behandeln wir in Abschn. 5.7 die Debye-Theorie der Wärmekapazitäten fester Körper und zeigen, dass das klassische Dulong-Petit-Gesetz aus Abschn. 4.2 nur im Grenzfall ausreichend hoher Temperaturen gilt.

5.1 Grundlagen der Quantenstatistik

Der Dichteoperator

Bevor wir nun die bisher entwickelte statistische Physik auf ein quantenmechanisches Fundament übertragen, lohnt es sich, ihre Grundlagen noch einmal Revue passieren zu lassen. Wir haben gesehen, dass die dort eingeführten drei Ensembles jeweils durch eine Phasenraumdichte $\rho(x)$ gekennzeichnet sind, deren Phasenraumintegral die jeweilige Zustandssumme ergibt. Der Logarithmus der Zustandssumme ergibt ein thermodynamisches Potenzial, dessen Extremum die Lage des Gleichgewichts angibt.

In der Quantenmechanik müssen wir den Phasenraum Γ als Zustandsraum durch einen Hilbert-Raum $\mathcal{H}$ ersetzen, da die Zustände eines quantenmechanischen Systems wegen der Unschärferelation zwischen Ort und Impuls nicht mehr durch Phasenraumkoordinaten $x = (q, p)$ angegeben werden können. Dennoch können wir die statistische Physik durch nur wenige Änderungen quantenmechanisch erweitern. Um diese Änderungen zu beschreiben, nehmen wir der Einfachheit der Darstellung halber an, dass die Zustände des betrachteten Systems diskret seien. Kontinuierliche Zustände können anhand der Spektraldarstellung von Operatoren (Bd. 3, Abschn. 3.3) auf ganz analoge Weise behandelt werden.

Zunächst muss die Phasenraumdichte $\rho(x)$ durch einen *statistischen Operator* oder *Dichteoperator* $\hat{\rho}$ ersetzt werden, wie er in Bd. 3, Abschn. 4.4 bereit angekündigt wurde. Angewandt auf einen beliebigen Zustand muss der Dichteoperator die Wahrscheinlichkeit angeben, mit der dieser Zustand eingenommen wird. Um einen solchen Dichteoperator zu definieren, erinnern wir zunächst an den Begriff des Projektors.

Ein Projektor $\hat{P}_k$ ist ein Operator, der einen Zustandsvektor in einen Unterraum $\mathcal{M}_k \subset \mathcal{H}$ des Hilbert-Raumes projiziert:

$$\hat{P}_k : \mathcal{H} \to \mathcal{M}_k . \tag{5.1}$$

Ist $\mathcal{M}_k$ n-dimensional, wird $\hat{P}_k$ als n-dimensionaler Projektor bezeichnet. Für irgend zwei separate Unterräume $\mathcal{M}_j$ und $\mathcal{M}_k$ gilt offenbar

$$\hat{P}_j \hat{P}_k = \delta_{jk} \hat{P}_k . \tag{5.2}$$

Ist die Vereinigung aller separaten Unterräume $\mathcal{M}_j$ der Hilbert-Raum selbst, müssen alle Projektoren zusammen den Einheitsoperator ergeben:

$$\sum_k \hat{P}_k = \boldsymbol{I} , \tag{5.3}$$

damit Vollständigkeit gewährleistet ist.

Ein *Dichteoperator* $\hat{\rho}$ ist nun allgemein ein Operator, der angibt, mit welcher Wahrscheinlichkeit p_k sich ein quantenmechanisches System in einem Zustand befindet, der im Unterraum $\mathcal{M}_k$ des Hilbert-Raumes $\mathcal{H}$ liegt:

$$\hat{\rho} = \sum_k p_k \hat{P}_k , \quad p_k \geq 0 , \quad \sum_k p_k = 1 . \tag{5.4}$$

Sei nun $\hat{A}$ ein beliebiger selbstadjungierter Operator und $\{|k\rangle\}$ eine vollständige Orthonormalbasis dieses Operators. Dann werden durch

$$\hat{P}_k = |k\rangle \langle k| \tag{5.5}$$

eindimensionale Projektoren definiert, die einen beliebigen Zustand $|\psi\rangle$ auf den k-ten Basiszustand projizieren, d. h. in denjenigen Unterraum des Hilbert-Raumes, der durch $|k\rangle$ aufgespannt wird.

> **Dichteoperator**
>
> Ausgehend von einer vollständigen Orthonormalbasis $\{|k\rangle\}$ eines selbstadjungierten Operators kann durch
>
> $$\hat{\rho} = \sum_k p_k |k\rangle \langle k| \tag{5.6}$$
>
> ein Dichteoperator konstruiert werden, in dem die p_k die Wahrscheinlichkeiten angeben, Zustände $|k\rangle$ besetzt zu finden.

In diesem Zusammenhang ist es wichtig, zwischen zwei Arten von Wahrscheinlichkeiten zu unterscheiden, die hier aufeinandertreffen. Dies ist zum einen die inhärente quantenmechanische Wahrscheinlichkeit, mit der Messungen an quantenmechanischen Systemen bestimmte Werte für Observable ergeben. Zum anderen ist es die Wahrscheinlichkeit, deren Ursache in unserer im Prinzip erreichbaren, aber unvollständigen Kenntnis des Zustands eines Ensembles liegt. Die inhärente quantenmechanische Wahrscheinlichkeit ergibt sich aus der Projektion eines reinen Zustandsvektors auf die Eigenvektoren desjenigen Operators, der die gemessene Größe darstellt. Die statistische Wahrscheinlichkeit ergibt sich daraus, dass von einem Gemisch bzw. von einem System eines Ensembles nicht sicher bekannt ist, in welchem seiner möglichen Zustände es sich befindet.

Mittelwerte und Spurbildung

In der klassischen statistischen Mechanik ist der Mittelwert einer Größe A durch ein Phasenraumintegral über die Zustandsdichte $\rho(x)$ gegeben:

$$\langle A \rangle = \int_\Gamma \rho(x) A(x) \mathrm{d}\Gamma(x) \tag{5.7}$$

(siehe hierzu „Übersicht" am Ende von Abschn. 4.3 und den Kasten „Vertiefung: Wahrscheinlichkeitsmaß im Phasenraum" in Abschn. 2.1). Dort wurde auch der Begriff des klassischen gemischten Zustands eingeführt und erklärt, dass ein solcher Zustand wie in (5.7) als lineare Abbildung aus dem Raum der Observablen in die reellen Zahlen verstanden werden kann.

Ensemblemittelwerte in der Quantenstatistik

In der Quantenmechanik steht uns kein Phasenraumintegral mehr zur Verfügung. Es wird durch die Spurbildung ersetzt: Der Mittelwert eines Operators $\hat{A}$ wird bestimmt durch

$$\langle A \rangle = \mathrm{Sp}(\hat{\rho}\hat{A}). \tag{5.8}$$

Zur Erinnerung: Die Spur ist die Summe der Diagonalelemente derjenigen Matrix, die den Operator $\hat{A}$ bezüglich irgendeiner vollständigen Orthonormalbasis darstellt, insbesondere bezüglich seiner Eigenbasis, die wir oben bereits mit $\{|k\rangle\}$ bezeichnet haben. Demnach ist

$$\mathrm{Sp}\hat{A} = \sum_k \langle k | \hat{A} | k \rangle. \tag{5.9}$$

Verwenden wir die eindimensionalen Projektoren $\hat{P}_k = |k\rangle\langle k|$, ergibt die Operation (5.8) den anschaulichen Wert

$$\langle A \rangle = \sum_j \langle j | \left(\sum_k p_k |k\rangle\langle k| \right) \hat{A} |j\rangle$$

$$= \sum_j \langle j | \left(\sum_k p_k |k\rangle\langle k| \right) a_j |j\rangle$$

$$= \sum_j a_j \langle j | \left(\sum_k p_k |k\rangle \right) \delta_{jk} = \sum_j a_j p_j. \tag{5.10}$$

Der Mittelwert von $\hat{A}$ erweist sich als der Mittelwert über die Eigenwerte a_j des Operators $\hat{A}$ bezüglich seiner Eigenbasis $\{|k\rangle\}$, gewichtet mit den Wahrscheinlichkeiten p_j, mit denen die Eigenzustände $|j\rangle$ angenommen werden.

Wir erinnern noch an zwei wichtige Eigenschaften der Spur, die für die folgenden Rechnungen nützlich sind. Zum einen darf unter der Spur zyklisch vertauscht werden:

$$\mathrm{Sp}(\hat{A}\hat{B}\hat{C}) = \mathrm{Sp}(\hat{B}\hat{C}\hat{A}) = \mathrm{Sp}(\hat{C}\hat{A}\hat{B}), \tag{5.11}$$

zum anderen ist die Spur linear:

$$\mathrm{Sp}(\lambda\hat{A} + \mu\hat{B}) = \lambda\,\mathrm{Sp}\hat{A} + \mu\,\mathrm{Sp}\hat{B}. \tag{5.12}$$

Diese Eigenschaften benutzen wir gleich, um die Von-Neumann-Gleichung herzuleiten, die für die Zeitentwicklung des Dichteoperators gilt und in der Quantenstatistik an die Stelle der Liouville-Gleichung aus der klassischen statistischen Physik tritt.

Frage 1

Sehen Sie sich dazu nochmals den Kasten „Vertiefung: Wahrscheinlichkeitsmaß im Phasenraum" in Abschn. 2.1 an.

Zuvor allerdings noch ein Wort zur Bezeichnungsweise. Der Dichteoperator kennzeichnet den Zustand eines Systems, von dem nur angegeben werden kann, dass es sich mit einer bestimmten Wahrscheinlichkeit p_k im reinen Zustand $|k\rangle$ befindet. Wenn nicht alle Wahrscheinlichkeiten p_k bis auf eine verschwinden, heißt $\hat{\rho}$ daher auch gemischter Zustand. Solche Zustände wurden bereits in Bd. 3, Abschn. 4.4 besprochen und in Abschn. 4.3 auf klassische Systeme übertragen.

Die Von-Neumann-Gleichung

Zustände können im Schrödinger- oder im Heisenberg-Bild beschrieben werden. Wie in Bd. 3, Abschn. 5.3 ausführlich beschrieben wurde, sind im Schrödinger-Bild die Zustände zeitabhängig, aber die Operatoren nicht, während im Heisenberg-Bild die Operatoren zeitabhängig sind, aber die Zustände nicht. Zwischen einem Operator $\hat{A}_S$ im Schrödinger-Bild und demselben Operator $\hat{A}_H(t)$ im Heisenberg-Bild transformiert der unitäre Zeitentwicklungsoperator $\hat{U}(t)$:

$$\hat{A}_H(t) = \hat{U}^{-1}(t)\hat{A}_S\hat{U}(t), \quad \hat{U}(t) = \exp\left(-\frac{\mathrm{i}}{\hbar}\hat{H}t\right), \tag{5.13}$$

worin der Hamilton-Operator $\hat{H}$ auftritt. Mittelwerte von $\hat{A}$, die mithilfe des Dichteoperators $\hat{\rho}$ gebildet werden, dürfen nicht davon abhängen, welches Bild zur Beschreibung der Operatoren und Zustände verwendet wurde. Aus

$$\langle A \rangle(t) = \mathrm{Sp}\left(\hat{\rho}_H \hat{A}_H(t)\right) = \mathrm{Sp}\left(\hat{\rho}_H \hat{U}^{-1}(t) \hat{A}_S \hat{U}(t)\right) \\ = \mathrm{Sp}\left(\hat{A}_S \hat{U}(t) \hat{\rho}_H \hat{U}^{-1}(t)\right) = \mathrm{Sp}\left(\hat{A}_S \hat{\rho}_S\right) \quad (5.14)$$

folgt, dass der Dichteoperator im Heisenberg-Bild $\hat{\rho}_H$ mit demjenigen im Schrödinger-Bild $\hat{\rho}_S$ verbunden sein muss durch

$$\hat{\rho}_S(t) = \hat{U}(t) \hat{\rho}_H \hat{U}^{-1}(t). \quad (5.15)$$

Von-Neumann-Gleichung

Daraus folgt sofort die Bewegungsgleichung des Dichteoperators im Schrödinger-Bild, bzw. die Bewegungsgleichung eines gemischten Zustands:

$$\partial_t \hat{\rho}_S(t) = -\frac{\mathrm{i}}{\hbar}\left[\hat{H}, \hat{\rho}_S(t)\right]. \quad (5.16)$$

Dies ist die Von-Neumann-Gleichung, die in der Quantenstatistik an die Stelle der Liouville-Gleichung tritt und angibt, wie sich die Phasenraumdichte eines klassischen Systems mit der Zeit entwickelt. Sie wurde bereits in Bd. 3, Abschn. 5.4 eingeführt.

Frage 2
Warum erweist sich der Dichteoperator im Schrödinger-Bild als zeitabhängig, in dem andere Operatoren zeitunabhängig sind?

5.2 Besetzungszahldarstellung

Abzählung von Zuständen

Um eine quantenmechanische Entsprechung des mikrokanonischen Ensembles beschreiben zu können, brauchen wir ein Maß auf dem Zustandsraum, das uns Zustände abzuzählen erlaubt. Wir zielen damit auf eine quantenmechanische Entsprechung der statistischen Definition (2.85) der Entropie. Mit den diskreten Zuständen, die wir der Einfachheit halber angenommen haben, lässt sich dies auf die folgende Weise bewerkstelligen.

Sei $\hat{H}$ der Hamilton-Operator, ferner $\{|k\rangle\}$ eine vollständige, orthonormale Eigenbasis von $\hat{H}$ mit den Energieeigenwerten E_k. Nun führen wir ganz analog zur klassischen statistischen Mechanik als Maß auf dem Zustandsraum den Operator

$$\hat{\delta}_{\delta E}(H - E) = \sum_{\{k | E_k \in [E, E+\delta E]\}} \hat{P}_k \quad (5.17)$$

ein. Dieser Operator besteht also aus der Summe aller derjenigen Projektoren $\hat{P}_k$, die in Unterräume des Hilbert-Raumes projizieren, in denen die Energieeigenwerte in einem Intervall der Breite δE oberhalb der Energie E liegen. Ersetzen wir die Anzahl der zugänglichen Mikrozustände $\Omega(E)$ aus der klassischen statistischen Mechanik durch die Spur

$$\Omega(E) = \mathrm{Sp}\left[\hat{\delta}_{\delta E}(H - E)\right], \quad (5.18)$$

können wir auf formal völlig gleichartige Weise die Quantenstatistik des mikrokanonischen Ensembles behandeln. Die Spurbildung ergibt

$$\Omega(E) = \sum_j \langle j| \left(\sum_{\{k | E_k \in [E, E+\delta E]\}} \hat{P}_k\right) |j\rangle \\ = \sum_{\{k | E_k \in [E, E+\delta E]\}} \dim \hat{P}_k, \quad (5.19)$$

wobei die Dimension $\dim \hat{P}_k$ des Projektors $\hat{P}_k$ deswegen auftritt, weil der Energieeigenzustand mit dem Eigenwert E_k entartet sein kann.

Ebenso können wir mithilfe des Dichteoperators $\hat{\rho}$ das kanonische Ensemble in eine quantenmechanische Beschreibungsweise überführen. Wir brauchen dafür nur die klassische kanonische Verteilung aus (4.11):

$$\rho_c = Z_c^{-1} \mathrm{e}^{-\beta H(x)}, \quad Z_c = \int_\Gamma \mathrm{e}^{-\beta H(x)} \mathrm{d}\Gamma(x), \quad (5.20)$$

durch den kanonischen Dichteoperator

$$\hat{\rho}_c = Z_c^{-1} \mathrm{e}^{-\beta \hat{H}}, \quad Z_c = \mathrm{Sp}\left(\mathrm{e}^{-\beta \hat{H}}\right) \quad (5.21)$$

zu ersetzen, wobei jetzt der Hamilton-Operator $\hat{H}$ auf dem Hilbert-Raum $\mathcal{H}$ an die Stelle der Hamilton-Funktion $H(x)$ auf dem Phasenraum Γ tritt.

Der Teilchenzahloperator

Das großkanonische Ensemble braucht einen weiteren vorbereitenden Schritt, weil wir noch klären müssen, welchen Zustandsraum wir für ein Ensemble mit einer unbestimmten Teilchenzahl N verwenden und wie wir Teilchenzahlen bestimmen können. Sei zunächst $\mathcal{H}_N$ der Hilbert-Raum eines N-Teilchen-Systems. Dann definieren wir als Zustandsraum für ein großkanonisches Ensemble den *Fock-Raum*

$$\mathcal{F} = \bigoplus_{N=0}^{\infty} \mathcal{H}_N \quad (5.22)$$

als direkte Summe aller möglichen N-Teilchen-Hilbert-Räume. In Abschn. 2.1 haben wir den Fock-Raum bereits kurz gestreift. Wir werden gleich sehen, wie eine Orthonormalbasis im Fock-Raum konstruiert werden kann.

Wie bei der algebraischen Behandlung des harmonischen Oszillators, die in Bd. 3, Abschn. 6.3 ausführlich besprochen wurde, führen wir nun Leiteroperatoren $\hat{a}$ und $\hat{a}^\dagger$ auf dem Fock-Raum ein. Sie werden so definiert, dass sie mit dem sogenannten Teilchenzahloperator $\hat{N} = \hat{a}^\dagger \hat{a}$ die Vertauschungsrelationen

$$[\hat{N}, \hat{a}] = -\hat{a}, \quad [\hat{N}, \hat{a}^\dagger] = \hat{a}^\dagger \quad (5.23)$$

erfüllen. Der Operator $\hat{N}$ selbst ist offenbar hermitesch, denn $\hat{N}^\dagger = (\hat{a}^\dagger \hat{a})^\dagger = \hat{a}^\dagger \hat{a}$. Er hat daher reelle Eigenwerte, die zudem positiv definit sind, denn

$$\langle \psi | \hat{N} | \psi \rangle = \| \hat{a} | \psi \rangle \|^2 \geq 0. \quad (5.24)$$

Sein kleinster Eigenwert ist daher die Null. Bezeichnen wir seine Eigenwerte mit dem Index n und seine Eigenzustände als $|n\rangle$, dann folgt aus den Vertauschungsrelationen (5.23)

$$[\hat{N}, \hat{a}] |n\rangle = (\hat{N} - n)\hat{a} |n\rangle = -\hat{a} |n\rangle$$
$$\Rightarrow \hat{N} \hat{a} |n\rangle = (n-1)\hat{a} |n\rangle,$$
$$[\hat{N}, \hat{a}^\dagger] |n\rangle = (\hat{N} - n)\hat{a}^\dagger |n\rangle = \hat{a}^\dagger |n\rangle$$
$$\Rightarrow \hat{N} \hat{a}^\dagger |n\rangle = (n+1)\hat{a}^\dagger |n\rangle. \quad (5.25)$$

Wie beabsichtigt, sind also die Eigenwerte des Teilchenzahloperators die natürlichen Zahlen einschließlich der Null, und ausgehend von einem Eigenzustand des Teilchenzahloperators ergeben die Leiteroperatoren jeweils wieder einen Eigenzustand des Teilchenzahloperators, aber mit einem Teilchen mehr oder weniger. Dementsprechend wird $\hat{a}^\dagger$ auch als Erzeugungs- und $\hat{a}$ als Vernichtungsoperator bezeichnet.

Dieselbe Konstruktion ist möglich, indem man Erzeugungs- und Vernichtungsoperatoren $\hat{a}_k^\dagger$ und $\hat{a}_k$ einführt, die allein auf den k-ten Zustandsvektor aus einer vollständigen Basis $\{|k\rangle\}$ wirken. Dann gibt der Operator $\hat{N}_k = \hat{a}_k^\dagger \hat{a}_k$ an, mit wie vielen Teilchen dieser k-te Basiszustand besetzt ist. Um sowohl die Besetzungszahl n_k als auch den Basisvektor anzugeben, notieren wir ihn als $|n_k\rangle$ und schreiben

$$\hat{N}_k |n_k\rangle = \left(\hat{a}_k^\dagger \hat{a}_k \right) |n_k\rangle = n_k |n_k\rangle. \quad (5.26)$$

Ohne die definierenden Vertauschungsrelationen in (5.23) zu verletzen, können die Erzeugungs- und Vernichtungsoperatoren entweder die Vertauschungsrelationen

$$[\hat{a}_k, \hat{a}_k^\dagger] = 1, \quad [\hat{a}_k, \hat{a}_k] = 0 = [\hat{a}_k^\dagger, \hat{a}_k^\dagger] \quad (5.27)$$

oder die Antivertauschungsrelationen

$$\{\hat{a}_k, \hat{a}_k^\dagger\} = 1, \quad \{\hat{a}_k, \hat{a}_k\} = 0 = \{\hat{a}_k^\dagger, \hat{a}_k^\dagger\} \quad (5.28)$$

erfüllen.

Frage 3

Vergewissern Sie sich, dass die Vertauschungsrelationen (5.23) tatsächlich zugleich mit den Vertauschungs- oder Antivertauschungsrelationen in (5.27) und in (5.28) erfüllt werden können.

Wenn die Vertauschungsrelationen in (5.27) erfüllt sind, gilt offenbar

$$\| \hat{a}^\dagger |n\rangle \|^2 = \langle n| \hat{a} \hat{a}^\dagger |n\rangle = \langle n| (1 + \hat{N}) |n\rangle = n+1, \quad (5.29)$$

woraus die Gleichung

$$\hat{a}^\dagger |n\rangle = \sqrt{n+1} |n+1\rangle \quad (5.30)$$

für den Erzeugungsoperator folgt. Ganz analog folgt aus der entsprechenden Gleichung für den Vernichtungsoperator

$$\| \hat{a} |n\rangle \|^2 = \langle n| \hat{a}^\dagger \hat{a} |n\rangle = \langle n| \hat{N} |n\rangle = n \quad (5.31)$$

die Gleichung

$$\hat{a} |n\rangle = \sqrt{n} |n-1\rangle. \quad (5.32)$$

Wenn dagegen die Antivertauschungsrelationen in (5.28) erfüllt sind, gilt insbesondere

$$\hat{N}^2 |n\rangle = (\hat{a}^\dagger \hat{a})(\hat{a}^\dagger \hat{a}) |n\rangle = \hat{a}^\dagger (\hat{a} \hat{a}^\dagger) \hat{a} |n\rangle$$
$$= \hat{a}^\dagger (1 - \hat{a}^\dagger \hat{a}) \hat{a} |n\rangle = \hat{a}^\dagger \hat{a} |n\rangle = \hat{N} |n\rangle, \quad (5.33)$$

denn $\hat{a}^2 = 0 = (\hat{a}^\dagger)^2$. Für die Eigenwerte n des Teilchenzahloperators $\hat{N}$ kommen daher nur die Werte 0 und 1 infrage. Die Eigenwertgleichungen der Erzeugungs- und Vernichtungsoperatoren ergeben sich aus den Überlegungen

$$\| \hat{a}^\dagger |n\rangle \|^2 = \langle n| (1 - \hat{a}^\dagger \hat{a}) |n\rangle = 1 - n,$$
$$\| \hat{a} |n\rangle \|^2 = \langle n| \hat{a}^\dagger \hat{a} |n\rangle = n, \quad (5.34)$$

die auf

$$\hat{a}^\dagger |n\rangle = \sqrt{1-n} |n+1\rangle, \quad \hat{a} |n\rangle = \sqrt{n} |n-1\rangle \quad (5.35)$$

führen. Es können also nur die beiden Zustände $|0\rangle$ und $|1\rangle$ mit

$$\hat{a}^\dagger |0\rangle = |1\rangle, \quad \hat{a}^\dagger |1\rangle = 0,$$
$$\hat{a} |0\rangle = 0, \quad \hat{a} |1\rangle = |0\rangle \quad (5.36)$$

besetzt werden. Wenn die Erzeugungs- und Vernichtungsoperatoren die Antivertauschungsrelationen in (5.28) erfüllen, kann also jeder Einteilchenzustand nur mit höchstens einem Teilchen besetzt sein. Entsprechend heißen Operatoren mit den Vertauschungsrelationen in (5.27) bosonisch, solche mit den Antivertauschungsrelationen in (5.28) fermionisch. Die fundamentalen Eigenschaften von Fermionen und Bosonen wurden in Bd. 3, Abschn. 11.1 eingeführt.

Der Teilchenzahloperator $\hat{N}$ erlaubt es uns jetzt, auch die großkanonische Zustandssumme von der klassischen in die Quantenmechanik zu übertragen. Der großkanonische Dichteoperator und die großkanonische Zustandssumme lauten

$$\hat{\rho}_{\text{gc}} = Z_{\text{gc}}^{-1} e^{-\beta(\hat{H}-\mu\hat{N})}, \quad Z_{\text{gc}} = \text{Sp}\left(e^{-\beta(\hat{H}-\mu\hat{N})}\right). \quad (5.37)$$

Mithilfe der Erzeugungs- und Vernichtungsoperatoren $\hat{a}^\dagger$ und $\hat{a}$ lassen sich nun für Bosonen und Fermionen gleichermaßen die orthonormalen Basisvektoren

$$|n_1, n_2, \ldots, n_s\rangle = \prod_{k=1}^{s} \frac{(\hat{a}_k^\dagger)^{n_k}}{\sqrt{n_k!}} |0\rangle \quad (5.38)$$

für den Fock-Raum $\mathcal{F}$ konstruieren, wobei $|0\rangle$ das Fock-Vakuum ist. Der Normierungsfaktor folgt direkt aus (5.30), wenn man den Erzeugungsoperator $\hat{a}_k^\dagger$ n_k-fach auf den Vakuumzustand $|0\rangle$ anwendet, bzw. aus (5.35) und (5.36), wobei nur eine einfache Anwendung möglich ist.

Im Fock-Vakuum ist keiner der Einteilchenzustände besetzt. Aufgrund dieser Konstruktion wird jeder Einteilchenzustand k durch den Erzeugungsoperator $\hat{a}_k^\dagger$ mit n_k Teilchen besetzt. Dem obigen Ergebnis zufolge sind für bosonische Fock-Zustände alle Besetzungszahlen $n_k \geq 0$ erlaubt, während bei fermionischen Fock-Zuständen nur $n_k = 0$ oder 1 sein darf.

Der gesamte Teilchenzahloperator ist

$$\hat{N} = \sum_k \hat{N}_k, \quad \hat{N}_k = \hat{a}_k^\dagger \hat{a}_k. \quad (5.39)$$

Angewandt auf den Fock-Zustand (5.38) ergibt $\hat{N}_k$

$$\hat{N}_k |n_1, n_2, \ldots, n_s\rangle = n_k |n_1, n_2, \ldots, n_s\rangle. \quad (5.40)$$

Frage 4

Rechnen Sie (5.40) nach, d. h. zeigen Sie explizit, dass die Fock-Zustände (5.37) Eigenzustände der Teilchenzahloperatoren $\hat{N}_k$ mit den Eigenwerten n_k sind. Verwenden Sie dabei, dass die Antikommutatoren $\{\hat{a}_k, \hat{a}_l^\dagger\}$ für $k \neq l$ verschwinden.

5.3 Ideale Quantengase

Großkanonische Zustandssumme

Setzen wir nun anstelle der oben beliebig eingeführten Orthonormalbasis $\{|k\rangle\}$ speziell das Orthonormalsystem des Einteilchen-Hamilton-Operators $\hat{H}_1$ mit den Energieeigenwerten ϵ_k ein,

$$\hat{H}_1 |k\rangle = \epsilon_k |k\rangle, \quad (5.41)$$

lautet der gesamte Hamilton-Operator für ein ideales Gas

$$\hat{H} = \sum_k \epsilon_k \hat{N}_k = \sum_k \epsilon_k \hat{a}_k^\dagger \hat{a}_k, \quad (5.42)$$

weil wir auch in der Quantenstatistik ein solches Gas ideal nennen, dessen Teilchen keine potenzielle Energie zueinander haben. Angewandt auf den Fock-Zustand (5.37) ergibt er

$$\hat{H} |n_1, n_2, \ldots, n_s\rangle = \left(\sum_k \epsilon_k \hat{N}_k\right) |n_1, n_2, \ldots, n_s\rangle \quad (5.43)$$
$$= \sum_k \epsilon_k n_k |n_1, n_2, \ldots, n_s\rangle,$$

d. h., die Gesamtheit der Fock-Zustände (5.38), aufgebaut auf der Orthonormalbasis des Einteilchen-Hamilton-Operators, bildet eine Orthonormalbasis für den gesamten Hamilton-Operator $\hat{H}$ des idealen Quantengases mit den Eigenwerten $\sum_k \epsilon_k n_k$.

Die großkanonischen Zustandssummen für bosonische und fermionische Quantengase lassen sich nun in wenigen Schritten bestimmen. Wir haben zunächst

$$Z_{\text{gc}} = \text{Sp}\left(e^{-\beta \sum_k (\epsilon_k - \mu)\hat{N}_k}\right)$$
$$= \sum_{\{n\}} \langle n_1, n_2, \ldots | e^{-\beta \sum_k (\epsilon_k - \mu)\hat{N}_k} | n_1, n_2, \ldots\rangle \quad (5.44)$$
$$= \sum_{\{n\}} e^{-\beta \sum_k (\epsilon_k - \mu) n_k} = \sum_{\{n\}} \prod_k e^{-\beta(\epsilon_k - \mu) n_k},$$

wobei die Schreibweise einer Summe über $\{n\}$ bedeuten soll, dass über die Menge aller möglichen Besetzungszahlen $\{n_1, \ldots, n_s\}$ summiert werden muss. Entsprechend teilt sich diese Summe in s unabhängige Summen auf, die separat über alle n_k laufen. Wir fahren mit der Rechnung fort und finden

$$Z_{\text{gc}} = \sum_{n_1} \cdots \sum_{n_s} \prod_k e^{-\beta(\epsilon_k - \mu) n_k}$$
$$= \sum_{n_1} e^{-\beta(\epsilon_1 - \mu) n_1} \cdots \sum_{n_s} e^{-\beta(\epsilon_s - \mu) n_s} \quad (5.45)$$
$$= \prod_k \sum_{n_k} e^{-\beta(\epsilon_k - \mu) n_k}.$$

Für Bosonen muss nun über alle $n_k = 0, 1, \ldots, \infty$ summiert werden, was eine geometrische Reihe ergibt. Die großkanonische Zustandssumme für ein ideales Bose-Einstein-Gas ist deswegen

$$Z_{\text{gc}}^{\text{BE}} = \prod_k \left(1 - e^{-\beta(\epsilon_k - \mu)}\right)^{-1}. \quad (5.46)$$

Für Fermionen darf jedes n_k nur die Werte 0 und 1 annehmen. Die großkanonische Zustandssumme für ein ideales Fermi-Dirac-Gas ist daher

$$Z_{\text{gc}}^{\text{FD}} = \prod_k \left(1 + e^{-\beta(\epsilon_k - \mu)}\right). \quad (5.47)$$

Wie in der klassischen statistischen Physik ist das großkanonische Potenzial J durch den Logarithmus der großkanonischen Zustandssumme bestimmt:

$$J = -k_B T \ln Z_{gc}. \qquad (5.48)$$

Großkanonisches Potenzial für ideale Quantengase

Das großkanonische Potenzial für ideale Quantengase beider Sorten ist damit

$$J = \pm k_B T \sum_k \ln\left(1 \mp e^{-\beta(\epsilon_k - \mu)}\right), \qquad (5.49)$$

wobei jeweils das obere Vorzeichen für Bose-Einstein-, das untere für Fermi-Dirac-Gase gilt.

Alle Eigenschaften idealer Quantengase ergeben sich nun direkt daraus, und zwar für relativistische und nichtrelativistische Quantengase gleichermaßen. Der Unterschied zwischen beiden besteht nur in der Form von ϵ_k.

Mittlere Besetzungszahl und Fluktuationen

Da die Spur über den großkanonischen Dichteoperator $\hat{\rho}_{gc}$ aufgrund der Definition der großkanonischen Zustandssumme eins ergeben muss,

$$\begin{aligned}\mathrm{Sp}\,\hat{\rho}_{gc} &= 1 = \mathrm{Sp}\left(Z_{gc}^{-1} e^{-\beta(\epsilon_k - \mu)\hat{N}_k}\right) \\ &= \mathrm{Sp}\left(e^{\beta J} e^{-\beta(\epsilon_k - \mu)\hat{N}_k}\right),\end{aligned} \qquad (5.50)$$

muss die Ableitung der Spur nach jedem Energieeigenwert ϵ_l verschwinden:

$$\frac{\partial \mathrm{Sp}\,\hat{\rho}_{gc}}{\partial \epsilon_l} = 0 = \beta\,\mathrm{Sp}\left[\hat{\rho}_{gc}\left(\frac{\partial J}{\partial \epsilon_l} - \hat{N}_l\right)\right]. \qquad (5.51)$$

---- **Frage 5** ----

Vollziehen Sie nach, dass die Ableitung der Spur in (5.51) tatsächlich verschwindet. Überzeugen Sie sich davon, dass die Spur und die Ableitung vertauschbar sind, und verwenden Sie, dass die Spur des Dichteoperators eins ergibt.

Mittlere Besetzungszahl

Die mittlere Besetzungszahl des k-ten Zustands ist daher gleich

$$\langle n_k \rangle = \frac{\partial J}{\partial \epsilon_k} = \frac{1}{e^{\beta(\epsilon_k - \mu)} \mp 1}, \qquad (5.52)$$

wobei wiederum das obere Vorzeichen für Bose-Einstein-Gase, das untere für Fermi-Dirac-Gase gilt.

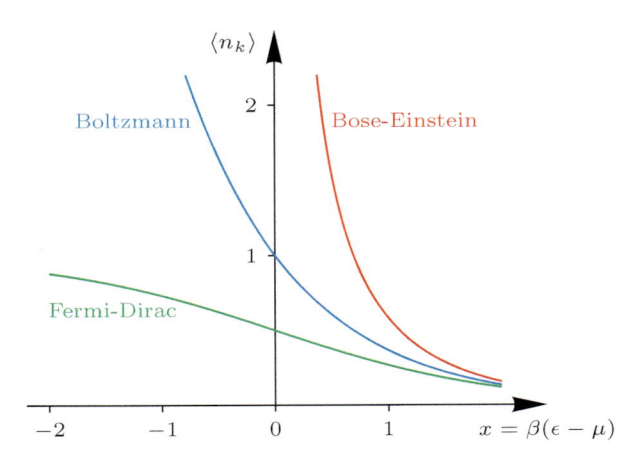

Abb. 5.1 Die mittleren Besetzungszahlen für ideale Bose-Einstein-, Fermi-Dirac- und klassische Gase als Funktion der Variablen $x = \beta(\epsilon - \mu)$. Während sich die Kurven für $x \gg 1$ annähern (also für kleine Temperaturen oder hohe Energiezustände), weichen sie für kleine und negative x erheblich voneinander ab

Die mittleren Besetzungszahlen sind zusammen mit dem klassischen Ergebnis, dem Boltzmann-Faktor, als Funktion von $x = \beta(\epsilon - \mu)$ in Abb. 5.1 dargestellt. Der Einfachheit halber lassen wir an der Abkürzung x den Index k weg, weil er für die Bedeutung von x unerheblich ist.

Für kleine x sind die Abweichungen zwischen den Kurven erheblich, während sich die Kurven für $x \gg 1$ dem klassischen Exponentialfaktor e^{-x} annähern, der sich aus dem Boltzmann-Faktor $e^{-\beta\epsilon}$ und dem Beitrag $e^{\beta\mu}$ des chemischen Potenzials zusammensetzt. Da die mittlere Besetzungszahl positiv semidefinit sein muss, ist für Bosonen nur $x > 0$ erlaubt. In diesem Fall muss daher, wenn $\epsilon < 0$ ist, auch $\mu < 0$ sein. Dies muss für alle ϵ_k gelten, woraus $\mu < \epsilon_k$ folgt.

Eine weitere Ableitung der Spur $\mathrm{Sp}\,\hat{\rho}_{gc}$ nach dem Energieeigenwert ϵ_j ergibt

$$\begin{aligned}0 &= \frac{\partial^2 \mathrm{Sp}\,\hat{\rho}_{gc}}{\partial \epsilon_i \partial \epsilon_j} \qquad (5.53) \\ &= \beta\,\mathrm{Sp}\left\{\hat{\rho}_{gc}\left[\beta\left(\frac{\partial J}{\partial \epsilon_i} - \hat{N}_i\right)\left(\frac{\partial J}{\partial \epsilon_j} - \hat{N}_j\right) + \frac{\partial^2 J}{\partial \epsilon_i \partial \epsilon_j}\right]\right\},\end{aligned}$$

woraus mit (5.52) folgt, dass die Schwankungen in der Teilchenzahl in den einzelnen Basiszuständen durch

$$\begin{aligned}-\frac{1}{\beta}\frac{\partial^2 J}{\partial \epsilon_i \partial \epsilon_j} &= \left\langle\left(n_i - \langle n_i\rangle\right)\left(n_j - \langle n_j\rangle\right)\right\rangle \\ &= \delta_{ij}\frac{e^{\beta(\epsilon_j - \mu)}}{\left[e^{\beta(\epsilon_j - \mu)} \mp 1\right]^2} = \delta_{ij}\langle n_j\rangle^2\left(\frac{1}{\langle n_j\rangle} \pm 1\right) \\ &= \delta_{ij}\langle n_j\rangle\left(1 \pm \langle n_j\rangle\right) \qquad (5.54)\end{aligned}$$

gegeben sind. Für $i = j$ liefert dieser Ausdruck die mittlere quadratische Abweichung der Teilchenzahl im Zustand $i = j$ von ihrem Mittelwert.

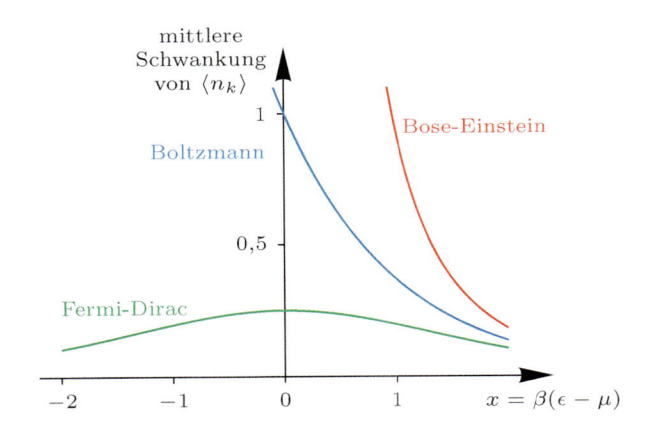

Abb. 5.2 Schwankungen der mittleren Besetzungszahl für Bosonen und Fermionen als Funktion von $x = \beta(\epsilon - \mu)$

Für $i \neq j$ ergibt das Kronecker-Symbol $\delta_{ij} = 0$. Das bedeutet, dass das Produkt der Schwankungen der Teilchenzahlen in verschiedenen Zuständen i und j im Mittel gerade verschwindet: Negative und positive Schwankungen beider Teilchenzahlen um ihre Mittelwerte sind dann unabhängig voneinander oder *unkorreliert*. Natürlich war im Fall eines idealen Gases auch nichts anderes zu erwarten.

Diese Schwankungen der mittleren Besetzungszahl sind in Abb. 5.2 wiederum als Funktionen von $x = \beta(\epsilon - \mu)$ gezeigt. Während sie für Fermionen klein bleiben und symmetrisch zu $x = 0$ sind, wachsen sie für Bosonen ins Unendliche, wenn $x \to 0$ geht.

Teilchen im Kasten, thermodynamischer Limes

Wir beschränken uns von nun an zunächst auf nichtrelativistische Teilchen und kommen erst in Abschn. 5.6 auf relativistische Teilchen zurück.

Betrachten wir zunächst Teilchen, die auf ein kubisches Volumen mit der Kantenlänge L eingeschränkt sind. Ihre Energieeigenwerte sind diskret,

$$\epsilon_n = \frac{\hbar^2 k^2}{2m}, \quad k = \frac{\pi}{L} n, \quad (5.55)$$

wobei die Vektoren $n = (n_1, n_2, n_3) \in \mathbb{N}_0^3$ die drei Energiequantenzahlen entsprechend den drei Raumrichtungen zusammenfassen.

Frage 6
Leiten Sie die Energieeigenwerte (5.55) her.

Die thermodynamischen Größen eines derart eingesperrten idealen Quantengases ergeben sich dann durch Summation über alle n. Zum Beispiel sind die mittlere Teilchenzahl und die innere Energie gegeben durch

$$\langle N \rangle = \sum_{n \in \mathbb{N}_0^3} \langle n_n \rangle = \sum_{n \in \mathbb{N}_0^3} \frac{1}{\exp[\beta(\epsilon_n - \mu)] \mp 1} \quad (5.56)$$

und

$$U = \sum_{n \in \mathbb{N}_0^3} \epsilon_n \langle n_n \rangle = \sum_{n \in \mathbb{N}_0^3} \frac{\epsilon_n}{\exp[\beta(\epsilon_n - \mu)] \mp 1}. \quad (5.57)$$

Der Druck ist gleich der negativen Ableitung des großkanonischen Potenzials nach V. Da die Energieeigenwerte proportional zu L^{-2} sind, hängen sie von V ab:

$$\epsilon_n \propto V^{-2/3}. \quad (5.58)$$

Wegen dieser Proportionalität gilt

$$\frac{\partial \epsilon_n}{\partial V} = -\frac{2}{3} \frac{\epsilon_n}{V}. \quad (5.59)$$

Druck und Energiedichte

Für den Druck eines Quantengases erhalten wir

$$P = -\frac{\partial J}{\partial V} = -\sum_{n \in \mathbb{N}_0^3} \frac{\partial J}{\partial \epsilon_n} \frac{\partial \epsilon_n}{\partial V} = \frac{2U}{3V}, \quad (5.60)$$

wobei wieder (5.52) zum Einsatz kam. Unabhängig von der Teilchensorte stellt sich der Druck eines nichtrelativistischen idealen Quantengases wie beim klassischen idealen Gas als zwei Drittel der inneren Energiedichte heraus.

Es lohnt sich nun, zum thermodynamischen Limes überzugehen und beliebig große Teilchenzahlen anzunehmen. Da wir weiterhin ein ideales Gas betrachten wollen, bedeutet das, dass auch das Volumen anwachsen muss. Bei festgehaltener mittlerer Teilchendichte muss die Kantenlänge L des Volumens über alle Grenzen wachsen, $L \to \infty$. Die diskreten Wellenzahlen k_i liegen dann beliebig dicht, sodass wir die Summe über alle Wellenzahlen durch ein Integral ersetzen können:

$$\sum_{n \in \mathbb{N}_0^3} \to \frac{L^3}{\pi^3} \int_{\mathbb{R}_+^3} d^3k = \frac{V}{(2\pi)^3} \int_{\mathbb{R}^3} d^3k = \frac{V}{2\pi^2} \int_0^\infty k^2 dk, \quad (5.61)$$

wobei im zweiten Schritt zu beachten ist, dass die vorige Integration über $\mathbb{R}_+^3$ durch ein Achtel einer Integration über $\mathbb{R}^3$ ersetzt werden konnte, weil die Integranden nur vom Betrag von k abhängen werden.

Da die Divergenz der mittleren Besetzungszahl für Bosonen bei $\beta(\epsilon - \mu) \to 0^+$ mit Vorsicht zu behandeln ist, untersuchen wir zunächst nur Fermionen.

5.4 Ideale Fermi-Gase

Vorbemerkung

In unserer Diskussion der idealen Quantengase haben wir bisher noch nicht berücksichtigt, dass die betrachteten Teilchen aufgrund eines Spins weitere Freiheitsgrade haben können (wie im Fall von Bosonen) oder müssen (wie im Fall von Fermionen). Die bis hierher abgeleiteten Ausdrücke (5.49) für das großkanonische Potenzial J und demzufolge auch (5.52) gelten pro Spinfreiheitsgrad und müssen daher, wenn sie auf Teilchen mit Spin s angewandt werden sollen, mit der Anzahl $(2s+1)$ möglicher Spinorientierungen multipliziert werden. Wir schreiben diesen Faktor in der nun folgenden Beschreibung nichtrelativistischer, idealer Quantengase ausdrücklich dazu.

Thermodynamische Funktionen

Mit der Ersetzungsvorschrift (5.61) erhalten wir für die mittlere fermionische Teilchendichte

$$n = \frac{\langle N \rangle}{V} = \frac{2s+1}{2\pi^2} \int_0^\infty \frac{k^2 dk}{\exp\left[\beta\left(\frac{\hbar^2 k^2}{2m} - \mu\right)\right] + 1}. \quad (5.62)$$

Wir substituieren hier

$$x := \frac{\beta \hbar^2 k^2}{2m} \quad (5.63)$$

und führen die sogenannte *Fugazität*

$$z = e^{\beta\mu} \quad (5.64)$$

ein. Der Begriff leitet sich vom lateinischen Verb *fugare* für „fliehen" ab. Bei steigender Fugazität wächst die Teilchendichte und damit die Tendenz eines Moleküls, ein System zu verlassen.

Wir identifizieren ferner die thermische Wellenlänge λ_T, die uns seit (4.152) bekannt ist, um die Wellenzahl k ausgehend von (5.63) in der Form

$$k = \frac{\sqrt{2mk_BT}}{\hbar}\sqrt{x} = \sqrt{4\pi x}\frac{\sqrt{2\pi m k_B T}}{h} = \sqrt{4\pi x}\lambda_T^{-1} \quad (5.65)$$

zu schreiben. Diese Schritte erlauben es, die Teilchendichte durch

$$n = (2s+1)\frac{2}{\sqrt{\pi}}\lambda_T^{-3}\int_0^\infty \frac{\sqrt{x}\,dx}{z^{-1}e^x \mp 1} \quad (5.66)$$

auszudrücken.

Nun definieren wir noch die *Fermi-Integrale* durch

$$f_\lambda(z) := \frac{1}{\Gamma(\lambda)}\int_0^\infty \frac{x^{\lambda-1}dx}{z^{-1}e^x + 1}. \quad (5.67)$$

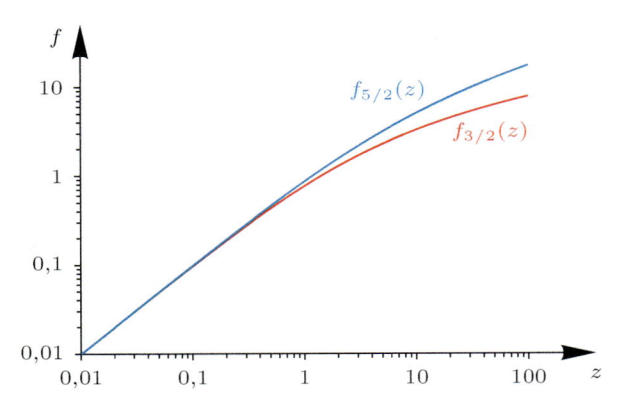

Abb. 5.3 Die Fermi-Funktionen $f_{3/2}(z)$ und $f_{5/2}(z)$

Wie im „Mathematischen Hintergrund" Bd. 3, (12.1) gezeigt wurde, ist die Gammafunktion für halbzahlige Argumente zudem durch

$$\Gamma\left(n + \frac{1}{2}\right) = \frac{(2n)!}{n!4^n}\sqrt{\pi} \quad (5.68)$$

gegeben, sodass der Vorfaktor $2/\sqrt{\pi}$ in (5.66) durch

$$\frac{2}{\sqrt{\pi}} = \frac{1}{\Gamma(3/2)} \quad (5.69)$$

dargestellt werden kann. Die häufig auftretenden Fermi-Integrale $f_{3/2}(z)$ und $f_{5/2}(z)$ sind in Abb. 5.3 dargestellt.

Fermionische Teilchenzahldichte

Nach diesen Vorbereitungen erhalten wir aus (5.62) die mittlere Teilchenzahldichte

$$n = (2s+1)\frac{f_{3/2}(z)}{\lambda_T^3}. \quad (5.70)$$

Energiedichte und Druck eines idealen Fermi-Gases

Die mittlere Dichte der inneren Energie ist entsprechend

$$\frac{U}{V} := u = (2s+1)\frac{k_BT}{\lambda_T^3}\frac{2}{\sqrt{\pi}}\int_0^\infty \frac{x^{3/2}dx}{z^{-1}e^x + 1}$$
$$= (2s+1)\frac{3}{2}\frac{k_BT}{\lambda_T^3}f_{5/2}(z), \quad (5.71)$$

woraus für den Druck sofort

$$P = (2s+1)\frac{k_BT}{\lambda_T^3}f_{5/2}(z) \quad (5.72)$$

folgt, denn für ihn haben wir in (5.60) schon gefunden, dass er zwei Drittel der inneren Energiedichte betragen muss.

Die Entropiedichte ist ebenfalls leicht zu bestimmen, denn das großkanonische Potenzial ist gerade

$$J = -PV = U - TS - \mu N, \tag{5.73}$$

woraus sich sofort die Entropiedichte

$$\begin{aligned} s = \frac{S}{V} &= \frac{1}{T}(u + P - \mu n) = \frac{1}{T}\left(\frac{5}{3}u - \mu n\right) \\ &= (2s+1)\frac{k_B}{\lambda_T^3}\left(\frac{5}{2}f_{5/2}(z) - \beta\mu f_{3/2}(z)\right) \end{aligned} \tag{5.74}$$

ergibt.

Über die Fermi-Funktionen $f_{3/2}(z)$ und $f_{5/2}(z)$ hängen die thermodynamischen Größen von der Fugazität z ab, die nur in Grenzfällen analytisch eliminiert werden kann. Je nachdem, ob z klein oder groß ist, wird das Fermi-Gas als *schwach* oder als *stark entartet* bezeichnet. Die Grenzfälle sehr schwacher und sehr starker Entartung, $z \ll 1$ und $z \gg 1$, untersuchen wir in den Kästen „Vertiefung: Schwach entartete Fermi-Gase" und „Vertiefung: Stark entartete Fermi-Gase" näher, betrachten aber eigens den Grenzfall vollständiger Entartung.

Fermi-Gase bei vollständiger Entartung

Von vollständiger Entartung spricht man bei $T = 0$. In diesem Fall bezeichnet man das chemische Potenzial als Fermi-Energie $\epsilon_F = \mu$ und definiert eine zugehörige Wellenzahl k_F durch

$$\frac{\hbar^2 k_F^2}{2m} = \epsilon_F. \tag{5.75}$$

Die Teilchendichte und die innere Energiedichte sind im vollständig entarteten Fall am einfachsten zu berechnen, wenn man berücksichtigt, dass die mittlere Besetzungszahl dann in eine Stufenfunktion der Energie ϵ bzw. der Wellenzahl k übergeht:

$$\langle n_\epsilon \rangle = (2s+1)\theta(\epsilon_F - \epsilon) = (2s+1)\theta(k_F - k). \tag{5.76}$$

Diese Stufenfunktion stellt die sogenannte *Fermi-Kante* dar.

Frage 7

Bestätigen Sie das Ergebnis (5.76), indem Sie in (5.52) den Grenzübergang $T \to 0$ durchführen.

Aufgrund von (5.62) ist die mittlere Teilchendichte dann durch

$$n_F = \frac{2s+1}{6\pi^2} k_F^3 \tag{5.77}$$

bestimmt. Die Dichte der inneren Energie und der Druck bei vollständiger Entartung sind gegeben durch

$$u_F = \frac{2s+1}{2\pi^2}\frac{\hbar^2}{2m}\int_0^\infty k^4 \theta(k_F - k)\, dk = \frac{2s+1}{20\pi^2}\frac{\hbar^2 k_F^5}{m} \tag{5.78}$$

$$= \frac{3}{5} n_F \epsilon_F$$

und

$$P_F = \frac{2}{3} u_F = \frac{2}{5} n_F \epsilon_F. \tag{5.79}$$

Fermi-Druck

Der Fermi-Druck P_F und die mittlere innere Energiedichte bei vollständiger Entartung lassen sich durch die Teilchendichte wie folgt ausdrücken:

$$P_F = \left(\frac{6\pi^2}{2s+1}\right)^{2/3} \frac{\hbar^2}{5m} n_F^{5/3}, \quad u_F = \frac{3}{2} P_F. \tag{5.80}$$

Frage 8

Vergleichen Sie damit die Herleitung des Fermi-Druckes, die wir allein aufgrund der Abzählung zugänglicher Zustände in Abschn. 2.3 erhalten haben.

Entartung setzt dann ein, wenn die thermische Energie pro Fermion wesentlich kleiner als die Fermi-Energie wird, $k_B T \ll \epsilon_F$. Setzen wir (5.77) in (5.75) ein, lautet die Fermi-Energie

$$\epsilon_F = \frac{\hbar^2}{2m}\left(\frac{6\pi^2}{2s+1} n_F\right)^{2/3}, \tag{5.81}$$

woraus die Bedingung

$$T \ll \frac{\hbar^2}{2mk_B}\left(\frac{6\pi^2}{2s+1} n_F\right)^{2/3} \tag{5.82}$$

für die Entartung folgt. Bei vorgegebener Teilchendichte setzt sie also bei umso niedrigeren Temperaturen ein, je massereicher die Teilchen sind. In einem Wasserstoffplasma entarten beispielsweise die Elektronen bei einer um das etwa 1800-fache höheren Temperatur als die Protonen.

Der Fermi-Druck P_F kommt allein dadurch zustande, dass Fermionen in einem Ensemble selbst bei $T = 0$ eine endliche kinetische Energie annehmen müssen, um dem Pauli-Prinzip zu genügen, das ihnen die Besetzung eines Zustands mit mehr als einem Teilchen verbietet.

Wie die Näherungsrechnung im Kasten „Vertiefung: Stark entartete Fermi-Gase" zeigt, weichen der Druck ebenso wie die

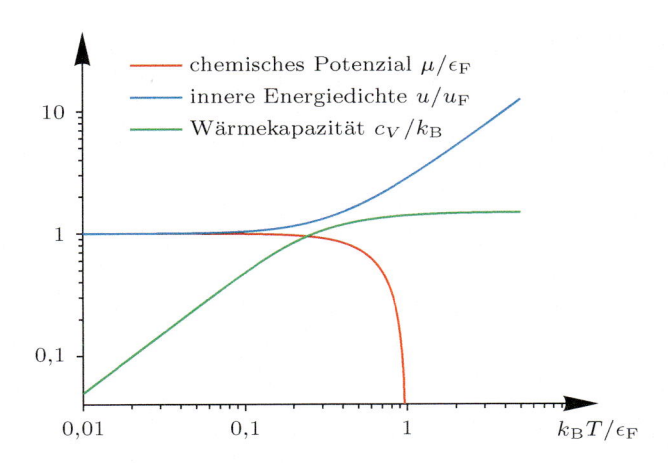

Abb. 5.4 Chemisches Potenzial, innere Energiedichte und spezifische Wärmekapazität als Funktionen der thermischen Energie $k_B T$ in Einheiten der Fermi-Energie ϵ_F

innere Energiedichte eines idealen Fermi-Gases bei kleinen Temperaturen $k_B T \ll \epsilon_F$ nur in quadratischer Ordnung in $k_B T/\epsilon_F$ von ihren Werten (5.80) bei vollständiger Entartung ab.

Es ist eine wichtige Eigenschaft des Druckes von Fermi-Gasen, dass er bei niedrigen Temperaturen nur noch von der Dichte, aber kaum von der Temperatur abhängt. Wegen der quadratischen Abhängigkeit der inneren Energiedichte von der Temperatur steigt die Wärmekapazität pro Volumen

$$c_V = \left(\frac{\partial u}{\partial T}\right)_V \quad (5.83)$$

eines stark entarteten Fermi-Gases linear mit der Temperatur an und fällt bei $T = 0$ auf null ab. Diese und weitere Überlegungen zu schwach oder stark entarteten Fermi-Gasen finden Sie in den beiden Kästen „Vertiefung: Schwach entartete Fermi-Gase" und „Vertiefung: Stark entartete Fermi-Gase". Abb. 5.4 zeigt die innere Energiedichte, das chemische Potenzial und die Wärmekapazität pro Teilchen eines stark entarteten Fermi-Gases als Funktionen der thermischen Energie in Einheiten der Fermi-Energie.

5.5 Ideale Bose-Gase

Teilchendichte und thermodynamische Funktionen

Zur Behandlung idealer Bose-Gase kehren wir zu den diskreten Summen (5.56) und (5.57) zurück, weil wir folgendem Umstand Rechnung tragen müssen: Wenn die Grundzustandsenergie $\epsilon_0 = 0$ ist und die Fugazität $z = e^{\beta\mu} = 1$ wird, verschwindet der Nenner im Summenterm für $n = 0$, und der entsprechende Beitrag kann divergieren. Deshalb ist es angeraten, den Beitrag des Grundzustands eigens auszurechnen und nur über die angeregten Zustände zu integrieren. Die mittlere Teilchenzahl beträgt dann

$$\langle N \rangle = \frac{2s+1}{z^{-1}-1} + \frac{2s+1}{2\pi^2} V \int_0^\infty \frac{k^2 dk}{z^{-1}\exp\left(\frac{\beta\hbar^2 k^2}{2m}\right)-1}. \quad (5.84)$$

Das Integral konvergiert problemlos, weil sich der Integrand für kleine k und $z = 1$ wie

$$\frac{k^2}{\exp\left(\frac{\beta\hbar^2 k^2}{2m}\right)-1} \approx \frac{k^2}{\left(1+\frac{\beta\hbar^2 k^2}{2m}\right)-1} = \frac{2m}{\beta\hbar^2} \quad (5.85)$$

verhält. Durch die abermals naheliegende Substitution (5.63) kann das Integral durch

$$\frac{1}{2\pi^2}\int_0^\infty \frac{k^2 dk}{z^{-1}\exp\left(\frac{\beta\hbar^2 k^2}{2m}\right)-1} = \frac{1}{\lambda_T^3 \Gamma\left(\frac{3}{2}\right)}\int_0^\infty \frac{x^{1/2}dx}{z^{-1}e^x-1} \quad (5.86)$$

umgeformt werden.

Achtung Beachten Sie, dass wir den Beitrag des Grundzustands in (5.84) abgespalten haben, um ihn eigens zu betrachten, aber nicht, um ihn zu unterdrücken. Das verbleibende Integral kann dennoch von null ab ausgeführt werden, weil der Integrand für $k \to 0$ verschwindet. ◀

Bose-Einstein-Integrale der Art

$$g_\lambda(z) = \frac{1}{\Gamma(\lambda)}\int_0^\infty \frac{x^{\lambda-1}dx}{z^{-1}e^x-1}, \quad (5.87)$$

von denen dasjenige mit $\lambda = 3/2$ in (5.86) vorkommt, lassen sich am besten berechnen, indem man den Integranden in eine geometrische Reihe aufspaltet. Sei $q = ze^{-x}$, dann ist

$$\frac{1}{z^{-1}e^x-1} = \frac{q}{1-q} = q\sum_{j=0}^\infty q^j = \sum_{j=1}^\infty q^j = \sum_{j=1}^\infty z^j e^{-jx}. \quad (5.88)$$

Mit diesem Ergebnis erhalten wir aus (5.87)

$$g_\lambda(z) = \frac{1}{\Gamma(\lambda)}\sum_{j=1}^\infty z^j \int_0^\infty x^{\lambda-1}e^{-jx}dx = \sum_{j=1}^\infty \frac{z^j}{j^\lambda}. \quad (5.89)$$

Für $z = 1$ ist dies gerade die *Riemann'sche Zetafunktion*:

$$g_\lambda(1) = \zeta(\lambda). \quad (5.90)$$

Zwei dieser Funktionen sind in Abb. 5.5 dargestellt. Einige häufig benötigte Werte der Riemann'schen Zetafunktion sind im „Mathematischen Hintergrund" 5.1 angegeben.

Vertiefung: Schwach entartete Fermi-Gase
Analytische Näherungen

Für schwach entartete Fermi-Gase ist $z \ll 1$. Dort können wir die ersten Glieder der Taylor-Entwicklung

$$f_\lambda(z) \approx z - \frac{z^2}{2^\lambda} \tag{1}$$

verwenden. Umgekehrt, d. h. aufgelöst nach z, lautet diese Entwicklung

$$z \approx f_\lambda + \frac{f_\lambda^2}{2^\lambda}. \tag{2}$$

Frage 9

Bestätigen Sie diese Umkehrung der obigen Taylor-Entwicklung für $f_\lambda(z)$.

Werten wir die letzte Gleichung für $\lambda = 3/2$ aus und ersetzen $f_{3/2} = (2s+1)^{-1}\lambda_T^3 n$, wie es dem allgemeinen Ergebnis (5.70) entspricht, gewinnen wir zunächst die Näherung

$$\mu = \frac{\ln z}{\beta} \approx k_B T \ln\left[\frac{\lambda_T^3 n}{2s+1} + \frac{1}{2^{3/2}}\left(\frac{\lambda_T^3 n}{2s+1}\right)^2\right] \tag{3}$$

für das chemische Potenzial. Zudem ist das Verhältnis

$$\frac{f_{5/2}(z)}{f_{3/2}(z)} \approx 1 + \frac{z}{2^{5/2}}. \tag{4}$$

Für die mittlere innere Energiedichte und den Druck ergeben sich daher aus (5.71) und (5.72) die näherungsweisen Ausdrücke

$$u \approx \frac{3}{2} k_B T n \left(1 + \frac{\lambda_T^3 n}{2^{5/2}(2s+1)}\right) \tag{5}$$

$$P = k_B T n \left(1 + \frac{\lambda_T^3 n}{2^{5/2}(2s+1)}\right),$$

wobei in der Klammer die Näherung niedrigster Ordnung

$$z \approx f_{3/2}(z) = \frac{\lambda_T^3 n}{2s+1} \tag{6}$$

eingesetzt wurde. Im Grenzfall geringer Teilchendichten nähern sich diese Ausdrücke den Ergebnissen für das klassische ideale Gas an, wie es sein muss.

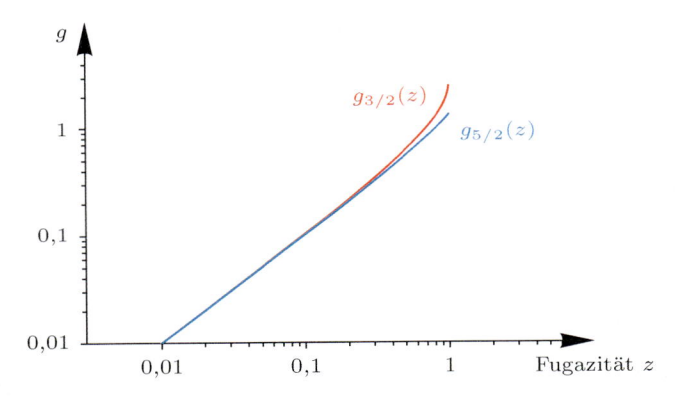

Abb. 5.5 Die häufig vorkommenden Bose-Einstein-Integrale $g_{3/2}(z)$ und $g_{5/2}(z)$ sind hier für $z < 1$ dargestellt

Die mittlere bosonische Teilchendichte ist demnach aufgrund von (5.84)

$$n = \frac{2s+1}{V}\frac{z}{1-z} + (2s+1)\frac{g_{3/2}(z)}{\lambda_T^3}, \tag{5.91}$$

wobei es im Folgenden wichtig sein wird, dass der erste Summand auf der rechten Seite durch diejenigen Teilchen beigetragen wird, die sich im Grundzustand befinden, während der zweite Summand alle Teilchen in den angeregten Zuständen umfasst.

Innere Energiedichte und Druck eines idealen Bose-Gases

Für die innere Energiedichte sowie für den Druck erhalten wir, ganz analog zu (5.71) und (5.72):

$$u = (2s+1)\frac{3}{2}\frac{k_B T}{\lambda_T^3} g_{5/2}(z), \quad P = (2s+1)\frac{k_B T}{\lambda_T^3} g_{5/2}(z). \tag{5.92}$$

Beide Größen sind hier noch als Funktionen der Fugazität z angegeben, die anhand von (5.91) aus der Teilchendichte n und der Temperatur T zu bestimmen bleibt. Im Gegensatz zur Dichte tragen die abseparierten Grundzustände zur inneren Energiedichte und zum Druck nicht bei.

Der Einfachheit halber führen wir nun die Diskussion für Teilchen ohne Spin weiter, setzen also $s = 0$, weil der Spin für die folgenden Überlegungen unerheblich ist.

Bose-Einstein-Kondensation

Gl. (5.91) für die mittlere bosonische Teilchendichte lohnt eine ausführliche Betrachtung. Bei vorgegebener Dichte n und Temperatur T kann sie numerisch nach der Fugazität z aufge-

Vertiefung: Stark entartete Fermi-Gase
Analytische Näherungen

Im Grenzfall starker Entartung, $z \gg 1$, können wir die Entwicklungen

$$f_{3/2}(z) \approx \frac{4}{3\sqrt{\pi}} (\ln z)^{3/2} \left[1 + \frac{\pi^2}{8(\ln z)^2} + \dots\right], \quad (1)$$

$$f_{5/2}(z) \approx \frac{8}{15\sqrt{\pi}} (\ln z)^{5/2} \left[1 + \frac{5\pi^2}{8(\ln z)^2} + \dots\right]$$

dieser beiden Fermi-Integrale einsetzen, die wir hier ohne Herleitung angeben. Sie sind das Ergebnis einer sogenannten *Sommerfeld-Entwicklung*. Entscheidend für die folgenden Überlegungen ist, dass die Abweichungen beider Entwicklungen in (1) vom Verhalten der dominanten Ordnung quadratisch in $(\ln z)^{-1}$ sind.

Wir gehen von dem Ergebnis (5.70) für die fermionische Teilchendichte aus und bemerken zunächst, dass der Grenzfall $T \to 0$ existiert. Da die thermische Wellenlänge (4.152) wie $(k_B T)^{-1/2}$ mit der Temperatur skaliert, der Vorfaktor $(\ln z)^{3/2} = (\beta \mu)^{3/2}$ aus (1) aber wie $\beta^{3/2} = (k_B T)^{-3/2}$, kürzt sich die Temperaturabhängigkeit für $T \to 0$ aus $f_{3/2}(z) \lambda_T^{-3}$ vollständig heraus.

Im Grenzfall $T \to 0$ muss die Teilchendichte ferner den Wert n_F aus (5.77) ergeben, und das chemische Potenzial μ muss gegen die Fermi-Energie ϵ_F gehen. Wir können daher mit (1) schreiben:

$$n = (2s+1) \frac{f_{3/2}(z)}{\lambda_T^3} \approx n_F \left(\frac{\mu}{\epsilon_F}\right)^{3/2} \left[1 + \frac{\pi^2}{8\mu^2}(k_B T)^2\right]. \quad (2)$$

Lösen wir nach dem chemischen Potenzial μ auf, folgt

$$\mu \approx \epsilon_F \left(\frac{n}{n_F}\right)^{2/3} \left[1 - \frac{\pi^2}{12\mu^2}(k_B T)^2\right]. \quad (3)$$

Wir können eine Lösung niedrigster Ordnung angeben, indem wir auf der rechten Seite die Teilchendichte n und das chemische Potenzial μ durch ihre Werte n_F und ϵ_F bei vollständiger Entartung einsetzen. Damit erhalten wir

$$\mu \approx \epsilon_F \left[1 - \frac{\pi^2}{12\epsilon_F^2}(k_B T)^2\right]. \quad (4)$$

Für die innere Energiedichte gehen wir ähnlich vor. Wir beginnen mit dem Ergebnis (5.71):

$$u = (2s+1) \frac{3}{2} k_B T \frac{f_{5/2}(z)}{\lambda_T^3}. \quad (5)$$

Auch hier zeigt (1), dass der Grenzfall $T \to 0$ existiert, denn zusammen mit dem Vorfaktor $k_B T$ kürzt die Temperaturabhängigkeit der thermischen Wellenlänge diejenige des Faktors $(\ln z)^{5/2} = (\beta \mu)^{5/2}$ gerade heraus. Wir können daher

$$u \approx u_F \left(\frac{\mu}{\epsilon_F}\right)^{5/2} \left[1 + \frac{5\pi^2}{8\mu^2}(k_B T)^2\right] \quad (6)$$

schreiben. Setzen wir die Näherung (4) für das chemische Potenzial ein, folgt

$$u \approx u_F \left[1 + \frac{5\pi^2}{12(\beta \epsilon_F)^2}\right] \quad (7)$$

für die innere Energiedichte. Wie immer beträgt der Druck zwei Drittel davon, also

$$P \approx P_F \left[1 + \frac{5\pi^2}{12(\beta \epsilon_F)^2}\right]. \quad (8)$$

Die Wärmekapazität pro Volumen ist

$$c_V = \left(\frac{\partial u}{\partial T}\right)_V = \frac{5\pi^2}{6} \frac{u_F}{\epsilon_F} \left(\frac{k_B T}{\epsilon_F}\right) k_B$$
$$= \frac{\pi^2}{2} n_F k_B \left(\frac{k_B T}{\epsilon_F}\right), \quad (9)$$

wobei wir im letzten Schritt (5.78) verwendet haben. Die Wärmekapazität steigt demnach bei starker Entartung linear mit der Temperatur von null aus an.

---

löst werden. Dazu multiplizieren wir die Gleichung zunächst mit dem thermischen Volumen λ_T^3 und führen zur Veranschaulichung durch $v := n^{-1}$ das Volumen pro Teilchen ein, das der reziproken Teilchendichte entspricht. Das liefert uns die dimensionslose Gleichung

$$\frac{\lambda_T^3}{v} = \frac{\lambda_T^3}{V} \frac{z}{1-z} + g_{3/2}(z). \quad (5.93)$$

Im Grenzfall $(\lambda_T^3/V) \to 0$, wie er für ein ideales Gas angemessen ist, wird der erste Term nur dann wesentlich beitragen, wenn $z \to 1$ geht, was bei endlicher Temperatur nur für $\mu \to 0$ möglich ist.

Zur numerischen Lösung von (5.93) nimmt man ein endliches, aber sehr großes Volumen V an und sucht bei vorgegebener Teilchendichte und Temperatur nach demjenigen Wert von z, der (5.93) erfüllt. Abb. 5.6 stellt das Ergebnis als Funktion von $v \lambda_T^{-3}$

5.1 Mathematischer Hintergrund: Riemann'sche Zetafunktion
Einige Eigenschaften

Die Riemann'sche Zetafunktion ist für $z \in \mathbb{C}$ mit $\operatorname{Re} z > 1$ durch die unendliche Dirichlet'sche Reihe

$$\zeta(z) = \sum_{n=1}^{\infty} \frac{1}{z^n}$$

definiert und kann auf $\mathbb{C} \setminus \{1\}$ analytisch fortgesetzt werden. Obwohl wir sie hier nur am Rande streifen, möchten wir erwähnen, dass sie eine besonders wichtige Rolle in der Zahlentheorie spielt, weil ihre Nullstellen in der komplexen Zahlenebene eng mit der Theorie der Primzahlen in Verbindung stehen. Darauf bezieht sich die *Riemann'sche Vermutung*, die ein bedeutendes ungelöstes Problem der Mathematik darstellt (Behrends et al. 2008).

Außer bei $z = 1$ ist $\zeta(z)$ auf ganz $\mathbb{C}$ holomorph und hat bei $z = 1$ einen Pol erster Ordnung mit dem Residuum eins:

$$\lim_{z \to 1}(z-1)\zeta(z) = 1 \ .$$

Für jede natürliche Zahl $n \in \mathbb{N}$ ist $\zeta(2n) \propto \pi^{2n}$, wobei der Proportionalitätsfaktor eine rationale Zahl ist. Dieses Ergebnis konnte Leonhard Euler bereits 1735 herleiten, was seinen Ruhm mitbegründete.

Insbesondere sind

$$\zeta(2) = \frac{\pi^2}{6} \ , \quad \zeta(4) = \frac{\pi^4}{90} \ , \quad \zeta(6) = \frac{\pi^6}{945} \ .$$

Über die Werte der Zetafunktion bei ungeraden natürlichen Zahlen ist nur wenig bekannt, ebenso bei halbzahligen Argumenten. Einige Werte sind

$$\zeta(3/2) \approx 2{,}6124 \ , \quad \zeta(5/2) \approx 1{,}3415 \ ,$$
$$\zeta(3) \approx 1{,}2021 \ , \quad \zeta(5) \approx 1{,}0369 \ .$$

Zwischen der Riemann'schen Zetafunktion und der Gammafunktion besteht für $\operatorname{Re} z > 1$ die in unserem Zusammenhang wichtige Beziehung

$$\zeta(z) = \frac{1}{\Gamma(z)} \int_0^{\infty} \frac{t^{z-1} \mathrm{d}t}{\mathrm{e}^t - 1} \ ,$$

die sich mithilfe der geometrischen Reihe leicht beweisen lässt:

$$\int_0^{\infty} \frac{t^{z-1}\mathrm{d}t}{\mathrm{e}^t - 1} = \int_0^{\infty} \frac{t^{z-1}\mathrm{e}^{-t}\mathrm{d}t}{1 - \mathrm{e}^{-t}} = \int_0^{\infty} t^{z-1}\mathrm{e}^{-t}\sum_{n=0}^{\infty}\mathrm{e}^{-nt}\mathrm{d}t$$
$$= \sum_{n=1}^{\infty} \int_0^{\infty} t^{z-1}\mathrm{e}^{-nt}\mathrm{d}t$$
$$= \sum_{n=1}^{\infty} \frac{1}{n^z} \int_0^{\infty} (nt)^{z-1}\mathrm{e}^{-nt}\mathrm{d}(nt) = \zeta(z)\Gamma(z) \ .$$

Diese knappe Zusammenstellung wird der reichen Mathematik der Zetafunktion in keiner Weise gerecht, mag aber einen ersten Einblick geben (zur Vertiefung vgl. z. B. Neukirch 2006; du Sautoy 2004).

---

dar. Sie zeigt, dass die Fugazität in der Tat gegen eins geht, wenn das Volumen pro Teilchen v wesentlich kleiner als das thermische Volumen λ_T^3 wird.

Kritisches Volumen des idealen Bose-Einstein-Gases

Der in Abb. 5.6 gezeigte Verlauf der Fugazität legt die Definition eines *kritischen Volumens* pro Teilchen durch

$$v_\mathrm{c} = \frac{\lambda_\mathrm{T}^3}{g_{3/2}(1)} = \frac{\lambda_\mathrm{T}^3}{\zeta(3/2)} \quad (5.94)$$

nahe, unterhalb dessen die Fugazität gleich eins und daher das chemische Potenzial gleich null wird.

Bei Volumina pro Teilchen $v < v_\mathrm{c}$ lassen sich die innere Energiedichte und der Druck demnach ausdrücken durch

$$u = \frac{3}{2}\frac{k_\mathrm{B}T}{v_\mathrm{c}}\frac{\zeta(5/2)}{\zeta(3/2)} \ , \quad P = \frac{k_\mathrm{B}T}{v_\mathrm{c}}\frac{\zeta(5/2)}{\zeta(3/2)} \ . \quad (5.95)$$

Wie bereits erwähnt, stellt der erste Term auf der rechten Seite von (5.91) die Dichte derjenigen Teilchen dar, die sich im Grundzustand befinden, während der zweite Term die Teilchendichte in angeregten Zuständen bezeichnet. Für $z \to 1$ wächst der Anteil der Teilchen im Grundzustand an. Um dies näher zu untersuchen, führen wir zur beliebigen Teilchendichte n die *Übergangstemperatur* T_c durch die Bedingung

$$n\lambda_\mathrm{T}^3(T_\mathrm{c}) = g_{3/2}(1) = \zeta(3/2) \quad (5.96)$$

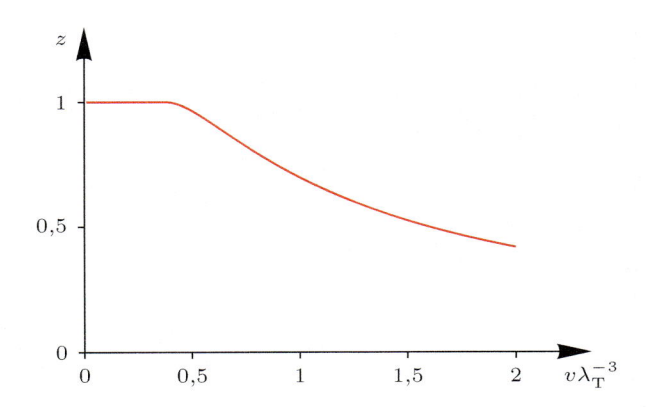

Abb. 5.6 Fugazität z im Grenzfall großen Volumens, $V \gg \lambda_T^3$, für ein ideales Bose-Einstein-Gas. Die Fugazität ist als Funktion des Verhältnisses $v\lambda_T^{-3}$ aus dem Volumen pro Teilchen v und dem thermischen Volumen λ_T^3 dargestellt

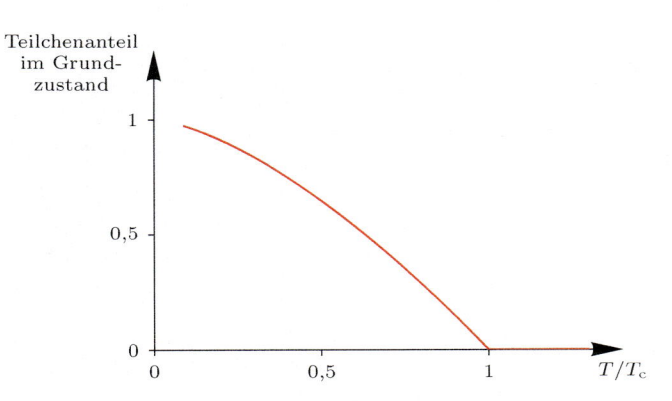

Abb. 5.7 Der Anteil der Teilchen im Grundzustand eines idealen Bose-Gases ist gegenüber der Temperatur T in Einheiten der Übergangstemperatur T_c aufgetragen. Bei $T < T_c$ tritt die Bose-Einstein-Kondensation ein: Für $T \to 0$ sammelt sich ein wachsender Teil der Teilchen im Grundzustand an

ein. Aus der Definition der thermischen Wellenlänge (4.152) erhalten wir sofort

$$T_c = \frac{h^2}{2\pi m k_B} \left(\frac{n}{\zeta(3/2)} \right)^{2/3}. \tag{5.97}$$

Da die thermische Wellenlänge λ_T wie $T^{-1/2}$ mit der Temperatur skaliert, können wir (5.91) mithilfe der Übergangstemperatur zunächst in die Form

$$n = \frac{1}{V} \frac{z}{1-z} + \left(\frac{T}{T_c} \right)^{3/2} \frac{g_{3/2}(z)}{\lambda_T^3(T_c)} \tag{5.98}$$

bringen. Ferner ersetzen wir die thermische Wellenlänge $\lambda_T(T_c)$ bei der Übergangstemperatur mittels (5.96) durch die Teilchendichte n und erhalten

$$n = \frac{1}{V} \frac{z}{1-z} + n \left(\frac{T}{T_c} \right)^{3/2} \frac{g_{3/2}(z)}{g_{3/2}(1)}. \tag{5.99}$$

Im thermodynamischen Limes wird das Volumen beliebig groß, $V \to \infty$. Dann kann der erste Term auf der rechten Seite von (5.99) nur beitragen, wenn die Fugazität $z \to 1$ geht. Der Grenzwert

$$n_0 := \lim_{V \to \infty} \frac{1}{V} \frac{z}{1-z} \tag{5.100}$$

gibt demnach die Anzahldichte derjenigen Teilchen an, die sich im thermodynamischen Limes im Grundzustand befinden. Der Anteil der Teilchen im Grundzustand an der Gesamtmenge der Teilchen ist dann durch

$$\lim_{z \to 1} \frac{n_0}{n} = 1 - \left(\frac{T}{T_c} \right)^{3/2} \tag{5.101}$$

gegeben. Dieses Ergebnis ist in Abb. 5.7 dargestellt.

Bose-Einstein-Kondensation

Das Ergebnis (5.101) und Abb. 5.7 illustrieren das Phänomen der Bose-Einstein-Kondensation: Bei fallender Temperatur ist der Anteil der Teilchen im Grundzustand zunächst beliebig klein, bis die Übergangstemperatur T_c erreicht und unterschritten wird. Nimmt die Temperatur weiter ab, steigt der Anteil der Teilchen im Grundzustand steil an und geht für $T \to 0$ gegen eins. Alle Teilchen halten sich dann im Grundzustand auf.

---- **Frage 10** ----

Welche Entropie muss das Bose-Gas haben, wenn sich alle Teilchen im Grundzustand aufhalten?

Unterhalb der Übergangstemperatur findet ein Phasenübergang statt, währenddessen die kondensierte und die gasförmige Phase koexistieren, bis die Temperatur auf null gefallen ist.

Das Eröffnungsbild dieses Kapitels stellt in drei aufeinanderfolgenden Schritten die Ausbildung einer Bose-Einstein-Kondensation dar. Dargestellt ist die Dichte eines Bose-Gases, die mit fortschreitender Kondensation ein immer ausgeprägteres Maximum ausbildet.

Um den Zustand eines Bose-Einstein-Kondensats näher zu kennzeichnen, ziehen wir noch die Entropie und die molare Wärmekapazität heran. Aufgrund der Gibbs-Duhem-Beziehung (3.200) ist die Entropiedichte durch

$$\frac{s}{k_B} = \beta(u + P - \mu n) = \beta\left(\frac{5}{3} u - \mu n \right) \tag{5.102}$$

gegeben. (Vergleichen Sie damit den entsprechenden Ausdruck (5.74) für Fermionen.) Die Teilchen in der kondensierten Phase haben $\mu = 0$ und befinden sich alle im Grundzustand, dessen Energie verschwindet. Die kondensierte Phase trägt also *nicht* zur Entropie bei: *Ein Bose-Einstein-Kondensat hat keine Entropie.* Dies liegt schon deswegen nahe, weil die kondensierte Phase aus quantenmechanischer Sicht ein einziger Zustand ist, denn die Teilchen sind ununterscheidbar. Der statistischen Deutung der Entropie entsprechend hat ein einziger Zustand die Entropie null.

Die Entropie eines idealen Bose-Gases wird daher allein durch die Teilchen in der gasförmigen Phase beigetragen. Nach (5.91) ist die Teilchendichte in der *gasförmigen* Phase gerade gleich

$$n = \frac{g_{3/2}(z)}{\lambda_T^3},\qquad(5.103)$$

während die innere Energiedichte aus (5.92) übernommen werden kann. Bei der Übergangstemperatur T_c ist demnach die Entropiedichte gemäß

$$\frac{s}{k_B} = \frac{5}{2}\frac{g_{5/2}(1)}{\lambda_T^3(T_c)} = \frac{5}{2}\frac{g_{5/2}(1)}{g_{3/2}(1)}n = \frac{5\zeta(5/2)}{2\zeta(3/2)}n \qquad(5.104)$$

durch die Teilchendichte bestimmt.

Latente Wärme beim Bose-Einstein-Phasenübergang

Pro Teilchen muss daher beim Übergang aus der kondensierten in die gasförmige Phase die latente Wärme

$$q = T_c\frac{s}{n} = \frac{5\zeta(5/2)}{2\zeta(3/2)}k_B T_c \qquad(5.105)$$

zugeführt werden. Dieser endliche Betrag kennzeichnet die Bose-Einstein-Kondensation als einen Phasenübergang erster Ordnung (siehe hierzu die Klassifikation der Phasenübergänge nach Ehrenfest in Abschn. 3.7).

Molare Wärmekapazität

Schließlich ist noch die molare Wärmekapazität eines idealen Bose-Einstein-Gases interessant. Wir erhalten sie aus

$$c_V^{\mathrm{mol}} = N_A\frac{V}{N}\left(\frac{\partial u}{\partial T}\right)_V = \frac{3N_A}{2n}\frac{\partial}{\partial T}\left(\frac{k_B T}{\lambda_T^3}g_{5/2}(z)\right). \qquad(5.106)$$

Wieder verwenden wir, dass die thermische Wellenlänge wie $\lambda_T \propto T^{-1/2}$ mit der Temperatur skaliert, um sofort

$$\frac{3N_A}{2n}\frac{\partial}{\partial T}\frac{k_B T}{\lambda_T^3} = \frac{3N_A}{2n}\cdot\frac{5k_B}{2\lambda_T^3} = \frac{15}{4}\frac{R}{n\lambda_T^3} \qquad(5.107)$$

zu bekommen.

Bei Temperaturen unterhalb der Übergangstemperatur T_c geht $g_{5/2}(z)$ in $g_{5/2}(1) = \zeta(5/2)$ über, wird also konstant. Dann ergeben (5.106) und (5.107) zusammen

$$c_V^{\mathrm{mol}} = \frac{15\zeta(5/2)}{4}\frac{R}{n\lambda_T^3} = \frac{15\zeta(5/2)}{4\zeta(3/2)}\left(\frac{T}{T_c}\right)^{3/2}R, \qquad(5.108)$$

wobei im letzten Schritt die Definition der Übergangstemperatur zum Einsatz kam, um

$$n\lambda_T^3 = n\lambda_T^3(T_c)\left(\frac{\lambda_T(T)}{\lambda_T(T_c)}\right)^3 = \zeta(3/2)\left(\frac{T_c}{T}\right)^{3/2} \qquad(5.109)$$

zu schreiben.

Bei Temperaturen oberhalb der Übergangstemperatur muss berücksichtigt werden, dass auch die Fugazität bei gegebener Teilchendichte von der Temperatur abhängt, sobald sie kleiner wird als eins. Dann sind die Teilchendichte und die Fugazität aufgrund von (5.91) durch

$$n\lambda_T^3 = g_{3/2}(z) \qquad(5.110)$$

miteinander verbunden. Die Ableitung von (5.110) nach T ergibt

$$-\frac{3n}{2}\frac{\lambda_T^3}{T} = g'_{3/2}(z)\frac{\mathrm{d}z}{\mathrm{d}T}, \qquad(5.111)$$

woraus die Ableitung der Fugazität nach der Temperatur

$$\frac{\mathrm{d}z}{\mathrm{d}T} = -\frac{3}{2T}\frac{g_{3/2}(z)}{g'_{3/2}(z)} = -\frac{3z}{2T}\frac{g_{3/2}(z)}{g_{1/2}(z)} \qquad(5.112)$$

folgt. Im letzten Schritt haben wir die Beziehung

$$z\frac{\mathrm{d}g_\lambda(z)}{\mathrm{d}z} = g_{\lambda-1}(z) \qquad(5.113)$$

verwendet.

Frage 11

Überzeugen Sie sich, am besten mithilfe partieller Integration, dass die Bose-Einstein-Integrale (5.87) die Gl. (5.113) tatsächlich erfüllen.

Mit diesem Ergebnis und mit der Zwischenrechnung (5.107) folgt aus (5.106) nach kurzer Rechnung

$$c_V^{\mathrm{mol}} = \frac{15}{4}R\left(\frac{g_{5/2}(z)}{g_{3/2}(z)} - \frac{3}{5}\frac{g_{3/2}(z)}{g_{1/2}(z)}\right), \qquad(5.114)$$

wobei (5.110) berücksichtigt wurde.

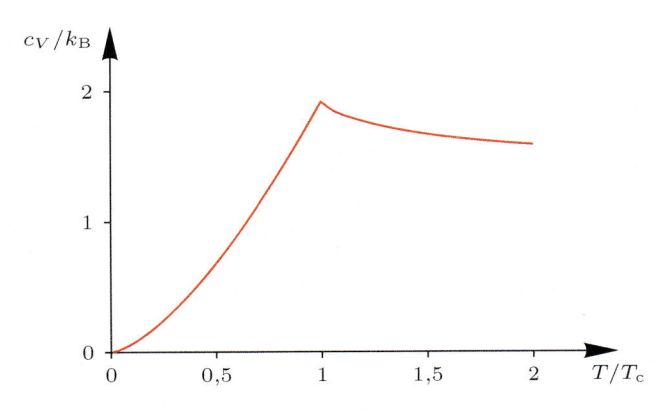

Abb. 5.8 Molare Wärmekapazität c_V^{mol}/R eines idealen Bose-Einstein-Gases in der Nähe der Übergangstemperatur. Für hohe Temperaturen, $T \gg T_c$, fällt c_V^{mol} auf den klassischen Wert $c_V^{\text{mol}} = 3R/2$ ab

---

Wärmekapazität eines idealen Bose-Einstein-Gases

Insgesamt kommen wir damit für die molare Wärmekapazität eines idealen Bose-Einstein-Gases auf die Ausdrücke

$$\frac{c_V^{\text{mol}}}{R} = \begin{cases} \dfrac{15\zeta(5/2)}{4\zeta(3/2)}\left(\dfrac{T}{T_c}\right)^{3/2} & \text{für } T \leq T_c \\ \dfrac{15}{4}\left(\dfrac{g_{5/2}(z)}{g_{3/2}(z)} - \dfrac{3}{5}\dfrac{g_{3/2}(z)}{g_{1/2}(z)}\right) & \text{für } T > T_c \end{cases}.$$
(5.115)

Diese molare Wärmekapazität ist bei der Übergangstemperatur stetig (aber nicht glatt), weil $g_{1/2}(z)$ für $z \to 1^+$ divergiert (aber nicht stetig differenzierbar ist). Sie ist in Abb. 5.8 gezeigt.

Historische Anmerkung

Bevor wir zu relativistischen Quantengasen übergehen, beschließen wir diesen Abschnitt mit einer historischen Anmerkung.

Einstein sagte das heute als Bose-Einstein-Kondensation bezeichnete Phänomen 1924 in einer Abhandlung vorher, die 1925 veröffentlicht wurde (Einstein 1925). Darin schreibt er zunächst über Bose-Gase, dass „bei gegebener Molekülzahl n und gegebener Temperatur T das Volumen nicht beliebig klein gemacht werden" könne. Er fragt dann, was geschehe, wenn die Dichte der Substanz beispielsweise durch isotherme Kompression weiter erhöht werde, und fährt fort: „Ich behaupte, dass in diesem Falle eine mit der Gesamtdichte stets wachsende Zahl von Molekülen in den 1. Quantenzustand […] übergeht, während die übrigen Moleküle sich gemäß dem Parameter-Wert $\lambda = 1$ verteilen." Sein λ ist unsere Fugazität z.

Es dauerte 70 Jahre, bis eindeutige Bose-Einstein-Kondensate im Juni 1995 von Eric A. Cornell und Carl E. Wieman am Joint Institute for Laboratory Astrophysics (JILA) und im September 1995 von Wolfgang Ketterle, Kendall Davis und Marc-Oliver Mewes am Massachusetts Institute of Technology (MIT) hergestellt werden konnten. „For the achievement of Bose-Einstein condensation in dilute gases of alkali atoms, and for early fundamental studies of the properties of the condensates", wie die offizielle Begründung lautete, wurden Cornell, Wieman und Ketterle 2001 mit dem Physik-Nobelpreis ausgezeichnet. Die Vorhersage der Bose-Einstein-Kondensation gilt als die letzte große wissenschaftliche Entdeckung Einsteins. Das Phänomen der Suprafluidität, bei dem eine Flüssigkeit jede innere Reibung verliert, ist eng mit der Bose-Einstein-Kondensation verwandt.

5.6 Relativistische ideale Quantengase

Innere Energie, Druck und Teilchendichte

Bei den bisherigen Überlegungen haben wir angenommen, dass wir es mit nichtrelativistischen Quantengasen zu tun haben. Im Fall relativistischer Quantengase muss zunächst die Energie-Impuls-Beziehung ersetzt werden, die sich insbesondere in (5.55) ausdrückt und in den folgenden Gleichungen verwendet wurde. Im relativistischen Fall müssen wir

$$\epsilon_n = \sqrt{c^2\hbar^2 k^2 + m^2 c^4} \qquad (5.116)$$

verwenden, wobei aber der in (5.55) aufgestellte Zusammenhang zwischen k und der Kantenlänge L des Volumens bestehen bleibt, in das die betrachteten Teilchen eingeschlossen sind. Die relativistische Energie-Impuls-Beziehung (5.116) wurde in Bd. 1, Abschn. 10.2 gezeigt.

Formal bleiben die Ausdrücke für die großkanonische Zustandssumme, das großkanonische Potenzial und die innere Energie dieselben wie für nichtrelativistische Quantengase. Wieder lassen wir zunächst die Spinentartung unberücksichtigt.

Wegen der veränderten Energie-Impuls-Beziehung ändern sich allerdings die Ergebnisse. Eine längere, aber nicht schwierige Rechnung liefert ausgehend von (5.57) den Ausdruck

$$u = \frac{(mc^2)^4}{2\pi^2(\hbar c)^3} \int_1^\infty \frac{x^2\sqrt{x^2-1}\,dx}{z^{-1}\exp(\beta mc^2 x) \mp 1} \qquad (5.117)$$

für die innere Energiedichte. Dabei ist x die dimensionslose Energie

$$x = \frac{\epsilon_n}{mc^2}. \qquad (5.118)$$

Frage 12

Rechnen Sie das Ergebnis (5.117) selbst nach.

Wie vorher ist $z = \exp(\beta\mu)$ die Fugazität. Auch im Zusammenhang zwischen dem Druck und der inneren Energie tritt eine wichtige Änderung auf. Sie kommt daher, dass wir in (5.58) und (5.59) verwendet haben, dass die Energie im nichtrelativistischen Fall quadratisch im Impuls und damit in der Wellenzahl k ist. Für relativistische Energien ist die Ableitung der Energie (5.116) nach dem Volumen

$$\frac{\partial \epsilon_n}{\partial V} = \frac{c^2 \hbar^2 k}{\epsilon_n} \frac{\partial k}{\partial V} = -\frac{1}{3} \frac{c^2 \hbar^2 k^2}{V \epsilon_n}, \quad (5.119)$$

wobei der Faktor $-1/3$ daher kommt, dass die Wellenzahl mit der Kantenlänge L des Volumens wie $k \propto L^{-1} = V^{-1/3}$ skaliert. Damit erhalten wir aus (5.60) den Druck

$$P = \frac{(mc^2)^4}{6\pi^2 (\hbar c)^3} \int_1^\infty \frac{(x^2-1)^{3/2} dx}{z^{-1} \exp(\beta mc^2 x) \mp 1}. \quad (5.120)$$

Frage 13

Welche Beziehung zwischen dem Druck und der inneren Energiedichte ergäbe sich für ein (klassisches oder quantales) ideales Gas in d Dimensionen, bei dem die kinetische Energie der Teilchen eine homogene Funktion vom Grad l im Impuls ist?

Die Teilchendichte ergibt sich schließlich noch auf demselben Weg aus (5.52) zu

$$n = \frac{1}{2\pi^2} \left(\frac{mc^2}{\hbar c}\right)^3 \int_1^\infty \frac{x\sqrt{x^2-1}\, dx}{z^{-1} \exp(\beta mc^2 x) \mp 1}. \quad (5.121)$$

Für beliebige Temperaturen und chemische Potenziale müssen diese Ausdrücke numerisch ausgewertet werden. Handhabbar und interessant sind insbesondere zwei Fälle: ultrarelativistische Quantengase, bei denen die Ruhemasse der Teilchen vernachlässigbar klein ist, und vollständig entartete Fermi-Gase, deren Temperatur gegenüber der Fermi-Energie vernachlässigbar ist.

Ultrarelativistische Quantengase

Ultrarelativistisch ist ein Gas, wenn seine thermische Energie die Ruhemasse seiner Teilchen erheblich übersteigt, $k_B T = \beta^{-1} \gg mc^2$. Die Integrandenfunktionen in (5.117) und (5.120) haben für hohe thermische Energien $\beta^{-1} \gg mc^2$ jeweils ein ausgeprägtes Maximum bei x-Werten von der Größenordnung $(\beta mc^2)^{-1} \gg 1$. Deshalb tragen kleine x-Werte fast nichts zum Integral bei, sodass wir $x \gg 1$ nähern und $x^2 - 1 \approx x^2$ setzen können. Dann werden aber die beiden Integrale gleich, die in der inneren Energiedichte und im Druck auftreten, und die Vorfaktoren unterscheiden sich allein durch einen Faktor $1/3$ im Druck. Das verbleibende Integral nimmt für Fermionen die Form

$$\int_0^\infty \frac{x^3 dx}{z^{-1} \exp(\beta mc^2 x) + 1} = \frac{\Gamma(4) f_4(z)}{(\beta mc^2)^4} = \frac{6 f_4(z)}{(\beta mc^2)^4} \quad (5.122)$$

an und lautet entsprechend für Bosonen

$$\int_0^\infty \frac{x^3 dx}{z^{-1} \exp(\beta mc^2 x) - 1} = \frac{6 g_4(z)}{(\beta mc^2)^4}, \quad (5.123)$$

wobei die Fermi- und Bose-Integrale (5.67) und (5.87) zum Einsatz kamen. Damit lassen sich nun einfache Ausdrücke für die innere Energiedichte und den Druck angeben.

> **Innere Energiedichte und Druck ultrarelativistischer Quantengase**
>
> Für ultrarelativistische Quantengase gilt demnach der Zusammenhang
>
> $$P = \frac{u}{3} \quad (5.124)$$
>
> zwischen Druck und innerer Energiedichte, unabhängig davon, ob es sich um Bosonen oder Fermionen handelt. Zur inneren Energiedichte trägt jeder Spinfreiheitsgrad den Betrag
>
> $$u = \frac{3}{\pi^2} \frac{(k_B T)^4}{(\hbar c)^3} \begin{cases} f_4(z) & \text{für Fermionen} \\ g_4(z) & \text{für Bosonen} \end{cases} \quad (5.125)$$
>
> bei.

Für eine adiabatische Zustandsänderung gilt allgemein aufgrund des ersten Hauptsatzes

$$0 = d(uV) + PdV = Vdu + (u+P)dV. \quad (5.126)$$

Setzen wir hier das Ergebnis $u = 3P$ aus (5.124) für ein ultrarelativistisches Quantengas ein, erhalten wir

$$3VdP + 4PdV = 0, \quad (5.127)$$

woraus folgt, dass ein ultrarelativistisches Quantengas einen Adiabatenindex von $\gamma = 4/3$ hat.

Frage 14

Vergleichen Sie damit die alternative Herleitung des Adiabatenindex eines ultrarelativistischen idealen Gases, die zu (3.127) geführt hat.

Vielleicht ist es nützlich, sich nochmals zu verdeutlichen, woher die wesentlichen Unterschiede zwischen ultrarelativistischen und nichtrelativistischen Quantengasen kommen. Die halbzahligen Bose-Einstein-Integrale müssen im ultrarelativistischen Fall ganzzahligen weichen, weil die Beziehung zwischen Energie und Impuls für ultrarelativistische Teilchen linear ist, für klassische nichtrelativistische Teilchen aber quadratisch ist.

In (5.60) haben wir zudem hergeleitet, dass der Druck eines nichtrelativistischen idealen Quantengases gleich zwei Dritteln der Energiedichte sein muss. Entscheidend eingegangen war dabei, dass die Energie eines Quantenzustands in diesem Fall wie $V^{-2/3}$ vom Volumen abhängen muss. Wie ein Rückblick auf (5.55) zeigt, kam der Exponent $-2/3$ dadurch zustande, dass die Energie eines nichtrelativistischen Teilchens quadratisch von seiner Wellenzahl k abhängt, diese aber vom Volumen wie $V^{-1/3}$.

Diese Überlegung zeigt, dass die Energie bei einer linearen Energie-Impuls-Beziehung, wie sie für ultrarelativistische Teilchen gilt, nicht mehr wie $V^{-2/3}$ vom Volumen abhängt, sondern wie $V^{-1/3}$.

Frage 15

Wie würden sich Druck und Energiedichte für ein ideales, nicht- oder ultrarelativistisches Quantengas in d Raumdimensionen verhalten?

> **Teilchendichte ultrarelativistischer Quantengase**
>
> Aus dem Ausdruck (5.121) für die Teilchendichte erhalten wir in ultrarelativistischer Näherung
>
> $$n = \frac{1}{\pi^2}\left(\frac{k_B T}{\hbar c}\right)^3 \begin{cases} f_3(z) & \text{für Fermionen} \\ g_3(z) & \text{für Bosonen} \end{cases}, \quad (5.128)$$
>
> wiederum pro Spinfreiheitsgrad.

Vollständig entartete Fermi-Gase

Im Fall vollständig entarteter Fermi-Gase wird der Nenner in den Integralen der Ergebnisse (5.117) für die innere Energiedichte, (5.120) für den Druck und (5.121) für die Teilchendichte zu einer Stufenfunktion:

$$\frac{1}{z^{-1}\exp(\beta mc^2 x) + 1} \to \theta(\epsilon_F - \epsilon), \quad (5.129)$$

wo wieder die Fermi-Energie $\epsilon_F = \mu$ auftritt. Dies vereinfacht die Integrale erheblich. Wir erhalten für Gase aus Fermionen mit Spin s

$$u = \frac{2s+1}{2\pi^2}\frac{(mc^2)^4}{(\hbar c)^3} F_u(x_F),$$
$$P = \frac{2s+1}{6\pi^2}\frac{(mc^2)^4}{(\hbar c)^3} F_P(x_F), \quad (5.130)$$
$$n = \frac{2s+1}{2\pi^2}\frac{(mc^2)^3}{(\hbar c)^3} F_n(x_F),$$

wobei wir $x_F = \epsilon_F/(mc^2)$ eingeführt und

$$F_u(x) = \int_1^x y^2 \sqrt{y^2 - 1}\, dy$$
$$= \frac{1}{8}\left[x\sqrt{x^2-1}(2x^2-1) - \ln\left(x + \sqrt{x^2-1}\right)\right],$$
$$F_P(x) = \int_1^x (y^2-1)^{3/2}\, dy$$
$$= \frac{1}{8}\left[x\sqrt{x^2-1}(2x^2-5) + 3\ln\left(x + \sqrt{x^2-1}\right)\right],$$
$$F_n(x) = \int_1^x y\sqrt{y^2-1}\, dy = \frac{1}{3}(x^2-1)^{3/2} \quad (5.131)$$

abgekürzt haben.

Betrachten wir darüber hinaus den ultrarelativistischen Grenzfall, können wir $x_F \gg 1$ setzen und nähern:

$$F_u(x_F) \approx \frac{x_F^4}{4} \approx F_P(x_F), \quad F_n(x_F) \approx \frac{x_F^3}{3}. \quad (5.132)$$

Für die Fermi-Energie $\epsilon_F = mc^2 x_F$ folgt zunächst aus der Näherung für $F_n(x_F)$ verbunden mit (5.130)

$$\epsilon_F \approx \hbar c \left(\frac{6\pi^2 n}{2s+1}\right)^{1/3}. \quad (5.133)$$

Frage 16

Rechnen Sie direkt nach, dass die Integrale in (5.131) im ultrarelativistischen Grenzfall (5.132) ergeben.

> **Druck, innere Energiedichte und Teilchenzahl ultrarelativistischer, vollständig entarteter Fermi-Gase**
>
> Die innere Energiedichte, der Druck und die Teilchendichte sind durch
>
> $$u = \frac{2s+1}{8\pi^2}\frac{\epsilon_F^4}{(\hbar c)^3}, \quad P = \frac{u}{3}, \quad n = \frac{2s+1}{6\pi^2}\frac{\epsilon_F^3}{(\hbar c)^3} \quad (5.134)$$

gegeben. Ersetzt man hier die Fermi-Energie anhand von (5.133) durch die Anzahldichte, ergibt sich der Zusammenhang

$$u = \frac{3}{4}(2s+1)(6\pi^2)^{1/3}\hbar c \left(\frac{n}{2s+1}\right)^{4/3} \quad (5.135)$$

zwischen der inneren Energiedichte und der Teilchendichte.

Das Planck'sche Strahlungsgesetz

Wir wenden nun unsere allgemeinen Resultate auf ein weiteres wichtiges Beispiel der Quantenstatistik an, nämlich auf Photonen. Da Photonen im thermischen Gleichgewicht mit Materie beliebig emittiert und absorbiert werden können, muss ihr chemisches Potenzial verschwinden, $\mu = 0$. Aufgrund der elektromagnetischen Dispersionsrelation ist ihre Energie durch

$$\epsilon_k = \hbar\omega = \hbar c k \quad (5.136)$$

gegeben, was natürlich auch der relativistischen Energie-Impuls-Beziehung (5.116) für ruhemasselose Teilchen entspricht. Aus unserem allgemeinen Ergebnis (5.125) für ultrarelativistische Bosonen erhalten wir sofort

$$u = 2 \cdot \frac{3\zeta(4)}{\pi^2}\frac{(k_B T)^4}{(\hbar c)^3} = 2 \cdot \frac{\pi^2}{30}\frac{(k_B T)^4}{(\hbar c)^3}, \quad (5.137)$$

wobei wir nach (5.90) $g_4(1) = \zeta(4)$ eingesetzt und ferner $\zeta(4) = \pi^4/90$ aus dem „Mathematischen Hintergrund 5.1: Riemann'sche Zetafunktion" übernommen haben. Zudem wurde durch einen Faktor zwei berücksichtigt, dass Photonen zwei Polarisationsrichtungen haben. Wie für alle ultrarelativistischen Quantengase ist der Druck gleich einem Drittel dieser Energiedichte.

Aus (5.128) erhalten wir sofort die folgenden weiteren Eigenschaften: Die Teilchendichte ist

$$n = \frac{2\zeta(3)}{\pi^2}\left(\frac{k_B T}{\hbar c}\right)^3, \quad (5.138)$$

sodass zwischen der mittleren Teilchendichte und der mittleren Energiedichte der einfache Zusammenhang

$$u = \frac{3\zeta(4)}{\zeta(3)}n k_B T \approx 2{,}7011\, n k_B T \quad (5.139)$$

besteht. Für die Entropiedichte folgt direkt aus (5.102) mit $\mu = 0$ und $P = u/3$

$$s = \frac{4}{3T}u = \frac{4\pi^2}{45}k_B\left(\frac{k_B T}{\hbar c}\right)^3$$
$$= \frac{4\zeta(4)}{\zeta(3)}n k_B \approx 3{,}6014\, n k_B. \quad (5.140)$$

Da die innere Energiedichte schlicht proportional zu T^4 verläuft, ist die molare Wärmekapazität bei konstantem Volumen proportional zu T^3. Für das nichtrelativistische, ideale Bose-Gas haben wir in (5.115) bei $\mu = 0$ (unterhalb der Übergangstemperatur) eine molare Wärmekapazität gefunden, die proportional zu $T^{3/2}$ ansteigt. Wieder ist die quadratische bzw. lineare Energie-Impuls-Beziehung im nichtrelativistischen bzw. im ultrarelativistischen Fall die Ursache dieses Unterschieds in der Temperaturabhängigkeit der Wärmekapazitäten im nicht- und im ultrarelativistischen Grenzfall.

Um nun noch die Energieverteilung der Photonen bzw. das Spektrum der Planck'schen Strahlung zu erhalten, kehren wir zu (5.52) zurück und finden zunächst die mittlere Besetzungszahl

$$\langle n_k\rangle = \frac{1}{e^{\beta \hbar c k}-1}. \quad (5.141)$$

Die Moden mit der Wellenzahl k tragen daher die mittlere Energie

$$\langle \epsilon \rangle = \frac{\hbar c k}{e^{\beta \hbar c k}-1} \quad (5.142)$$

zum Photonengas bei. Gemäß (5.61) gibt es im Volumen V

$$2\frac{V}{2\pi^2}k^2 dk \quad (5.143)$$

Moden pro Wellenzahlintervall dk, wobei der Faktor zwei wiederum die beiden Polarisationsrichtungen der Photonen berücksichtigt. Moden mit Wellenzahlen zwischen k und $k + dk$ tragen also zur inneren Energiedichte den Betrag

$$du_k = 2\frac{k^2 dk}{2\pi^2}\frac{\hbar c k}{e^{\beta \hbar c k}-1} = \frac{1}{\pi^2}\frac{\hbar c k^3 dk}{e^{\beta \hbar c k}-1} \quad (5.144)$$

bei.

Planck'sches Strahlungsgesetz

Drücken wir die Wellenzahl k anhand der Dispersionsrelation (5.136) durch die Kreisfrequenz ω aus, erhalten wir aus (5.144) das Planck'sche Strahlungsgesetz für die differenzielle Energiedichte in einem elektromagnetischen Feld bei der Kreisfrequenz ω:

$$\frac{du_\omega}{d\omega} = \frac{\hbar}{\pi^2 c^3}\frac{\omega^3}{e^{\beta \hbar \omega}-1}. \quad (5.145)$$

Elektromagnetische Strahlung, deren differenzielle Energiedichte dem Planck'schen Strahlungsgesetz folgt, wird auch als *Schwarzkörperstrahlung* oder *Hohlraumstrahlung* bezeichnet, weil sich das Planck'sche Strahlungsgesetz auch dann ergibt, wenn Strahlung sich in einem völlig frequenzunabhängigen thermischen Gleichgewicht mit einem Körper befindet.

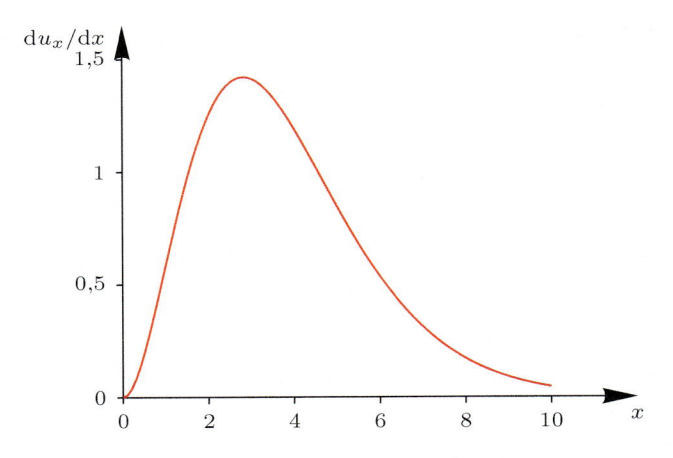

Abb. 5.9 Dargestellt ist die Funktion $x^3(\mathrm{e}^x-1)^{-1}$, die zeigt, auf welche Weise Moden welcher dimensionslosen Frequenz $x = \beta\hbar\omega$ zur inneren Energiedichte beitragen

Oft wird das Planck'sche Strahlungsgesetz nicht in Form einer differenziellen Energiedichte geschrieben, sondern in Form einer *spezifischen Intensität*, womit die Energiestromdichte pro Frequenzintervall und Raumwinkel gemeint ist. Die Energiestromdichte des elektromagnetischen Feldes wird klassisch durch den Poynting-Vektor ausgedrückt. Wenn wir die Energiedichte im freien elektromagnetischen Feld mit u bezeichnen, hat der Poynting-Vektor gemäß Bd. 2, (6.112) den Betrag

$$S = |\boldsymbol{S}| = \frac{c}{8\pi}\left(\boldsymbol{E}^2 + \boldsymbol{B}^2\right) = cu\,. \tag{5.146}$$

Das Planck'sche Strahlungsgesetz (5.145) zieht also die spezifische Intensität

$$\frac{1}{4\pi}\frac{\mathrm{d}S}{\mathrm{d}\omega} = B_\omega(T) = \frac{\hbar}{4\pi^3 c^2}\frac{\omega^3}{\mathrm{e}^{\beta\hbar\omega}-1} \tag{5.147}$$

eines elektromagnetischen Strahlungsfeldes im thermischen Gleichgewicht nach sich. Wie es sein muss, hat sie die Dimension einer Energie pro Fläche, Zeit, Raumwinkel und Kreisfrequenz.

Führt man die naheliegende dimensionslose Größe

$$x = \beta\hbar\omega = \beta\hbar c k \tag{5.148}$$

ein, nimmt das Planck'sche Strahlungsgesetz (5.145) die Form

$$\mathrm{d}u_x = \frac{\hbar}{\pi^2 c^3}\left(\frac{k_\mathrm{B}T}{\hbar}\right)^4\frac{x^3\mathrm{d}x}{\mathrm{e}^x-1} = \frac{(k_\mathrm{B}T)^4}{\pi^2(\hbar c)^3}\frac{x^3\mathrm{d}x}{\mathrm{e}^x-1} \tag{5.149}$$

an. Der Verlauf der Funktion $x^3(\mathrm{e}^x-1)^{-1}$, die hier auftritt, ist in Abb. 5.9 gezeigt. Eine Integration über alle x unter Verwendung von (5.88), (5.89) und (5.90) führt zu unserem früheren Ergebnis (5.137) für die Energiedichte zurück.

Das Wien'sche Verschiebungsgesetz

Eine kurze Rechnung zeigt, dass das Maximum der Funktion $x^3(\mathrm{e}^x-1)^{-1}$ bei demjenigen x_max liegt, das die Gleichung

$$\mathrm{e}^{x_\mathrm{max}}\left(1 - \frac{x_\mathrm{max}}{3}\right) = 1 \tag{5.150}$$

erfüllt. Numerisch findet man

$$x_\mathrm{max} \approx 2{,}8214\,. \tag{5.151}$$

Mit (5.148) und $\omega = 2\pi\nu$ folgt daraus

$$x_\mathrm{max} = \beta\hbar\omega_\mathrm{max} = \frac{h\nu_\mathrm{max}}{k_\mathrm{B}T} \approx 2{,}8214\,. \tag{5.152}$$

Wien'sches Verschiebungsgesetz in Frequenzdarstellung

Damit erhalten wir das *Wien'sche Verschiebungsgesetz*: Die Frequenz maximaler Energiedichte im Planck'schen Strahlungsgesetz ist direkt proportional zur Temperatur:

$$\nu_\mathrm{max} \approx 2{,}8214\,\frac{k_\mathrm{B}T}{h} \approx 5{,}8788\cdot 10^{10}\,\mathrm{Hz}\,\frac{T}{\mathrm{K}}\,. \tag{5.153}$$

Achtung Das Wien'sche Verschiebungsgesetz in der Frequenzdarstellung (5.153) kann *nicht* einfach in die Wellenlängendarstellung umgerechnet werden, indem man $\lambda_\mathrm{max} = c/\nu_\mathrm{max}$ setzt. Es ging ja aus einer Ableitung nach der dimensionslosen Frequenz x hervor. Um das Wien'sche Verschiebungsgesetz durch eine Wellenlänge auszudrücken, muss die Funktion $x^3(\mathrm{e}^x-1)^{-1}$ bereits nach einer Wellenlänge abgeleitet werden. ◄

Frage 17

Zeigen Sie, beispielsweise indem Sie die dimensionslose Wellenlänge $y = 1/x$ einführen, dass die Wellenlänge maximaler Energiedichte im Planck'schen Strahlungsgesetz durch die Lösung x_max der Gleichung

$$\mathrm{e}^{x_\mathrm{max}}\left(1 - \frac{x_\mathrm{max}}{5}\right) = 1 \tag{5.154}$$

statt durch (5.150) gegeben ist. Die numerische Lösung ist $x_\mathrm{max} \approx 4{,}9651$. Leiten Sie daraus die folgende Form des Wien'schen Verschiebungsgesetzes ab.

Wien'sches Verschiebungsgesetz in Wellenlängendarstellung

Ausgedrückt durch die Wellenlänge λ_max maximaler Energiedichte im Planck'schen Strahlungsgesetz lautet das

Wien'sche Verschiebungsgesetz

$$\lambda_{\max} T = \frac{1}{4{,}9651} \frac{hc}{k_B} \approx 0{,}2898 \,\text{cm K}. \quad (5.155)$$

5.7 Wärmekapazität fester Körper

Zustandssumme harmonischer Oszillatoren

Wir betrachten nun ein kanonisches Ensemble aus N harmonischen Oszillatoren. Für jeden einzelnen von ihnen, bezeichnet mit dem Index i, lautet der Hamilton-Operator

$$\hat{H}_i = \frac{\hat{p}_i^2}{2m} + \frac{m\omega^2 \hat{q}_i^2}{2}, \quad (5.156)$$

wobei die $\hat{p}_i$ und $\hat{q}_i$ wie üblich als Impuls- und Ortsoperatoren aufzufassen sind. Der Einfachheit halber nehmen wir an, dass die Kreisfrequenz ω und die Masse m für alle Oszillatoren des Ensembles gleich sind.

Der Sinn dieser Betrachtung ist, dass wir ein elementares Modell für die Moleküle eines Festkörpers vor allem auf seine Wärmekapazität hin untersuchen wollen. Diese Moleküle sind im Festkörper gebunden. Sie halten sich in den lokalen Minima eines Wechselwirkungspotenzials auf, um die herum sie kleine Schwingungen ausführen können. Wenn die Amplituden der Schwingungen klein gegenüber dem Teilchenabstand sind, können wir Minima in zweiter Ordnung einer Taylor-Entwicklung durch quadratische Formen beschreiben. Sei x_0 der Ort eines solchen lokalen Minimums und V die potenzielle Energie, können wir

$$V - V_0 \approx \delta \boldsymbol{x}^T \left(\frac{\partial^2 V}{\partial x_i \partial x_j} \bigg|_{x_0} \right) \delta \boldsymbol{x} \quad (5.157)$$

nähern, wobei $\delta \boldsymbol{x}$ die Auslenkung relativ zum Minimum ist (siehe hierzu die Begründung und Behandlung kleiner Schwingungen in Bd. 1, Abschn. 6.1).

Die Matrix der zweiten Ableitungen in der quadratischen Form (5.157) ist reell und symmetrisch. Ferner ist sie positiv definit, da sie in einem lokalen Minimum berechnet wird. Sie hat daher drei reelle, positive Eigenwerte. Wir nehmen an, dass sie durch eine geeignete Hauptachsentransformation bereits in Diagonalform gebracht wurde, sodass die drei Freiheitsgrade der Schwingungen jedes einzelnen Oszillators entkoppelt sind.

Die N Oszillatoren unseres Ensembles haben insgesamt $3N$ Freiheitsgrade. Nach der Diagonalisierung können wir den Hamilton-Operator des gesamten Ensembles durch die Summe über alle Freiheitsgrade ausdrücken:

$$\hat{H}_N = \sum_{j=1}^{3N} \left(\frac{\hat{p}_j^2}{2m} + \frac{m\omega_j^2 \hat{q}_j^2}{2} \right). \quad (5.158)$$

Die Energieeigenwerte für jeden Freiheitsgrad sind durch

$$\epsilon_j = \hbar \omega_j \left(n_j + \frac{1}{2} \right) \quad (5.159)$$

gegeben; siehe hierzu Gl. (6.106) in Bd. 3, Abschn. 6.3. Als entscheidender Unterschied zum klassischen harmonischen Oszillator tritt hier aufgrund der Unschärferelation zwischen Ort und Impuls die Nullpunktsenergie $\hbar \omega_j / 2$ pro Freiheitsgrad auf.

Zu jedem einzelnen der $3N$ Freiheitsgrade gehört die Einteilchen-Zustandssumme

$$Z_j = \sum_{n_j=0}^{\infty} \exp\left[-\beta \hbar \omega_j \left(n_j + \frac{1}{2}\right)\right] = e^{-\beta \hbar \omega_j / 2} \sum_{n_j=0}^{\infty} e^{-\beta \hbar \omega_j n_j}$$

$$= \frac{e^{-\beta \hbar \omega_j / 2}}{1 - e^{-\beta \hbar \omega_j}}, \quad (5.160)$$

sodass die kanonische Zustandssumme der $3N$ Freiheitsgrade das Produkt

$$Z_{3N} = \prod_{j=1}^{3N} \frac{e^{-\beta \hbar \omega_j / 2}}{1 - e^{-\beta \hbar \omega_j}} \quad (5.161)$$

ist.

Frage 19

Überzeugen Sie sich, dass die kanonische Zustandssumme tatsächlich als das Produkt (5.161) geschrieben werden kann.

Die innere Energie des Ensembles erhalten wir nun aus

$$U = -\frac{\partial \ln Z}{\partial \beta} = \frac{\partial}{\partial \beta} \sum_{j=0}^{3N} \left[\frac{\beta \hbar \omega_j}{2} + \ln\left(1 - e^{-\beta \hbar \omega_j}\right) \right]$$

$$= \sum_{j=0}^{3N} \left(\frac{\hbar \omega_j}{2} + \frac{\hbar \omega_j}{e^{\beta \hbar \omega_j} - 1} \right). \quad (5.162)$$

Dispersionsrelation und Debye-Wellenzahl

Um die verbleibende Summe im thermodynamischen Limes auszuführen, brauchen wir eine Dispersionsrelation, die es uns erlaubt, die Frequenzen ω mit Wellenzahlen k in Verbindung zu bringen. Wir nehmen an, dass die Gitterschwingungen durch eine kontinuierliche, kleine elastische Deformation des Festkörpers beschrieben werden können, wie sie in Bd. 1, Abschn. 8.5 besprochen wurden. Die Auslenkung $\boldsymbol{u}(t, \boldsymbol{x})$ als Funktion der Zeit t und des Ortes $\boldsymbol{x}$ im Festkörper kann dann durch die Gleichung

$$\rho \frac{\partial^2 \boldsymbol{u}}{\partial t^2} - \mu \nabla^2 \boldsymbol{u} = 0 \quad (5.163)$$

beschrieben werden, in der die kontinuierliche Massendichte ρ des Festkörpers und sein Elastizitätsmodul μ auftreten. Führen

Vertiefung: Der kosmische Mikrowellenhintergrund
Eine beinahe perfekte Planck'sche Strahlungsquelle

Wir kommen hier auf die kosmische Hintergrundstrahlung zurück, die bereits im Kasten „Anwendung: Kosmische Hintergrundstrahlung" in Bd. 3, Abschn. 1.2 eingeführt wurde. Insbesondere wurde dort erwähnt, dass wir von elektromagnetischer Strahlung kosmischen Ursprungs umgeben sind, deren Intensität (nach den nötigen Korrekturen aufgrund der Bewegung der Erde) beinahe vollständig isotrop erscheint. Wie in Bd. 3, Abb. 1.4 gezeigt wurde, hat diese Strahlung ein beinahe perfektes Planck-Spektrum mit einer Temperatur von $(2{,}7255 \pm 0{,}0006)$ K.

Die gemessene Temperatur entspricht einer thermischen Energie von $k_\mathrm{B} T = 3{,}762 \cdot 10^{-23}$ J $= 0{,}235$ meV. Aus dieser Temperatur und den in diesem Abschnitt abgeleiteten Ergebnissen für ein ideales Photonengas ergeben sich die folgenden Eigenschaften des kosmischen Mikrowellenhintergrunds:

$n = 410{,}4\,\mathrm{cm}^{-3}$,

$u = 4{,}17 \cdot 10^{-20}\,\mathrm{J\,cm^{-3}} = 0{,}26\,\mathrm{eV\,cm^{-3}}$,

$s = 2{,}04 \cdot 10^{-20}\,\mathrm{J\,cm^{-3}\,K^{-1}} = 0{,}13\,\mathrm{eV\,cm^{-3}\,K^{-1}}$.

Die eigenartige Einheit MJy sr^{-1} oder „Megajansky pro Steradian", in der das Spektrum des kosmischen Mikrowellenhintergrunds in Bd. 3, Abb. 1.4 angegeben ist, ist in der Radioastronomie als Einheit der spezifischen Intensität gebräuchlich. Die spezifische Intensität gibt an, wie viel Strahlungsenergie pro Zeit- und Frequenzintervall durch eine Einheitsfläche in einen Einheitsraumwinkel fließt. Sie hat daher die Dimension Energie pro Zeit, Fläche, Raumwinkel und Frequenz oder J (s cm^2 sr Hz)$^{-1}$. Angepasst an astronomische Größenordnungen ist

$$1\,\mathrm{Jy} = 10^{-30}\,\frac{\mathrm{J}}{\mathrm{s\,cm^2\,Hz}}\,.$$

Benannt ist diese Einheit nach dem US-amerikanischen Radioingenieur und Physiker *Karl Guthe Jansky* (1905–1950).

Das Wien'sche Verschiebungsgesetz besagt in seiner Frequenzdarstellung (5.153) bzw. in seiner Wellenlängendarstellung (5.155), dass das Intensitätsmaximum der kosmischen Hintergrundstrahlung bei einer Frequenz von $\nu_\mathrm{max} = 160{,}22$ GHz bzw. bei einer Wellenlänge von $\lambda_\mathrm{max} = 1{,}0633$ mm liegt.

Im Maximum seines Spektrums erreicht der kosmische Mikrowellenhintergrund eine Intensität von $383{,}5$ MJy sr^{-1} = $3{,}83 \cdot 10^{-22}$ J (s cm^2 Hz sr)$^{-1}$. Da die Frequenz von 160,22 GHz einer Photonenenergie von $1{,}0616 \cdot 10^{-22}$ J $= 0{,}6626$ meV entspricht, strömen durch jeden Quadratzentimeter Fläche im heutigen Universum pro Sekunde etwa 45 Photonen des kosmischen Mikrowellenhintergrunds in einem Frequenzband von 1 Hz Breite um die Frequenz des Intensitätsmaximums. Damit ist die kosmische Hintergrundstrahlung eine der intensivsten Strahlungsquellen in der Astronomie.

Die vor allem von den Satelliten Cobe, WMAP und Planck (siehe Bd. 3, Abb. 1.5) beobachteten winzigen Temperaturschwankungen in der kosmischen Hintergrundstrahlung (Abb. 5.10) sind für die Kosmologie von entscheidender Bedeutung, weil sie über wesentliche globale Eigenschaften des Universums Auskunft geben. Dazu gehören die Dichten gewöhnlicher Materie, dunkler Materie, die räumliche Krümmung des Universums und einige mehr. Die genaue Vermessung der Temperatur der kosmischen Hintergrundstrahlung hat dadurch wesentlich dazu beigetragen, das Standardmodell der Kosmologie zu begründen.

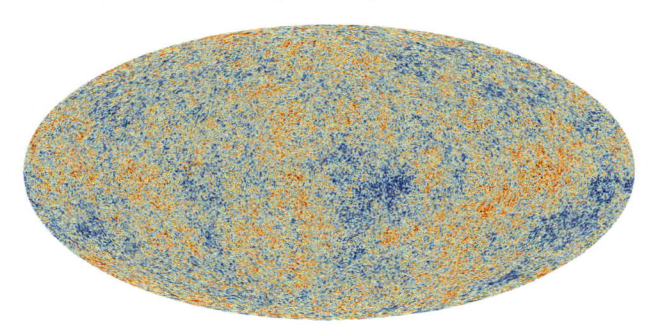

Abb. 5.10 Himmelskarte der Temperaturschwankungen in der kosmischen Hintergrundstrahlung, die vom europäischen Satelliten Planck gemessen wurden. Die Farbe codiert die Abweichung der Temperatur vom Mittelwert von $(2{,}7255 \pm 0{,}0006)$ K. Die relative Amplitude der Temperaturschwankungen beträgt etwa 10^{-5} (© ESA and the Planck Collaboration)

---

wir die Schallgeschwindigkeit elastischer Deformationen

$$c_\mathrm{s} = \sqrt{\frac{\mu}{\rho}} \qquad (5.164)$$

ein, wird (5.163) zu der Wellengleichung

$$\Box \boldsymbol{u} = 0\,, \qquad (5.165)$$

in deren D'Alembert-Operator die charakteristische Geschwindigkeit durch c_s vertreten wird. Die Lösungen der Wellengleichung können durch ebene Wellen

$$\boldsymbol{u} = \boldsymbol{u}_0 \mathrm{e}^{\mathrm{i}(\boldsymbol{k}\cdot\boldsymbol{x} - \omega t)} \qquad (5.166)$$

dargestellt werden, deren Kreisfrequenz ω und Wellenzahl k der Dispersionsrelation

$$\omega = c_\mathrm{s} k \qquad (5.167)$$

genügen müssen.

Vertiefung: Der kosmische Neutrinohintergrund
Das etwas kühlere Relikt des Urknalls

Obwohl er wohl niemals wird beobachtet werden können, ist auch der kosmische Neutrinohintergrund von einem theoretischen Standpunkt aus interessant. Im sehr frühen Universum befinden sich auch die drei Neutrinospezies und die dazugehörigen Antineutrinos vor allem durch Reaktionen der Art

$$\nu + \bar{\nu} \longleftrightarrow e^+ + e^-$$

im thermischen Gleichgewicht mit dem kosmischen Plasma. Der Wirkungsquerschnitt für diese Reaktion hängt quadratisch von der Energie der beteiligten Teilchen und daher von der Temperatur ab. Wegen der schwachen Wechselwirkung zwischen dem Neutrino und seinem Antiteilchen kommt diese Reaktion bereits dann zum Erliegen, wenn die Temperatur auf $T \approx 2{,}9 \cdot 10^{10}$ K oder $k_B T \approx 2{,}52$ MeV fällt. Die Neutrinos entkoppeln dann vom kosmischen Plasma; man sagt, sie frieren aus.

Etwas später, wenn die thermische Energie auf die doppelte Ruheenergie des Elektrons gefallen ist, bei $k_B T \approx 2 \cdot 0{,}511$ MeV $\approx 1{,}022$ MeV, wird die Produktion von Elektron-Positron-Paaren durch Photonen stark unterdrückt. Die Reaktion

$$e^+ + e^- \longleftrightarrow 2\gamma$$

läuft dann im Wesentlichen nach rechts ab, während die Rückreaktion nicht mehr effizient möglich ist. Die damit einsetzende Elektron-Positron-Paarvernichtung heizt zwar den Mikrowellenhintergrund auf, aber nicht mehr die Neutrinos, die ja bereits entkoppelt sind. Der kosmische Mikrowellenhintergrund ist deswegen etwas wärmer als der kosmische Neutrinohintergrund.

Das Verhältnis der Temperaturen T_ν und T_γ des Neutrino- und des Mikrowellenhintergrunds lässt sich leicht bestimmen. Die Elektron-Positron-Paarvernichtung verläuft reversibel und adiabatisch und daher isentrop. Die Entropiedichte des anfänglichen Gemischs aus Photonen und dem Elektron-Positron-Plasma vor seiner Annihilation muss daher gleich der Entropiedichte der Photonen sein, die nach der Annihilation allein übrig bleiben:

$$(s_{e^+} + s_{e^-} + s_\gamma)_{\text{vorher}} = (s_\gamma)_{\text{nachher}}, \qquad (1)$$

wobei sich „vorher" und „nachher" auf die Annihilation beziehen. Wir beschreiben die Elektronen und die Positronen der Einfachheit halber zum Zeitpunkt der Annihilation als ultrarelativistische Quantengase. Ferner nehmen wir an, dass sie sehr schwach entartet sind, und vernachlässigen daher ihr chemisches Potenzial, $\mu \approx 0$. Aus (5.73), (5.124) und (5.125) erhalten wir dann sofort

$$s = \frac{u + P}{T} = \frac{4}{3}\frac{u}{T}$$

$$= \frac{4 k_B}{\pi^2}\left(\frac{k_B T}{\hbar c}\right)^3 \begin{cases} f_4(1) & \text{für Elektronen und Positronen} \\ g_4(1) & \text{für Photonen} \end{cases}$$

für die Entropiedichte, und die Entropiebilanz (1) reduziert sich auf

$$T_{\text{vorher}}^3 [2 f_4(1) + g_4(1)] = T_{\text{nachher}}^3 g_4(1). \qquad (2)$$

Wir müssen nun das Fermi-Integral

$$f_4(1) = \frac{1}{\Gamma(4)} \int_0^\infty \frac{x^3 \, dx}{e^x + 1}$$

auswerten. Es lässt sich mittels der Identität

$$\frac{1}{e^x - 1} - \frac{1}{e^x + 1} = \frac{2}{e^{2x} - 1}$$

auf zwei Bose-Einstein-Integrale zurückführen:

$$f_4(1) = g_4(1) - \frac{1}{8} g_4(1) = \frac{7}{8} g_4(1), \qquad (3)$$

wodurch sich (2) vereinfacht zu:

$$T_{\text{vorher}}^3 \left(2 \cdot \frac{7}{8} + 1\right) = T_{\text{nachher}}^3.$$

Frage 18

Rechnen Sie das Ergebnis (3) nach.

Das Verhältnis der Temperaturen nach und vor der Annihilation ist also

$$\frac{T_{\text{nachher}}}{T_{\text{vorher}}} = \left(\frac{11}{4}\right)^{1/3} \approx 1{,}40.$$

Die Elektron-Positron-Annihilation erhöht demnach die Temperatur des kosmischen Mikrowellenhintergrunds um 40 %. Da die heutige Temperatur des kosmischen Mikrowellenhintergrunds $T_\gamma \approx 2{,}73$ K ist, hat der Neutrinohintergrund heute eine Temperatur von $T_\nu \approx 1{,}95$ K oder eine thermische Energie von $k_B T_\nu = 0{,}17$ meV (für weiterführende Darstellungen vgl. z. B. Liddle 2009 oder Weinberg 1997).

Die $3N$ Freiheitsgrade unseres kanonischen Ensembles können höchstens $3N$ Schwingungsmoden ausführen. Daher muss es eine größte Wellenzahl k_D geben, die durch die Bedingung

$$3N = \frac{V}{2\pi^2} \int_0^{k_D} k^2 \, dk = \frac{V}{2\pi^2} \frac{k_D^3}{3} \qquad (5.168)$$

festgelegt ist.

Debye-Wellenzahl

Für diese sogenannte *Debye-Wellenzahl* erhalten wir also

$$k_D = \left(\frac{18\pi^2 N}{V}\right)^{1/3}. \qquad (5.169)$$

Sie ist nach dem niederländischen Physiker *Peter Debye* (1884–1966) benannt, dessen Name ferner mit dem Debye-Radius in der Plasmaphysik, der Debye-Hückel-Theorie ionischer Wechselwirkungen und dem Debye-Scherrer-Verfahren der Röntgenstrukturanalyse verbunden ist. Debye wurde 1936 mit dem Nobelpreis für Chemie ausgezeichnet.

Innere Energie und molare Wärmekapazität

Mit diesem Ergebnis versehen, können wir nun den thermodynamischen Limes der inneren Energie (5.162) durch das Integral

$$U = \frac{V}{2\pi^2} \int_0^{k_D} k^2 \left[\frac{\hbar c_s k}{2} + \frac{\hbar c_s k}{e^{\beta \hbar c_s k} - 1}\right] dk \qquad (5.170)$$

darstellen. Der erste Term im Integranden ist einfach auszuführen. Im zweiten Term setzen wir wie üblich

$$x = \beta \hbar c_s k \qquad (5.171)$$

und erhalten

$$\int_0^{k_D} k^2 \left[\frac{\hbar c_s k}{e^{\beta \hbar c_s k} - 1}\right] dk = \frac{1}{\beta(\beta \hbar c_s)^3} \int_0^{x_D} \frac{x^3 \, dx}{e^x - 1} \qquad (5.172)$$

mit $x_D = \beta \hbar c_s k_D$. Die Funktion

$$D(y) = \frac{3}{y^3} \int_0^y \frac{x^3 \, dx}{e^x - 1} \qquad (5.173)$$

wird als *Debye-Funktion* bezeichnet. Sie ist in Abb. 5.11 dargestellt.

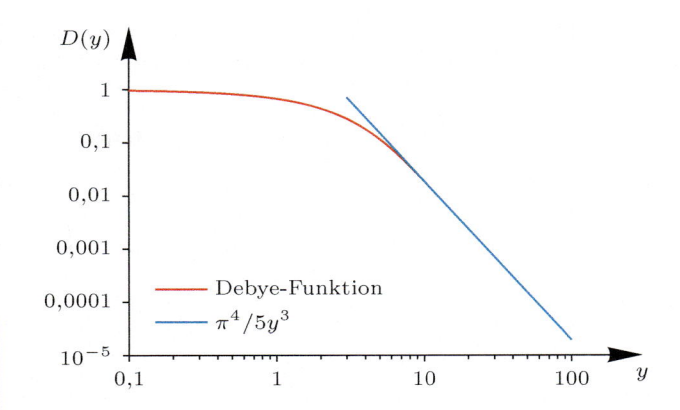

Abb. 5.11 Die Debye-Funktion $D(y)$ beginnt bei $y \gtrsim 0$ bei eins und fällt für $y \gg 1$ proportional zu y^{-3} ab

Führen wir sie in (5.172) ein, folgt

$$\int_0^{k_D} k^2 \left[\frac{\hbar c_s k}{e^{\beta \hbar c_s k} - 1}\right] dk = \frac{k_D^3}{3\beta} D(x_D). \qquad (5.174)$$

Zusammen mit dem ersten Term erhalten wir damit aus (5.170) die innere Energie

$$U = 9N \left[\frac{\hbar c_s k_D}{8} + \frac{k_B T}{3} D(x_D)\right], \qquad (5.175)$$

worin die Debye-Wellenzahl (5.169) eingesetzt wurde.

Innere Energie eines Festkörpers

Zur weiteren Vereinfachung führen wir die Debye-Temperatur

$$T_D = \frac{\hbar c_s k_D}{k_B} = T x_D \qquad (5.176)$$

ein und drücken damit die innere Energie durch

$$U = U_0 + 3N k_B T D\left(\frac{T_D}{T}\right), \quad U_0 = \frac{9N}{8} k_B T_D \qquad (5.177)$$

aus. Der Beitrag U_0 stammt allein aus der Nullpunktsenergie der harmonischen Oszillatoren und ist rein quantenmechanischen Ursprungs.

Die Debye-Funktion $D(y)$ lässt für $y \ll 1$ und $y \gg 1$ folgende Näherungen zu:

$$D(y) \approx \begin{cases} 1 & \text{für } y \ll 1 \\ \dfrac{\pi^4}{5y^3} & \text{für } y \gg 1 \end{cases}. \qquad (5.178)$$

Frage 20
Begründen Sie diese Näherungen der Debye-Funktion.

Bei sehr kleinen Temperaturen, $T \ll T_D$, ist $y \gg 1$, und die molare Wärmekapazität bei konstanten Volumen verhält sich wie

$$c_V^{\text{mol}} \approx \frac{12\pi^4}{5}\left(\frac{T}{T_D}\right)^3 R. \qquad (5.179)$$

Erst bei hohen Temperaturen, $T \gg T_D$ oder $y \ll 1$, folgt die molare Wärmekapazität dem Dulong-Petit'schen Gesetz,

$$c_V^{\text{mol}} \approx 3R, \qquad (5.180)$$

das wir schon in Abschn. 4.2 aus dem Gleichverteilungssatz geschlossen haben. Nur bei Temperaturen ausreichend oberhalb der Debye-Temperatur stellt ein klassisches Ensemble aus harmonischen Oszillatoren eine gute Näherung für den Festkörper dar. Bei kleinen Temperaturen tragen die Gitterschwingungen des Festkörpers mehr als die inneren Schwingungen der Moleküle zur molaren Wärmekapazität bei. Diese Gitterschwingungen, auch *Phononen* genannt, verhalten sich einem bosonischen Quantengas sehr ähnlich (siehe hierzu auch Bd. 3, Abschn. 6.4).

Frage 21

Überlegen Sie sich, warum der Gleichverteilungssatz hier erst bei ausreichend hohen Temperaturen gilt.

Die Ableitung der Debye-Funktion (5.173) lässt sich ohne Weiteres berechnen:

$$D'(y) = \frac{3}{e^y - 1} - \frac{3}{y}D(y). \qquad (5.181)$$

Frage 22

Rechnen Sie diese Ableitung nach.

Molare Wärmekapazität im Debye-Modell

Damit können wir die molare Wärmekapazität c_V^{mol} im Debye-Modell bei beliebigen Temperaturen als

$$\frac{c_V^{\text{mol}}}{R} = 3\left[4D\left(\frac{T_D}{T}\right) - \frac{T_D}{T}\frac{3}{\exp(T_D/T) - 1}\right] \qquad (5.182)$$

schreiben.

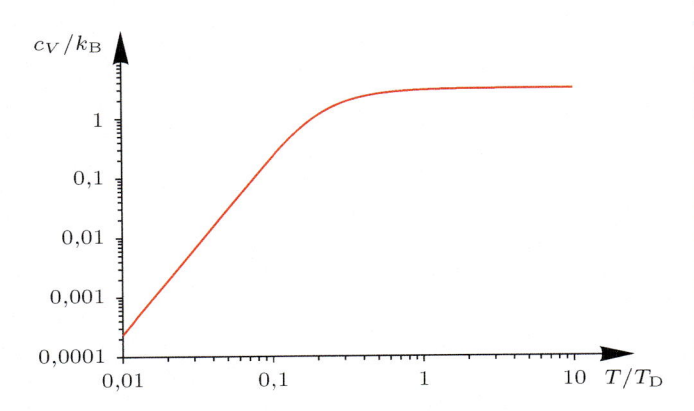

Abb. 5.12 Molare Wärmekapazität eines Festkörpers nach dem Debye-Modell. Bei Temperaturen unterhalb der Debye-Temperatur T_D steigt die Wärmekapazität c_V^{mol} wie bei einem idealen Bose-Gas proportional zu T^3 an. Bei Temperaturen oberhalb von T_D flacht sie auf den Wert $c_V^{\text{mol}} = 3R$ ab, den sie nach dem Dulong-Petit'schen Gesetz annehmen muss

Dieses Ergebnis, dargestellt in Abb. 5.12, bestätigt die vorher betrachteten Grenzfälle: Bei niedrigen Temperaturen, $T \ll T_D$, steigt die molare Wärmekapazität zunächst proportional zu T^3 an und flacht bei Temperaturen oberhalb der Debye-Temperatur auf den konstanten Wert $c_V^{\text{mol}} = 3R$ ab, wie das Dulong-Petit'sche Gesetz es verlangt.

So geht's weiter

Weiße Zwerge

Die Tatsache, dass Druck und Energiedichte eines ultrarelativistischen Quantengases durch (5.124) miteinander verbunden sind, führt zu einer für die Astrophysik der Sterne bemerkenswerten Konsequenz. Wenn ein nicht sehr massereicher Stern seinen nuklearen Brennstoffvorrat verbraucht hat, kann er in seinem Inneren keine Energie mehr erzeugen. Sein zentraler Druck nimmt daraufhin ab, dementsprechend auch sein Druckgradient, der ihn gegen seine Eigengravitation stabilisieren muss. Deshalb zieht sich der Stern so lange zusammen, bis die Elektronen in seinem Kern entarten und der Stern dank ihres Entartungsdruckes ein neues Gleichgewicht einnehmen kann. Ein solches Endstadium der Sternentwicklung wird *Weißer Zwerg* genannt (Abb. 5.13). Wie wir in (5.82) gesehen haben, entarten die Atomkerne wegen ihrer weit größeren Masse erst bei erheblich niedrigerer Temperatur als die Elektronen und tragen deswegen zum Entartungsdruck nicht bei.

Zur Vereinfachung gehen wir von Anfang an davon aus, dass die Elektronen nicht nur vollständig entartet, sondern auch ultrarelativistisch sein müssen, was wir anhand unserer Ergebnisse am Ende werden überprüfen müssen.

Abb. 5.13 Weiße Zwerge im Kugelsternhaufen NGC 6397, die je nach ihrem geschätzten Alter durch rote Kreise (zwischen 1,4 und 3,5 Milliarden Jahre) und blaue Quadrate (weniger als 800 Millionen Jahre) markiert sind. © NASA, ESA, and H. Richer (University of British Columbia)

Für eine kugelsymmetrische Gasverteilung der Dichte $\rho(r)$ mit dem Druck $P(r)$ im hydrostatischen Gleichgewicht mit seinem eigenen Gravitationsfeld gilt zudem die *hydrostatische Gleichung*

$$\frac{1}{\rho}\frac{dP}{dr} = -\frac{GM(r)}{r^2} = -\frac{4\pi G}{r^2}\int_0^r \bar{r}^2 \rho(\bar{r}) d\bar{r}. \qquad (5.183)$$

Sie folgt im statischen Fall aus der Euler'schen Gleichung Bd. 1, (8.184) für ideale Flüssigkeiten, wenn für die äußere Kraftdichte f diejenige des Gravitationsfeldes $-\rho\nabla\Phi$ eingesetzt und Kugelsymmetrie angenommen wird.

Eine weitere Ableitung nach r bringt (5.183) in die Form

$$\frac{1}{r^2}\frac{d}{dr}\left(\frac{r^2}{\rho}\frac{dP}{dr}\right) = -4\pi G\rho. \qquad (5.184)$$

Nun nehmen wir an, dass der Druck und die Dichte durch die Polytropengleichung

$$P = P_0\left(\frac{\rho}{\rho_0}\right)^\alpha \qquad (5.185)$$

miteinander verbunden sind, die wir bereits in (1.59) eingeführt haben. Dabei fassen wir ρ_0 und P_0 als die Dichte und den Druck im Zentrum des Sterns auf. Verwenden wir dann anstelle des Polytropenindex α den *Polytropenexponenten*

$$n = \frac{1}{\alpha - 1}, \qquad (5.186)$$

ersetzen die Dichte durch die dimensionslose Funktion θ gemäß

$$\frac{\rho}{\rho_0} = \theta^n \qquad (5.187)$$

und führen ferner anhand der Längenskala

$$r_0 = \left[\frac{(1+n)P_0}{4\pi G\rho_0^2}\right]^{1/2} \qquad (5.188)$$

den dimensionslosen Radius $x = r/r_0$ ein, dann können wir (5.184) in die Gestalt der *Lane-Emden-Gleichung*

$$\frac{1}{x^2}\frac{d}{dx}\left(x^2\frac{d\theta}{dx}\right) + \theta^n = 0 \qquad (5.189)$$

bringen (benannt nach dem amerikanischen Astrophysiker *Jonathan Homer Lane*, 1819–1880, und dem schweizer Physiker, Astrophysiker und Meteorologen *Robert Emden*, 1862–1940).

Frage 23

Vollziehen Sie die einzelnen Schritte nach, die zur Lane-Emden-Gleichung (5.189) führen.

Wenn wir diese Gleichung für $\alpha = 4/3$ oder $n = 3$ numerisch mit den Anfangsbedingungen $\theta = 1$ und $\theta' = 0$ bei $x = 0$ integrieren, erhalten wir $x_*^2 \theta'(x_*) \approx -2{,}02$ am Rand des Sterns, der durch $\theta(x_*) = 0$ definiert ist und bei $x_* = 6{,}90$ erreicht wird. Daraus können wir auf die Gesamtmasse des Sterns schließen, denn aufgrund der Lane-Emden-Gleichung und der Definition (5.187) ist

$$M = 4\pi r_0^3 \rho_0 \int_0^{x_*} x^2 \theta^n \, dx = -4\pi r_0^3 \rho_0 \int_0^{x_*} \frac{d}{dx}\left(x^2 \frac{d\theta}{dx}\right) dx$$

$$= 4\pi r_0^3 \rho_0 \left|x_*^2 \theta'(x_*)\right| \approx 8{,}08 \pi r_0^3 \rho_0$$

$$= 8{,}08\pi \left[\frac{(1+n)P_0}{4\pi G \rho_0^{4/3}}\right]^{3/2}. \tag{5.190}$$

Schließlich setzen wir für P_0 und ρ_0 noch den Fermi-Druck und die Dichte eines vollständig entarteten, ultrarelativistischen Elektronengases ein. Dann ist zunächst der Fermi-Druck aufgrund von (5.134) durch

$$P_0 = P_F = \frac{u_F}{3} = \frac{c\hbar}{12\pi^2} k_F^4 \tag{5.191}$$

gegeben, wobei abermals ein Faktor zwei der Spinentartung des Elektrons Rechnung trägt und $\epsilon_F = c\hbar k_F$ verwendet wurde. Ebenso ergibt sich die Teilchendichte zu

$$n_F = \frac{k_F^3}{3\pi^2}, \tag{5.192}$$

woraus wir die Massendichte

$$\rho_F = \bar{m}_e n_F = \frac{\bar{m}_e k_F^3}{3\pi^2} \tag{5.193}$$

erhalten. Darin tritt die mittlere Masse $\bar{m}_e$ pro Elektron auf, die wir durch das mittlere „Molekulargewicht" μ_e des Elektrons ausdrücken. Es ist durch

$$\rho = n_e m_p \mu_e \tag{5.194}$$

definiert und gibt die Masse in atomaren Masseneinheiten an, die im Mittel auf jedes Elektron entfällt, sodass $\bar{m}_e = m_p \mu_e$ ist. In dieser Gleichung ist n_e die Teilchendichte der Elektronen, während $m_p = 1{,}6726 \cdot 10^{-24}$ g die Masse des Protons angibt. Bezeichnen wir die mittlere Dichte der Atome mit n_A, deren Masse m_A mithilfe der Massenzahl A durch $m_A = A m_p$ und führen die Ladungszahl Z ein, gilt außerdem

$$\rho = n_A A m_p + n_A Z m_e \approx n_A A m_p. \tag{5.195}$$

Ein Vergleich von (5.194) und (5.195) ergibt

$$\mu_e = \frac{A}{Z}, \tag{5.196}$$

da die Teilchendichten der Elektronen und der Atome durch $n_e = Z n_A$ verbunden sind.

Entscheidend ist nun, dass das Verhältnis aus $P_0 = P_F$ und $\rho_0^{4/3} = \rho_F^{4/3}$, das in der Massenformel (5.190) vorkommt, von der Fermi-Wellenzahl unabhängig wird, denn die Masse M hängt dann nur noch von Konstanten ab, aber nicht mehr vom konkreten Stern. Indem wir den Fermidruck (5.191), die Fermidichte (5.193) und $\bar{m}_e = m_p \mu_e$ in (5.190) einsetzen und geeignet kürzen, finden wir

$$M = 3{,}1 \frac{m_{Pl}^3}{\mu_e^2 m_p^2}, \tag{5.197}$$

worin die *Planck-Masse*

$$m_{Pl} = \sqrt{\frac{\hbar c}{G}} = 2{,}1765 \cdot 10^{-5} \text{ g} \tag{5.198}$$

erscheint. Setzen wir die Zahlenwerte für die Planck-Masse und die Protonenmasse in (5.197) ein, erhalten wir die *Chandrasekhar-Masse*

$$M = \frac{5{,}71 \, M_\odot}{\mu_e^2},$$
$$M_\odot = \text{eine Sonnenmasse} = 1{,}989 \cdot 10^{33} \text{ g}, \tag{5.199}$$

die der indisch-US-amerikanische Astrophysiker *Subrahmanyan Chandrasekhar* (1910–1995) als 19-Jähriger fand. Wenn im Kern des Weißen Zwergs Eisen dominiert, genauer $^{56}_{26}$Fe, ist $\mu_e \approx 2{,}15$, und die Chandrasekhar-Masse nähert sich der Sonnenmasse, $M \approx 1{,}24 \, M_\odot$.

Ganz analog erhalten wir aus (5.188) die Längenskala

$$r_0 = \sqrt{\frac{3\pi}{4}} \frac{m_{Pl}}{\mu_e m_p} \frac{1}{k_F} \tag{5.200}$$

und mit $x_* = 6{,}90$ den Sternradius

$$R_* = \frac{10{,}6}{k_F} \frac{m_{Pl}}{\mu_e m_p}. \tag{5.201}$$

Aus Beobachtungen schließt man auf Radien Weißer Zwerge, die etwa ein Hundertstel des Sonnenradius betragen, oder $\sim 7 \cdot 10^8$ cm. Mithilfe dieses Befunds können wir aus (5.201) schließen, dass die Fermi-Energie eines Elektrons im Inneren eines Weißen Zwergs

$$\epsilon_F = c\hbar k_F = 10{,}6 \frac{\hbar c}{R_*} \frac{m_{Pl}}{\mu_e m_p} \approx 6{,}2 \cdot 10^{-6} \frac{\text{erg}}{\mu_e} \approx 3{,}9 \frac{\text{MeV}}{\mu_e} \tag{5.202}$$

beträgt und damit erheblich über der Ruheenergie eines Elektrons liegt. Unsere Annahme relativistischer Elektronen erscheint dadurch nachträglich gerechtfertigt.

Systeme außerhalb des Gleichgewichts

Bisher haben wir uns auf Systeme beschränkt, die sich im thermodynamischen Gleichgewicht befinden, oder Systeme betrachtet, die ins Gleichgewicht übergehen. Einen ersten Einblick in die Behandlung von Systemen abseits des Gleichgewichts bietet die *lineare Response-Theorie*, die untersucht, wie Systeme reagieren, die durch kleine Störungen aus ihrem Gleichgewicht getrieben werden. Einige wichtige Ergebnisse dieser Theorie stellen wir nun vor.

Die Responsefunktion

Wir betrachten ein System mit einem zunächst zeitunabhängigen Hamilton-Operator $\hat{H}$. Dieses System möge bereits einen Gleichgewichtszustand erreicht haben, der durch den Dichteoperator $\hat{\rho}_{\text{eq}}$ gekennzeichnet ist. Eine beliebige Observable B, die durch den hermiteschen Operator $\hat{B}$ dargestellt wird, nimmt dann den zeitunabhängigen Gleichgewichts-Mittelwert

$$\langle B \rangle_{\text{eq}} = \text{Sp}\,\hat{\rho}_{\text{eq}}\hat{B} \qquad (5.203)$$

an.

Nun stellen wir uns vor, dass das System bis zur Zeit $t = 0$ im Gleichgewicht bleibt, von diesem Zeitpunkt an aber durch einen weiteren Beitrag zum Hamilton-Operator aus dem Gleichgewicht gebracht wird. Der Hamilton-Operator geht dann in

$$\hat{H} \to \hat{H} - F(t)\hat{A}(t) \qquad (5.204)$$

über, wobei der hermitesche Operator $\hat{A}$ durch eine zusätzliche Wechselwirkung verursacht wird, deren Stärke durch die Funktion $F(t)$ eingestellt werden kann. Unserer Annahme entsprechend soll $F(t) = 0$ für $t < 0$ gelten. Damit $\hat{H}$ unter (5.204) hermitesch bleibt, muss $F(t)$ reell sein.

Unter der Voraussetzung, dass die Erweiterung $-F(t)\hat{A}(t)$ des Hamilton-Operators als klein angenommen werden kann, können wir genauso wie in der quantenmechanischen Störungstheorie vorgehen.

In Bd. 3, Abschn. 5.3 wurde gezeigt, dass es in dieser Situation vorteilhaft ist, ins Wechselwirkungsbild überzugehen, in dem die Operatoren durch den ungestörten Hamilton-Operator $\hat{H}$ zeitentwickelt werden,

$$\hat{A}(t) = \hat{U}_0^{-1}(t)\hat{A}\hat{U}_0(t) \quad \text{mit} \quad \hat{U}_0(t) := \exp\left(-\frac{\mathrm{i}}{\hbar}\hat{H}t\right), \qquad (5.205)$$

während der Dichteoperator durch die von-Neumann-Gleichung

$$\mathrm{i}\hbar\partial_t\hat{\rho} = -F(t)\left[\hat{A}(t), \hat{\rho}(t)\right] \qquad (5.206)$$

beschrieben wird.

Statt (5.206) wie in Bd. 3, Abschn. 5.2 mithilfe einer Dyson-Reihe für den Zeitentwicklungsoperator zu lösen, lösen wir sie näherungsweise, indem wir den Dichteoperator $\hat{\rho}(t)$ auf der rechten Seite durch den zeitunabhängigen Dichteoperator $\hat{\rho}_{\text{eq}}$ im Gleichgewicht ersetzen und direkt integrieren. Mit der Anfangsbedingung $\hat{\rho}(t = 0) = \hat{\rho}_{\text{eq}}$ erhalten wir

$$\hat{\rho}(t) = \hat{\rho}_{\text{eq}} + \frac{\mathrm{i}}{\hbar}\int_0^t \mathrm{d}t'\, F(t')\left[\hat{A}(t'), \hat{\rho}_{\text{eq}}\right]. \qquad (5.207)$$

Die Abweichung vom Gleichgewicht, die durch die Erweiterung $-F(t)\hat{A}(t)$ des Hamilton-Operators hervorgerufen wird, bewirkt eine Änderung $\langle \Delta B \rangle$ einer beliebigen Observablen B gegenüber ihrem Erwartungswert $\langle B \rangle_{\text{eq}}$ im Gleichgewicht, die durch

$$\langle \Delta B(t) \rangle = \langle B(t) \rangle - \langle B \rangle_{\text{eq}} \qquad (5.208)$$

gegeben ist. Eine einfache Rechnung, ausgehend von

$$\langle B(t) \rangle = \text{Sp}\,\hat{\rho}(t)\hat{B}(t) \qquad (5.209)$$

und von der Näherung (5.207) des Dichteoperators, führt zu dem Ergebnis

$$\langle \Delta B(t) \rangle = 2\mathrm{i}\int_0^t \phi_{BA}(t, t')\, F(t')\, \mathrm{d}t' \qquad (5.210)$$

für die Antwort der Observablen B auf die Störung mit dem Operator $\hat{A}$, wobei die *Responsefunktion*

$$\phi_{BA}(t, t') := \frac{1}{2\hbar}\left\langle\left[\hat{B}(t), \hat{A}(t')\right]\right\rangle_{\text{eq}} \qquad (5.211)$$

allgemein definiert wurde. Da $\hat{B}$ als hermitesch vorausgesetzt wurde, muss der Erwartungswert $\langle \Delta B \rangle$ in (5.210) reell sein. Da F ebenfalls reell sein muss, muss die Responsefunktion ϕ_{BA} imaginär sein.

Stationarität

Für irgend zwei Observable A und B, die durch die hermiteschen Operatoren $\hat{A}$ und $\hat{B}$ dargestellt werden, gilt nun im Gleichgewicht die *Stationaritätseigenschaft*

$$\begin{aligned}\langle B(t)A(t')\rangle_{\text{eq}} &= \text{Sp}\,\hat{\rho}_{\text{eq}}\,\hat{U}_0^{-1}(t)\hat{B}\hat{U}_0(t)\,\hat{U}_0^{-1}(t')\hat{A}\hat{U}_0(t') \\ &= \text{Sp}\,\hat{\rho}_{\text{eq}}\,\hat{U}_0^{-1}(t-t')\hat{B}\hat{U}_0(t-t')\hat{A} \\ &= \langle B(t-t')A\rangle_{\text{eq}}, \end{aligned} \qquad (5.212)$$

wobei wir im zweiten Schritt berücksichtigt haben, dass Faktoren unter der Spur zyklisch vertauscht werden dürfen und dass $\hat{\rho}_{\text{eq}}$ mit $\hat{U}_0$ kommutiert. Deswegen kann die Responsefunktion nur von der Zeitdifferenz $t - t'$ abhängen,

$$\phi_{BA}(t, t') = \phi_{BA}(t - t') = \frac{1}{2\hbar}\left\langle\left[\hat{B}(t), \hat{A}(t')\right]\right\rangle_{\text{eq}}. \qquad (5.213)$$

Mit diesem Ergebnis ausgestattet, führen wir nun die *dynamische Suszeptibilität*

$$\chi_{BA}(t-t') := 2\mathrm{i}\theta(t-t')\phi_{BA}(t-t') \quad (5.214)$$

ein und bringen damit (5.210) in die Form einer Faltung,

$$\langle \Delta B(t)\rangle = \int_{-\infty}^{\infty} \chi_{BA}(t-t')F(t')\mathrm{d}t' . \quad (5.215)$$

Das Zeitintegral kann nun von $-\infty$ bis ∞ statt von 0 bis t ausgeführt werden, weil $F(t')$ für $t' < 0$ verschwindet und weil die Stufenfunktion $\theta(t-t')$ in (5.214) dafür sorgt, dass der Integrand in (5.215) für $t' > t$ ebenfalls verschwindet. Im Fourier-Raum wird die Faltung (5.215) zu einer einfachen Multiplikation,

$$\langle \Delta \tilde{B}(\omega)\rangle = \tilde{\chi}_{BA}(\omega)\tilde{F}(\omega) . \quad (5.216)$$

Den Faktor 2i aus dem Integral in (5.210) zu ziehen und entsprechend in die Definition (5.214) einzuführen, ist im Hinblick auf die Kramers-Kronig-Relationen eine nützliche Konvention, die im Abschnitt „So geht's weiter" im Bd. 2, Kap. 6 für kausale Funktionen wie $\chi_{BA}(t-t')$ hergeleitet wurden. Diese Relationen ermöglichen es, Symmetriebeziehungen zwischen den Real- und Imaginärteilen der Fourier-transformierten Responsefunktion $\phi_{BA}(\omega)$ bzw. der Suszeptibilität $\chi_{BA}(\omega)$ aufzustellen, die in (5.214) definiert wird. Diese Symmetriebeziehungen hängen mit dem Verhalten der Operatoren $\hat{A}$ und $\hat{B}$ unter Zeitumkehr zusammen, worauf wir hier jedoch nicht näher eingehen können.

Da die Responsefunktion ϕ_{BA} imaginär sein muss, wird die dynamische Suszeptibilität χ_{BA} aus (5.214) reell sein. Die Fourier-Transformierten dieser beiden Funktionen müssen deswegen die Beziehungen

$$\tilde{\phi}_{BA}(\omega) = -\tilde{\phi}^*_{BA}(-\omega), \quad \tilde{\chi}_{BA}(\omega) = \tilde{\chi}^*_{BA}(-\omega) \quad (5.217)$$

erfüllen.

Der Imaginärteil der Fourier-transformierten Responsefunktion hat eine unmittelbar anschauliche Bedeutung. Ausgehend von der Definition

$$\mathrm{Im}\,\tilde{\phi}_{BA}(\omega) = -\frac{\mathrm{i}}{2}\left[\tilde{\phi}_{BA}(\omega) - \tilde{\phi}^*_{BA}(\omega)\right] \quad (5.218)$$

erhalten wir, indem wir die Fouriertransformation ausschreiben,

$$\mathrm{Im}\,\tilde{\phi}_{BA}(\omega) = -\frac{\mathrm{i}}{2}\int_{-\infty}^{\infty}\mathrm{d}\tau\,\phi_{BA}(\tau)\left(\mathrm{e}^{\mathrm{i}\omega\tau} - \mathrm{e}^{-\mathrm{i}\omega\tau}\right), \quad (5.219)$$

wobei $\tau = t - t'$ abkürzt. Die Zeitumkehr-Transformation $\tau \to -\tau$ im zweiten Term des Fourier-Integrals ergibt

$$\mathrm{Im}\,\tilde{\phi}_{BA}(\omega) = -\frac{\mathrm{i}}{2}\int_{-\infty}^{\infty}\mathrm{d}\tau\,[\phi_{BA}(\tau) - \phi_{BA}(-\tau)]\,\mathrm{e}^{\mathrm{i}\omega\tau} . \quad (5.220)$$

Ein Imaginärteil der Fourier-transformierten Responsefunktion kann also nur dann auftreten, wenn sich die Zeitumkehrtransformierte Responsefunktion $\phi_{BA}(-\tau)$ von der Responsefunktion $\phi_{BA}(\tau)$ unterscheidet.

Dann ist der Übergang des Systems aus dem Gleichgewicht heraus offenbar *irreversibel*. Daher zeigt der Imaginärteil der Fourier-transformierten Responsefunktion $\tilde{\phi}_{BA}$ an, in welchem Ausmaß bei einem Übergang des Systems aus dem Gleichgewicht Entropie durch Dissipation entsteht (vgl. dazu auch den Kasten „Vertiefung: Energiebilanz in dissipativen Medien" in Bd. 2, Abschn. 5.7 und die einleitende Diskussion in Abschn. 1.8).

Die Korrelationsfunktion

Wir führen nun die *zeitliche Korrelationsfunktion*

$$\bar{C}_{BA}(t-t') = \langle B(t)A(t')\rangle_{\mathrm{eq}} \quad (5.221)$$

zwischen den Observablen A und B ein und stellen zunächst fest, dass sie durch die *Kubo-Formel*

$$\phi_{BA}(t-t') = \frac{1}{2\hbar}\left[\bar{C}_{BA}(t-t') - \bar{C}_{AB}(t'-t)\right] \quad (5.222)$$

mit der Responsefunktion zusammenhängt. Dieses wichtige Zwischenergebnis zeigt, dass die Antwort des Systems auf eine Störung aus dem Gleichgewicht durch seine Korrelationseigenschaften im Gleichgewicht bestimmt ist. Dann werten wir die Korrelationsfunktion im thermischen Gleichgewicht eines kanonischen Ensembles aus, für das wir

$$\hat{\rho}_{\mathrm{eq}} = \frac{1}{Z}\exp\left(-\beta\hat{H}\right) \quad (5.223)$$

schreiben können, wobei $Z = \mathrm{Sp}\exp(-\beta\hat{H})$ die kanonische Zustandssumme ist.

Damit können wir $C_{BA}(t-t')$ in die Form

$$\bar{C}_{BA}(t-t') = \mathrm{Sp}\,\hat{\rho}_{\mathrm{eq}}\hat{B}(t)\hat{A}(t')$$
$$= \frac{1}{Z}\mathrm{Sp}\,\mathrm{e}^{-\beta\hat{H}}\hat{B}(t)\,\mathrm{e}^{\beta\hat{H}}\mathrm{e}^{-\beta\hat{H}}\hat{A}(t') \quad (5.224)$$

bringen, wobei im letzten Schritt der Faktor $\exp(\beta\hat{H})\exp(-\beta\hat{H}) = 1$ eingeschoben wurde. Nun ist

$$\mathrm{e}^{-\beta\hat{H}}\hat{B}(t)\mathrm{e}^{\beta\hat{H}} = \mathrm{e}^{-\beta\hat{H}}\hat{U}_0^{-1}(t)\hat{B}\hat{U}_0(t)\mathrm{e}^{\beta\hat{H}}$$
$$= \hat{U}_0^{-1}(t+\mathrm{i}\beta\hbar)\hat{B}\hat{U}_0(t+\mathrm{i}\beta\hbar)$$
$$= \hat{B}(t+\mathrm{i}\beta\hbar) , \quad (5.225)$$

was wir in (5.224) einsetzen, um

$$\bar{C}_{BA}(t-t') = \mathrm{Sp}\,\hat{\rho}_{\mathrm{eq}}\hat{A}(t')\hat{B}(t+\mathrm{i}\beta\hbar) = \bar{C}_{AB}(t'-t-\mathrm{i}\beta\hbar) \quad (5.226)$$

zu erhalten. Eine Fouriertransformation dieser Gleichung führt auf

$$\tilde{\bar{C}}_{BA}(\omega) = \tilde{\bar{C}}_{AB}(-\omega)\mathrm{e}^{\beta\hbar\omega} . \quad (5.227)$$

Dies legt es nahe, die *symmetrisierte Korrelationsfunktion*

$$C_{BA}(t-t') = \frac{1}{2}\left[\bar{C}_{BA}(t-t') + \bar{C}_{AB}(t'-t)\right] \quad (5.228)$$

einzuführen, deren Fouriertransformation wegen (5.227) in die Form

$$\tilde{C}_{BA}(\omega) = \frac{1}{2}\left[\tilde{\bar{C}}_{BA}(\omega) + \tilde{\bar{C}}_{AB}(-\omega)\right] = \frac{1}{2}\tilde{\bar{C}}_{BA}(\omega)\left(1 + e^{-\beta\hbar\omega}\right) \quad (5.229)$$

gebracht werden kann.

Fluktuations-Dissipations-Relation

Schließlich kehren wir zur Responsefunktion $\phi_{BA}(t-t')$ und ihrem Zusammenhang mit der Korrelationsfunktion aus (5.222) zurück. Durch Fouriertransformation erhalten wir aus (5.222) mithilfe von (5.229)

$$\tilde{\phi}_{BA}(\omega) = \frac{1}{\hbar}\frac{1 - e^{-\beta\hbar\omega}}{1 + e^{-\beta\hbar\omega}}\tilde{C}_{BA}(\omega) = \frac{1}{\hbar}\tanh\left(\frac{\beta\hbar\omega}{2}\right)\tilde{C}_{BA}(\omega). \quad (5.230)$$

Beziehungen dieser Art zwischen Response- und Korrelationsfunktionen werden als *Fluktuations-Dissipations-Relationen* bezeichnet.

Klassischer Grenzfall

Um zum klassischen Grenzfall zu gelangen, verwenden wir zunächst in (5.211) die Ersetzung

$$\frac{i}{\hbar}[\cdot,\cdot] \to \{\cdot,\cdot\}, \quad (5.231)$$

durch die der Kommutator in die Poisson-Klammer übergeht (vgl. dazu den Kasten „Vertiefung: Matrizenmechanik" in Bd. 3, Abschn. 5.3). Die Poisson-Klammer selbst wurde in Bd. 1, (7.22) definiert. Damit lautet die Responsefunktion im klassischen Grenzfall

$$\phi_{BA}(t-t') = \frac{1}{2i}\langle\{B(t), A(t')\}\rangle_{\text{eq}}. \quad (5.232)$$

In der Korrelationsfunktion (5.229) und in der Fluktuations-Dissipations-Relation (5.230) führen wir den Grenzübergang $\hbar \to 0$ durch und erhalten zunächst aus (5.226) und (5.229)

$$\bar{C}_{BA}(t-t') = \bar{C}_{AB}(t'-t) \quad \text{und} \quad \tilde{C}_{BA}(\omega) = \tilde{\bar{C}}_{BA}(\omega). \quad (5.233)$$

Da ferner die erste Ordnung einer Taylorentwicklung des hyperbolischen Tangens $\tanh x \approx x$ ist, folgt aus (5.230)

$$\tilde{\phi}_{BA}(\omega) = \frac{\beta\omega}{2}\tilde{C}_{BA}(\omega) = \frac{\omega}{2k_B T}\tilde{C}_{BA}(\omega). \quad (5.234)$$

Beispiel: Harmonischer Oszillator

Am Beispiel des harmonischen Oszillators (vgl. Bd. 3, Abschn. 6.3) lassen sich alle Rechnungen bequem analytisch durchführen. Sein Hamilton-Operator lautet

$$\hat{H} = \frac{\hat{p}^2}{2m} + \frac{m\omega_0^2\hat{x}^2}{2}. \quad (5.235)$$

Wir nehmen nun an, wir hätten ein kanonisches Ensemble aus harmonischen Oszillatoren, das bis $t = 0$ im thermischen Gleichgewicht mit einem Wärmebad der Temperatur T war und das für $t > 0$ durch den zusätzlichen Hamilton-Operator $-h(t)\hat{x}(t)$ an die Umgebung gekoppelt wird. Wir spezialisieren also die bisherigen allgemeinen Überlegungen durch $\hat{A} \to \hat{x}$ und $F(t) \to h(t)$. Ferner möchten wir wissen, wie sich durch die ab $t = 0$ eingeschaltete Wechselwirkung mit der Umgebung der Erwartungswert $\langle\hat{x}\rangle$ für die Auslenkung der harmonischen Oszillatoren verschiebt. Daher setzen wir auch $\hat{B} \to \hat{x}$.

Um die Responsefunktion zu bestimmen, brauchen wir zunächst den Kommutator $[\hat{x}(t), \hat{x}(t')]$ des Ortsoperators zu verschiedenen Zeiten. Ausgedrückt durch die Operatoren $\hat{x}_0$ und $\hat{p}_0$, welche den anfänglichen Ort und Impuls bestimmen, lautet die Lösung der Hamilton'schen Gleichungen für den harmonischen Oszillator

$$\hat{x}(t) = \hat{x}_0\cos\omega_0 t + \frac{\hat{p}_0}{m\omega_0}\sin\omega_0 t. \quad (5.236)$$

Daraus und mit der Kommutationsregel für den Orts- und Impulsoperator aus Bd. 3, Abschn. 3.2, $[\hat{x}_0, \hat{p}_0] = i\hbar$, folgt

$$[\hat{x}(t), \hat{x}(t')] = \frac{1}{m\omega_0}[\hat{x}_0, \hat{p}_0](\cos\omega_0 t \sin\omega_0 t' - \sin\omega_0 t \cos\omega_0 t')$$
$$= -\frac{i\hbar}{m\omega_0}\sin\omega_0(t-t'), \quad (5.237)$$

woraus wir mit (5.213) die Responsefunktion

$$\phi_{xx}(t-t') = -\frac{i}{2m\omega_0}\sin\omega_0(t-t') \quad (5.238)$$

erhalten. Wie erwartet, ist sie imaginär. Ihre Fourier-Transformierte lässt sich besonders leicht bestimmen, wenn man den Sinus durch die komplexe Exponentialfunktion ausdrückt. Sie lautet

$$\tilde{\phi}_{xx}(\omega) = -\frac{\pi}{2m\omega_0}[\delta(\omega+\omega_0) - \delta(\omega-\omega_0)]. \quad (5.239)$$

Dieses Ergebnis ist unmittelbar anschaulich: Die harmonischen Oszillatoren reagieren nur dann, wenn sie mit ihrer Eigenfrequenz ω_0 angeregt werden. Zudem ist $\tilde{\phi}_{xx}$ reell, was entsprechend unseren vorherigen Überlegungen besagt, dass in dem Ensemble von harmonischen Oszillatoren keine Dissipation auftritt.

Die Fluktuations-Dissipations-Relation (5.230) führt uns direkt zur Korrelationsfunktion

$$\tilde{C}_{xx}(\omega) = \frac{\pi\hbar}{2m\omega_0} \coth\left(\frac{\beta\hbar\omega}{2}\right) [\delta(\omega - \omega_0) - \delta(\omega + \omega_0)] \quad (5.240)$$

im Fourier-Raum, deren Rücktransformation

$$C_{xx}(t - t') = \frac{\hbar}{2m\omega_0} \coth\left(\frac{\beta\hbar\omega_0}{2}\right) \cos\omega_0(t - t') \quad (5.241)$$

ergibt. Die Streuung $\langle \hat{x}^2 \rangle$ ist der Wert der Korrelationsfunktion bei $t - t' = 0$. Daraus ergibt sich direkt die mittlere potentielle Energie des harmonischen Oszillators,

$$\begin{aligned} \frac{m\omega_0^2}{2} \langle \hat{x}^2 \rangle &= \frac{m\omega_0^2}{2} C_{xx}(0) \\ &= \frac{\hbar\omega_0}{4} \coth\left(\frac{\beta\hbar\omega_0}{2}\right) \, . \end{aligned} \quad (5.242)$$

Im klassischen Grenzfall, $\hbar \to 0$, geht dieser Ausdruck in

$$\frac{m\omega_0^2}{2} \langle \hat{x}^2 \rangle \to \frac{1}{2\beta} = \frac{k_B T}{2} \quad (5.243)$$

über. Das entspricht der Erwartung aus dem Gleichverteilungssatz: Die mittlere potentielle Energie eines harmonischen Oszillators im thermischen Gleichgewicht mit der Temperatur T ist die Hälfte der thermischen Energie $k_B T$. Im Grenzfall verschwindender Temperatur, $T \to 0$ oder $\beta \to \infty$, geht $\langle \hat{x}^2 \rangle$ im klassischen Fall (5.243) gegen Null, aber im quantenmechanischen Fall (5.242) nicht, denn $\coth x \to 1$ für $x \to \infty$. Daher geht die mittlere potentielle Energie dann gegen

$$\frac{m\omega_0^2}{2} \langle x^2 \rangle \to \frac{\hbar\omega_0}{4} \, . \quad (5.244)$$

Aufgrund des Virialsatzes ist die mittlere Gesamtenergie des harmonischen Oszillators doppelt so groß wie seine mittlere potentielle Energie, sodass (5.244) gerade auf die Nullpunktsenergie $\hbar\omega_0/2$ des quantenmechanischen harmonischen Oszillators führt.

Aufgaben

Gelegentlich enthalten die Aufgaben mehr Angaben, als für die Lösung erforderlich sind. Bei einigen anderen dagegen werden Daten aus dem Allgemeinwissen, aus anderen Quellen oder sinnvolle Schätzungen benötigt.

- • leichte Aufgaben mit wenigen Rechenschritten
- •• mittelschwere Aufgaben, die etwas Denkarbeit und unter Umständen die Kombination verschiedener Konzepte erfordern
- ••• anspruchsvolle Aufgaben, die fortgeschrittene Konzepte (unter Umständen auch aus späteren Kapiteln) oder eigene mathematische Modellbildung benötigen

5.1 •• Wahrscheinlichkeit von Zuständen Ein abgeschlossenes quantales System $\bar{S}$ sei aus den beiden Teilsystemen S und $\mathcal{U}$ zusammengesetzt, die untereinander nur Energie austauschen können. $\bar{S}$ werde durch die mikrokanonische Verteilung beschrieben. $\Omega_{\bar{S}}(\bar{E}, \Delta)$ sei die Zahl der Mikrozustände von $\bar{S}$ mit Energien im Intervall $[\bar{E}, \bar{E} + \Delta]$. $\Omega_{\mathcal{U}}(E_{\mathcal{U}}, \Delta)$ sei die Zahl der Mikrozustände von $\mathcal{U}$ im Energieintervall $[E_{\mathcal{U}}, E_{\mathcal{U}} + \Delta]$. $p(E_n)$ sei die Wahrscheinlichkeit dafür, das quantale System S im Mikrozustand $|n\rangle$ mit der Energie E_n zu finden.

(a) Drücken Sie $p(E_n)$ durch $\Omega_{\bar{S}}$ und $\Omega_{\mathcal{U}}$ aus.
(b) Bestimmen Sie $p(E_n)$ für $E_n \ll \bar{E}$, indem Sie $\ln p(E_n)$ bis zur ersten Ordnung in E_n entwickeln. Verwenden Sie dabei die Abkürzung

$$\beta = \left(\frac{\partial \ln \Omega_{\mathcal{U}}}{\partial E}\right)_{\bar{E}}. \qquad (5.245)$$

Diskutieren Sie die physikalische Bedeutung von β.
(c) Ist das in Teilaufgabe b berechnete $p(E_n)$ auch dann physikalisch sinnvoll, wenn S nur ein einzelnes Atom oder Molekül umfasst?
(d) S sei nun ein Makrosystem. Geben Sie mithilfe des Ergebnisses aus Teilaufgabe (a) den allgemeinen Ausdruck für die Wahrscheinlichkeit $w(E)$ dafür an, das System S im Energieintervall $[E, E + \delta E]$ zu finden. Diskutieren Sie den Verlauf von $w(E)$.

5.2 • Gleichverteilungssatz für klassische und quantale Systeme Die Wechselwirkung von N gleichartigen klassischen nichtrelativistischen Teilchen der Masse m sei durch das Potenzial $V(q_1, \ldots, q_N)$ gegeben. Das System befinde sich in einem Wärmebad der Temperatur T. Berechnen Sie die mittlere kinetische Energie pro Teilchen ε als Funktion der Temperatur T. Gilt diese Herleitung auch für nichtrelativistische, quantale Teilchen?

5.3 •• Rotation und Vibration in Gasmolekülen Die kanonische Zustandssumme eines idealen Gases aus N zweiatomigen Molekülen ist näherungsweise ein Produkt

$$Z_k = \frac{1}{N!} [z_{\text{trans}} z_{\text{rot}} z_{\text{vib}}]^N, \qquad (5.246)$$

wobei z_{rot} bzw. z_{vib} die Beiträge der Rotations- bzw. der Schwingungsfreiheitsgrade eines Moleküls bezeichnen.

(a) Bestimmen Sie z_{rot} und z_{vib} mit

$$E_j^{\text{rot}} = \frac{\hbar^2}{2I} j(j+1), \quad E_n^{\text{vib}} = \hbar\omega\left(n + \frac{1}{2}\right), \qquad (5.247)$$

wobei $j \in \mathbb{N}_0$ und $n \in \mathbb{N}_0$ die Drehimpuls- und Schwingungsquantenzahlen sind. Ferner bezeichnen I das Trägheitsmoment und ω die Kreisfrequenz der Schwingungen eines Moleküls.
(b) Die Energieskalen der Rotations- und der Schwingungszustände werden durch die charakteristischen Temperaturen

$$\Theta_{\text{rot}} = \frac{\hbar^2}{2Ik_B} \quad \text{und} \quad \Theta_{\text{vib}} = \frac{\hbar\omega}{k_B} \qquad (5.248)$$

gekennzeichnet. Bestimmen Sie für $T \gg \Theta_{\text{rot}}$ die Beiträge der Molekülrotationen und -schwingungen zur freien Energie $f(T)$, Entropie $s(T)$ und spezifischen Wärme

$$c_V(T) = \left(\frac{\partial u}{\partial T}\right)_V \qquad (5.249)$$

pro Molekül. Skizzieren Sie $c_V^{\text{vib}}(T)$.

Lösungshinweis: Achten Sie bei der Berechnung von z_{rot} auf die Entartung der Rotationsniveaus und ersetzen Sie für $T \gg \Theta_{\text{rot}}$ die Summe durch ein Integral. Mit welcher Begründung ist dies möglich?

5.4 •• Defekte in Festkörpern Gewisse Einzeldefekte in Festkörpern können durch ein Zweiniveausystem mit den Energien $E_0 = 0$ und E_1 beschrieben werden. Die Energie E_1 sei eine Funktion der Defektdichte n_0,

$$E_1 = an_0^\gamma, \qquad (5.250)$$

mit positiven Konstanten a und γ. Bestimmen Sie für ein System aus N_0 Defekten in einem Volumen V, das sich in einem Wärmebad der Temperatur T befindet, die freie Energie und den Druck.

5.5 ••• Abdampfung von Metallelektronen Ein Metall erfülle den Halbraum $z \leq 0$. Die (unabhängigen) Metallelektronen befinden sich näherungsweise in einem Potenzialtopf, der um Φ_0 tiefer liegt als der Außenraum bei $z > 0$. Bei

$T > 0$ werden Elektronen thermisch angeregt, aus dem Metall in den Halbraum $z > 0$ auszutreten und dort eine Dampfphase zu bilden, die im Gleichgewicht mit den Metallelektronen ist.

(a) Bestimmen Sie die Dampfdichte und den Dampfdruck der Elektronen für

$$k_B T \ll \mu \quad \text{und} \quad k_B T \ll \Phi, \quad (5.251)$$

wobei $\mu + \Phi = \Phi_0$ ist.

(b) Berechnen Sie die Elektronenstromdichte aus dem Metall bei der Temperatur wie in Teilaufgabe (a).

Lösungshinweis: Im Gleichgewicht zwischen Metall und Dampf ist die Austrittsstromdichte gleich der Zahl der Elektronen, die pro Zeit- und Flächeneinheit aus der Dampfphase auf die Metalloberfläche auftreffen. Reflexion werde vernachlässigt.

5.6 • Statistik mit Bosonen und klassischen Teilchen Gegeben seien drei nichtentartete Einteilchenzustände mit den Einteilchenenergien ε_1, ε_2 und ε_3.

(a) Mit welcher Wahrscheinlichkeit findet man dann bei einem Zweibosonensystem, das sich im thermischen Gleichgewicht mit einem Wärmebad der Temperatur T befindet, mindestens ein Teilchen im Einteilchenzustand mit der Energie ε_1?

(b) Geben Sie mit kurzer Begründung die Entropie eines Zweiteilchensystems mit der scharfen Energie $E = \varepsilon_1 + \varepsilon_2$ für folgende Fälle an:
(1) Die Teilchen sind Bosonen.
(2) Die Teilchen sind unterscheidbar.

Lösungshinweis: Überlegen Sie zunächst, wie sich die Teilchen auf die Zustände verteilen können.

5.7 •• Druck eines Quantengases Ein System quantaler Teilchen sei in einem kubischen Gefäß mit dem Volumen V eingeschlossen. Die Energie jedes Teilchens sei eine homogene Funktion vom Grad n des Impulses, mit $n \in \mathbb{N}$.

(a) Bestimmen Sie bei fester mittlerer Teilchenzahl $\langle N \rangle$ die Beziehung zwischen dem Druck P, dem Volumen V und der mittleren Energie U.

(b) Was ändert sich, wenn sich das System in d statt in drei Dimensionen befindet?

5.8 •• Korrelation in einem Atomgitter N Atome seien zufällig und unabhängig über ein Gitter $\{R_i | i = 1, \ldots, N_G\}$ mit $N \leq N_G$ verteilt. Die Atomkonfigurationen werden durch Besetzungszahlen $\{\tau_i = 0, 1 | i = 1, \ldots, N_G\}$ beschrieben, daher $\tau_i^2 = \tau_i$. Die Wahrscheinlichkeit für eine Konfiguration lautet

$$W(\tau_1, \ldots, \tau_{N_G}) = \prod_{i=1}^{N_G} w(\tau_i), \quad (5.252)$$

$$w(\tau_i) = c\tau_i + (1-c)(1-\tau_i).$$

(a) Ist W normiert? Berechnen Sie $\langle \tau_j \rangle$ für einen beliebigen Gitterplatz R_j. Welche physikalische Bedeutung hat demnach die Konstante c?

(b) Berechnen Sie die Korrelationsfunktion

$$\Gamma_{jk} = \langle \tau_j \tau_k \rangle - \langle \tau_j \rangle \langle \tau_k \rangle \quad (5.253)$$

für $j = k$ und für $j \neq k$.

(c) Die mittlere diffuse Intensität von Röntgenstrahlen, die an den Atomen gestreut werden, ist durch

$$I_D = \langle |A|^2 \rangle - |\langle A \rangle|^2 \quad (5.254)$$

mit der Streuamplitude

$$A = F \sum_i \tau_i \exp(iQR_i) \quad (5.255)$$

gegeben, wobei $F = \text{const}$ die atomare Streuamplitude und Q die Wellenzahl des gestreuten Photons ist. Berechnen Sie I_D mit Γ_{jk} aus Teilaufgabe (b).

5.9 • Entropie eines Fermionen- und eines Bosonensystems Gegeben seien unabhängige Teilchen mit den Einteilchenenergien ε_1 und ε_2. Beide Einteilchenenergien seien zweifach entartet, d. h., es gibt vier Einteilchenzustände.

(a) Bestimmen Sie die kanonische Zustandssumme für ein Zweiteilchensystem bestehend aus Fermionen oder Bosonen.

(b) Wie groß ist die Entropie des Zweiteilchensystems für die Energie $U = 2\varepsilon_1$ im Fall von Fermionen oder Bosonen?

5.10 •• Zweidimensionales Spingas Gegeben sei ein zweidimensionales Gas freier Spin-1/2-Teilchen mit periodischen Randbedingungen auf einer $L \times L$-Periodizitätsfläche. Die Einteilchenenergien seien

$$\varepsilon(\boldsymbol{p}, s) = \frac{p^2}{2m}, \quad \boldsymbol{p} = p_x \boldsymbol{e}_x + p_y \boldsymbol{e}_y, \quad s = \pm \frac{1}{2}. \quad (5.256)$$

(a) Geben Sie die mittlere Besetzungszahl $\langle n(\boldsymbol{p}, s) \rangle$ in der großkanonischen Gesamtheit an.

(b) Leiten Sie mit den mittleren Besetzungszahlen die Bestimmungsgleichung für das chemische Potenzial μ bei vorgegebener Teilchenflächendichte $\nu = \langle n \rangle L^{-2}$ ab. Bestimmen Sie daraus μ explizit als Funktion von T und ν.

Lösungshinweis: Die auftretenden Integrale lassen sich explizit ausrechnen.

Lösungen zu den Aufgaben

5.5 Dampfdichte $\langle n \rangle$ und Dampfdruck P sind

$$\langle n \rangle = \frac{2}{\lambda_T^3} e^{-\beta(\Phi_0 - \mu)} \quad \text{und} \quad P = \langle n \rangle k_B T \qquad (5.257)$$

mit der thermischen Wellenlänge λ_T; die Elektronenstromdichte ist

$$j = -e \frac{k_B T}{h \lambda_T^2} e^{-\beta(\Phi_0 - \mu)} . \qquad (5.258)$$

5.8 Das Ergebnis zu Teilaufgabe (b) ist die Korrelationsfunktion

$$\Gamma_{jk} = \delta_{jk} c(1 - c) . \qquad (5.259)$$

Ausführliche Lösungen zu den Aufgaben

5.1

(a) Allgemein ist die gesuchte Wahrscheinlichkeit für ein bestimmtes Ereignis A durch das Verhältnis der Anzahl der dem Ereignis *günstigen* und der Anzahl der insgesamt *möglichen* Ergebnisse gegeben. Angewandt auf den hier betrachteten Fall steht A für das Ereignis „das Teilsystem S hat die Energie E_n". Die restliche Energie $\bar{E} - E_n$ des Gesamtsystems $\bar{S}$ muss dann dem Teilsystem $\mathcal{U}$ auf eine beliebige Weise zugeordnet werden. Die Anzahl der dem Ereignis *günstigen* Zustände ist also $\Omega_{\mathcal{U}}(\bar{E} - E_n, \Delta)$. Möglich sind aber insgesamt $\Omega_{\bar{S}}(\bar{E}, \Delta)$. Unter der Voraussetzung des statistischen Grundpostulats ist die gesuchte Wahrscheinlichkeit demnach

$$p(E_n) = \frac{\Omega_{\mathcal{U}}(\bar{E} - E_n, \Delta)}{\Omega_{\bar{S}}(\bar{E}, \Delta)}. \quad (5.260)$$

(b) Wir entwickeln den Logarithmus der Wahrscheinlichkeit $p(E_n)$ in der als klein angenommenen Energie $E_n \ll \bar{E}$:

$$\begin{aligned}\ln p(E_n) &= \ln \Omega_{\mathcal{U}}(\bar{E} - E_n, \Delta) - \ln \Omega_{\bar{S}}(\bar{E}, \Delta) \\ &\approx \ln \Omega_{\mathcal{U}}(\bar{E}, \Delta) - \ln \Omega_{\bar{S}}(\bar{E}, \Delta) \\ &\quad + \frac{\partial}{\partial E} \ln \Omega_{\mathcal{U}}(E, \Delta)\Big|_{E=\bar{E}} (-E_n) \quad (5.261) \\ &= \ln \frac{\Omega_{\mathcal{U}}(\bar{E}, \Delta)}{\Omega_{\bar{S}}(\bar{E}, \Delta)} - \beta E_n.\end{aligned}$$

Die Wahrscheinlichkeit $p(E_n)$ für $E_n \ll \bar{E}$ ist also in bester Näherung

$$p(E_n) \approx \frac{\Omega_{\mathcal{U}}(\bar{E}, \Delta)}{\Omega_{\bar{S}}(\bar{E}, \Delta)} \exp(-\beta E_n). \quad (5.262)$$

Die hier definierte Größe β entspricht der üblichen reziproken thermischen Energie:

$$\beta = \left(\frac{\partial \ln \Omega_{\mathcal{U}}}{\partial E}\right)_{\bar{E}} = \frac{1}{k_B T}. \quad (5.263)$$

(c) Die in Teilaufgabe (b) bestimmte Wahrscheinlichkeit $p(E_n)$ gilt tatsächlich auch dann, wenn es sich bei S um ein einzelnes Atom oder Molekül handeln sollte, weil bei der bisherigen Überlegung nur angenommen werden musste, dass die Systeme $\mathcal{U}$ und $\bar{S}$ makroskopisch sind.

(d) Wir bezeichnen die Anzahl der Zustände des Systems S mit Energien im Intervall $[0, E]$ mit $\Phi_S(E)$. Die Anzahl der Zustände dieses Systems im Energieintervall $[E, E + \delta E]$ ist dann

$$\begin{aligned}\Omega_S(E, \delta E) &= \Phi_S(E + \delta E) - \Phi_S(E) \\ &\approx \frac{\partial}{\partial E} \Phi_S(E) \delta E.\end{aligned} \quad (5.264)$$

Damit erhalten wir für $\delta E < \Delta$

$$\begin{aligned}w(E)\delta E &= \sum_{\{n\}} P(E_n) \\ &= \frac{\Omega_{\mathcal{U}}(\bar{E} - E, \Delta)}{\Omega_{\bar{S}}(\bar{E}, \Delta)} \Omega_S(E, \delta E) \quad (5.265) \\ &= \frac{\Omega_{\mathcal{U}}(\bar{E} - E, \Delta)}{\Omega_{\bar{S}}(\bar{E}, \Delta)} \frac{\partial}{\partial E} \Phi_S(E) \delta E,\end{aligned}$$

wobei auf der rechten Seite der ersten Zeile über alle Zustände n zu summieren ist, deren Energie E_n im Intervall $[E, E + \delta E]$ liegt. In der zweiten Zeile wird davon Gebrauch gemacht, dass es nun nicht mehr nur eine Möglichkeit gibt, im System S einen Zustand mit der gewünschten Energie zu realisieren, sondern eine Zahl, die durch $\Omega_S(E, \delta E)$ quantifiziert wird. Während die Ableitung von Φ in der letzten Zeile mit E steil ansteigt, fällt $\Omega_{\mathcal{U}}(\bar{E} - E, \Delta)$ steil ab. Zusammen bilden beide Faktoren ein scharfes Maximum.

5.2
Ohne Beschränkung der Allgemeinheit geben wir dem einen Teilchen, dessen mittlere kinetische Energie gesucht ist, den Index 1. Seine mittlere kinetische Energie folgt aus

$$\begin{aligned}\langle \varepsilon \rangle &= \frac{\langle \boldsymbol{p}_1^2 \rangle}{2m} = \frac{1}{2mh^{3N}N! Z_k} \\ &\quad \cdot \iint \boldsymbol{p}_1^2 \exp\left[-\beta\left(\sum_{i=1}^{N} \frac{\boldsymbol{p}_i^2}{2m} + V(\boldsymbol{q}_1, \ldots, \boldsymbol{q}_N)\right)\right] \\ &\quad \cdot \prod_{i=1}^{N} \mathrm{d}\boldsymbol{q}_i \mathrm{d}\boldsymbol{p}_i, \end{aligned} \quad (5.266)$$

worin die kanonische Zustandssumme durch

$$\begin{aligned}Z_k &= \frac{1}{h^{3N}N!} \\ &\quad \cdot \iint \exp\left[-\beta\left(\sum_{i=1}^{N} \frac{\boldsymbol{p}_i^2}{2m} + V(\boldsymbol{q}_1, \ldots, \boldsymbol{q}_N)\right)\right] \prod_{i=1}^{N} \mathrm{d}\boldsymbol{q}_i \mathrm{d}\boldsymbol{p}_i\end{aligned} \quad (5.267)$$

gegeben ist. Für die Teilchen $2 \ldots N$ enthalten die Integrale in den letzten beiden Gleichungen dieselben Faktoren, die sich demnach herauskürzen. Insbesondere faktorisiert das Integral über die potenzielle Energie, das sich separat ausführen und kürzen lässt. Übrig bleibt daher nur

$$\begin{aligned}\langle \varepsilon \rangle &= \frac{1}{2m} \left[\int \exp\left(-\beta \frac{\boldsymbol{p}_1^2}{2m}\right) \mathrm{d}\boldsymbol{p}_1\right]^{-1} \int \boldsymbol{p}_1^2 \exp\left(-\beta \frac{\boldsymbol{p}_1^2}{2m}\right) \mathrm{d}\boldsymbol{p}_1 \\ &= \frac{3}{2\beta} = \frac{3}{2} k_B T.\end{aligned} \quad (5.268)$$

Dieses Ergebnis reproduziert den Gleichverteilungssatz, gilt aber nicht quantal, weil die Reihenfolge der Orts- und Impulsintegrationen beliebig vertauscht wurde, was quantal nicht erlaubt ist. Die operatorwertige Exponentialfunktion

$$\exp\left(\hat{A} + \hat{B}\right) = \exp\left(\hat{A}\right) \exp\left(\hat{B}\right) \quad (5.269)$$

faktorisiert nur dann, wenn die Operatoren $\hat{A}$ und $\hat{B}$ vertauschen (siehe hierzu die Baker-Campbell-Hausdorff-Formel aus Bd. 3, Aufgabe 5.6).

5.3

(a) Die Zustandssumme der Rotationszustände ist

$$\begin{aligned} z_{\text{rot}} &= \sum_{j=0}^{\infty} (2j+1) \exp\left[-\frac{\beta \hbar^2}{2I} j(j+1)\right] \\ &\approx \int_0^{\infty} (2j+1) \exp\left[-\frac{\beta \hbar^2}{2I} j(j+1)\right] dj \\ &= \int_0^{\infty} \exp\left(-\frac{\beta \hbar^2}{2I} x\right) dx \\ &= \frac{2I}{\beta \hbar^2} = \frac{2I k_B T}{\hbar^2} = \frac{T}{\Theta_{\text{rot}}}, \end{aligned} \quad (5.270)$$

wobei wir die Substitution $j(j+1) \to x$ vorgenommen und die Rotationstemperatur

$$\Theta_{\text{rot}} = \frac{\hbar^2}{2I k_B} \quad (5.271)$$

identifiziert haben. Die Summe in ein Integral umzuwandeln, ist dann zulässig, wenn die Rotationszustände sehr dicht liegen. Für sehr hohe Temperaturen, $T \gg \Theta_{\text{rot}}$, ist dies auch der Fall.

Für die Zustandssumme der Vibrationszustände gilt

$$\begin{aligned} z_{\text{vib}} &= \sum_{n=0}^{\infty} \exp\left[-\beta \hbar \omega \left(n + \frac{1}{2}\right)\right] \\ &= \exp\left(-\frac{\beta \hbar \omega}{2}\right) \frac{1}{1 - \exp(-\beta \hbar \omega)} \\ &= \frac{1}{\exp(\beta \hbar \omega / 2) - \exp(-\beta \hbar \omega / 2)} \\ &= \frac{1}{2} \left(\sinh \frac{\beta \hbar \omega}{2}\right)^{-1} = \frac{1}{2} \left(\sinh \frac{\Theta_{\text{vib}}}{2T}\right)^{-1}, \end{aligned} \quad (5.272)$$

wobei wir in der Summe über alle Vibrationszustände eine geometrische Reihe identifiziert haben.

(b) (1) Der Beitrag der Rotationszustände zur freien Energie beträgt

$$f^{\text{rot}} = -k_B T \ln \frac{T}{\Theta_{\text{rot}}} \quad (5.273)$$

pro Molekül, die Entropie ist

$$s^{\text{rot}} = -\left(\frac{\partial f^{\text{rot}}}{\partial T}\right)_{V,N} = k_B \left(1 + \ln \frac{T}{\Theta_{\text{rot}}}\right), \quad (5.274)$$

die innere Energie ist

$$u^{\text{rot}} = f^{\text{rot}} + T s^{\text{rot}} = k_B T, \quad (5.275)$$

sodass die Wärmekapazität bei konstantem Volumen

$$c_V^{\text{rot}} = \left(\frac{\partial u^{\text{rot}}}{\partial T}\right)_V = k_B \quad (5.276)$$

beträgt.

(2) Mit der Definition

$$\tau := \frac{\Theta_{\text{vib}}}{2T} \quad (5.277)$$

erhalten wir für die Vibrationszustände völlig analog die Ergebnisse (Abb. 5.14)

$$\begin{aligned} f^{\text{vib}} &= k_B T \ln(2 \sinh \tau), \\ s^{\text{vib}} &= k_B \left[\tau \coth \tau - \ln(2 \sinh \tau)\right], \\ c_V^{\text{vib}} &= k_B \frac{\tau^2}{\sinh^2 \tau}. \end{aligned} \quad (5.278)$$

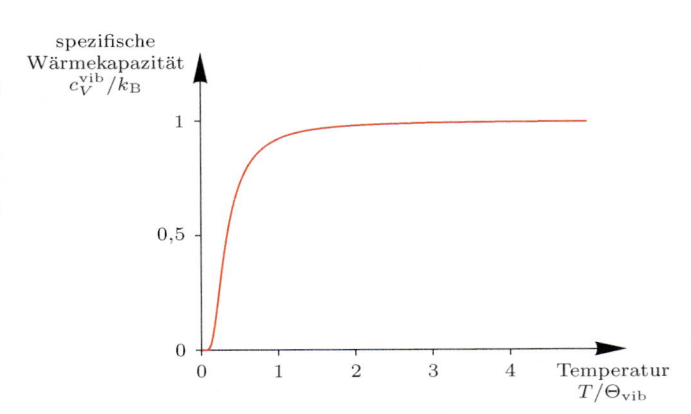

Abb. 5.14 Die spezifische Wärmekapazität c_V^{vib}/k_B ist als Funktion der Temperatur dargestellt

5.4 Die kanonische Zustandssumme eines Defekts ist

$$Z_1 = 1 + \exp\left[-\beta a \left(\frac{N_0}{V}\right)^{\gamma}\right], \quad (5.279)$$

für N_0 lokalisierbare und daher unterscheidbare Defekte ist sie

$$Z_k = Z_1^{N_0}, \quad (5.280)$$

woraus die freie Energie

$$F = -k_B T N_0 \ln\left\{1 + \exp\left[-\beta a \left(\frac{N_0}{V}\right)^\gamma\right]\right\} \quad (5.281)$$

folgt. Der Druck ist die negative Ableitung der freien Energie nach dem Volumen:

$$P = -\left(\frac{\partial F}{\partial V}\right)_{T,N} = \frac{a\gamma \left(\frac{N_0}{V}\right)^{\gamma+1}}{\exp\left[\beta a \left(\frac{N_0}{V}\right)^\gamma\right] + 1}. \quad (5.282)$$

5.5 Bei der Lösung dieser Aufgabe müssen wir zwei Gegebenheiten besonders beachten: Zum einen handelt es sich um Elektronen, sodass das Pauli-Prinzip erfüllt werden muss. Zum anderen kennen wir die Anzahl der Elektronen nicht, weder im Metall noch im Dampf, sodass ein großkanonisches Ensemble zweckmäßig ist.

(a) Der Hamilton-Operator für Elektronen in der Gasphase ist

$$\hat{H} = \varepsilon + \Phi_0 \quad (5.283)$$

mit der üblichen kinetischen Energie ε. Abgesehen von der Spinentartung kann jeder Impulszustand α nur mit einem oder keinem Elektron besetzt sein, sodass die Einteilchen-Zustandssumme für den Impulszustand α gleich

$$Z_\alpha = 1 + \exp\left[-\beta(\varepsilon + \Phi_0 - \mu)\right] \quad (5.284)$$

ist. Bei den vorgegebenen niedrigen Temperaturen ist die Exponentialfunktion sehr klein gegenüber eins, sodass wir (aufgrund von $\ln(1+x) \approx x$ für $x \ll 1$)

$$\ln Z_\alpha \approx \exp\left[-\beta(\varepsilon + \Phi)\right] \quad (5.285)$$

nähern können. Das großkanonische Potenzial ist dann

$$J = -k_B T \sum_\alpha \ln Z_\alpha \approx -k_B T \sum_\alpha \exp\left[-\beta(\varepsilon + \Phi)\right]. \quad (5.286)$$

Die Summe über die Impulszustände α geht für die freien Elektronen in der Gasphase in ein Integral über. Wir erhalten

$$J = -k_B T \frac{2V}{h^3} 4\pi e^{-\beta\Phi} \int_0^\infty p^2 \exp\left(-\beta \frac{p^2}{2m}\right) dp \quad (5.287)$$

$$= -2k_B T \frac{V}{\lambda_T^3} e^{-\beta(\Phi_0 - \mu)},$$

wobei der Faktor zwei nun der Spinentartung Rechnung trägt. Im letzten Schritt haben wir die thermische Wellenlänge λ_T identifiziert.

Die Dampfdichte ist durch die mittlere Teilchenzahl gegeben, die wir durch Ableitung des großkanonischen Potenzials nach dem chemischen Potenzial erhalten,

$$\langle n \rangle = \frac{\langle N \rangle}{V} = -\frac{1}{V}\left(\frac{\partial J}{\partial \mu}\right)_{T,P} = \frac{2}{\lambda_T^3} e^{-\beta\Phi}, \quad (5.288)$$

während der Druck aufgrund der Gibbs-Duhem-Beziehung gerade gegeben ist durch

$$P = -\frac{J}{V} = \frac{2}{\lambda_T^3} k_B T e^{-\beta\Phi}$$

$$= \langle n \rangle k_B T = \frac{\langle N \rangle}{V} k_B T. \quad (5.289)$$

(b) Um die Elektronenstromdichte zu berechnen, brauchen wir die Anzahl der Elektronen, deren Impulskomponente positiv ist. Wir führen sphärische Polarkoordinaten so ein, dass die Polachse senkrecht von der Metalloberfläche zu positiven z zeigt, sodass die Impulskomponente in z-Richtung durch $p \cos \vartheta$ gegeben ist. Die Elektronenstromdichte erhalten wir aus der mittleren Elektronendichte $\langle n \rangle$, indem wir sie mit der mittleren positiven Geschwindigkeit v_z multiplizieren. Diese erhalten wir aus

$$\langle v_z \rangle_{\theta(z)} = \frac{\langle p_z \rangle_{\theta(z)}}{m}$$

$$= \frac{1}{m}\left[4\pi \int_0^\infty \exp\left(-\beta \frac{p^2}{2m}\right) p^2 dp\right]^{-1}$$

$$\cdot \int_0^{2\pi} d\varphi \int_0^{\pi/2} \sin\vartheta \, d\vartheta \int_0^\infty dp \exp\left(-\beta \frac{p^2}{2m}\right) p^3 \cos\vartheta$$

$$= \frac{1}{m}\left[4\int_0^\infty \exp\left(-\beta \frac{p^2}{2m}\right) p^2 dp\right]^{-1}$$

$$\cdot \int_0^\infty \exp\left(-\beta \frac{p^2}{2m}\right) p^3 dp$$

$$= \frac{(2\pi m k_B T)^{1/2}}{2\pi m} = \frac{h}{2\pi m \lambda_T} = \frac{\lambda_T k_B T}{h}. \quad (5.290)$$

Das Produkt aus dieser mittleren Geschwindigkeit, der mittleren Elektronendichte und der Ladung $(-e)$ ergibt die Stromdichte

$$j = -e\langle v_z \rangle \langle n \rangle = -2e \frac{k_B T}{h \lambda_T^2} e^{-\beta(\Phi_0 - \mu)} \quad (5.291)$$

der Elektronen. Dieses Ergebnis heißt *Richardson-Dushman-Gleichung*.

5.6

(a) Wir haben zwei Bosonen vorliegen, $N = 2$, die sich in folgenden Konfigurationen auf die drei Zustände verteilen können:

$$\{2,0,0\}, \quad \{0,2,0\}, \quad \{0,0,2\}, \\ \{1,1,0\}, \quad \{1,0,1\}, \quad \{0,1,1\}. \tag{5.292}$$

Die zugehörige kanonische Zustandssumme ist

$$Z_k = e^{-2\beta\varepsilon_1} + e^{-2\beta\varepsilon_2} + e^{-2\beta\varepsilon_3} \\ + e^{-\beta(\varepsilon_1+\varepsilon_2)} + e^{-\beta(\varepsilon_1+\varepsilon_3)} + e^{-\beta(\varepsilon_2+\varepsilon_3)}. \tag{5.293}$$

Im Zustand 1 hält sich in den folgenden Konfigurationen (mindestens) ein Teilchen auf:

$$\{2,0,0\}, \quad \{1,1,0\}, \quad \{1,0,1\}. \tag{5.294}$$

Daraus und aus der Zustandssumme erhalten wir die Wahrscheinlichkeit

$$P_1 = \frac{1}{Z_k}\left(e^{-2\beta\varepsilon_1} + e^{-\beta(\varepsilon_1+\varepsilon_2)} + e^{-\beta(\varepsilon_1+\varepsilon_3)}\right) \tag{5.295}$$

dafür, dass der Zustand 1 mindestens einfach besetzt ist.

(b) Unter der Bedingung, dass die Energie $E = \varepsilon_1 + \varepsilon_2$ ist, steht einem Zweibosonensystem genau eine Konfiguration zur Verfügung, nämlich $\{1,1,0\}$. Die (mikrokanonische) Entropie ist also gleich null, da sie den Logarithmus der Anzahl zugänglicher Konfigurationen misst. Wenn die Teilchen, nennen wir sie A und B, unterscheidbar sind, gibt es zwei Konfigurationen, $\{A, B, 0\}$ und $\{B, A, 0\}$, weshalb dann die Entropie gleich $k_B \ln 2$ ist.

5.7

(a) Bei fester *mittlerer* Teilchenzahl $\langle N \rangle$ benötigen wir das großkanonische Potenzial des N-Teilchen-Systems, sodass wir mit der großkanonischen Zustandssumme

$$Z_{gk} = \sum_{N=0}^{\infty} \sum_{\{N_\alpha\}} \exp\left[-\beta \sum_\alpha (\varepsilon(\boldsymbol{p}_\alpha) - \mu) N_\alpha\right] \tag{5.296}$$

beginnen. Die Summation über $\{N_\alpha\}$ bedeutet, dass die Summe aller N_α gerade N ergeben muss. Den Druck erhalten wir zunächst aus der negativen Ableitung des großkanonischen Potenzials nach dem Volumen:

$$P = -\left(\frac{\partial J}{\partial V}\right)_{T,\mu} = k_B T \left(\frac{\partial \ln Z_{gk}}{\partial V}\right)_{T,\mu} \tag{5.297}$$

$$= \frac{k_B T}{Z_{gk}} \frac{\partial}{\partial V} \sum_{N=0}^{\infty} \sum_{\{N_\alpha\}} \exp\left[-\beta \sum_\alpha (\varepsilon(\boldsymbol{p}_\alpha) - \mu) N_\alpha\right].$$

In der Doppelsumme hängt allein der Impuls $\boldsymbol{p}_\alpha$ vom Volumen ab, denn er ist homogen vom Grad $-1/3$ im Volumen. Die Ableitung der Energie $\varepsilon(\boldsymbol{p}_\alpha)$ nach dem Volumen ergibt daher

$$\frac{\partial \varepsilon(\boldsymbol{p}_\alpha)}{\partial V} = \frac{\partial \boldsymbol{p}_\alpha}{\partial V} \frac{\partial \varepsilon(\boldsymbol{p}_\alpha)}{\partial \boldsymbol{p}_\alpha} = -\frac{1}{3}\frac{\boldsymbol{p}_\alpha}{V} n \frac{\varepsilon(\boldsymbol{p}_\alpha)}{\boldsymbol{p}_\alpha} = -\frac{n}{3}\frac{\varepsilon(\boldsymbol{p}_\alpha)}{V}, \tag{5.298}$$

wobei wir zweimal den Euler'schen Satz über homogene Funktionen verwendet haben (siehe den „Mathematischen Hintergrund" 1.1). Mit diesem Ergebnis folgt

$$P = \frac{n}{3V Z_{gk}} \sum_{N=0}^{\infty} \sum_{\{N_\alpha\}} \varepsilon(\boldsymbol{p}_\alpha) \exp\left[-\beta \sum_\alpha (\varepsilon(\boldsymbol{p}_\alpha) - \mu) N_\alpha\right]$$
$$= \frac{nU}{3V}. \tag{5.299}$$

Der Druck erweist sich als proportional zur inneren Energiedichte, wobei das Verhältnis $n/3$ als Proportionalitätsfaktor auftritt.

(b) In d statt drei Dimensionen ist der Impuls homogen vom Grad $-1/d$ im Volumen, woraus

$$P = \frac{nU}{dV} \tag{5.300}$$

resultiert.

5.8

(a) Zunächst müssen wir prüfen, ob die Summe über die Wahrscheinlichkeiten aller möglichen Konfigurationen eins ergibt:

$$1 \stackrel{?}{=} \sum_{\tau_1=0,1} \cdots \sum_{\tau_{N_G}=0,1} W(\tau_1, \ldots, \tau_{N_G}) \tag{5.301}$$

$$= \sum_{\tau_1=0,1} \cdots \sum_{\tau_{N_G}=0,1} \prod_{i=1}^{N_G} [c\tau_i + (1-c)(1-\tau_i)]$$

$$= \prod_{i=1}^{N_G} [c + (1-c)] = [c + (1-c)]^{N_G} = 1.$$

Die gegebenen Wahrscheinlichkeiten sind also tatsächlich normiert. Wählen wir ohne Beschränkung der Allgemeinheit den Gitterplatz $j = 1$, dann erhalten wir

$$\langle \tau_1 \rangle = \sum_{\tau_1=0,1} \cdots \sum_{\tau_{N_G}=0,1} \tau_1 w(\tau_1) \prod_{i=2}^{N_G} w(\tau_i)$$
$$= w(1) [c + (1-c)]^{N_G-1} = c, \tag{5.302}$$

d. h., die Konstante c gibt die mittlere Besetzungszahl eines einzelnen Gitterplatzes an.

(b) Für alle Gitterplätze j, k ist $\langle \tau_j \rangle = c = \langle \tau_k \rangle$, sodass

$$\langle \tau_j \rangle \langle \tau_k \rangle = c^2 \qquad (5.303)$$

ist. Für $j = k$ ist der Mittelwert $\langle \tau_j \tau_k \rangle = \langle \tau_j^2 \rangle = \langle \tau_j \rangle = c$. Neu zu berechnen bleibt also nur der Mittelwert für $j \neq k$. Wählen wir ohne Beschränkung der Allgemeinheit $j = 1$ und $k = 2$, dann folgt

$$\langle \tau_1 \tau_2 \rangle = \sum_{\tau_1=0,1} \cdots \sum_{\tau_{N_G}=0,1} \tau_1 w(\tau_1) \tau_2 w(\tau_2) \prod_{i=3}^{N_G} w(\tau_i)$$
$$= c^2 \,. \qquad (5.304)$$

Für $j \neq k$ ist $\Gamma_{jk} = 0$, verschiedene Gitterplätze sind also nicht korreliert. Für $j = k$ ist $\Gamma_{jk} = c - c^2 = c(1-c)$, insgesamt also

$$\Gamma_{jk} = \delta_{jk} c(1-c) \,. \qquad (5.305)$$

(c) Die gesuchte Intensität ergibt sich direkt aus den bisherigen Ergebnissen:

$$\begin{aligned} I_D &= \langle |A^2| \rangle - |\langle A \rangle|^2 \\ &= |F|^2 \sum_j \sum_k \left[\langle \tau_j \tau_k \rangle - \langle \tau_j \rangle \langle \tau_k \rangle \right] e^{iQ(R_j - R_k)} \\ &= |F|^2 c(1-c) \sum_j \sum_k \delta_{jk} e^{iQ(R_j - R_k)} \\ &= |F|^2 c(1-c) N_G \,. \end{aligned} \qquad (5.306)$$

5.9

(a) Wir nummerieren die Einteilchenzustände mit $\alpha = 1, 2, 3, 4$ und ordnen ihnen für $\alpha = 1, 2$ die Energie ε_1, für $\alpha = 3, 4$ die Energie ε_2 zu. Jeder Einteilchenzustand kann von höchstens einem Fermion besetzt sein, sodass die kanonische Zustandssumme für Fermionen

$$Z_k^{(F)} = e^{-2\beta \varepsilon_1} + e^{-2\beta \varepsilon_2} + 4 e^{-\beta(\varepsilon_1 + \varepsilon_2)} \qquad (5.307)$$

beträgt. Bosonen können die Einteilchenzustände in beliebigen Anzahlen besetzen, sodass deren kanonische Zustandssumme

$$Z_k^{(B)} = 3 e^{-2\beta \varepsilon_1} + 3 e^{-2\beta \varepsilon_2} + 4 e^{-\beta(\varepsilon_1 + \varepsilon_2)} \qquad (5.308)$$

ist.

(b) Ein fermionisches Zweiteilchensystem kann die Energie $2\varepsilon_1$ nur in einer Konfiguration erreichen, sodass seine Entropie gleich null ist. Ein bosonisches Zweiteilchensystem hingegen hat für die Energie $2\varepsilon_1$ drei Möglichkeiten, weshalb seine Entropie $k_B \ln 3$ ist.

5.10

(a) Die mittlere Besetzungszahl in der großkanonischen Gesamtheit ist

$$\langle n(\boldsymbol{p}, s) \rangle = \frac{1}{e^{\beta(\varepsilon - \mu)} + 1} \qquad (5.309)$$

für Fermionen, also

$$\langle n(\boldsymbol{p}, s) \rangle = \left\{ 1 + \exp\left[\beta \left(\frac{\boldsymbol{p}^2}{2m} - \mu \right) \right] \right\}^{-1} . \qquad (5.310)$$

(b) Die mittlere Teilchenzahl ist

$$\langle n \rangle = 2(2\pi) \frac{L^2}{h^2} \int_0^\infty \frac{p \, dp}{\exp\left[\beta\left(\frac{p^2}{2m} - \mu\right)\right] + 1} \qquad (5.311)$$

in ebenen Polarkoordinaten, wobei der Vorfaktor 2 die Spinentartung ausdrückt. Zur Berechnung des Integrals substituieren wir kurzerhand

$$\beta \left(\frac{p^2}{2m} - \mu \right) = x, \quad p \, dp = \frac{m \, dx}{\beta} \qquad (5.312)$$

und fahren fort:

$$\begin{aligned} \langle n \rangle &= 4\pi \frac{mL^2}{\beta h^2} \int_{-\beta \mu}^\infty \frac{dx}{e^x + 1} \\ &= 4\pi \frac{mL^2}{\beta h^2} \int_{-\beta \mu}^\infty \frac{e^{-x} dx}{1 + e^{-x}} \\ &= -4\pi \frac{mL^2}{\beta h^2} \ln(1 + e^{-x}) \Big|_{-\beta \mu}^\infty \\ &= 4\pi \frac{mL^2}{\beta h^2} \ln\left(1 + e^{\beta \mu}\right) . \end{aligned} \qquad (5.313)$$

Bei vorgegebener Flächendichte der Teilchen, $\nu = \langle n \rangle L^{-2}$, können wir die letzte Gleichung nach Division durch L^2 nach μ auflösen und bekommen

$$\mu = k_B T \ln \left[\exp\left(\frac{h^2 \nu}{4\pi m k_B T} \right) - 1 \right] \qquad (5.314)$$

für das chemische Potenzial der Spin-1/2-Teilchen.

Literatur

Behrends, E., Gritzmann, P., Ziegler, G.M. (Hrsg.): π und Co. Kaleidoskop der Mathematik (Kapitel „Die Riemann'sche Vermutung"). Springer, Berlin, Heidelberg (2008)

Einstein, A.: Quantentheorie des einatomigen idealen Gases. Zweite Abhandlung. Sitzungsberichte der preußischen Akademie der Wissenschaften 1925 (I), Sitzung der physikalisch-mathematischen Klasse vom 8. Januar

Liddle, A.R.: Einführung in die moderne Kosmologie. Wiley-VCH, Weinheim (2009)

Neukirch, J.: Algebraische Zahlentheorie (Kapitel VII, Zetafunktionen und L-Reihen). Springer, Berlin, Heidelberg (2006)

du Sautoy, M.: Die Musik der Primzahlen. Beck, München (2004)

Weinberg, S.: Die ersten drei Minuten – Der Ursprung des Universums. Piper, München, Zürich (1997)

Abbildungsnachweis

Weitere Hinweise zu Bildrechten finden Sie in den jeweiligen Abbildungsunterschriften. Alle Abbildungen, die keinen Nachweis haben, wurden von Kristin Riebe und/oder den Autoren erstellt.

Kapitel 1
Eröffnungsbild: Wikimedia Commons, SA 3.0 **33.1:** Wikimedia Commons, SA 3.0 **33.2:** © Leemage/picture alliance **33.3:** © Bifab/dpa/picture alliance **33.4:** © nickolae – Fotolia.com **33.5:** © k. A./NB/IMAGNO/picture alliance **33.6:** © Science, Industry & Business Library/New York Public Library/Science Photo Library

Kapitel 2
Eröffnungsbild: © Xavier Snelgrove **34.9:** Genehmigte Reproduktion aus Darling, L.; Hulburt, E.O. (1955) On Maxwell's Demon, American Journal of Physics, Volume 23, p. 470. © American Association of Physics Teachers 1955

Kapitel 3
Eröffnungsbild: © David Monniaux, Wikimedia Commons, SA 3.0

Kapitel 4
Eröffnungsbild: © Björn Malte Schäfer, Heidelberg

Kapitel 5
Eröffnungsbild: © National Institute of Standards and Technology NIST/JILA/CU-Boulder 95PHY001 **37.10:** © ESA and the Planck Collaboration **37.13:** © NASA, ESA, and H. Richer (University of British Columbia)

Sachverzeichnis

A

Abampere, *siehe* Bd. 2
Abbe, Ernst, *siehe* Bd. 2
Abbe'sche Auflösungsgrenze, *siehe* Bd. 2
Abbildung
    diskret, *siehe* Bd. 3
    offen, *siehe* Bd. 3
    Überlagerung, *siehe* Bd. 3
    unverzweigt, *siehe* Bd. 3
abelsche Gruppe, *siehe* Bd. 1
Aberration, *siehe* Bd. 1; Bd. 2
Ableitung
    äußere, *siehe* Bd. 2
    konvektive, *siehe* Bd. 1
    kovariante, *siehe* Bd. 3
    partielle, *siehe* Bd. 1
        bei verschiedenen konstanten Größen, 104
    substanzielle, *siehe* Bd. 1
    thermodynamische, 105
    unter verschiedenen Bedingungen, 106
    vollständige, *siehe* Bd. 1
Absorption, *siehe* Bd. 3
Absorptionslinie, *siehe* Bd. 1
Absorptionsspektrum, *siehe* Bd. 1
Absteigeoperator, *siehe* Bd. 3
    für Drehimpuls, *siehe* Bd. 3
Abstrahlungscharakteristik, *siehe* Bd. 2
Addition von Drehimpulsen, *siehe* Bd. 3
Adiabate, 18
Adiabatenindex, 25, 120
adjungierte Darstellung
    einer Lie-Algebra, *siehe* Bd. 3
    einer Lie-Gruppe, *siehe* Bd. 3
adjungierter Operator, *siehe* Bd. 3
Adsorption, 167
    mittlere Besetzungszahl, 168
Adsorptionsgleichgewicht
    Langmuir-Isotherme, 168
Advektion, *siehe* Bd. 1
affiner Raum, *siehe* Bd. 1
Aharonov, Yakir, *siehe* Bd. 3
Aharonov-Bohm-Effekt, *siehe* Bd. 3
Ähnlichkeit
    mechanische, *siehe* Bd. 1
Ähnlichkeitsgesetz, *siehe* Bd. 1
Ähnlichkeitstransformation, *siehe* Bd. 1
Airy, Sir George Biddell, *siehe* Bd. 2; Bd. 3
Airy-Funktion, *siehe* Bd. 3
Airy-Scheibchen, *siehe* Bd. 2
Alfvén, Hannes, *siehe* Bd. 2
Alfvén'scher Satz, *siehe* Bd. 2

Algebra
    der Erhaltungsgrößen, *siehe* Bd. 3
allgemeine Relativitätstheorie, *siehe* Bd. 1; Bd. 2
Alpher, Ralph, *siehe* Bd. 3
Ammoniakmolekül, *siehe* Bd. 3
Ampere, *siehe* Bd. 2
    absolutes, *siehe* Bd. 2
    internationales, *siehe* Bd. 2
    neue SI-Definition, *siehe* Bd. 2
Ampère, André-Marie, *siehe* Bd. 2
Ampère'sche Molekularströme, *siehe* Bd. 2
Ampère'sches Gesetz, *siehe* Bd. 2
Ampère'sches Kraftgesetz, *siehe* Bd. 2
Amperesekunde, *siehe* Bd. 2
Amplitude, *siehe* Bd. 1
analytisch, *siehe* Bd. 2
Anderswo, absolutes, *siehe* Bd. 1
Anfangswertproblem, *siehe* Bd. 1; Bd. 3
anharmonische Schwingung, *siehe* Bd. 1
anharmonischer Oszillator, *siehe* Bd. 3
Anomalie
    exzentrische, *siehe* Bd. 1
Anschlussbedingungen
    für Dielektrika, *siehe* Bd. 2
    für magnetische Medien, *siehe* Bd. 2
    für Wellenfunktion, *siehe* Bd. 3
Antenne, *siehe* Bd. 2
Antimaterie, *siehe* Bd. 1
Anyonen, *siehe* Bd. 3
aperiodischer Grenzfall, *siehe* Bd. 1
Aphel, *siehe* Bd. 1
Apoapsis, *siehe* Bd. 1
Apogäum, *siehe* Bd. 1
Apsiden, *siehe* Bd. 1
Äquipotenzialfläche, *siehe* Bd. 1; Bd. 2
Äquivalenzrelation, 74
Arbeit, 18, *siehe auch* Bd. 1
    technische, 26, 27
    Wegunabhängigkeit, *siehe* Bd. 1
Arbeit und Wärme
    Abgrenzung, 153
Archimedes, *siehe* Bd. 1
Aspect, Alain, *siehe* Bd. 3
Assoziativgesetz, *siehe* Bd. 1
asymptotische Entwicklung, *siehe* Bd. 3
Äther, *siehe* Bd. 1; Bd. 2
Ätherdrift, *siehe* Bd. 1
Atlas, *siehe* Bd. 1
atmosphärische Elektrizität, *siehe* Bd. 2
Atomkern
    Einfluss auf Energie, *siehe* Bd. 3
Aufenthaltswahrscheinlichkeit

    im Gleichgewicht, 62
    im Zustandsraum, 62
Auflösungsvermögen, *siehe* Bd. 2
Aufsteigeoperator, *siehe* Bd. 3
    für Drehimpuls, *siehe* Bd. 3
Ausdehnungskoeffizient, 112
Ausschließungsprinzip, *siehe* Bd. 3
Ausschlussprinzip, *siehe* Bd. 3
äußeres Produkt, *siehe* Bd. 1
Austauschenergie, *siehe* Bd. 3
Austauschentartung, *siehe* Bd. 3
Austauschterm, *siehe* Bd. 3
    bei Streuung, *siehe* Bd. 3
Austauschwechselwirkung, *siehe* Bd. 3
Auswahlregel, *siehe* Bd. 3
    für Drehimpuls, *siehe* Bd. 3
Avogadro, Amedeo, 3, *siehe auch* Bd. 3
Avogadro-Konstante, 9, *siehe auch* Bd. 3
axiale Eichung, *siehe* Bd. 2
Axiome
    von Kolmogorow, 84

B

Babinet, Jacques, *siehe* Bd. 2
Babinet'sches Prinzip, *siehe* Bd. 2
Back, Ernst Emil Alexander, *siehe* Bd. 3
Bahn
    gebundene, *siehe* Bd. 1
    ungebundene, *siehe* Bd. 1
Bahnbeschleunigung, *siehe* Bd. 1
Bahndrehimpuls-Vierertensor, *siehe* Bd. 2
Bahnebene, *siehe* Bd. 1
Bahngeschwindigkeit, *siehe* Bd. 1
Bahnkurve, *siehe* Bd. 1
    im Gravitationspotenzial, *siehe* Bd. 1
    im Zentralkraftfeld, *siehe* Bd. 1
Bahnparameter, *siehe* Bd. 1
Baker-Campbell-Hausdorff-Formel, *siehe* Bd. 3
Balmer-Serie, *siehe* Bd. 3
Banach-Raum, *siehe* Bd. 1; Bd. 3
Band
    elastisches, *siehe* Bd. 1
    unendliches, *siehe* Bd. 1
Barrieren, *siehe* Bd. 3
Basis, *siehe* Bd. 1
    orthogonale, *siehe* Bd. 2
    orthonormale, *siehe* Bd. 2
Baum des Pythagoras, *siehe* Bd. 1
Bayes'scher Satz, *siehe* Satz, Bayes'scher
Becquerel, Henri, *siehe* Bd. 3
Bell, John Stewart, *siehe* Bd. 1
Bell'sche Ungleichung, *siehe* Bd. 3
Bell'sches Raumschiffparadoxon, *siehe* Bd. 1

Bell-Zustand, *siehe* Bd. 3
Bennett, Charles H., 80
Bernoulli, Johann, *siehe* Bd. 1
Beschleunigung, *siehe* Bd. 1
beschränkter Operator, *siehe* Bd. 3
Besetzungswahrscheinlichkeit
    im Zustandsraum, 61
Besetzungszahl, *siehe* Bd. 3
        mittlere
            für ideale Quantengase, 189
Besetzungszahldarstellung, 61
Besetzungszahlinversion, 75, *siehe auch* Bd. 3
Besetzungszahloperator, *siehe* Bd. 3
Bessel, Friedrich Wilhelm, *siehe* Bd. 2
Bessel-Funktion, *siehe* Bd. 2; Bd. 3
    erster Art, *siehe* Bd. 2
    sphärische, *siehe* Bd. 2; Bd. 3
    zweiter Art, *siehe* Bd. 2
Bessel'sche Differenzialgleichung, *siehe* Bd. 2; Bd. 3
Bethe, Hans, *siehe* Bd. 3
Betragsquadrat, *siehe* Bd. 1
Beugung, *siehe* Bd. 2
    an Kreisscheibe, *siehe* Bd. 2
    Fraunhofer'sche, *siehe* Bd. 2
    Fresnel'sche, *siehe* Bd. 2
    qualitativ, *siehe* Bd. 2
Beugungstheorie
    Kirchhoff'sche, *siehe* Bd. 2
    skalare, *siehe* Bd. 2
Bewegungsgesetz, *siehe* Bd. 1
Bewegungsgleichungen
    im Wechselwirkungsbild, *siehe* Bd. 3
Bezugssystem, *siehe* Bd. 1
    linear beschleunigtes, *siehe* Bd. 1
    rotierendes, *siehe* Bd. 1
Bifurkation, *siehe* Bd. 1
Bildladungsmethode, *siehe* Bd. 2
Bildstrommethode, *siehe* Bd. 2
Bilinearität, *siehe* Bd. 1
Binomialkoeffizient, 86
Binomialverteilung, 86
    Mittelwert, 87
    Streuung, 87
Binormalenvektor, *siehe* Bd. 1
bi-orthogonales Funktionensystem, *siehe* Bd. 1
Biot, *siehe* Bd. 2
Biot, Jean-Baptiste, *siehe* Bd. 2
Biot-Savart-Gesetz, *siehe* Bd. 2
Birefringenz, *siehe* Bd. 2
Birkhoff, George David, 148
Blende, *siehe* Bd. 2
    komplementäre, *siehe* Bd. 2
Blindleistung, *siehe* Bd. 2
Blindwiderstand, *siehe* Bd. 2
Bloch, Felix, *siehe* Bd. 3
Bloch-Funktionen, *siehe* Bd. 3
B-Meson, *siehe* Bd. 1
Bogenlänge, *siehe* Bd. 1
Bogenlängenfunktional, *siehe* Bd. 1
Bohm, David Joseph, *siehe* Bd. 3
Bohm'sche Mechanik, *siehe* Bd. 3
Bohr, Niels, *siehe* Bd. 3
Bohr'sche Postulate, *siehe* Bd. 3
Bohr'scher Radius, *siehe* Bd. 3

Bohr'sches Atommodell, *siehe* Bd. 3
Bohr'sches Magneton, *siehe* Bd. 3
Bohr-Sommerfeld-Quantisierung, *siehe* Bd. 3
Bohr-Sommerfeld-Regeln, *siehe* Bd. 3
Boltzmann, Ludwig, 7, 121, *siehe auch* Bd. 3
Boltzmann-Faktor, 7, 149
Boltzmann-Konstante, 7, 22, 75, *siehe auch* Bd. 3
Boltzmann-Verteilung, 149
boost, *siehe* Bd. 1
Born, Max, *siehe* Bd. 3
Born'sche Näherung, *siehe* Bd. 3
Born'sche Reihe, *siehe* Bd. 3
    Konvergenz, *siehe* Bd. 3
Bose, Satyendranath, *siehe* Bd. 3
Bose-Einstein-Gas, ideales
    Druck und innere Energiedichte, 194
    Entropiedichte, 197
    Fugazität, 196
    kritisches Volumen, 196
    latente Wärme beim Phasenübergang, 198
    mittlere Teilchenzahl, 193
    spezifische Wärmekapazität, 199
Bose-Einstein-Kondensation, 197
Bose-Einstein-Verteilung, 8
Bosonen, *siehe* Bd. 3
    nicht wechselwirkend, *siehe* Bd. 3
Boyle, Robert, 3
Boyle-Mariotte'sches Gesetz, 20
Bra, *siehe* Bd. 3
Brachistochrone, *siehe* Bd. 1
Bradley, James, *siehe* Bd. 1; Bd. 2
Bragg-Bedingung, *siehe* Bd. 3
Brahe, Tycho, *siehe* Bd. 1
Brayton, George, 33
Brechung, *siehe* Bd. 2
Brechungsgesetz, *siehe* Bd. 1; Bd. 2
Brechungsindex, *siehe* Bd. 2
Breite, geografische, *siehe* Bd. 1
Breit-Wigner-Formel, *siehe* Bd. 3
Bremsstrahlung, *siehe* Bd. 2
Brennpunkt, *siehe* Bd. 1
Brewster, Sir David, *siehe* Bd. 2
Brewster-Winkel, *siehe* Bd. 2
Brille, 3-D, *siehe* Bd. 2
Brillouin, Léon Nicolas, 169, *siehe auch* Bd. 3
Brillouin-Funktion, 169

C

Caloricum, 3
Carleson, Lennart, *siehe* Bd. 1
Carleson, Satz von, *siehe* Bd. 1
Carnot, Betrachtungen, 4
Cartan, Élie Joseph, 59, *siehe auch* Bd. 2
Cauchy-Folge, *siehe* Bd. 1; Bd. 3
Cauchy-Gleichung, *siehe* Bd. 1
Cauchy-Hadamard, *siehe* Bd. 2
Cauchy-Riemann'sche-Differenzialgleichungen, *siehe* Bd. 2
Cauchy'scher Integralsatz, *siehe* Bd. 2
Cavendish, Henry, *siehe* Bd. 2
Cayley-Transformation, *siehe* Bd. 3
Celsius, Anders, 21
CERN, *siehe* Bd. 1
CFD, *siehe* Computational Fluid Dynamics
CGS-Einheiten, *siehe* Bd. 1; Bd. 2

Chamberlain, Owen, *siehe* Bd. 1
Chander-Periode, *siehe* Bd. 1
Chandrasekhar, Subrahmanyan, 210
Chandrasekhar-Masse, 210
Chaos, *siehe* Bd. 1
Chaosforschung, *siehe* Bd. 1
charakteristische Funktion, *siehe* Bd. 1
charakteristisches Polynom, *siehe* Bd. 1
chemisches Potenzial, 130
    als verallgemeinerte Kraft, 71
    eines idealen Gases, 167
Cherenkov-Strahlung, *siehe* Bd. 1
Chromodynamik, *siehe* Bd. 3
Clapeyron, Benoît Paul Émile, 5
Clausius, Rudolf, 6
Clausius-Clapeyron'sche Gleichung, 129, 132
Clausius-Mossotti-Formel, *siehe* Bd. 2
Clebsch-Gordan Koeffizienten, *siehe* Bd. 3
COBE-Satellit, *siehe* Bd. 3
Compton, Arthur, *siehe* Bd. 3
Compton-Effekt, *siehe* Bd. 3
Compton-Streuung, *siehe* Bd. 1
Compton-Wellenlänge, *siehe* Bd. 3
Compton-Zeit, *siehe* Bd. 1
Computational Fluid Dynamics, *siehe* Bd. 1
Confinement, *siehe* Bd. 2
Coriolis-Kraft, *siehe* Bd. 1
Coulomb, *siehe* Bd. 2
Coulomb, Charles-Augustin de, *siehe* Bd. 2
Coulomb-Anteil, *siehe* Bd. 2
Coulomb-Eichung, *siehe* Bd. 2
Coulomb'sches Gesetz, *siehe* Bd. 2
Coulomb-Streuung, *siehe* Bd. 3
    von α-Teilchen, *siehe* Bd. 3
COW-Experiment, *siehe* Bd. 3
CP-Verletzung, *siehe* Bd. 1
Cramer'sche Regel, *siehe* Bd. 1
Cronin, James, *siehe* Bd. 1
Curie, Marie, *siehe* Bd. 3
Curie, Pierre, *siehe* Bd. 3
Curie'sches Gesetz, 150
Curie-Temperatur, 173, *siehe auch* Bd. 2
Curie-Weiss-Modell, 135, 172
    ferromagnetische Phase, 174
    kritische Temperatur, 173
    mittlerer Spin, 173
    Suszeptibilität und Magnetisierung, 174
    Wärmekapazität, 174

D

d'Alembert, Jean-Baptiste le Rond, *siehe* Bd. 1
d'Alembert-Operator, *siehe* Bd. 2
d'Alembert-Reduktion, *siehe* Bd. 1
d'Alembert'sche Schwingungsgleichung, *siehe* Bd. 1; Bd. 2
d'Alembert'sches Prinzip, *siehe* Bd. 1
Dampfdruckkurve, 128, 129
Dampfmaschine, 4
Dämpfung
    kritische, *siehe* Bd. 1
    schwache, *siehe* Bd. 1
    starke, *siehe* Bd. 1
Darstellung, *siehe* Bd. 1
    der Gittertranslationen, *siehe* Bd. 3
    der Permutationsgruppe, *siehe* Bd. 3
    des Ortsvektors, *siehe* Bd. 1

Drehungen durch Matrizen, *siehe* Bd. 1
    einer Lie-Algebra, *siehe* Bd. 3
    einer Lie-Gruppe, *siehe* Bd. 3
    irreduzible, *siehe* Bd. 3
    unitäre, *siehe* Bd. 3
    von Drehungen, *siehe* Bd. 3
Darwin, Charles Galton, *siehe* Bd. 3
Darwin-Term, *siehe* Bd. 3
Davisson, Clinton, *siehe* Bd. 3
de Broglie, Louis, *siehe* Bd. 3
de Haas, Wander Johannes, *siehe* Bd. 3
de Sitter, Willem, *siehe* Bd. 1
De-Broglie-Wellenlänge, *siehe* Bd. 3
Debye, Peter, 207
Debye-Funktion, 207
Debye-Temperatur, 207
Debye-Wellenzahl, 207
Definitionsbereich eines Operators, *siehe* Bd. 3
Deformationspolarisation, *siehe* Bd. 2
Dekohärenz, *siehe* Bd. 3
Dekohärenz-Programm, *siehe* Bd. 3
Delbrück-Streuung, *siehe* Bd. 2
Delta-Distribution, *siehe* Bd. 2
Deltafunktion, *siehe* Bd. 2
Deltapotenzial, *siehe* Bd. 3
Der Spin, *siehe* Bd. 3
Derivationsregel, *siehe* Bd. 3
Descartes, René, *siehe* Bd. 1; Bd. 2
Determinante, *siehe* Bd. 1
    Laplace'scher Entwicklungssatz, *siehe* Bd. 1
    Minor, 115, *siehe auch* Bd. 1
    Regel von Sarrus, *siehe* Bd. 1
    Unterdeterminante, *siehe* Bd. 1
Determinismus, *siehe* Bd. 1
Deviationsmoment, *siehe* Bd. 1
diagonalisierbar, *siehe* Bd. 1
Diamagnetismus, *siehe* Bd. 2; Bd. 3
Dichtefunktionaltheorie, *siehe* Bd. 3
Dichtematrix, *siehe* Bd. 3
    Anzahl Parameter, *siehe* Bd. 3
Dichteoperator, 184, *siehe auch* Bd. 3
    Eigenschaften, *siehe* Bd. 3
Dielektrikum, *siehe* Bd. 2
dielektrische Verschiebung, *siehe* Bd. 2
Dielektrizitätskonstante, *siehe* Bd. 2
    des Vakuums, *siehe* Bd. 2
    relative, *siehe* Bd. 2
    verallgemeinert, *siehe* Bd. 2
Dielektrizitätszahl, *siehe* Bd. 2
Diesel, Rudolf, 34
Differenzial
    exaktes, 14
    unvollständiges, 14
    vollständiges, 12, 14, *siehe auch* Bd. 1
Differenzialformen, *siehe* Bd. 2
Differenzialgleichung
    Airy'sche, *siehe* Bd. 3
    Anfangswertbedingung, *siehe* Bd. 1
    Bessel'sche, *siehe* Bd. 2
    charakteristisches Polynom, *siehe* Bd. 1
    Fuchs'sche, *siehe* Bd. 3
    gewöhnliche, *siehe* Bd. 1
    homogene, *siehe* Bd. 1
    hypergeometrische, *siehe* Bd. 3
    inhomogene, *siehe* Bd. 1

    Laguerre'sche, *siehe* Bd. 3
    Legendre'sche, *siehe* Bd. 2
    lineare, *siehe* Bd. 1
    Ordnung, *siehe* Bd. 1
    partielle, *siehe* Bd. 1
    partikuläre Lösung, *siehe* Bd. 1
Differenzialgleichungssystem, *siehe* Bd. 1
Differenzialoperator, *siehe* Bd. 1
    nichtkartesischer, *siehe* Bd. 1
    selbstadjungiert, *siehe* Bd. 2
Differenzialprinzip, *siehe* Bd. 1
differenzieller Erhaltungssatz, *siehe* Bd. 1
differenzieller Wirkungsquerschnitt, *siehe* Bd. 1; Bd. 3
Differenzierbarkeit, *siehe* Bd. 1
Dimension, *siehe* Bd. 1
Dimension eines Vektorraums, *siehe* Bd. 3
Dimensionsanalyse, *siehe* Bd. 2
Dipol
    Hertz'scher, *siehe* Bd. 2
    magnetischer, *siehe* Bd. 2
Dipolmoment
    elektrisches, *siehe* Bd. 2
    magnetisches, *siehe* Bd. 2
Dipolstrahlung, *siehe* Bd. 2
    elektrische, *siehe* Bd. 3
    magnetische, *siehe* Bd. 2; Bd. 3
Dirac, Paul, *siehe* Bd. 2; Bd. 3
Dirac-Distribution, *siehe* Bd. 1
Dirac-Gleichung, *siehe* Bd. 3
Dirac-Notation, *siehe* Bd. 3
Dirac'sche Deltafunktion, *siehe* Deltafunktion
direkte Summe von Hilbert-Räumen, *siehe* Bd. 3
Dirichlet, Johann Peter Gustav Lejeune, *siehe* Bd. 2
Dirichlet-Green-Funktion, *siehe* Bd. 2
Dirichlet-Problem, *siehe* Bd. 3
Dirichlet-Randbedingung, *siehe* Bd. 1; Bd. 2; Bd. 3
diskrete Symmetrie, *siehe* Bd. 1
Dispersion, *siehe* Bd. 2
    anomale, *siehe* Bd. 2
    normale, *siehe* Bd. 2
Dispersionsrelation, *siehe* Bd. 1; Bd. 2
    für Gitterschwingungen im Festkörper, 205
Dispersionsrelationen von Kramers und Kronig, *siehe* Bd. 2
Dissipation, 38, 212, *siehe auch* Bd. 1
Distributionen, *siehe* Bd. 2
    Rechenregeln, *siehe* Bd. 2
    reguläre, *siehe* Bd. 2
    temperierte, *siehe* Bd. 2
Divergenz, *siehe* Bd. 1
    in allgemeinen Koordinatensystemen, *siehe* Bd. 1
Divergenzfreiheit, *siehe* Bd. 1
Doppelbrechung, *siehe* Bd. 2
Doppelfakultät, *siehe* Bd. 2
Doppler, Christian, *siehe* Bd. 2
Doppler-Effekt, *siehe* Bd. 1; Bd. 2
Drehgruppe, *siehe* Bd. 3
    SO(3), *siehe* Bd. 1
Drehimpuls, *siehe* Bd. 1; Bd. 2
    Addition, *siehe* Bd. 3
    Produktzustände, *siehe* Bd. 3

    Transformation unter Drehungen, *siehe* Bd. 1
Drehimpulsdichte
    elektromagnetische, *siehe* Bd. 2
Drehimpulserhaltung
    für Zentralkräfte, *siehe* Bd. 1
Drehimpulsoperator, *siehe* Bd. 3
Drehimpulsquantenzahl, *siehe* Bd. 3
Drehimpulssatz, *siehe* Bd. 1
    vierdimensionale Verallgemeinerung, *siehe* Bd. 2
Drehimpuls-Vierertensor, *siehe* Bd. 2
Drehmatrix, *siehe* Bd. 1
Drehmoment, *siehe* Bd. 1
    Dipol, *siehe* Bd. 2
    Quadrupol, *siehe* Bd. 2
Drehung, *siehe* Bd. 1
    aktive, *siehe* Bd. 1
    infinitesimale, *siehe* Bd. 1
    passive, *siehe* Bd. 1
    unitäre Darstellungen, *siehe* Bd. 3
Drehungen
    sukzessive, *siehe* Bd. 1
Drehungstensor, *siehe* Bd. 1
Dreibein, *siehe* Bd. 1
3-D-Brille, *siehe* Bd. 2
Dreiecksregel, *siehe* Bd. 3
Dreiecksschwingung, *siehe* Bd. 1
Dreiecksungleichung, *siehe* Bd. 1; Bd. 3
Dreikörperproblem
    klassisches, *siehe* Bd. 1
    quantenmechanisches, *siehe* Bd. 3
Driftgeschwindigkeit, elektrische, *siehe* Bd. 2
Druck, *siehe* Bd. 1
    als verallgemeinerte Kraft, 70
    mechanischer, *siehe* Bd. 1
    Messung und Einheiten, 11
    thermodynamischer, *siehe* Bd. 1
Druckspannung, *siehe* Bd. 1
Druck-Volumen-Arbeit, 19
Drude-Modell, *siehe* Bd. 2
duale Basis, *siehe* Bd. 1
dualer Vektorraum, *siehe* Bd. 1; Bd. 3
duales Gitter, *siehe* Bd. 3
Dufay, Charles, *siehe* Bd. 2
Duhem, Pierre Maurice Marie, 132
Dulong, Pierre Louis, 158
Dulong-Petit'sches Gesetz, 158, 208
Dunkle Energie, *siehe* Bd. 3
Dunkle Materie, *siehe* Bd. 3
Durchflutungsgesetz, *siehe* Bd. 2
Durchstoßpunkt, *siehe* Bd. 1
Dyade, *siehe* Bd. 1
dyadisches Produkt, *siehe* Bd. 1
dyn, *siehe* Bd. 2
Dynamik, *siehe* Bd. 1
dynamische Viskosität, *siehe* Bd. 1
Dyson, Freeman, *siehe* Bd. 3
Dyson-Reihe, *siehe* Bd. 3

E

Ebene, schiefe, *siehe* Bd. 1
ebener Poiseuille-Fluss, *siehe* Bd. 1
effektive Feldtheorien, *siehe* Bd. 2
effektive Wirkung, *siehe* Bd. 2
Ehrenfest, Paul, 134, *siehe auch* Bd. 3
Ehrenfest-Theorem, *siehe* Bd. 3

Eichfunktion, *siehe* Bd. 2
Eichinvarianz, *siehe* Bd. 2; Bd. 3
eichkovariante Ableitung, *siehe* Bd. 2; Bd. 3
Eichtheorie
  nichtabelsche, *siehe* Bd. 2
Eichtransformation, *siehe* Bd. 2; Bd. 3
  $SU(N)$, *siehe* Bd. 3
  $U(1)$, *siehe* Bd. 3
Eichung, *siehe* Bd. 2; Bd. 3
Eigenfrequenz, *siehe* Bd. 1
Eigenfunktion
  eigentliche, *siehe* Bd. 3
  uneigentliche, *siehe* Bd. 3
Eigenmode, *siehe* Bd. 1
Eigenschwingung, *siehe* Bd. 1
eigentliche Eigenfunktion, *siehe* Bd. 3
Eigenvektoren, *siehe* Bd. 1
  von $\hat{J}^2$, *siehe* Bd. 3
  von $\hat{J}_3$, *siehe* Bd. 3
Eigenwert, *siehe* Bd. 1; Bd. 3
  entarteter, *siehe* Bd. 1
Eigenwertgleichung, *siehe* Bd. 1; Bd. 3
Eigenwertproblem, *siehe* Bd. 3
Eigenzeit, *siehe* Bd. 1; Bd. 2
Eikonal, *siehe* Bd. 2
Eikonalgleichung, *siehe* Bd. 2
eindimensionale Potenzialprobleme, *siehe* Bd. 3
Eindringtiefe, *siehe* Bd. 2
einfach zusammenhängendes Gebiet, *siehe* Bd. 1; Bd. 2
eingespannte Enden, *siehe* Bd. 1
Einheiten
  CGS-, *siehe* CGS-Einheiten
  Grund-, *siehe* Bd. 1
  Planck'sche, *siehe* Bd. 3
  SI-, *siehe* SI-Einheiten
Einheitsmatrix, *siehe* Bd. 1
Einheitstensor, *siehe* Bd. 1
Einheitsvolumen, orientiertes, *siehe* Bd. 1
einlaufende Welle, *siehe* Bd. 3
Einschwingung, *siehe* Bd. 1
Einstein, Albert, *siehe* Bd. 1; Bd. 3
Einstein-de Haas-Effekt, *siehe* Bd. 3
Einstein-Koeffizienten, *siehe* Bd. 3
Einstein'sche Gravitationstheorie, *siehe* Bd. 2
Einstein'sche Summenkonvention, *siehe* Bd. 1
  vierdimensional, *siehe* Bd. 1; Bd. 2
Einteilchen-Näherung, *siehe* Bd. 3
Einteilchenoperator, *siehe* Bd. 3
elastische Kopplung, *siehe* Bd. 1
elastischer Körper, *siehe* Bd. 1
elastisches Band, *siehe* Bd. 1
Elastizitätsmodul, *siehe* Bd. 1
  Young'scher, *siehe* Bd. 1
Elastizitätstensor, *siehe* Bd. 1
Elastizitätstheorie, *siehe* Bd. 1
Elektret, *siehe* Bd. 2
elektrische Feldstärke, *siehe* Bd. 2
elektrische Influenz, *siehe* Bd. 2
elektrische Ladung, *siehe* Bd. 2
elektrische Polarisation, *siehe* Bd. 2
elektrische Suszeptibilität, *siehe* Bd. 2
elektrischer Leiter, *siehe* Bd. 3
elektrodynamische Potenziale, *siehe* Bd. 2
elektromagnetische Wellen, *siehe* Bd. 2

elektromagnetisches Feld
  Druck und Energiedichte, 121
elektromotorische Kraft, *siehe* Bd. 2
Elektron
  Entdeckung, *siehe* Bd. 3
  im Zentralfeld, *siehe* Bd. 3
Elektronenradius, klassischer, *siehe* Bd. 2
Elektronenschwingung, *siehe* Bd. 1
Elektronenstreuung, *siehe* Bd. 3
Elektronenvolt, *siehe* Bd. 1; Bd. 2
Elektron-Positron-Paarerzeugung, *siehe* Bd. 2
Elektron-Positron-Paarvernichtung, *siehe* Bd. 1
Elektrostatik, *siehe* Bd. 2
Ellipsenbahn, *siehe* Bd. 1
elliptische Integrale, *siehe* Bd. 1; Bd. 2
Emden, Robert, 209
Emission
  induzierte, *siehe* Bd. 3
  spontane, *siehe* Bd. 3
  stimulierte, *siehe* Bd. 3
Emissionsspektrum, *siehe* Bd. 1
EMK, *siehe* Bd. 2
Enden, eingespannte, *siehe* Bd. 1
Energie, *siehe* Bd. 1
  freie, 109
  Helmholtz'sche freie, 109
  innere, 5, 22
  kinetische, *siehe* Bd. 1
  potenzielle, *siehe* Bd. 1
  relativistische, *siehe* Bd. 1
  von Punktmassen, *siehe* Bd. 1
  Wärme und Arbeit, 6
Energiebänder, *siehe* Bd. 3
Energie-Darstellung, *siehe* Bd. 3
Energiedichte des elektromagnetischen Feldes, *siehe* Bd. 2
Energiedichte, potenzielle, *siehe* Bd. 1
Energieerhaltung, *siehe* Bd. 1
Energieerhaltungssatz, 6, *siehe auch* Bd. 1
Energie-Impuls-Tensor
  kanonischer, *siehe* Bd. 2
  symmetrischer, *siehe* Bd. 2
Energie-Impuls-Tensor, elektromagnetischer, *siehe* Bd. 2
Energiesatz, *siehe* Energieerhaltungssatz
  der Elektrodynamik, *siehe* Bd. 2
  mit Zwangsbedingungen, *siehe* Bd. 1
Energieschale, *siehe* Bd. 3
Energiestromdichte, *siehe* Bd. 2
Energieübertrag bei elastischer Streuung, *siehe* Bd. 1
Ensemble, 146, 147
  Äquivalenz, 160
  gleichartiger Systeme, 61
  großkanonisches, 147
  kanonisches, 147
  mikrokanonisches, 147
Ensemble-Interpretation, *siehe* Bd. 3
Ensemblemittel, 148
Entartung, *siehe* Bd. 1
  vollständige, 192
Entelektrifizierungsfaktor, *siehe* Bd. 2
Entelektrisierung, *siehe* Bd. 2
Enthalpie, 26, 108
  als Funktion des Druckes, 134

  freie, 110
  Gibbs'sche, 110
  und innere Energie, 28
Enthemmung, 71
Entmagnetisierungsfaktor, *siehe* Bd. 2
Entropie, 6, 28
  absolute Bestimmung, 42
  als extensive Zustandsgröße, 38
  als Maß des Phasenraumvolumens, 79
  als Maß einer Unordnung, 77
  als Maß für Ignoranz, 153
  als Maß für Wahrscheinlichkeitsverteilungen, 153
  als phänomenologische Zustandsgröße, 32
  bei irreversiblen Prozessen, 39
  bei reversiblen Kreisprozessen, 36
  Eindeutigkeit in der Quantenmechanik, 80
  eines idealen Gases, 32
  in abgeschlossenen Systemen, 37
  inhomogener Systeme, 37
  statistische Deutung/Interpretation, 7, 77
  und Dissipation, 38, 39, 212
  Unterschied zwischen zwei Zuständen, 37
  Zunahme bei irreversiblen Prozessen, 38
Entwicklung, asymptotische, *siehe* Bd. 3
EPR-Paradox, *siehe* Bd. 3
Erdabplattung, *siehe* Bd. 1
Erdung, *siehe* Bd. 2
Ereignis, *siehe* Bd. 1; Bd. 2
Ereignishorizont, *siehe* Bd. 1
erg, *siehe* Bd. 2
Ergodenhypothese, 147, 148
Ergodensatz, 148
Erhaltungsgröße, *siehe* Bd. 3
Erhaltungssatz, differenzieller, *siehe* Bd. 1
Ericsson, Johan, 35
Ersatzprozess
  für Mischung von Gasen, 40
  reversibler, 37
  zur Wärmeleitung, 39
Erwartungswert
  allgemeine Aussagen über den, *siehe* Bd. 3
  des Impulses, *siehe* Bd. 3
  des Ortes, *siehe* Bd. 3
  einer Observablen, *siehe* Bd. 3
  von $f(\hat{x}, \hat{p})$, *siehe* Bd. 3
Erzeugende, *siehe* Bd. 1
  einer Symmetrie, *siehe* Bd. 3
Erzeugungs- und Vernichtungsoperatoren
  bosonische und fermionische, 187
  Vertauschungs- oder Antivertauschungsrelationen, 187
Erzeugungsoperator, 187, *siehe auch* Bd. 3
Estermann, Immanuel, *siehe* Bd. 3
Euler, Hans, *siehe* Bd. 2
Euler, Leonhard, 196, *siehe* Bd. 2
Euler-Ansatz, *siehe* Bd. 1
Euler-Gleichung, *siehe* Bd. 1
  der Variationsrechnung, *siehe* Bd. 1
Euler-Heisenberg-Lagrange-Dichte, *siehe* Bd. 2
Euler-Lagrange-Gleichung, *siehe* Bd. 1; Bd. 2
  für Felder, kovariant, *siehe* Bd. 2
  kovariant, *siehe* Bd. 2
Euler'sche Formel, *siehe* Bd. 1
Euler'scher Satz, 15

Sachverzeichnis

Euler-Theorem
  für starre Körper, *siehe* Bd. 1
  über homogene Funktionen, 132, *siehe auch* Bd. 1
Euler-Verfahren, explizites, *siehe* Bd. 1
Euler-Winkel, *siehe* Bd. 1; Bd. 3
Evolutionsoperator, *siehe* Bd. 3
Existenz
  des Inversen, *siehe* Bd. 1
  des neutralen Elements, *siehe* Bd. 1
explizit zeitabhängig, *siehe* Bd. 1
explizites Euler-Verfahren, *siehe* Bd. 1
Exponentialansatz, *siehe* Bd. 1
Exponentiation von Operatoren, *siehe* Bd. 3
Extinktionskoeffizient, *siehe* Bd. 2
Extremale, *siehe* Bd. 1
Extremaleigenschaft
  der Entropie, 114
  der freien Energie, 115
  der freien Enthalpie, 115
Extremalprinzip, *siehe* Bd. 1
exzentrische Anomalie, *siehe* Bd. 1
Exzentrizität, *siehe* Bd. 1
  lineare, *siehe* Bd. 1
  numerische, *siehe* Bd. 1

F
Faden im Gravitationsfeld, *siehe* Bd. 1
Fadenpendel, *siehe* Bd. 1
Fahrenheit, Daniel, 3
Fahrstrahl, *siehe* Bd. 1
Faktor
  gyromagnetischer, *siehe* g-Faktor
  integrierender, 14
Faktorisierungsproblem, *siehe* Bd. 3
Fakultät, *siehe* Bd. 1
Fall
  frei, *siehe* Bd. 1
  freier auf rotierender Erde, *siehe* Bd. 1
  mit Luftwiderstand, *siehe* Bd. 1
  mit Stokes'scher Reibung, *siehe* Bd. 1
Fallgesetz, Galilei'sches, *siehe* Bd. 1
Fallzeit, *siehe* Bd. 1
Farad, *siehe* Bd. 2
Faraday, Michael, *siehe* Bd. 2
Faraday'sche Scheibe, *siehe* Bd. 2
Faraday'scher Käfig, *siehe* Bd. 2
Faraday'sches Induktionsgesetz, *siehe* Bd. 2
Federkonstante, *siehe* Bd. 1
Fehlerfunktion, *siehe* Bd. 3
Feigenbaum-Konstante, *siehe* Bd. 1
Feinstruktur, *siehe* Bd. 3
Feinstrukturkonstante, *siehe* Bd. 3
Feld, *siehe* Bd. 1
  selbstkonsistentes, *siehe* Bd. 3
Feldfunktion, *siehe* Bd. 1
Feldgleichung, *siehe* Bd. 1
Feldimpuls
  kanonischer, *siehe* Bd. 2
Feldstärke
  elektrische, *siehe* Bd. 2
  magnetische, *siehe* Bd. 2
Feldstärketensor, *siehe* Bd. 2
  dualer, *siehe* Bd. 2
  makroskopischer/phänomenologischer, *siehe* Bd. 2

Fermat, Pierre de, *siehe* Bd. 2
Fermat'sches Prinzip, *siehe* Bd. 1; Bd. 2
Fermi, Enrico, *siehe* Bd. 1; Bd. 3
Fermi-Dirac-Verteilung, 8
Fermi-Druck, 82, 192
Fermi-Energie, 192
Fermi-Gas, ideales
  Druck und Energiedichte, 191
  Entropiedichte, 192
  Grenzfall schwacher Entartung, 194
  Grenzfall starker Entartung, 195
Fermi-Integrale, 191
Fermi-Kante, 192
Fermionen, *siehe* Bd. 3
  nicht wechselwirkend, *siehe* Bd. 3
Fermi-Walker-Transport, *siehe* Bd. 1
Fernfeld, *siehe* Bd. 2
Ferroelektrikum, *siehe* Bd. 2
Ferromagnetismus, *siehe* Bd. 2
Feshbach-Resonanz, *siehe* Bd. 3
Festkörper
  innere Energie, 158, 207
  Modell aus harmonischen Oszillatoren, 204
  molare Wärmekapazität im Debye-Modell, 208
Feynman, Richard, 80
Feynman-Green-Funktion, *siehe* Bd. 2
Feynman-Kac-Formel, *siehe* Bd. 3
Figurenachse, *siehe* Bd. 1
  Locus, *siehe* Bd. 1
Finite-Differenzen-Methode, *siehe* Bd. 1
Finite-Elemente-Methode, *siehe* Bd. 1
Fitch, Val, *siehe* Bd. 1
Fitzgerald, George, *siehe* Bd. 1
Fizeau, Hippolyte, *siehe* Bd. 1; Bd. 2
Flächengeschwindigkeit, *siehe* Bd. 1
Flächenrotation, *siehe* Bd. 2
Fluchtgeschwindigkeit, *siehe* Bd. 1
Fluid, 18, *siehe auch* Bd. 1
  ideales, *siehe* Bd. 1
Fluiddynamik, *siehe* Bd. 1
Fluktuation
  der Energie, 151
  der inneren Energie, 76
  Energieaustausch, 10
Fluktuations-Dissipations-Relation, 213
Fluss
  eines Vektorfeldes, *siehe* Bd. 2
  elektrischer, *siehe* Bd. 2
  magnetischer, *siehe* Bd. 2; Bd. 3
Flussdichte
  magnetische, *siehe* Bd. 2
Flussregel, *siehe* Bd. 2
Fly-by-Manöver, *siehe* Bd. 1
Fock, Wladimir Alexandrowitsch, *siehe* Bd. 3
Fock-Raum, 61, 186, *siehe auch* Bd. 3
  orthonormale Basis, 188
Fock-Vakuum, 188
Folgenraum, *siehe* Bd. 3
Form, quadratische, *siehe* Bd. 1
Formel von Plancherel, *siehe* Bd. 3
Formfaktor, *siehe* Bd. 3
Forminvarianz, *siehe* Bd. 1; Bd. 3
Foucault, Léon, *siehe* Bd. 3
Foucault'sches Pendel, *siehe* Bd. 1

Fourier, Jean Baptiste Joseph, 4, *siehe auch* Bd. 1
Fourier-Analyse, *siehe* Bd. 1; Bd. 2
Fourier-Integral, *siehe* Bd. 2
  vierdimensional, *siehe* Bd. 2
Fourier-Optik, *siehe* Bd. 2
Fourier-Reihe, *siehe* Bd. 1; Bd. 2
  Amplituden-Phasen-Darstellung der, *siehe* Bd. 1
  Exponentialdarstellung der, *siehe* Bd. 1
Fourier-Spektrum, *siehe* Bd. 1
Fourier-Synthese, *siehe* Bd. 1
Fourier-Transformation, *siehe* Bd. 1; Bd. 2
frame dragging, *siehe* Bd. 1
Frank, Philipp, *siehe* Bd. 1
Fraunhofer, Joseph von, *siehe* Bd. 2
freie Energie, *siehe* Energie, freie
freie Enthalpie, *siehe* Enthalpie, freie
freier Elektronen-Laser, *siehe* Bd. 2
Freiheitsgrad, *siehe* Bd. 1
  des starren Körpers, *siehe* Bd. 1
Fresnel, Augustin Jean, *siehe* Bd. 1; Bd. 2; Bd. 3
Fresnel'sche Formeln, *siehe* Bd. 2
Fresnel'scher Mitführungskoeffizient, *siehe* Bd. 1; Bd. 2
Fresnel-Zonenlinse, *siehe* Bd. 2
Frobenius-Sommerfeld-Methode, *siehe* Bd. 3
Frontgeschwindigkeit, *siehe* Bd. 2
Fuchs'sche Differenzialgleichung, *siehe* Bd. 3
Fuchs'scher Satz, *siehe* Bd. 3
Fugazität, 191
fundamentale Poisson-Klammern, *siehe* Bd. 1
Fundamentallösung, *siehe* Bd. 1
Fundamentalsystem, *siehe* Bd. 1
  von Lösungen, *siehe* Bd. 3
Funktion
  Green'sche, *siehe* Bd. 2
  harmonische, *siehe* Bd. 2
  homogene, 15
    Euler'scher Satz, 15
  kausale, *siehe* Bd. 2
  konkave, 40
  verallgemeinerte, *siehe* Bd. 2
Funktional, *siehe* Bd. 1
  Bogenlängen-, *siehe* Bd. 1
  Lagrange-, *siehe* Bd. 1
  lineares, *siehe* Bd. 1
  nichtlineares, *siehe* Bd. 1
Funktionaldeterminante, *siehe* Bd. 1
Funktionalintegral, *siehe* Bd. 3
Funktionalmatrix, 105
Funktionenfolge, *siehe* Bd. 1
  gleichmäßig konvergente, *siehe* Bd. 1
  punktweise konvergente, *siehe* Bd. 1
Funktionenreihe, *siehe* Bd. 1
Funktionensystem
  bi-orthogonales, *siehe* Bd. 1
  orthonormales, *siehe* Bd. 2
  vollständiges, *siehe* Bd. 2

G
Galilei, Galileo, *siehe* Bd. 1
Galilei-Invarianz, *siehe* Bd. 1
Galilei-Kovarianz der Schrödinger-Gleichung, *siehe* Bd. 3
Galilei'sches Fallgesetz, *siehe* Bd. 1

Sachverzeichnis

Galilei-Transformation, *siehe* Bd. 1
Gammafunktion, 191, *siehe auch* Bd. 3
Gamma-Konversion, *siehe* Bd. 1
Gamov, George, *siehe* Bd. 3
Gamov-Faktor, *siehe* Bd. 3
Gangpolkegel, *siehe* Bd. 1
Gas
    ideales, 20, 63, 117, *siehe auch* Bd. 1
        adiabatische Ausdehnung, 120
        Differenz der spezifischen Wärmen, 118
        Eigenschaften, 24, 118
        Energie einzelner Teilchen, 119
        Entropie, 121
        innere Energie, 23, 117, 119
        innere Energie aus dem Gleichverteilungssatz, 157
        innere Energie im Schwerefeld, 162
        mit inneren Freiheitsgraden, 119
        ultrarelativistisches, 120
        Wärmekapazitäten, 24, 119
        Wechselwirkung der Teilchen, 117
        Zustandsgleichung, 20, 21, 117
    ideales und reales, 20
    reales
        Van-der-Waals'sche Gasgleichung, 123
    reales (Van-der-Waals-Gas)
        Ausströmen, 125
        Entropie, 124
        innere Energie, 124
        Inversionsdruck, 126
        Inversionstemperatur, 127
        Isothermen, 126
        Kondensationsdruck, 134
        kritische Temperatur, 127
        Phasen, 133
        Van-der-Waals'sche Zustandsgleichung in dimensionsloser Form, 123
        Verdampfungsdruck, 134
Gasgesetze, 2
    Boyle-Mariotte, 3, 20
    Gay-Lussac, 3, 20
Gaskonstante, allgemeine, 20
Gauß, *siehe* Bd. 2
Gauß, Carl Friedrich, *siehe* Bd. 2
Gauß'sche Glockenkurve, *siehe* Bd. 2
Gauß'sche Methode zur Vermessung von Magnetfeldern, *siehe* Bd. 2
Gauß'sche Wellenpakete, *siehe* Bd. 3
Gauß'sche Zahlenebene, *siehe* Bd. 1
Gauß'scher Satz, *siehe* Bd. 1; Bd. 2
Gauß'sches Gesetz, *siehe* Bd. 2
Gay-Lussac, Joseph, 3
Gay-Lussac, Versuch von, 23
Gebiet, *siehe* Bd. 2
Gegeninduktionskoeffizienten, *siehe* Bd. 2
Gegenwart, *siehe* Bd. 1
Geiger, Hans, *siehe* Bd. 3
Gelfand-Yaglom-Methode, *siehe* Bd. 3
Gemisch, *siehe* Bd. 3
generalisierte Geschwindigkeit, *siehe* Bd. 1
generalisierte Koordinate, *siehe* Bd. 1
generalisierte Kraft, *siehe* Bd. 1
generalisierter Impuls, *siehe* Bd. 1
Geodäte, *siehe* Bd. 1
geodätische Linie, *siehe* Bd. 1

gequetschter Zustand, *siehe* Bd. 3
Gerlach, Walther, *siehe* Bd. 3
Germer, Lester, *siehe* Bd. 3
Gesamtheit, 147, *siehe auch* Bd. 3
Gesamtmasse, *siehe* Bd. 1
Geschwindigkeit, *siehe* Bd. 1
    generalisierte, *siehe* Bd. 1
Geschwindigkeitsaddition, relativistische, *siehe* Bd. 1
Geschwindigkeitsfilter, *siehe* Bd. 2
Geschwindigkeitsverteilung, Maxwell'sche, 7, 90, 155
Gesetz
    1. Ampère'sches, *siehe* Bd. 2
    2. Ampère'sches, *siehe* Bd. 2
    Biot-Savart, *siehe* Bd. 2
    der großen Zahlen, 85
    Gauß'sches, *siehe* Bd. 2
    Oersted'sches, *siehe* Bd. 2
Gezeitenkräfte, *siehe* Bd. 1
Gezeitenreibung, *siehe* Bd. 1
Gezeitentensor, *siehe* Bd. 1
g-Faktor, 168, *siehe* Bd. 3
GHZ-Zustände, *siehe* Bd. 3
Gibbs, Josiah Willard, 7, 40
Gibbs-Duhem-Beziehung, 132
Gibbs'sche Phasenregel, 131
Gibbs'sches Paradoxon, 40, 121
    und Quantenstatistik, 41
Gibbs'sches Phänomen, *siehe* Bd. 1
Gibbs'sches Variationsprinzip, *siehe* Variationsprinzip, Gibbs'sches
Gilbert, William, *siehe* Bd. 2
Gitter
    duales, *siehe* Bd. 3
    kubisches, *siehe* Bd. 3
Gitterabstand, *siehe* Bd. 1
Gitterpotenzial, *siehe* Bd. 3
Gittervektor, *siehe* Bd. 3
Gleichgewicht
    bei Adsorption, 167
    chemisches, 133
    für ideale Gase, 163
    indifferentes, *siehe* Bd. 1
    instabiles, *siehe* Bd. 1
    Maximierung der Wahrscheinlichkeit, 73
    mechanisches, *siehe* Bd. 1
    mechanisches und thermisches, 114
    stabiles, *siehe* Bd. 1
    Störung, 65
    thermisches, 11, 74
    Übergang dorthin, 71
    Übergang nach Störung, 65, 67
    und Aufenthaltswahrscheinlichkeit, 71
    und Extremalprinzip, 73
Gleichgewichtszustand, 15
Gleichverteilungssatz, 4, 7, 75, 157
Gluon, *siehe* Bd. 2
Goldene Regel, *siehe* Bd. 3
Goldstone-Teilchen, *siehe* Bd. 3
Goldstone-Theorem, *siehe* Bd. 3
Goudsmit, Samuel, *siehe* Bd. 3
GPS-Satelliten, *siehe* Bd. 1
Gradient, *siehe* Bd. 1

in allgemeinen Koordinatensystemen, *siehe* Bd. 1
Gram-Schmidt-Verfahren, *siehe* Bd. 3
Grand Unified Theories, *siehe* Bd. 2
Graßmann-Identität, *siehe* Bd. 1
Gravitation, *siehe* Bd. 2
Gravitationsfeld, *siehe* Bd. 1; Bd. 2
Gravitationskonstante, *siehe* Bd. 1
Gravitationsrotverschiebung, *siehe* Bd. 1
Gravity Probe B Satellit, *siehe* Bd. 1
Green, George, *siehe* Bd. 2
Green'sche Funktion, *siehe* Bd. 2
    avancierte, *siehe* Bd. 2
    des Laplace-Operators, *siehe* Bd. 2
    für auslaufende Wellen, *siehe* Bd. 3
    für Radialproblem, *siehe* Bd. 3
    retardierte, *siehe* Bd. 2
    Symmetrie, *siehe* Bd. 2
    zur Helmholtz-Gleichung, *siehe* Bd. 2
Greisen-Zatsepin-Kuzmin-Cutoff, *siehe* Bd. 1
Grenzfall, aperiodischer, *siehe* Bd. 1
Grenzwertsatz, zentraler, 85
großkanonisches Potenzial für ideale Quantengase, 189
Grundeinheit, *siehe* Bd. 1
Grundpostulat der statistischen Physik, 62, 146
Grundton, *siehe* Bd. 1
Gruppe, *siehe* Bd. 1
    abelsche, *siehe* Bd. 1; Bd. 3
    diskrete, *siehe* Bd. 1
    kommutative, *siehe* Bd. 1
    kontinuierliche, *siehe* Bd. 1
    Lorentz-, *siehe* Bd. 1
    nichtabelsche, *siehe* Bd. 3
    orthogonale, *siehe* Bd. 1; Bd. 3
    Poincaré-, *siehe* Bd. 1
    pseudoorthogonale, *siehe* Bd. 1
    SU(2), *siehe* Bd. 3
    symmetrische, *siehe* Bd. 3
Gruppengeschwindigkeit, *siehe* Bd. 2; Bd. 3
Gruppenhomomorphismus, *siehe* Bd. 1
Guericke, Otto von, 4
gyromagnetischer Faktor, *siehe* g-Faktor
gyromagnetisches Verhältnis, *siehe* Bd. 3
GZK-Cutoff, *siehe* Bd. 1

H

Haftbedingung, *siehe* Bd. 1
Hagen, Gotthilf Heinrich Ludwig, *siehe* Bd. 1
Hagen-Poiseuille-Gesetz, *siehe* Bd. 1
Halbachse
    große, *siehe* Bd. 1
    kleine, *siehe* Bd. 1
halb-gebundener Zustand, *siehe* Bd. 3
Halbleiter, *siehe* Bd. 2
Halbwertsbreite, *siehe* Bd. 1
Hamilton, William Rowan, *siehe* Bd. 1
Hamilton-Dichte, *siehe* Bd. 2
    der Elektrodynamik, quellenfrei, *siehe* Bd. 2
Hamilton-Formalismus, *siehe* Bd. 1
Hamilton-Funktion, *siehe* Bd. 1
    äußere Parameter, 58
    freies relativistisches Teilchen, *siehe* Bd. 2
    nichtrelativistische Punktladung, *siehe* Bd. 2
    relativistische Punktladung, *siehe* Bd. 2
Hamilton-Jacobi-Gleichung, *siehe* Bd. 1; Bd. 3

zeitunabhängige, *siehe* Bd. 1; Bd. 3
Hamilton-Jacobi-Theorie, *siehe* Bd. 1; Bd. 3
Hamilton-Operator, *siehe* Bd. 3
    für harmonischen Oszillator, *siehe* Bd. 3
    für ideales Gas, 188
Hamilton'sche kanonische Gleichungen, *siehe* Bd. 1
Hamilton'sches Prinzip, *siehe* Bd. 1
Hankel-Funktionen, *siehe* Bd. 2
    sphärische, *siehe* Bd. 2; Bd. 3
Hantelmolekül, *siehe* Bd. 3
Harmonisch schwingende Punktladung, *siehe* Bd. 2
harmonischer Oszillator, *siehe* Bd. 3
    angeregte Zustände, *siehe* Bd. 3
    Energien, *siehe* Bd. 3
    geladener, *siehe* Bd. 3
    Grundzustand, *siehe* Bd. 3
    Schwankungsquadrate, *siehe* Bd. 3
    semiklassisch, *siehe* Bd. 3
Harriot, Thomas, *siehe* Bd. 2
Hartree, Douglas Rayner, *siehe* Bd. 3
Hartree-Fock-Gleichungen, *siehe* Bd. 3
Häufigkeit, relative, 83
Hauptachse, *siehe* Bd. 1
Hauptachsentransformation, *siehe* Bd. 1
Hauptminor, 115
Hauptnormalenvektor, *siehe* Bd. 1
Hauptquantenzahl, *siehe* Bd. 3
Hauptsatz der Thermodynamik
    dritter, 42, 81
    erster, 5, 22, 69, 104
    nullter, 12
    zweiter, 38
        für irreversible Prozesse, 41
        für reversible Prozesse, 38
        statistische Deutung, 79
Hauptträgheitsachse, *siehe* Bd. 1
Hauptträgheitsmoment, *siehe* Bd. 1
Hausdorff-Raum, *siehe* Bd. 1
Heaviside, Oliver, *siehe* Bd. 1; Bd. 2
Heaviside-Lorentz-System, *siehe* Bd. 2
Heaviside'sche Stufenfunktion, *siehe* Bd. 2
Heisenberg, Werner, *siehe* Bd. 2; Bd. 3
Heisenberg-Bild, 185, *siehe auch* Bd. 3
Heisenberg-Euler-Lagrange-Dichte, *siehe* Bd. 2
Helium
    Ortho-, *siehe* Bd. 3
    Para-, *siehe* Bd. 3
Heliumdiffusion, 81
Helizität, *siehe* Bd. 1; Bd. 2
Hellmann-Feynman-Formel, *siehe* Bd. 3
Helmholtz-Gleichung, *siehe* Bd. 2
Hemmung, 71
    Wegfall, 71
Henry, *siehe* Bd. 2
Hermann, Robert, *siehe* Bd. 2
Hermite-Polynome, *siehe* Bd. 3
hermitesche Operatoren, *siehe* Bd. 3
Hertz, *siehe* Bd. 2
Hertz, Heinrich, *siehe* Bd. 2
Hesse-Matrix, *siehe* Bd. 1
Higgs, Peter, *siehe* Bd. 2
Higgs-Mechanismus, *siehe* Bd. 2
Higgs-Teilchen, *siehe* Bd. 1; Bd. 3

Hilbert-Raum, 184, *siehe auch* Bd. 3
Hilbert-Raum $L_2(C)$, *siehe* Bd. 3
Hilbert'scher Folgenraum, *siehe* Bd. 3
Hill-Kurve, *siehe* Bd. 1
Hohenberg, Pierre, *siehe* Bd. 3
Hohenberg-Kohn-Theorem, *siehe* Bd. 3
Hohlleiter, *siehe* Bd. 2
Hohlraumstrahlung, 202, *siehe auch* Bd. 3
holomorph, *siehe* Bd. 2
holomorphe Funktion, *siehe* Bd. 2
holonome Nebenbedingung, *siehe* Bd. 1
holonome Zwangsbedingung, *siehe* holonome Nebenbedingung
homogen, zeitlich, *siehe* Bd. 1
homogene Differenzialgleichung, *siehe* Bd. 1
homogene Funktion, *siehe* Bd. 1
    Euler'scher Satz, *siehe* Euler-Theorem über homogene Funktionen
Homogenität der Zeit, *siehe* Bd. 1
Homogenität des Raumes, *siehe* Bd. 1
Homöomorphismus, *siehe* Bd. 1
homopolarer Generator, *siehe* Bd. 2
Homopolarmotor, *siehe* Bd. 2
Hooke'sches Gesetz, isotropes, *siehe* Bd. 1
Humboldt, Alexander von, 3
Huygens, Christiaan, 4, *siehe auch* Bd. 1; Bd. 2
Huygens'sches Prinzip, *siehe* Bd. 2
hydrophil, *siehe* Bd. 1
hydrophob, *siehe* Bd. 1
Hydrostatik, *siehe* Bd. 1
hydrostatische Gleichung, 209
Hyperbelbahn, *siehe* Bd. 1
hyperbolische Bewegung, *siehe* Bd. 1
Hyperfeinstruktur, *siehe* Bd. 3
Hysterese, *siehe* Bd. 2

I

ideales Fluid, *siehe* Bd. 1
ideales Gas, *siehe* Gas, ideales
identische Fermionen
    Grundzustand, *siehe* Bd. 3
identische Teilchen, *siehe* Bd. 3
    nicht wechselwirkend, *siehe* Bd. 3
imaginäre Einheit, *siehe* Bd. 1
Imaginärteil, *siehe* Bd. 1
Impedanz, *siehe* Bd. 2
implizit zeitabhängig, *siehe* Bd. 1
Impuls, *siehe* Bd. 1
    generalisierter, *siehe* Bd. 1
    kanonisch konjugierter, *siehe* Bd. 1; Bd. 2; Bd. 3
    kinetischer, *siehe* Bd. 3
    konjugierter, *siehe* Bd. 1
    Konvektion, *siehe* Bd. 1
    verallgemeinerter, *siehe* Bd. 1
Impulsdarstellung, *siehe* Bd. 3
Impulsdichte, *siehe* Bd. 1
    des elektromagnetischen Feldes, *siehe* Bd. 2
Impulsdiffusion, *siehe* Bd. 1
Impulsmessung, *siehe* Bd. 3
Impulssatz, *siehe* Bd. 1
    der Elektrodynamik, *siehe* Bd. 2
Impulsstromdichte, *siehe* Bd. 1
indifferentes Gleichgewicht, *siehe* Bd. 1
Indikatordiagramm, 18
Induktion, magnetische, *siehe* Bd. 2

Induktionsgesetz, *siehe* Bd. 2
    für bewegte Leiter, *siehe* Bd. 2
Induktionskoeffizient, *siehe* Bd. 2
induktive Kopplung, *siehe* Bd. 2
Inertialsystem, *siehe* Bd. 1; Bd. 2
infinitesimale Erzeugende, *siehe* Bd. 3
infinitesimale Transformation, *siehe* Bd. 1
Influenz, elektrische, *siehe* Bd. 2
inhomogene Differenzialgleichung, *siehe* Bd. 1
inkohärente Streuung, *siehe* Bd. 3
inkompressibel, *siehe* Bd. 1
inkompressible Navier-Stokes-Gleichung, *siehe* Bd. 1
inneres Produkt, *siehe* Bd. 1; Bd. 3
instabiles Gleichgewicht, *siehe* Bd. 1
integrables System, *siehe* Bd. 1
Integral der Bewegung, *siehe* Bd. 1
Integrale
    elliptische, *siehe* Bd. 1; Bd. 2
    Gauß'sche, 155
Integralprinzip, *siehe* Bd. 1
Integralsatz
    Stokes'scher, *siehe* Bd. 2
    von Cauchy, *siehe* Bd. 2
integrierender Faktor, 36
Intensität, spezifische, 203
invariante Masse, *siehe* Bd. 1
inverser Operator, *siehe* Bd. 3
irreduzible Darstellung, *siehe* Bd. 3
Irreversibilität, 28, 212
Ising, Ernst, 170
Ising-Modell, eindimensionales, 170
    mittlerer Spin, 170
Isobare, 18
Isochore, 18
Isolator, *siehe* Bd. 3
isolierte Singularität, *siehe* Bd. 2
    hebbar, *siehe* Bd. 2
    Pol, *siehe* Bd. 2
    Polordnung, *siehe* Bd. 2
    wesentlich, *siehe* Bd. 2
isometrischer Operator, *siehe* Bd. 3
isoperimetrische Nebenbedingung, *siehe* Bd. 1
Isotherme, 18
Isotopieverschiebung, *siehe* Bd. 3
isotropes Hooke'sche Gesetz, *siehe* Bd. 1
Isotropie des Raumes, *siehe* Bd. 1

J

Jacobi-Determinante, *siehe* Bd. 1
Jacobi-Identität, *siehe* Bd. 1; Bd. 3
Jacobi-Konstante, *siehe* Bd. 1
Jacobi-Matrix, 105, *siehe auch* Bd. 1
Jansky, Karl Guthe, 205
Jeans, James, *siehe* Bd. 3
Jo-Jo, *siehe* Bd. 1
Jönsson, Claus, *siehe* Bd. 3
Jost-Funktionen, *siehe* Bd. 3
Joule, *siehe* Bd. 2
Joule, James, 6, 20
Joule-Thomson-Koeffizient, 126
Joule-Thomson-Prozess, 125

K

Kalkspat, *siehe* Bd. 2
Källén, Gunnar, *siehe* Bd. 1

Källén-Funktion, *siehe* Bd. 1
Kalorie, 3, 19
Kalorimeter, 3
Kältemaschine, 29, 33
Kamerlingh Onnes, Heike, *siehe* Bd. 2
kanonisch konjugierter Impuls, *siehe* Bd. 1
kanonische Gleichungen, *siehe* Bd. 1
kanonische Transformation, *siehe* Bd. 1
    Erzeugende der, *siehe* Bd. 1
kanonischer Energie-Impuls-Tensor, *siehe* Bd. 2
Kaon, *siehe* Bd. 1
Kapazität, *siehe* Bd. 2
Kapazitätskoeffizient, *siehe* Bd. 2
Kapillarlänge, *siehe* Bd. 1
Kármán, Theodore von, *siehe* Bd. 1
Kármán'sche Wirbelstraße, *siehe* Bd. 1
Karte, *siehe* Bd. 1
Kartenwechsel, *siehe* Bd. 1
kartesisches Koordinatensystem, *siehe* Bd. 1
Katzenzustand, *siehe* Bd. 3
Kausalstruktur, *siehe* Bd. 1; Bd. 2
Kegelschnitt, *siehe* Bd. 1
Kepler, Johannes, *siehe* Bd. 1
Kepler-Problem, *siehe* Bd. 1
Kepler'sche Gleichung, *siehe* Bd. 1
Kepler'sches Gesetz
    drittes, *siehe* Bd. 1
    erstes, *siehe* Bd. 1
    zweites, *siehe* Bd. 1
Kern eines Operators, *siehe* Bd. 3
Kernfusion, *siehe* Bd. 1
Kernkraft
    schwache, *siehe* Bd. 2
    starke, *siehe* Bd. 2
Kernreaktor, *siehe* Bd. 1
Kernspaltung, *siehe* Bd. 1
Ket, *siehe* Bd. 3
Kinematik, *siehe* Bd. 1
kinematische Viskosität, *siehe* Bd. 1
kinetische Theorie, 6
kinetischer Impuls, *siehe* Bd. 3
Kirchhoff, Gustav Robert, *siehe* Bd. 2
Kirchhoff'sche Gesetze, *siehe* Bd. 2
Kirchhoff'sches Integral, *siehe* Bd. 2
klassischer Elektronenradius, *siehe* Bd. 2
klassischer Grenzfall für
    Schrödinger-Gleichung, *siehe* Bd. 3
Klein, Oskar Benjamin, *siehe* Bd. 3
kleine Schwingung, *siehe* Bd. 1
Klein-Gordon-Gleichung, *siehe* Bd. 3
K-Meson, *siehe* Bd. 1
Knoten, *siehe* Bd. 1
Knotenlinie, *siehe* Bd. 1
Knotensatz, *siehe* Bd. 3
Koaxialkabel, *siehe* Bd. 2
Kockel, Bernhard, *siehe* Bd. 2
Koerzitivfeldstärke, *siehe* Bd. 2
kohärente Streuung, *siehe* Bd. 3
kohärente Zustände, *siehe* Bd. 3
Kohlrausch, Rudolf, *siehe* Bd. 2
Kohn, Walter, *siehe* Bd. 3
Kollaps der Wellenfunktion, *siehe* Bd. 3
kollektive Eigenschaften, 68
Kollisionsinvarianten, *siehe* Bd. 1

Kolmogorow, Andrei Nikolajewitsch, *siehe* Bd. 1
Kolmogorow, Mikroskala von, *siehe* Bd. 1
Kolmogorow'sche Axiome, *siehe* Axiome von Kolmogorow
Kommutativgesetz, *siehe* Bd. 1
Kommutator, *siehe auch* Bd. 1; Bd. 3
    von Operatoren, *siehe* Bd. 3
    von Ort und Impuls, *siehe* Bd. 3
kommutierende Operatoren, *siehe* Bd. 3
komplex konjugierte Zahl, *siehe* Bd. 1
komplexe Funktion, *siehe* Bd. 2
komplexe Struktur, *siehe* Bd. 2
komplexer Wechselstromwiderstand, *siehe* Bd. 2
Komponenten einer Phase, 131
kompressibel, *siehe* Bd. 1
Kompressibilität, 112
    adiabatische, 112
    isotherme, 112
Kondensator, *siehe* Bd. 2
Konfigurationsraum, *siehe* Bd. 1
konfluente hypergeometrische Reihe, *siehe* Bd. 3
Kongruenzabbildungen, *siehe* Bd. 3
konjugierter Impuls, *siehe* Bd. 1
Konstante der Bewegung, *siehe* Bd. 3
Kontaktkraft, *siehe* Bd. 1
Kontaktterm, *siehe* Bd. 2
Kontaktwinkel, *siehe* Bd. 1
kontinuierliche Symmetrie, *siehe* Bd. 1
Kontinuitätsgleichung, *siehe* Bd. 1; Bd. 2
    für verallgemeinerte Koordinaten, *siehe* Bd. 3
    für Wahrscheinlichkeit, *siehe* Bd. 3
Kontinuum
    Übergang zum, *siehe* Bd. 1
Kontraktion, *siehe* Bd. 1
kontravariant, *siehe* Bd. 1
kontravariante Komponenten, *siehe* Bd. 2
Konvektion des Impulses, *siehe* Bd. 1
Konvektionsstrom, *siehe* Bd. 2
konvektive Ableitung, *siehe* Bd. 1
Konvergenz, *siehe* Bd. 1
    gleichmäßige, *siehe* Bd. 1
    im quadratischen Mittel, *siehe* Bd. 1
    punktweise, *siehe* Bd. 1
Konvergenzradius, *siehe* Bd. 2
konvexe Linearkombination, *siehe* Bd. 3
Koordinate
    generalisierte, *siehe* Bd. 1
    verallgemeinerte, *siehe* Bd. 1
    zyklische, *siehe* Bd. 1
Koordinatensystem
    gleichläufiges, *siehe* Bd. 1
    kartesisches, *siehe* Bd. 1
    krummliniges, *siehe* Bd. 1
    nichtkartesisches, *siehe* Bd. 1
    synodisches, *siehe* Bd. 1
Kopenhagener Interpretation, *siehe* Bd. 3
Kopernikus, Nikolaus, *siehe* Bd. 1
Kopplung, *siehe* Bd. 2
    elastische, *siehe* Bd. 1
    von Teilsystemen, *siehe* Bd. 3
Körper, *siehe* Bd. 1
    elastischer, *siehe* Bd. 1
    starrer, *siehe* Bd. 1

Korrelationsfunktion
    symmetrisierte, 213
    zeitliche, 212
Korrespondenzprinzip, *siehe* Bd. 3
Korrespondenzregeln, *siehe* Bd. 3
    allgemeine, *siehe* Bd. 3
kosmische Hintergrundstrahlung, 205, *siehe auch* Bd. 1; Bd. 3
kosmische Maser, *siehe* Bd. 3
kosmische Strahlung, *siehe* Bd. 1
kovariante Ableitung, *siehe* Bd. 2; Bd. 3
kovariante Komponenten, *siehe* Bd. 1; Bd. 2
Kovarianz, *siehe* Bd. 1
Kraft
    äußere, *siehe* Bd. 1
    dissipative, *siehe* Bd. 1
    elektromotorische, *siehe* Bd. 2
    generalisierte, *siehe* Bd. 1
    innere, *siehe* Bd. 1
    konservative, *siehe* Bd. 1
    Lorentz-Kovariante, *siehe* Bd. 1
    nichtdissipativ, *siehe* Bd. 1
    verallgemeinerte, 70
        Mittelwert, 79
Kraftstoß, *siehe* Bd. 1
Kramers, Hendrik Anthony, *siehe* Bd. 3
Kramers-Kronig-Relationen, 212, *siehe auch* Bd. 2
Kramers-Theorem, *siehe* Bd. 3
Kreisbahn, *siehe* Bd. 1
Kreisel, *siehe* Bd. 1
    kräftefreier symmetrischer, *siehe* Bd. 1
    oblater, *siehe* Bd. 1
    prolater, *siehe* Bd. 1
    Rotation, *siehe* Bd. 1
    schwerer symmetrischer, *siehe* Bd. 1
    symmetrischer, *siehe* Bd. 1
    unsymmetrischer, *siehe* Bd. 1
Kreisfrequenz, *siehe* Bd. 1
Kreisprozess
    Carnot'scher, 5, 28, 33
        Ablauf, 29
        Wirkungsgrad, 29
    Diesel'scher, 35
    Ericsson'scher, 35
    Joule'scher oder Brayton'scher, 34
    Otto'scher, 34
    Stirling'scher, 34
Kreuzprodukt, *siehe* Bd. 1
Kreuzschiene, *siehe* Bd. 1
Kronecker-Symbol, *siehe* Bd. 1
    vierdimensional, *siehe* Bd. 1; Bd. 2
Kronig-Penney-Modell, *siehe* Bd. 3
Krümmungsradius, lokaler, *siehe* Bd. 1
Kubo-Formel, 212
Kugelelektret, *siehe* Bd. 2
Kugelflächenfunktionen, *siehe* Bd. 2; Bd. 3
    Eigenschaften, *siehe* Bd. 3
Kugelkondensator, *siehe* Bd. 2
Kugelkoordinaten, *siehe* Bd. 1
Kugelkreisel, *siehe* Bd. 1
Kugelschale, *siehe* Bd. 1
Kugelwelle, *siehe* Bd. 2
Kummer'sche Funktion, *siehe* Bd. 3
Kurvenintegral, *siehe* Bd. 1

L

Laborsystem, *siehe* Bd. 1
Ladungsdichte, *siehe* Bd. 2
Ladungskonjugations-Symmetrie, *siehe* Bd. 1
Ladungsquantisierung, *siehe* Bd. 2
Lagrange, Joseph-Louis, *siehe* Bd. 1
Lagrange-Dichte, *siehe* Bd. 1; Bd. 2
    der Elektrodynamik, *siehe* Bd. 2
    kovariant, *siehe* Bd. 2
Lagrange-Formalismus
    Übersicht, *siehe* Bd. 1
Lagrange-Funktion, *siehe* Bd. 1
    freies relativistisches Teilchen, *siehe* Bd. 2
    kovariant, *siehe* Bd. 2
    nichtrelativistische Punktladung, *siehe* Bd. 2
    relativistische Punktladung, *siehe* Bd. 2
Lagrange-Funktional, *siehe* Bd. 1
Lagrange-Gleichungen, *siehe* Bd. 1
    erster Art, *siehe* Bd. 1
    Forminvarianz, *siehe* Bd. 1
    zweiter Art, *siehe* Bd. 1
Lagrange-Identität, *siehe* Bd. 1
Lagrange-Kreisel, *siehe* Bd. 1
Lagrange-Multiplikator, *siehe* Bd. 1
Lagrange-Punkt, *siehe* Bd. 1
Laguerre-Polynome, *siehe* Bd. 3
    zugeordnete, *siehe* Bd. 3
Laguerre'sche Differenzialgleichung, *siehe* Bd. 3
Lamb-Verschiebung, *siehe* Bd. 3
Lamé-Konstante, *siehe* Bd. 1
laminare Strömung, *siehe* Bd. 1
Lampa, Anton, *siehe* Bd. 1
Landau, Lew Dawidowitsch, *siehe* Bd. 3
Landau-Funktion, 172
Landau-Niveaus, *siehe* Bd. 3
Landé, Alfred, *siehe* Bd. 3
Landé-Faktor, *siehe* Bd. 3
Lane, Jonathan Homer, 209
Lane-Emden-Gleichung, 209
Längenkontraktion, *siehe* Bd. 1
Längenprojektion, *siehe* Bd. 1
Langmuir, Irving, 168
Langmuir-Konstante, 168
Laplace, Pierre-Simon, *siehe* Bd. 2
Laplace-Beltrami-Operator, *siehe* Bd. 3
Laplace-Gleichung, *siehe* Bd. 2
Laplace-Operator, *siehe* Bd. 1; Bd. 2
    in Kugelkoordinaten, *siehe* Bd. 1
    in Zylinderkoordinaten, *siehe* Bd. 2
Laplace-Runge-Lenz-Vektor, *siehe* Bd. 1; Bd. 2
Laplace-Transformation, 160
Large Hadron Collider, *siehe* Bd. 1
Larmor, Joseph, *siehe* Bd. 1; Bd. 3
Larmor-Formel, *siehe* Bd. 2
Larmor-Frequenz, *siehe* Bd. 3
Larmor-Radius, *siehe* Bd. 2
Laser, *siehe* Bd. 3
latente Wärme, *siehe* Wärme, latente
Laurent-Reihe, *siehe* Bd. 2
    Hauptteil, *siehe* Bd. 2
    Nebenteil, *siehe* Bd. 2
LCD-Bildschirm, *siehe* Bd. 2
Lebensdauer, *siehe* Bd. 3
Lee, Tsung-Dao, *siehe* Bd. 1
Legendre-Funktionen
    zugeordnete, *siehe* Bd. 2; Bd. 3
    zweiter Art, *siehe* Bd. 2
Legendre-Polynome, *siehe* Bd. 2; Bd. 3
Legendre-Transformation, 28, 107, *siehe auch* Bd. 1; Bd. 2
    als Berührungstransformation, 107
Leibniz, Gottfried Wilhelm, *siehe* Bd. 1
Leistung, *siehe* Bd. 1
Leistungsdichte, *siehe* Bd. 2
Leiter, elektrischer, *siehe* Bd. 2
Leiteroperator, 187, *siehe auch* Bd. 3
Leitfähigkeit, *siehe* Bd. 2
Leitungsstrom, *siehe* Bd. 2
Lemaître, Georges, *siehe* Bd. 3
Lenard, Philipp, *siehe* Bd. 3
Lense-Thirring-Effekt, *siehe* Bd. 1
Lenz, Wilhelm, 171
Lenz'sche Regel, *siehe* Bd. 2; Bd. 3
Leuchtelektron, *siehe* Bd. 3
Levi-Civita-Symbol, *siehe* Bd. 1
    vierdimensional, *siehe* Bd. 2
Levinson-Theorem, *siehe* Bd. 3
Lex Prima, *siehe* Bd. 1
Lex Quarta, *siehe* Bd. 1
Lex Secunda, *siehe* Bd. 1
Lex Tertia, *siehe* Bd. 1
LHC, *siehe* Bd. 1
L'Hospital, Regel von, *siehe* Bd. 1
lichtartig, *siehe* Bd. 1
Lichtdruck, *siehe* Bd. 2
lichtelektrischer Effekt, *siehe* Bd. 3
Lichtgeschwindigkeit, *siehe* Bd. 1; Bd. 2
Lichtkegel, *siehe* Bd. 1; Bd. 2
Lichtmühle, *siehe* Bd. 1
Lichtquantenhypothese, *siehe* Bd. 2; Bd. 3
Lichtstrahl, *siehe* Bd. 2
Lie, Sophus, *siehe* Bd. 3
Lie-Algebra, *siehe* Bd. 3
Lie-Gruppe, *siehe* Bd. 1; Bd. 3
Limes, thermodynamischer, 190
lineare Algebra, *siehe* Bd. 1
lineare Differenzialgleichung, *siehe* Bd. 1
lineare Exzentrizität, *siehe* Bd. 1
Lineare Kette, *siehe* Bd. 1
lineare Medien, *siehe* Bd. 2
lineare Unabhängigkeit, *siehe* Bd. 1
linearer Operator, *siehe* Bd. 3
Linearform, *siehe* Bd. 1
Linienbreite, natürliche, *siehe* Bd. 1; Bd. 2
linkshändig, *siehe* Bd. 1
Liouville'sche Gleichung, 64
Liouville'scher Satz, 57, 64
Lippmann-Schwinger-Gleichung, *siehe* Bd. 3
Locus der Figurenachse, *siehe* Bd. 1
Lokalität, *siehe* Bd. 3
Longitudinalschwingungen, *siehe* Bd. 1
Lord Rayleigh, *siehe* Bd. 3
Lorentz boost, *siehe* Bd. 1
Lorentz, Hendrik, *siehe* Bd. 1; Bd. 2
Lorentz-Gruppe, *siehe* Bd. 1
    Komponenten, *siehe* Bd. 1
Lorentz-Kontraktion, *siehe* Längenkontraktion
Lorentz-kovariant, *siehe* Bd. 1
Lorentz-Kraft, *siehe* Bd. 2; Bd. 3
Lorentz-Kraftdichte, *siehe* Bd. 2
Lorentz-Kurve, *siehe* Bd. 3
Lorentz-Oszillator-Modell, *siehe* Bd. 2
Lorentz-Profil, *siehe* Bd. 1
Lorentz-Pseudoskalar, *siehe* Bd. 2
Lorentz-Skalar, *siehe* Bd. 1
Lorentz-Transformation, *siehe* Bd. 1; Bd. 2
    eigentliche orthochrone, *siehe* Bd. 1
    infinitesimale, *siehe* Bd. 2
Lorenz, Ludvig, *siehe* Bd. 2
Lorenz-Eichung, *siehe* Bd. 2
lösbares System, *siehe* Bd. 1
Lösung der Schrödinger-Gleichung
    für freies Teilchen, *siehe* Bd. 3
    für Oszillator, *siehe* Bd. 3
Lotuseffekt, *siehe* Bd. 1
Luft, Zusammensetzung, 10
Luftdruck, *siehe* Bd. 1
Luftspiegelung, *siehe* Bd. 2
Lummer, Otto, *siehe* Bd. 3
Lyman-Serie, *siehe* Bd. 3
L_2-Räume, *siehe* Bd. 3

M

Mach-Zehnder-Interferometer, *siehe* Bd. 3
Magnetfeld, homogen, *siehe* Bd. 3
magnetische Feldstärke, *siehe* Bd. 2
magnetische Flasche, *siehe* Bd. 2
magnetische Flussdichte, *siehe* Bd. 2
magnetische Induktion, *siehe* Bd. 2
magnetische Quantenzahl, *siehe* Bd. 3
magnetische Suszeptibilität, *siehe* Bd. 2; Bd. 3
magnetischer Monopol, *siehe* Bd. 1; Bd. 2
    Dirac'sche Quantisierungsbedingung, *siehe* Bd. 2
magnetischer Spiegel, *siehe* Bd. 2
magnetisches Moment, *siehe* Bd. 3
    anomales, *siehe* Bd. 3
    Elektron, *siehe* Bd. 3
Magnetisierung, *siehe* Bd. 2
Magnetisierungsstromdichte, *siehe* Bd. 2
Magnetohydrodynamik, *siehe* Bd. 2
Magneton, Bohr'sches, *siehe* Bd. 3
Magnetostatik, *siehe* Bd. 2
magnetostatisches Paradoxon, *siehe* Bd. 2
Magnetostriktion, 181
Magnetostriktionskoeffizient, 181
Magnetron, *siehe* Bd. 2
Mandelstam-Variable, *siehe* Bd. 1
Mannigfaltigkeit, *siehe* Bd. 1
    differenzierbare, *siehe* Bd. 1
Mariotte, Edme, 3
Marsden, Ernest, *siehe* Bd. 3
Maser, *siehe* Bd. 3
Maß auf dem Zustandsraum, 186
Masse
    invariante, *siehe* Bd. 1
    reduzierte, *siehe* Bd. 1; Bd. 3
    relativistische, *siehe* Bd. 1
    schwere, *siehe* Bd. 1
    träge, *siehe* Bd. 1
masselose Teilchen, *siehe* Bd. 1
Massendefekt, *siehe* Bd. 3
Massendichte, lineare, *siehe* Bd. 1
Massenfluss, *siehe* Bd. 1
Massenspektrometer, *siehe* Bd. 2
Massenstrom, *siehe* Bd. 1

Massenstromdichte, *siehe* Bd. 1
Massenverteilung, *siehe* Bd. 1
Massenwirkungsgesetz, 164
Maßsystem
    CGS, *siehe* Bd. 1; Bd. 2
    emE, *siehe* Bd. 2
    EMU, *siehe* Bd. 2
    esE, *siehe* Bd. 2
    ESU, *siehe* Bd. 2
    Gauß'sches, *siehe* Bd. 2
    Heaviside-Lorentz, *siehe* Bd. 2
    MKSA, *siehe* Bd. 2
    SI, *siehe* Bd. 1; Bd. 2
Materialgleichungen für Dielektrika, *siehe* Bd. 2
Materie, *siehe* Bd. 3
Materiewellen, *siehe* Bd. 3
    für kräftefreie Teilchen, *siehe* Bd. 3
mathematisches Pendel, *siehe* Bd. 1
Matrix, *siehe* Bd. 1
    antisymmetrische, *siehe* Bd. 1
    Diagonalisierung, *siehe* Bd. 1
    hermitesche, *siehe* Bd. 2
    inverse, *siehe* Bd. 1
    invertierbare, *siehe* Bd. 1
    orthogonale, *siehe* Bd. 1
    quadratische, *siehe* Bd. 1
    reguläre, *siehe* Bd. 1
    schiefsymmetrische, *siehe* Bd. 1
    singuläre, *siehe* Bd. 1
    symmetrische, *siehe* Bd. 2
    transponierte, *siehe* Bd. 1
Matrixelement, *siehe* Bd. 1
Matrixmultiplikation, *siehe* Bd. 1
Matrizenmechanik, *siehe* Bd. 3
Maximumsnorm, *siehe* Bd. 1
Maxwell, *siehe* Bd. 2
Maxwell, James Clerk, 6, *siehe auch* Bd. 2
Maxwell-Gleichungen, *siehe* Bd. 2
    in Vierernotation, *siehe* Bd. 2
    Integralversion, *siehe* Bd. 2
    makroskopische/phänomenologische, *siehe* Bd. 2
Maxwell-Relationen, 110
Maxwell'scher Dämon, 80
Maxwell'scher Spannungstensor, *siehe* Bd. 2
Maxwell'scher Verschiebungsstrom, *siehe* Bd. 2
Mayer, Robert, 20
mechanisches Gleichgewicht, *siehe* Bd. 1
mechanisches Weltbild, *siehe* Bd. 1
Mehrfachprodukt, *siehe* Bd. 1
Mehrkörperkräfte, *siehe* Bd. 2
Mehrteilchensysteme, *siehe* Bd. 3
Meißner, Walther, *siehe* Bd. 2
Meißner-Ochsenfeld-Effekt, *siehe* Bd. 2
meromorph, *siehe* Bd. 2
Messergebnisse, *siehe* Bd. 3
Messprozess, *siehe* Bd. 3
Metrik, *siehe* Bd. 1
metrischer Raum, *siehe* Bd. 1
metrischer Tensor, *siehe* Bd. 1
mho, *siehe* Bd. 2
Michelson, Albert, *siehe* Bd. 1; Bd. 3
Michelson-Interferometer, *siehe* Bd. 1
Michelson-Morley-Experiment, *siehe* Bd. 1
Mikroskala von Kolmogorow, *siehe* Bd. 1

Mikrowellen, *siehe* Bd. 2
Mikrowellenhintergrund, kosmischer, 205
Mikrozustand eines klassischen Systems, 56
Millikan, Robert, *siehe* Bd. 3
Mills, Robert, *siehe* Bd. 2
Minkowski, Hermann, *siehe* Bd. 1; Bd. 2
Minkowski-Diagramm, *siehe* Bd. 1
Minkowski-Metrik, *siehe* Bd. 1; Bd. 2
Minkowski-Raum, *siehe* Bd. 1; Bd. 2
Minkowski-Tensor für lineare Medien, *siehe* Bd. 2
Minkowski-Tensor für nichtlineare Medien, *siehe* Bd. 2
Minkowski-Wegelement, *siehe* Bd. 1
Mischung von reinen Zuständen, *siehe* Bd. 3
Mischungstemperatur, 19
Mittelwert
    makroskopischer Zustandsgrößen, 63
    und Wahrscheinlichkeit, 85
Mittelwerteigenschaft von harmonischen Funktionen, *siehe* Bd. 2
mittlerer Aufenthaltsort, *siehe* Bd. 3
Mode, *siehe* Bd. 2
    transversal elektrisch, *siehe* Bd. 2
    transversal elektromagnetisch, *siehe* Bd. 2
    transversal magnetisch, *siehe* Bd. 2
Moderation, *siehe* Bd. 1
Moderator, *siehe* Bd. 1
Möllenstedt, Gottfried, *siehe* Bd. 3
Molwärme, 19
Momententensor, *siehe* Bd. 2
Monopolmoment, *siehe* Bd. 2
Morley, Edward, *siehe* Bd. 1
Mott, Nevill Francis, *siehe* Bd. 3
Mott-Streuung
    von Spin-0-Teilchen, *siehe* Bd. 3
    von Spin-1/2-Teilchen, *siehe* Bd. 3
Müller-Matrizen, *siehe* Bd. 2
Multilinearform, *siehe* Bd. 1
Multiplikationssatz für Jacobi-Matrizen, 105
Multipolentwicklung
    dynamische, *siehe* Bd. 2
    kartesische, *siehe* Bd. 2
    sphärische, *siehe* Bd. 2
Multipolmoment, *siehe* Bd. 2
    dynamisches, sphärisches, *siehe* Bd. 2
Multipolstrahlung, *siehe* Bd. 2
Musikinstrument, *siehe* Bd. 1
Myon, *siehe* Bd. 1
    g-Faktor, *siehe* Bd. 3
Myon-Neutrino, *siehe* Bd. 1

N

Nabla-Operator, *siehe* Bd. 1
Näherung, semiklassische, *siehe* Bd. 3
    Gültigkeitsbereich, *siehe* Bd. 3
    mehrere Dimensionen, *siehe* Bd. 3
Nahfeld, *siehe* Bd. 2
natürliche Einheiten, *siehe* Bd. 2
natürliche Linienbreite, *siehe* Bd. 1
Navier-Stokes-Gleichung, inkompressible, *siehe* Bd. 1
Nebenbedingung, *siehe* Bd. 1
    holonome, *siehe* Bd. 1
    isoperimetrische, *siehe* Bd. 1
Nernst'sches Theorem, 42, 81

Neumann, Carl Gottfried, *siehe* Bd. 2
Neumann-Funktionen, *siehe* Bd. 2
    sphärische, *siehe* Bd. 2
Neumann-Green-Funktion, *siehe* Bd. 2
Neumann-Randbedingung, *siehe* Bd. 1; Bd. 2; Bd. 3
Neutrino, *siehe* Bd. 1
Neutrinohintergrund, kosmischer, 206
Neutrino-Oszillation, *siehe* Bd. 1
Neutroneninterferenz im Schwerefeld, *siehe* Bd. 3
Neutronenstern, *siehe* Bd. 2
Neutronenstreuung, *siehe* Bd. 1
Newton, *siehe* Bd. 2
Newton, Isaac, *siehe* Bd. 1
Newton'sche Gravitationstheorie, *siehe* Bd. 2
Newton'sches Axiom
    drittes, *siehe* Bd. 1
    erstes, *siehe* Bd. 1
    zweites, *siehe* Bd. 1
nichtabelsche Eichtheorie, *siehe* Bd. 2
nichtholonome Zwangsbedingung, *siehe* Bd. 1
nichtlineare Elektrodynamik, *siehe* Bd. 2
N-Körperproblem, *siehe* Bd. 1
Noether, Amalie Emmy, *siehe* Bd. 1; Bd. 3
Noether-Theorem, *siehe* Bd. 1
    für Felder, kovariant, *siehe* Bd. 2
    für relativistische Punktteilchen, *siehe* Bd. 2
    in Quantenmechanik, *siehe* Bd. 3
nomierter Raum, *siehe* Bd. 3
Norm, *siehe* Bd. 1
    einer Wellenfunktion, *siehe* Bd. 3
    eines Operators, *siehe* Bd. 3
    eines Vektors, *siehe* Bd. 3
Normalbeschleunigung, *siehe* Bd. 1
Normalenvektor, *siehe* Bd. 1
Normalfrequenzen, *siehe* Bd. 1
Normalkoordinaten, *siehe* Bd. 1
Normalschwingung, *siehe* Bd. 1
normierte Algebra, *siehe* Bd. 3
normierte Wellenfunktion, *siehe* Bd. 3
Normierung auf δ-Funktion, *siehe* Bd. 3
n-Sphäre, 66
Nullpunktsenergie, *siehe* Bd. 3
Nullpunktsfluktuationen, *siehe* Bd. 3
Nullstellenordnung, *siehe* Bd. 1
numerische Exzentrizität, *siehe* Bd. 1
Numerov-Verfahren, *siehe* Bd. 3
Nutation, *siehe* Bd. 1

O

Oberflächenkraft, *siehe* Bd. 1
Oberflächenspannung, *siehe* Bd. 1
Oberton, *siehe* Bd. 1
Observable, *siehe* Bd. 1; Bd. 3
    nicht verträgliche, *siehe* Bd. 3
    verträgliche, *siehe* Bd. 3
Ochsenfeld, Robert, *siehe* Bd. 2
Oersted, *siehe* Bd. 2
Oersted, Hans Christian, *siehe* Bd. 2
Oersted'sches Gesetz, *siehe* Bd. 2
Ohm, *siehe* Bd. 2
Ohm, Georg Simon, *siehe* Bd. 2
Ohm'sches Gesetz, *siehe* Bd. 2
    relativistische Form, *siehe* Bd. 2
Onsager, Lars, 171

Operator, *siehe* Bd. 3
    adjungierter, *siehe* Bd. 3
    beschränkter, *siehe* Bd. 3
    hermitescher, *siehe* Bd. 3
    inverser, *siehe* Bd. 3
    isometrischer, *siehe* Bd. 3
    linearer, *siehe* Bd. 3
    mit kontinuierlichem Spektrum, *siehe* Bd. 3
    selbstadjungierter, *siehe* Bd. 3
    Spektraldarstellung, *siehe* Spektralzerlegung
    symmetrischer, *siehe* Bd. 3
    unbeschränkter, *siehe* Bd. 3
    unitärer, *siehe* Bd. 3
Operatornorm, *siehe* Bd. 3
Operatorprodukt, *siehe* Bd. 3
Optik
    geometrische, *siehe* Bd. 1; Bd. 2
optisches Theorem, *siehe* Bd. 3
Orbitalaufzug, *siehe* Bd. 1
Ordnungsparameter, 135
orientiertes Einheitsvolumen, *siehe* Bd. 1
Orientierungspolarisation, *siehe* Bd. 2
Orthogonalbasis, *siehe* Bd. 1
orthogonale Gruppe, *siehe* Bd. 3
orthogonale Vektoren, *siehe* Bd. 3
Orthogonalisierungsverfahren von
    Gram-Schmidt, *siehe* Bd. 2
Orthonormalbasis, *siehe* Bd. 1; Bd. 3
Orthonormalitätsrelation, verallgemeinerte,
    siehe Bd. 1
orthonormiertes System, *siehe* Bd. 3
Ortsdarstellung, *siehe* Bd. 3
Ortsmessung, *siehe* Bd. 3
Ortsvektor, *siehe* Bd. 1
    Darstellung, *siehe* Bd. 1
    Transformation unter Drehungen, *siehe* Bd. 1
Oszillationsfrequenz, *siehe* Bd. 1
Oszillator
    anharmonischer, *siehe* Bd. 3
    gekoppelter, *siehe* Bd. 1
    harmonischer, *siehe* Bd. 1; Bd. 3
Otto, Nicolaus August, 34

P

Parabelbahn, *siehe* Bd. 1
Paradoxon, Gibbs'sches, 40, 121
Paraelektrikum, *siehe* Bd. 2
paraelektrisch, *siehe* Bd. 2
Parallaxe, *siehe* Bd. 2
Paramagnet, einfaches Modell, 150
Paramagnetismus, *siehe* Bd. 2; Bd. 3
Parameter der Hamilton-Funktion, 67, 68
parametrische Resonanz, *siehe* Bd. 1
Parität, *siehe* Bd. 3
    eines Zustands, *siehe* Bd. 3
Paritätstransformation, *siehe* Bd. 3
Paritätsverletzung, *siehe* Bd. 1
Parsec, *siehe* Bd. 2
Parseval-Gleichung, allgemeiner Fall, *siehe*
    Bd. 3
Partialdruck, 164
Partialsumme, *siehe* Bd. 1
Partialwellen, *siehe* Bd. 3
Partialwellenamplitude, *siehe* Bd. 3
    partielle Ableitung, *siehe* Bd. 1
    partikuläre Lösung, *siehe* Bd. 1

Paschen, Friedrich, *siehe* Bd. 3
Paschen-Back-Effekt, *siehe* Bd. 3
Pauli, Wolfgang, *siehe* Bd. 3
Pauli-Lubanski-Pseudovektor, *siehe* Bd. 2
Pauli-Matrizen, *siehe* Bd. 3
Pauli-Prinzip, 8, *siehe auch* Bd. 3
Pendel
    mathematisches, *siehe* Bd. 1
    physikalisches, *siehe* Bd. 1
    sphärisches, *siehe* Bd. 1
Penrose, Roger, 80, *siehe auch* Bd. 1; Bd. 2
Penrose-Terrell-Drehung, *siehe* Bd. 1
Penzias, Arno, *siehe* Bd. 3
Periapsis, *siehe* Bd. 1
Perigäum, *siehe* Bd. 1
Perihel, *siehe* Bd. 1
Periheldrehung, *siehe* Bd. 1
Periodenverdopplung, *siehe* Bd. 1
Periodische Bewegung, *siehe* Bd. 1
periodische Randbedingung, *siehe* Bd. 1; Bd. 3
Permeabilitätskonstante, *siehe* Bd. 2
    des Vakuums, *siehe* Bd. 2
Permutation, *siehe* Bd. 1; Bd. 3
    gerade, *siehe* Bd. 1
    Signum, *siehe* Bd. 1
    ungerade, *siehe* Bd. 1
Perpetuum mobile erster Art, 23
Petit, Alexis Thérèse, 158
Pfadintegral, *siehe* Bd. 3
    diskrete Version, *siehe* Bd. 3
    für Propagator, *siehe* Bd. 3
    kontinuierliche Version, *siehe* Bd. 3
Phänomen, Gibbs'sches, *siehe* Bd. 1
Phase, 130
Phasengeschwindigkeit, *siehe* Bd. 2; Bd. 3
Phasengleichgewicht, 131
    Lage als Funktion äußerer Zustandsgrößen,
    133
Phasenraum, 7, 56, *siehe auch* Bd. 1
Phasenraumfluss, 57
Phasenraumvolumen, 62
    Abhängigkeit von den Freiheitsgraden, 65
Phasenübergang, Ehrenfest-Klassifikation, 135
Phasenverschiebung, *siehe* Bd. 3
Phlogiston, 3
Phonon, 208, *siehe auch* Bd. 3
Photoeffekt, *siehe* Bd. 3
Photon, *siehe* Bd. 1; Bd. 3
physikalische Realität, *siehe* Bd. 3
physikalisches Pendel, *siehe* Bd. 1
Pinch-Effekt, *siehe* Bd. 2
Pion, *siehe* Bd. 1
Plancherel, Satz von, *siehe* Bd. 2
Planck, Max, 40, *siehe auch* Bd. 3
Planck-Ladung, *siehe* Bd. 3
Planck-Länge, *siehe* Bd. 3
Planck-Masse, 210, *siehe auch* Bd. 3
Planck-Satellit, *siehe* Bd. 3
Planck'sche Einheiten, *siehe* Bd. 3
Planck'sches Strahlungsgesetz, 202, *siehe auch*
    Bd. 3
Planck-Zeit, *siehe* Bd. 3
Plasma, *siehe* Bd. 2
Plasmafrequenz, *siehe* Bd. 2
Plastizität, *siehe* Bd. 1

Plattenkondensator, *siehe* Bd. 2
Poincaré, Henri, *siehe* Bd. 1
Poincaré-Gruppe, *siehe* Bd. 1
Poincaré-Transformation, *siehe* Bd. 1; Bd. 2
Poiseuille, Jean Louis Léonard Marie, *siehe*
    Bd. 1
Poiseuille-Fluss
    ebener, *siehe* Bd. 1
    in Rohr, *siehe* Bd. 1
Poisson, Siméon Denis, *siehe* Bd. 1; Bd. 2
Poisson-Gleichung, *siehe* Bd. 2
Poisson-Klammer, *siehe* Bd. 1
    fundamentale, *siehe* Bd. 1
    Invarianz, *siehe* Bd. 1
Poisson-Verteilung, *siehe* Bd. 3
Polarimeter, *siehe* Bd. 2
Polarisation, *siehe* Bd. 2
    elektrische, *siehe* Bd. 2
    elliptische, *siehe* Bd. 2
    lineare, *siehe* Bd. 2
    zirkulare, *siehe* Bd. 2
Polarisationsfeldtensor, *siehe* Bd. 2
Polarisationsfilter, *siehe* Bd. 2
Polarisationsflächenladungsdichte, *siehe* Bd. 2
Polarisationsladungsdichte, *siehe* Bd. 2
Polarisationsstrom, *siehe* Bd. 2
Polarisationstensor, *siehe* Bd. 2
Polarkoordinaten, sphärische, *siehe* Bd. 1
Polbewegung, *siehe* Bd. 1
Pole der Streuamplitude, *siehe* Bd. 3
Pole der Transmissionsamplitude, *siehe* Bd. 3
Polkegel, *siehe* Bd. 1
Polytropenexponent, 209
Polytropengleichung, 209
Polytropenindex, 26, 209
Pöschl-Teller Potenzial, *siehe* Bd. 3
Positron, *siehe* Bd. 2; Bd. 3
Positronium, *siehe* Bd. 3
Postulat, Clausius'sches, 30
Postulate der Quantenmechanik, *siehe* Bd. 3
Potenzial, *siehe* Bd. 1; Bd. 2
    chemisches, *siehe* chemisches Potenzial
    effektives, *siehe* Bd. 1
    elektrostatisches, *siehe* Bd. 2
    großkanonisches, 159
    periodisches, *siehe* Bd. 3
    skalares, *siehe* Bd. 2; Bd. 3
    skalares magnetisches, *siehe* Bd. 2
    Zeitunabhängigkeit, *siehe* Bd. 1
    Zentrifugal-, *siehe* Bd. 1
Potenziale
    Liénard-Wiechert-, *siehe* Bd. 2
    retardierte, *siehe* Bd. 2
    thermodynamische, 26, 110, 160
Potenzialkraft, *siehe* Bd. 1
Potenzialproblem
    allgemeines, *siehe* Bd. 3
    eindimensionales, *siehe* Bd. 3
Potenzialstreuung, *siehe* Bd. 3
Potenzialstufe, *siehe* Bd. 3
Potenzialtopf, *siehe* Bd. 3
    kugelsymmetrischer, *siehe* Bd. 3
    sphärischer, *siehe* Bd. 3
potenzielle Energiedichte, *siehe* Bd. 1
Potenz-Potenzial, *siehe* Bd. 1

Poynting, John Henry, *siehe* Bd. 2
Poynting-Vektor, *siehe* Bd. 2
Poynting-Vektorfeld, *siehe* Bd. 2
Prä-Hilbert-Raum, *siehe* Bd. 3
Präparation eines Zustands, *siehe* Bd. 3
Präzession, *siehe* Bd. 1
    des schweren Kreisels, *siehe* Bd. 1
    geodätische, *siehe* Bd. 1
    reguläre, *siehe* Bd. 1
Präzessionskegel, *siehe* Bd. 1
Priestley, Joseph, *siehe* Bd. 2
Pringsheim, Ernst, *siehe* Bd. 3
Prinzip
    d'Alembert'sches, *siehe* Bd. 1
    der kleinsten Wirkung, *siehe* Bd. 1
    Fermat'sches, *siehe* Bd. 1; Bd. 2
    Hamilton'sches, *siehe* Bd. 1
Prinzip des minimalen Vorurteils, 154
Prinzipalfunktion, *siehe* Bd. 1; Bd. 2; Bd. 3
    für freies Teilchen, *siehe* Bd. 3
    für Oszillator, *siehe* Bd. 3
Produkt
    äußeres, *siehe* Bd. 1
    dyadisches, *siehe* Bd. 1
    inneres, *siehe* Bd. 1
Produktregel, *siehe* Bd. 3
Produktzustand, *siehe* Bd. 3
Projektionsoperator, *siehe* Bd. 3
Projektor, 184
    Darstellung durch Orthonormalbasis, 184
Propagator, *siehe* Bd. 3
    für freies Teilchen, *siehe* Bd. 3
    für Oszillator, *siehe* Bd. 3
Protonzerfall, *siehe* Bd. 1
Proxima Centauri, *siehe* Bd. 2
Prozess
    adiabatischer, 22
    irreversibler, 7
    polytroper, 25
Prozessgröße, 13, 69
    und unvollständige Differenziale, 13
pseudoorthogonale Gruppe, *siehe* Bd. 1
Pseudorapidität, *siehe* Bd. 1
Pseudoskalar, *siehe* Bd. 1
PT-symmetrische Quantenmechanik, *siehe* Bd. 3
Pulsar, *siehe* Bd. 2
Punkt, stationärer, *siehe* Bd. 1
Punktdipol, *siehe* Bd. 2
Punktmasse, *siehe* Bd. 1
Punktteilchen, *siehe* Bd. 1
Punkttransformation, *siehe* Bd. 1
Pythagoras, Baum des, *siehe* Bd. 1

Q
Qbit, *siehe* Bd. 3
Quabla-Operator, *siehe* Bd. 2
quadratintegrable Funktion, *siehe* Bd. 3
quadratische Form, *siehe* Bd. 1
Quadrupolmoment, *siehe* Bd. 2
Quantenbit, *siehe* Bd. 3
Quantenchromodynamik, *siehe* Bd. 2
Quantenelektrodynamik, *siehe* Bd. 2
Quantenfeldtheorie, *siehe* Bd. 1; Bd. 2
Quantengas
    ideales, Druck und Energiedichte, 190
    ultrarelativistisches, 200

Adiabatenindex, 200
Quantenmechanik, 8
Quantenstatistik
    Ensemblemittel, 185
    kanonische Verteilung, 186
Quanten-Zeno-Effekt, *siehe* Bd. 3
Quark, *siehe* Bd. 2
Quasar, *siehe* Bd. 1
Quaternionen, *siehe* Bd. 1

R
Rabi, Isidor, *siehe* Bd. 3
Rabi-Frequenz, *siehe* Bd. 3
    resonante, *siehe* Bd. 3
    verallgemeinerte, *siehe* Bd. 3
Rabi-Oszillationen, *siehe* Bd. 3
Radialbeschleunigung, *siehe* Bd. 1
radiale Schrödinger-Gleichung, *siehe* Bd. 3
Radialgleichung, *siehe* Bd. 1
radioaktiver Zerfall, *siehe* Bd. 3
Raketengleichung, *siehe* Bd. 1
Randbedingung, *siehe* Bd. 1
    Dirichlet'sche, *siehe* Bd. 1
    für Dielektrika, *siehe* Bd. 2
    für magnetische Medien, *siehe* Bd. 2
    natürliche, *siehe* Bd. 2
    Neumann'sche, *siehe* Bd. 1
    periodische, *siehe* Bd. 1
    Robin'sche, *siehe* Bd. 2; Bd. 3
Rapidität, *siehe* Bd. 1
Rastpolkegel, *siehe* Bd. 1
Raum
    affiner, *siehe* Bd. 1
    euklidischer, *siehe* Bd. 1
    metrischer, *siehe* Bd. 1
    normierter, *siehe* Bd. 1
    topologischer, *siehe* Bd. 1
    vollständiger, *siehe* Bd. 1
raumartig, *siehe* Bd. 1
Rayleigh, John William Strutt, dritter Baron, *siehe* Bd. 2
Rayleigh-Jeans-Formel, *siehe* Bd. 3
Rayleigh-Kriterium, *siehe* Bd. 2
Rayleigh-Ritz-Prinzip, *siehe* Bd. 3
Rayleigh-Streuung, *siehe* Bd. 2
Reaktanz, *siehe* Bd. 2
Reaktionsgesetz, *siehe* Bd. 1
Reaktionsgleichung, chemische, 133
reaktive Strömung, *siehe* Bd. 1
Realteil, *siehe* Bd. 1
rechtshändig, *siehe* Bd. 1
reflektierte Welle, *siehe* Bd. 3
Reflexion, *siehe* Bd. 2
    eines Wellenpakets, *siehe* Bd. 3
Reflexionsgesetz, *siehe* Bd. 2
Reflexionskoeffizient, *siehe* Bd. 2
Refraktion, astronomische, *siehe* Bd. 2
Regel von L'Hospital, *siehe* Bd. 1
Regel von Sarrus, *siehe* Bd. 1
Regenbogen, *siehe* Bd. 2
reguläre Präzession, *siehe* Bd. 1
Reibung, Stokes'sche, *siehe* Bd. 1
Rekursionsgleichung, *siehe* Bd. 1
relativistische Geschwindigkeitsaddition, *siehe* Bd. 3
relativistische Korrekturen, *siehe* Bd. 3

relativistische Masse, *siehe* Bd. 1
Relativitätsprinzip, *siehe* Bd. 1; Bd. 2
Relativitätstheorie
    allgemeine, *siehe* Bd. 1
    spezielle, *siehe* Bd. 1
Relativkoordinaten für Zweiteilchensystem, *siehe* Bd. 3
Relaxationsmethode, *siehe* Bd. 2
Relaxationszeit, *siehe* Bd. 1
Remanenzfeldstärke, *siehe* Bd. 2
Remanenzmagnetisierung, *siehe* Bd. 2
Reparametrisierungsinvarianz, *siehe* Bd. 2
Reservoir, 16
Residuensatz, *siehe* Bd. 2; Bd. 3
Residuum, *siehe* Bd. 2
Resonanz, *siehe* Bd. 1; Bd. 3
    parametrische, *siehe* Bd. 1
Resonanzfrequenz, *siehe* Bd. 1
Resonanzkatastrophe, *siehe* Bd. 1
Resonanzstreuung, *siehe* Bd. 3
Responsefunktion, 19, 112, 211
    des harmonischen Oszillators, 213
Response-Theorie
    lineare, 211
Reynolds, Osborne, *siehe* Bd. 1
Reynolds-Zahl, *siehe* Bd. 1
rheonome Zwangsbedingung, *siehe* Bd. 1
Ricatti-Differentialgleichung, *siehe* Bd. 3
Richardson-Dushman-Gleichung, 220
Richtungsableitung, *siehe* Bd. 1
Richtungskosinus, *siehe* Bd. 1
Riemann'sche Zetafunktion, *siehe* Bd. 3
Riemann'scher Krümmungstensor, *siehe* Bd. 2
Rindler, Wolfgang, *siehe* Bd. 1
Rindler-Horizont, *siehe* Bd. 1
Ringspannung
    elektrische, *siehe* Bd. 2
    magnetische, *siehe* Bd. 2
Ritz, Walter, *siehe* Bd. 3
Ritz'sches Variationsverfahren, *siehe* Bd. 3
Roche-Grenze, *siehe* Bd. 1
Rodrigues-Formel für Laguerre-Polynome, *siehe* Bd. 3
Rollpendel, *siehe* Bd. 1
Rømer, Ole, *siehe* Bd. 1
Röntgen, Wilhelm Conrad, *siehe* Bd. 3
Röntgenröhre, *siehe* Bd. 3
Röntgenteleskop, *siehe* Bd. 2
Rosen-Morse-Potenzial, *siehe* Bd. 3
Rotation, *siehe* Bd. 1
Rotationsenergie, *siehe* Bd. 1
Roulette, russisches, 83
Rubens, Heinrich, *siehe* Bd. 3
Rückwärtslichtkegel, *siehe* Bd. 1
Ruhemasse, *siehe* Bd. 1
Rumford, Graf von, *siehe* Thompson, Benjamin
Rumpfelektron, *siehe* Bd. 3
Runge-Lenz-Vektor, *siehe* Bd. 3
Rutherford, Ernest, *siehe* Bd. 3
Rutherford-Formel, *siehe* Bd. 3
Rutherford'sches Atommodell, *siehe* Bd. 1
Rydberg-Energie, *siehe* Bd. 3
Rydberg-Frequenz, *siehe* Bd. 3

S
Sadi Carnot, Nicolas Léonard, 4

Saha, Meghnad, 165
Saha-Gleichung, 165
Sahl, Ibn, *siehe* Bd. 2
Saite, *siehe* Bd. 1
Säkulargleichung, *siehe* Bd. 1; Bd. 3
Sarrus, Regel von, *siehe* Bd. 1
Satellit, *siehe* Bd. 1
Satellit, geostationärer, *siehe* Bd. 1
Sattelpunktentwicklung, 173
Satz
    Bayes'scher, 84
    erster Green'scher, *siehe* Bd. 2
    von Carleson, *siehe* Bd. 1
    von Cayley-Hamilton, *siehe* Bd. 3
    von Chasles, *siehe* Bd. 1
    von Gauß, *siehe* Bd. 1; Bd. 2
    von Picard-Lindelöf, *siehe* Bd. 1
    von Plancherel, *siehe* Bd. 2; Bd. 3
    von Stokes, *siehe* Bd. 1; Bd. 2
    von Taylor, *siehe* Bd. 1
    von Wigner, *siehe* Bd. 3
    zweiter Green'scher, *siehe* Bd. 2
Sauter, Fritz, *siehe* Bd. 2
Savart, Félix, *siehe* Bd. 2
Schalenmodell, *siehe* Bd. 3
Schallgeschwindigkeit, 122
Schallwellen, 122
Scharmittel, 148
Schatten, *siehe* Bd. 2
    bei Streuung, *siehe* Bd. 3
Schattenzone, *siehe* Bd. 3
Schaukel, *siehe* Bd. 1
Scheinkraft, *siehe* Bd. 1
Scheinwiderstand, *siehe* Bd. 2
Scherspannung, *siehe* Bd. 1
Scherung, *siehe* Bd. 1
Scherungstensor, *siehe* Bd. 1
schiefe Ebene, *siehe* Bd. 1
Schieß-Verfahren, *siehe* Bd. 3
Schirm, *siehe* Bd. 2
Schmelzwärme, 3
Schmiegeebene, *siehe* Bd. 1
Schrödinger, Erwin, *siehe* Bd. 3
Schrödinger-Bild, 185, *siehe auch* Bd. 3
Schrödinger-Gleichung, *siehe* Bd. 3
    allgemeine Koordinaten, *siehe* Bd. 3
    für allgemeine Koordinaten, *siehe* Bd. 3
    für Teilchen, *siehe* Bd. 3
    im Gravitationsfeld, *siehe* Bd. 3
    in elektromagnetischen Feldern, *siehe* Bd. 3
    mit Potenzial, *siehe* Bd. 3
    radiale, *siehe* Bd. 3
    zeitabhängige, *siehe* Bd. 3
    zeitunabhängige, *siehe* Bd. 3
Schrödinger-Katzenzustand, *siehe* Bd. 3
Schrödingers Katze, *siehe* Bd. 3
Schrödinger'scher Erhaltungssatz, *siehe* Bd. 3
Schubmodul, *siehe* Bd. 1
schwache Kernkraft, *siehe* Bd. 1
Schwartz, Laurent, *siehe* Bd. 2
Schwartz-Raum, *siehe* Bd. 2; Bd. 3
Schwarzer Körper, *siehe* Bd. 2
Schwarzkörperstrahlung, 202
Schwarz'sche Ungleichung, *siehe* Bd. 3
Schwebung, *siehe* Bd. 1

Schwereanomalie, *siehe* Bd. 1
Schwerefeld
    homogenes, *siehe* Bd. 1
Schwerpunkt, *siehe* Bd. 1
    der Energieverteilung, *siehe* Bd. 2
Schwerpunktskoordinaten
    für Zweiteilchensystem, *siehe* Bd. 3
Schwerpunktsystem, *siehe* Bd. 1
Schwinger
    Julian, *siehe* Bd. 2
Schwinger-Effekt, *siehe* Bd. 2
Schwingung
    anharmonische, *siehe* Bd. 1
    eines linearen, dreiatomigen Moleküls, *siehe* Bd. 1
    erzwungene, *siehe* Bd. 1
    freie, *siehe* Bd. 1
    gedämpfte, *siehe* Bd. 1; Bd. 2
    kleine, *siehe* Bd. 1
    lineare Kette, *siehe* Bd. 1
Schwingungsgleichung, d'Alembert'sche, *siehe* Bd. 1
Schwingungsperiode, *siehe* Bd. 1
Segrè, Emilio, *siehe* Bd. 1
Selbstenergie, *siehe* Bd. 2
Selbstinduktionskoeffizienten, *siehe* Bd. 2
self-consistent field, *siehe* Bd. 3
semiklassische Näherung, *siehe* Bd. 3
    Gültigkeitsbereich, *siehe* Bd. 3
    mehrere Dimensionen, *siehe* Bd. 3
separabler Hilbert-Raum, *siehe* Bd. 3
Separation
    der Schwerpunktsbewegung, *siehe* Bd. 3
    der Variablen, *siehe* Bd. 1
Separationsansatz, *siehe* Bd. 2
Shannon'scher Satz, 154
Siedepunktserhöhung
    bei erhöhtem Druck, 130
    bei Wasser, 130
SI-Einheiten, *siehe* Bd. 1; Bd. 2
Siemens, *siehe* Bd. 2
Siemens, Werner von, *siehe* Bd. 2
Signalgeschwindigkeit, *siehe* Bd. 2
Sinai-Billard, *siehe* Bd. 1
Skalar, *siehe* Bd. 1
skalarer Operator, *siehe* Bd. 3
skalares magnetisches Potenzial, *siehe* Bd. 2
skalares Potenzial, *siehe* Bd. 2; Bd. 3
Skalarfeld, *siehe* Bd. 2
Skalarprodukt, *siehe* Bd. 1; Bd. 2; Bd. 3
Skalenhierarchie, 10
Skalentransformation, *siehe* Bd. 1
Skineffekt, *siehe* Bd. 2
skleronome Zwangsbedingung, *siehe* Bd. 1
Slater-Determinante, *siehe* Bd. 3
Smoluchowski, Marian, *siehe* Bd. 3
Snellius, Willebrord, *siehe* Bd. 2
Solarkonstante, *siehe* Bd. 3
Sommerfeld, Arnold, 39, *siehe auch* Bd. 2; Bd. 3
Sommerfeld-Entwicklung, 195
Sonnensegel, *siehe* Bd. 2
Spannung, *siehe* Bd. 1
    elektrische, *siehe* Bd. 2
    viskose, *siehe* Bd. 1
Spannungskoeffizient, 112

Spannungstensor, *siehe* Bd. 1; Bd. 2
Spatprodukt, *siehe* Bd. 1
Spektraldichte, *siehe* Bd. 3
Spektrallinien, *siehe* Bd. 1
Spektralmethode, *siehe* Bd. 1
Spektralprojektor, *siehe* Bd. 3
Spektralzerlegung, *siehe* Bd. 3
    eines selbstadjungierten Operators, *siehe* Bd. 3
spezielle orthogonale Gruppe, *siehe* Bd. 1
spezielle Relativitätstheorie, *siehe* Bd. 1
spezifische Leitfähigkeit, *siehe* Bd. 2
Sphäre, n-dimensional, 66
sphärische Polarkoordinaten, *siehe* Bd. 1
sphärisches Pendel, *siehe* Bd. 1
sphäroidale Koordinaten, *siehe* Bd. 2
Spiegelladungsmethode, *siehe* Bd. 2
Spiegelung, *siehe* Bd. 3
Spin, *siehe* Bd. 3
    Polarisation, *siehe* Bd. 3
Spin-Bahn-Kopplung, *siehe* Bd. 3
Spinkette, eindimensionale, 170
Spinoperatoren, *siehe* Bd. 3
Spinor, *siehe* Bd. 3
    Ortsraum, *siehe* Bd. 3
Spinpräzession, *siehe* Bd. 3
Spin-Statistik-Theorem, *siehe* Bd. 3
Spinzustand, *siehe* Bd. 3
spontane Lokalisierung, *siehe* Bd. 3
spontane Symmetriebrechung, *siehe* Bd. 3
Spur, *siehe* Bd. 1
    Eigenschaften, 185
    eines Operators, 185, *siehe auch* Bd. 3
Spurkegel, *siehe* Bd. 1
Spurklasse, *siehe* Bd. 3
Stabelektret, *siehe* Bd. 2
stabiles Gleichgewicht, *siehe* Bd. 1
Stabilität
    gegenüber Temperaturänderungen, 116
    gegenüber Volumenänderungen, 116
    thermodynamische, 116
Standardabweichung, 85
Stark, Johannes, *siehe* Bd. 3
Stark-Effekt, *siehe* Bd. 3
    linearer, *siehe* Bd. 3
    quadratischer, *siehe* Bd. 3
Statampere, *siehe* Bd. 2
Statcoulomb, *siehe* Bd. 2
Statik, *siehe* Bd. 1
stationäre Strömung, *siehe* Bd. 1
stationärer Punkt, *siehe* Bd. 1
statistischer Operator, 184, *siehe auch* Bd. 3
    Zeitentwicklung, *siehe* Bd. 3
Statohm, *siehe* Bd. 2
Statvolt, *siehe* Bd. 2
Stefan, Josef, 121
Stefan-Boltzmann-Gesetz, 121, *siehe auch* Bd. 3
stehende Welle, *siehe* Bd. 1
Steiner'scher Satz, *siehe* Bd. 1
Stern, Otto, *siehe* Bd. 3
Stern-Gerlach-Versuch, *siehe* Bd. 3
Stirling, Robert, 34
Stirling'sche Formel, 164, *siehe auch* Bd. 3
Stöchiometrie, 133
stöchiometrische Koeffizienten, 133, 163

Stoffmenge, 9
Stokes, Sir George Gabriel, *siehe* Bd. 1
Stokes-Parameter, *siehe* Bd. 2
Stokes'scher Satz, *siehe* Bd. 1; Bd. 2
Störung
    konstante, *siehe* Bd. 3
    periodische, *siehe* Bd. 3
Störungstheorie
    Energie
        erste Ordnung, *siehe* Bd. 3
        zweite Ordnung, *siehe* Bd. 3
    entartete, *siehe* Bd. 3
    zeitabhängige, *siehe* Bd. 3
    zeitunabhängige, *siehe* Bd. 3
    Zustände erste Ordnung, *siehe* Bd. 3
Stoß
    elastischer, *siehe* Bd. 1
    inelastischer, *siehe* Bd. 1
    zweier harter Kugeln, *siehe* Bd. 1
Stoßinvarianten, *siehe* Bd. 1
Stoßparameter, *siehe* Bd. 1
Strahl, *siehe* Bd. 3
Strahlengleichung, *siehe* Bd. 2
Strahlenoptik, *siehe* Bd. 2
Strahlung, *siehe* Bd. 3
Strahlungsdämpfung, *siehe* Bd. 2
Strahlungsdruck, *siehe* Bd. 2
Strahlungseichung, *siehe* Bd. 2
Strahlungsgesetz, Planck'sches, 202, *siehe auch* Bd. 3
Strahlungsrückwirkung, *siehe* Bd. 2
Strahlungsschweif, *siehe* Bd. 2
Streuamplitude, *siehe* Bd. 3
    analytische Eigenschaften, *siehe* Bd. 3
    für harte Kugeln, *siehe* Bd. 3
Streulänge, *siehe* Bd. 3
Streumatrix, *siehe* Bd. 3
Streuphase, *siehe* Bd. 3
Streuung, 85, *siehe auch* Bd. 1
    an harten Kugeln, *siehe* Bd. 3
    elastische, *siehe* Bd. 1; Bd. 3
    Energieübertrag bei elastischer, *siehe* Bd. 1
    inelastische, *siehe* Bd. 1; Bd. 3
    inkohärente, *siehe* Bd. 3
    kohärente, *siehe* Bd. 3
    quasielastische, *siehe* Bd. 1
    Rutherford'sche, *siehe* Bd. 1
    von Elektronen an Atomen, *siehe* Bd. 3
    von identischen Bosonen, *siehe* Bd. 3
    von identischen Fermionen, *siehe* Bd. 3
    von identischen Teilchen, *siehe* Bd. 3
    von Licht an Licht, *siehe* Bd. 2
Streuwinkel, *siehe* Bd. 1; Bd. 3
    Transformation, *siehe* Bd. 1
Stromdichte, *siehe* Bd. 2
    transversale, *siehe* Bd. 2
Strömung
    laminare, *siehe* Bd. 1
    reaktive, *siehe* Bd. 1
    stationäre, *siehe* Bd. 1
    turbulente, *siehe* Bd. 1
Strutt, John William, *siehe* Bd. 3
Strutt, John William, dritter Baron Rayleigh, *siehe* Bd. 2
Stufenfunktion, *siehe* Bd. 2

Sturm-Liouville-Problem, *siehe* Bd. 3
SU(2), *siehe* Bd. 3
su(2), *siehe* Bd. 3
substanzielle Ableitung, *siehe* Bd. 1
sudden approximation, *siehe* Bd. 3
superhydrophob, *siehe* Bd. 1
Superkamiokande, *siehe* Bd. 3
Superladung, *siehe* Bd. 3
Superpositionsprinzip, *siehe* Bd. 1; Bd. 2
Superpotenzial, *siehe* Bd. 3
Superstringtheorie, *siehe* Bd. 2
Supersymmetrie, *siehe* Bd. 3
supersymmetrische Quantenmechanik, *siehe* Bd. 3
Supraleiter, *siehe* Bd. 2
Supremumsnorm, *siehe* Bd. 1
Suszeptibilität, *siehe* Bd. 1
    dynamische, 212
    elektrische, *siehe* Bd. 2
    magnetische, 169, 173, *siehe auch* Bd. 2
Swing-by-Manöver, *siehe* Bd. 1
Symmetrie, *siehe* Bd. 3
    der Lagrange-Funktion, *siehe* Bd. 1
    diskrete, *siehe* Bd. 1
    eines Quantensystems, *siehe* Bd. 3
    kontinuierliche, *siehe* Bd. 1
Symmetriebrechung
    spontane, *siehe* Bd. 3
Symmetriegruppe, *siehe* Bd. 3
Symmetrietransformation, *siehe* Bd. 3
symmetrischer Kreisel, *siehe* Bd. 3
symplektische Struktur, 57, *siehe auch* Bd. 1
Synchrotron, *siehe* Bd. 2
Synchrotronstrahlung, *siehe* Bd. 2
System
    abgeschlossenes, *siehe* Bd. 1
    homogenes, 13
    Isolierbarkeit, 10
    isoliertes, *siehe* Bd. 1
    mikro- und makroskopisches, 9
    offenes, geschlossenes und abgeschlossenes, 16
Szilard, Leo, 80, 153

T

't Hooft, Gerard, *siehe* Bd. 2
Tachyonen, *siehe* Bd. 1
Tangentialvektor, *siehe* Bd. 1
Target, *siehe* Bd. 1
Taylor-Polynom, *siehe* Bd. 1
Taylor-Reihe, *siehe* Bd. 1
Taylor'scher Satz, *siehe* Bd. 1
Teilchen
    identische, *siehe* Bd. 3
    zusammengesetzte, *siehe* Bd. 3
Teilchen im Kasten, Energieeigenwerte, 190
Teilchenzahldichte, für Fermionen, 191
Teilchenzahloperator, 187, *siehe auch* Bd. 3
Telegrafengleichungen, *siehe* Bd. 2
Temperatur, 2
    absolute, 7, 21
        Definition durch Kreisprozess, 31
        negative, 75
    als Äquivalenzrelation, 12
    als Ausdruck innerer Bewegung, 4
    subjektives Empfinden, 11

Temperaturskala
    absolute, 75
        Konsistenz verschiedener Definitionen, 76
    Celsius, 21
    Fahrenheit, 3
    Kelvin, 21
temporale Eichung, *siehe* Bd. 2
Tensor, *siehe* Bd. 1
    Matrizen als Darstellung, *siehe* Bd. 1
    metrischer, *siehe* Bd. 1
    Transformationsverhalten, *siehe* Bd. 1
Tensorkomponente, *siehe* Bd. 1
Tensorprodukt, *siehe* Bd. 1; Bd. 3
    von Hilbert-Räumen, *siehe* Bd. 3
    von Operatoren, *siehe* Bd. 3
Termschema, Wasserstoffatom, *siehe* Bd. 3
Terrell, James, *siehe* Bd. 1
Tesla, *siehe* Bd. 2
Testfunktion, *siehe* Bd. 2
Theorem von Wigner, *siehe* Bd. 3
Thermodynamik
    Axiome oder Hauptsätze, 10
    fundamentale Theorie, 9
    Gültigkeit für Quantensysteme, 8
    Gültigkeitsbereich, 9
    phänomenologisch, 9
thermodynamische Funktionen, *siehe* Potenziale, thermodynamische
Thermometer, 3, 12
Thomas, Llewellyn Hilleth, *siehe* Bd. 1; Bd. 3
Thomas-Faktor, *siehe* Bd. 1; Bd. 3
Thomas-Fermi-Gleichung, *siehe* Bd. 3
Thomas-Fermi-Näherung, *siehe* Bd. 3
Thomas-Präzession, *siehe* Bd. 1
Thompson, Benjamin, 4
Thomson, George Paget, *siehe* Bd. 3
Thomson, Joseph John, *siehe* Bd. 3
Thomson-Streuung, *siehe* Bd. 2
Tokamak, *siehe* Bd. 2
Torricelli, Evangelista, 11
Torus, *siehe* Bd. 1
totaler Wirkungsquerschnitt, *siehe* Bd. 1; Bd. 3
Totalreflexion, *siehe* Bd. 2
Trägheit, *siehe* Bd. 1
Trägheitsgesetz, *siehe* Bd. 1
Trägheitsmoment, *siehe* Bd. 1
    bezüglich der Drehachse, *siehe* Bd. 1
Trägheitsprodukt, *siehe* Bd. 1
Trägheitstensor, *siehe* Bd. 1
    Diagonalform, *siehe* Bd. 1
    Diagonalisierung, *siehe* Bd. 1
    einer kontinuierlichen Massenverteilung, *siehe* Bd. 1
    einer Kugel, *siehe* Bd. 1
    eines Quaders, *siehe* Bd. 1
Trajektorie, *siehe* Bd. 1
Transfermatrix, 170
Transformation
    auf Ruhe, *siehe* Bd. 1
    eigentliche, *siehe* Bd. 1
    infinitesimale, *siehe* Bd. 1
    kanonische, *siehe* Bd. 1
    konforme, *siehe* Bd. 1
    längentreue, *siehe* Bd. 1

orthonormale, *siehe* Bd. 1
uneigentliche, *siehe* Bd. 1
winkeltreue, *siehe* Bd. 1
Transformationssatz, *siehe* Bd. 1
Transformator, *siehe* Bd. 2
Translationen, *siehe* Bd. 3
Translationsgruppe, *siehe* Bd. 3
Translationsoperator, *siehe* Bd. 3
Transmission eines Wellenpakets, *siehe* Bd. 3
Transmissionsamplitude, *siehe* Bd. 3
  für Potenzialtopf, *siehe* Bd. 3
  in Resonanznähe, *siehe* Bd. 3
Transmissionskoeffizient, *siehe* Bd. 2
Transmissionswahrscheinlichkeit für Kastenpotenzial, *siehe* Bd. 3
transmittierte Welle, *siehe* Bd. 3
transponierte Matrix, *siehe* Bd. 1
Transposition, *siehe* Bd. 3
Transversalität, *siehe* Bd. 2
Transversalwellen, *siehe* Bd. 1
Tripelpunkt, 132, *siehe auch* Wasser, Tripelpunkt
triviale Darstellung, *siehe* Bd. 3
Trochoide, *siehe* Bd. 2
Trojaner, *siehe* Bd. 1
Tscherenkow-Strahlung, *siehe* Bd. 1
Tunneleffekt, *siehe* Bd. 3
  semiklassisch, *siehe* Bd. 3
Tunnel-Matrixelement, *siehe* Bd. 3
turbulente Strömung, *siehe* Bd. 1
Turbulenz, *siehe* Bd. 1

U
Übergangsbedingungen für Dielektrika, *siehe* Bd. 2
Übergangsbedingungen für magnetische Medien, *siehe* Bd. 2
Übergangsmatrixelemente, *siehe* Bd. 3
Übergangstemperatur, 196
Überlichtgeschwindigkeit, *siehe* Bd. 1; Bd. 2
Überschwinger, *siehe* Bd. 1
Uhlenbeck, George, *siehe* Bd. 3
UKW-Sender, *siehe* Bd. 2
ultrahochenergetische kosmische Strahlung, *siehe* Bd. 1
ultrarelativistisch, *siehe* Bd. 1
Ultraviolettkatastrophe, *siehe* Bd. 3
Umkehrproblem, *siehe* Bd. 3
Umkehrpunkt, *siehe* Bd. 1
unbeschränkter Operator, *siehe* Bd. 3
Unbestimmtheitsrelation, allgemeine, *siehe* Bd. 3
uneigentliche Eigenfunktion, *siehe* Bd. 3
Unipolarinduktion, *siehe* Bd. 2
Unipolarmaschine, *siehe* Bd. 2
unitäre Operatoren, *siehe* Bd. 3
Unschärferelation, *siehe* Bd. 3
Untermannigfaltigkeit, *siehe* Bd. 1
Unterschwinger, *siehe* Bd. 1
Untervektorraum, aufgespannter, *siehe* Bd. 1
unverträgliche Observable im weniger strengen Sinn, *siehe* Bd. 3
Urknall-Theorie, *siehe* Bd. 3

V
Vakuum-Doppelbrechung/Birefringenz, *siehe* Bd. 2
Vakuumpolarisation, *siehe* Bd. 2
Valenzelektron, *siehe* Bd. 3
Van Allen, James, *siehe* Bd. 2
van der Waals, Johannes Diderik, 123
Van-Allen-Gürtel, *siehe* Bd. 2
Van-der-Waals-Gas
  Binnendruck, 123
  Eigenvolumen, 123
Van-der-Waals-Kraft, *siehe* Bd. 3
Varianz, 85
Variation, *siehe* Bd. 1
Variation der Konstanten, *siehe* Bd. 1
Variationsprinzip, Gibbs'sches, 152
Variationsrechnung, *siehe* Bd. 3
Variationsverfahren, *siehe* Bd. 3
  Ritz'sches, *siehe* Bd. 3
Vektor, *siehe* Bd. 1
  axialer, *siehe* Bd. 1
  Darstellung, *siehe* Bd. 1
  gebundener, *siehe* Bd. 1
  polarer, *siehe* Bd. 1
  ungebundener, *siehe* Bd. 1
Vektorfeld, *siehe* Bd. 1
Vektor-Laplace-Operator, *siehe* Bd. 2
Vektoroperator, *siehe* Bd. 3
Vektor-Poisson-Gleichung, *siehe* Bd. 2
Vektorpotenzial, *siehe* Bd. 2; Bd. 3
Vektorprodukt, *siehe* Bd. 1
Vektorraum, *siehe* Bd. 1; Bd. 3
  dualer, *siehe* Bd. 1; Bd. 3
Veltman, Martinus, *siehe* Bd. 2
verallgemeinerte Funktion, *siehe* Bd. 2
verallgemeinerte Koordinaten, *siehe* Bd. 1
verallgemeinerte Orthonormalitätsrelation, *siehe* Bd. 1
verallgemeinerter Impuls, *siehe* Bd. 1
verborgene Symmetrie, *siehe* Bd. 3
verborgene Variable, *siehe* Bd. 3
Verdampfungswärme, 3, 129, 134
Vergangenheit, *siehe* Bd. 1
Verlustleistung, *siehe* Bd. 1
Vernichtungsoperator, 187, *siehe auch* Bd. 3
Verrückung, virtuelle, *siehe* Bd. 1
Verschiebungsgesetz, Wien'sches, 203
Verschiebungsoperator, *siehe* Bd. 3
Verschiebungssatz, 85
Verschiebungsstrom, *siehe* Bd. 2
Verschiebungsvektor, *siehe* Bd. 1
verschränkter Zustand, *siehe* Bd. 3
Verteilung
  großkanonische, 159
  kanonische, 149, 152
    Quantenstatistik, 184
  mikrokanonische, 152
Verzerrungstensor, *siehe* Bd. 1
Verzweigungspunkte, *siehe* Bd. 3
Viele-Welt-Interpretation, *siehe* Bd. 3
Viererbeschleunigung, *siehe* Bd. 1
Vierergeschwindigkeit, *siehe* Bd. 1; Bd. 2
Vierergradient, *siehe* Bd. 1; Bd. 2
Viererimpuls, *siehe* Bd. 1; Bd. 2
Viererkraft, *siehe* Bd. 1

Viererpotenzial, *siehe* Bd. 2
Viererstromdichte, *siehe* Bd. 2
Vierertensor, *siehe* Bd. 1
Vierervektor, *siehe* Bd. 1
Virial, *siehe* Bd. 1
Virialentwicklung, 124
Virialsatz, *siehe* Bd. 1; Bd. 3
virtuelle Verrückung, *siehe* Bd. 1
viskos, *siehe* Bd. 1
viskose Spannung, *siehe* Bd. 1
Viskosität, *siehe* Bd. 1
  dynamische, *siehe* Bd. 1
  kinematische, *siehe* Bd. 1
Voigt, Woldemar, *siehe* Bd. 1
vollständige Ableitung, *siehe* Bd. 1
vollständige Zeitableitung, *siehe* Bd. 1
vollständiger Raum, *siehe* Bd. 1
vollständiges Differenzial, *siehe* Bd. 1
Vollständigkeit, *siehe* Bd. 2
  der Quantenmechanik, *siehe* Bd. 3
  von Projektoren, 184
Vollständigkeitsrelation, *siehe* Bd. 3
  im Ortsraum, *siehe* Bd. 3
Volt, *siehe* Bd. 2
Volta, Alessandro, *siehe* Bd. 2
Volumen, kritisches, 196
Volumenintegral, *siehe* Bd. 1
Volumenkraft, *siehe* Bd. 1
von Laue, Max, *siehe* Bd. 3
von Neumann, John, *siehe* Bd. 3
Von-Neumann-Gleichung, 186
  im Schrödinger-Bild, *siehe* Bd. 3
  im Wechselwirkungsbild, *siehe* Bd. 3
Vorwärtslichtkegel, *siehe* Bd. 1

W
Wahrscheinlichkeit
  als Erwartungswert der relativen Häufigkeit, 83
  bedingte, 83
    Umkehrung, 83
  unabhängiger Ereignisse, 83
  von Messresultaten, *siehe* Bd. 3
Wahrscheinlichkeitsdichte, 85, *siehe auch* Bd. 3
  auf dem Phasenraum, 64
  für allgemeine Koordinaten, *siehe* Bd. 3
Wahrscheinlichkeitsmaß auf dem Phasenraum, 64
Wahrscheinlichkeitsstrom, *siehe* Bd. 3
Wahrscheinlichkeitsstromdichte, *siehe* Bd. 3
Walker, Arthur Geoffrey, *siehe* Bd. 1
Wärme, 2
  als innere Bewegung, 4
  kinetische Theorie, 7
  latente, 3, 134
  mikroskopische Theorie, 6
  molare, 19
  Reibung und Arbeit, 20
  spezifische, 19
  Substanzcharakter, 3, 4
  Zusammenhang mit Arbeit, 2, 4
Wärme und Arbeit
  Abgrenzung, 69
Wärmebad, 16, 78
Wärmekapazität, 3, 19, 112
  allgemeiner Systeme, 112

fester Körper, 42
spezifische, 19, 112
Wärmekraftmaschine, 2, 33
Wärmeleitung, 4
Wärmepumpe, 33
Wärmereservoir, 16, 78
Wärmestoff, 4
Wasser, Tripelpunkt, 21
Wasserfall, *siehe* Bd. 1
Wassersäule im Gravitationsfeld, *siehe* Bd. 1
Wasserstoffatom
    algebraische Lösung, *siehe* Bd. 3
    diskretes Spektrum, *siehe* Bd. 3
    Energien, *siehe* Bd. 3
    im elektrischen Feld, *siehe* Bd. 3
Wasserstoffbombe, *siehe* Bd. 1
Watt, *siehe* Bd. 2
Watt, James, 3
Weber, *siehe* Bd. 2
Weber, Wilhelm, *siehe* Bd. 2
Wechselstromwiderstand, komplexer, *siehe* Bd. 2
Wechselwirkung, elastische, *siehe* Bd. 1
Wechselwirkungsbild, *siehe* Bd. 3
Wechselwirkungsenergie, *siehe* Bd. 2
wechselwirkungsfreie Messung, *siehe* Bd. 3
Wegintegral
    geschlossenes, *siehe* Bd. 1
    siehe Pfadintegral, *siehe* Bd. 3
Weglänge
    mittlere freie, 6
    optische, *siehe* Bd. 2
Wegunabhängigkeit der Arbeit, *siehe* Bd. 1
Weißer Zwerg, 209
Weiss'sche Bezirke, *siehe* Bd. 2
Weitwinkelstreuung, *siehe* Bd. 3
Welle, *siehe* Bd. 1
    ebene, *siehe* Bd. 2
    im Medium, *siehe* Bd. 2
    stehende, *siehe* Bd. 2
Wellenfunktion, Norm, *siehe* Bd. 3
Wellengeschwindigkeit, *siehe* Bd. 1
Wellengleichung, *siehe* Bd. 2
    inhomogene, *siehe* Bd. 2
Wellenlänge, *siehe* Bd. 1
    thermische, 166, 191
Wellenmechanik, *siehe* Bd. 1
Wellenmechanik, mit Kräften, *siehe* Bd. 3
Wellenoperator, *siehe* Bd. 2
Wellenoptik, *siehe* Bd. 2
Wellenpaket, *siehe* Bd. 2; Bd. 3
Wellenzahl, *siehe* Bd. 1
Weltbild, mechanisches, *siehe* Bd. 1
Weltlinie, *siehe* Bd. 1; Bd. 2
Wentzel, Gregor, *siehe* Bd. 3
Weyl, Hermann, *siehe* Bd. 3
Weyl-Eichung, *siehe* Bd. 3
Weyl-Ordnung, *siehe* Bd. 3
Weyl'sche Vertauschungsrelation, *siehe* Bd. 3
Widerstand, *siehe* Bd. 2
    innerer, *siehe* Bd. 2
Wien, Wilhelm, *siehe* Bd. 2; Bd. 3
Wiener, Norbert, *siehe* Bd. 3
Wienfilter, *siehe* Bd. 2
Wiensches, Strahlungsgesetz, *siehe* Bd. 3

Wigner, Eugene, *siehe* Bd. 3
Wigner'sches Theorem, *siehe* Bd. 3
Wilson, Robert, *siehe* Bd. 3
Winkelgeschwindigkeit, *siehe* Bd. 1
Winkelvariable, *siehe* Bd. 1
Wirbelstärke, *siehe* Bd. 1
Wirbelstraße, Kármán'sche, *siehe* Bd. 1
Wirkleistung, *siehe* Bd. 2
Wirkung, *siehe* Bd. 1; Bd. 3
    effektive, *siehe* Bd. 2
    Felder, *siehe* Bd. 2
    kovariant, *siehe* Bd. 2
    Prinzip der kleinsten, *siehe* Bd. 1
    Prinzip der stationären, *siehe* Bd. 1
Wirkungsfunktion, *siehe* Bd. 1
Wirkungsgrad
    Carnot'scher, 29
    universelle Gültigkeit, 30, 128
    einer Dampfmaschine, 31
Wirkungsintegral, *siehe* Bd. 3
Wirkungsprinzip, *siehe* Bd. 1
Wirkungsquantum, *siehe* Bd. 3
Wirkungsquerschnitt
    differenzieller, *siehe* Bd. 1; Bd. 3
    für Streuung an harten Kugeln, *siehe* Bd. 3
    isotroper, *siehe* Bd. 3
    Rutherford'scher, *siehe* Bd. 1
    totaler, *siehe* Bd. 1; Bd. 3
Wirkungsvariable, *siehe* Bd. 1
WKB-Näherung, *siehe* Bd. 3
    Gültigkeitsbereich, *siehe* Bd. 3
    mehrere Dimensionen, *siehe* Bd. 3
WMAP-Satellit, *siehe* Bd. 3
Wolter, Hans, *siehe* Bd. 2
Wolter-Teleskop, *siehe* Bd. 2
Wronski-Determinante, *siehe* Bd. 1; Bd. 3
Wu, Chien-Shiung, *siehe* Bd. 1

Y

Yang, Chen-Ning, *siehe* Bd. 1; Bd. 2
Yang-Mills-Theorie, *siehe* Bd. 2
Young, Thomas, *siehe* Bd. 3
Young-Laplace-Gleichung, *siehe* Bd. 1
Young'scher Elastizitätsmodul, *siehe* Bd. 1
Yukawa, Hideki, *siehe* Bd. 3
Yukawa-Potenzial, *siehe* Bd. 2; Bd. 3

Z

Zahl, komplex konjugierte, *siehe* Bd. 1
Zahlenebene, Gauß'sche, *siehe* Bd. 1
Zeeman, Pieter, *siehe* Bd. 3
Zeeman-Effekt
    anomaler, *siehe* Bd. 3
    normaler, *siehe* Bd. 3
Zeh, Dieter, *siehe* Bd. 3
Zeit, retardierte, *siehe* Bd. 2
zeitabhängig
    explizit, *siehe* Bd. 1
    implizit, *siehe* Bd. 1
Zeitableitung, *siehe* Bd. 1
    in rotierenden Bezugsystemen, *siehe* Bd. 1
    vollständige, *siehe* Bd. 1
zeitartig, *siehe* Bd. 1
Zeitdilatation, *siehe* Bd. 1
Zeitentwicklung, ungestörte, *siehe* Bd. 3
Zeitentwicklungsoperator, *siehe* Bd. 3

zeitlich homogen, *siehe* Bd. 1
Zeitmessung, *siehe* Bd. 3
Zeitordnung, *siehe* Bd. 3
Zeitordnungsoperator, *siehe* Bd. 3
Zeitspiegelung, *siehe* Bd. 1
Zeittranslationsinvarianz, *siehe* Bd. 1
Zeitumkehr, *siehe* Bd. 3
Zeitunabhängigkeit des Potenzials, *siehe* Bd. 1
Zentralfeld, *siehe* Bd. 1
Zentralkraft, *siehe* Bd. 1
Zentrifugalkraft, *siehe* Bd. 1
Zerfallsbreite, *siehe* Bd. 3
Zerfließen von Wellenpaketen, *siehe* Bd. 3
Zerlegung der Eins, *siehe* Bd. 2; Bd. 3
    allgemeiner Fall, *siehe* Bd. 3
    bezüglich Impulsoperator, *siehe* Bd. 3
    bezüglich Ortsoperator, *siehe* Bd. 3
Zetafunktion, Riemann'sche, 193, *siehe auch* Bd. 3
Zirkulation, *siehe* Bd. 1
Zitterbewegung, *siehe* Bd. 3
Zufallsbewegung, 86
Zugspannung, *siehe* Bd. 1
Zukunft, *siehe* Bd. 1
Zustand
    adiabatischer, Poisson'sche Gleichung, 25
    antisymmetrischer, *siehe* Bd. 3
    gemischter, 161, 185, *siehe auch* Bd. 3
    reiner, 161, *siehe auch* Bd. 3
    symmetrischer, *siehe* Bd. 3
Zustände, *siehe* Bd. 3
Zustandsänderung, 15
    durch Wechselwirkung mit der Umgebung, 15
    irreversible, 17
    quasistatische, 16
    quasistatische und reversible, 17
    reversible, 16
    reversible oder irreversible aus statistischer Sicht, 72
Zustandsdichte, *siehe* Bd. 3
Zustandsfläche, 15, 104
Zustandsgleichung, 15, *siehe auch* Bd. 1
    kalorische, 111
Zustandsgröße, 12, 69
    extensive oder intensive, 13
    und homogene Funktionen, 15
    makroskopische, 10
    mikroskopische, 10
    und vollständige Differenziale, 13
Zustandsraum, 13
    der klassischen Mechanik, 56
    Einteilchen-, 60
Zustandssumme
    eines idealen Gases, 156
    für ein Gemisch idealer Gase, 164
    großkanonische, 159, 160
    kanonische, 150
    und freie Energie, 151
    mikrokanonische, 151
Zwangsbedingung, *siehe auch* Hemmung, *siehe* Bd. 1
    äußere, *siehe* Bd. 1
    holonome, *siehe* Bd. 1
    innere, *siehe* Bd. 1

nichtholonome, *siehe* Bd. 1
nichtintegrierbare, *siehe* Bd. 1
rheonome, *siehe* Bd. 1
skleronome, *siehe* Bd. 1
Zwangskraft, *siehe* Bd. 1
Zweikörperproblem, *siehe* Bd. 1
Zweiteilchenoperator, *siehe* Bd. 3
Zweiteilchen-Problem, *siehe* Bd. 3
Zwillingsparadoxon, *siehe* Bd. 1
zyklische Koordinate, *siehe* Bd. 1
Zykloide, *siehe* Bd. 1; Bd. 2
Zyklotron, *siehe* Bd. 2
Zyklotronfrequenz, *siehe* Bd. 1; Bd. 2; Bd. 3
Zylinderkondensator, *siehe* Bd. 2
Zylinderkoordinaten, *siehe* Bd. 1

Komplexe Zahlen

Polardarstellung komplexer Zahlen:
$$z = x + \mathrm{i}\, y = |z|\, \mathrm{e}^{\mathrm{i}\varphi}, \quad |z| = \sqrt{x^2 + y^2}, \quad \tan\varphi = \frac{y}{x}$$

Euler'sche Formel:
$$\mathrm{e}^{\mathrm{i}\varphi} = \cos\varphi + \mathrm{i}\sin\varphi$$

Vektorrechnung

Dreidimensional

$$\boldsymbol{a} \cdot (\boldsymbol{b} \times \boldsymbol{c}) = \boldsymbol{b} \cdot (\boldsymbol{c} \times \boldsymbol{a}) = \boldsymbol{c} \cdot (\boldsymbol{a} \times \boldsymbol{b})$$
$$\boldsymbol{a} \times (\boldsymbol{b} \times \boldsymbol{c}) = (\boldsymbol{a} \cdot \boldsymbol{c})\,\boldsymbol{b} - (\boldsymbol{a} \cdot \boldsymbol{b})\,\boldsymbol{c}$$
$$(\boldsymbol{a} \times \boldsymbol{b}) \cdot (\boldsymbol{c} \times \boldsymbol{d}) = (\boldsymbol{a} \cdot \boldsymbol{c})(\boldsymbol{b} \cdot \boldsymbol{d}) - (\boldsymbol{a} \cdot \boldsymbol{d})(\boldsymbol{b} \cdot \boldsymbol{c})$$
$$(\boldsymbol{a} \times \boldsymbol{b})^2 = a^2\, b^2 - (\boldsymbol{a} \cdot \boldsymbol{b})^2$$

Kronecker-Symbol:
$$\delta_{ij} = \begin{cases} 1 & \text{wenn } i = j \\ 0 & \text{wenn } i \neq j \end{cases}$$

Levi-Civita-Symbol:
$$\varepsilon_{ijk} = \begin{cases} +1 & \text{wenn } ijk \text{ gerade Permutation von 123} \\ -1 & \text{wenn } ijk \text{ ungerade Permutation von 123} \\ 0 & \text{sonst} \end{cases}$$
$$\varepsilon_{ijk}\varepsilon_{lmk} = \delta_{il}\delta_{jm} - \delta_{im}\delta_{jl}, \qquad \varepsilon_{ijk}\varepsilon_{ljk} = 2\delta_{il}$$

Einstein'sche Summenkonvention (kartesische Koordinaten):
$$\boldsymbol{a} \cdot \boldsymbol{b} = a_i b_i \equiv \sum_{i=1}^{3} a_i b_i, \quad (\boldsymbol{a} \times \boldsymbol{b})_i = \varepsilon_{ijk}\, a_j\, b_k$$

Ableitungen von skalaren Feldern $\phi(\boldsymbol{r})$, Vektorfeldern $\boldsymbol{X}(\boldsymbol{r})$:

Gradient: $\operatorname{grad}\phi = \boldsymbol{\nabla}\phi$ bzw. $(\boldsymbol{\nabla}\phi)_i = \partial_i \phi$

Divergenz: $\operatorname{div} \boldsymbol{X} = \boldsymbol{\nabla} \cdot \boldsymbol{X} = \partial_i X_i$

Rotation: $\operatorname{rot}\boldsymbol{X} = \boldsymbol{\nabla} \times \boldsymbol{X}$ bzw. $(\operatorname{rot}\boldsymbol{X})_i = \varepsilon_{ijk}\,\partial_j X_k$

Zweite Ableitungen:
$$\operatorname{div}\operatorname{grad}\phi = \boldsymbol{\nabla} \cdot \boldsymbol{\nabla}\phi = \Delta\phi$$
$$\operatorname{grad}\operatorname{div}\boldsymbol{X} = \boldsymbol{\nabla}(\boldsymbol{\nabla} \cdot \boldsymbol{X})$$
$$\operatorname{div}\operatorname{rot}\boldsymbol{X} = \boldsymbol{\nabla} \cdot (\boldsymbol{\nabla} \times \boldsymbol{X}) = 0$$
$$\operatorname{rot}\operatorname{grad}\phi = \boldsymbol{\nabla} \times (\boldsymbol{\nabla}\phi) = \boldsymbol{0}$$
$$\operatorname{rot}\operatorname{rot}\boldsymbol{X} = \boldsymbol{\nabla} \times (\boldsymbol{\nabla} \times \boldsymbol{X}) = \boldsymbol{\nabla}(\boldsymbol{\nabla} \cdot \boldsymbol{X}) - \Delta\boldsymbol{X}$$

Vierdimensional

Kronecker-Symbol:
$$\delta^{\mu}_{\nu} = \begin{cases} 1 & \text{wenn } \mu = \nu \\ 0 & \text{wenn } \mu \neq \nu \end{cases}$$

Minkowski-Metrik:
$$(\eta_{\mu\nu}) = (\eta^{\mu\nu}) = \begin{pmatrix} 1 & 0 & 0 & 0 \\ 0 & -1 & 0 & 0 \\ 0 & 0 & -1 & 0 \\ 0 & 0 & 0 & -1 \end{pmatrix}, \quad \eta^{\mu\lambda}\eta_{\lambda\nu} = \delta^{\mu}_{\nu}$$

Lorentz-invariantes Skalarprodukt (mit Summenkonvention):
$$a_\mu b^\mu = \eta_{\mu\nu} a^\nu b^\mu = a_0 b^0 + a_i b^i = a^0 b^0 - a^i b^i$$

Virerertsvektor:
$$(x^\mu) = \begin{pmatrix} x^0 \\ x^1 \\ x^2 \\ x^3 \end{pmatrix} \equiv \begin{pmatrix} ct \\ x \\ y \\ z \end{pmatrix}, \quad \mu \in \{0, 1, 2, 3\}$$

Vierergradient:
$$\partial_\mu \equiv \frac{\partial}{\partial x^\mu}, \quad (\partial_\mu) = \begin{pmatrix} \tfrac{1}{c}\partial_t \\ \boldsymbol{\nabla} \end{pmatrix}, \quad (\partial^\mu) = (\eta^{\mu\nu}\partial_\nu) = \begin{pmatrix} \tfrac{1}{c}\partial_t \\ -\boldsymbol{\nabla} \end{pmatrix}$$

Wellen-, d'Alembert- oder Quabla-Operator:
$$\partial_\mu \partial^\mu \equiv \partial^2 \equiv \Box = \frac{1}{c^2}\partial_t^2 - \boldsymbol{\nabla}^2 \equiv \frac{1}{c^2}\partial_t^2 - \Delta$$

Vierdimensionales Levi-Civita-Symbol:
$$\varepsilon^{\mu\nu\sigma\tau} := \begin{cases} +1 & \text{wenn } \mu\nu\sigma\tau \text{ gerade Permutation von 0123} \\ -1 & \text{wenn } \mu\nu\sigma\tau \text{ ungerade Permutation von 0123} \\ 0 & \text{sonst.} \end{cases}$$
$$\varepsilon^{0123} = +1, \quad \varepsilon_{0123} = \eta_{00}\eta_{11}\eta_{22}\eta_{33}\varepsilon^{0123} = -1$$

Integralsätze

Linienintegral:
$$\int_{\boldsymbol{x}_a}^{\boldsymbol{x}_b} \boldsymbol{\nabla}\phi \cdot \mathrm{d}\boldsymbol{r} = \phi(\boldsymbol{x}_b) - \phi(\boldsymbol{x}_a)$$
$$\int_{\boldsymbol{x}_a}^{\boldsymbol{x}_b} \mathrm{d}x_i\, \partial_i\,(\ldots) = (\ldots)\big|_{\boldsymbol{x}_b} - (\ldots)\big|_{\boldsymbol{x}_a}$$

Satz von Stokes:
$$\int_F \mathrm{d}\boldsymbol{f} \cdot \operatorname{rot}\boldsymbol{X} = \oint_{\partial F} \mathrm{d}\boldsymbol{r} \cdot \boldsymbol{X}$$
$$\int_F \mathrm{d}f_i\, \varepsilon_{ijk}\, \partial_j\,(\ldots) = \oint_{\partial F} \mathrm{d}x_k\,(\ldots)$$

Satz von Gauß:
$$\int_V \mathrm{d}V\, \operatorname{div}\boldsymbol{X} = \oint_{\partial V} \mathrm{d}\boldsymbol{f} \cdot \boldsymbol{X}$$
$$\int_V \mathrm{d}V\, \partial_i\,(\ldots) = \oint_{\partial V} \mathrm{d}f_i\,(\ldots)$$

Green'sche Integralsätze:
$$\int_V dV\,[(\nabla\phi)\cdot(\nabla\chi) + \phi\,\Delta\chi] = \oint_{\partial V} d\boldsymbol{f}\cdot\phi\,\nabla\chi$$
$$\int_V dV\,(\phi\,\Delta\chi - \chi\,\Delta\phi) = \oint_{\partial V} d\boldsymbol{f}\cdot(\phi\,\nabla\chi - \chi\,\nabla\phi)$$

Zylinderkoordinaten

$$x_1 \equiv x = \varrho\cos\varphi \qquad \hat{\boldsymbol{e}}_\varrho = \cos\varphi\,\hat{\boldsymbol{e}}_1 + \sin\varphi\,\hat{\boldsymbol{e}}_2$$
$$x_2 \equiv y = \varrho\sin\varphi \qquad \hat{\boldsymbol{e}}_\varphi = \cos\varphi\,\hat{\boldsymbol{e}}_2 - \sin\varphi\,\hat{\boldsymbol{e}}_1$$
$$x_3 \equiv z \qquad\qquad \hat{\boldsymbol{e}}_z = \hat{\boldsymbol{e}}_3$$
$$dV = d^3x = \varrho\,d\varrho\,d\varphi\,dz$$
$$\nabla f = \hat{\boldsymbol{e}}_\varrho\frac{\partial f}{\partial\varrho} + \hat{\boldsymbol{e}}_\varphi\frac{1}{\varrho}\frac{\partial f}{\partial\varphi} + \hat{\boldsymbol{e}}_z\frac{\partial f}{\partial z}$$
$$\Delta f = \underbrace{\frac{1}{\varrho}\frac{\partial}{\partial\varrho}\left(\varrho\frac{\partial f}{\partial\varrho}\right)}_{\frac{\partial^2 f}{\partial\varrho^2} + \frac{1}{\varrho}\frac{\partial f}{\partial\varrho}} + \frac{1}{\varrho^2}\frac{\partial^2 f}{\partial\varphi^2} + \frac{\partial^2 f}{\partial z^2}$$

Kugelkoordinaten (sphärische Polarkoordinaten)

$$x_1 \equiv x = r\sin\vartheta\cos\varphi$$
$$x_2 \equiv y = r\sin\vartheta\sin\varphi$$
$$x_3 \equiv z = r\cos\vartheta$$
$$dV = d^3x = r^2\,dr\,d\Omega = r^2\,dr\,\sin\vartheta\,d\vartheta\,d\varphi$$

$$\hat{\boldsymbol{e}}_r = \sin\vartheta\cos\varphi\,\hat{\boldsymbol{e}}_1 + \sin\vartheta\sin\varphi\,\hat{\boldsymbol{e}}_2 + \cos\vartheta\,\hat{\boldsymbol{e}}_3$$
$$\hat{\boldsymbol{e}}_\vartheta = \cos\vartheta\cos\varphi\,\hat{\boldsymbol{e}}_1 + \cos\vartheta\sin\varphi\,\hat{\boldsymbol{e}}_2 - \sin\vartheta\,\hat{\boldsymbol{e}}_3$$
$$\hat{\boldsymbol{e}}_\varphi = \cos\varphi\,\hat{\boldsymbol{e}}_2 - \sin\varphi\,\hat{\boldsymbol{e}}_1$$
$$\nabla f = \hat{\boldsymbol{e}}_r\frac{\partial f}{\partial r} + \hat{\boldsymbol{e}}_\vartheta\frac{1}{r}\frac{\partial f}{\partial\vartheta} + \hat{\boldsymbol{e}}_\varphi\frac{1}{r\sin\vartheta}\frac{\partial f}{\partial\varphi}$$

$$\Delta f = \left(\Delta_r + \frac{1}{r^2}\Delta_\Omega\right)f$$
$$\Delta_r := \frac{1}{r^2}\frac{\partial}{\partial r}r^2\frac{\partial}{\partial r} \equiv \frac{1}{r}\frac{\partial^2}{\partial r^2}r \equiv \frac{\partial^2}{\partial r^2} + \frac{2}{r}\frac{\partial}{\partial r}$$
$$\Delta_\Omega := \frac{1}{\sin\vartheta}\frac{\partial}{\partial\vartheta}\sin\vartheta\frac{\partial}{\partial\vartheta} + \frac{1}{\sin^2\vartheta}\frac{\partial^2}{\partial\varphi^2}$$

Kugelflächenfunktionen

$$\Delta_\Omega Y_{\ell m}(\vartheta,\varphi) = -\ell(\ell+1)Y_{\ell m}(\vartheta,\varphi), \quad \ell\in\mathbb{N}_0,\ m = -\ell,\ldots,\ell$$
$$Y_{\ell m}(\vartheta,\varphi) = \sqrt{\frac{2\ell+1}{4\pi}\frac{(\ell-m)!}{(\ell+m)!}}P_\ell^m(\cos\vartheta)e^{im\varphi}$$

$$P_\ell^m(u) = \frac{(-1)^{\ell+m}}{2^\ell \ell!}(1-u^2)^{m/2}\frac{d^{\ell+m}}{du^{\ell+m}}(1-u^2)^\ell, \quad P_\ell \equiv P_\ell^0$$

$Y_{\ell m}(\vartheta,\varphi)$	$\ell=0$	$\ell=1$	$\ell=2$
$m=0$	$\sqrt{\frac{1}{4\pi}}$	$\sqrt{\frac{3}{4\pi}}\cos\vartheta$	$\sqrt{\frac{5}{16\pi}}(3\cos^2\vartheta-1)$
$m=1$		$-\sqrt{\frac{3}{8\pi}}\sin\vartheta\,e^{i\varphi}$	$-\sqrt{\frac{15}{8\pi}}\sin\vartheta\cos\vartheta\,e^{i\varphi}$
$m=2$			$\sqrt{\frac{15}{32\pi}}\sin^2\vartheta\,e^{2i\varphi}$

$$Y_{\ell,-m} = (-1)^m Y_{\ell m}^*, \quad \int d\Omega\,Y_{\ell m}^*(\vartheta,\varphi)Y_{\ell'm'}(\vartheta,\varphi) = \delta_{\ell\ell'}\delta_{mm'}$$

$$\frac{1}{|\boldsymbol{r}-\boldsymbol{r}'|} = \sum_{\ell=0}^{\infty}\sum_{m=-\ell}^{\ell}\frac{4\pi}{2\ell+1}\frac{r_<^\ell}{r_>^{\ell+1}}Y_{\ell m}(\vartheta,\varphi)Y_{\ell m}^*(\vartheta',\varphi')$$
$$= \sum_{\ell=0}^{\infty}\frac{r_<^\ell}{r_>^{\ell+1}}P_\ell(\cos\alpha), \quad \cos\alpha \equiv \frac{\boldsymbol{r}\cdot\boldsymbol{r}'}{r\,r'},$$
$$r_< = \min(r,r'), \quad r_> = \max(r,r')$$

Fourier-Transformation

$$f(t,\boldsymbol{x}) = \int_{-\infty}^{\infty}\frac{d\omega}{\sqrt{2\pi}}\int\frac{d^3k}{(2\pi)^{3/2}}\tilde{f}(\omega,\boldsymbol{k})\,e^{i(\boldsymbol{k}\cdot\boldsymbol{x}-\omega t)}$$
$$\tilde{f}(\omega,\boldsymbol{k}) = \int_{-\infty}^{\infty}\frac{dt}{\sqrt{2\pi}}\int\frac{d^3x}{(2\pi)^{3/2}}f(t,\boldsymbol{x})\,e^{-i(\boldsymbol{k}\cdot\boldsymbol{x}-\omega t)}$$

Entwicklung nach einem vollständigen orthonormalen Funktionensystem f_j

$$f(x) = \sum_j a_j f_j(x), \quad a_j = \langle f_j, f\rangle, \quad \langle f,g\rangle = \int_I f^*(x)g(x)\,dx$$
$$\langle f_j, f_k\rangle = \delta_{jk}, \quad \sum_j f_j^*(x')f_j(x) = \delta(x'-x)$$

Funktionentheorie

Cauchy-Riemann'sche Differenzialgleichungen:
$$f(z) = u(x+iy) + iv(x+iy): \quad u_x = v_y, \quad u_y = -v_x$$

Residuensatz:
$$\oint f(z)\,dz = 2\pi i\sum_{j=1}^{n}\mathrm{Res}_{z_j}f(z)$$

Residuum bei einer einfachen Polstelle:
$$\mathrm{Res}_{z_0}f(z) = \lim_{z\to z_0}(z-z_0)f(z)$$

Mechanik

Lagrange-Gleichungen erster Art:
$$m_i \ddot{\boldsymbol{x}}_i = \boldsymbol{F}_i + \sum_{a=1}^{r} \lambda_a \nabla_i f_a, \quad f_a(t, \boldsymbol{x}_1, \ldots, \boldsymbol{x}_N) = 0$$

Lagrange-Gleichungen zweiter Art:
$$\frac{\mathrm{d}}{\mathrm{d}t}\frac{\partial T}{\partial \dot{q}_j} - \frac{\partial T}{\partial q_j} = Q_j, \quad \frac{\mathrm{d}}{\mathrm{d}t}\frac{\partial L}{\partial \dot{q}_j} - \frac{\partial L}{\partial q_j} = 0, \quad L = T - V$$

Hamilton'sche kanonische Gleichungen:
$$\frac{\partial H}{\partial p_i} = \dot{q}_i, \quad \frac{\partial H}{\partial q_i} = -\dot{p}_i, \quad H = \sum_i \dot{q}_i \frac{\partial L}{\partial \dot{q}_i} - L$$

Poisson-Klammern:
$$\{F, G\} = \sum_i \left(\frac{\partial F}{\partial q_i} \frac{\partial G}{\partial p_i} - \frac{\partial F}{\partial p_i} \frac{\partial G}{\partial q_i} \right)$$

Elektrodynamik

Maxwell-Gleichungen (Gauß'sches System):
$$\operatorname{div} \boldsymbol{D} = 4\pi \rho_f, \quad \boldsymbol{D} \equiv \boldsymbol{E} + 4\pi \boldsymbol{P}$$
$$\operatorname{div} \boldsymbol{B} = 0$$
$$\operatorname{rot} \boldsymbol{E} = -\frac{1}{c}\frac{\partial}{\partial t} \boldsymbol{B}$$
$$\operatorname{rot} \boldsymbol{H} = \frac{4\pi}{c} \boldsymbol{j}_f + \frac{1}{c}\frac{\partial}{\partial t} \boldsymbol{D}, \quad \boldsymbol{H} \equiv \boldsymbol{B} - 4\pi \boldsymbol{M}$$

Potenziale:
$$\boldsymbol{E} = -\nabla \phi - \frac{1}{c}\frac{\partial}{\partial t} \boldsymbol{A}, \quad \boldsymbol{B} = \nabla \times \boldsymbol{A}$$

Lineare Medien:
$$\boldsymbol{P} = \chi_e \boldsymbol{E}, \quad \boldsymbol{D} = (1 + 4\pi \chi_e) \boldsymbol{E} \equiv \epsilon \boldsymbol{E},$$
$$\boldsymbol{M} = \chi_m \boldsymbol{H}, \quad \boldsymbol{B} = (1 + 4\pi \chi_m) \boldsymbol{H} \equiv \mu \boldsymbol{H}$$

Vakuum: $\boldsymbol{D} \to \boldsymbol{E}, \boldsymbol{H} \to \boldsymbol{B}, \rho_f \to \rho, \boldsymbol{j}_f \to \boldsymbol{j}$

Maxwell-Gleichungen (SI-System):
$$\operatorname{div} \boldsymbol{D}^{[\mathrm{SI}]} = \rho_f^{[\mathrm{SI}]}, \quad \boldsymbol{D}^{[\mathrm{SI}]} \equiv \epsilon_0 \boldsymbol{E}^{[\mathrm{SI}]} + \boldsymbol{P}^{[\mathrm{SI}]}$$
$$\operatorname{div} \boldsymbol{B}^{[\mathrm{SI}]} = 0$$
$$\operatorname{rot} \boldsymbol{E}^{[\mathrm{SI}]} = -\frac{\partial}{\partial t} \boldsymbol{B}^{[\mathrm{SI}]}$$
$$\operatorname{rot} \boldsymbol{H}^{[\mathrm{SI}]} = \boldsymbol{j}_f^{[\mathrm{SI}]} + \frac{\partial}{\partial t} \boldsymbol{D}^{[\mathrm{SI}]}, \quad \boldsymbol{H}^{[\mathrm{SI}]} \equiv \frac{1}{\mu_0} \boldsymbol{B}^{[\mathrm{SI}]} - \boldsymbol{M}^{[\mathrm{SI}]}$$
$$\mu_0 = 4\pi \cdot 10^{-7} \mathrm{N/A}^2, \quad \epsilon_0 \equiv \frac{1}{c^2 \mu_0}$$

Potenziale:
$$\boldsymbol{E}^{[\mathrm{SI}]} = -\nabla \phi^{[\mathrm{SI}]} - \frac{\partial}{\partial t} \boldsymbol{A}^{[\mathrm{SI}]}, \quad \boldsymbol{B}^{[\mathrm{SI}]} = \nabla \times \boldsymbol{A}^{[\mathrm{SI}]}$$

Lineare Medien:
$$\boldsymbol{P}^{[\mathrm{SI}]} = \chi_e^{[\mathrm{SI}]} \epsilon_0 \boldsymbol{E}^{[\mathrm{SI}]}, \quad \boldsymbol{D}^{[\mathrm{SI}]} = (1 + \chi_e^{[\mathrm{SI}]}) \epsilon_0 \boldsymbol{E}^{[\mathrm{SI}]} \equiv \epsilon^{[\mathrm{SI}]} \boldsymbol{E}^{[\mathrm{SI}]},$$
$$\boldsymbol{M}^{[\mathrm{SI}]} = \chi_m^{[\mathrm{SI}]} \boldsymbol{H}^{[\mathrm{SI}]}, \quad \boldsymbol{B}^{[\mathrm{SI}]} = (1 + \chi_m^{[\mathrm{SI}]}) \mu_0 \boldsymbol{H}^{[\mathrm{SI}]} \equiv \mu^{[\mathrm{SI}]} \boldsymbol{H}^{[\mathrm{SI}]}$$

Umrechnung Gauß'sches und SI-System:
$$\boldsymbol{E} = \sqrt{4\pi \epsilon_0} \boldsymbol{E}^{[\mathrm{SI}]}, \quad \boldsymbol{B} = \sqrt{\frac{4\pi}{\mu_0}} \boldsymbol{B}^{[\mathrm{SI}]},$$
$$\phi = \sqrt{4\pi \epsilon_0} \phi^{[\mathrm{SI}]}, \quad \boldsymbol{A} = \sqrt{\frac{4\pi}{\mu_0}} \boldsymbol{A}^{[\mathrm{SI}]},$$
$$\rho = \frac{1}{\sqrt{4\pi \epsilon_0}} \rho^{[\mathrm{SI}]}, \quad \boldsymbol{j} = \frac{1}{\sqrt{4\pi \epsilon_0}} \boldsymbol{j}^{[\mathrm{SI}]}$$

Kontinuitätsgleichung:
$$\nabla \cdot \boldsymbol{j} + \frac{\partial}{\partial t} \rho = 0$$

Lorentz-Kraft auf Punktladung $q = q^{[\mathrm{SI}]}/\sqrt{4\pi \epsilon_0}$:
$$\boldsymbol{F} = q\left(\boldsymbol{E} + \frac{1}{c} \boldsymbol{v} \times \boldsymbol{B}\right) = q^{[\mathrm{SI}]}\left(\boldsymbol{E}^{[\mathrm{SI}]} + \boldsymbol{v} \times \boldsymbol{B}^{[\mathrm{SI}]}\right)$$

Quantenmechanik

Korrespondenzregeln im Ortsraum:
$$\boldsymbol{x} \mapsto \hat{\boldsymbol{x}} = \boldsymbol{x}\cdot, \quad \boldsymbol{p} \mapsto \hat{\boldsymbol{p}} = \frac{\hbar}{\mathrm{i}} \nabla_x$$

Zeitabhängige Schrödinger-Gleichung:
$$\mathrm{i}\hbar \frac{\mathrm{d}}{\mathrm{d}t} |\psi(t)\rangle = \hat{H} |\psi(t)\rangle$$

Formale Lösung für konservative Systeme:
$$|\psi(t)\rangle = \hat{U}(t) |\psi(0)\rangle, \quad \hat{U}(t) = \mathrm{e}^{-\mathrm{i}t\hat{H}/\hbar}$$

Stationäre Schrödinger-Gleichung für konservative Systeme:
$$\hat{H} |\psi\rangle = E |\psi\rangle, \quad |\psi(t)\rangle = \mathrm{e}^{-\mathrm{i}Et/\hbar} |\psi\rangle$$

Hamilton-Operator im Ortsraum für Teilchen ohne Spin:
$$\hat{H} = \frac{1}{2m}\left(\hat{\boldsymbol{p}} - \frac{q}{c} \boldsymbol{A}(t, \hat{\boldsymbol{x}})\right)^2 + V(\hat{\boldsymbol{x}})$$

Entwicklung nach Eigenvektoren einer Observablen:
$$\hat{A} |a_n\rangle = a_n |a_n\rangle, \quad \langle a_m | a_n \rangle = \delta_{mn} \Rightarrow |\psi\rangle = \sum_n \langle a_n | \psi \rangle |a_n\rangle$$

Erwartungswert einer Observablen in einem Zustand:
$$\langle \hat{A} \rangle_\psi = \langle \psi | \hat{A} | \psi \rangle, \quad \langle \psi | \psi \rangle = 1$$

Unbestimmtheitsrelation für zwei Observablen:
$$\langle (\Delta \hat{A})^2 \rangle_\psi \langle (\Delta \hat{B})^2 \rangle_\psi \geq -\frac{1}{4} \langle [\hat{A}, \hat{B}] \rangle_\psi^2, \quad \Delta \hat{A} = \hat{A} - \langle \hat{A} \rangle_\psi$$

Übergang vom Schrödinger- zum Heisenberg-Bild:
$$|\psi_H\rangle = \hat{U}^{-1}(t) |\psi(t)\rangle, \quad \hat{A}_H(t) = \hat{U}^{-1}(t) \hat{A} \hat{U}(t)$$

Heisenberg-Gleichung für Observablen:
$$i\hbar \frac{d\hat{A}_H}{dt} = \left[\hat{A}_H, \hat{H}_H \right]$$

Harmonischer Oszillator:
$$\hat{H} = \hbar\omega \left(\hat{a}^\dagger \hat{a} + 1/2 \right), \quad [\hat{a}, \hat{a}^\dagger] = 1, \quad E_n = \hbar\omega(n + 1/2)$$

Hermitesche Drehimpulsoperatoren:
$$[\hat{J}_i, \hat{J}_j] = i\hbar \varepsilon_{ijk} \hat{J}_k, \quad [\hat{J}^2, \hat{J}_i] = 0$$

Eigenzustände des Drehimpulses:
$$\hat{J}^2 |jm\rangle = \hbar^2 j(j+1) |jm\rangle, \quad \hat{J}_3 |jm\rangle = \hbar m |jm\rangle$$

Energien des Wasserstoffatoms:
$$E_n = -\frac{Z^2}{n^2} \mathrm{Ry}, \quad \mathrm{Ry} = \frac{m_e c^2}{2} \alpha^2 \approx 13{,}606\,\mathrm{eV}$$

Änderung der Energie und des Zustandsvektors in erster Ordnung Störungstheorie:
$$E^{(1)} = \langle \psi_n^{(0)} | \hat{H}^{(1)} | \psi_n^{(0)} \rangle,$$
$$|\psi_n^{(1)}\rangle = \sum_{k \neq n} \frac{\langle \psi_k^{(0)} | \hat{H}^{(1)} | \psi_n^{(0)} \rangle}{E_n^{(0)} - E_k^{(0)}} |\psi_k^{(0)}\rangle$$

Thermodynamik

Einige wichtige thermodynamische Potenziale:

$U(S,V)$	innere Energie
$F(T,V) = U(S,V) - TS$	freie Energie
$H(S,P) = U(S,V) + PV$	Enthalpie
$G(T,P) = F(T,V) + PV$ $= U(S,V) - TS + PV$	freie Enthalpie

Vollständige Differenziale davon:
$$dU(S,V) = T\,dS - P\,dV$$
$$dF(T,V) = -S\,dT - P\,dV$$
$$dH(S,P) = T\,dS + V\,dP$$
$$dG(T,P) = -S\,dT + V\,dP$$

Daraus abgeleitete Maxwell-Relationen:
$$\left(\frac{\partial T}{\partial V} \right)_S = -\left(\frac{\partial P}{\partial S} \right)_V$$
$$\left(\frac{\partial S}{\partial V} \right)_T = \left(\frac{\partial P}{\partial T} \right)_V$$
$$\left(\frac{\partial T}{\partial P} \right)_S = \left(\frac{\partial V}{\partial S} \right)_P$$
$$\left(\frac{\partial S}{\partial P} \right)_T = -\left(\frac{\partial V}{\partial T} \right)_P$$

Großkanonische Zustandssummen für Maxwell-Boltzmann-, Fermi-Dirac- und Bose-Einstein-Systeme:
$$Z_{gc}^{MB} = \sum_{N=0}^{\infty} \int d\Gamma(x)\, e^{-\beta(H(x) - \mu N)}$$
$$Z_{gc}^{FD} = \prod_k \left(1 + e^{-\beta(\epsilon_k - \mu)} \right)$$
$$Z_{gc}^{BE} = \prod_k \left(1 - e^{-\beta(\epsilon_k - \mu)} \right)^{-1}$$

Großkanonische Verteilungsfunktionen dieser Systeme:
$$\rho_{gc}^{MB} = \left(Z_{gc}^{MB} \right)^{-1} \sum_{N=0}^{\infty} e^{-\beta(H(x) - \mu N)}$$
$$\langle n_k^{FD} \rangle = \frac{1}{e^{\beta(\epsilon_k - \mu)} + 1}$$
$$\langle n_k^{BE} \rangle = \frac{1}{e^{\beta(\epsilon_k - \mu)} - 1}$$

Beziehungen zwischen Zustandssummen und thermodynamischen Potenzialen:
$$S = k_B \ln \Omega$$
$$F = -k_B T \ln Z_c$$
$$J = -PV = -k_B T \ln Z_{gc}$$

Gibbs-Duhem-Beziehung:
$$U - TS + PV = G = \sum_i \mu^{(i)} N^{(i)}$$

Willkommen zu den Springer Alerts

Jetzt anmelden!

- Unser Neuerscheinungs-Service für Sie:
  aktuell *** kostenlos *** passgenau *** flexibel

Springer veröffentlicht mehr als 5.500 wissenschaftliche Bücher jährlich in gedruckter Form. Mehr als 2.200 englischsprachige Zeitschriften und mehr als 120.000 eBooks und Referenzwerke sind auf unserer Online Plattform SpringerLink verfügbar. Seit seiner Gründung 1842 arbeitet Springer weltweit mit den hervorragendsten und anerkanntesten Wissenschaftlern zusammen, eine Partnerschaft, die auf Offenheit und gegenseitigem Vertrauen beruht.

Die SpringerAlerts sind der beste Weg, um über Neuentwicklungen im eigenen Fachgebiet auf dem Laufenden zu sein. Sie sind der/die Erste, der/die über neu erschienene Bücher informiert ist oder das Inhaltsverzeichnis des neuesten Zeitschriftenheftes erhält. Unser Service ist kostenlos, schnell und vor allem flexibel. Passen Sie die SpringerAlerts genau an Ihre Interessen und Ihren Bedarf an, um nur diejenigen Information zu erhalten, die Sie wirklich benötigen.

Mehr Infos unter: springer.com/alert